红层软岩筑坝材料特性的工程地质试验研究

袁宏利　王　昊　秦玉龙　吕　振
王进城　胡　宁　胡相波　耿　川　编著

黄河水利出版社
·郑州·

内 容 提 要

依托黄草坝水库工程勘察设计，基于工程地质试验研究方法，对红层软岩筑坝材料特性进行了系统研究，开展了大型击实、压缩、三轴试验等大尺寸室内试验，在试验成果基础上，通过工程类比和综合分析，提出适合本工程设计的填筑材料物理力学性质参数指标、材料级配范围曲线及开采方案建议。本书主要内容包括高心墙土石坝发展概况、高心墙土石坝工程实例、土石料的填筑特性、黄草坝工程筑坝土石料特性试验研究等，重点在于试验技术方法和成果分析研究。本书的研究成果，拓展了土石坝填筑料的选择范围，也为类似工程设计提供了可资借鉴的经验和数据，具有较高的技术推广价值。

本书可供水利水电工程行业技术人员、科研人员以及高等院校相关专业师生等参考使用。

图书在版编目(CIP)数据

红层软岩筑坝材料特性的工程地质试验研究/袁宏利等编著. —郑州：黄河水利出版社，2022. 2

ISBN 978-7-5509-3236-4

Ⅰ. ①红…　Ⅱ. ①袁…　Ⅲ. ①红层-软岩层-筑坝-工程地质-试验-研究　Ⅳ. ①TV541-33

中国版本图书馆 CIP 数据核字(2022)第 029459 号

组稿编辑：王路平　电话：0371-66022212　E-mail：hhslwlp@126.com
田丽萍　66025553　912810592@qq.com

出 版 社：黄河水利出版社　网址：www.yrcp.com
地址：河南省郑州市顺河路黄委会综合楼 14 层　邮政编码：450003

发行单位：黄河水利出版社
发行部电话：0371-66026940、66020550、66028024、66022620(传真)
E-mail：hhslcbs@126.com

承印单位：河南瑞之光印刷股份有限公司

开本：787 mm×1 092 mm　1/16

印张：28.75

字数：660 千字

版次：2022 年 2 月第 1 版　印次：2022 年 2 月第 1 次印刷

定价：200.00 元

前　言

随着土石坝工程技术的发展与实践经验的积累,防渗土料的选用及其级配范围变得越来越宽,从壤土、黏土等传统土料逐渐扩大到黄土、红土等特殊土料,从均质细粒土料逐渐扩展到宽级配碎石类土。既包括天然残坡积物、冰碛物、风化岩、泥岩等碎石类土料,也包括人工混合砾质土、黏土质砾等碎石类土料。坝壳堆石料也从以往单纯使用新鲜坚硬石料发展到部分采用软岩、风化岩,并且软岩料的使用比例也在提高,成为当今坝壳堆石料应用研究和土石坝设计的趋势。同时,随着粗粒料试验方法、大型试验设备及重型碾压设备的发展,对碎石土防渗土料和软岩堆石料的压实性、颗粒破碎特性、渗透特性、变形特性及抗剪强度特性的认识有了很大提高,大大促进了碎石土防渗料和软岩堆石料在土石坝工程中的应用。

软岩料分布广、开采成本低,已成为堆石坝建设的迫切需要。国内外大量利用软岩料填筑的成功经验表明,过去因抗压强度低、软化系数小而不被采用的软岩堆石料,经过专门设计,仍可作为堆石料填筑在坝体合适的部位甚至大部分区域。自 20 世纪 80 年代中期后,软岩料利用率在坝体中的填筑区域逐步增大,不少已经放在了主堆石区,甚至发展到全部采用软岩料作为坝体填筑料。对于软岩的利用,要充分考虑堆石坝的变形特点和软岩材料的物理力学特性,在此基础上对坝体结构进行分区设计,合理调整坝体变形的分布,在保证坝体整体稳定和受力均匀的前提下,尽可能地扩大软岩利用区的范围。根据国内外已有工程实践,对于软岩堆石料的利用实际采用的原则是:保证软岩料区的下边界线在大坝运行时处于干燥区,以便坝体排水畅通,并避免软岩遇水产生湿化变形;保证坝体下游边坡的稳定,且在其外侧留有不小于 2 m 新鲜硬岩填筑区,以防止软岩料的继续风化;上边界线应保证其上有不小于 5~10 m 的新鲜硬岩填筑层覆盖。坝体断面分区的优化一般采用应力变形分析结合坝坡稳定分析的方法进行。为达到经济及缩减工期等目的,一般要求最大限度地利用近坝材料和枢纽开挖石渣。根据这些材料的特性,将它们用于坝内合适的部位。由当地坝料来源设计坝体剖面,而不是规定大坝的剖面分区后再去寻找合适的坝料。这种思想促使软岩料的利用不断突破已有的经验和设计规范的局限。

在利用软岩筑坝方面,虽然国内外已积累了很多经验,但软岩料在百米级高堆石坝中的应用还较少,对于一些关键问题的认识还有待深入。这些问题包括软岩料的工程力学性质、软岩利用与断面优化方法、软岩料开采技术、适应于软岩料的填筑标准和碾压方法、软岩填筑坝体的变形及流变特性等。过去几十多年,中国在 200 m 级高土石坝的建设方面取得了成功经验;近年来,对 250~300 m 级超高土石坝的适应性、安全建设关键技术开展了系统的研究,取得了丰富的创新性成果。涉及变形控制的核心问题——变形预测,还存在若干基础研究问题,主要表现在大坝变形的计算理论和方法亟待突破、堆石材料试验的缩尺效应尚未解决等方面。

糯扎渡高心墙堆石坝首次采用在天然土料中掺加 35%的人工碎石的方法,既满足抗渗要求,又提高了心墙土料的力学性能,并提出了简单而有效的掺砾土心墙的填筑工艺。系统研究了掺砾土料质量检测方法,创新性地开发了ϕ600 mm超大型击实仪进行全料击实试验,并与ϕ300 mm大型击实仪等量替代法全料击实试验与ϕ152 mm细料击实试验结果进行对比,提出了施工质量检测以压实度为控制指标,采用双控法,即在现场对细粒料进行三点法快速击实,在实验室进行全料压实度复核,既满足了快速施工的要求,又提高了压实度计算的准确度,为高心墙堆石坝质量标准和质控方法提供了依据。拟建和在建高土石坝工程为高土石坝的推广运用提供了诸多挑战,同时又推动了高土石坝在设计、施工、检测等各方面的进步,不断拓展高土石坝的应用范围,有效地促进了高土石坝的发展。随着大(重)型振动碾压机械的使用和击实能量的提高,坝体填筑材料的最大允许颗粒已由原来的300~400 mm提高到目前的600~700 mm,碾压密实度也有很大的提高。而且随着碾压机械能量的加大,如冲击碾压、填筑密度和最大粒径还有提高的趋势。由于这些变化,目前采用的以相对密度控制为代表的室内模拟试验方法,不能有效地反映实际的坝体变形特性情况,现行的粗粒料室内试验模拟方法经常引起工程和学术界的争议。

依托黄草坝水库工程勘察设计,基于工程地质试验研究方法,对红层软岩筑坝材料特性进行了系统研究,开展了大型击实、压缩、三轴试验等大尺寸室内试验,在试验成果基础上,通过工程类比和综合分析,提出适合本工程设计的填筑材料物理力学性质参数指标、材料级配范围曲线及开采方案建议。研究结果表明,红层软岩可作为土石坝分区填筑的良好天然建筑材料。“就地取材、因材设计”是本工程设计成败的关键,也是红层软岩筑坝材料研究的意义所在。大坝设计充分利用红层软岩开挖料,可降低坝体填筑费用,减少工程弃渣量,缓解弃渣处理难的困扰,减小对周边生态环境的破坏,具有良好的技术效果和经济效益、社会效益。本研究成果,拓展了土石坝填筑料的选择范围,也为类似工程设计提供了可资借鉴的经验和数据,具有较高的技术推广价值。

本书由袁宏利、王昊统稿,袁宏利、王昊、秦玉龙、吕振、王进城、胡宁、胡相波、耿川等参与了各章节的编写。在编写过程中,得到了本书涉及的课题研究及成果项目设计团队、实验室人员、设计总工程师、公司主管技术领导等的大力支持、指导和帮助,在此表示感谢!

由于作者技术水平所限,书中难免存在一些错误和待商榷之处,恳请读者批评指正。

作　者

2021年8月

目　录

1　高心墙土石坝发展概况

1.1　发展概况

土石坝是最古老的坝型,也是最常见的坝型。据不完全统计,全世界坝高15 m以上的土石坝约有29 000多座,中国约已超过19 000座,但采用近代技术在中国修建土石坝,19世纪30年代在甘肃金塔县建设的鸳鸯池水库土坝还是第一座。中华人民共和国成立后,坝工建设有了快速的发展,20世纪70年代后期,随着岩土力学理论、筑坝技术和大型土石方施工机械的进步,100 m级高土石坝开始建设;进入21世纪以来,随着大力开发西部和实施"西电东送"发展水电的要求,大量高土石坝建设提上日程,坝高已超过260 m,在坝基覆盖层最深的达到70多m,地震设计烈度8~9度,地处西部偏远、严寒山区等条件下,以较快的速度发展。20世纪90年代以来,水利水电工程建设突飞猛进,土石坝坝高开始向300 m级高度研发和建设。筑坝技术难题的攻克,使我国积累了大量的工程建设经验,并在理论上有所突破。土石坝工程施工简便、地质条件要求低、造价便宜,并可就地取材且料源丰富,因此是水利水电工程中极为重要的一种坝型。土石坝工程的建设历史久远,并经久不衰。随着科学技术的进步,今天的土石坝工程涵盖了土料防渗、混凝土面板防渗、沥青混凝土防渗、土工膜防渗等类型。

心墙堆石坝是土石坝的常见坝型,自20世纪70年代,心墙堆石坝在坝体高度、心墙材料、结构设计、施工技术等方面取得了较大进步。针对高心墙堆石坝的研究,国内外从业人员的研究重点集中在防渗体料、坝基开挖与防渗结构、坝体应力变形特点、填筑压实标准和质量控制、抗震特点与措施等方面,所获得的很多成果在工程实践中得到运用,随着实践经验的积累和技术的不断完善,逐渐形成了相应的规范。国内外部分坝高200 m以上和国内100 m以上土石坝简要特性列于表1-1、表1-2。

表1-1　国内外部分坝高大于200 m的土石坝统计资料

序号	坝名	国名	坝型	坝高(m)	坝顶长(m)	设防地震烈度	心墙材料	坝壳材料	心墙材料		上游坡比(V:H)	下游坡比(V:H)	建成年代
									>5 mm含量(%)	最大粒径(mm)			
1	罗贡(Rogun)	塔吉克斯坦	斜心墙	335	660	9	亚黏土、砾石混合料	砾卵石		200	1:2.4	1:2.0	

续表 1-1

序号	坝名	国名	坝型	坝高(m)	坝顶长(m)	设防地震烈度	心墙材料	坝壳材料	心墙材料		上游坡比(V:H)	下游坡比(V:H)	建成年代
									>5 mm含量(%)	最大粒径(mm)			
2	努列克(Nurek)	塔吉克斯坦	心墙	300	704	9	含砾亚黏土	砾卵石	20~40	200	1:2.25	1:2.2	1979
3	博鲁卡(Boruca)	哥斯达黎加	心墙	267	700			堆石					
4	奇科森(Chicoasen)	墨西哥	心墙	261	485	9	含砾亚黏土	堆石			1:2.1	1:2.0	1981
5	特里(Tehri)	印度	斜心墙	260	575	8	黏土、砂砾石混合料	块石、砂卵石	35~60	200	1:2.5	1:2.0	1997
6	糯扎渡(Nuozadu)	中国	心墙	261.5	608	8	黏土、人工碎石混合料(黏土质砂)	堆石	34~53	120	1:1.9	1:1.8	
7	瓜维奥(Guavio)	哥伦比亚	斜心墙	247	390		砾石、黏土混合料	堆石	<200号筛>30	150	1:2.2	1:1.8	1989
8	麦加(Mica)	加拿大	斜心墙	242	792	7~8	冰碛土	砾卵石	25	20	1:2.25	1:2.0	1973
9	契伏(Chivor)	哥伦比亚	斜心墙	237	280		砾质土	堆石	>200号筛55	100	1:1.8	1:1.8	1980
10	奥洛维尔(Oroville)	美国	斜心墙	230	2 019	7~8	黏土、粉土、砂、砾、大卵石混合料	砂卵漂石	45	76	1:2.6	1:2.0	1967
11	凯班(Keban)	土耳其	心墙	207	602	8~9	黏土	堆石			1:1.86	1:1.86	1974

表 1-2　中国部分已建坝高大于 100 m 的心墙堆石坝

序号	坝名	地点	坝高 (m)	坝顶长 (m)	总库容 (亿 m^3)	装机容量 (MW)	坝体积 (万 m^3)	设计地震烈度
1	糯扎渡	云南	261.5	608	237	5 850	3 495	8
2	瀑布沟	四川	186	573	53.9	3 300	2 400	8
3	小浪底	河南	160	1 667	126.5	1 800	5 073	8
4	狮子坪	四川	136	309.4	1.33	195	581	8
5	黑河	西安	127.5	443.6	2.0	20	772	8
6	硗碛	四川	125.5	433.8	2.0	240	719	7
7	石头河	陕西	114	590	1.25	16.5	835	8
8	水牛家	四川	108	317	1.4	70	483	8
9	恰甫其海	新疆	105	365	16.9	320	316	9
10	鲁布革	云南	103.8	217	1.22	600	220	7
11	碧口	甘肃	101.8	297	5.21	300	389	7.5

1.2　高土石坝建设的新情况和新趋势

1.2.1　技术发展

拟建和在建的高土石坝工程,在推动高土石坝设计、科研与技术攻关、施工、检测等各方面进步的同时,也促进了高土石坝技术的发展和应用。

防渗土料是选定土料防渗土石坝的决定性条件。我国不同地区土质不尽相同,加上气候冷暖、雨水多少的差异,给防渗土料的选用、施工方式及质量保证带来不少难题,经过工程实践,对不同土料采取相应措施,取得了不少成功经验。例如:对于分散性土可增加石灰或水泥使其改性,并做好反滤;对于胀膨性土要求在一定范围内即其临界压力值附近,采用非膨胀性土以保持其足够的压强。在实际工程中,黄土类土通过加强压实功能,在黄河小浪底工程斜心墙中成功应用;云南云龙工程,心墙土料为多种土体团粒结构,干密度差别大,最优含水率相差也很大,采用混合使用方法较好地解决了问题;鲁布革工程采用风化料心墙坝,拓宽了防渗土料的种类范围。风化料采用"薄层重碾"工艺,既能改善其级配,又能满足相应密实度及防渗要求;南方红黏土含水率普遍偏高,干密度也不同,通过实践及科研论证,只要能满足相应力学指标,含水率和干密度问题可不作为主要因素考虑;土粒结构不同及最优含水率差别很大的黏土可采取混合使用,土料变化后按相应压实度控制其碾压质量;南方多雨地区土料含水率较大,在了解土料级配的基础上,采用增加掺和料以改善级配及相应最优含水率的方法,可取得较好的压实效果。

分层碾压施工方法和大(重)型振动碾压机械被广泛应用,碾压能量愈来愈高,使坝体填筑密度和填筑质量有了极大的提高，同时大坝碾压GPS实时监控系统的应用，有助于现场实时记录和检测碾压参数实施的详细情况，确保碾压质量。由于能有效地压密，各种不同岩性的粗粒土（包括人工爆破碎石和天然砂卵砾石等）被广泛地用作坝体填筑材料。坝体填筑材料的最大允许颗粒已由原来的300～400 mm提高到目前的600～700 mm，碾压密实度也有很大的提高。而且随着碾压机械能量的加大，如冲击碾压，填筑密度和最大粒径还有提高的趋势。由于这些变化，目前采用的以相对密度控制为代表的室内模拟试验方法，已不能有效地反映实际坝体变形特性情况，现行的粗粒料室内试验模拟方法经常引起工程和学术界的争议。糯扎渡高心墙堆石坝首次采用在天然土料中掺加35%的人工碎石，既满足抗渗要求，又提高了心墙土料的力学性能，并提出了简单而有效的掺砾土心墙的填筑工艺。系统研究了掺砾土料质量检测方法，创新性地开发了ϕ600 mm超大型击实仪进行全料击实试验，并与ϕ300 mm大型击实仪等量替代法全料击实试验及ϕ152 mm细料击实试验结果进行对比，提出了施工质量检测以压实度为控制指标，采用双控法，即在现场对细料进行三点法快速击实，在试验室进行全料压实度复核，既满足了快速施工的要求，又提高了压实度计算的准确度，为高心墙堆石坝质量标准和质控方法提供了依据。在大坝施工质量控制中，首次采用GPS技术，对大坝填筑碾压的各项参数进行全面、实时、在线、自动监控和信息反馈，使施工质量更加真实可靠，为高心墙堆石坝施工质量检测提供了一条新途径。

高土石坝坝体变形和沉降是控制工程安全的重要因素。单纯采用现有筑坝经验及传统的坝体变形线性估算方法和坝坡稳定极限平衡分析方法，已不能满足分析评价高土石坝和超高土石坝的变形、不均匀变形及分布规律、变形及不均匀变形对坝体防渗结构的影响以及优化坝体分区结构和防渗系统结构等的需要。目前的土石坝设计，已从单纯依靠工程师经验判断开始向经验与数值分析相结合的方向发展，正在逐步建立和完善以静、动力变形及渗透稳定为评价依据的综合评价方法和评价标准。

高应力作用下堆石体颗粒会被压碎，导致堆石颗粒的重新排列，从而引起坝体堆石变形和强度特性的变化。因此，高应力下筑坝材料变形和强度特性的试验研究是高土石坝技术发展过程中的重要问题之一。在高土石坝的建设中，其主要设计原则是严格控制堆石体的变形，并使防渗系统能适应坝体变形。堆石体变形越小，防渗系统就越可靠。目前，堆石体填筑的设计控制指标主要依据堆石料的三轴压缩试验和侧限压缩试验结果，并通过坝体应力应变分析选择确定。常规的压缩试验持续时间很短，只能得到堆石体受力后的初期变形情况，而不能获得长期受力条件下的变形参数。变形观测结果表明，大坝长期运行过程中，堆石体仍有较大的变形，尤其是软岩堆石体或压实不好的堆石体变形量比较大，成为大坝安全运行隐患。特别是高面板堆石坝堆石体长期变形对面板及周边缝止水系统的影响，是工程界关注的问题。

土石坝稳定计算，长期以来主要采用滑弧稳定计算方法，而且以瑞典滑弧法及直线滑块法为主，近几年，已发展为考虑分条侧压力影响的改良Bishop法、Morgenstern法或通用条分法等，同时对安全系数也做了相应修改。随着有限元分析方法的普遍应用，提出了多种本构模型及计算方法和理论。近些年的计算分析成果，结合实测数据，逐渐取得了一些经验。对于地震动力，以上几种模型，多按静力加载路径分析，但对地震波的加载过程尚难很好反映。工程建设中加强了原型观测及反馈分析,对验证相应的计算模型成果是很好的依据,也促进了基本理论研究的进一步提高。

目前,超高坝大多以心墙堆石坝、混凝土拱坝为比较坝型的代表,重力坝相对较少。高坝选型中除研究比较坝址工程地质条件、天然建筑材料、枢纽建筑物布置、施工条件、环境影响、工程量、投资和工期外,还要研究比较类似工程设计建设的经验和教训,选择设计建设经验较多、安全可靠性高、技术风险性小、运行维修方便的坝型。对于地形较为开阔、便于布置岸边溢洪道和上坝填筑道路的坝址,适合选择堆石坝。堆石坝可就近取材、因材设计,对坝基地质条件的适应性强,大坝填筑施工机械化程度高,施工速度快,可降低工程造价,是发展速度快、应用前景广阔的坝型。我国超高心墙堆石坝的技术还处于发展阶段,作为超高坝的比选坝型,要重视研究以下问题:①心墙料的性能指标及其配比设计问题。超高心墙坝对心墙料的防渗性能、抗剪强度和变形模量等都有较高要求,当天然土料不能满足要求时,就必须进行改性处理。所谓心墙料设计,就是选取枢纽工程区易于获得的材料与天然土料进行合理搭配,以达到设计要求的心墙料级配和物理力学性能指标。心墙料制备工艺复杂,成本较高,是影响该坝型竞争力的主要因素。②堆石体应力强度和变形稳定性问题。由于坝基、坝体的不均匀变形是造成大坝裂缝和大量漏水、影响大坝安全及正常运行的主要原因,超高堆石坝选型对材料选用、物理力学性能试验、大坝应力变形分析提出了更高要求,堆石坝设计要根据模拟大坝施工和运行过程的数值计算分析成果,确定大坝体型、材料分区、施工参数和进度计划,以有效控制大坝变形,尤其是有害变形。堆石坝长期变形稳定、湿化变形稳定问题也不容忽视。③近坝库岸滑坡体和堆积体稳定安全性问题。考虑到滑坡涌浪可能威胁堆石坝安全,必须查明近坝库区滑坡体、堆积体的分布状况,边界条件和可能失稳模式,评价其稳定性及其对大坝的可能影响。如果近坝库区大型滑坡体和崩塌堆积体的失稳可能威胁到堆石坝的安全,且处理难度大、费用高,则应放弃堆石坝坝型。

覆盖层的工程特性及处理技术是深厚覆盖层上建设高土石坝的关键技术问题之一。位于西南、西北等地区的水利水电工程大多建在由砂土、砂砾石或碎石土等组成的深厚覆盖层地基上,例如已建的瀑布沟、锦屏一级、冶勒狮子坪、九甸峡、察汉乌苏、下板地及在建的两河口等工程。采用混凝土防渗墙、帷幕灌浆等进行覆盖层的防渗处理早有成功的经验;对于极深覆盖层处理,经验尚不多;在永久性和重要的工程中采用高喷和塑性混凝土防渗墙,还有待进一步研究。小浪底斜心墙土石坝工程,覆盖层采用混凝土防渗墙,深达130多m,局部与岩体接触部位或倒悬的陡壁处采用了高喷相接,为采用既厚且深的混凝土防渗墙积累了经验。四川冶勒沥青混凝土心墙坝地基覆盖层最深达420 m,右岸部分采用130多m深的悬挂式防渗墙,根据地形条件创造性地采用双层接力措施,即上下墙之间建造一条施工廊道,保证了施工质量,为在深厚覆盖层的防渗处理方面树立了新的范例。新疆下坂地沥青混凝土心墙坝覆盖层厚150多m,地基处理上部采用混凝土防渗墙(悬挂式墙),下部与深层灌浆防渗相连接。河北黄壁庄工程,过去采用黏土铺盖,一直未能很好地解决地基渗漏及其冲蚀作用问题,近年改为全部防渗墙的处理方式,局部先振冲加密再做防渗墙,取得了较好的效果。总的来说,近年来我国土石坝深厚覆盖层处理技术取得了很大进步。

1.2.2 主要问题和取得的成功经验

过去20年里,中国在200 m级高土石坝的建设方面取得了成功经验。近年来对250~300 m级超高土石坝的适应性、安全建设关键技术开展了系统的研究,取得了丰富的创新性成果。下阶段应着重对堆石料本构模型及材料缩尺效应、基于细观力学的大坝应力变形分析、垫层料和过渡料的不均匀变形传递机制、大尺度试验技术、300 m级高坝安全监测设备实用化等方面开展进一步的深入研究。

1.2.2.1 主要成功经验

1.堆石材料分区

要求尽量减小上下游堆石区的模量差,减少坝体上下游之间的不均匀变形。为协调坝体变形,在坝体上部高程和较陡岸坡部位设置特别碾压区(也称增模区)。为使下游水位以上的坝体保持干燥状态,在坝体内设置竖向和水平向排水区。

2.堆石填筑密实度

要求堆石体采用中等以上硬度并且级配良好的石料,同时提高堆石填筑密实度。一般采用25 t振动碾,有的工程采用32 t振动碾,洪家渡工程采用冲碾压实机(击振力达200~250 t),并加大碾压遍数,从而显著提高了堆石体的压实度。另外,采用GPS实时碾压质量监控技术和附加质量法等技术手段,确保填筑质量满足设计要求。检测资料表明,三板溪、洪家渡、水布垭面板坝的上游堆石区孔隙率分别达到17.62%、19.6%和19.6%,下游堆石区孔隙率分别达到19.48%、20.02%和20.7%,总体上比天生桥一级面板坝的孔隙率降低了2%~4%。

1.2.2.2 暴露出的突出问题

涉及变形控制的核心问题——变形预测,暴露出若干科学问题未得到很好的解决,体现在以下几个方面:

(1)大坝变形的计算理论和方法亟待突破。堆石料是散粒体材料,其力学特性非常复杂,具有明显的非线性、应力路径相关性、剪胀(缩)性、流变性,同时还存在湿化劣化、高围压下颗粒破碎等更复杂的特性。目前,常用的邓肯-张E-B模型、清华非线性解耦K-G模型、“南水”双屈服面弹塑性模型等本构模型,均基于连续介质力学,对堆石料的散粒体特性进行了概化处理,难以完整准确刻画堆石体的所有力学行为。

(2)堆石材料试验的缩尺效应尚未解决。面板坝设计过程中通常利用室内普通三轴试验、大三轴试验等手段获取堆石体的材料参数,但受制于试验设备的尺寸和加载能力,实验室内获得的材料参数与真实大坝堆石体的参数之间差异明显。缩尺效应的存在,往往导致高坝变形计算值较实际观测值偏小,低坝变形计算值较实际观测值偏大,这也是高坝变形预测不够准确的主要原因之一。

1.2.2.3 安全控制标准及评价方法

以国内外已建200 m级高面板坝研究为基础,结合澜沧江古水、如美,黄河茨哈峡,怒江马吉4座典型工程开展研究,归纳总结并提出了高面板坝的安全控制原则及指标,主要包括防洪、抗震、坝顶安全超高、坝体变形、面板变形及应力、接缝变形、抗滑稳定、大坝渗流等,为250~300 m级高面板坝的安全评价及控制提供了参考。除采用确定性评价方法外，尝试采用风险分析方法，开展了典型高面板坝的风险辨识及分析。对堆石料抗剪强度变异特性和邓肯-张 E-B 模型参数变异性进行了概率特性统计，按统计的参数计算，典型面板坝的变形可靠度指标在竣工期和蓄水前分别为 2.223 和 2.016，蓄水期面板挠度可靠度指标为 1.766。研究建议，250～300 m 的堆石坝正常运行工况下坝坡抗滑稳定可靠度指标取 4.7(相应的失效概率为 10^{-6})，与坝坡抗滑稳定安全系数 1.7 大致相当。

1.2.2.4　材料试验技术

围绕堆石料材料试验缩尺效应为核心的问题，通过大比尺室内试验、现场原位试验、数值剪切试验等多种途径开展了探索性的对比研究。

(1)大比尺室内试验。依托古水、茨哈峡、马吉和如美 4 个工程平行开展了筑坝料室内大三轴剪切试验(直径 300 mm)，系统分析了堆石料在高应力复杂路径条件下的应力应变特性、强度特性、缩尺效应、颗粒破碎特性及流变特性等堆石料变形机制和规律。

(2)现场原位试验。对于超高堆石坝，堆石最大粒径达到 600～800 mm，因此有必要在现场开展大尺度试验。茨哈峡工程结合筑坝料现场碾压试验开展了平洞应力路径试验(见图 1-1)，试验最大加载量 6.0 MPa，承压板面积为 1.72 m²，最大荷载为 10 320 kN。

(3)数值剪切试验。近年来，许多学者通过颗粒体离散元等数值方法，模拟堆石体的细观组构，开展数值试验(见图 1-2)。数值试验能够进行大量的敏感性分析，研究堆石体组构的细观演化过程，为研究堆石料细观力学行为及缩尺效应提供了有效手段。

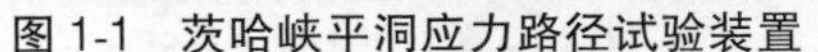
图 1-1　茨哈峡平洞应力路径试验装置

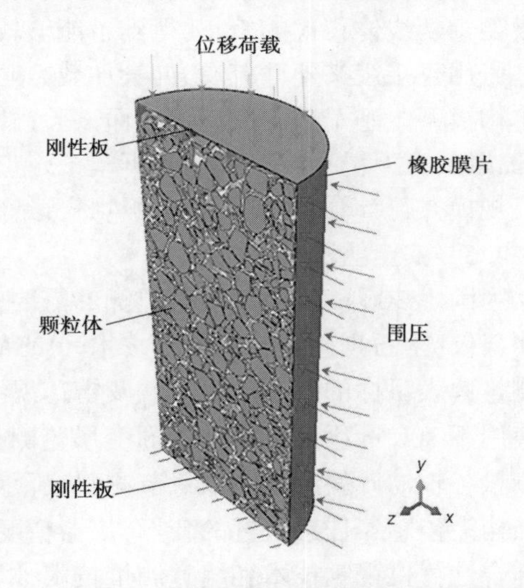

图 1-2　细观数值剪切试验加载示意图

(4)堆石料缩尺效应机制新探索。堆石料的缩尺效应影响因素有缩尺方法、压实度控制标准、颗粒自身性质等。采用细观数值模型，对古水、如美和茨哈峡等工程堆石体进行数值剪切试验，结果表明：与室内试验结果相比，E-B 模型变形参数 k、n、k_b 均随着试样尺寸的增加而减小，古水、如美坝料 k 值的下降幅度在 10%～17%，k_b 值的下降幅度在 17%～19%，茨哈峡下游堆石料的 k 值和 k_b 值的下降幅度分别为 25%和 29%，缩尺效应明显。茨哈峡上游砂砾料 k 值和 k_b 值的下降幅度分别为 4%和 10%，缩尺效应较小。另外，围压越大，堆石料的缩尺效应越明显；母岩强度越高，缩尺效应越明显。经室内三轴试验

(试件直径最大为 300 mm)发现,随试件尺寸的增大,堆石料的 E-B 模型变形参数有所增大。研究认为,堆石料的颗粒破碎存在两种与尺寸有关的细观机制:一是大颗粒易于破碎,导致大试件材料参数低于小试件;二是大颗粒的咬合作用强于小颗粒,导致大试件材料参数高于小试件。

研究认为,在堆石坝中两种机制同时存在且交替作用。受碾压振动、堆石自重及水荷载等的影响,堆石组构承受围压。当围压相对较低时,堆石颗粒的咬合作用(骨架效应)维持堆石组构稳定;当围压增大并超出堆石组构的承载能力时,堆石发生颗粒破碎,组构变化并进入新的稳定状态;如此反复作用,直至堆石组构趋于稳定平衡状态。在上述过程中,堆石颗粒的咬合作用和颗粒破碎两者之间的强弱对比决定了缩尺效应。

对高堆石坝而言,碾压过程中采用重型碾压设备,堆石料不可避免地会发生颗粒破碎;施工期和蓄水期堆石自重及水荷载的联合产生的高围压使堆石颗粒发生二次破碎,材料湿化劣变进一步加剧了堆石破碎变形,堆石颗粒破碎效应总体强于骨架效应。而目前室内三轴试验尺寸较小,难以反映高面板坝堆石材料的真实工作状态。从大坝变形监测数据看,即表现为高坝的实际变形值大于计算预测值,高坝堆石的变形参数低于室内三轴试验值。

1.2.2.5　堆石本构模型及精细化数值模拟方法

在对堆石材料工程特性研究的基础上,基于破碎能耗的概念,通过对"南水"双屈服面模型中切线体积比的修正,得到了能够较为合理地反映堆石材料的体积变形的本构模型。采用直接定义塑性流动方向、加载方向和塑性模量的方法,构建了堆石材料的广义塑性本构模型。基于室内大型接触面试验,开发了堆石与混凝土非线性接触面模型以及相应的接触力学计算方法;提出了可模拟施工填筑和面板细部结构的精细化建模方法,并通过大规模并行计算,实现了高面板坝变形、应力的精细化仿真计算。

1.2.2.6　安全监测新技术

为满足 300 m 级高坝安全监测的需要,研究了 InSAR 变形监测技术、管道机器人、柔性测斜仪、土石坝监测廊道等新技术。InSAR 是微波成像遥感与干涉技术的结合,能够精确测量地表目标的三维空间位置及雷达视线向微小形变,可实现大范围的连续覆盖,有希望应用于 300 m 级面板坝的表面变形监测。柔性测斜仪由多节测斜仪首尾串联而成,通过测量各轴的倾斜度以获取每节测斜仪顶点相对于其底部点的空间坐标,从而获取被监测结构沿传感器任意位置的变形,仪器精度满足 300 m 级高堆石坝监测要求。管道机器人结合计算机视觉技术和缝宽测量技术,以实现对坝体内部水平位移的监测。土石坝内监测廊道便于解决土石坝内部变形监测问题,同时还可以减少对大坝的填筑影响,方便监测仪器设备维护和更换,便于堆石坝内监测仪器电缆的牵引和保护。

1.3　软岩筑坝的发展概况

我国水利水电有关勘测设计规范中,均界定岩石的单轴饱和抗压强度等于和大于 30 MPa 者为硬岩,低于 30 MPa 者为软岩。软岩一般包括岩性软弱及较强风化程度岩石,其软化系数较小,吸水率较高,饱和后的抗压强度仅为干抗压强度的 20%~30%,浸水饱和后损失强度较大。但在(加水)振动碾压过程中岩块(尤其岩块尖角)将出现一定的破碎，使孔隙间被细碎料填充，达到高的密实度，以补偿岩块强度低的影响，而不致过多降低其压缩模量。我国的株树桥等工程利用的软岩料饱和强度均低于30 MPa。实际工程中使用的各种软岩料，均具有一个较为普遍的特点，即软岩料对环境变化的敏感性很强，现场刚开采的各种软岩料尚有一定的强度，但稍经风雨、日晒的影响，其强度迅速降低，颗粒加剧破碎。我国在20世纪80~90年代，根据工程及料源情况，进行了软岩筑坝的研究与实践。一般将软岩填筑在大坝下游区尾水位以上的干燥区内，如天生桥一级(砂泥岩及薄层灰岩的混合料，饱和抗压强度不小于20~30 MPa)、十三陵上库坝(风化安山岩，饱和抗压强度11~68 MPa)、大坳、公伯峡等。

较之硬岩料，软岩料的颗粒一般都较细，而且碾压后又有严重的颗粒破碎，其压实后的级配与原始级配相差很大，甚至是完全变成另一种性质的材料，其工程性质也随之而有差异。根据国内经验，软岩料的级配对实际工程并无太大的影响，但要以压实后的级配为准，取用各项设计计算指标。现场和实验室观测表明，堆石距表面的深度超过0.5 m后，遭受风化的影响很小，设计中采用1.0~1.5 m厚的新鲜岩石保护层，已可防止内部岩石的继续风化。而继续风化后的岩石的适用性，则应鉴定其在运行期内形成最终风化产物中黏土颗粒的含量，使堆石体在应力变化时不致产生孔隙水压力，并降低强度指标。软岩堆石强度相对较低，且由于其母岩质地较软，压实后颗粒破碎较多，破碎后的颗粒填充了堆石间的间隙，因此其排水能力相对较低。但密实的软岩堆石仍具有较高的抗剪强度和抗变形能力。如果能够做好坝体排水，扩大软岩料的利用范围是可以接受的。

充分利用坝址附近的各种坝料，因材设计，是土石坝设计的基本原则。软岩料分布广，开采成本低，软岩料的充分利用已成为堆石坝建设中的迫切要求。随着筑坝技术的发展，软岩料的利用越来越多。国内外大量利用软岩料填筑的成功经验表明，过去因抗压强度低、软化系数小而不被采用的软岩堆石料，经过专门设计，仍可作为堆石料填筑在坝体合适的部位甚至大部分区域。自20世纪80年代中期后，由于建坝增多，坝址及坝料选择条件逐渐苛刻，相应的软岩料利用在坝体中的填筑区域逐步增大，不少已经放在了主堆石区，甚至发展到全部采用软岩料作为坝体填筑料。

在工程设计中，对于软岩的利用，要充分考虑堆石坝的变形特点和软岩材料的物理力学特性，在此基础上对坝体结构进行分区设计。通过坝体堆石材料的分区，合理调整坝体变形的分布，在保证坝体整体稳定和受力均匀的前提下，尽可能地扩大软岩利用区的范围。根据国内外已有的工程实践，对于软岩堆石料的利用实际采用的原则是：保证软岩料区的下边界线在大坝运行时处于干燥区，以便坝体排水畅通，并避免软岩遇水产生湿化变形；保证坝体下游边坡的稳定，且在其外侧留有不小于2 m新鲜硬岩填筑区，以防止软岩料的继续风化；上边界线应保证其上有不小于5~10 m的新鲜硬岩填筑层覆盖。坝体断面分区的优化一般采用应力变形分析结合坝坡稳定分析的方法进行。为达到经济及缩减工期等目的，一般要求最大限度地利用近坝材料和枢纽开挖石渣。根据这些材料的特性，将它们用于坝内合适的部位。由当地坝料来源设计坝体剖面，而不是规定大坝的剖面分区后再去寻找合适的坝料。这种思想促使软岩料的利用不断突破已有的经验和设计规范的局限。

在利用软岩筑坝方面，虽然国内外利用软岩修筑的堆石坝已积累了很多的经验，但是在认识上仍总结不够，软岩料在百米级高堆石坝中的应用还是比较少见的，对于一些关键问题的认识有待深入。这些问题包括软岩料的工程力学性质、软岩利用与断面优化方法、软岩料开采技术、适应于软岩料的填筑标准和碾压方法、软岩填筑坝体的变形及流变特性等。

2 高心墙土石坝工程实例

2.1 高心墙堆石坝工程实例

2.1.1 糯扎渡水电站心墙堆石坝(土心墙和反滤层建基在岩基上)

糯扎渡水电站枢纽工程位于云南省普洱市和澜沧县境内,是澜沧江中下游河段梯级规划第五级,电站总装机容量 5 850 MW,总库容 237.03×10^8 m^3,最大坝高 261.5 m,坝顶高程 821.50 m,坝顶长 608.16 m,坝体填筑量 3 495 万 m^3。枢纽由砾石土心墙堆石坝、左岸开敞式溢洪道、左岸泄洪隧洞、右岸泄洪隧洞及左岸地下引水发电系统等建筑物组成,大坝设计地震烈度 8 度。坝址区主要出露地层为花岗岩、砂泥岩及第四系松散堆积层等。坝址河谷呈 V 形,右岸平均坡度约 40°;左岸在高程 850 m 以下平均坡度约 45°,高程 850 m 附近为长、宽各 700 m 的侵蚀平台地形。河床冲积层厚度 8~30 m,上部为细砂层、含砾砂层,较松散;下部为漂石、卵砾石层或砂卵砾石层,中等密实—密实,夹有薄层透镜状黏土层及泥质粉细砂层。

糯扎渡水电站心墙堆石坝采用直心墙形式,心墙上下游侧分别设置 2 层反滤层,上游侧各宽 4 m,下游侧各宽 6 m;反滤层两侧分别设置宽 10 m 的细堆石过渡料区。坝体上游区、下游区的水下部分及坝坡附近采用弱风化以下花岗岩或角砾岩填筑,下游区的干燥区采用建筑物区开挖的弱风化以下砂泥岩和强风化花岗岩组成的粗堆石料填筑。心墙顶部高程 820.5 m,顶宽 10 m,上下游坡坡比均采用 1∶0.2;心墙采用掺砾土料填筑。坝顶宽度采用 18 m,坝顶以上外露防浪墙高度 1.2 m。根据坝坡稳定性及抗震需要,上游坝坡采用 1∶1.9,下游坝坡采用 1∶1.8。心墙及反滤层建基面要求开挖至弱风化基岩。设计中结合平面有限元应力应变计算成果,分析了竣工期和蓄水期直心墙和斜心墙堆石坝两种方案的性态。比较表明,直心墙堆石坝坝坡稳定性、坝体应力变形及抗震性方面均满足设计要求,并且在地形地质条件的适应性、基础处理、抗震性能、方便施工、工程造价等方面不同程度地优于斜心墙堆石坝。斜心墙堆石坝仅在心墙抗水力劈裂方面稍有利,即斜心墙内的大小主应力都有所增加,上游面应力梯度有所降低,表明其抗水力劈裂性能略好;但以有效应力法和总应力法判断,直心墙堆石坝不会发生水力劈裂破坏。因此,设计最终选择了直心墙堆石坝方案。

糯扎渡大坝工程土料场主要为坡、残积层和强风化土层,平均天然干密度分别为 1.43 t/m^3、1.58 t/m^3 和 1.7 t/m^3。土料主要技术指标符合一般防渗土料基本要求。但土料明显偏细,<0.075 mm 的有 50%以上,大于 5 mm 的仅约 15%。当击实功能采用 2 690 kJ/m^3 时,心墙沉降量达 13.62 m,占坝高的 5.2%。竣工后沉降量 2.957 m,占坝高的 1.13%,其力学性能尤其是压缩性不能满足 260 m 高坝要求,故进行了土料掺入人工碎石

的砾石土试验研究。经过多场混掺工艺试验表明,选用碎石和土料铺层厚度的比例以碎石:土=0.5 m:1.03 m 比较合适;采用4 m^3 挖土机一次性立采混合,装32 t自卸汽车运料至试验场摊铺,经检测,碾压后整体效果良好,层间结合区良好。局部有砾石集中现象再加以改进。现场试验对三种碾压机械进行了比较,即19 t自行式标准凸块振动碾、19 t自行式浅凸块振动碾及19 t自行式振动碾。最后选择了综合性能较优的三一重工生产的19 t自行式标准凸块振动碾,工作质量18 700 kg、激振力380 kN/260 kN、凸块高度10 cm。铺料厚度进行了铺厚30 cm及40 cm的试验,综合效果以铺厚30 cm较优,碾压8遍。多组现场渗透试验成果表明,垂直渗透系数及水平渗透系数在 $i\times10^{-5}\sim i\times10^{-6}$ cm/s。鉴于大坝堆石体具有较高的强度和变形模量,心墙防渗土体也必须具有较高的变形模量相适应,尤其是糯扎渡这样的高坝。室内试验也表明,在2 690 kJ/m^3 击实功能下,这种砾石土料的渗透系数一般在 $i\times10^{-6}\sim i\times10^{-7}$ cm/s,在下游有反滤保护下,试验破坏比降达到100多,具有很高的抗渗稳定性;有效内摩擦角 φ 可达30°多;压缩变形属低压缩性。这是一种比较良好的防渗材料。

糯扎渡坝高、水头高,坝体两岸岸坡较陡,采用合理级配及一定厚度的反滤层,控制好滤土排水效果,是保护心墙坝体渗透稳定的关键所在。昆明设计院进行了反滤料特性的系统研究,包括料源和级配、反滤料工程特性及对心墙料的保护特性试验。反滤料Ⅰ、Ⅱ均为石料场微、新角砾岩,经破碎、轧制、球磨而得,两种试验用料的不同颗粒级配由设计提出,根据不同的试验项目采用不同的级配组合。反滤料工程特性方面,进行了相对密度、压缩、渗透及渗透变形、三轴强度以及应力应变试验。就反滤料对心墙料的保护特性进行了不同心墙料(坡积料混合料、掺砾料)的试验,其中反滤料Ⅰ层(平均级配)保护下的掺砾料进行了在水力比降1 200、1 250条件下的渗流稳定性试验,并深入分析研究。

2.1.2 瀑布沟水电站心墙堆石坝(建基在深厚覆盖层上)

瀑布沟水电站枢纽工程位于大渡河中游尼日河汇合口上游觉托附近,电站总装机容量3 300 MW,总库容53.9亿 m^3,最大坝高186 m,坝顶高程856 m,坝顶长度667 m;枢纽由砾石土心墙堆石坝、左岸溢洪道和深孔泄洪洞及引水发电系统、右岸放空隧洞等建筑物组成。坝址处河谷比较狭窄,大坝布置在V形河谷的深厚覆盖层上。覆盖层由上向下为漂(块)卵石层、含漂卵石层夹砂层透境体、卵砾石层以及漂卵石层共四大层组成。覆盖层总厚度一般为40~60 m,而深切河槽部位厚度达75.36 m。坝址两岸谷坡基岩裸露,最大自然坡高大于500 m。坝体与两岸谷坡接触带,左岸为风化花岗岩,岸坡40°左右,岩体相对完整;右岸为弱风化玄武岩,岸坡45°左右,岩体相对较破碎,岸坡总体稳定。

瀑布沟水电站心墙堆石坝采用直心墙形式(见图2-1)。心墙上下游侧分别设置两层反滤层,上游侧各宽4 m及6 m,下游侧各宽6 m及9 m。第一层反滤料最大粒径5 mm,d_{15} 为0.17~0.5 mm,第二层最大粒径50 mm,d_{15} 为3.5 mm。反滤料需要量229万 m^3,近坝区缺少合适的砂砾料,因而采用机械破碎花岗岩制备。心墙底部在坝基防渗墙下游也设置反滤层,分别与心墙下游侧反滤层及堆石底部反滤层连接。反滤层上下游侧分别设置过渡层,采用地下洞室开挖的石渣料,最大粒径300 mm,坡度1:0.5。坝体采用右岸下游约1 km的卡尔沟和左岸上游约4 km的加里俄呷石料场的花岗岩(储量分别约有

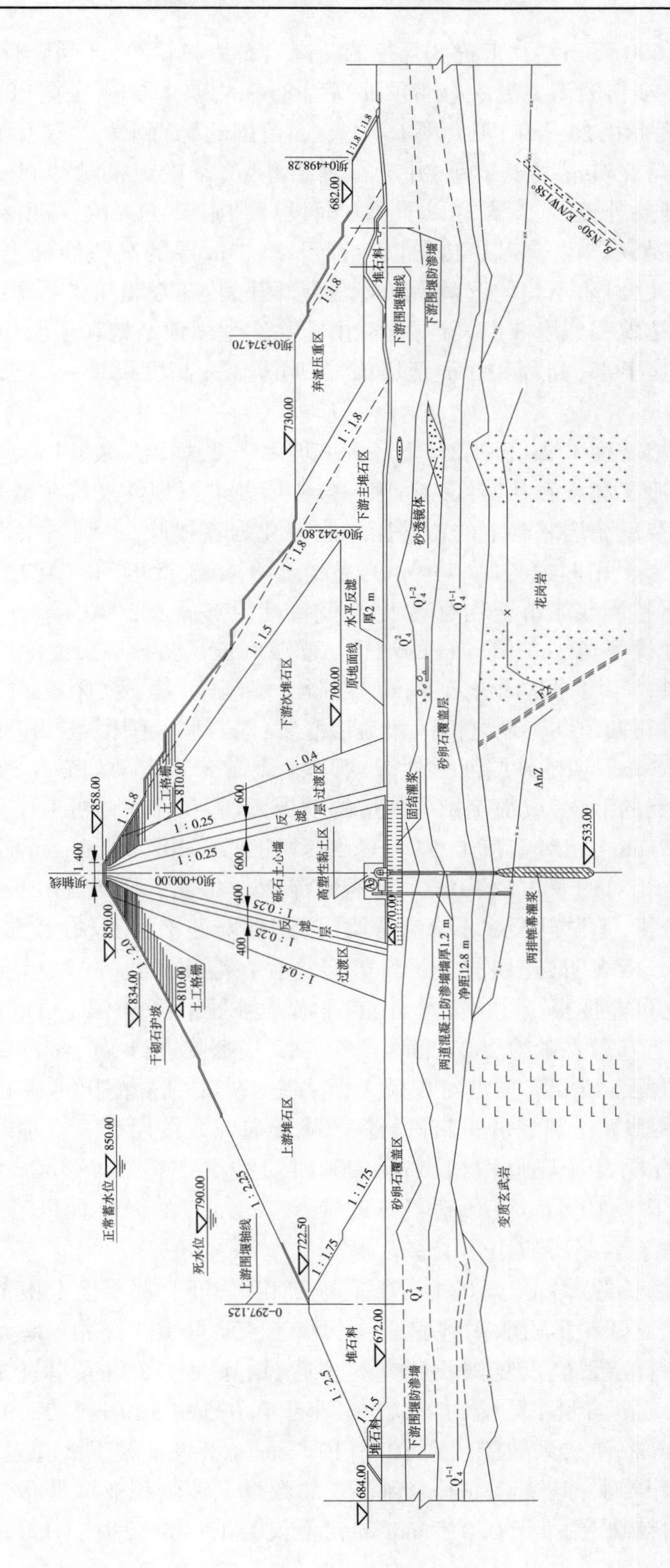

图 2-1 瀑布沟心墙堆石坝剖面图

1 200 万 m^3 和 1 600 万 m^3）及工程区开挖的花岗岩石渣料填筑，连同砾石土料，以满足坝体约 2 400 万 m^3 坝料的需要量。心墙顶部高程 854 m，顶宽 6 m，底宽 98 m（约为水头的 1/2），上下游坡度 1∶0.25；采用距大坝 16～17 km 范围的砾石土料填筑。心墙底部及坝肩部位开挖面形成后浇筑混凝土垫座，并进行固结灌浆，以避免接触冲刷。为防止心墙开裂，除设置好反滤层外，还注意做好以下几方面设计和施工：①在心墙顶部填筑几米厚的高塑性黏土；②在心墙与两岸基岩接触面上铺设 2～3 m 厚的高塑性黏土，两岸坝肩顶部黏土范围适当扩大，以防不均匀沉降引起心墙顶部开裂；③心墙和底部廊道周围均铺设高塑性黏土。大坝按地震烈度 8 度设计，抗震措施除注意坝顶结构和坝坡外，还在坡体上下游过渡区和堆石区上部（高程 810 m 至坝顶）每间隔 2 m 高度设置一层土工格栅，其外侧为砌石护坡。

大坝上游边坡坡度 1∶2～1∶2.25，下游边坡坡度 1∶2，坝顶宽度 14 m，坝体分为砾石土心墙、反滤层、过渡层和堆石共四区。河床部位心墙及堆石坝体坐落在覆盖层上，将左、右岸坝肩部位心墙及反滤层基础下的覆盖层和强风化岩石挖除，以利与岸坡紧密结合。心墙地基覆盖层防渗采用两道各厚 1.4 m 的混凝土防渗墙，两墙间净距 12 m，墙底嵌入基岩 0.8～1.0 m，下接灌浆帷幕至相对隔水层，防渗墙顶部插入心墙内部 15 m，两墙之间距心墙底部 10 m 处设置宽 3 m、高 4 m 的观测与灌浆廊道。防渗墙最大深度约 70 m。帷幕灌浆按 3 Lu 控制。心墙建基面浇筑 5 m 厚混凝土垫座，对其下河床覆盖层进行铺盖式灌浆，孔深 8～10 m；对两道防渗墙之间的覆盖层灌浆；对心墙范围覆盖层下面岩石进行铺盖式固结灌浆孔深 5 m。坝基砂层液化分析，坝基上下游分布有两块砂层透镜体，为防御 8 度地震荷载下可能的液化，成都院做了大量的勘探、试验和计算分析工作。上游砂层平均粒径 0.145～0.32 mm，相对密度 0.71～0.72，顶面埋深 40～48 m。下游砂层平均粒径 0.095～0.36 mm，相对密度 0.64～0.72，顶面埋深 26～40 m。按级配分析，两者都处于临界状态，按埋深分析，上游砂层属不易液化类，下游砂层处于临界状态。应用西特简化法和地震动力反应分析表明，建坝前上下游砂层均存在液化可能，建坝后在坝体压重作用下，砂层发生液化可能性很小。为安全计，在下游坝趾处增设 60 m 长的弃渣压重体。

心墙土料坝上方需要量约 280 万 m^3。多年来，成都院进行了大量勘探试验研究等工作，并和科研单位配合研究。重点对坝址上游右岸 16～17 km 的黑马砾石土料场和下游 23 km 的管家山高塑性土料场的土料进行深入试验研究。按照高土石坝现代建坝实践经验和《碾压式土石坝设计规范》（SL 274—2001）对防渗土料心墙基本要求，应当满足：①渗透系数不大于 1×10^{-5} cm/s；②砾石土粒径大于 5 mm 的颗粒含量不宜超过 50%；小于 0.075 mm 的颗粒含量不应小于 15%。

黑马Ⅰ区料场长约 2 km，宽 0.4～1 km，地势相对开阔，在平面上根据土料成因分为洪积亚区、坡洪积亚区和洪积堰塞型亚区。洪积亚区储量 300 万 m^3，是大坝主要防渗土料场。级配中细料偏粗，经反复试验研究复核后，剔除大于 80 mm 以上粗粒后，储量有 270 万 m^3，小于 5 mm 含量平均值约 49.76%，小于 0.075 mm 和小于 0.005 mm 颗粒分别为 21.89%和 5.46%，渗透系数能达到 10^{-5}～10^{-6} cm/s 量级。碾压试验表明可满足要求。虽然质量满足设计要求，但储量尚未达到要求的数量。坡洪积亚区储量约有 160 万 m^3，但颗料偏粗，黏粉粒缺乏，小于 0.075 mm 的含量仅为 13.48%，小于 0.005 mm 的含量仅平均有0.87%,渗透系数在10^{-4}~10^{-12} cm/s量级,不满足工程设计要求。洪积堰塞型亚区储量30万m^3,小于5 mm含量49.2%,小于0.075 mm和小于0.005 mm颗粒含量分别为21.2%和4.78%,基本可用。但该区地下水位较高,需进一步研究。黑马Ⅱ区料场距坝址17 km,根据土料成因分为洪积和坡洪积两个亚区,原级配土料偏粗,不能直接应用,20世纪90年代前期设计阶段曾做过调整级配试验,剔除60 mm以上颗粒后共有储量约90万m^3,级配及渗透系数基本可用。

之后通过现场碾压试验、室内试验和现场检测,重点对黑马料场Ⅰ区洪积亚区和坡洪积亚区的砾石土,以及管家山料场黏土等三种土料的级配调整、掺合黏土及碾压机械选择等进行了全面试验,并进行了专家咨询。咨询意见认为:①黑马Ⅰ区的洪积亚区砾石土有较好的压实性能,剔除80 mm以上颗粒后的实验室击实和渗透试验表明,能满足渗透系数要求,可以作为防渗料使用;而坡洪积亚区砾石土剔除80 mm颗粒后仍不能满足渗透系数要求,不能单独作为防渗料使用。②洪积亚区料掺与不掺管家山黏土,其渗透系数没有明显区别,坡洪积亚区料掺管家山黏土15%、20%情况下,压实度和渗透系数都不能完全满足要求;掺黏土25%后,压实度可满足要求,而渗透系数值接近设计要求。③碾压机具以振动凸块碾较为适用,碾压较均匀,结合较好,对含水率较不敏感,应用经验较多。冲击碾压实效果较好,效率高,但尚无碾压砾石土的经验,回转区碾压质量尚难保证。故目前推荐使用凸块碾,提高其设备碾压和激振力可参考糯扎渡等工程,选用重型凸块振动碾,以提高压实效果。④填筑标准:填筑含水率采用最优含水率的-1%~+2%;铺层厚度不超过35 cm,压实后30 cm左右,碾压不少于8遍;以压实度控制质量,主要控制细料压实度,满足标准击实的100%,合格率不低于90%,不合格部分压实度不小于标准值的98%。现场可以三点快速击实法控制压实度,并与碾压填筑参数作双重控制;渗透系数,宜在现场随机做双环注水试验测出,作为判断坝体宏观质量和复核设计之用。

2.1.3 双江口水电站砾石土心墙堆石坝

2.1.3.1 工程概况

双江口水电站是大渡河干流上游的控制性水库,具有年调节能力。电站装机容量2 000 MW,多年平均年发电量77.07亿kW·h。工程枢纽由拦河大坝、引水发电系统、泄洪系统等主要建筑物组成。通过可行性研究阶段坝型、坝线及枢纽布置格局比选和研究,双江口水电站拦河大坝采用碎石土心墙堆石坝,坝顶高程2 510.00 m,最大坝高314 m,是目前世界在建的第一高坝,坝体填筑总量约4 400万m^3。双江口水电站效果图及布置见图2-2、图2-3。

双江口水电站坝址地形为两岸较陡的V形河谷,河床覆盖层深厚,大坝设防烈度为8度。坝址区出露地层岩性主要为可尔因花岗岩杂岩体。坝址区无区域性断裂切割。除F1断层规模相对较大外,主要由一系列低序次、低级别的小断层、挤压破碎带和节理裂隙结构面组成;同时,两岸岩体发育条数众多、随机分布的岩脉。坝址区河床覆盖层一般厚48~57 m,最大厚度达67.8 m。

在可行性研究设计中,双江口水电站碎石心墙堆石坝坝顶高程2 510.00 m,将心墙处覆盖层挖除,心墙底部混凝土基座基础高程2 196.00 m,混凝土基座横河向宽45.28 m,

图 2-2　双江口水电站效果图

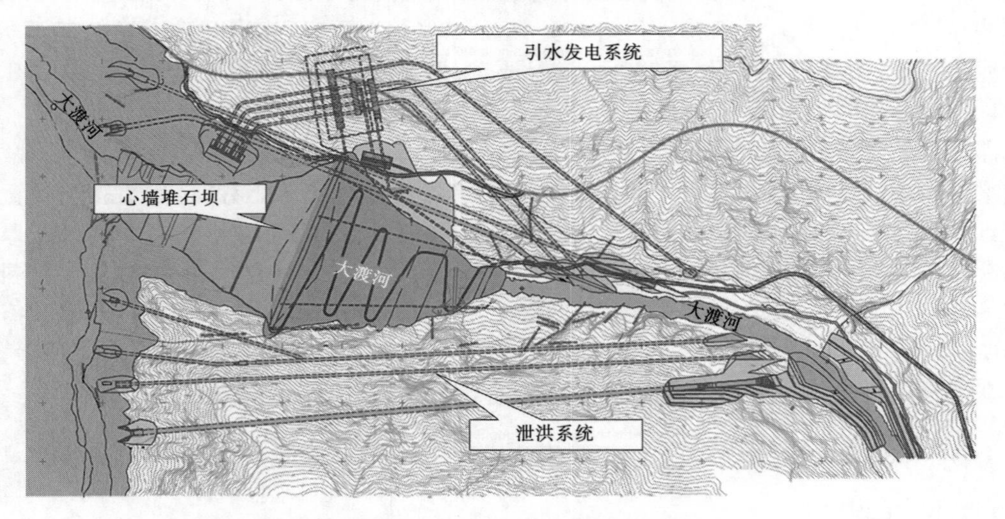

图 2-3　双江口水电站枢纽平面布置图

顺河向宽 128.80 m。基座内设置基岩帷幕灌浆廊道(3 m×3.5 m),最大坝高 314 m,坝顶宽度 16.00 m。上游坝坡坡度 1∶2.0,高程 2 430.00 m 处设 5 m 宽的马道;下游坝坡 1∶1.90。坝体典型设计见图 2-4。

结合双江口水电站工程特点,300 m 级心墙堆石坝可研阶段筑坝关键技术难题主要包括:①近坝区筑坝材料特性及其对 300 m 级心墙堆石坝的适用性研究;②300 m 级心墙堆石坝的坝体及坝基在各种工况下应力与应变分析;③300 m 级心墙堆石坝坝壳对防渗心墙的“拱效应”作用及水力劈裂问题研究;④300 m 级心墙堆石坝坝基防渗结构形式的选择和安全可靠性分析;⑤300 m 级心墙堆石坝坝基防渗体与坝体土质防渗心墙的连接形式选择及接头构造设计;⑥适应高应力、高水头、大变形条件下 300 m 级心墙堆石坝的坝基防渗墙墙体材料研究;⑦坝体堆石料在高应力作用下的变形特性对坝体沉降及防渗结构的影响研究;⑧300 m 级心墙堆石坝坝区渗流分析及控制方案研究;⑨300 m 级心墙堆石坝在高地震烈度下的动力反应分析及抗震措施研究。

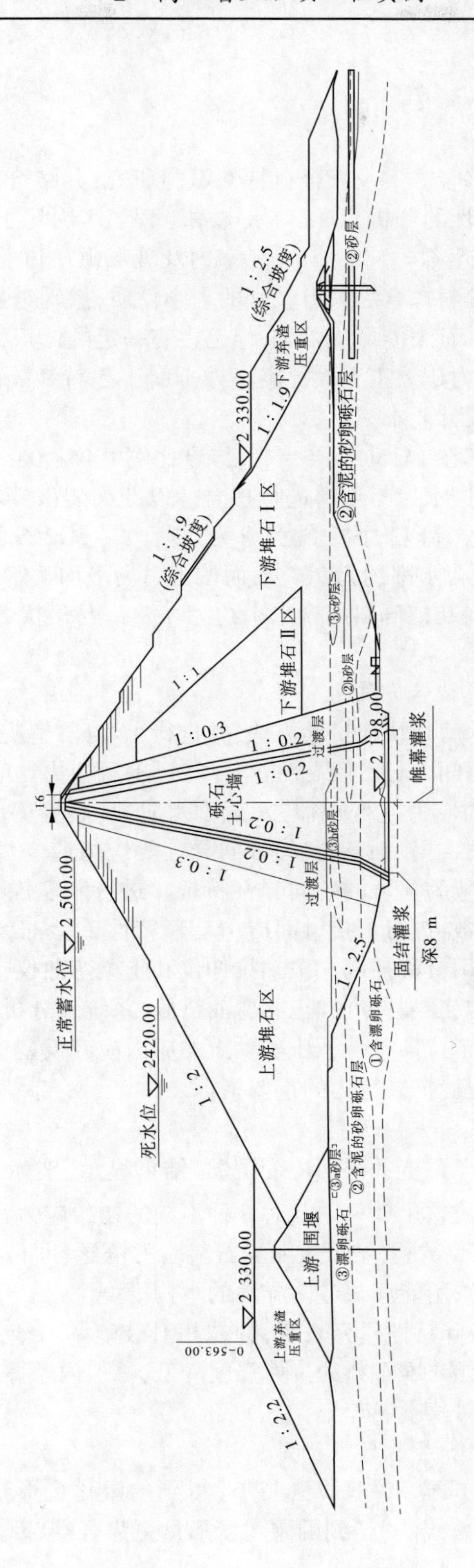

图 2-4　双江口大坝坝体典型断面图　（单位：m）

2.1.3.2 研究与设计

1. 筑坝材料特性研究

1) 防渗土料改性试验研究

经过对心墙防渗料的掺合方案及掺合料特性试验研究，并结合现场碾压试验对掺合工艺、掺合参数及掺合料特性的分析，双江口水电站工程当卡料场土料推荐掺合比例（干质量比）为黏土∶花岗岩破碎料 = 50%∶50%。室内及现场碾压试验研究成果表明，当卡料场上部黏土与花岗岩破碎料掺合后具有较好的力学性质，掺砾对强度的提高非常明显。这表明，在掺砾料中，虽然砾石未能形成骨架，但已占有一定的体积，对掺砾料产生明显的影响，掺砾料抵抗变形的能力比黏土大大提高。掺砾料工程特性能满足双江口 300 m 级心墙堆石坝对防渗土料的设计要求。

掺砾料压实最优含水率在 14.5% ~ 5.4%（掺合比例 100%∶0 ~ 30%∶70%），经室内和现场掺合工艺研究，砾料应饱水后与土料进行掺合。以花岗岩破碎料浸润状态含水率为 1%计算，不同掺合比例时掺砾料加权含水率为 15.1% ~ 5.2%，略高于最优含水率。50%∶50%掺比下，填筑最优含水率约为 7.7%，而按土料场平均天然含水率 15.1%及砾石料面干含水率 1.0%进行加权，掺砾料的含水率约为 8.8%，与最优含水率较为接近，有利于施工填筑。

2) 防渗土料材料特性及试验方法研究

提出了掺砾料固结排水剪切快速试验方法，并进行了验证，解决了大型三轴试验进行心墙料固结排水剪切试验时间太长的问题；进行了掺砾料等应力比应力路径三轴试验，揭示等应力比路径下心墙料的应力应变规律，发现蓄水阶段，心墙剪应变处于显著回弹状态；进行了掺砾料真三轴试验，揭示心墙料的各向异性等应力应变规律，表明对不同的应力状态，心墙料可能呈现出较为显著的各向异性特征。进行了非饱和心墙料的土水特征曲线试验，确定相关模型参数；进行了接触面应力变形特性试验，揭示了接触面等应力比路径下变形、强度特性。利用位移控制式单轴拉伸仪和土梁弯曲仪，对双江口水电站心墙土料进行了系列的单轴拉伸、断裂韧度和土梁弯曲试验，系统地分析了压实黏土拉伸应力应变特性及断裂机制，建立了拉伸条件下压实黏土的应力应变模型，揭示出断裂区的大小和断裂韧度可作为描述其裂缝扩展行为的重要指标。

3) 堆石料材料特性及试验方法研究

对堆石料进行了围压 σ_3 不变的平面应变试验，结果显示，破坏时的偏应力要比常规三轴试验大，且有更加明显的软化现象。针对 6 种不同的初始应力状态，分别进行堆石料 3 个主应力方向上的单向加荷试验，结果表明堆石料应力诱导各向异性显著，要准确反映堆石料的应力应变性质，应采用能反映各向异性的本构模型。

堆石料高应力下颗粒破碎特性研究表明，颗粒相对破碎率与塑性功基本符合双曲线的关系；颗粒破碎的增加将导致堆石料的抗剪强度降低，峰值内摩擦角与颗粒破碎率之间近似呈线性关系，应力路径对其影响较小。

4) 堆石料湿化特性试验及经验模型研究

(1) 堆石料的“单线法”试验和“双线法”试验得到的湿化变形量差别较大；由于“双线法”没有反映湿化过程，“单线法”得到的湿化变形量更为合理，因此在对堆石料的湿化变形进行研究时,应以“单线法”为主。

(2)堆石料的湿化轴向变形随湿化应力水平的增大而增大,并在湿化应力水平0.6~0.8附近出现拐点;在湿化应力水平0.6~0.8之后,湿化轴向变形随湿化应力水平的增加而急速增大,而湿化轴向应变与围压的相关性不大。堆石料湿化体积应变与湿化应力水平和围压相关,这与细粒料的湿化变形是不同的,湿化体积应变随湿化应力水平和围压的增加而增加。

(3)提出了堆石料湿化变形的经验公式,湿化轴向变形与湿化应力水平的关系可以用指数型函数拟合;湿化体积应变与湿化应力水平的关系可以用线性函数拟合,拟合曲线基本能反映堆石料的湿化变形特性。

(4)堆石料的岩性对其湿化量的大小有重要影响,岩性越硬,其湿化应变量越小;岩性越软,其湿化应变量越大。

5)堆石料流变特性试验及经验模型研究

三轴剪切流变试验和K_0状态压缩流变试验成果具可比性,压缩流变试验可以视为单一应力水平的三轴流变试验,它不能反映应力水平对堆石料流变的影响,进行堆石料的流变研究,宜采用三轴流变试验。双江口水电站堆石料的流变量与时间关系仍可采用幂函数表达,其流变规律符合九参数模型。从静力试验成果看,在试验制样干密度下,上下游坝壳料的强度指标差别不大,但从流变试验成果看,由于上游坝壳料岩性较差,在长期荷载作用下,其颗粒破碎较大,较下游坝壳料表现出较大的流变变形。

2. 坝体及坝基变形与稳定分析理论和方法研究

1)考虑接触特性的大坝数值分析

考虑接触特性进行大坝数值分析时,在设置接触面单元的局部部位会发生位移及应力的不连续现象,但这种差别的影响仅发生在接触界面附近一定范围之内,对坝体总体的位移和应力分布影响不大。采用不同的接触面模型,其计算结果均符合一般规律,且结果差别较小。

2)黏性土抗裂机制及计算理论研究

提出了压实黏土拉伸状态下的脆性断裂模型和钝性断裂带模型,通过将土体裂缝弥散于实体单元,考虑压实黏土达到极限拉伸强度发生开裂后土体的各向异性,构造了平面应变条件下考虑压实黏土脆性开裂过程的有限元算法。提出了基于无单元法的压实黏土弥散裂缝模型。通过将裂缝弥散到无单元法结点影响域中,并考虑压实黏土张拉断裂过程中的各向异性,构建了基于无单元法的裂缝弥散理论的计算模式和点插值无单元法与有限元法的耦合方法。

考虑黏性土抗裂机制的大坝数值分析表明,在坝体岸坡顶部发生的坝体横向张拉裂缝主要由坝体后期变形所致的坝顶不均匀沉降所致,尽量减小坝体的后期变形是预防坝顶发生横向张拉裂缝的主要措施。双江口水电站心墙堆石坝设计方案坝肩不会发生横河向张拉裂缝。

3)考虑湿化和流变效应的大坝数值分析

大坝湿化分析表明,湿化引起的上游坝壳的沉降要普遍比不考虑湿化时上游坝壳的沉降大。考虑湿化变形后引起指向上游的变形增加。由于湿化变形主要发生在上游坝壳内,对心墙的影响较小,故而对沉降最大值影响甚微。考虑上游坝体湿化后心墙各主应力极值均有所增加,主要原因是上游坝体的湿化下沉效应相当于在心墙与上游坝体接触部位增加一定的压力而引起主应力增大,故可减小心墙的拱效应。

当考虑坝体(包括心墙)的流变后,坝体竖向位移比不考虑流变时大坝的最大竖向位移增大,大坝的水平位移比不考虑流变时稍有增加,流变效应主要导致大坝产生沉降;流变对坝体的应力状态影响很小。

坝体湿化和流变综合分析表明,坝轴向位移增量总体表现为由两岸向河谷中央变形;上下游坝坡附近顺河向位移增量总体表现为向上游侧变形;上游坝壳料沉降大于下游坝壳料变形,最大沉降值也略微偏向上游。

4)考虑流固耦合的大坝数值分析

采用基于拟饱和土固结理论的流固耦合有限元计算方法,全面研究了心墙堆石坝在各种工况下的应力变形和渗流特性,对比分析了常用的邓肯张 E-B 非线性模型和沈珠江双屈服面弹塑性模型的表现,研究了大坝三维效应,考察了水力劈裂风险,提出了以有效小主应力为判断指标,全面考虑坝壳和心墙的拱效应、坝体与岸坡的拱效应的水力劈裂判定方法。

因坝体填筑期历时较长,故心墙料排水固结性能较好,坝体填筑期间已基本完成固结,仅心墙中部有少量超静孔隙压力。满蓄期,库水位上升至正常蓄水位后,心墙上下游之间的稳定渗流很快建立,心墙内的渗透力没有导致心墙发生大的变形,渗透稳定性可满足要求。考虑裂缝愈合效应,坝体黏性土料坝轴线上的垂直向应力及孔隙水压力基本上呈线性分布,且孔隙水压力的量值绝大部分小于垂直向应力。分析结果表明,心墙的渗透稳定性可以得到保障,心墙、帷幕等渗控体系起到了很好的防渗作用。

5)心墙水力劈裂数值分析

总结了在土石坝水力劈裂发生机制方面的研究成果。除堆石料对心墙拱效应外,在土石坝心墙中可能存在的渗水弱面及在水库快速蓄水过程中所产生的弱面水压楔劈效应是心墙发生水力劈裂的另一个重要条件。将弥散裂缝理论和所建立的压实黏土脆性断裂模型引入水力劈裂问题的研究中,扩展了弥散裂缝的概念并与比奥固结理论相结合,推导和建立了用于描述水力劈裂发生和扩展过程的有限元—无单元数值仿真模型。心墙水力劈裂数值分析表明,按照设计的蓄水方案和速度,大坝具有较大的抗水力劈裂安全度,心墙不会发生水力劈裂破坏。

6)非线性指标坝坡稳定分析及可靠度研究

随坝高的加高,相同坡比的坝坡对应的坝坡稳定安全系数变小;随坝坡的放缓,相同坝高的坝坡对应的坝坡稳定安全系数变大。为保证高坝的坝坡稳定可靠性水平,对于坝料基本为堆石料的面板堆石坝,可以采用放缓坝坡的方式加以解决;对于坝料组成较为复杂的土心墙堆石坝,尤其是建基于覆盖层上的土心墙坝,尚需进一步研究,并采取综合措施加以解决。要保证不同高度大坝之间具有一致的坝坡稳定可靠性水平,高堆石坝坝坡稳定允许安全系数可考虑按坝高分级设定标准。

研究得出的各工况下坝坡稳定最小可靠指标 β_{min} 和相应滑弧规律与安全系数分析结果基本一致,β_{min} 均满足水工统标要求。通过有限元强度折减法揭示了双江口水电站堆石坝坝坡渐进破坏过程及其 3 个主要失效模式,获得其坝坡稳定体系可靠指标 $\beta_s = 6.81$(SELM) 和 $\beta_s = 6.70$(RSISM),坝坡整体可靠水平较高。根据《建筑结构可靠度设计统一标准》(GB 50068)进行可靠度评价,地震工况下,考虑大坝 8 度地震 100 年 2%的条件概率下的大坝失效概率,坝坡稳定最小可靠指标满足规范要求。

3. 心墙堆石坝结构及分区设计

1) 双江口水电站心墙堆石坝布置形式比较

对比研究直心墙、斜心墙和弧形心墙 3 种方案,3 种方案在地形地质条件的适宜性、枢纽建筑物布置条件、施工特性和施工条件等方面基本没有大的差异。通过渗流控制、坝坡稳定、坝体坝基的静力与动力计算结果表明,3 种方案均符合心墙堆石坝的一般规律,各量值相差不大,防渗心墙仍有较大的安全裕度。3 种方案的基础处理范围、坝体填筑工程量等方面的差异,导致投资略有差异,直心墙方案投资最省。

2) 深厚覆盖层坝基防渗处理方案研究

对比直心墙坝方案心墙底部设置防渗墙和心墙底部全部挖除覆盖层 2 种方案,从坝坡稳定性、渗流特性、应力变形特性及施工组织等方面综合比较,经计算分析,宜将心墙底部覆盖层全部挖除。

3) 坝体填筑技术指标对坝体应力和变形特性的影响

采用 5 套计算参数,就不同的坝体填筑技术指标对坝体应力和变形特性的影响开展了研究。坝体三维静力有限元应力变形分析表明,大坝直心墙方案的坝体材料和分区设计从应力和位移的角度看是合理的。此外,大坝上游堆石区在上部是否采用花岗岩料对大坝的应力及变形影响极小。

4. 心墙堆石坝坝体动力反应分析及抗震措施研究

1) 坝体材料及覆盖层坝基动力特性试验研究

在克服覆盖层各砂砾石和透镜体砂层的密度和级配确定、试验合理模拟、橡皮膜嵌入影响、橡皮膜刺破,试验成功率低等困难的情况下,首次成功进行了最高围压力 3 000 kPa 的大型高压力和复杂应力条件下的粗粒土动力特性试验。对大坝的反滤料Ⅰ、心墙掺砾料混合料、坝基砂、坝基砂砾料、主堆石料及过渡料等进行动力试验,研究坝体和坝基材料的动力变形、动力残余变形及孔压、动强度等动力特性性质,提出相应的本构计算模型参数指标,为坝体抗震设计和动力分析工作提供依据。

2) 坝体及覆盖层地基动力本构关系及计算方法研究

对 Hardin 模型进行了改进,提出了振动硬化模型及相应的永久变形模型,提出了改进的沈珠江永久变形模型。基于广义塑性力学,提出了 PZ 模型和改进的临界 PZ 模型,验证了模型的合理性,将模型应用到了粗粒料和 300 m 级的土石坝动力反应分析中。找出了多种模型之间参数存在的本质联系,如传统 Hardin 模型和改进的 Hardin 模型,以及 Hardin 模型与 PZ 模型之间参数的联系,分析了计算参数的合理性,提出了由 Hardin 模型推导 PZ 参数的方法。

3) 高坝抗震安全评价方法研究

在动力计算方法中,对计入地基、考虑边界为黏弹性、输入地震动波、采用基频与地震波主频确定阻尼系数等问题做了深入研究,前三者计算出动力反应均较传统的方法要小。

因此,采用传统方法计算结果作为设计依据一般是偏安全的。应用传统和新的模型及计算方法,进行了大坝加速度反应分析、永久变形分析、抗液化分析、坝坡抗滑稳定分析,判断大坝的抗震安全性,分析大坝的抗震薄弱部位,为抗震措施设计提供理论依据。计算成果表明,大坝在设计和校核地震情况下,抗震能力是有保障的,且大坝还具有一定的承受超标准地震动荷载的能力。

4)坝体与坝基振动台地震动力模型试验研究

开展了一般重力场下高土质心墙堆石坝大型振动台模型试验,定性研究模型坝的动力特性、地震动力反应性状和破坏机制,并探讨土石坝抗震工程措施。探讨通过相似率,研究土石坝的动力特性、地震反应性状和抗震性能。试验得到不同幅值输入下的动力特性和动力反应性状等成果,可以作为验证和改进土石坝地震动力反应计算模式、分析方法和计算程序的基本资料。

5)坝体与坝基三维动力响应分析及抗震措施研究

(1)大坝频谱分析结果表明,建造在基岩上的土石坝主要振型的自振周期较长,300 m 级高土石坝在地震强度高时,其基本自振周期一般为 1.85 s,而坝址基岩地基的场地特征周期一般为 0.1~0.2 s。从频谱分析来看,高土石坝具有良好的抗震能力。

(2)以震后永久位移突变作为坝坡失稳的评判标准,特征点位移突变时对应的强度折减系数作为边坡的动力稳定安全系数,以基于广义塑性力学理论的 PZ 模型分析应力应变为基础,进行了强度折减法坝坡动力稳定分析,结果表明,双江口大坝坝坡是稳定的。

(3)首次采用基于已建土石坝实际震害的 ANN 模型对大坝震害进行预测,预测分析表明,大坝在设计地震情况下,震害等级为 4 级,不会发生严重的震害现象。

(4)在计算分析、模型试验、大坝震害及常用抗震措施调研的基础上,提出大坝抗震措施。主要包括:在坝顶坝高 1/5 范围采用加筋处理;坝顶预留较大超高裕度;对可能液化砂层大部分挖除或压重处理;提高坝料填筑标准;上下游坝面设置干砌石及大块石护坡;分层分散设置枢纽泄水建筑物等。对土工格栅和钢筋抗震措施进行试验和计算分析,对其抗震有效性进行研究。无论是土工格栅或是钢筋,在设计地震情况下加筋后坝坡动力安全系数至少提高 15%,在校核地震情况下动力安全系数提高得更多。

5. 心墙堆石坝渗流分析及渗控措施研究

1)心墙堆石坝坝料渗透特性研究

(1)对不同掺合比和控制干密度心墙掺砾土料进行了渗透特性试验,得出心墙土料的防渗性能与土的细粒含量有关。当土料与掺砾料掺合比为 50:50~100:0时,由于细粒土填充作用土样的渗透性变化不敏感,渗透系数为 10^{-6} 或 10^{-7} 量级,具微透水性;当掺合比为 40:60 时,细粒含量少,导致渗透系数增大到 10^{-5} 量级。

(2)通过完整试样的反滤试验、裂缝自愈试验和松填细颗粒土的反滤试验 3 种方法验证了设计反滤 I 料级配的合理性。

(3)上游侧有保护黏土的心墙垫板开裂接触渗流特性试验研究表明,在心墙垫板上游黏土包裹层和下游反滤层的共同作用下,实现了对垫板裂缝接触渗流的“上堵”“下排”的渗控功能;如果混凝土垫板未形成上下游贯通性裂缝,在下游反滤层的保护下,心墙黏土仍具有较高接触冲刷抗渗强度。

2)枢纽区渗流分析及渗控措施优化研究

(1)通过对枢纽区防渗系统的分析,坝体坝基的防渗系统(心墙+防渗帷幕)能够有效控制地下水的分布和渗压。

(2)地下厂房区排水设计合理,厂房和主变洞室顶部的地下水基本被疏干,考虑一定的安全储备,宜保留厂房和主变洞顶部的"人字顶"排水孔幕,厂房与主变洞之间设置排水廊道。同时,由于厂房上游侧和右侧临近库水,应加密厂房上游侧和右侧的上、中、下层排水廊道的排水孔幕孔间距。

(3)F_1 断层自身渗透系数的大小及其延伸深度对右岸渗流场及其中的帷幕渗透梯度有较大的影响,F_1 断层附近的帷幕应局部适当加厚。

3)心墙堆石坝非稳定渗流研究

(1)水库初次蓄水时,心墙内的等势线集中分布在心墙的上游侧,使得心墙上游侧出现较大的渗透力,对心墙防止水力劈裂较为不利。在河谷中央,心墙与混凝土基座之间不会发生接触渗透破坏,而河谷两岸心墙与混凝土基座之间发生接触渗透破坏的可能性较大。

(2)由于心墙的渗透系数很小,即使水库初次蓄水速度较低,心墙上游侧的渗透坡降仍然较大,因此应针对水库初次蓄水非稳定渗流场的心墙土料最大渗透坡降与允许渗透坡降之间关系开展进一步研究。

(3)水库放空时,两岸坝肩和岸坡的自由面降落较慢,高出库水位较多,滞后现象明显,且出现渗流逸出,这对上游库区岸坡稳定不利,应予以重视。

4)坝体坝基防渗系统随机缺陷对坝区渗流场影响研究

(1)在给定的缺损比例条件下,不同的帷幕缺损随机分布形式对坝基渗流场分布影响不大,帷幕下游侧地下水位抬高有限,坝基渗流量增加不多。但是随着上部帷幕缺损比例的提高,坝基下游侧地下水位有所升高,坝基渗流量也增大,说明上部帷幕对渗流场的影响较大,施工过程中应该重视上部帷幕的施工质量。

(2)心墙开裂对坝区渗流场的影响巨大,心墙下游侧地下水位有大幅升高,坝体渗流量也随着缝宽的增大而急剧增加;心墙混凝土垫板产生上下游贯通的裂缝对坝区的渗流量影响较大。

(3)在心墙掺砾料施工缺陷率(5%左右)较低的情况下,施工缺陷对坝体心墙的整体渗流场及渗流量影响不大,但对心墙局部的渗透梯度的影响较大,特别是若心墙某个高程上的局部施工缺陷所占比例过大,该高程其他部位的渗透梯度值增大很多,甚至会超过其允许梯度值,影响心墙的整体渗透稳定。

2.1.4 两河口水电站砾石土心墙堆石坝

2.1.4.1 工程概况

两河口水电站位于四川省甘孜州雅江县境内的雅砻江干流上,坝址位于雅砻江干流与支流鲜水河的汇合口下游约 2 km 河段,下距雅江县城约 25 km,距成都 536 km。坝址控制流域面积为 6.57 万 km^2,多年平均流量 670 m^3/s,总库容为 108 亿 m^3,调节库容 65.6 亿 m^3,具有多年调节能力。电站的开发任务为以发电为主,兼顾防洪。水库正常蓄水位 2 865 m,水库电站装机容量 3 000 MW,多年平均年发电量 114 亿 kW · h。电站大坝为砾石土直心墙堆石坝,正常蓄水位 2 865 m,坝高 295 m。工程为 Ⅰ 等大(1)型工程,挡水、泄洪、引水及发电等永久建筑物按 1 级建筑物设计。大坝的洪水标准按重现期 1 000 年设计,相应洪峰流量为 7 090 m^3/s;可能最大洪水(PMF)校核,相应洪峰流量 10 400 m^3/s。大坝抗震设防类别为甲类,设计地震加速度代表值的概率水准取基准期 100 年超越概率 2%(对应基岩峰值水平加速度 a_h = 287.8 gal),抗震设防烈度为 8 度。

2.1.4.2　**研究与设计**

1. 建坝条件及平面布置

坝址区位于雅砻江与鲜水河汇合口下游 0.6~3.6 km 河段上,为横向谷,两岸山体雄厚,谷坡陡峻,临河坡高 500~1 000 m。左岸呈弧形凸向右岸,地形平均坡度 55°,局部沟梁相间,发育数条小冲沟;右岸为凹岸,平均坡度 45°,坝轴线下游 400 m 处有阿农沟切割,其余为浅表冲沟。

坝址覆盖层较薄,最大厚度仅 12.4 m,主要为漂卵砾石夹砂层。两岸基岩为两河口组中、下段(T_3lh^2、T_3lh^1)。两河口组下段(T_3lh^1)坝区出露完整,分布上游坝址区至坝轴线上游 200 m 一带,总体特征以变质砂岩夹粉砂质板岩为主。两河口组中段(T_3lh^2)在坝区出露不全,分布于坝轴线上游 200 m 至下游坝址区,岩性以粉砂质板岩向上渐变为粉砂质板岩夹绢云母板岩及粉砂质板岩与绢云母板岩互层。

堆石坝坝轴线走向为 EW。利用坝址左岸庆大河大角度汇入雅砻江及微凸的河道条件,将主要泄洪建筑物布置在左岸;为减少枢纽布置集中带来的干扰,将引水发电建筑物布置在右岸。枢纽平面布置的格局为河床砾石土心墙堆石坝+左岸溢洪洞、竖井泄洪洞、放空洞、深孔泄洪洞+右岸引水发电建筑物。

2. 坝体结构设计

砾石土心墙堆石坝坝轴线走向 EW,坝顶高程 2 875 m,河床部位心墙底建基高程 2 580 m,最大坝高 295 m,坝顶长 668 m;坝顶宽度为 16 m,上下游坝坡坡度为 1∶2.0、1∶1.9。坝体断面分为 4 个区,即砾石土心墙、反滤层、过渡层和堆石区。坝体剖面如图 2-5 所示。

1)坝顶高程确定

大坝坝高达 300 m 级,大坝及泄洪工程安全性要求极高,设计时尽可能考虑各种泄洪风险情况及大坝运行后的复杂变形特性,适当减少泄洪风险,预留一定富裕度的坝顶超高,即除按要求的设计运行方式外,还考虑了部分泄水建筑物失效后的特殊情况组合。即使发生可能最大洪水(PMF)时竖井泄洪洞不能正常运行的极端情况下,水库的最高静水位也不会超过坝顶,加上波浪爬高的水位也不会超过防浪墙顶。最终确定坝顶高程为 2 875 m。

2)防渗体设计及比较

心墙防渗体顶宽为 6 m,顶高程 2 874 m,心墙上下游坡均为 1∶0.2,底宽为 140.4 m,为减少坝肩绕渗,心墙在坝基上下游各增加 9 m 宽,沿高度方向从底部至高程 2 874 m 按线性递减。在心墙料与心墙基础混凝土盖板之间设置水平厚度为 4 m 的接触性黏土。根据世界上已建和在建的高土心墙堆石坝的设计经验,心墙形式、心墙坡比影响到大坝应力变形、渗透稳定、工程投资等各个方面。因此,在设计时对心墙形式和心墙坡比进行了比较。

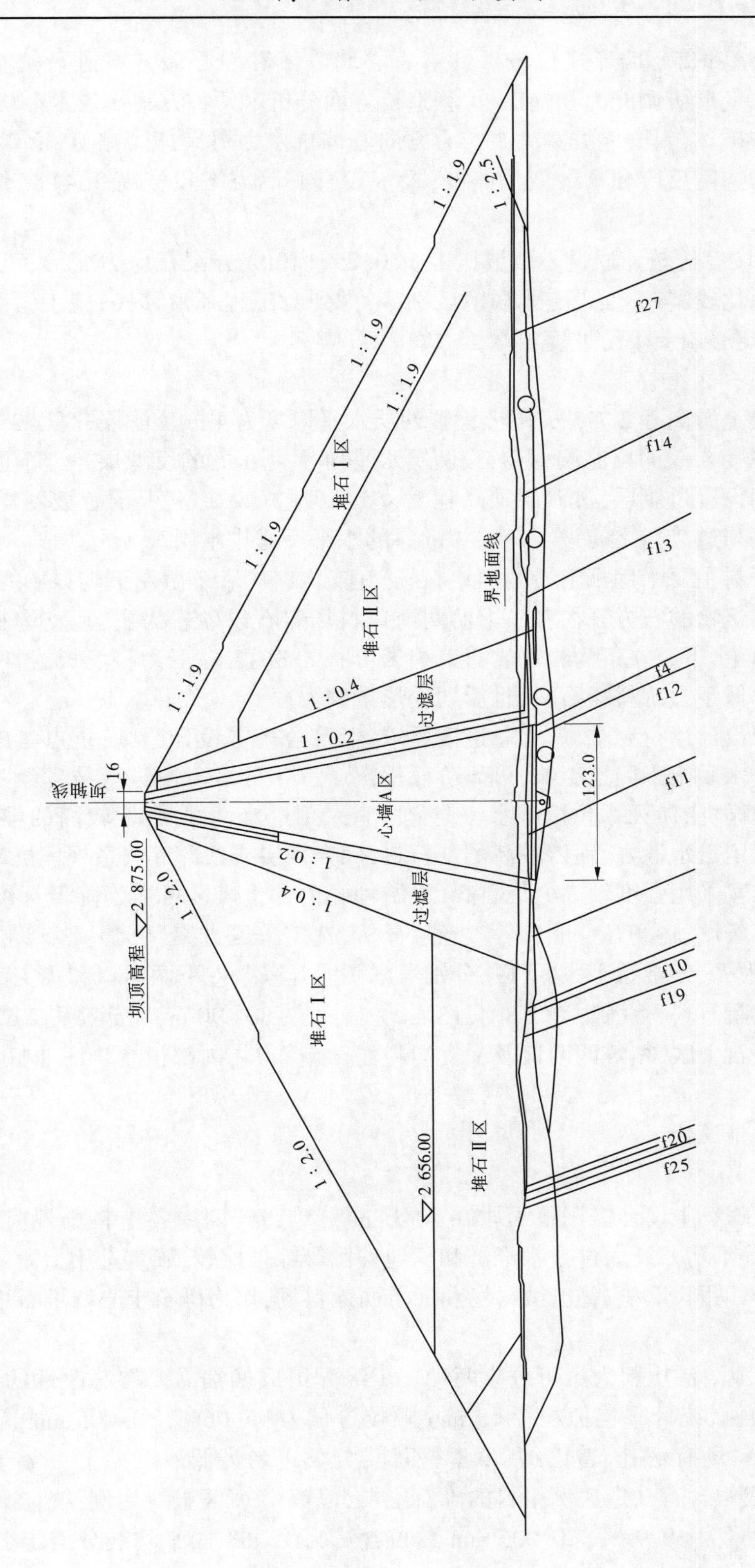
坝顶高程 ▽2 875.00
坝轴线
16
1 : 1.9
1 : 2.5
1 : 0.4
1 : 0.2
1 : 2.0
堆石Ⅰ区
堆石Ⅱ区
过滤层
心墙A区
界地面线
▽2 656.00
123.0
f27
f14
f13
f4
f12
f11
f10
f19
f20
f25

图 2-5 坝体剖面（单位：m）

(1)斜心墙和直心墙形式比较。针对直心墙方案和斜心墙方案进行抗水利劈裂能力、抗震能力、变形协调能力和施工、工程造价方面分析。两种方案在技术上均可行,不会发生水力劈裂破坏,斜心墙方案大主应力方向心墙抗水力劈裂能力略好,而渗透坡降、地震作用下的加速度反应和永久变形略高,投资较直心墙方案投资高 3.44%,综合比较选择直心墙方案。

(2)心墙坡度比较。通过心墙坡比度 1∶0.25、1∶0.2 方案在应力变形、工程经验、工程投资等方面比较,各方面没有本质的区别,考虑到对工程征地移民、施工组织安排及投资等影响,选定心墙上下游坡度 1∶0.2 方案。

3)坝壳料分区比较

大坝心墙上游高程 2 775 m 以上设置两层水平厚度为 4 m 反滤层、高程 2 775 m 以下设一层水平厚度 8 m 的反滤层,下游设两层水平厚度为 6 m 的反滤层。上下游反滤层与坝体堆石之间设置过渡层,过渡层顶高程 2 865 m,顶宽 6.5 m,上下游坡度均为 1∶0.4。心墙后的坝基与过渡料之间设置两层 3 m 厚的水平反滤排水层。

坝壳堆石料主要采用坝上游两河口料场、瓦支沟料场和下游左下沟料场的石料,并尽量利用枢纽建筑物的石方开挖料。上游两河口料场岩石以砂岩为主,瓦支沟料场岩石以粉砂质板岩为主,下游左下沟料场岩石以绢云母板岩为主,左下沟料场板岩含量较高,石料强度指标远低于上游料场石料,且后期变形量偏大。

根据大坝设计运行要求、施工总进度要求、经济合理等设计原则,重点考虑砂板岩料源差异性和蓄水后施工因素影响,可研阶段提出了三个分区方案进行技术经济比较。分区方案主要遵循“上游死水位以上水位变化区宜采用透水性好、强度较高的堆石料,下游坝壳底部宜采用透水性好、强度较高的堆石料,坝壳表层或顶部等关系坝体抗震和坝坡稳定的关键部位宜采用强度较高的堆石料,下游坝壳内部干燥区可适当降低标准”的原则,同时考虑施工条件、料场开采顺序等。经过分析,选定分区方案:上游坝壳以围堰顶高程 2 658 m 高程为界,分堆石Ⅰ区、Ⅱ区,分别考虑不同开采条件下两河口和瓦支沟料场的弱风化下段或微新石料,下游坝壳 2 804.13 m 以上、表层 80~90 m、底部高程 2 630.00 m 以下称为下游堆石Ⅰ区,填筑两河口及瓦支沟料场微新石料,内部设置堆石Ⅲ区,填筑左下沟料场石料。

3. 筑坝材料设计

1)防渗土料

大坝心墙砾石土设计需用量为 429.40 万 m^3。雅砻江两岸各土料场规模相对较小,料源分散,性状不均一。通过技术经济和征地移民等综合比较,确定选用上游亚中(A、B、C 区)、亿扎、苹果园、瓜里、普巴绒料场和下游西地料场,作为砾石土心墙堆石坝防渗土料场。

按级配组成防渗土料大致可分为两种。①级配组成偏细需要掺砾改性的土料,以亚中 A 区土料为例,统计平均值粒径<5 mm 颗粒含量为 95.06%,<0.005 mm 黏粒含量为 24.45%,类似料场有亿扎、普巴绒、瓜里、西地,分类定名为低液限黏土—含砾低液限黏土;②级配组成中含有一定比例粗料的砾石土料,以亚中 C 区土料为例,统计平均值粒径<5 mm 颗粒含量为 60.99%,<0.005 mm 黏粒含量为 12.53%,平均线分类定名为黏土质

砾(GC)。按照土料平均线颗粒级配中 P_5 含量处于不同区间,将上述料场土料进一步归纳分为三类:料场土料颗粒级配组成中 P_5 含量为3.49%~8.65%,介于0~15%,掺合比为土料:砾石料=6:4,包括亿扎B区、亚中A区、普巴绒A区、西地,称为第一类料;料场土料颗粒级配组成中 P_5 含量为17.23%~24.15%,介于15%~25%,掺合比为土料:砾石料=7:3,包括亿扎A区、普巴绒B区、瓜里B区,称为第二类料;料场土料颗粒级配组成中 P_5 含量为31.47%~39.01%,介于30%~40%,可以不进行掺合直接上坝,包括亚中C区、瓜里A区,称为第三类料。

针对各防渗土料场的土料特性,各设计阶段,对不同料源、不同掺合比例进行了室内掺合试验、碾压试验及掺合料性能评价。试验表明,各掺配方案,随砾石掺量的增加,防渗土料的抗剪强度值、压缩模量有所增加,且为低压缩性土,渗透系数满足要求,作为防渗土料均可行。土料:掺砾料掺配比=7:3~6:4时级配组成较优,从防渗和强度指标都可以满足规范要求和国内外同类坝型的设计经验。

心墙底部接触黏土需16.4万 m^3,采用坝下游的西地料场(2区)土料。其黏粒含量为17.5%~37%,塑性指数为10.9~24,击实试验、力学试验结果基本满足塑性土要求。

2)坝壳料

坝体下游的关键性反滤料按照谢拉德准则,并进行有压重反滤和联合抗渗等试验验证,上游反滤在死水位以上适当与下游关键反滤一致,死水位以下适当放宽标准。反滤料199.4万 m^3。考虑坝址区30 km范围无大型天然砂砾石料场分布,故选用人工破碎料。两河口大坝设计需过渡料用量460.6万 m^3,采用上游两河口、瓦支沟石料场和下游左下沟石料场石料。两河口坝体堆石料设计需用量约3 054.7万 m^3,近坝出露三叠系上统两河口组的砂岩与板岩,岩石坚硬—较坚硬,风化弱,质量和储量基本能满足堆石料要求。经过比选,采用上游两河口、瓦支沟石料场和下游左下沟石料场石料。

4.坝基处理

1)坝基及两岸坝肩开挖

河床部位心墙及反滤层基础部位,挖除全部坝基覆盖层,以及基岩表层松动、破碎岩体和突出岩石。河床部位心墙及反滤层基础开挖至2 580.00 m高程。坝肩心墙建基面开挖线主要根据两岸地形,以开挖量少、基面顺、边坡稳定等原则拟定。左、右岸坝肩在高程2 700 m以下开挖边坡为1:0.9;在高程2 700 m以上左岸开挖边坡为1:1.3,右岸为1:1.1。左岸水平开挖深度为20~45 m,清除覆盖层和风化卸荷普遍充填次生泥的Ⅳ、Ⅴ类岩体;右岸水平开挖深度为10~40 m,清除覆盖层和强卸荷带岩体。对于 f_4、f_{12} 等断层破碎带应采取加深开挖、做混凝土塞等措施。大坝堆石体范围内的左、右岸岸坡,建基标准为清除覆盖层(表层覆盖层较浅)及蛮石、松动岩块和局部风化严重的岩石;修整岸坡形状,避免出现倒坡和岸坡突变。并对于两岸岩体卸荷强烈、出现张开节理裂隙的部位用过渡料或混凝土做充填处理后铺筑堆石料。

2)防渗心墙与基础结合面处理

心墙基础岩石设置混凝土盖板,防止坝基渗透水流对心墙基础接触面的冲刷,同时兼作固结灌浆盖重作用,在盖板下设置铺盖式水泥固结灌浆。为防止沿断层带发生集中渗漏,保证充填物的渗透稳定性,坝基防渗范围内的断层带均采用加强帷幕灌浆处理。

5. 计算分析

1) 坝坡稳定计算

大坝坝坡稳定分析分别采用二维刚体极限平衡法和三维有限元法进行。

(1) 二维刚体极限平衡法计算。

坝坡稳定安全系数采用简化毕肖普法计算，采用拟静力法进行地震工况分析，堆石料计算参数采用非线性强度指标进行分析。坝坡稳定计算成果表明，上游坝坡控制工况为正常蓄水位稳定渗流期遇地震，当地震加速度为0.288g(设计地震)计算时，安全系数为1.372，大于规范相应允许最小值1.20；当地震加速度为0.345g(校核地震)计算时，安全系数为1.247，大于1.0，且尚有一定的安全裕度。下游坝坡控制工况为正常蓄水位稳定渗流期遇地震，当地震加速度为0.288g时，安全系数为1.314，大于规范相应允许最小值1.20；当地震加速度为0.345g时，安全系数为1.256，大于1.0。坝坡稳定安全系数在设计地震工况下满足规范要求，在校核地震工况下留有安全裕度。

(2) 三维有限元法计算。

三维有限元法坝坡稳定分析计算以位移矢量为边坡破坏判别标准，应用到强度折减法中，计算分析成果见表2-1。

表2-1 三维有限元强度折减法及条分法安全系数

方案	工况	上游特征点处安全系数			下游特征点处安全系数		
		坡肩	坡面中点	坡脚	坡肩	坡面中点	坡脚
三维有限元强度折减法	竣工期	2.05	2.15	2.0	2	2.1	2.05
	蓄水期	1.9	2.05	1.9	1.9	1.95	1.9
毕肖普法	竣工期	2.074			—		
瑞典法	竣工期	2.218			—		

从表2-1可以看出，竣工期坝壳上下游坡安全系数比蓄水期略大，变化幅度在0.1~0.15，与水荷载的作用有关。竣工期上游坝坡三个特征点，坡脚处的安全系数最小(F_s=2.0)，坝坡中点处最大(F_s=2.15)；下游分布规律相似，且上下游对称点处的安全系数的值相差不大，这种差距主要是由于上下游材料分区不同以及材料参数不同所致。蓄水后安全系数分布情况与竣工期相似。

2) 静、动力应力应变计算

三维静力应力应变计算分别采用基于比奥固结理论的有效应力法和总应力法，土骨架采用邓肯张E-B模型和邓肯-张E-ν模型。从三维静力计算成果，可以得出如下结论：

坝体沉降最大值为2.42~2.81 m，均不超过最大坝高的1%，水平位移差别较大，数值为1.01~1.73 m。蓄水期，小主应力最大值为3.7 MPa，而大主应力最大值为5.1 MPa。满蓄期，由于心墙在库水作用下的位移，心墙上游侧堆石体小主应力有所减小，同时剪应力水平上升，成为主动土压力区；心墙下游侧堆石体小主应力上升，剪应力水平减小，成为被动土压力区。心墙上游侧堆石体中上部2 700~2 830 m高程范围内剪应力水平较高，最大值超过0.9。坝体与两岸岸坡的接触部位应力水平较高，中部区域的应力水平值超过0.7,主要是由于该部位岸坡陡峻,坝体和心墙会发生较大的沿岸坡向错切变形,故应合理布置接触土料。采用上游水压力与心墙竖向应力比值、上游水压力与心墙中主应力比值等准则进行衡量,心墙抗水力劈裂的能力均能满足要求。

大坝抗震分析是在静力计算确定坝体应力应变状态的基础上,结合平行开展的坝体材料动力变形、残余变形特性试验,以及反滤料、心墙料的动强度和动孔压特性试验成果得到的计算参数进行的,分析内容包括大坝加速度反应分析、坝体震后永久变形、大坝反滤层抗液化能力、心墙开裂情况以及坝坡抗滑稳定分析。

坝体永久变形分析表明,坝体在地震中的沉陷比水平位移大,体现了堆石体在高固结应力和循环荷载作用下的残余体积变形特性。随着地震峰值加速度的增加,大坝地震永久变形增加比较明显,当地震峰值加速度达到0.345g时,场地谱计算的大坝地震沉陷量最大为2.19 m,仍然小于地震沉陷预留超高1%坝高。心墙、反滤层抗液化分析表明,心墙料、反滤料不会发生液化。动力稳定分析表明,设计地震动作用下坝坡稳定性可以保证,考虑到高坝的鞭鞘效应,坝顶部两侧上下游坝坡的堆石体可能会在地震时松动、滚落,因此应在河床中部坝段坝高4/5以上区域采取适当的抗震措施。

6.设计特点和新技术

(1)多个土料场细粒含量过多,直接作为心墙防渗土料难以满足300 m高坝的强度和抗变形能力要求。为改善这部分防渗土料的力学性能,采用了掺合砾石的方法,经过室内及现场掺合、碾压试验研究,土料:掺砾料掺配比=7:3~6:4,从防渗和强度指标都可以满足要求。

(2)左下沟石料场板岩含量较高,石料强度指标低,后期变形量大,在大坝下游内部设置一定范围的堆石Ⅲ区,填筑左下沟石料,经过计算分析,仍然满足300 m级堆石坝要求。

(3)大坝按8度地震设计,对应基岩峰值水平加速度287.8 gal,为防止地震破坏,增加地震安全储备,坝体内部增设了铺设水平钢筋、土工格栅等抗震措施。

2.2 土石坝填筑施工技术

2.2.1 糯扎渡心墙堆石坝填筑施工技术

2.2.1.1 心墙堆石坝填筑施工设计

1.坝体分区

糯扎渡心墙堆石坝坝体为中央直立砾质土心墙,坝顶高程为821.5 m,坝顶宽18 m,心墙顶部高程为820.5 m,顶宽为10 m,心墙上下游坡度均为1:0.2,心墙两侧为反滤层,反滤层之外为堆石体坝壳,上游坝坡坡度为1:1.9,下游坝坡坡度为1:1.8。坝体共采用了8种填筑料,分别为心墙区掺砾土料、接触黏土料、反滤料Ⅰ和反滤料Ⅱ;坝壳区细堆石料、粗堆石Ⅰ区料、粗堆石Ⅱ区料和护坡块石料。坝体总填筑量约3 400万m^3,其中掺砾黏土心墙防渗体填筑量达464万m^3。在心墙的上下游设置了Ⅰ、Ⅱ两层反滤,在反滤层与堆石料间设置细堆石过渡料区,细堆石过渡料区以外为堆石体坝壳。其中,615.0~

656.0 m 高程范围上游堆石坝壳靠心墙侧内部区域设置为堆石料Ⅱ区，656.0~750.0 m 高程范围靠心墙侧内部区域设置为堆石料Ⅱ区或堆石料Ⅰ区调节区，其外部为堆石料Ⅰ区；631.0~760.0 m 高程范围下游堆石坝壳靠心墙侧内部区域设置为堆石料Ⅱ区，其外部为堆石料Ⅰ区；心墙分为两个区，以 720 m 高程为界，以下采用掺砾土料，以上则采用不掺砾的混合土料。

2. 坝料填筑要求

堆石料在填筑前应加水、洒水，总加水量（体积百分比）Ⅰ区粗堆石料和细堆石料不少于 6%，Ⅱ区粗堆石料不少于 12%，并最终根据现场生产性碾压试验结果确定。心墙掺砾土料混掺比例为 65%黏土料掺合 35%砾石料。混合土料、掺砾土料的填筑含水率应按最优含水率-1%~+3%标准控制，接触黏土料的填筑含水率应按最优含水率+1%~+3%标准控制。各分区填筑料设计标准见表 2-2。

表 2-2　各分区填筑料设计标准

分区	料物名称	压实要求	压实参考干密度（g/cm^3）	渗透系数（cm/s）
EU	混合土料	压实度按普氏 595 kJ/m^3 功能应达到 100%，按修正普氏 2 690 kJ/m^3 功能应达到 95%以上	平均 1.80	$<1\times10^{-5}$
ED	掺砾土料	混合土料干密度应大于 1.72 g/cm^3，掺砾土料干密度应大于 1.90 g/cm^3	平均 1.96	$<1\times10^{-5}$
E_j	接触黏土料	压实度按 595 kJ/m^3 功能，应大于 95%	平均 1.72	$<1\times10^{-6}$
RU_1、RD_1	Ⅰ区粗堆石料	孔隙率 $n<22.5\%$	2.07	$>1\times10^{-1}$
RU_2、RD_2	Ⅱ区粗堆石料 T_{2m} 岩性/花岗岩岩性	孔隙率 $n<20.5\%$	2.21/ 2.14	$>5\times10^{-3}$
RU_3、RD_3	细堆石料	孔隙率 $n=23.5\%\sim24.5\%$	2.03	$>5\times10^{-1}$
RU_4	上游粗堆石料调节区	遵照 RU_1 及 RU_2		
F_1	反滤Ⅰ	相对密度 $D_r>0.80$	1.80	$>5\times10^{-3}$
F_2	反滤Ⅱ	相对密度 $D_r>0.85$	1.89	$>5\times10^{-2}$

3. 坝体填筑分期

坝体填筑是主体工程施工工期控制性项目，按满足 2012 年 7 月第一台机组发电，2012 年 12 月坝体填筑完成设计，坝体填筑施工共分 10 期（其中Ⅰ期为上游围堰填筑），总填筑工期 52 个月。坝体填筑分期示意见图 2-6。

4. 坝料供应

心墙堆石坝填筑料由心墙料、堆石料、反滤料、接触黏土及护坡块石组成。其中心墙料又分混合土料和掺砾土料；堆石料分Ⅰ区堆石料、Ⅱ区堆石料及细堆石料；反滤料分反滤料Ⅰ和反滤料Ⅱ，共有 9 种坝料。坝体填筑工程总量为 3 215.20 万 m^3。坝料利用原则

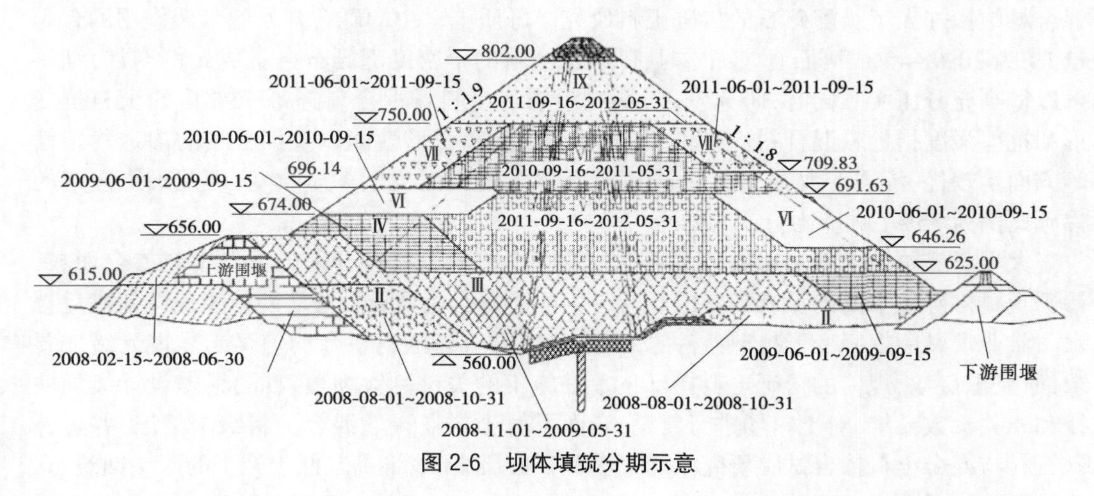

图 2-6 坝体填筑分期示意

如下：

(1)坝体Ⅰ区堆石料。利用溢洪道消力塘及出口段、尾水出口开挖料，不足部分由白莫箐石料场开采补充。利用原则为花岗岩弱风化及微新的花岗岩岩层。此部分开挖有用料除消力塘及出口段 740 m 高程以下开挖料部分直接上坝外，其余堆存于火烧寨沟Ⅰ区料存渣场。

(2)坝体Ⅱ区堆石料。全部利用溢洪道、电站进水口、开关站及尾水出口等工程部位开挖的有用料。利用原则为强风化花岗岩岩层、弱风化及微新 T_{2m} 岩层(其中弱风化及微新 T_{2m} 岩层中泥岩、粉砂质泥岩总含量应不超过 25%)、溢洪道泄槽段明挖弱风化及微新的花岗岩岩层。此部分开挖有用料除消力塘及出口段 740 m 高程以下部分直接上坝外，其余堆存于勘界河Ⅱ区料存渣场和火烧寨沟Ⅱ区料存渣场。

(3)坝体心墙混合土料直接由农场土料场开采，心墙掺砾土料由农场土料场开采的混合土料与砾石料按质量比进行掺合得到，掺合比例为混合土料:砾石料=65:35。

(4)接触黏土料。农场土料场坡积层开挖料。

(5)细堆石料。全部由白莫箐石料场开采，为弱风化及微新的花岗岩及角砾岩。

(6)坝体反滤料Ⅰ、Ⅱ及掺砾碎石。由大坝反滤料掺砾料加工系统供应，加工料源来自白莫箐石料场。

5. 大坝心墙防渗土料掺砾工艺

砾质土料填筑形成的土石坝防渗体，当<0.1 mm 细料含量为 30%~50%时，裂缝的自愈能力较强；防渗体开裂时，土体中的粗颗粒可改善裂缝的形态，抑制裂缝的开展，减弱沿裂缝的渗流冲蚀，增强其抵抗渗透破坏的能力。另外，从高心墙坝的筑坝经验看，心墙防渗体应具备强度高、压缩性低的特点，以缩小与坝壳间的变形差，有效降低坝壳堆石体对心墙的拱效应，改善心墙的应力应变状态，减小心墙裂缝的发生概率。试验和计算分析表明，糯扎渡水电站 261.5 m 高的心墙堆石坝采用农场土料场天然土料填筑时，竣工后心墙区沉降量达 2 957 mm，不能满足"坝体后期沉降量与坝高之比<1%"的规范要求。与其他高心墙堆石坝相比，糯扎渡农场土料场土料颗粒级配明显偏细，即使开采并加入部分强风化料，经重型压实机械碾压后，其砾石含量也不会增加太多，因此开展了在农场土料场

混合料中掺加人工级配碎石的掺砾土料研究。砾质土料中的砾石开始起骨架作用的含砾量 P_5^1 为30%~40%，砾石含量<P_5^1 时，砾质土全料的干密度随砾石含量成比例增加，细料可以得到充分压实。同时，研究发现，糯扎渡农场土料场混合料掺砾35%后的土料抗变形和抗剪强度指标较混合料均有较大提高，在强度和变形性能以及细粒料的渗透稳定性等方面均较优，渗透系数 $i\times10^{-6}$，并未因砾石含量增大而发生本质改变，因此最终选定的掺砾比例为35%(质量比)。

大坝心墙防渗土料采用加工系统生产的砾石料与土料场开采的混合土料掺合而成，掺砾土料掺砾技术国内没有借鉴的经验。为解决高心墙堆石坝心墙防渗土料既能满足挡水防渗要求又能提高变形抗剪条件，如何确保砾石料与土料掺合均匀又满足设计级配要求，研究出科学、规范的掺砾土料掺砾技术是施工的关键。大坝填筑前，根据设计级配曲线和相关参数要求，对土料场进行复勘，全面了解土料场天然混合土料级配情况，并进行砾石料与混合土料掺合试验研究。通过多种试验研究，最终确定便于施工的互层铺筑、立采掺合的掺砾技术。试验确定：砾石料铺层厚为50 cm，混合土料铺层厚为110 cm。土料掺砾的主要工序是：在土料掺合场将最大粒径≤120 mm的人工级配碎石料摊铺成厚约50 cm的碎石层→将农场土料场立采获得的混合料装运至掺合场并压铺在砾石层上(铺层厚度约110 cm)→摊铺第二层厚度约50 cm的碎石层→压铺第二层厚度约110 cm的土层，如此循环摊铺3个互层，形成堆高约5 m的土层，然后采用4 m^3 正铲立采，掺混相对均匀后装车上坝。试坑和挖槽检测结果表明，上述工艺获得的掺砾土料砾石分布均匀，铺层之间无显见接缝，是一种简单而有效的土料掺配工艺。

砾石土料掺合场共设置4个料仓，保证2个储料、1个备料、1个开采，总面积为3.3万 m^2。4个料仓可备掺砾土料总量约16万 m^3，可满足最大上坝月强度约15 d的用量。掺砾石土料掺合工艺如下：

(1)掺砾石土料在砾石土料掺合场摊铺及掺拌，土料与砾石料按65∶35的质量比铺料。铺料方法为：先铺一层50 cm厚砾石料，再铺一层110 cm厚土料，每个料仓铺3个互层。

(2)掺砾石料采用进占法卸料，推土机平料；土料采用后退法卸料，推土机平料。铺料过程中，采用移动标尺和固定网格测量控制铺层厚度和平整度。

(3)砾石料与土料3个互层铺好后用4~6 m^3 正铲混合掺拌，即每个料仓备料完成后，在挖装运输上坝前，先掺拌均匀。掺合方法为：正铲从料仓底部自下而上装料，铲斗举到空中打开，砾石土料自然抛落，重复做3次，即可把砾石料和土料掺合均匀。

(4)掺拌后合格的料采用正铲装料，由20~32 t自卸汽车运输至填筑作业面。在装运上坝前，每个料仓备料要掺合均匀并取样进行含水率和颗粒级配检测合格后，才允许装运上坝。

2.2.1.2　坝体填筑施工

1.施工有效天数

由于堆石坝黏土心墙施工受气候因素的影响，因此根据填筑时段的降雨情况将填筑时段分为旱季与雨季。坝体堆石料、细石料和反滤料可全年施工；心墙防渗料按砾质掺合土料及混合土料综合确定有效施工天数，施工时段为每年9月16日至次年5月31日，每年6月1日至9月15日属雨季停工，总停工时间为3.5个月。

2.上坝道路布置

上坝道路采用岸坡与坝坡相结合的布置方式，上坝主干道路路基宽12.5~16.5 m，路面宽10~15 m，最大纵坡控制在8%左右；坝体上下游坡面的上坝道路路面宽10~12 m，最大纵坡控制在12%以下。右岸上游在760 m、695 m、656 m高程及下游715 m、645 m高程布置有经坝坡上坝道路；左岸上游660 m高程及下游670 m、625 m高程布置有经坝坡上坝的道路。在5号导流隧洞前段设左岸临时交通洞至坝体上游656 m高程（上游围堰顶高程）平台，溢洪道消力塘段开挖料经5号导流隧洞、左岸临时交通洞、上游围堰及上游坝坡公路上坝。

3.填筑施工

粗堆石料、细堆石料采用20~42 t自卸汽车运输；反滤料、高塑性黏土料及掺砾土料采用20 t自卸汽车运输。粗堆石料、心墙土料主要采用进占法卸料，推土机平料。反滤料、细堆石料主要采用后退法卸料，推土机平料。在粗堆石料区与细堆石料区的交接部位、细堆石料区与反滤料区的交接部位，采用1.2 m³反铲配合推土机平料；在反滤料区与土料区的交接部位采用人工配合推土机平料。心墙掺砾土料、混合土料采用20 t凸块振动碾碾压；高塑性黏土料采用自重18 t以上轮式装载机碾压或20 t凸块振动碾碾压；反滤料采用26 t自行式平碾碾压；细堆石料、粗堆石料采用26 t自行式振动碾碾压。

坝料加水采用坝外加水和坝面补水两种方式。坝外加水即在填筑料上坝进入填筑工作面之前，通过加水站加水，然后再运输到填筑工作面上。加水站给坝料加水的加水量为总加水量的50%，以汽车在爬坡时，车尾不流水为准，其余通过坝面洒水补充。坝体填筑料碾压参数见表2-3。

表2-3　各坝料碾压参数

填料名称	碾压机具	碾压遍数	铺料厚度（cm）	加水量（%）	备注
Ⅰ区粗堆石料	26 t自行式振动碾或20 t拖式振动碾	8	90	10	
Ⅱ区粗堆石料		8	90	15	
细堆石料		6	60	6	
反滤料Ⅰ		4（静）	60	—	D_r>0.80
反滤料Ⅱ		6（静）	60	—	D_r>0.85
接触黏土料	18 t胶轮装载机	8	25	—	
混合料	20 t凸块自行碾	8	30	—	
掺砾土料		8	30	—	

4.大坝心墙区填筑

1）填筑工序

糯扎渡水电站大坝心墙为直立式心墙，心墙区填筑包括心墙防渗土料填筑和其上下游侧反滤料的填筑。根据碾压试验并经监理、设计确认的施工参数，按照先铺填反滤料，再铺防渗土料的顺序,1 层反滤料和 2 层防渗土料平齐填筑上升。

心墙防渗土料除左、右岸垫层混凝土表面厚度 2 m 范围为接触黏土料外,其他全部为掺砾土料(掺砾土料在上坝前已在掺合场掺合好)。心墙区填筑主要施工工序流程见图 2-7。

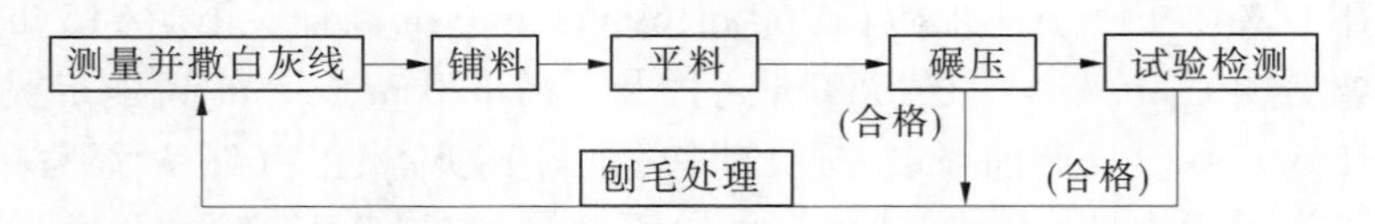

图 2-7　心墙区填筑主要施工工序流程

每 1 层料填筑前,先测量放样,并撒上白灰标识线,区分料区或料界,再进行铺料。反滤料采用后退法铺料,由反铲配合推土机平料。心墙区接触黏土料和掺砾石料采用进占法铺料,湿地推土机平料。接触黏土铺填前,在垫层混凝土表面上涂刷 1 层厚 5 mm 浓黏土泥浆,浓泥浆质量配比为黏土∶水=1∶2.3~1∶3.0。垫层混凝土表面局部由人工配合推土机平料。掺砾土料铺料过程中,在前进方向设置层厚控制的移动标尺,便于推土机操作手控制平料厚度(每个作业面设移动标尺 2~3 个),并配专人随时检查铺填厚度,移动标尺。同时,采用全站仪按 10 m×10 m 固定网格检测控制,确保铺填层厚和填筑面的平整。

反滤料铺层厚 53 cm,掺砾土料铺层厚 27 cm。反滤料采用 26 t 自行式振动碾静碾 6 遍,搭接碾压,搭接宽度 30 cm,碾压时速<3 km/h,碾压方向平行于坝轴线。掺砾土料采用 20 t 自行式凸块振动碾进退错距法碾压 10 遍,错距宽 20 cm,振动碾平行于坝轴线碾压,行进速度<3 km/h。接触黏土料与同层的掺砾土料同期碾压,靠近垫层混凝土 80~100 cm 宽采用 18 t 轮式装载机轮胎碾压 10 遍。振动碾碾压过程中,采用“数字大坝系统”全过程实时监控。

每个单元碾压经取样检测合格后,才进行上层料的铺填。上层料铺料前,采用推土机对碾压层表面做刨毛处理。

2)特殊情况的处理

(1)心墙防渗土料层间补水处理。当风力或日照较强,填筑层表面失水较多时,在铺料前或碾压前,作业面上采用 20 t 洒水车洒水,保持填筑面上表面防渗土料湿润,确保层间黏接紧密。

(2)心墙区埋设的检测仪器及其他埋件周边,由人工薄层铺料,手扶式振动夯夯实,逐层上升。

(3)心墙防渗土料每层分仓按铺料、平仓、碾压、验收等工序循环作业进行,每层每仓分界线进行搭接碾压,搭接长度 1.0~1.5 m。

3)雨季施工控制

大坝心墙防渗土料填筑尽量安排在旱季施工,但特殊情况,如度汛、进度要求等也有安排在雨季时段施工的。雨季施工主要采取以下控制措施:

(1)随时掌握天气预报信息。在坝区设置了雨量预报站,准确预报工区的天气信息。

(2)采用斜面施工法,斜面坡度一般为 1%~3%,有利于降雨后积水排除。当作业面上下游方向宽度大于 50 m 时,一般形成中间高、两侧低的作业面;当作业面上下游方向宽度<50 m时，形成上游侧低、下游侧高的作业面。

(3)心墙土料填筑作业面采用光面振动碾碾压，封闭填筑层表面，使填筑层表面平顺，积水流淌顺畅，减少雨水渗入填筑层内。

(4)雨晴后，立即排除填筑层面的积水，然后清除表层含水率较大的土料。经晾晒，检测土料含水率满足要求，经监理工程师验收合格后，才能恢复填筑施工。

4)心墙防渗土料含水率调节

在土料场开采前，对土料场进行较详细的复勘，根据含水率分布的情况，选择合适的区域进行开采。

(1)土料含水率降低的措施。土料含水率较大的区域，采用挖沟、槽、井等降低地下水位线的方式降低土料含水率；在存料场或在填筑作业面上的防渗土料，由于雨水或其他积水导致含水率偏大时，采用薄层摊铺、晾晒的方式减少其含水率。

(2)天然土料补水措施。接触黏土料含水率偏低时，在土料场附近合适的位置设置土料转存场，开采的土料运至转存场按1.5~2.0 m的堆高松铺，并在料堆面层设置浅水坑，均匀注水至浅水坑内。土料堆采用塑料薄膜覆盖，浸闷7~10 d。土料堆浅水坑水浸干后，再采用反铲混合均匀，并经含水率检测合格后，挖运到填筑作业面填筑。掺砾土料在掺合场备料过程中进行补水处理。每个料仓备料时，在第2层砾石料铺筑完成后，第2层土料铺筑前，人工在第2层砾石层面上均匀洒水，然后再铺筑第2层土料；第3层土料铺筑前，人工在第3层砾石层面上均匀洒水。每个料仓备料完成后，料堆顶部采用塑料布覆盖，防止土料水分损失。

根据坝料碾压试验成果，堆石坝料在填筑碾压前需加水5%~10%(体积比)，加水量大。按照以往的坝内人工洒水或坝外上坝路口设置固定加水站加水的方式，难以满足高强度填筑施工需要。因此，需要寻求新的堆石坝料加水技术。根据大坝结构和布置特点，研制了坝内移动加水站施工技术。移动加水站是利用1台斯太尔自卸车，在其上安装进水管、阀门(包括气动管路、气动开关)和出水洒水管路，并用桁架支撑，1侧上水、2侧单独或同时给运料自卸车货箱上的石料均匀洒水的设备。移动加水站可移至填筑作业面较近的部位给运料车辆加水，并可随填筑作业面的变动而移动，操作简单，大大缩短了加水后车辆行驶的距离。这样，既满足了高强度施工需要，又保证了坝料加水的质量。移动加水站安装感应电磁阀后，与数字大坝监控系统信息联网，可监控每辆堆石坝料运输车加水的情况。

2.2.1.3　坝料填筑施工工法及质量控制

糯扎渡水电站心墙堆石坝填筑实现了程序化、标准化、规范化管理。各种坝料填筑均实行准填证制度，只有在基础验收合格或前一填筑层按施工参数、规定施工工法及规范施工完毕，经试验检测压实指标满足设计要求后方可进入下一步填筑。

1.压实质量控制指标选择

对于黏性土料填筑体，工程实践中通常根据击实试验成果，用统计得到的最大干密度平均值乘以设计规定的压实度，得到填土压实干密度的下限值作为控制指标，施工时若按此选择碾压参数，遇到压实性能好的土料，可能出现干密度满足要求而其压实度不满足要求的欠压实现象；遇到压实性能差的土料，则可能出现压实度已满足要求而其干密度不满足要求、无论怎样补碾干密度仍不能满足要求的超压实现象。工程界曾有过“依赖提高击实功能片面追求过高的压实干密度” 的深刻教训。

糯扎渡农场土料场的坡积料颗粒偏细,黏粒含量和天然含水率较高,在各种击实功能下,其干密度相对较低、最优含水率较高。从其他性能指标看,这种干密度较低的填土却有足够的防渗性、低压缩性和必要的抗剪强度。同时,当干密度达到一定值之后,即使压实功能继续增大,干密度增加值相对较小,而且由于在高压实功能下其最优含水率较低导致饱和度相对增大,碾压时发生剪切破坏的概率随之增大。因此,糯扎渡水电站大坝垫层混凝土基础和掺砾黏土心墙之间的高塑性接触黏土层采用农场土料场的坡积料填筑,压实度标准按“595 kJ/m^3 击实功能下压实度不低于 95%” 控制,避免了“依赖提高击实功片面追求过高的压实干密度”。

《碾压式土石坝设计规范》(DL/T 5395—2007)规定:黏性土的填筑碾压标准应以压实度和最优含水率为设计控制指标,设计干密度以击实试验的最大干密度乘以压实度求得。通常,黏性土料的最大干密度随其压实性能的不同而浮动,土料的设计干密度也应随其压实性能不同而浮动,压实度作为填筑体压实质量的设计控制指标为确定的值。另外,同一击实功能下,同一种土料击实试验得到的最大干密度与最优含水率存在对应关系,如检测得到的填筑体压实度满足设计控制要求,其填筑含水率自然也能满足设计要求,因此可仅以压实度作为土料压实质量设计控制指标,填筑含水率作为施工过程中的控制指标,设计可不做硬性要求。

2. 压实质量快速检测

掺砾黏土心墙砾石最大粒径达 120 mm,现行规范要求检测全料的压实度,至少需用 300 mm 直径的大型击实仪,通常采用最大粒径<60 mm 的替代料通过大型击实试验确定其最大干密度,试验工作量大、时间长,加上现场压实质量检测频次多,导致填筑体现场压实质量检测评定与施工进度产生矛盾。糯扎渡水电站心墙堆石坝施工填筑强度较高,急需研究一种可靠而便捷的压实度检测仪器并找到掺砾黏土心墙现场压实质量的快速检测评定方法。

原级配掺砾土料与其替代料的击实特性有所不同。试验研究表明,在 2 690 kJ/m^3 击实功能下,当砾石含量为 0~30%时,糯扎渡掺砾土料原级配料的最大干密度略小于替代料的最大干密度;当砾石含量为 40%~50%时,原级配料的最大干密度与替代料的最大干密度差异不大;当砾石含量为 60%~100%时,原级配料的最大干密度则略大于替代料的最大干密度(见图 2-8)。因此,砾石含量<50%时,用 300 mm 直径的大型击实仪在 2 690 kJ/m^3 击实功能下通过替代料击实试验确定掺砾土料的最大干密度,进而对填筑体进行压实质量控制是合适的(标准略偏严)。

土体的防渗及抗渗透变形特性主要取决于细颗粒的含量及性质,砾质土料中的细料填满了粗料孔隙而且得到充分压实后,在渗透水流的作用下不易产生渗透破坏。试验研究表明,糯扎渡水电站掺砾黏土心墙的掺砾量为 25%~45%、2 690 kJ/m^3 击实功能下全料压实度为 95%时,现场挖坑填筑体中<20 mm 的细料在 595 kJ/m^3 击实功能下的平均压实度为 96.2%~98%。因此,为实现糯扎渡水电站掺砾黏土心墙现场压实质量的快速检测评定,按规程规范规定的频次,现场取填筑体试坑中<20 mm 的细料,用直径为 152 mm 的

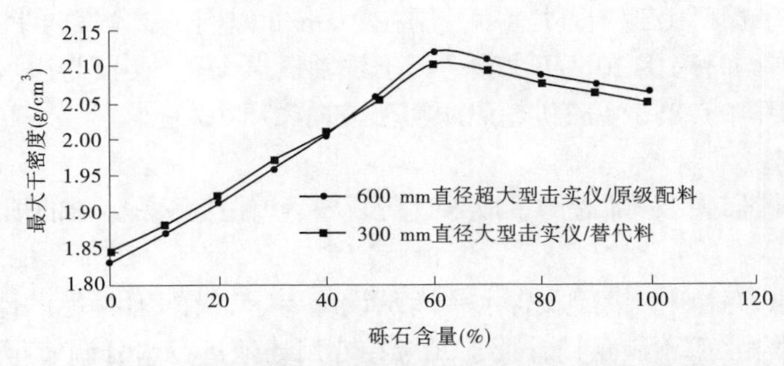

图 2-8 糯扎渡掺砾黏土心墙原级配料和替代料最大干密度对比

电动击实仪通过三点击实试验检测其压实度，要求细料在 595 kJ/m^3 击实功能下压实度≥96%，并且细料压实度≥98%的保证率不低于 90%。

糯扎渡水电站心墙堆石坝工程建设过程中，对于掺砾黏土心墙料，除按规程规范规定的频次现场取填筑体试坑中<20 mm 的细料进行压实度检测外，每周坚持用直径为 300 mm 的大型击实仪，取<60 mm 的替代料在 2 690 kJ/m^3 击实功能下开展大型击实试验，进行全料压实度≥95%复核检测。同时，研制了直径为 600 mm 的超大型电动击实仪，每月现场挖坑取填筑体全级配料开展在 2 690 kJ/m^3 击实功能下的超大型击实试验，对全料压实度≥95%进行校核。

随着新型大功率的碾压施工设备不断地投入应用，采用普氏击实功能确定的填筑压实标准，现场检测得到的砾质土填筑体压实度往往大于 100%。由于糯扎渡掺砾黏土心墙防渗土料铺层厚度按 27 cm 控制，采用 20 t 自行式振动凸块碾进退错距法碾压 10 遍，激振力大于 300 kN，行驶速度不大于 3 km/h，砂质土料中的粗颗粒在大功率的现场碾压施工设备作用下发生了破碎挤密现象，填筑体因此获得了较高的密实度，故现场挖试坑检测得到的<20 mm 细料在 595 kJ/m^3 击实功能下的压实度大于 100%的结果是正常的，也是可信的。

3. 心墙防渗体填筑施工工法及质量控制

1) 接触黏土填筑

(1) 施工工法。

①施工准备。依据设计图纸测量放样并复核无误，撒白灰边线；垫层混凝土表面水泥基涂刷完成并验收合格，且表面清洁湿润养护 48 h。

②泥浆涂刷。接触黏土铺料前，根据设计要求，先在岸坡垫层混凝土表面涂刷 1 层 5 mm 厚的浓稠泥浆，且边涂刷泥浆，边铺盖接触黏土。

③卸料与平料。采用后退法卸料，20 t 自卸车运输，湿地推土机平料，随卸随平，人工配合修边。

④防渗土料铺料顺序及厚度。在接触黏土铺层厚度为 15 cm、掺砾土料铺层厚度为 30 cm 时，先铺填碾压 1 层接触黏土，经压实度检测和验收合格后，再铺设掺砾土料与第 2 层接触黏土并依次铺填碾压。在掺砾土料和接触黏土均改为 27 cm 铺料厚度后，先铺掺砾土料，后铺接触黏土，同时碾压。

⑤碾压。采用进退错距法碾压，当接触黏土铺料厚度为 15 cm 时，采用柳工 856 装载

机轮胎顺河流方向碾压 10 遍,行驶速度控制在 2 km/h 以内。接触黏土铺料厚度改为 27 cm 后,与掺砾土料同时采用 20 t 凸块碾平行于坝轴线振动碾压,仅与岸坡接触部位 80～100 cm 宽范围内用柳工 856 装载机轮胎顺河流方向碾压 10 遍。

(2)质量控制。

①测量放样。监理工程师对测量成果进行复核,确保接触黏土料的填筑位置、尺寸符合设计图纸。

②级配及含水率控制。级配及含水率满足设计要求,级配不满足设计级配要求的土料不得使用,土料含水率不满足设计要求时应在专用场地进行水分调节至合格。

③浓稠泥浆涂刷。垫层混凝土(水泥基)表面须清洗干净,确保在水泥基表面湿润状态下涂刷浓稠泥浆和浓稠泥浆湿润状态下铺填接触黏土,以保证坝体与垫层混凝土之间结合良好,干、硬泥浆必须刮除重新刷涂。

④卸料与平料。对铺料过程进行监督,及时剔除超粒径料、不合格料和有机物等,确保填筑料质量。

⑤层厚控制。计算每填筑层卸料车数,等距离均匀卸料;铺料过程中目视、尺量控制层厚,铺料完成后采用定点方格网(10 m×10 m)测量控制层厚及平整度,不得大于规定铺料厚度,对超厚部位采用人工配合推土机进行减薄处理,确保压实质量。

⑥层间结合面处理。接触黏土由于含水率偏高,碾压后表面较光滑,必须进行刨毛处理,本工程采用推土机推毛。由于风吹日晒,水分蒸发,表面风干或表层含水率不满足设计要求,须及时进行表面补水,补水采用 4～12 m^3 洒水车均匀洒水,根据经验观察合适为止。为避免刨毛时表面干土粒落入凸块碾形成的小坑内集中,洒水难以完全湿润,采取先洒水后刨毛的顺序,以使表层土料均匀湿润,层间结合良好。

⑦碾压。在仓面平整完成,铺料厚度检测、边角处理合格后,方可进行碾压。各项碾压施工参数,如铺料厚度、碾压遍数、碾压设备规格、质量、振动频率和激振力、行驶速度等必须符合生产性试验确定的施工参数要求。对碾压设备振动频率和激振力进行定期检测,确保其工作有效。装载机轮胎顺河流方向碾压必须由远而靠近垫层混凝土碾压,以避免接触黏土与岸坡黏接出现裂缝和错动,对出现裂缝和错动必须重新处理至合格。

⑧取样检测。按规范要求对压实合格仓面每层均进行压实度、含水率检测,监理工程师抽检,以复核施工方自检结果和压实质量。对检测不合格仓面,分析原因,返工处理至合格。

⑨进入下一层填筑。只有在碾压、检测合格后,监理工程师对填筑面进行全面检查,对压实土体出现的漏压、欠压、虚土层、干松土、弹簧土、剪切破坏和光面等不良现象均按要求返工处理至合格。全面检查验收合格后方进入下一层填筑。

2)掺砾土料填筑

(1)施工工法。

①施工准备。依据设计图纸测量放样并复核无误,撒白灰边线;底部接触黏土或前一层掺砾土料验收合格并表面洒水湿润。

②铺料与平料。掺砾土料采用进占法卸料,20 t 自卸车运输,湿地推土机平料,铺料厚度 27 cm。随卸随平,避免堆料风干。

③流水段施工。当沿坝轴线方向填筑长度较长时,为加快施工进度,避免进料路口形成超压,须合理分段填筑,流水作业,即分段铺料、分段平整、分段碾压、分段检测。

④碾压。采用20 t凸块碾振动碾压,平行于坝轴线方向按进退错距法,依据碾子宽度,错距为40 cm,碾压10遍。

(2)质量控制。

测量放样、级配及含水率、卸料及平料、层厚、层间结合面处理、碾压质量控制措施。其他控制措施如下:

①层间结合面处理。铺料前,已验收合格填筑面较干时,须进行表面补水,使含水率满足控制范围要求,洒水须均匀,不得漏洒。为避免碾压面光滑,需对压实面进行拉毛处理,以保证层间结合良好。

②分流水段分区碾压。每个流水段根据碾压机的数量按上下游撒白灰线分为不同的碾压区域,分配给各碾压机碾压,以使碾压机直线行走,避免超压和漏压,同时提高碾压机工作效率,各区域上下游方向相邻区域碾压搭接为碾压机的宽度,顺碾压方向不小于1.0~1.5 m。

③路口及接缝处理。上下层进料路口须错开位置,碾压流水段分段位置亦须错开。心墙防渗土料填筑尽量平起,以免造成接缝。由于施工需要,局部留有纵横向接缝,其坡度不陡于1:3,搭接时按规范要求进行处理。

④级配及压实度检测。掺砾土料采用细料(<20 mm) 595 kJ/m^{3}击实功能三点快速击实法检测压实度,要求Y_s≥96%,且Y_s≥98%的合格率不小于90%,同时对压实后级配进行检测。每周进行1次全料2 690 kJ/m^{3}击实功能大型击实试验,以复核掺砾土料压实度是否满足设计压实标准要求。

⑤检查验收。

3)雨季施工质量控制措施

雨季施工须及时掌握天气预报,下雨前及时平整填筑面,采用平碾快速碾平表面,以利于排水通畅。雨后复工,对已验收合格压实面须重新进行压实度、含水率检测,不合格时,须重新进行翻晒,清除泥巴土,含水率调节至合格范围内,重新进行推平补压至压实度检测合格。对未碾压面进行翻晒,调节含水率至合格范围后方可碾压。为确保雨后填筑质量,制定了雨后恢复施工程序,经项目总监签字方可恢复填筑施工。汛期停工前心墙表面铺设保护层,汛后复工前予以清除。

4.反滤料填筑施工工法及质量控制

1)施工工法

(1)施工准备。依据设计图纸进行施工测量放样并复核,撒白灰边线。垫层混凝土隐蔽工程验收合格或上一填筑层验收合格。

(2)卸料与平料。采用后退法卸料,20 t自卸车运输,为防止分离,采用1.0 m^{3}反铲平料、修边,最后用推土机推平表面。

(3)碾压。采用26 t自行式平碾碾压,行驶速度不大于3 km/h,碾压遍数反滤料Ⅰ、反滤料Ⅱ均为静压6遍。局部边角采用小型夯实设备夯实。

(4)各种坝料填筑顺序及平起填筑。根据施工规范,每层填筑必须首先填筑反滤料

Ⅰ,然后填筑防渗土料,使反滤料Ⅰ对防渗土料形成侧向束缚,以确保防渗土料边缘能够碾压密实。反滤料Ⅰ必须始终高于防渗土料填筑,心墙区各种坝料防渗土料、反滤料Ⅰ、反滤料Ⅱ必须平起填筑;反滤料Ⅱ与细堆石料、细堆石料与部分粗堆石料(一般宽度不小于10 m)平起填筑;同时各种坝料压实厚度应匹配,为1倍或2倍关系,以实现跨缝碾压,保证各种坝料交界处的碾压质量。

2)质量控制

(1)测量放样。监理工程师对施工单位放样成果进行复核,确保放样位置、尺寸符合设计图纸。

(2)级配及均匀性控制。反滤料级配、填筑的均匀性控制是反滤料填筑质量控制的重点和难点。级配控制主要依靠填筑前的控制试验和填筑记录结果来判断。填筑前经批量检测合格的反滤料方允许上坝。反滤料Ⅰ应重点防止0.1 mm以下颗粒含量超标;反滤料Ⅱ由于其级配范围较宽,易出现分离,应重点防范在装、运、卸、铺料过程中出现的局部分离现象,要求承包商重新拌和处理,并经记录试验检测合格后方可进行下道工序施工,如大面积出现分离现象,则要求全部挖除出坝外重新进行加工至合格。

(3)边界处理及污染料处理。反滤料Ⅰ与防渗土料、反滤料Ⅰ与反滤料Ⅱ、反滤料Ⅱ与细堆石料料界必须用挖机、人工配合修边。施工过程中,须防止料界污染,对出现的污染料必须进行清除。

(4)层厚控制。计算每填筑层卸料车数,等距离均匀卸料;铺料过程中目视、尺量控制层厚,铺料完成后采用定点方格网(10 m×10 m)测量控制层厚及平整度,对超厚部位推薄处理,铺料厚度不得超过设计厚度的±10%。

(5)碾压。铺料厚度、边界及污染料处理合格后方允许碾压,严格按照批复的施工参数碾压,对各种坝料边界进行跨缝碾压,确保各种坝料相邻部位的压实质量。

(6)级配及相对密度检测。设计对反滤料压实相对密度要求较为严格,反滤料Ⅰ $D_r \geqslant 0.80$,反滤料Ⅱ $D_r \geqslant 0.85$,但同时要求不能超压,即一般 D_r 不大于1,在施工中须严格控制,根据规范要求进行检测。

5. 细堆石料及粗堆石料填筑施工工法及质量控制

1)施工工法

(1)施工准备。依据设计图纸进行测量放样并复测合格,撒白灰边线。坝基开挖及处理验收合格或上一填筑层验收合格。

(2)卸料与平料。细堆石料采用20 t自卸车运输上坝,后退法卸料,推土机顺坝轴线方向推平,1.0 m^3 反铲修边并对其靠反滤料一侧粒径200 mm以上块石进行剔除。粗堆石料采用20~32 t自卸车运输上坝,进占法卸料,推土机顺坝轴线方向推平。

(3)碾压。细堆石料,采用26 t自行式振动碾平行坝轴线方向振动碾压6遍。粗堆石料,采用26 t自行式振动碾或20 t拖式振动碾平行坝轴线方向碾压8遍。底部及周边基岩上部细堆石料采用26 t自行式振动碾沿岸边顺河流方向碾压8遍。局部边角大型振动碾无法碾压到的部位,采用液压振动板夯实。

2)质量控制

(1)测量放样。

(2)坝料质量。各种堆石料岩性及级配必须满足设计要求,对超径块石须在料源进行解小。

(3)摊铺与层厚控制。岸边坡 3 m 宽细堆石料必须顺河流方向卸料摊铺,避免与岸坡接触处出现粗粒径料集中现象,对出现的集中粗粒径料须予以剔除,以确保堆石料与基础面结合良好。在粗堆石料卸料及推平过程中形成的粗粒径料集中现象,应加强过程监督,及时予以剔除或分散处理。对出现的料性不满足要求及超径石要求予以清除。在铺料过程中,通过目视、尺量控制铺料厚度,铺设完成后采用定点方格网(20 m×20 m)测量控制铺料层厚及平整度,对超厚部位须推薄处理,铺料厚度不超过设计铺料厚度±10%。

(4)碾压。严格按照批复的施工参数碾压,并对碾压设备振动频率和激振力进行定期检测,以确保其工作有效。

(5)级配及孔隙率检测。堆石料压实质量主要以碾压遍数来控制,同时压实干密度及孔隙率应满足设计控制指标的要求,初期堆石料压实质量每层均采用挖坑灌水法进行试验检测,由于耗时较长,影响填筑进度,后经对附加质量法检测堆石体干密度的研究及成功应用,确定了 3 层进行 1 次挖坑法复核检测,每层均进行附加质量法(每 50 m×50 m 取一点)检测,大大缩短了检测时间,满足了施工进度及质量要求。

6. 坝料填筑层厚及边界检测情况

根据监理工程师及第三方检测成果,各种坝料铺料厚度、边界控制情况良好,满足设计及规范规定要求。

7. 各种坝料压实及级配检测情况

经统计,各种坝料压实指标及压实后级配检测成果均满足设计及规范要求,一次检测合格,合格率达 96%~98.2%,对检测不合格填筑料均进行返工处理至检测合格。从施工过程及层厚、边界控制情况,以及各种坝料压实及级配检测情况分析,坝体填筑施工质量较好地满足了设计及规范要求。

8. 直径 600 mm 超大型击实仪

糯扎渡水电站大坝心墙防渗土料采用掺砾土料,混合土料允许最大粒径 150 mm,掺碎石最大粒径 120 mm,设计压实标准按修正普氏 2 690 kJ/m^3 击实功能下全料压实度应达到 95%以上。心墙掺砾土料最大粒径为 150 mm,远超规范,需要研制超大型击实仪研究全料的击实特性。

根据击实功能及仪器规格确定了相应的击实参数,并委托专业厂家生产了 3 台直径 600 mm 超大型击实仪。超大型击实试验全面、真实地反映了掺砾土料击实特性,确定了全料压实度与细料(20 mm 以下)压实度的对应关系,为三点快速击实法检测细料压实度提供了控制标准。

9. 数字大坝工程质量与安全信息管理系统

糯扎渡水电站心墙堆石坝坝体 8 种填筑料分 12 个区、Ⅸ期填筑,施工程序复杂,质量要求高。针对常规质量控制手段受人为因素干扰大、管理粗放、难以实现对施工过程质量进行精准控制的问题,融合水利水电工程、计算机及通信工程等多个交叉学科的先进理论和技术,研发建设了具有实时、在线、自动、高精度等特点的“数字大坝工程质量与安全信息管理系统”。该系统共有 10 个功能模块,集成了质量、安全、进度、地质、灌浆及渗控工程等动态综合信息,实时动态监控碾压机械的运行轨迹,自动监测记录碾压机械的行车速度、碾压遍数、激振力、压实厚度,通过 GPS、GPRS 和网络传输技术,将施工信息输入现场分控站和控制中心,当填筑施工过程中铺料厚度超过规定,或有漏碾、超速、激振力不达标时, PDA 即报警提示有关管理人员,以便及时纠偏。糯扎渡施工质量监控系统解决了高心墙堆石坝施工具有数据量大、类型多样、实时性高等特点的工程动态信息集成的难题,为工程决策与管理、大坝安全运行与健康诊断等提供全方位的信息支撑和分析平台。

数字大坝工程质量与安全信息管理系统对大坝填筑过程的各个环节进行有效管理,实现施工在线实时监测和反馈控制;对大坝设计、质量和安全监测信息进行集成管理和分析,构建大坝综合数字信息平台和三维虚拟模型;为堆石坝建设过程的质量监控、运行期坝体的安全诊断提供信息应用和支撑平台。糯扎渡水电站数字大坝工程质量与安全信息管理系统组成见图 2-9。

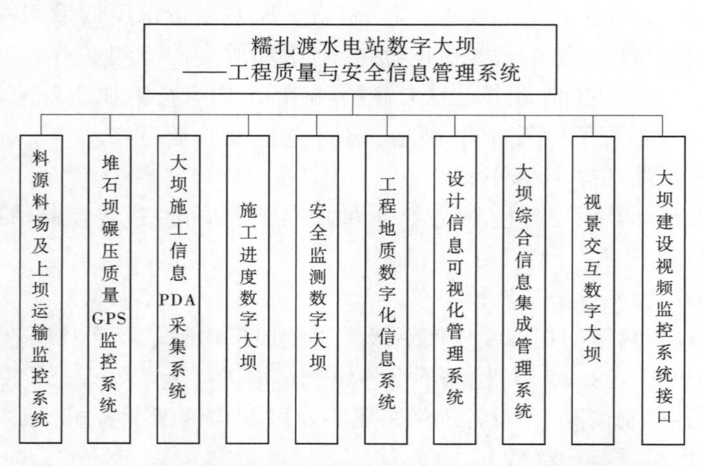

图 2-9　糯扎渡水电站数字大坝工程质量与安全信息管理系统

料场料源与上坝运输监控分析系统利用车载 GPS 和 PDA 实现含料场料源匹配动态监测及报警;各分区/不同来源的各种性质料源的上坝强度统计;道路行车密度统计,各工作面车辆优化调度;车辆运输上坝三维动态监视。堆石坝填筑碾压质量 GPS 监控系统主要实时监测碾压轨迹、行进速度、碾压遍数;监测压实厚度,推算压实率;通过监控终端及手机 PDA 短信实时报警;提供大坝施工质量过程控制的手段,实现“双控制”。大坝施工信息 PDA 采集系统主要进行现场试验数据(试坑试验)与现场照片采集,加水量、振动碾激振力、车辆信息、分区标定等信息采集;坝料、料场、运输车辆等信息采集,并使现场采集与分析数据通过 PDA 无线传输至系统中心数据库。施工进度数字大坝主要实现大坝施工过程的三维动态可视化仿真(计划进度数字大坝);实时仿真预测将来施工进度(预测进度数字大坝);根据施工进度计划和实际施工进度,建立糯扎渡水电站总进度三维动态模型(实际进度数字大坝)。安全监测数字大坝主要实现建立进行大坝变形、沉降、渗流等安全监测布置的三维可视化模型(实体或透明);安全监测动态信息的可视化管理和监测点观测值的统计分析。

(1)填筑坝料运输监控。所有运输坝料上坝的车辆上都安装车载 GPS,通过车载

GPS 发送车辆状态的信息,可实现施工车辆从料场到坝面的全程监控。该系统可以实现以下功能:①料场料源匹配动态监测及报警;②各分区不同来源的各种性质料源的上坝强度统计;③道路行车密度统计;④车辆空满载监视;⑤堆石坝料运输车辆满载加水量监测。通过数字大坝监控系统,可随时监测每个单元填筑上坝料质量。一旦出现混料,通过报警信息,立即挖除错卸料区域的坝料。

(2)坝体填筑碾压监控。所有碾压设备都安装高精度 GPS 移动终端,通过信息传送,可实现对碾压设备施工过程实时监控。该系统可以实现以下功能:①实时监控碾压轨迹、行进速度、激振力。当行进速度超标时,通过监控终端及手机 PDA 短信自动报警。②监测碾压遍数。每个单元碾压结束后,计算碾压遍数。当碾压遍数不达标时,通过监控终端及手机 PDA 短信自动报警,及时补碾。③监测压实厚度,推算沉降率。④提供大坝施工质量过程控制的手段,实现大坝填筑质量"双控制"。通过数字大坝监控系统,可随时监测到每个填筑单元振动碾运行的状态和碾压区域情况。一旦出现振动碾运行错误或碾压区域漏碾等现象,通过报警信息,现场质检员立即督促操作手纠正错误,确保每个单元的碾压质量。

糯扎渡水电站心墙堆石坝防洪标准高、水库库容大,加上枢纽区地震烈度较高,如何保证坝体特别是心墙防渗体的施工质量是维系工程安全的关键性工作。工程建设过程中,采用在天然土料中掺35%的人工级配碎石,并提出简单而有效的掺配工艺;采用压实度为掺砾黏土心墙压实质量的设计控制指标,并研究制定严格的施工工法;针对碾压施工机械的行驶轨迹、碾压遍数、激振力、坝料的铺层厚度等施工参数采用常规控制手段难以实现精准控制的问题,研究建设开发具有实时、在线、自动、高精度等特点的施工过程质量 GPS 监控系统,最终保证了工程优质并长期安全运行。原位检测成果表明,心墙掺砾黏土料填筑体碾压后大于 20 mm 颗粒含量在 12.2%~43.6%,平均 28.1%;大于 5 mm 颗粒含量在 26.2%~52.5%,平均 37.3%;<0.074 mm 颗粒含量在 20.6%~49.1%,平均 34.5%,是一种级配较优的砾质防渗土料。现场取填筑体试坑中<20 mm 的细料,采用三点击实法进行压实度检测,在 595 kJ/m^3 击实功能下,其压实度在 96.4%~103.8%,平均 99.4%;填筑体渗透系数在 $i\times10^{-6}\sim i\times10^{-7}$ cm/s;平均压缩模量为 35.33~64.00 MPa,压实度、渗透系数和抗剪强度等参数均满足设计要求,大坝填筑施工质量控制良好。

2.2.2 瀑布沟砾石土心墙堆石坝填筑施工技术

2.2.2.1 坝体填筑施工程序

瀑布沟水电站大坝为砾石土心墙堆石坝,由心墙防渗料区、上下游反滤料区、上下游过渡料区、上下游堆石料区和上下游护坡块石料区等组成。坝顶高程为 856.00 m,心墙底面最低高程 670.00 m,最大坝高为 186 m,坝顶上游侧设置混凝土防浪墙,墙顶高程 857.2 m;坝顶长 573 m,坝顶宽度为 14 m,坝体最大底宽约 780 m。大坝上游 795.0 m 高程设置 5 m 宽马道,马道以上坝坡为 1:2.0,以下坝坡为 1:2.25;下游在 756.0 m、806.0 m 高程设置 5 m 马道,坝坡 1:2.0。砾石土心墙的顶高程为 854.0 m,顶宽 4m,底高程为 670.0 m,上下游坡均为 1:0.25;心墙料以宽级配砾石土为主,心墙底部、心墙与岸坡接触带、防渗墙顶和混凝土廊道周围设高塑性黏土;下游坝壳堆石与覆盖层之间设一层 2 m 厚水平反滤层;心墙上下游侧各设两层反滤,上游两层各厚 4 m,下游两层各厚 6 m,反滤层以外为过渡料和坝壳料。

(1)坝基上下游堆石区基础开挖完成经验收后进行坝体填筑施工。坝体填筑前期,首先进行上游的堆石区 D1 料和下游堆石区 D2 料基础下的水平反滤料及其对应的堆石区 D2 料施工,待心墙区范围基础经验收后进行心墙区混凝土防渗墙浇筑及心墙高塑性黏土 A2 料施工。心墙区混凝土浇筑与心墙区 A1、A2 料填筑施工交替进行。心墙填筑与防渗墙施工至 680 m 高程时,心墙区 A1、A2 土料填筑与混凝土防渗墙、廊道浇筑施工交替进行,直至防渗墙及廊道混凝土施工完成,然后进行正常的坝体全断面填筑,整体上升至 854 m 高程。

(2)心墙区的填筑程序为首先填筑水平反滤料,再填筑心墙两侧反滤料,然后填筑心墙料,每层心墙料与同层反滤料同时碾压,平起上升。每上升 1 层反滤料和心墙料后上升 1 层过渡料,再上升第 2 层心墙料和反滤料。心墙区分别与上下游一定范围(15~20 m)堆石料随心墙一起填筑上升,每上升 2 层过渡料同时上升 1 层堆石料,依次循环填筑上升,见图 2-10。

2.2.2.2 施工准备及施工工艺

1. 碾压试验参数确定

大坝填筑施工前,选用有代表性的填筑料,模拟正常填筑施工状况及雨季、冬季施工状况,对坝体各区料进行碾压试验,以确定合理的碾压参数。

碾压试验项目主要是对坝体的各填筑分区石料(砾石土心墙料、反滤层料、过渡料、堆石料)的铺料方式、铺料厚度、振动碾的类型及重量、碾压方式、碾压遍数、碾压速度、铺料过程中的加水量、压实层的孔隙率、干密度、沉降量、压实后级配等进行试验,对砾石心墙料、反滤料、过渡料还要进行渗透性试验。

坝体填筑碾压试验在开挖料爆破试验完成后,待黑马砾石土料厂土料生产出来后进行。

2. 坝体填筑前期准备工作

(1)测绘地形图和横断面图。

(2)坝体或基础上观测设备埋设验收后才能填筑,并做好标记、保护工作。

(3)在最终开挖线以下的所有勘探坑槽、断层带用混凝土回填后再进行填筑。

(4)分区分界线用桩点、标志在左、右坝肩上提前画线标明,各层坝体、坝基回填时,各料区标识采用油漆或白灰画线明晰,以便施工人员掌握和质检人员监督。

(5)做好大坝施工和料场、备料场的联系工作,加强进料的调配。

(6)做好坝料分料工作,设专门人员在坝面和上坝路口处指挥汽车卸料,不合格料严禁上坝。

(7)运输各种不同坝料的车辆,必须用明显的标记加以识别。

(8)坝面作业的各种操作人员在施工前进行施工技术、施工规范、质量控制标准要求等有关培训工作,以掌握对坝体各填筑区的层厚、粒径、碾压遍数等参数。

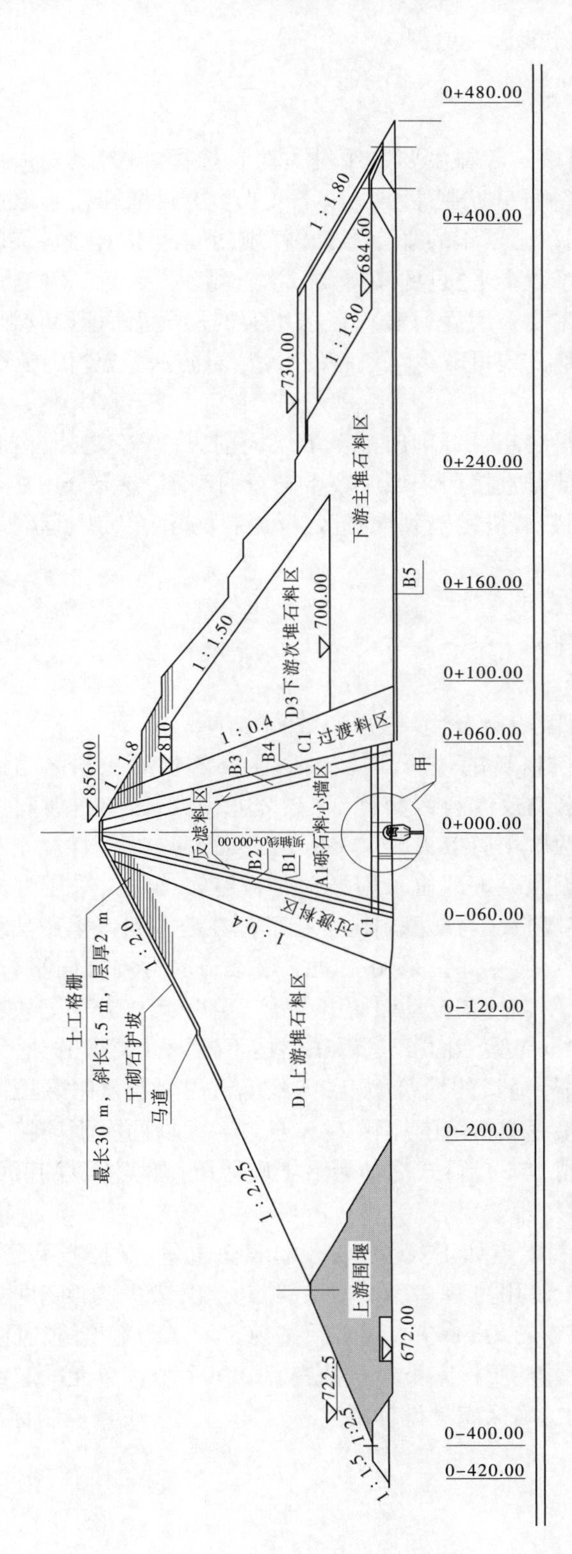

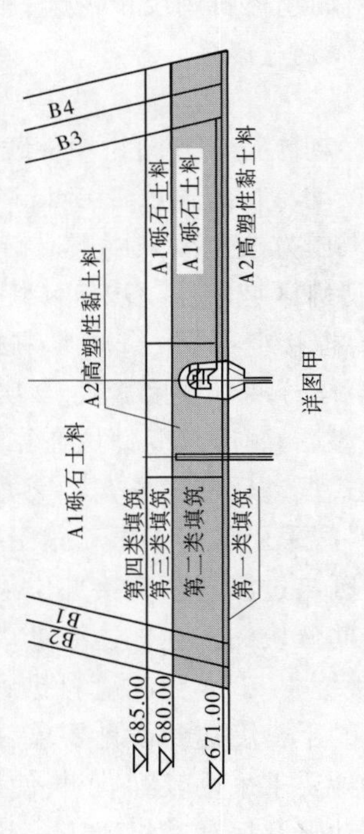

图 2-10　瀑布沟大坝填筑结构图

(9)层面或基础经验收合格后才能进行填筑。

3. 施工工艺

1)卸料方案选择

对于堆石料、过渡料、砾石土料填筑卸料主要采用进占法。选择进占法施工,有利于加快施工进度,确保填筑质量。卸料质量控制主要有以下几点:①料堆卸在未碾压层平台的前沿 150 cm 以内,严禁直接倒在已碾压的平台上;②料堆的间距根据铺料层的厚度确定,过密则增加推土机工作量且难以推平,过稀又需要二次补填。

反滤料、高塑性黏土填筑卸料主要采用后退法。在已压实的层面上后退卸料形成密集料堆,再用推土机平料。这种卸料方式可减少填筑料的分离,对防渗、减少渗流量有利。

2)上坝料铺料与整平

在推土机平料过程中,将堆石料的超径石剔出推至填筑面前方 20 m 之外,由装载机运至坝面上指定地点集中存放,一部分直接用于坝后坡干砌石的砌筑,一部分用冲击锤解小;过渡料的超径石用反铲挖起,用装载机运输到堆石区;反滤料的超径石用反铲挖起,用装载机运输到过渡区。

3)碾压

(1)振动碾行走方向与坝轴线平行。

(2)振动碾行进速度 2~3 km/h。

(3)碾压方法主要采用进退错距法(碾轮宽/碾压遍数)。

(4)特殊区域碾压。填筑体特殊区域的碾压部位包括:①高塑性黏土料区与混凝土防渗墙、廊道接缝部位。②心墙料区与反滤料区交接部位。③反滤料区与过渡料区交接部位;填筑体分期分块接缝处。④两岸坝肩接头区。碾压方法如下:①高塑性黏土料区与混凝土防渗墙、廊道接缝部位在靠近混凝土部位采用振动夯板夯实;同时,采用蛙式打夯机和手扶式振动碾辅助压实。②心墙料区与反滤料区交接部位在心墙料区采用凸块碾碾压,反滤料区采用自行式振动碾碾压,接触部位采用振动平碾碾子的行驶方向平行界面。③反滤料区与过渡料区交接部位采用自行式振动碾骑缝补碾。④填筑体分期分块的接缝在靠近分期分块的接缝处边缘 1~2 m 宽范围虽经过碾压但达不到设计要求的,必须利用反铲,将接缝 1~2 m 宽的渣料扒到待铺料的填筑面上,与该填筑层一起水平碾压。为确保接缝处的干密度达到设计要求,接缝扒料范围加碾 2~3 遍。⑤大坝两岸坝肩接头区必须依据设计要求采用较细填料,使用 25 t 自行式振动碾沿坝肩碾压,碾压不到的部位辅以手扶式振动碾及振动夯板碾压。

(5)水平碾压的质量控制。控制要点如下:①振动碾的滚筒重量、激振频率、激振力满足试验确定的要求。②振动碾在使用过程中,每 15 d 测定一次激振力和激振频率。③振动碾行走工作时速度控制在 2.0~3.0 km/h。④必须按规定的错距宽度进行碾压,错距宽度宁小勿大,操作手经常下车检查,质检人员经常抽查。⑤一个填筑单元的起始碾压条带(一个滚筒宽度) 加碾 6 遍以上,确保满足设计要求。

4)坝体心墙区的施工

(1)施工分层及分区。

由于在心墙区670~695 m高程的填筑与防渗墙及廊道混凝土浇筑施工存在相互制约、相互影响，科学合理组织施工是坝体一期填筑进度及强度的保证。根据心墙区料分布的特点，大坝心墙区共分4类填筑区：第一类范围在670~675 m高程，心墙区内有高塑性黏土料、反滤料及混凝土防渗墙；第二类范围在675~688.5 m高程，心墙区内有高塑性黏土料、砾石土料、反滤料及混凝土防渗墙和混凝土廊道；第三类范围在688.5~695 m高程，心墙区内有高塑性黏土料、砾石土料及反滤料；第四类范围在695 m高程以上，心墙区内有砾石土料及反滤料。心墙区695 m高程以下沿坝轴线从左至右分为2个填筑区：第一填筑区为坝纵0+275以右；第二填筑区为0+275以左。

(2)各类型心墙区填筑施工程序。

第一类心墙区(670~675 m高程)填筑施工。第一填筑区在防渗墙浇筑(1.2 m或2.4 m)完成后，开始进行心墙区的填筑施工，同时进行第二填筑区混凝土防渗墙浇筑施工。该部位心墙区料全部为黏土料。填筑顺序为先进行第一层黏土料两侧反滤料(B3、B4)填筑，反滤料填筑时，先铺填外侧的B4料，再填铺内侧的B3料，填筑过程中，两防渗墙之间高塑性黏土料与心墙外的高塑性黏土料(A2)同时铺料、碾压，使混凝土两侧墙体受力均匀，保证防渗墙免遭挤压破坏。第一层反滤料和黏土料填筑完成后，即进行第一层反滤料外侧的过渡料填筑，然后进行第二层反滤料和高塑性黏土(A2料)的填筑。这样可以保证反滤料宽度满足设计要求，达到减少反滤料浪费的目的。第一层反滤料与黏土料同时碾压。第一层过渡料与第二层反滤料和黏土料同层碾压。在完成第一填筑区施工后，用同样的方法进行第二填筑区施工。依次循环填筑上升。

第二类心墙区(675~688.5 m高程)填筑施工。第二类心墙区料有高塑性黏土料和砾石土料。其施工工艺与第一类心墙区的相似。第一填筑区防渗墙混凝土浇筑后，开始进行第一填筑区心墙料两侧反滤料、过渡料及心墙土料填筑施工，同时进行第二填筑区混凝土防渗墙浇筑施工。填筑顺序为先进行第一层心墙料两侧反滤料(B3、B4)填筑，再进行同层高塑性黏土区两侧砾石土料(A1)填筑和同层高塑性黏土料(A2)填筑。填筑高塑性黏土料(A2)过程中，两防渗墙之间高塑性黏土料(A2)与心墙外的高塑性黏土料(A2)同时铺料、碾压，使混凝土两侧墙体受力均匀，保证防渗墙免遭挤压破坏。第一层反滤料、砾石土料、高塑性黏土料填筑完成后，再进行第一层过渡料填筑，然后进行第二层反滤料、砾石土料、高塑性黏土料填筑。用同样的方法进行第三、四层反滤料、砾石土料、高塑性黏土料填筑和第二层两侧过渡料填筑。此时，第二填筑区混凝土防渗墙已浇完，紧接着进行第二填筑区心墙部位反滤料、砾石土料、高塑性黏土料、过渡料填筑，填筑程序、方法与第一填筑区相同。同时进行第一填筑区下一层混凝土防渗墙浇筑。依次循环填筑上升。达到680 m高程后，防渗墙与廊道混凝土浇筑同时进行，混凝土浇筑与心墙填筑交替进行。廊道与上下游防渗墙之间的高塑性黏土料主要采用5 m^3或3 m^3装载机送入工作面。

第三类心墙区(688.5~695 m高程)填筑施工。第三类心墙区(688.5~695 m高程)的填筑施工，因没有混凝土施工影响，两个填筑区可同时施工。其填筑顺序为先进行第一层心墙两侧反滤料(B1、B2、B3、B4)填筑，再进行同层高塑性黏土区两侧砾石土料(A1)填筑，然后进行同层高塑性黏土料(A2)填筑。第一层反滤料、砾石土料、高塑性黏土料填筑完成后，再进行其两层两侧第一层过渡料填筑，然后进行第二层高塑性黏土料、砾石土料、反滤料填筑。依次循环填筑上升。

第四类心墙区(695 m 高程以上) 填筑施工。第四类心墙区(695 m 高程以上) 只有砾石土料、反滤料和过渡料。其填筑顺序为先进行第一层两侧反滤料填筑,再进行第一层砾石土料填筑,然后进行第一层过渡料填筑,再进行第二层反滤料填筑和第二层砾石土料的填筑。依上述方法进行第三、四层砾石土料、反滤料和第二层过渡料的填筑,依次循环填筑上升。

2.2.2.3　大坝填筑施工方法

1.心墙防渗土料填筑

心墙防渗土料包括高塑性黏土料和砾石土料。高塑性黏土料位于河床廊道四周和岩坡混凝土板、砾石土心墙底部的廊道、混凝土防渗墙周围。砾石土料位于坝轴线上下游侧,是坝体防渗的主要材料。

1)铺料与平料

高塑性黏土铺料采用后退法施工,砾石土料采用进占法施工,利用 20 t 自卸汽车从料场运至施工部位卸料,推土机平料。

河床基础经验收合格后根据坝体填筑总体规划,分单元从最低处开始填筑高塑性填黏土料。在心墙与河床覆盖层、两岸坡或岸坡混凝土板接触部位依据设计要求铺设高塑性黏土接触层(带)。在心墙底部 670~675 m 高程填筑料为高塑性黏土料,在 675~695 m 高程填筑料为高塑性黏土料和砾石土料。在填筑混凝土防渗墙部位,墙身两侧同时进行铺料碾压,使墙身两侧平衡上升。砾石土料填筑时对砾石集中的土料采用装载机进行挖除处理。填筑工作面铺料时略向上下游倾斜 2%~3%,以利于填筑面排水。

心墙防渗料从第二层填筑开始,其与两岸接触的高塑性黏土接触带先于同层土料进行铺筑。与心墙接触的基岩或混凝土表面在铺填高塑性黏土料前先清理干净,并采用人工涂刷一层厚 3~5 mm 的浓黏土浆,以利于坝体与基础之间的黏合。

雨后表层土料须晾晒至控制含水率或局部清除干净后,再铺筑上层新土,如土层因含水率大或超碾原因造成“弹簧土”与剪切破坏时,新铺土前必须清除。为便于施工期排雨水,雨前将填筑面表层松土压实,必要时采取其他保护措施,以免造成雨水泥泞。

推土机平料时,根据铺土厚度计算出每车土料铺开的面积,以便在填筑底面上均匀卸料,随卸随平,并用插钎法随时检查。对超厚部位采用人工配合装载机进行清理,对岸边接头及土料与反滤料交界处,则辅以人工铺土。

2)碾压

铺料完成后检查达到铺料厚度后进行碾压。碾压设备主要采用 18 t 凸块振动碾,平行坝轴线方向进行,对于靠近岸坡和建筑物附近边角部位大型设备无法进行碾压的部位采用手扶式振动碾或平板振动器薄层夯实。为保证压实质量,在相邻单元或填筑料接触部位每填筑 3 层,凸块振动碾补压 3 遍。同时,配以蛙式打夯机加强边角部位的夯实。相邻两段交界处交界坡面不小于 1:3,重叠碾压宽度不小于 80 cm,分界线在立面上错开,错开宽度不小于 100 cm。在靠近两岸的黏土接触带和防渗墙内部碾压完成后,为确保碾压质量,用满载运料自卸汽车或装载机沿岸坡或防渗墙方向进行压实。

3)土料的雨季和冬季施工

雨季施工的一般原则是晴天抢填土料,雨天填坝壳。在做好天气预报的同时,要做好防雨准备,注意土场及坝面排水。雨天和雨后一定时间内,禁止机械和人员在已碾压的土面上行走。雨后复工时,第一层采用薄层铺筑碾压,以免因雨后清淤造成局部坑洼部位填土超厚,待大面积填平后,再恢复正常回填。入冬前,加强排水和防冻,选择含水率适宜和向阳、背风的开采掌子面的土场。

2.反滤料填筑

反滤料包括心墙上下游侧反滤料和心墙下游堆石底部水平反滤料。

1)坝基水平反滤料

坝基反滤料厚度为2 m,分6层进行填筑施工。坝基反滤料施工采用20 t自卸车用后退法卸料,推土机平整后采用25 t振动平碾按进退错距法平行坝轴线方向碾压。岸坡自行碾碾压不到的部位,采用平板振动或手扶式振动碾顺岸坡方向进行碾压。

2)心墙上下游侧反滤料

心墙上下游侧反滤料与心墙料同步填筑,采用先铺反滤料、后铺设土料施工方法施工,以保持心墙料的铺筑宽度,反滤料铺料厚度为30 cm。由20 t自卸汽车由卡尔沟加工系统运输上坝卸料,推土机铺料平整,铺料方向与砾石土心墙料铺料方向一致,洒水5%~8%,碾压设备平行坝轴线方向采用25 t振动平碾按进退错距法平行坝轴线方向碾压,行进速度不超过2~3 km/h,碾压8遍。反滤层与相邻层次之间材料界面分明,分段填筑时必须处理好接缝部位,防止产生层间错动或折断现象。反滤区与反滤区、心墙和过渡区交接部位,只允许小粒径的填筑料侵占大粒径的填筑区,交接部位采用锯齿状填筑时,必须确保心墙土料、反滤料设计厚度。

3.过渡料填筑

过渡料包括心墙上下游侧过渡料,铺料厚度为60 cm,待心墙料、反滤料施工2层,铺筑1层过渡料,这样可保证反滤料的铺填宽度和接触部位碾压达到设计要求。依次循环填筑上升。过渡料采用进占法铺筑,铺料厚度60 cm,推土机整平,25 t振动平碾进退错距法碾压,行进速度不超过2~3 km/h,碾压8遍。

4.上下游堆石料填筑

堆石分单元进行填筑,单元面积3 000~5 000 m^2,铺料厚度100 cm,推土机整平,25 t振动平碾和20 t拖碾进退错距法碾压,行进速度不超过2~3 km/h,碾压8遍。

5.土工格栅部位的填筑施工

1)工作面处理

对铺设土工格栅部位坝体,土工格栅铺设前先进行清理基面,填筑作业面基本保证水平并碾压完成,清除作业面突起的石块等尖刺突起物,保证铺设砂砾石垫层面平整,对出现凸出及凹陷的部位,采用碾压和补填压实,并排除工作范围内的积水。再铺填一层5 cm厚的砂砾石,经静碾压实后再铺设土工格栅。

2)铺设

在经过验收的工作面,首先安装铺设的格栅。土工格栅的铺设按受力方向进行,纵向垂直坝轴线,纵向两端在铺设后按设计图纸要求进行锚固。铺设要平整,无皱折,尽力张紧。用插钉及土石压重固定,铺设的格栅主受力方向最好是通长无接头,横向幅与幅之间的连接采用人工绑扎搭接,搭接宽度不小于 15 cm。禁止采用铁丝捆绑。不同铺层的土工格栅在上下两层间必须错缝。大面积整体铺设时,要调整好其平直度,在覆盖一层砂卵石未进行碾压前,再次用人工或专用机具张紧格栅。力度要均匀,使格栅在土中为绷直受力状态。

3)回填与碾压

回填料按设计要求选择,土工格栅铺设前后必须铺填 5 cm 厚的砂卵石。当土工格栅铺设定位后,做到随时铺设随时用填筑料进行覆盖,裸露时间不得超过 48 h,也可用边铺设边回填的流水作业法。卸料时,车轮不能接触格栅,卸料后采用机械或人工摊铺。土工格栅施工部位采用分层回填、分层碾压,并满足坝体填筑的设计技术要求。随坝体填筑上升,先进行一层土工格栅的铺设施工,再回填坝体填筑料并碾压,依次循环填筑上升施工。

6. 坝体内施工排水

1)坝体内积水排除方法

分别在上下游坝体设置临时集水井,配置水泵将坝体内水抽排出去。当心墙区填筑面高于下游围堰堰顶时,下游坝体内临时集水井取消,坝体内的水通过渗流方式排出坝体。当心墙区填筑面超过上游围堰堰顶高程时,上游坝体内积水可以通过渗流方式排出上游围堰外。

2)临时集水井设置

分别在上下游坝体各布设两个临时集水井,集水井布置在过渡料区附近的堆石料区中,集水井采用钢筋笼围成,断面尺寸为 ϕ 2.0 m。两个集水井采用台阶搭接,交替循环通过水泵将集水井内的水抽排到坝体外。保证心墙填筑时其工作面为干燥环境。

2.2.2.4 坝体填筑质量控制要点

大坝填筑质量是大坝安全运行的关键和核心,抓住以下各个施工环节,确保填筑质量达到设计要求。

(1)石料开采有良好颗粒级配符合设计包络线要求,碾压后的干密度才会有保障。

(2)含泥量超标或夹杂有害物的石料严禁上坝。

(3)超径石在采石场放解炮处理后才上坝。

(4)层厚控制是直接影响碾压质量的最关键环节,铺料层厚必须按设计规定及规范要求控制。

(5)振动碾的吨位、激振力达到或超过设计要求时,行进速度必须控制在规定范围以内,碾压方向顺坝轴线,岸坡可沿坡脚碾压,碾压遍数以压痕为准,不得少于试验确定遍数。

(6)填筑过程中要层层放线以确保料物的设计厚度,特别是心墙料、反滤料和过渡料。

(7)粗细料交错填筑时,只允许细料侵占粗料部位,不允许粗料侵占细料部位。由粗粒料到细粒料的界面上,因卸料造成的大粒径堆集,用反铲或人工清理。

(8)分块、分条带填筑时,先后填块间高差不宜过大,不超过规范要求的数值,先填块临时边坡采用台阶法,即每上升一层预留 0.8~1.0 m 台阶。

(9)先填块与后填块间的界面要加强处理,先填块台阶间边坡上松散石料 0.5~1.0 m 厚扒至后填块分散与同层铺料碾压。逐层碾压时,界面处要骑缝碾压。

(10)边角部位用振动板或手扶式振动碾加强压实。

(11)砾石土心墙料严格按设计要求控制级配、含水率,确保心墙填筑质量。

3 土石料的填筑特性

3.1 高堆石坝关键技术及岩土工程问题

3.1.1 高堆石坝的筑坝关键技术

3.1.1.1 高堆石坝的筑坝材料

堆石坝的筑坝材料包括防渗料、反滤过渡料、坝体堆石料等。各种土石材料的工程特性及其应用是堆石坝设计的重点之一。对于高坝而言,其筑坝材料的选择和应用有明确而严格的要求;对于心墙堆石坝,其重点是防渗土料和反滤过渡料;对于混凝土面板堆石坝,则主要是坝体堆石料。

1. 心墙防渗土料

对于高心墙堆石坝,由于坝高的增加,心墙土体将承受较大的应力,单纯采用黏性土作为心墙防渗土料将无法满足强度和压缩性的要求。国外的几座坝高大于200 m的高心墙堆石坝,其心墙材料大部分采用了砾质土材料。砾质土经碾压后一般可获得较高的压实密度及抗剪强度、较低的压缩性,已在土石坝工程中被广泛地用作防渗材料。据统计,在100 m以上高土石坝中有70%的坝采用该种土料作为心墙防渗料,在建和已建成的200 m以上高土石坝中,所占比例更高,砾质土的工程特性在超高土石坝工程中备受关注。砾质土就其组成而言是一种黏性土与大于5 mm(或2 mm)的砾石组成的混合料,风化料和冰川沉积的砾质土也属于这一土料。我国20世纪80年代开展了砾石土风化料的研究,其研究成果应用于100 m级的鲁布革心墙堆石坝。目前,伴随着300 m级高心墙堆石坝的建设,砾质土已成为特高心墙堆石坝防渗料的主流。

1) 防渗心墙砾质土的级配调整

通常将大于5 mm颗粒含量大于20%的各种含砾土、黏土质砾、人工掺配的砾石土、风化料及碾压后破碎成砾石土的风化岩统称为砾石土。

天然砾质土的颗粒组成极不均匀,在工程使用中通常需要根据设计要求对其级配和含水率进行调整。对宽级配的砾石土料,在基本满足要求的情况下,可将超径的颗粒筛除,以提高其细粒含量,满足最大粒径要求,如瀑布沟心墙堆石坝工程。瀑布沟工程的心墙防渗土料选用了距坝址16 km的黑马料场宽级配砾石土。土料大于5 mm的粗粒含量50%~65%,<0.1 mm颗粒含量8.8%~20.0%,分类属不良级配的砾石(GP),压实后渗透系数一般在10^{-4}~10^{-5} cm/s,无法满足高坝的防渗要求。经过大量研究,工程采取了剔除大于80 mm(或60 mm)颗粒以调整级配、采用修正普氏击实功能以提高压实密度两项关键技术,改善防渗的土料性能。研究结果表明,黑马料场的天然宽级配砾质土剔除大于80 mm颗粒后,土料级配明显改善,<5 mm的颗粒含量为50%,<0.1 mm的颗粒含量可达

到22%,土料分类由GP变为GC(黏土质砾),渗透系数可达10^{-5}~10^{-6} cm/s,加反滤料保护后的渗透破坏比降可达60~100,满足了规范和设计要求。采用重型(修正普氏)击实标准后,击实功能由标准击实的604 kJ/m^3提高到2 740 kJ/m^3,最大干密度由2.22~2.32 g/cm^3提高到2.375 g/cm^3,变形模量也有大幅度提高。

对于料场土料以细颗粒为主的工程,由于细粒含量过多而无法满足高坝稳定和变形性能的要求,则需要增加粗颗粒含量,掺混碎石或卵砾石以调整其级配。如糯扎渡心墙堆石坝,心墙防渗土料为坡积、残积及部分强风化的混合土料,其颗粒组成均值为:大于5 mm的砾石含量24%,<0.074 mm的细颗粒含量44.3%,<0.005 mm颗粒含量21.7%,大部分土料的分类为黏土质砂、含砂低液限黏土,但级配变化范围很大。由于其粗颗粒多为风化的砂岩、泥岩,极易破碎,击实或碾压后大于5 mm的颗粒含量可降低到10%左右。压实混合料的密实度、变形参数、抗剪强度等都较低,不能满足高坝要求。为此工程中采用了掺混硬岩碎石的措施以改善防渗土料的级配。研究成果表明,掺入碎石料的粒径为5~60 mm,掺量35%较优,掺混后土料大于5 mm的颗粒含量可达50%左右,<0.074 mm的颗粒含量约为23.6%,<0.005 mm的颗粒含量在10%左右,分类为黏土质砾(GC),是较为理想的高坝防渗土料。压实后由于粗颗粒的破碎,级配还将有所细化,大于5 mm颗粒含量平均约为36%。击实试验的最大干密度可由不掺的1.7~1.8 g/cm^3提高到掺后的1.9~2.0 g/cm^3,相应的最优含水率为10%~15%。其力学性质大为提高。

2)心墙砾质土的级配与渗透性

根据规范要求,砾石土防渗料大于5 mm颗粒含量不宜超过50%(或宜<60%),<0.075 mm颗粒含量应≥15%,黏粒含量不宜<8%。但事实上,对于宽级配的砾质土,其级配要求不能一概而论,工程中应根据料场具体情况,在满足设计基本要求的条件下,灵活确定。试验研究成果表明,砾石土要求>5 mm含量不超过50%可以保证细料填满粗粒间的孔隙,<0.075 mm含量≥15%是为了保证渗透系数能达到要求及保证土料结构的内部稳定性。从对防渗土料渗透系数的要求看,在渗透系数达到10^{-5} cm/s量级时,实际上渗流量已经很小,因此不必一定要求是1×10^{-5} cm/s。而从渗透稳定方面,对于宽级配的砾石土,一般黏粒含量较少,它具有无黏性土渗透变形的特性。如以细料含量是否填满粗料孔隙来判别渗透变形形式,则级配满足规范要求的砾质土基本上都是流土型或过渡型。砾石土的抗渗比降主要取决于其出口的反滤层,有反滤层保护时,可以将渗透破坏比降明显提高。因此,黏粒含量≥8%并非一成不变。如瀑布沟4种砾石土的试验资料表明,其<1 mm的颗粒含量17%~48%,黏粒含量4%~12%,在正常压实的干密度下,加反滤层的试验得到的最大水力比降达90~140。即使取高达5~10的安全系数,其容许水力比降仍然较高。

3)砾质土的压实

土料填筑的压实质量控制有干密度控制和压实度控制两类。砾质土在压实方面兼有砂砾料和黏性土的某些性质。对砾石土,规定应按全料求取最大干密度,并复核细料干密度。目前的大中型工程,考虑到土的性质的变异性,通常采用压实度作为填筑质量控制指标。由于土的成因类型和物质组成具有较大变化,影响其压实特性的差异,特别是砾石土风化料,不可能用一个平均干密度指标作为控制标准。国际上比较认可的方法是用三点快速击实法实测填土的压实度。中国在鲁布革心墙堆石坝工程中,心墙防渗土料采用风化料,压实后含砾量有很大变化,工程中采用了三点快速击实法进行压实度控制,取得了较好效果。

诸如砾石土这样的粗细颗粒混合土料,除全料的压实度外,还有细料压实度。由于砾石土的渗透性和力学性质很大程度上取决于细料的性质和压实度,用细料压实度控制时,可以不用做工作量很大的全料的大型击实试验,现场比较容易实施。当砾质土粗粒含量在60%~70%以下时,粗粒含量增加,全料干密度随之增加;而细料含量在20%~30%以下时,由于粗粒尚未起骨架作用,细料得到充分压实,其干密度保持不变;在细粒含量30%左右时,粗料开始起骨架作用,其含量愈大,骨架作用也愈强,孔隙中的细料得不到充分压实,干密度随粗粒的增加而减小,直至粗粒含量在60%~70%时,粗粒充分发挥骨架作用,全料和细料的干密度同时减小,各种力学性质大幅度下降,渗透性迅速增大。因此,在细料压实度控制时,当粗粒含量在25%以下时,细料压实度可采用100%,而粗粒含量在25%~50%时,细料压实度可以适当降低至97%~98%。

2. 反滤料

工程中土体发生渗透破坏的过程都是从渗流出口开始发生的,然后向土体深部发展而导致局部或整体破坏。采用反滤层控制渗流出口,既可排水,又可阻止细土粒流失,是有效的渗流控制措施。

宽级配砾石土由多种级配成分组成,虽有一定黏粒含量,但从全料来说,仍是无塑性或低塑性土,其反滤层设计也应按保护被保护土中的细颗粒不受冲蚀为原则。由于影响砾石土渗透变形特性的因素很多,除级配外,干密度、应力状态与下游有无保护都有影响,级配并非唯一因素。但级配良好的砂、砾、细粒土的混合物是抗冲蚀能力很好或较好的材料。砾石土只要符合现行规范要求的>5 mm 颗粒含量不大于50%,<0.075 mm 的颗粒含量不小于15%,且得到较好的压实(包括全料和细料),其渗透破坏形式通常为流土型和过渡型,抗渗破坏比降较高。另外,由于砾石土变异性较大,用计算方法选用的结果,必须再用反滤试验复核后确定。

3. 堆石料

堆石料是堆石坝筑坝材料的主体,其强度特性关系坝坡的稳定,而其应力应变特征则与坝体的变形密切相关。从当代高堆石坝的建设经验看,无论是心墙堆石坝还是混凝土面板堆石坝,坝体的变形控制都是其核心关键技术。因此,筑坝堆石料的选择和使用主要应考虑坝体变形控制的需要。对于高堆石坝,筑坝堆石材料应选择中硬岩,母岩的饱和单轴抗压强度为30~80 MPa。同时,为保证堆石的压实密度,还要求堆石料应具有良好级配。从坝体变形控制与变形协调的角度,对于混凝土面板坝,堆石料应具有尽可能高的压实密度,以降低坝体的总体变形量。对于心墙堆石坝,变形控制中则更强调坝壳堆石与防渗心墙间变形的协调过渡。

堆石料的颗粒形状为多面体,颗粒之间通常为点接触居多,其整体的压缩性主要取决于颗粒的重新排列,并同时受岩性、密度、级配等因素影响。对于低坝而言,在施工期坝体沉降变形的大部分即可完成。但是对于高坝,由于堆石体承受的应力水平较高,后续的颗粒破碎和颗粒重新调整将会使坝体堆石的后期变形呈现较为明显的增长。因此,对于高堆石坝,材料的后期变形特性不容忽略。

堆石料变形的另一个重要的特征是其湿化变形特性,堆石湿化变形的机制主要是颗粒的棱角遇水后发生软化、破碎,同时水的润滑作用促使了颗粒的迁移与重新排列,从而导致新的变形的产生。堆石的湿化变形与其岩性密切相关,一般情况下,软岩的湿化变形较大,但值得注意的是,即使是对于颗粒比较坚硬的堆石(如灰岩和熔灰岩等),这种浸水后的变形仍不可忽视。堆石的浸水沉降变形,随密度的增大而减小,而且,其初始含水率愈大,湿化变形也会越小,因此加水碾压对于促使堆石变形尽早完成、减少后期变形具有重要作用。

3.1.1.2　高堆石坝的坝基处理

对于高堆石坝的坝基处理,最常见的情况是河床砂砾石覆盖层地基。砂砾石覆盖层中,如没有软弱黏性土或易液化的粉细砂夹层,其承载力和稳定性是足够的,坝基处理的主要任务是渗流控制。如覆盖层深部有砂层埋藏,则需要对砂层液化的问题进行判别。

高堆石坝一般都采用垂直防渗设施,以有效地截断渗透水流,同时配合下游渗流出逸处的反滤排水,可以有效地保护地基或大坝土体不受渗流破坏。对高坝深覆盖层,最有效的垂直防渗措施是全部挖除防渗体下部的覆盖层,或者采用混凝土防渗墙截断坝基渗流。近年来,我国修建的深覆盖层上的高混凝土面板坝,基本上均采用了混凝土防渗墙的处理方式。坝基防渗墙与趾板通过连接板的方式进行柔性连接。对于高心墙堆石坝,覆盖层大开挖和修建防渗墙的方式均有采用,如双江口和瀑布沟。对于采用防渗墙处理坝基覆盖层的高心墙堆石坝,其中的关键技术问题是防渗墙与心墙、廊道的接头处理,以及廊道与岸坡的接头处理。就可靠性而言,防渗墙直接插入心墙(墙顶包围高塑性黏土)较为可靠,墙顶通过廊道与心墙连接时,墙与廊道间易产生差异变形,需合理设置接缝。同时,对于廊道与岸坡基岩的接头,也应设计能适应较大差异变形的接缝接头。

3.1.1.3　高堆石坝的变形控制

在高堆石坝的设计、施工中,坝体堆石的变形控制是一项最为重要的关键技术,防渗体的应力状态及大坝的整体工作性态等,无一不与此密切相关。对于混凝土面板坝,变形控制的重点在于大坝变形的综合协调,即减小面板浇筑后的堆石体变形量值及协调坝体不同区域间的不均匀变形,其中主要包括坝体上下游堆石的变形协调,岸坡区堆石与河床区堆石的变形协调,混凝土面板与上游堆石的变形协调,坝体上部堆石与下部堆石的变形协调,以及不同填筑顺序的堆石变形时序的协调。而对于心墙堆石坝,变形控制的重点是通过协调坝壳与心墙的变形,避免心墙危害性裂缝的产生。由于堆石与心墙土在材料性质上的差异,在坝体填筑过程中,心墙与坝壳堆石变形时序的差异也是心墙堆石坝变形控制中需要注意的重要问题。

3.1.1.4　高堆石坝的局部破坏问题

在当前高堆石坝建设的工程实践中,有成功的经验,也有出现结构破坏的教训。这些问题的产生,既有个别工程的特殊性,同时也包含了一些共性的问题。其中,最主要的问题是高混凝土面板坝蓄水期河床段面板的挤压破坏和高心墙堆石坝蓄水期坝顶的纵向裂缝。

从对高混凝土面板坝面板挤压破坏的分析中可以发现,造成这种挤压破坏的最根本原因是堆石变形所引起的面板沿坝轴线方向的位移。为避免高混凝土面板坝面板的挤压破坏,工程设计与施工中应采取改善堆石材料特性,提高堆石压实密度;优化坝体的断面分区,使主堆石区自身相对较为稳定,并能够为面板提供可靠的支撑;合理控制坝体的填筑施工步骤和面板浇筑时机;河床段面板间填充缝间柔性填料等措施。

对于心墙堆石坝蓄水期坝顶沿坝轴线方向的裂缝,国内两座已建的高心墙堆石坝均出现了这一现象。目前,对于这种裂缝的产生原因,尚无明确的定论。但从对监测资料的反演分析研究可以初步推断,坝壳堆石材料与心墙土体材料在变形时序上的不协调,以及蓄水后上游坝壳的附加变形作用是造成这一裂缝的重要原因。

3.1.2　高堆石坝建设中的岩土工程问题

3.1.2.1　粗颗粒材料的工程特性研究

目前,在堆石等粗颗粒材料的工程特性研究中,室内大型试验是最为常用的研究方法,其中最常见的试验是大型压缩试验和大型三轴试验。总体而言,目前的研究仍然局限于将堆石材料作为一个整体的弹塑性体而采用经典的弹塑性理论进行分析。事实上,由于堆石材料的散粒体特性,在其承受荷载的过程中,颗粒的破碎和颗粒的重新排列过程随时在发生着,而这也就意味着堆石材料的整体状态在时刻发生着变化,其材料的力学特性也将随之而变。对于高堆石坝工程,由于其高应力水平和复杂的应力路径,堆石的颗粒破碎将更加严重,因此如欲准确描述堆石材料随颗粒破碎和颗粒重排而产生的状态变化,则必须对颗粒的破碎特性进行深入的研究,并在此基础上开发新的分析模型和分析方法。

从堆石材料的试验方法上看,目前的试样准备并无统一的操作规程,通常是采用分层砸实的方法制备至要求的试样密度。同一种材料,不同的试验操作人员在试样制样时的初始颗粒破碎就不尽相同,由此,在制样之初就将造成材料性质上的偏差。因此,粗粒料大型试验的试样制备应采取类似黏性土一样的统一制备方法。较为合理的方法应该是根据现行大型振动碾单位面积压实功能,采用重型振动板分层压实制样。试样压实的层厚、振动板重量、振动频率和时间都应统一规定,如此,则可以保证试样制备过程中的初始颗粒破碎保持在一个可控的范围,以便于试验后统计压缩或剪切过程中的颗粒破碎情况。

目前,基于室内大型三轴试验的堆石本构模型基本上都能够反映堆石模量随荷载变化的非线性变化关系,但是尚没有一个模型能有效地反映堆石状态(密度、级配、颗粒排列与重组的过程)随时间的变化关系。这样的变化关系与堆石的颗粒破碎密切相关。近年来,我国在高混凝土面板堆石坝工程中普遍采用了堆石预沉降方法,但由于目前的分析模型仅考虑了堆石模量随应力状态的变化,而未计及堆石级配和密度状态随时间的变化,因此目前所有的分析模型均无法对堆石预沉降措施进行有效的计算分析。

3.1.2.2　关于堆石材料本构模型的分析与评价

工程中的堆石材料具有非常复杂的应力应变特性,而且受多种因素的影响。实验室的试验只能在相对比较简单的条件下测定少量的物理量,而本构模型则要求有更广的概括性和适应性,它所应用的是比试验条件更为复杂、更为全面的基本关系。从这个角度上说,任何本构模型都是对现实状况的简化和近似处理。

目前,高堆石坝数值计算分析中最为常用的是邓肯 E-B 非线性弹性模型和南水双屈服面弹塑性模型。弹塑性模型在理论上对堆石体的应力应变关系考虑得更为全面,可以模拟堆石的剪缩(胀)特性和塑性应变的发展过程,但是其模型相对较为复杂,而且在模型的构造中还需引入屈服面和流动法则等假定。对比而言,邓肯 E-B 模型的参数物理意义较为明确,由计算参数反算的应力应变关系与试验的应力应变关系曲线符合较好,而且,由于该模型应用较多,因此具有较为丰富的类比计算成果。将计算结果与大坝实际观测资料相比可以发现:邓肯 E-B 模型、双屈服面弹塑性模型计算的坝体堆石的位移形态均比较符合实际,邓肯 E-B 模型计算的坝体竖向位移与实际观测结果较为接近,但水平位移偏大。双屈服面弹塑性模型计算的坝体位移数值均偏小。

在应用邓肯模型进行堆石坝的计算分析中,增量法是最常用的数值计算方法。由邓肯模型的特点可以看出,其模型的基础是常规三轴试验,模型的弹性参数应该而且也只能通过常规三轴试验得出。在常规三轴试验条件下,$\Delta\sigma_1=\Delta\sigma_a=\Delta(\sigma_1-\sigma_3)$,$\Delta\sigma_2=\Delta\sigma_3=\Delta\sigma_r=0$,$\Delta\varepsilon_1=\Delta\varepsilon_a$,$\Delta\varepsilon_2=\Delta\varepsilon_3=\Delta\varepsilon_r$(这里,下标 a 表示轴向,下标 r 表示径向)。因此,邓肯模型中由$(\sigma_1-\sigma_3)\sim\varepsilon_a$ 曲线的斜率所得出的 E_t 具有非常明确的增量弹性模量的物理意义,而且根据弹性理论的结论,在假定土体材料为各向同性的情况下,由此确定的弹性常数也可以用于其他的加荷路径。应该指出的是,正是因为邓肯模型的上述特点,在模型的应用中,不应采用其他不符合切线模量、体积模量定义的试验方法确定模型参数。

邓肯模型依据了胡克定律,而胡克定律无法反映土的剪胀性,因此一般认为邓肯模型无法考虑土的剪胀。但是邓肯模型在确定模型参数时所采用的体积应变既包含了平均正应力所引起的体缩,同时也包含了部分由于剪切所引起的土体体积变化。这种体积变化,在模型的参数中有时会得到一定程度的反映。此外,邓肯模型通过引入卸荷模量的方式,也可以部分反映应力路径和加荷历史的影响。

3.1.2.3　堆石材料的长期变形

随着堆石坝筑坝高度的增加,堆石材料的长期变形特性日趋突出。目前,通常将堆石在填筑施工后持续发展的变形称为堆石的流变,但这种变形与通常物体在荷载恒定条件下变形持续发展的流变变形并非同一概念。堆石体长期变形(或后期变形)是指堆石材料在较高应力水平下颗粒破碎、不同粒径的颗粒重新组合、排列的过程,它是由于堆石颗粒状态变化所导致的附加变形。

目前,国内对于堆石长期变形的分析基本上均采用衰减型经验模型,根据不同的假定,衰减函数或为指数型,或为对数型。但无论衰减函数的类型如何,试验过程中均面临着如何确定后期变形起点,以及如何定义变形稳定标准等问题。而如果采用弹性单元、黏性单元和塑性单元组合的理论模型,则需要通过大量试验数据的归纳和总结以确定不同单元的组合形式,并定义模型的参数。

3.1.2.4　筑坝材料工程特性的反演分析

如前所述,无论筑坝材料的本构模型如何复杂,它都是对现实状况的简化和近似处理。由于堆石坝材料颗粒尺寸及状态条件在现场与实验室有着较大的差别,实验室得出的参数无法完全代表现场的实际情况,为此在堆石坝的研究中陆续发展了各种不同的参数反演分析方法。但是,各种反演分析方法在应用过程中往往忽略了一个事实,即本构模型的参数是在某一特定荷载条件和应力条件下得出的,模型的参数通常都具有特定的物理意义。通过对大坝施工和运行过程中位移监测数据的反演分析所得到的参数,由于其中包含了大量非确定因素,参数已无法正确反映原模型参数应有的意义。因此,对于筑坝材料参数的反演分析应针对边界条件相对简单、物理意义较为明确的现场试验进行,如现场有侧限大型压缩试验等。

3.1.2.5 心墙水力劈裂机制研究

对于高心墙堆石坝,蓄水期心墙的水力劈裂裂缝及水力劈裂破坏是工程中关注的重点问题之一,也是岩土工程中存在较多争议的问题之一。目前,工程界和学术界对于心墙水力劈裂的破坏机制、判别标准仍有许多疑问和争论。针对这一问题,通过离心模型试验和数值计算进行分析和研究,取得了一些成果。从分析结果可以看出,水力劈裂的发生条件与发展的过程,就是土体在水力作用下,有效应力降低至受拉状态时产生的张拉裂缝。水力劈裂破坏的过程是外部水体与裂缝连通,造成裂缝不断扩展,直至破坏的过程。传统的观点认为,当土体的孔压上升,导致有效应力为拉时,就是发生水力劈裂。但是应该指出的是,造成土体有效小主应力为拉应力的因素有很多,只有当土体有效应力的降低是由于外部水压力的作用,并由此产生的裂缝才能称之为水力劈裂。而是否产生水力劈裂破坏,则取决于外部水体是否与裂缝连通。内部局部土体孔压升高导致的有效拉应力裂缝不会产生水力劈裂的破坏。

从土的特性看,土体如果发生裂缝,必定存在拉裂破坏或剪切破坏,而裂缝的扩展,也应该有作用于裂缝表面的扩张力。从数值计算分析的结果看,水力劈裂的产生始于土体的拉裂破坏,而水力劈裂的进一步的发展过程,则取决于水力梯度、土体的应力状态、土的渗透特性、土体的局部缺陷等多方面的因素。数值计算的结果还发现,由于心墙侧边约束的作用,在未蓄水之前,土体主应力的方向就已经发生了明显的偏转。上游侧蓄水之后,在水压力的作用下,土体主应力的方向进一步偏转,大主应力方向倾向于与水压力方向平行。在这种情况下,如果土体表面的有效小主应力出现拉应力,其裂缝方向将接近水平。传统的观点认为心墙中大主应力方向为竖直方向,小主应力方向为上下游方向,这种假定在心墙上游侧的局部区域与实际情况并不符合。

从水力劈裂发生的机制看,采用有效小主应力为拉的判别方法确定是否发生水力劈裂是可行的,但是,需要注意的是应进一步判断有效应力为拉应力的区域是否与外部水体连通。当外部水体直接作用于土体裂缝表面时,才可能出现水力劈裂破坏。从水力劈裂破坏的过程看,水力劈裂裂缝的发展,还取决于土体的渗透特性,只有当土体渗透系数较小,进入裂缝的水无法即刻形成渗流,水压力以面力的形式作用于裂缝两侧时,才可能导致裂缝的持续扩展。

3.2 高土石坝关键技术研究实例

3.2.1 糯扎渡水电站高心墙堆石坝关键技术研究

糯扎渡心墙堆石坝坝高 261.5 m,总填筑量达 $3\ 400\times10^4\ m^3$,心墙填筑量 $464\times10^4\ m^3$。大坝结构包括 6 种坝料,11 个分区,坝体结构如图 3-1 所示。其坝顶高程 821.5 m,宽 18

m,长 627.87 m,上游坝坡坡度 1:1.9,下游坝坡坡度 1:1.8。心墙顶宽为 10 m,上下游坡度均为 1:0.2。心墙上游两反滤层分别宽 4 m,下游两反滤层分别宽 6 m。反滤层外设 10 m 宽的细堆石过渡料区;上游坝壳及下游坝壳的水下部分及坝坡附近堆石体采用弱风化以下花岗岩或角砾岩填筑,下游坝壳在内部干燥区设置由建筑物开挖渣料中的弱风化以下砂泥岩和强风化花岗岩组成的粗堆石料区。

工程区天然土料偏细,黏粒含量大,防渗性能较好,但力学性能特别是压缩性能难以满足高坝在高应力条件下的设计要求。在该心墙防渗料的设计中采用在天然土料中掺加35%(质量比)人工级配碎石的掺砾土料,以改善土料的性质。由云南华能澜沧江水电有限公司、中国水电顾问集团昆明勘测设计研究院、中国水电工程顾问集团公司牵头,组织中国水利水电科学研究院、清华大学、河海大学、大连理工大学、南京水利科学研究院等单位参与,开展了糯扎渡心墙堆石坝关键技术问题的科技攻关,主要研究内容包括坝料试验及坝料特性研究、土石坝计算分析理论及抗裂措施研究、心墙堆石坝坝料分区及结构优化研究、心墙堆石坝动力反应分析计算理论及抗震措施研究、心墙堆石坝渗流分析及渗控措施研究等。

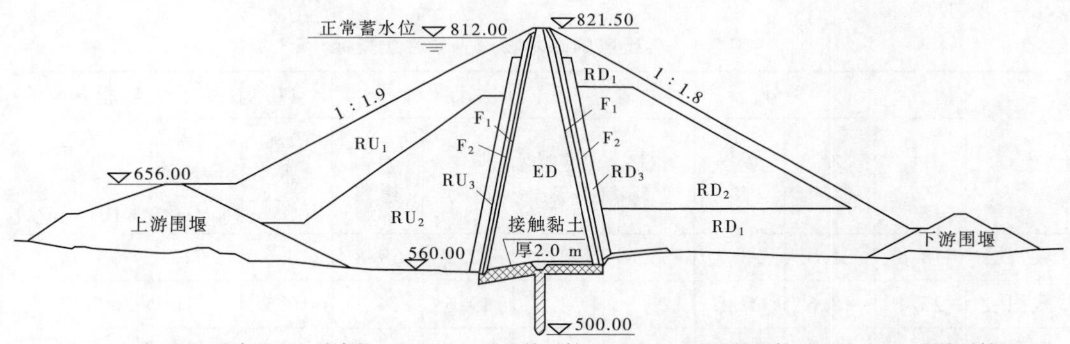

ED—心墙; F_1—反滤Ⅰ;F_2—反滤Ⅱ;RU_1、RD_1—Ⅰ区堆石料;RU_2、RD_2—Ⅱ区堆石料; RU_3、RU_3—细堆石料

图 3-1 糯扎渡心墙堆石坝横剖面 (单位:m)

3.2.1.1 坝料特性研究及坝料设计

1. 土料基本性质

糯扎渡水电站工程选择农场土料场作为防渗土料并进行详查,可研阶段共进行钻探 464 m(14 孔)、坑探 4 162 m(533 坑),开展土料常规物理力学试验 226 组。防渗土料场内地层为三叠系中统忙怀组下段第三层(T_{2m}^{1-3}),岩性主要为紫红色泥岩、粉砂质泥岩、泥质粉砂岩、粉砂岩、细砂岩、中砂岩、粗砂岩和砂砾岩等。天然土料母岩岩性以砂岩、泥岩为主,主采区各层土料的岩性:①坡积层土料主要为含砂高液限黏土(CHS);②构造残积层土料主要为黏土质砂(SC)、卵石混合土(SICb)和黏土质砾(GC);③坡、残积混合料矿物成分主要为伊利石、高岭土和石英。土料场坡积层厚度为 1~3 m,残积层厚度为 4~6 m,坡积层一般不单独开采作为防渗土料,而是与下部残积层立采混匀后作为天然土料使用。主采区可采厚度平均为 8.78 m,料源主要为坡、残积层和强风化土层,平均天然干密度分别为 1 430 kg/m³、1 580 kg/m³、1 700 kg/m³。土料矿物成分主要为伊利石、高岭土和石英,性能较稳定;可溶盐<0.001%,有机质<1%;属非分散性土和非膨胀性土(自由膨胀

率为 16.4%)。主采区各层土料的物理力学性质指标如下:

(1)坡积层土料主要为含砂高液限黏土(CHS):砾(>5 mm)占 1%、砂占 36%、粉粒占 22%、黏粒占 41%、胶粒占 35%;液限 52.3%、塑性指数 27.1;在 1 470 kJ/m^3 击实功能下,最大干密度为 1.718 g/cm^3,最优含水率为 18.1%,渗透系数为 5.29×10^{-7} cm/s,具中压缩性。

(2)构造残积层土料主要为黏土质砂(SC)、卵石混合土(SICb)和黏土质砾(GC):砾(>5 mm)占 35%、砂占 28%、粉粒占 19%、黏粒占 18%、胶粒占 15%;液限 44.1%、塑性指数 21.5。

(3)坡、残积混合料主要为黏土质砂(SC)、卵石混合土(SICb)和黏土质砾(GC):土料的矿物成分主要为伊利石、高岭土和石英;颗粒中砾(>5 mm)占 34%、砂占 35%、粉粒占 14%、黏粒占 17%、胶粒占 13%、<0.075 mm 细粒占 37%;在 1 470 kJ/m^3 击实功能下最大干密度为 1.779 g/cm^3,最优含水率为 15.6%,渗透系数为 2.10×10^{-7} cm/s,在 0.1~0.2 MPa 压力下饱和浸水的压缩系数为 0.16 MPa^{-1};属非分散性土和非膨胀性土(自由膨胀率为 16.4%),主要质量技术指标符合作为碾压式防渗材料的基本要求。

土料主要质量技术指标符合防渗土料的基本要求。各土层的基本物理力学性质如表 3-1 所示。

表 3-1　各土层的基本物理力学性质指标

土料	颗分				水性			1 470 kJ/m^3 击实功能下土样		
	砾(%)	砂(%)	粉粒(%)	黏粒(%)	液限(%)	塑限(%)	塑性指数	最优含水率(%)	最大干密度(kg/m^3)	渗透系数($\times10^{-7}$ cm/s)
坡积层	18.8	21.9	23.7	35.6	42.3	22.5	19.8	18.6	1 718	1.74
残积层	27.4	18.6	22.5	21.5	34.3	19.6	14.7	16.5	1 780	13.5
混合料	30.1	25.6	22.6	21.7	34.4	19.1	15.3	16.8	1 779	16.8

2. 土料掺砾量及掺砾级配研究

高心墙堆石坝对防渗土料的要求除防渗外,还必须有较好的力学性能,与坝壳堆石的变形能较为协调,减小坝壳对心墙的拱效应,以改善心墙的应力应变,减少心墙裂缝的发生概率。糯扎渡大坝采用农场土料作心墙料,地质勘探资料及试验成果表明,天然土料的粗粒含量少,细粒及黏粒含量偏高,对于最大坝高达 261.5 m 的特高坝来说,其压缩性偏大,力学指标偏低,为此决定往天然土料中掺加 35%(质量比)的人工碎石,以改变土料性质。大量试验研究表明,土料击实后 > 5 mm 的含量超过 30%,力学性能得到了明显改善,室内试验渗透系数为 10^{-6} cm/s 量级。压实试验成果表明,不同压实功能对最大干密度、最优含水率及细料压实密度有显著影响,2 690 kJ/m^3 击实功能与 1 470 kJ/m^3 击实功能成果相比,提高击实功能对提高掺砾土料的干密度和细料压实密度效果明显,压缩变形明显减少,渗透系数减少约一个量级,抗剪强度和应力变形指标有显著提高,故对高坝而言,宜采用 2 690 kJ/m^3 击实功能试验干密度作为土料的压实控制标准。

从已建的国内外土质防渗体土石坝筑坝经验看,高土石坝防渗体采用冰碛土、风化岩和砾石土为代表的宽级配土料越来越普遍。采用砾石土作为高堆石坝防渗体的优点是：压实后可获得较高的密度，从而使防渗体具备强度高、压缩性低的特点，可缩小防渗体与坝壳料的变形差，有效降低坝壳对心墙的拱效应，减小心墙裂缝的发生概率；在防渗体开裂时，可限制裂缝的展开，改善裂缝形态，减弱沿裂缝的渗流冲蚀；便于施工，可采用重型施工机械进行运输和碾压，对含水率不敏感，多雨地区施工较黏土料容易。

在规划土料利用的初期，将土料分为两种：①混合料，料场可采厚度范围内的混合土；②残积土，推除表层约 2 m 坡积层后的土料。根据试验成果，混合料和残积土的颗分、击实密度、压缩性、抗剪强度等物理力学指标均相差不大，而与其他高心墙坝相比，土料明显偏细，故进行了土料掺人工碎石的砾石土的研究。掺砾料较混合料最大干密度、抗变形指标及抗剪强度均有较大提高，而土料的渗透系数并未因土料的砾石含量增大而发生本质改变，掺砾后土料的物理力学指标明显优于混合土料。

糯扎渡工程砾石土的获得可采取两种方法：一是通过开采下部的强风化层石料与上部土料混合；二是掺入人工碎石。根据勘探成果，农场土料场坡积层厚 0.6~2.5 m，残积层厚 3.5~21.6 m，一般 9~14 m 以下为强风化岩层，如要通过开采下部的强风化层石料与上部土料混合获得砾石土，因坡残积层厚度不均，混采的砾石土质量难以保证，且下部开采有地下水影响，不利于采挖；另外，土料母岩主要为砂泥岩，据相同地层坝址区弱风化及微新岩石抗压强度试验成果，该砂泥岩岩性较软，抗压强度低、软化系数大，即使加入部分强风化岩石，在重型压实机械碾压后，含砾量也不会增加太多。从工程安全角度出发，采用添加新鲜角砾岩人工碎石料的方式获取砾石土防渗料。

分层总和法心墙沉降计算成果表明，当心墙采用 1 470 kJ/m^3 击实功能的混合土料时，心墙最终沉降量为 16.289 m，占坝高的 6.23%，竣工后沉降量为 2.386 m，占坝高的 0.91%。当击实功能提高至 2 690 kJ/m^3 时，心墙最终沉降量减少为 13.62 m，但仍占坝高的 5.2%，竣工后沉降量为 2.957 m，占坝高的 1.13%。相关规范规定，竣工后沉降量不宜大于坝高的 1%，对心墙的最终沉降量没有做明确的规定，但工程界一般认为不宜超过坝高的 5%。因此，天然土料不能满足要求。为此，需在天然土料中掺加一定量的人工碎石，以改善心墙防渗土料的力学性能。

为确定合理的掺砾量，使土料性能既能满足 260 m 级高坝的要求又可节省工程投资，设计进行了掺砾量为 10%~90% 的不同土料的物理力学试验研究，并重点研究了掺砾量为 35% 和 45% 两个方案。不同掺量土料的试验成果表明，掺砾量宜为 30%~40%，掺砾量在 20% 以下效果不明显，极限掺砾量不超过 50%。掺砾量为 45% 的土料与掺砾量为 35% 的土料相比，最大干密度、击后砾石含量、抗剪强度指标、变形指标等有不同程度的提高，土料力学性能优于掺砾量为 35% 土料。但各项试验表明，掺 35% 土料的击后砾石含量为 30.5%~44.6%，平均达 36.4%，已超过砾石能起作用一般所要求的 30%，其他如压缩性能、防渗及抗渗稳定性能、抗剪强度指标、变形指标以及动力指标等，经心墙沉降计算、坝坡稳定计算、渗流计算、应力应变分析及动力反应分析表明，也均能满足要求。因此，选择掺砾量为 35% 的方案。

砾石土砾石含量对土的渗透性和力学性有直接影响，为确定较佳的砾石含量，对混合料、掺砾 35%（砾石含量约 30%）、掺砾 45%（砾石含量约 40%）进行击实试验比较研究。

根据试验结果统计，1 470 kJ/m³ 击实功能下，不掺砾土料最大干密度平均为 1 776 kg/m³，击后大于 5 mm 颗粒含量平均为 13.9%；掺砾 35%土料最大干密度平均为 1 914 kg/m³，击后大于 5 mm 颗粒含量平均为 38.5%；掺砾 45%土料最大干密度平均为 1 958 kg/m³，击后大于 5 mm 颗粒含量平均为 45.56%。掺砾 35%土料比不掺砾土料最大干密度平均增加 138 kg/m³，击后砾石含量增加约 25%；从干密度与击后砾石含量增加的比例看，掺砾 45%比掺砾 35%的增幅明显减小。根据换算，<5 mm 以下细料密度不掺砾土料、掺砾 35%和掺砾 45%土料分别为 1 605 kg/m³、1 630 kg/m³ 和 1 609 kg/m³，掺砾 35%土料的细料密度最大。

从渗透变形试验成果看，1 470 kJ/m³ 击实功能下掺砾 45%的土样在水力比降为 9 时就有明显转折。水力比降为 9 时，其中的细颗粒就开始发生移动；而掺砾 35%的土样在水力比降为 25~60 才有明显转折。就细粒料的渗透稳定而言，掺砾 35%的土样较掺砾 45%的土样好。在土料的变形和强度方面，掺砾 45%的土样优于掺砾 35%的土样，但提高的幅度不大，因本工程掺砾料为人工加工的碎石料，增加掺砾量势必增加投资，而掺砾 35%的土料细料压实密度最大，故选定掺砾 35%作为最终掺砾比例，土料击实后大于 5 mm 颗粒含量在 30%~40%，<0.074 mm 颗粒含量在 25%~40%。

试验结果表明，天然土料在 1 470 kJ/m³ 击实功能下最大干密度平均为 1.779 g/cm³，最优含水率平均为 15.6%，渗透系数平均为 2.10×10^{-7} cm/s，饱和浸水压缩系数平均为 0.16 MPa^{-1}。通过在天然土料中掺入人工级配碎石构成砾质土，可以达到改善土料力学性质的目的，工程土料的颗分级配曲线如图 3-2 所示。

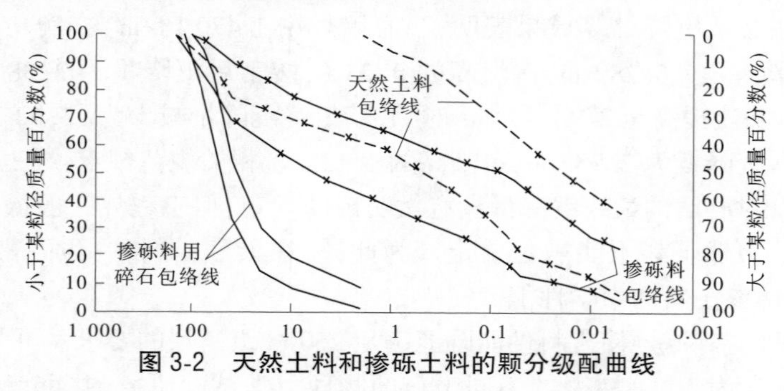

图 3-2　天然土料和掺砾土料的颗分级配曲线

为研究掺砾碎石级配对掺砾土料性能的影响，设计对 3 种不同掺砾碎石级配掺砾土料的物理力学性能进行了全面比较。其中，级配 1 为前期试验研究级配，级配 2 和级配 3 为设计工艺一次加工成型的级配包线。试验研究表明，3 种不同掺砾碎石级配掺砾土料的物理力学性能基本相同，因此可以采用由设计砂石加工系统一次破碎生产的人工碎石。

3. 土料特性试验研究

为了解土料的物理力学特性，论证其作为超高坝防渗材料的可行性，糯扎渡工程设计中分别对坡积层、残积层、坡残积混合料（以下简称混合料）、坡残积混合料掺入人工级配碎石（以下简称掺砾料）4 种土料在 595 kJ/m³、1 470 kJ/m³、2 690 kJ/m³ 3 种击实功能下开展了击实、固结、渗透、三轴等常规试验研究，并开展了多项专项研究。针对天然土料和掺砾土料进行的试验研究内容主要包括：①不同掺砾量土料特性研究；②土料高含水率试验研究;③土料复杂应力路径试验研究;④不同击实功能下砾石土料特性研究;⑤土料的流变特性试验研究;⑥非饱和防渗土料特性研究;⑦土料与其他材料接触界面的力学特性研究;⑧心墙土料水力劈裂试验研究;⑨心墙土料抗裂特性研究。

1)压实密度及含水率

针对不同掺砾量土料进行的击实试验,成果见图3-3。全料密度随含砾量的增加而持续增加,细料密度在含砾量40%(1 470 kJ/m³)、50%(2 690 kJ/m³)以前随含砾量的增加而增加,随后密度呈下降趋势,土料掺砾量30%~40%时压实密度较高。同时,又通过固结试验、渗透及渗透变形试验论证了掺砾量的合适范围,最终得出土料掺砾量在20%以下效果不明显,含砾量范围30%~50%较合适,极限掺砾量不超过50%。

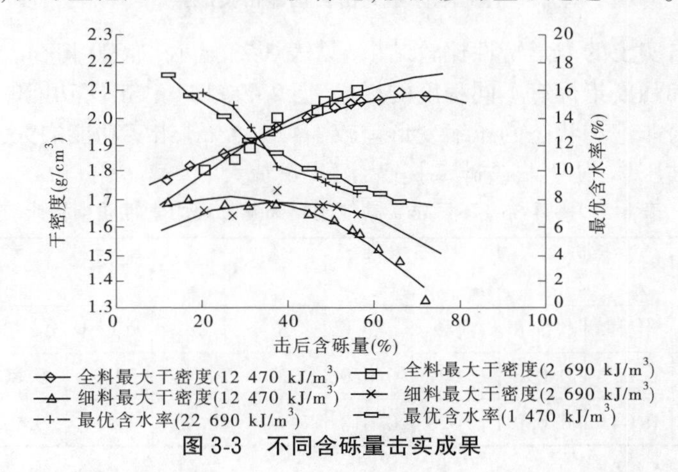

图3-3 不同含砾量击实成果

招标及施工图设计阶段对选定的掺量35%(质量比)的掺砾料各进行12组1 470 kJ/m³、2 690 kJ/m³两种击实功能下的土料物理力学性对比试验。两种击实功能对比试验成果见图3-4。击实功能从1 470 kJ/m³增加到2 690 kJ/m³,天然土料的最大干密度平均增幅0.05 g/cm³,平均增长率为2.9%;掺砾料的最大干密度平均增幅0.05 g/cm³,平均增长率2.64%。提高击实功能,对提高砾石土料的压实密度效果明显。同时其他项目试验成果表明,提高击实功能,能减小压缩变形,减小渗透系数,提高土料的抗渗能力,抗剪强度及变形模量也有所增加,因此糯扎渡工程采用高击实功能2 690 kJ/m³作为土料的压实功能标准。

(1)不同击实功能试验成果比较。

在设计初期进行了595 kJ/m³、1 470 kJ/m³和2 690 kJ/m³三种击实功能的击实比较试验,掺砾35%的土样三种功能下平均最大干密度分别为1 870 kg/m³、1 940 kg/m³、1 990 kg/m³,最优含水率分别为12.6%、11.3%、10.25%。随击实功能的增加,最大干密度提高,最优含水率降低。595 kJ/m³功能的击实土料,最大干密度在增大击实功能时仍有较大幅度的提高,故后期主要对2 690 kJ/m³和1 470 kJ/m³两种击实功能进行试验比较。

击实功能从1 470 kJ/m³到2 690 kJ/m³,最大干密度平均增加30 kg/m³,约1.5%;最优含水率平均值由12.46%降为11.63%;击后大于5 mm颗粒含量随击实功能增加而减

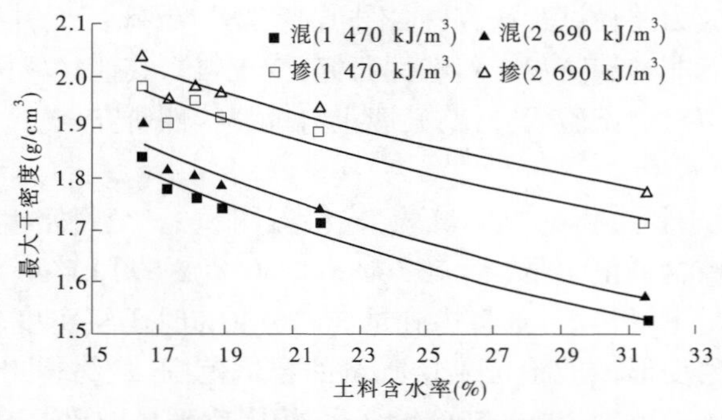

图 3-4 不同击实功能击实成果

少。两种功能击实土的力学特性比较结果(见表 3-2)显示,2 690 kJ/m³ 击实功能的击实土料变形参数和强度指标有不同程度的提高,但 2 690 kJ/m³ 击实功能的击实土料在高应力下饱和状态与非饱和状态的压缩变形差较 1 470 kJ/m³ 击实功能的大,表明在高应力下土体结构可能被压坏,使土料破碎率提高,沉降量加大。

表 3-2 掺砾 35%不同击实功能土料天然物理力学性质指标比较

击实功能	最大干密度	压缩系数 a_{v1-2}(MPa⁻¹)		压缩系数 a_{v16-32}(MPa⁻¹)		邓肯-张模型参数				分层综合法计算的心墙沉降(m)	
(kJ/m³)	(kg/m³)	饱和	非饱和	饱和	非饱和	K	n	φ_0(°)	$\Delta\varphi$(°)	竣工	最终
1 470	1 920	0.057	0.046	0.021	0.020	320	0.48	39.34	9.80	10.59	13.33
2 690	1 960	0.043	0.039	0.020	0.018	494	0.45	41.53	9.91	9.37	12.17

(2)细料的压实密度。

在 1 470 kJ/m³ 击实功能下,掺砾料换算的细料密度为 1 680~1 700 kg/m³,与不掺砾的混合料细料密度基本相同;2 690 kJ/m³ 击实功能换算的细料密度为 1 700 kg/m³ 左右,可以认为掺砾料在 1 470 kJ/m³ 击实功能下已可满足细料压密的要求。

(3)含水率。

规划的心墙施工时段为每年的 9 月中旬至次年 5 月,6 月至 9 月中上旬因雨季停工。根据不同月份料场土层天然含水率的变化测量成果,规划施工时段内土料的平均天然含水率约 20%。考虑土料开采运输过程中的含水率损失 1%~2%,以及掺砾后含水率的均化和降低,与 1 470 kJ/m³ 击实功能土料最优含水率相比,2~5 月土料含水率接近最优含水率,11 月至次年 1 月土料含水率比最优含水率高 1%~2%,而 9 月中下旬到 10 月土料含水率比最优含水率高 2%~5%;2 690 kJ/m³ 击实功能土料最优含水率比 1 470 kJ/m³ 击实功能的最优含水率低约 1 个百分点,与料场的天然含水率差距较 1 470 kJ/m³ 击实功能的土料大,不利于坝料直接上坝。因为降低土料含水率所需增加的措施代价较大。

按上述分析结果,糯扎渡水电站工程掺砾土料设计干密度以 1 470 kJ/m³ 击实功能的最大干密度为参照,最大干密度 1 920 kg/m³,压实度不低于 99%,相应的设计干密度不低于 1 900 kg/m³;最优含水率为 12.78%。因料场含水率偏高,确定设计坝料含水率为 12.5%~15%。

2)渗透特性

根据渗透试验成果,掺砾35%的土料在1 470 kJ/m^{3}击实功能下的土料垂直渗透系数$K_{20}=(1\sim3)\times10^{-8}$ cm/s,水平渗透系数比垂直渗透系数大一个量级。

掺砾35%的土料在1 470 kJ/m^{3}击实功能下的土料渗透变形试验成果表明,其渗透破坏比降>25,出现破坏的试样破坏形式均为流土。其中,1个试样在250比降下未破坏,另外8组试验破坏比降在25~200,平均值为86,小值平均值为47.5。

3)强度特性

在确定的设计指标(掺砾量35%、击实功能2 690 kJ/m^3、压实度95%)条件下,糯扎渡掺砾土料的固结与三轴试验成果见表3-3、表3-4。掺砾土料各项指标成果均符合土料一般规律,满足超高土石坝防渗材料的要求。

表3-3 掺砾料固结试验成果

试验状态	压缩系数 a_{1-2}(MPa^{-1})		压缩模量 E_s(MPa)		最大轴向应变(%)	
	范围值	平均值	范围值	平均值	范围值	平均值
饱和	0.034~0.146	0.053	9.58~40.92	29.91	5.14~9.86	7.96
非饱和	0.012~0.044	0.025	40.52~114.67	65.84	4.68~7.03	6.46

表3-4 掺砾料CD强度及邓肯-张E-B模型参数

土料	数值	c(kPa)	φ(°)	K	n	R_f	K_b	m
掺砾料	范围值	40~140	27.5~33.6	375~542	0.29~0.63	0.68~0.86	277~456	0.18~0.53
	平均值	81.3	30.0	443.8	0.48	0.82	365.0	0.32

从安全角度出发,坝料强度参数宜取小值平均值。因三轴试验中低围压下橡皮模的影响相对较大,故线性强度的计算参数将初始段的黏聚力c值取小值平均值的0.5倍,具体计算中根据不同的运行工况、计算方法,分别采用CD、UU、CU三种状态的推荐参数进行计算,推荐强度参数见表3-5。

表3-5 推荐强度参数

参数类别	线性参数	非线性参数	分段线性参数	
CD强度参数	$\varphi=23.5°$	$\varphi_0=37.7°$	$\sigma_n=800$ kPa	$\varphi_1=28°, c_1=22$ kPa
(小值平均值,c值打5折)	$c=45$ kPa	$\Delta\varphi=10.3°$		$\varphi_2=23°, c_2=108$ kPa
UU强度参数	$\varphi=6.0°$		$\sigma_n=500$ kPa	$\varphi_1=14°, c_1=65$ kPa
(小值平均值,c值打5折)	$c=114$ kPa			$\varphi_2=2.4°, c_2=168$ kPa
CU强度参数	$\varphi=18.8°$		$\sigma_n=900$ kPa	$\varphi_1=21.8°, c_1=28$ kPa
(小值平均值,c值打5折)	$c=48$ kPa			$\varphi_2=12.9°, c_2=180$ kPa
CU强度参数	$\varphi=27.7°$		$\sigma_n=1\ 500$ kPa	$\varphi_1=30°, c_1=12$ kPa
(小值平均值,c值打5折)	$c=31$ kPa			$\varphi_2=21.2°, c_2=314$ kPa

4）变形特性

目前广泛运用的土体材料本构模型为邓肯-张非线性模型（E-B、E-μ），按邓肯建议方法整理的 E-B 模型的弹性模量参数 K、n 和体积模量参数 K_b、m 部分值离散较大，但对于同一种坝料具有 K、K_b 值大，n、m 值小，K、K_b 值减小，n、m 值增大的规律，成果整理见表 3-6。

表 3-6　邓肯-张非线性模型（E-B、E-μ）参数

类别	参数（CD 试验状态）				
	K	n	R_f	K_b	m
平均值	320	0.48	0.764	210	0.26
小值平均值	238	0.54	0.733	184	0.29
大值平均值	457	0.37	0.815	255	0.22
类别	参数（CD 试验状态）				
	φ_0（°）	$\Delta\varphi$（°）	D	G	F
平均值	39.34	9.80	2.89	0.36	0.08
小值平均值	38.03	8.90	2.18	0.33	0.06
大值平均值	40.64	10.34	3.61	0.38	0.11

邓肯-张模型用双曲线来拟合三轴试验成果的大主应力 σ_1—小主应力 σ_3—轴应变 ε_1 关系。该模式只能反映应变硬化的情况，而对应变软化的情况无能为力。邓肯-张建议由三轴试验成果通过两点连线法求模型参数，这是实践经验的总结，常得到可以接受的结果，但它毕竟不是试验成果拟合分析的本意。据已有的研究成果，可以认为在"真实"的应力应变曲线邻近存在一个条带，只要计算求得的线性链落在该范围内，就能满足工程要求，而链上的线性段的模量允许有一个波动范围。根据对糯扎渡坝料试验参数的整理分析，邓肯模型中不同围压下的渐近线与围压的关系可表示为

$$(\sigma_1 - \sigma_3)_{ult}/Pa = A_{ult} + B_{ult}(\sigma_3/Pa)$$

而 K 与 n、K_b 与 m 可分别表示为

$$n = A_n + B_n \lg K';\ m = A_m + B_m \lg K_b$$

其中，Pa 为标准大气压；A_{ult}、B_{ult}、A_n、B_n、A_m、B_m 是根据某组试验点回归的参数。符合上述关系的 K、n、K_b、m 值，对土体的应力应变影响是相同的。本观点可通过对试验点的拟合效果和有限元应力应变分析成果得到验证。

通过完整系统的试验研究，得到糯扎渡土料设计标准及工程特性如下：

（1）以 5 mm 作为粗、细料的分界粒径，击后含砾量在 30%以下时，1 470 kJ/m³ 与 2 690 kJ/m³ 击实功能全料压实密度相当，含砾量超过 40%后，2 690 kJ/m³ 击实功能压实密度更大；对于细料压实密度，击后含砾量在 25%～40%时，两种功能相差不大，含砾量超过 40%后，1 470 kJ/m³ 击实功能已不能满足细料的压实要求，成果如图 3-3 所示。因此，推荐糯扎渡土料人工掺砾量（质量比）为 35%，同时选择 2 690 kJ/m³ 作为土料的压实功能标准，压实度为 95%。

（2）掺砾土料在 2 690 kJ/m³ 击实功能下的最大干密度为 2.01～2.15 g/cm³，平均 2.06

g/cm³;最优含水率为7.3%~9.6%,平均8.8%。掺砾料<5 mm的细料在2 690 kJ/m³击实功能下的最大干密度为1.87~2.05 g/cm³,平均1.97 g/cm³;最优含水率为9.2%~13.3%,平均11.8%。

(3)掺砾料2 690 kJ/m³击实功能、下渗透系数为1.18×10^{-7}~7.94×10^{-6} cm/s,平均2.56×10^{-6} cm/s。在下游无反滤保护条件下,破坏坡降在58~200。

(4)在2 690 kJ/m³击实功能、95%压实度下,掺砾料的固结压缩特性见表3-3。

(5)掺砾料在不饱和、不固结、不排水(UU)状态时,低围压下c值为85.0~240.0 kPa,φ值为18.5°~31.5°;高围压下c值在270~620 kPa,φ值6.5°~25.8°。在饱和固结不排水(CU)状态时,掺砾料总强度低围压下c值在65~130 kPa,φ值22.0°~29.5°;高围压下c值180~460 kPa,φ值11.0°~28.2°;有效强度c'值在55~120 kPa,φ'值26°~39°。掺砾料在饱和固结排水(CD)状态下抗剪强度及邓肯-张模型参数见表3-4。

通过详细的分析论证,糯扎渡掺砾土料在上述试验中各项指标成果均符合土料一般规律,满足超高土石坝防渗材料的要求。

4.反滤料优化设计

糯扎渡心墙堆石坝反滤料级配按《碾压式土石坝设计规范》(SL 274—2001)规定设计。Ⅰ层反滤料级配根据谢拉德反滤设计准则,以剔除粒径d>5 mm颗粒后的心墙土料作为保护对象进行设计。Ⅱ层反滤料级配采用太沙基反滤设计准则进行设计,以Ⅰ层反滤料作为保护对象。设计成果见表3-7和图3-5。试验证明,优化设计后的反滤料与原设计的相比,反滤效果更好,透水性更强,力学性能则基本一致。

表3-7 反滤料设计级配

试料	级配	颗粒组成(%)											特征粒径					
		100~60 mm	60~40 mm	40~20 mm	20~10 mm	10~5 mm	5~2 mm	2~1 mm	1~0.5 mm	0.5~0.25 mm	0.25~0.1 mm	<0.1 mm	D_{100}	D_{85}	D_{60}	D_{15}	D_5	D_0
Ⅰ层反滤料	最大				15.5	16.5	23.0	18.0	21.0	<0.56			20	10.4	3.5	0.7	0.5	0.4
	最小						16.0	16.0	17.0	19.0	27.0	5.0	5	2.1	0.7	0.14	0.1	0.08
	平均				(12.5~10)4.0	15.0	23.0	18.0	19.0	21.0			12.5	6.25	2.1	0.42	0.3	0.24
Ⅱ层反滤料	最大	26.0	17.0	22.0	17.0	13.0	(5~4)5.0						100		43	8.4	5	4
	最大试验级配		23.4	30.3	23.4	17.9	5.0											
	最小		15.0	22.0	21.0	19.0	18.0	5.0					60.0		18.0	3.5	2.0	1.0
	平均	(80~60)13.0	17.0	25.0	19.0	15.0	11.0						80		30.5	5.95	3.5	2.5
	平均试验级配		19.9	29.3	22.2	17.6	11.0											

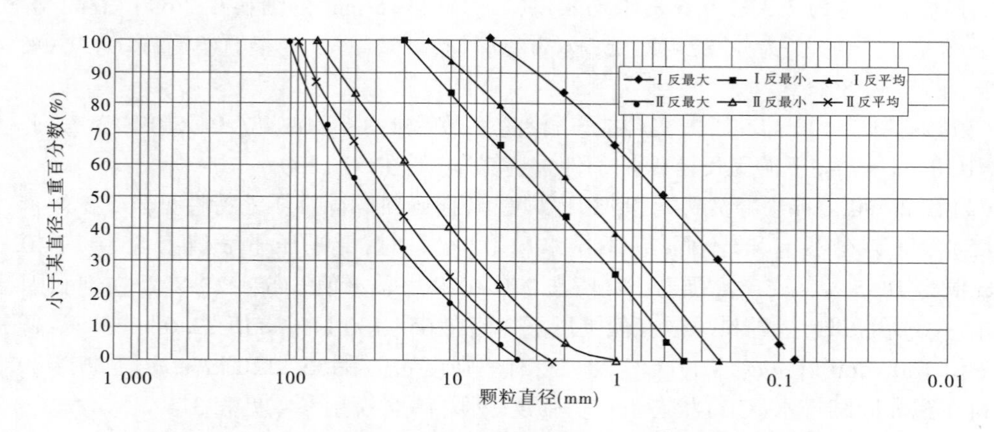

图 3-5 反滤料设计级配曲线

5. T_{2m} 砂泥岩堆石料特性研究

T_{2m} 岩层开挖料中的弱风化、微风化及新鲜石料将作为坝体填筑Ⅱ区堆石料使用。T_{2m} 岩层包括砂岩、角砾岩、泥质粉砂岩、粉砂质泥岩、泥岩等，岩性非常复杂。为了对其特性进行研究，开展了各种岩性岩石的干、湿抗压强度试验及不同岩性岩石含量堆石料的工程力学特性试验。原岩抗压强度试验表明，泥岩、粉砂质泥岩属软岩；泥质粉砂岩属中硬岩；粉砂岩、细砂岩、砂砾岩属硬岩。不同岩性岩石含量堆石料的试验研究表明，堆石料抗剪强度主要取决于配料中硬质岩类含量的多少，硬质岩类含量多则抗剪强度大；坝料中软岩料全风化后对强度有所影响，但全风化量<30%时，影响程度较小；在高应力作用下，软岩含量越高，压缩变形越大；含全风化坝料在较高的压实密度下，其抗变形性能并不显著降低，但浸水与非浸水的压缩变形相差较大；在砂泥岩中加入弱风化花岗岩，可以明显改善软岩含量高的石料的应力应变性能。

6. 复杂应力路径试验研究

通过对设计的几种复杂应力路径的试验研究，设计得出了以下几点基本认识：

(1) 邓肯-张模型是利用 $(\sigma_1-\sigma_3)<(\sigma_1-\sigma_3)_{max}$（$\sigma_1$、$\sigma_3$ 为最大主应力、最小主应力）且 $S<S_{max}$（S_{max} 为历史上最大应力水平）对加卸载进行判定的，这个准则用来判定复杂加荷过程不够准确，对平均正应力和偏应力，宜分别判别。

(2) 土（石）料强度与趋向破坏的应力路径有关。

(3) 应力路径轨迹对材料力学响应的影响随时间的推移而减弱。

(4) 不仅应变增量方向与应力增量方向有关，应力全量空间、应变全量空间与应力增量空间、应变增量空间也存在交叉影响。

(5) 应力空间的加载面是应力全量空间、应力增量空间的函数，应变空间的加载面是应变全量空间、应变增量空间的函数。

7. 不同坝料接触界面的力学特性研究

对不同散粒体坝料之间的接触界面特性及其与混凝土垫层之间的接触界面特性进行了试验研究，得出了以下基本认识：

(1)接触面的强度和变形特性是由接触面附近材料共同作用的结果所决定的。

(2)两种散粒体材料间接触面的强度包线为其单相材料强度的下包线。

(3)在两种散粒体接触界面处,其剪切变形分为两个阶段,在达到破坏强度前,不存在变形的不连续现象;而当达到破坏强度后,会产生集中的"刚塑性"接触面剪切变形,其位置发生在强度最低处。

(4)对散粒体的接触问题,可用"刚塑性"模型描述其切向的变形特性并忽略法向变形特性。

8. 墙土料水力劈裂试验研究

利用立方体试样模拟心墙上游面应力和应变条件,对糯扎渡心墙混合料和掺砾料进行了存在渗透弱面的水力劈裂物理模型试验,同时还进行了土工离心机模型试验研究。试验结果证实了所提出的渗透软弱面水压楔劈效应作用模型的正确性,渗水弱面的存在可以作为诱导水力劈裂发生的一个重要条件。对于相同的固结应力状态,每级水压力作用下渗流量的变化规律基本都是在开始时较大,然后逐渐减小,并逐步趋向于稳定的;对于不同的固结应力状态,达到稳定渗流状态时的渗流量在发生水力劈裂前,基本上与水压力的大小成正比,水力劈裂发生的典型现象是通过试样的渗流量和试样中孔压值在某一水压力时发生突变;在存在水平向渗透弱面的情况下,水力劈裂可以在水压力稍小于竖向应力时发生,且水力劈裂裂缝发生的方向为原大主应力 σ_1 的作用方向;对于混合料,水力劈裂裂缝大体上沿水平面形成并扩展,对掺砾料,其裂缝会同时沿水平向和与水平夹角近似55°的斜向扩展;初始渗透弱面长度越长,形成的楔劈力越大,所需的劈裂水头越低。

3.2.1.2　土石坝计算分析理论及方法研究

1. 静力本构模型的改进

目前,国内较为广泛应用的土石坝应力变形计算本构模型主要有邓肯-张非线性弹性模型、沈珠江双屈服面弹塑性模型、清华非线性解耦 KG 模型、殷宗泽双屈服面弹塑性模型以及四川大学 KG 模型等。与堆石坝实际观测资料对比发现,由沈珠江双屈服面模型得到的堆石坝应力和变形的结果比较符合实际,但有时也会夸大堆石体的剪胀特性。首次提出了堆石体修正 Rowe 剪胀方程,从而改进了沈珠江双屈服面模型体积变形的表示方法,使计算成果(见图 3-6)更为可靠。提出了邓肯-张 E-B 模型参数不唯一性的观点,并建立起了参数间的相关性关系。

通过研究,清华大学对沈珠江双屈服面模型进行了以下两个方面的改进:①沈珠江双屈服面模型由于假设 $\varepsilon_v \sim \varepsilon_1$ 为抛物线关系,在轴向应变较大时会夸大土体的剪胀特性,因此采用修正的 Rowe 剪胀方程对双屈服面模型中的 $\varepsilon_v \sim \varepsilon_1$ 关系进行了修正。②土、石料在填筑压实后存在超固结特性,为了反映这一特性,计算中引入了初始屈服面,当应力状态处于初始屈服面之内时为卸载或再加载过程。

2. 动力本构模型的改进

土工建筑物动力反应分析主要有 3 类方法:①基于等价线性黏弹性模型的等效线性分析方法;②计算的应力应变关系绕滞回圈转动的仿真非线性分析方法;③基于动力弹塑性模型的动力弹塑性分析方法。

中国水利水电科学研究院采用的等效非线性黏弹性模型将土视为黏弹塑性变形材

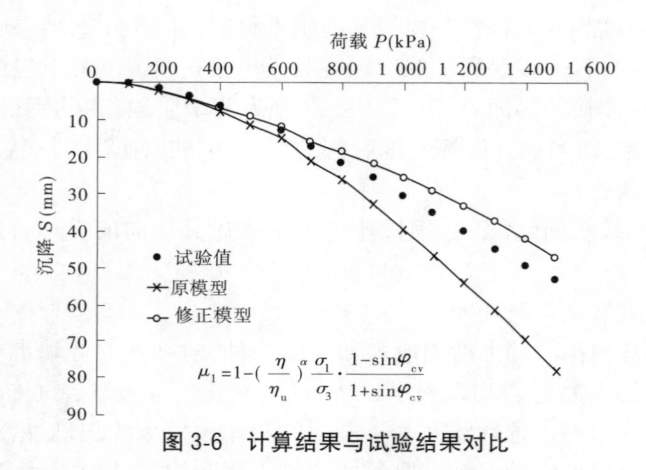

图 3-6　计算结果与试验结果对比

料,模型由初始加荷曲线、移动的骨干曲线和开放的滞回圈组成。这种非线性模型的特点是:①与等效非线性黏弹性模型相比,能够较好地模拟残余应变,用于动力分析可以直接计算残余变形,在动力分析中可以随时计算切线模量并进行非线性计算,这样得到的动力响应过程能够更接近实际情况。②与基于 Masing 准则的非线性模型相比,增加了初始加荷曲线,使得对剪应力比超过屈服剪应力比时的剪应力应变关系的描述较为合理;滞回圈是开放的,能够计算残余剪应变,考虑了振动次数和初始剪应力比等对变形规律的影响。

大连理工大学研究了量化记忆模型建立方法、量化记忆模型与其他模型的关系、量化记忆模型参数的确定以及多维量化记忆模型及其算法实现等,并采用数值方法模拟了不同动应力条件下动三轴试验的滞回圈,在动力本构模型研究方面取得了创新性成果。量化记忆模型把各种经验模型、弹塑性模型及试验中土的实际特性联系起来,并使其在理论的表述和应用上较为简明。它以 Masing 相似准则为依据,并以传统的塑性增量理论为基础,能够较为容易地应用于各向异性材料和不规则的动应力—应变反应中。SM 概念为应力—应变反应提供了一种几何上的表示,它把单调加载情况下剪切模量的非线性变化量变成一种分段式的线性分布,从而可以很容易地描述循环加载情况下滞回材料的行为。

3.2.1.3　开挖料利用及坝料分区设计

坝壳堆石料的主要料源为工程开挖料,不足部分从料场开采。根据原岩的物理力学试验成果,建筑物开挖的弱风化及其以下角砾岩和花岗岩,其干、湿抗压强度均较高,为优质堆石料,适用于对石料要求较高的坝顶部位、坝壳外部及下游坝壳底部等坝体抗震和坝坡稳定的关键部位,称为Ⅰ区堆石料;而建筑物开挖的强风化花岗岩、微风化 T_{2m} 砂泥岩,为软岩、中硬岩及硬岩的混合料,其强度稍低,可应用于坝壳内部,称之为Ⅱ区堆石料。具体分区为上游堆石坝壳 615.0~656.0 m 高程靠心墙侧内部区域设置堆石料Ⅱ区,656.0~750.0 m 高程靠心墙内侧,视料源平衡设置堆石料Ⅱ区或堆石料Ⅰ区调节区,其外部为堆石料Ⅰ区;下游堆石坝壳 631.0~760.0 m 高程范围靠心墙侧内部区域设置堆石料Ⅱ区,其外部为水平宽度 22.6 m 的堆石料Ⅰ区。利用理论研究成果和创新,以大量试验研究和技术分析为依据,论证了上游坝壳内部适当部位采用部分软岩堆石料是可行的;论证了坝体上游边坡采用 1:1.9,下游边坡采用 1:1.8 是合理的。同时将可靠度分析理论引入土石坝稳定分析中,首次采用确定性方法、可靠度分析方法及基于强度拆减有限元法综合评价坝坡稳定安全性,使评价更为客观、可靠。在高心墙堆石坝上游区域选用部分软岩堆石料,大大提高了开挖料的利用率,降低了成本,具有较高推广应用价值。

防渗心墙的分区设计原则为:以某一高程为界,以下采用掺砾料,以上则采用不掺砾的混合土料。共拟定了720 m、700 m和680 m 3个分界高程,分别称为方案2、方案3和方案4。为了便于比较,拟订方案1全部采用掺砾料。

上、下游坝壳堆石料主要采用枢纽建筑物的开挖可用料,不足部分从白莫箐石料场开采,其分区设计原则为:坝顶部位、坝壳外部及下游坝壳底部等关系坝体抗震和坝坡稳定的关键部位设置为堆石料Ⅰ区,采用具有较高强度指标、透水性好的弱风化以下花岗岩开挖料或从白莫箐石料场开采的角砾岩和花岗岩石料;坝壳内部对石料强度指标要求可适当降低,设置为堆石料Ⅱ区,采用强度指标稍低的强风化花岗岩和弱风化以下T_{2m}^{1}岩层的开挖料;堆石料Ⅱ区的范围尽可能扩大,以充分利用开挖料,但应满足坝坡稳定、坝壳透水及坝体应力应变等要求。为了进行比较研究,先后共拟定了14个分区设计方案,其中主要代表性的分区方案为方案3、9和14,其剖面见图3-7。方案9中的堆石料Ⅲ区为Ⅰ区堆石料和Ⅱ区堆石料互层填筑。

从坝坡稳定、坝体应力应变、坝体动力反应和抗震性能、坝体填筑施工规划及坝体填筑投资估算等方面对各坝壳粗堆石料分区方案进行了详细的计算分析和比较,结果表明,各方案均能满足设计安全要求,且差别不大;但从Ⅱ区堆石料利用量、坝体造价方面比较,方案14明显较优。因此,综合考虑后推荐分区方案14。

心墙分区方案主要在坝顶沉降方面进行了比较,从计算成果看,混合土料与掺砾土料分界高程无论是720 m、700 m还是680 m,坝顶后期沉降占坝高的百分比均小于1%,满足规范要求,且从坝体变形、应力及抗震性能方面也均满足要求并没有大的差别,最终推荐了以720 m高程为界的偏于保守的方案。

3.2.1.4　抗震措施

振动台动力模型试验及土石坝的震害实例表明,坝顶区是抗震的重点部位。尽管各方面的计算分析表明,糯扎渡心墙堆石坝在设防地震作用下是稳定安全的,但设计仍采取了以下抗震措施:①适当加大坝顶宽度,以避免堆石不断滚落而造成坝体局部失稳。②在确定坝顶高程时考虑地震涌浪及地震沉陷量,预留足够的坝顶超高。③坝顶至1/5坝高范围内采用块度大、强度高的优质堆石料(Ⅰ区堆石料)。④坝顶至1/5坝高范围内的上、下游坝壳堆石中埋入Φ20钢筋,间距为1.0 m,每隔5 m高程布置一层。⑤在820.5 m高程的心墙顶面上布设贯通上、下游的钢筋(Φ20@100),并分别嵌入上游的防浪墙及下游的混凝土路缘石中,以使坝顶部位成为整体。⑥坝顶至1/5坝高范围内的上、下游坝面布设扁钢网,间距为1.0 m×1.0 m,并与埋入坝壳内的钢筋焊在一起。

3.2.1.5　掺砾土料填筑质量检测方法研究

1.掺砾土料填筑工艺

农场土料不同部位、不同深度的粗砾含量、黏粒含量差别较大,其压实性能并不相同。为此规定土料开采应采用立采法,使混合土料尽可能均匀,随后运到掺合场与人工碎石掺拌。掺合场共4块,每块约6 000 m^3,按生产性试验的掺合比和工艺流程,将混合土料和

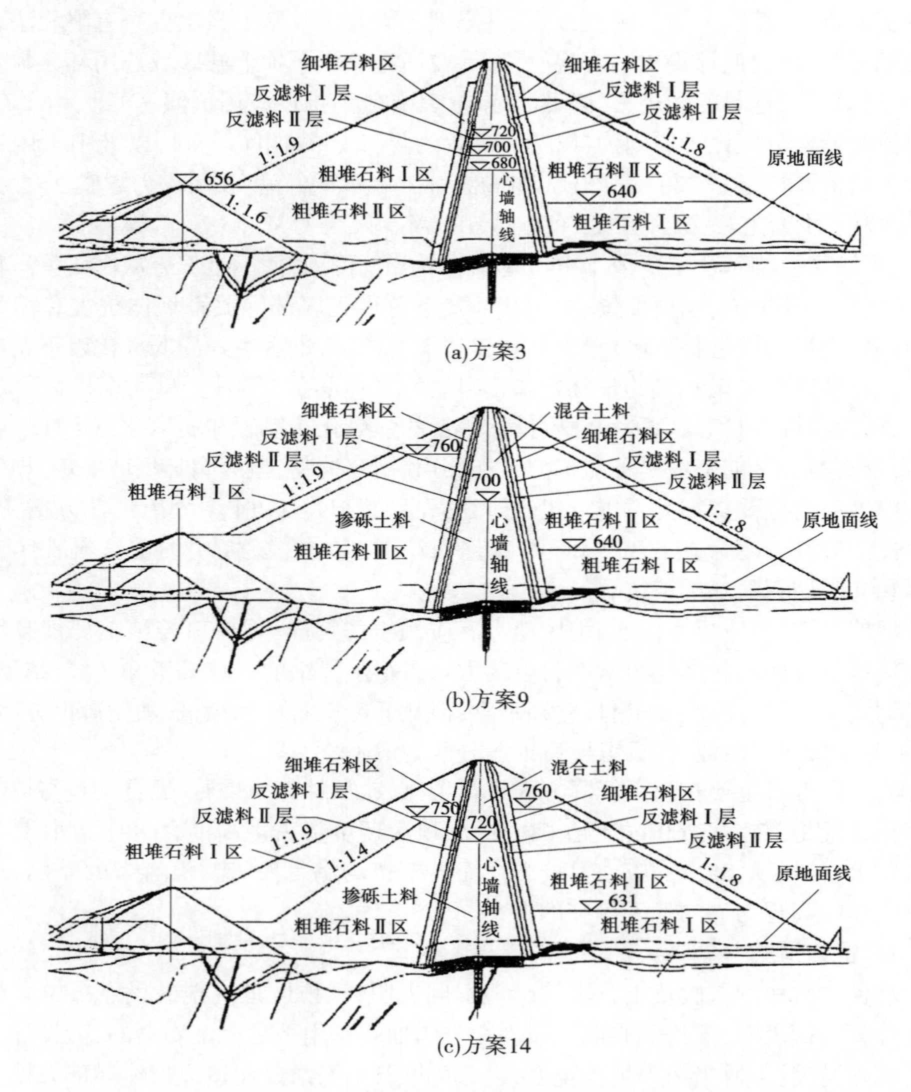

(a)方案3

(b)方案9

(c)方案14

图 3-7　典型分区方案坝体最大剖面

人工碎石水平互层铺摊成料堆，土料单层厚 1.03 m，砾石单层厚 0.5 m，一层铺混合土料、一层铺砾石料，堆土机平料，如此相间铺 3 层，总高控制在 5 m，用 4 m^3 正铲掺混 3 次后装 32 t 自卸车上坝，后退法卸料，平路机平料铺土厚度 30 cm，采用 20 t 凸块振动碾碾压 10 遍。人工碎石掺量为 35%（质量比），最大粒径为 120 mm，要求 5～100 mm 含量占 94%，掺砾土的砾石含量和含水率均在掺合场控制。掺砾土料含水率控制在最优含水率 −1%～+3%范围内。生产性试验挖试坑和挖槽检测表明，上述工艺砾石分布均匀，铺层之间无显见接缝，压实度、渗透系数和抗剪强度均满足设计要求。

2. 掺砾土料质量检测方法研究

糯扎渡工程对掺砾土料的压实填筑采用施工工艺参数与设计指标双控检测标准。为使心墙土料在施工填筑过程中满足设计压实控制标准，施工工艺参数控制采用新研制开发的糯扎渡水电站“数字大坝”——工程质量与安全监测信息系统实现。该系统综合运用 GIS 和 GPS 技术、数据库管理技术等，可以对大坝坝料开采、运输、铺层、碾压等建设过程中的各个环节进行有效监控，对质量监测信息进行动态高效的集成管理和分析，确保大坝高质量施工和安全运行。

工程经验表明，如果土料粗粒含量>30%，细料压实度控制的计算压实度会偏大，还可能出现细料压不密实且全料击实干容重低于细料击实换算的全料干容重现象，因此应同时采用全料击实以提高压实度计算准确度，了解是否存在细料未被压实的现象。工程中掺砾料压实设计指标为按修正普氏 2 690 kJ/m^3 击实功能应达到95%以上，按普氏 595 kJ/m^3 击实功能应达到100%。针对砾石土土料，现行规范要求采用全料压实度控制，但对掺砾料进行全料三点快速击实时，试验时间长，试验工作量过大，难以满足现场施工进度的要求，因此需要通过研究寻找一种既准确又能快速检测掺砾土料压实度的方法，采用细料压实度控制是行之有效的。为此，工程中专门研制了ϕ600 mm 的超大型击实仪，并以 20 mm 作为粗、细料的分界粒径，进行了掺砾土的原级配全料超大型、等量替代缩尺法全料大型（ϕ300 mm）和细料小型（ϕ152 mm）击实试验，研究全料与细料在不同击实功能下的压实特性，寻求两者压实度的对应关系。击实试验成果见图 3-8。

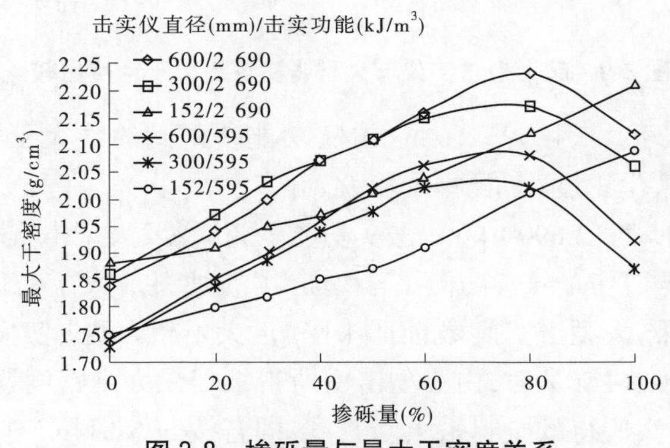

图 3-8　掺砾量与最大干密度关系

糯扎渡工程对掺砾土料的全料击实特性、细料压实度和质量检测方法进行了系统研究，对混合土料按 0、20%、30%、40%、50%、60%、80%、100%共 8 种全料掺砾量，按 595 kJ/m^3、2 690 kJ/m^3 两种击实功能进行试验。ϕ600 mm 超大型击实仪全料击实试验与ϕ300 mm 大型击实仪等量替代法击实试验及ϕ152 mm 击实仪<20 mm 细料击实试验结果对比分析，重点比较了全料与细料干密度、压实度的关系，主要结论如下：

（1）掺砾土在原级配全料超大型与替代法全料大型击实时，其最大干密度均随掺砾量增加而呈先增后降的趋势，峰值出现在掺砾量均 80%处；相应 P20 细料的干密度也随着掺砾量的增加而呈先增后降的趋势，峰值出现在掺砾量 60%处。当掺砾量大于 60%时，掺砾碎石骨架效应明显，土料出现架空现象。

（2）小型击实试验时，由于掺砾碎石颗粒较小，骨架效应不明显，掺砾土能够被充分击实，因此随着掺砾量的增加，细料最大干密度呈持续增加趋势；其对应的全料干密度也随掺砾量的增加而增加（见图 3-8）。

(3)在各击实参数下,掺砾土最优含水率均随掺砾量的增加而降低。

(4)掺砾碎石级配及击实参数的差异,导致掺砾土原级配全料与替代法全料在 2 690 kJ/m³ 击实功能下的击实特性有所不同。试验结果表明,当掺砾量为 0~30%时,2 690 kJ/m³ 击实功能下超大型击实全料最大干密度略小于大型击实全料最大干密度;当掺砾量为 40%~50%时,超大型击实全料最大干密度与大型击实全料最大干密度差异不大;当掺砾量为 60%~100%时,超大型击实全料最大干密度则大于大型击实全料最大干密度(见图 3-9)。因此,当掺砾量为 50%以下时,采用 2 690 kJ/m³ 击实功能大型击实成果对掺砾土全料进行质量控制是合适的。

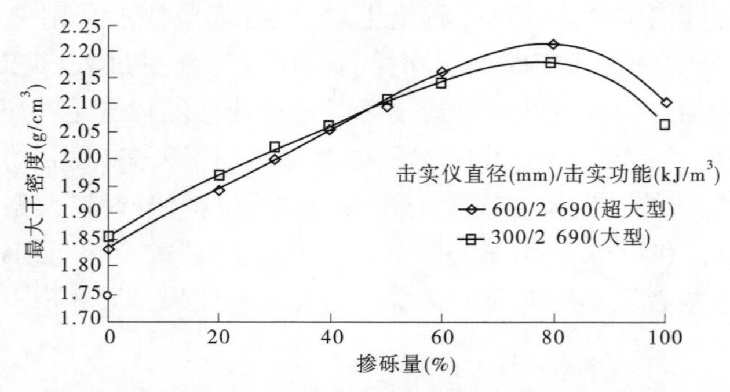

图 3-9　超大型击实仪与大型击实仪最大干密度比较

(5)在相同击实仪下,采用 595 kJ/m³ 击实功能所得到的最大干密度较 2 690 kJ/m³ 击实功能所得到的最大干密度小,且相差较大。

(6)当掺砾料≤60%时,2 690 kJ/m³ 击实功能下超大型、大型击实 100%压实度换算的细料干密度均大于 595 kJ/m³ 击实功能下小型击实的细料最大干密度,细料压实度大于 100%。在相同掺砾量下,大型击实换算的细料干密度大于超大型击实换算的细料干密度。

(7)当掺砾量为 20%~50%时,由小型击实所得细料最大干密度计算出的全料干密度均小于超大型、大型击实所得的全料最大干密度,即若按 595 kJ/m³ 击实功能小型击实细料压实度 100%控制时,计算出的超大型、大型击实全料 2 690 kJ/m³ 击实功能压实度均大于 100%。

研究表明,掺砾量 60%以下时,采用 2 690 kJ/m³ 击实功能大型击实成果代替超大型击实成果对掺砾土全料进行质量控制是可行的;掺砾量 50%以下时,全料 2 690 kJ/m³ 击实功能、压实度 95%时土料的密实度可以满足其 595 kJ/m³ 击实功能、压实度 100%的要求。在全料、细料压实度关系研究方面,当全料压实度为 95%时,对应细料压实度计算结果见图 3-10。可以看出,当全料 2 690 kJ/m³ 击实功能、压实度 95%时,其细料压实度不能完全满足细料 595 kJ/m³ 击实功能下压实度 100%的要求。通过研究分析,拟定细料压实度控制标准为 98%,其与全料 2 690 kJ/m³ 击实功能、压实度 95%换算的细料干密度的比值见表 3-8。

从表 3-8 可以看出,当土料掺砾量为 20%~40%时,全料 2 690 kJ/m³ 击实功能、压实度 95%时换算细料干密度与细料 595 kJ/m³ 击实功能、压实度 98%时干密度的比值在 0. 991~1. 024,因此可认为全料 2 690 kJ/m³ 击实功能、压实度 95%时土料细料密实度与

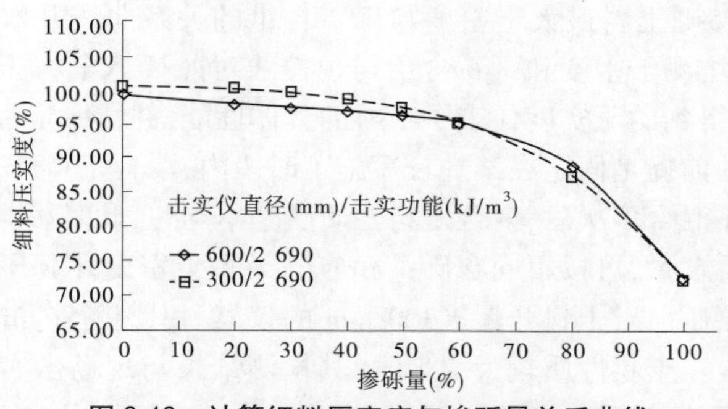

图 3-10 计算细料压实度与掺砾量关系曲线

细料 595 kJ/m³ 击实功能、压实度 98%的相当。掺砾料设计指标现场压实度控制采用<20 mm 细粒 595 kJ/m³ 击实功能进行三点快速击实法检测,控制细料压实度应大于 98%,并定期进行全料 2 690 kJ/m³ 击实功能、95%压实度的复核检测。现场检测细料含水率在 12.0%~22.9%,平均 16.4%,与最优含水率差值平均 0.8%;细料压实度 96.4%~103.8%,平均 99.4%,填筑质量总体控制良好。

表 3-8 全料 2 690 kJ/m³ 击实功能、压实度 95%与细料 595 kJ/m³ 击实功能、压实度 98%的干密度比值

掺砾量(%)	超大型	大型
0	1.009	1.026
20	1.002	1.024
30	0.996	1.016
40	0.991	1.005
50	0.983	0.989
60	0.971	0.966
80	0.908	0.887
100	0.738	0.741

3. 施工现场检测方法

糯扎渡心墙掺砾土料压实标准全料压实度按修正普氏 2 690 kJ/m³ 击实功能应达到 95%以上,按普氏 595 kJ/m³ 击实功能应达到 100%。用 595 kJ/m³ 击实功能对<20 mm 细料进行三点快速击实法,其压实度应达到 98%。质量控制时采用压实度指标,根据本工程特征,采用双控法,即以细料击实控制为主,以全料压实度控制校核。

1) 全料压实度预控线法

由于糯扎渡大坝心墙掺砾土料中砾石最大粒径达 120 mm,用 ϕ 300 mm 大型快速击实仪三点击实法确定全料最大干密度检测填筑压实度需用时 8 h 以上,不能满足快速施工要求。为此,施工单位提出了掺砾土料全料压实度预控线法。该方法利用掺砾石土料备料过程,在备料仓中取多组混合土料掺入不同砾石进行 ϕ 300 mm 击实仪击实试验,确

定某一施工时段内掺砾土料最大干密度与砾石含量的关系曲线并取其平均线作为预控线,填筑碾压后根据坑测干密度和砾石含量与预控线对照计算全料压实度。该方法现场检测时相对简单,所得到的压实度代表了土料的整体性能,并在一定程度上反映了土料性质的变化。该方法的前提是假定在某一较短施工时段内,混合土料开采自同一区域,经开采、掺拌、铺料等工序混合多次后,混合土料性质已基本均匀,此时影响掺砾土料最大干密度的主要因素是砾石含量,可按不同含砾量相应的最大干密度计算压实度。全料压实度预控线法采用填筑碾压前对土料开展φ 300 mm 的仪器替代法全料击实试验以确定土料的预计最大干密度。当土料性质较为均匀时,其检测结果与现场击实试验全料压实度控制法相同,由于现场碾压只需挖坑检测碾压干密度,检测时间大大缩短,效率较高,优势明显。但当土料性质不均匀时,存在确定预控线所用试验土料与现场挖坑检测土料击实特性的差异,从而影响检测结果的准确性。

2)全料压实度双控法

全料压实度控制是在室内进行全料击实试验得到全料最大干密度,现场直接用试坑干密度进行全料压实度计算。根据中心实验室和施工单位两方对糯扎渡不同土料进行的掺砾土料φ 600 mm 击实仪全料和φ 300 mm 击实仪等量替代法全料 595 kJ/m^3、2 690 kJ/m^3 两种击实功能击实试验成果对比,595 kJ/m^3 击实功能下,不同砾石含量φ 600 mm 全料击实与φ 300 mm 等量替代法全料击实最大干密度差值在-0. 02~0. 07 g/cm^3,最优含水率总体上全料击实低于等量替代法全料击实,掺砾量<60%时,替代法全料击实最大干密度略低于全料击实最大干密度,其差值<2. 5%,最优含水率差值在 1 个百分点内;2 690 kJ/m^3 击实功能下,其规律与上述试验成果基本一致。

从现场检测的精度要求来看,对掺砾土料全料三点击实法检测土料压实度时,以 2 690 kJ/m^3 击实功能为控制标准,可采用φ 300 mm 等量替代法全料击实试验确定填土的最大干密度;以 595 kJ/m^3 击实功能为控制标准时,采用φ 300 mm 等量替代法全料击实试验确定填土的最大干密度时,压实度标准宜适当提高。

最终确定现场检测采用试坑内<20 mm 细料用φ 152 mm 击实仪进行三点快速击实,击实功能为 595 kJ/m^3,细料压实度应大于 98%,试验过程只需 1 h,可满足施工进度要求。每周用φ 300 mm 大型击实仪等量替代法击实试验进行复核,每月用φ 600 超大型击实仪进行全料 2 690 kJ/m^3 击实功能、95%压实度的复核检测。现场含水率可按细料检测,其合适范围为最优含水率的-3%~+1%。

3)现场检测结果

心墙掺砾土料在 2009 年 4 月 29 日前铺层厚度为 30 cm,以后调整为 27 cm。30 cm 厚填筑质量检测共 150 组,碾后颗分>20 mm 颗粒含量平均为 27. 5%;>5 mm 颗粒含量平均为 36. 7%;<0. 074 mm 颗粒含量平均为 36. 3%,细料压实度平均为 99. 2%,颗粒级配总体处于设计控制线。考虑到糯扎渡心墙堆石坝坝高 261. 5 m,心墙填筑质量至关重要。为了提高一次合格率,决定铺料厚度调整为 27 cm,对填筑质量检测共计 2 000 组,碾压颗分总体上与 30 cm 铺层相当,细料压实度平均达 100. 17%,含水率控制及压实质量良好。

4)复合试验成果

大坝 3 个固定断面坝 0+180、坝 0+290、坝 0+470 每隔 10 m 层高,对各填筑料进行一次现场及室内复核试验。7 个高程的心墙料干密度在 1.90~2.02 g/cm^3,平均含水率在 9.1%~14.3%,大于设计参考干密度 1.90 g/cm^3。颗粒级配均在设计级配包络线内。由固结试验成果可知,饱和状态下各高程各断面 17 组固结试验平均压缩系数为 0.035~0.106 MPa^{-1},平均压缩模量为 35.33~64.00 MPa,最大垂直压力(5.0 MPa)下的轴向变形为 5.9%~11.8%。4 个高程 8 组渗透试验的系数 i=1.23×10^{-6}~3.94×10^{-6} cm/s,<1×10^{-5} cm/s 的设计要求。8 组渗透变形破坏坡降在 41.0~88.3 ,破坏形式均在流土。三轴剪强度指标与前期试验成果基本一致。

3.2.1.6　施工工艺

为保证上坝填筑时人工掺砾土料的均匀性及碾压施工质量,施工前对掺砾工艺、填筑铺层厚度、碾压机械及碾压遍数进行了多方案研究,并进行了大规模的现场碾压试验验证,提出设计推荐的施工工艺方案后由施工单位验证采用。

掺砾料施工工艺如下:①土料场天然土料立采(高度 5~8 m),自卸汽车运至混掺料场(容积约 2×10^4 m^3);②天然土料与人工碎石水平互层铺料,土料单层层厚 1.03 m,砾石单层层厚 0.5 m,推土机平料,如此相间铺料 3 层,总高控制在 5 m 以内,以挖掘机立采方式使土料和碎石料得以混合,汽车运输至坝面;③推土机平料,铺层厚度 25~30 cm,20 t 自行式标准振动凸块碾(激振力大于 400 kN)震压 8 遍、行车速度 1 挡(或≤3 km/h)。掺砾料施工工艺流程见图 3-11、图 3-12。

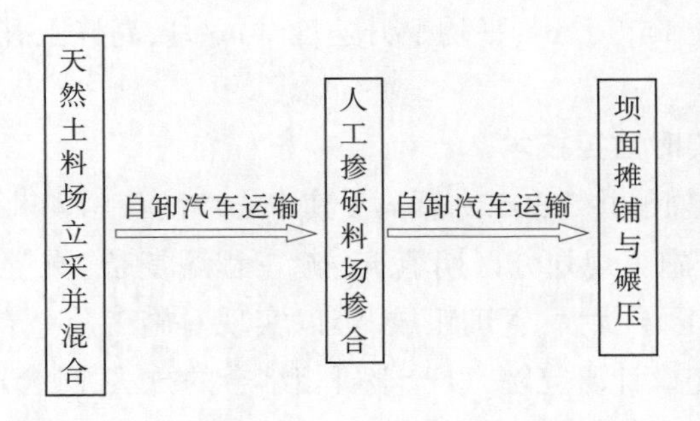

图 3-11　掺砾料施工工艺流程(一)

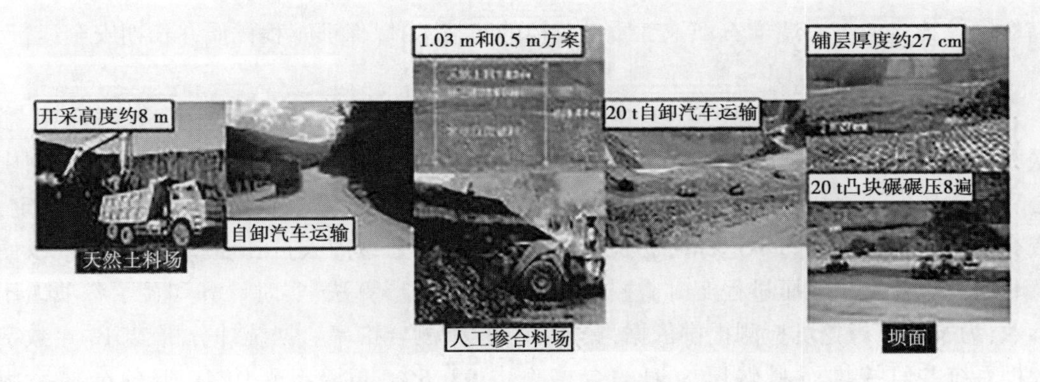

图 3-12　掺砾料施工工艺流程(二)

混掺工艺比较了自卸汽车运输分层堆料混掺方案、胶带机运输先掺后堆方案、胶带机运输分层铺料方案和堆料机布料分层铺料方案后,综合考虑施工方便、掺合质量、经济等因素后推荐采用自卸汽车运输分层堆料混掺方案。根据实测土料和砾石容重,按设计的35%掺砾比例,换算成三种土料与碎石铺层厚度进行掺合,分别为0.72 m和0.35 m、1.03 m和0.50 m、1.35 m和0.65 m,从混掺的均匀性推荐1.03 m和0.50 m方案。经过标准凸块碾、非标准凸块碾与平碾的试验比较,推荐标准凸块碾作为碾压设备。掺砾土料在三种机械碾压过程中均未出现"弹簧土"、涌土及剪切破坏现象,具有可碾性,从碾压效果及施工方便性推荐采用标准凸块碾。对铺土厚度30 cm、35 cm、40 cm分别进行6、8、10、12遍的碾压试验,结合现场初期施工验证,从压实效果及压实度保证率方面,推荐铺层厚度27 cm,碾压8遍。最终施工工艺如下:土料场天然土料立采(高度5~8 m)、自卸汽车运至混掺料场(容积约2万m^3);天然土料与人工碎石水平互层铺料,土料单层层厚1.03 m,砾石单层层厚0.5 m,一层铺碎石料,一层铺天然土料,推土机依次平料,如此相间铺料3层,总高控制在5 m以内;以挖掘机立采方式使土料和碎石料得到混合,汽车运输至坝面;推土机平料,铺层厚度25~30 cm,20 t自行式标准振动凸块碾(激振力大于400 kN)振压8遍、行车速度1挡(或≤3 km/h)。

糯扎渡大坝心墙掺砾土料填筑量达464万m^3,于2008年10月开始填筑,雨季一般停工合计约3个半月。截至2011年5月15日,心墙防渗土料填筑至733 m高程,累计填筑高度173 m,填筑量340万m^3,平均上升速度7 m/月,高峰上升速度9 m/月,预计2012年年底填筑完成。

3.2.1.7　施工质量实时监控技术

糯扎渡大坝填筑总量共3 365.7万m^3,其中心墙防渗料468.42万m^3,坝体断面有8种坝料,12个分区,按施工规划分Ⅸ期填筑,施 工程序复杂,质量要求高。为解决常规质量控制手段受人为因素干扰大、管理粗放、难以实现对施工质量精准控制,澜沧江公司会同天津大学、昆明勘测设计研究院,以产学研相结合的方法,融合水利水电工程科学、先进工程测量科学、电子与通信工程科学、计算机科学等多个交叉学科的先进理论和技术,深入研究高心墙堆石坝施工质量实时监控关键技术,研究开发了一种具有实时、在线、自动、高精度等特点的高心墙堆石坝施工质量监控的新技术,以保证工程优质并长期安全运行。

1)填筑碾压质量GPS自动监测与反馈控制

实时动态监测碾压机械运行轨迹,自动监测记录碾压机械的行车速度、碾压遍数、激振力、压实厚度,通过GPS、GPRS和网络传输技术,将施工信息输入现场分控站和控制中心。自主研发了碾压过程信息实时自动采集PDA技术,当填筑过程铺料厚度超过规定,或有漏碾、超速、激振力不达标时,PDA即报警提示施工管理人员和质量监理人员,以便及时纠偏。开发了碾压过程实时监控的高精度快速图形算法,实时计算和显示各项碾压参数,为及时进行挖坑检测提供依据,提高了一次检测合格率。据统计分析,2010年数字大坝系统共监控堆石料碾压8遍的合格率占98.6%,心墙料碾压10遍的合格率为97.5%。GPS监控的心墙压实度均值为99.89%,三点快速击实检测平均压实度为

99.48%,两者成果非常接近。

2)料场料源及上坝运输实时监控

糯扎渡大坝坝体断面有8个坝料分区,分散于5个料场,每个料场与相应的堆石分区相匹配,为防止卸料错误,对上坝运输车辆安装车载GPS定位设备,从而可实现上坝运输车辆从料场到坝面的全程监控,依靠PDA信息采集技术,实现了料源与卸料分区的匹配性,以及上坝强度和道路行车密度的动态监控,为确保上坝料的准确性以及现场合理组织施工和运输车辆优化调度提供了依据。

3)提出了网络环境下数字大坝系统集成技术

建立了高心墙堆石坝数字大坝系统集成模型,构建了基于施工实时监控的数字大坝技术体系,提出了网络环境下工程综合信息可视化集成技术,解决了具有数据量大、类型多样、实时性高等特点的工程动态信息集成的难题,实现了大坝建筑各种工程信息的综合集成,为大坝施工验收、安全鉴定及运行管理提供了支撑平台。该系统共有10大功能模块,集成质量、安全、进度、地质、灌浆及渗控工程等动态综合信息,为工程决策与管理、大坝安全运行与健康诊断等提供全方位的信息支撑和分析平台。

3.2.1.8 运行监测与反馈分析

截至2012年年7月月底,大坝填筑至808.0 m高程,填筑高度为248.0 m,距坝顶仅差13.5 m,水库蓄水至770.0 m高程,挡水水头达到210.0 m。心墙实测最大沉降位于心墙中部736.6 m高程,最大值为3 436 mm,约为填筑高度的1.39%。坝体位移分布呈中部大、顶部和底部小的特征,最大位移发生在心墙中部,位移分布特征与有限元计算成果基本一致,满足设计要求。

心墙实测水平位移最大值为指向下游变形212.27 mm,右岸指向左岸变形984.50 mm,左岸指向右岸为816.69 mm。心墙内最大渗压水头出现在626.1 m高程心墙内,为2.18 MPa,换算水位为847.3 m,主要反映为超静孔隙水压力;心墙轴线下游侧渗压与水库水位变化相关性不明显,心墙防渗效果良好,坝体处于非稳定渗流期,目前坝基实测渗漏量<2 L/s。

为开展大坝施工质量及设计反馈、进行施工期及运行期的大坝安全评价,工程中开发研制了大坝“工程安全评价与预警信息管理系统”。该系统可对施工过程、检测质量及监测数据进行综合分析及合理评价,并能考虑时空效应开展多尺度有限元计算反演分析,对大坝进行安全评价,并预测大坝在不同条件下的性态及安全裕度,根据监测和分析成果修正和完善不同时期、不同工况下大坝的各级警戒值和安全评价指标,提出相应的应急预案与防范措施。

采用该系统对糯扎渡大坝进行了初步反馈分析,坝料参数反演分析方法为基于人工神经网络的演化算法,对邓肯-张E-B模型中与坝体变形密切相关的K、n、K_b、m进行反演分析,结果见表3-9,模型其他参数为实验室确定值。从图3-13中对两组参数计算得到的本构关系曲线可看出,反演参数的整体力学性质略有降低。相同围压下,反演参数计算得到的$q \sim \varepsilon_1$关系曲线略低于设计推荐参数计算曲线,K、n综合反映出的切线模量降低;反

演参数 K_b、m 均低于设计推荐参数，因此体积模量降低，计算得到的体积应变 ε_v 较大。

表 3-9 掺砾土料模型参数反演结果

参数	K	n	K_b	m
设计推荐参数	443.8	0.48	365.0	0.32
反演结果	509.9	0.25	339.8	0.15

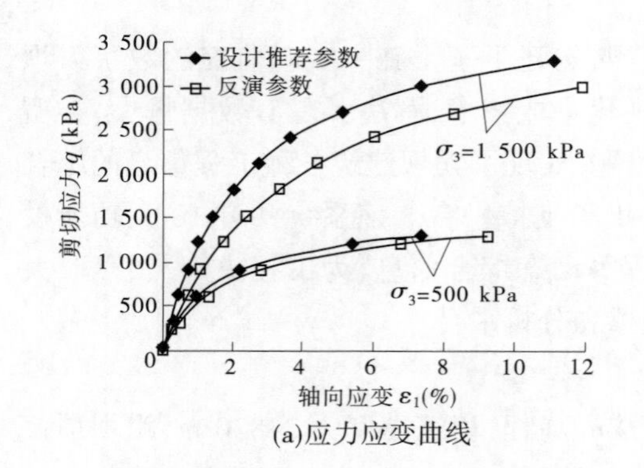

(a)应力应变曲线

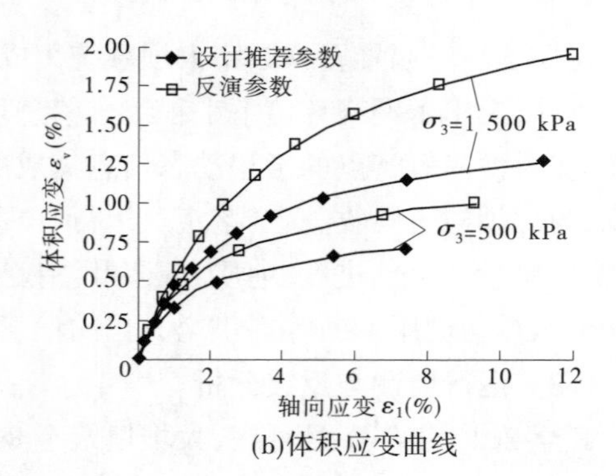

(b)体积应变曲线

图 3-13 计算本构关系曲线

根据心墙内观测孔压分布，反演得到的不同高程心墙掺砾料渗透系数：高程为 626 m、660 m 和 701 m 时反演结果为 7.1×10^{-10} m/s、2.9×10^{-9} m/s 和 2.9×10^{-9} m/s。反演结果表明，心墙内部掺砾料渗透系数小于现场表测渗透系数，同时心墙底部反演得到的渗透系数小于上部的反演值，表明心墙底部掺砾石土料经坝体填筑压密后，渗透系数进一步减小，其防渗性能完全达到设计预期。

3.2.2 威远江水电站心墙堆石坝设计

3.2.2.1 工程地质条件

威远江水电站位于云南省普洱地区景谷县境内威远江下游河段上，是威远江干流的唯一骨干电站。电站位于普洱地区景谷县益智乡境内，距景谷县城直线距离约 29 km，距宁洱县城约 55 km，距普洱市约 70 km。威远江水电站紧接糯扎渡水库库尾，糯扎渡水库建成后，该河段即成为糯扎渡水库淹没区。因此，下游对威远江水电站无防洪、灌溉和供水要求，威远江水电站开发任务较为单一，即水力发电。本电站采用堤坝式开发，心墙堆石坝最大坝高 93 m。电站装机容量 3×24 MW，水库正常蓄水位 905 m，设计洪水位 900.41 m，校核洪水位 907.46 m，死水位 880 m，总库容 2.74 亿 m³，水库具有不完全年调节能力。本工程属Ⅱ等大(2)型工程。拦河坝及泄洪建筑物为 2 级，引水系统和厂房为 3 级建筑物，次要建筑物及临时建筑物为 4 级。工程区地震基本烈度为 7 度，主要建筑物按 7 度进行工程抗震设防。

坝基部位河道顺直,河流流向 S49°E,水面宽 30~35 m,水深 2~4 m,为基本对称的 V 形谷。两岸坡度 30°~40°,左岸在坝轴线附近有两条小冲沟,岸坡微弯曲,右岸山坡平直。两岸植被茂密,河流阶地不发育,岸边普遍出露弱风化基岩。坝基出露基岩为曼岗组下部的各岩组地层,由下游至上游依次出露第 4 层至第 5 层,岩性为软岩与中硬岩(坚硬岩)相间出现,岩层的厚度及岩性在纵向上及横向上变化都比较大。左坝基及坝肩下伏基岩为长石石英砂岩、泥岩、粉砂质泥岩、泥质粉砂岩。右坝基下伏基岩有长石石英砂岩、石英长石砂岩、粉砂岩夹泥岩、粉砂质泥岩,右岸坝肩下伏基岩有泥岩、粉砂质泥岩夹砂岩。岩层产状 N15°~30°E,NW∠40°~67°,倾向上游偏右岸。坝基部位及左岸坝基未见Ⅱ级结构面以上的大断层发育,右岸坝基发育数条断层,Ⅴ级结构面较发育。两岸坡积层厚 2~10 m,为碎块石质粉土或碎石质黏土。右岸局部有坡崩积,成分为碎块石(有架空现象)混少量砾质土。右岸坡积层下伏基岩除局部存在强风化岩体外(ZK138 孔处 8.85 m 深),大多为弱风化岩体,强风化下限垂直深度 40~70 m,微风化下限垂直深度一般 40~80 m,卸荷带水平深度 10~20 m。左岸强风化下限垂直深度 14~17 m,弱风化下限垂直深度 20~30 m,卸荷带水平深度 20~30 m,河床冲积层厚 3~5 m,其下均为弱风化岩层。

施工开挖揭示,坝基河床部位冲积层厚度较薄,清挖工程量小,故坝基开挖时已将其挖除。右岸坝肩部位揭露有Ⅲ级结构面 2 条(F_1、F_2),其余坝基部位发育数条Ⅳ级结构面(f、g)。这些结构面大部分属层间挤压错动性质,组成物质为碎裂岩、断层泥及透镜体。开挖揭露的心墙基础大部分置于弱风化基岩上,满足设计要求,其中左坝肩高程 865 m 以上为强风化,因属于承受水头较低的坝段,经处理后能满足设计要求,故未予全部挖除。

两岸坝肩边坡处于对称的"V"形谷中,地形较完整,岸坡坡度一般 35°~45°,自然山坡较稳定;开挖边坡多有松散的坡积层覆盖,但普遍较薄,一般为 0.5~1.5 m,对边坡稳定影响轻微;下伏基岩均以中等—陡倾角向上游倾斜,属横向谷,岩层产状有利于边坡稳定;加之基岩强风化发育深度多较浅,部分缺失。坝肩开挖边坡总体稳定性一般。两岸坡心墙基础开挖后,已将覆盖层及大部分的强风化岩体及卸荷带挖除,但在左岸开挖边坡中上部,尚有部分强风化及卸荷带埋藏相对较深,未能全部挖除,加之边坡下部(高程 850 m)段附近存在隐伏的顺坡向断层(f_{P126-1}、f_{P126-3}),因此左岸心墙开挖边坡局部稳定性较差,并存在潜在的楔形块体失稳机制。右岸开挖边坡上部(高程 855 m 以上)构造发育,局部岩体较破碎,但这些断层及挤压带多属顺层错动,产状横切开挖边坡且略倾向山里,无明显的不利结构面组合,因此右岸开挖边坡稳定性较好。

3.2.2.2 施工地质缺陷处理

1. 心墙地基

心墙基础的地质缺陷主要为:断层破碎带及挤压带、软弱崩解泥岩、局部稳定性差的浅表层风化破碎岩体及潜在的不稳定楔形块体。对断层破碎带(F_1、F_2)及其他的挤压带、泥化夹层等,按破碎带宽度的 2 倍槽挖后回填 C15 混凝土处理,后期再通过固结灌浆提高缺陷部位岩体的整体性及抗变形能力。对左岸软弱崩解泥岩,开挖时按设计要求预留了 30~50 cm 保护层,在混凝土盖板浇筑前再行清除。对于左岸中上部稳定性差的浅表层风化破碎岩体,采取了适度放缓开挖坡比,并对局部不稳定块体予以挖除处理;对左岸边坡下部(高程 850 m)附近段的潜在的不稳定楔形块体,采取 1 000 kN 级锚索支护,并设置排水孔。经上述措施综合处理,通过各项监测数据分析,该段边坡已稳定。另按要求,对心墙地基局部出现的爆破裂隙碎块、倒悬体及陡坎等进行了撬挖清除;对超挖部分用 C15 混凝土进行了回填;心墙区平硐用浆砌石回填并进行了灌浆;勘探钻孔清孔后,用 M10 的水泥砂浆封堵。通过地质缺陷处理,心墙地基能满足设计要求。

2. 堆石体地基

堆石体地基揭露的地质条件与可研勘察资料较为吻合。经开挖后两岸堆石体部位大部分置于弱风化岩体上。开挖面较平顺,无明显的突变、直立或倒坡等出现。河床部位冲积层基本上予以清除,清基后形成的局部深坑进行填平,保持建基面大致平整。堆石体地基基本无遗留问题,稳定性较好。

3.2.2.3 心墙堆石坝

1. 技施阶段主要修改

施工过程中,土、石料场料源质量较可研设计要求有所下降,大坝的填筑修改如下:

(1)防渗土料渗透系数≤ 1×10^{-6} cm/s;调整为≤1×10^{-5} cm/s,调整后仍满足《碾压式土石坝设计规范》(SL 274—2001)要求。

(2)可研阶段,初步设计反滤层分层厚度(水平向)上游为 4 m,下游两层每层均为 4 m;第Ⅰ、Ⅱ层反滤料分别控制相对密度 0.8 和 0.9。技施阶段调整为:反滤层分层厚度(水平向)上游及下游两层,高程 867 m 以下均为 4 m,高程 867~870 m 均由 4 m 渐变至 2 m,高程 870 m 以上均为 2 m,第Ⅰ、Ⅱ层反滤料控制相对密度,分别由 0.8 和 0.9 调至 0.75~0.8 和 0.8~0.85。

(3)可研阶段,根据风浪计算,初步设计上游护坡块径、厚度:平均粒径为 0.81 m,最小粒径为 0.51 m,护坡厚度为 1.1 m。技施阶段,由于料源情况发生变化,现场缺少大块石,经复核计算将大坝上游护坡块径、厚度要求做出调整:平均粒径为 0.5 m,最小粒径为 0.35 m,护坡厚度为 0.9 m。

(4)可研阶段,初步设计排水堆石棱体粒径不大于 160 cm,碾压要求同堆石料。技施阶段,由于料源情况发生变化,对排水堆石棱体填筑做出调整:高程 826~834 m,排水堆石棱体采用砂岩料,粒径不大于 60 cm;高程 834 m 以上采用过渡料填筑。

2006 年 5 月,威远江水电站左岸坝肩发生突然坍滑,后经设计多次技术讨论,确定处理方案如下:①清除坍塌体范围内表面的浮土、碎石、松动岩石等;对挡墙和混凝土坝段基础做平顺处理,并布置基础锚杆,局部基础缺失的部位采用 C15 素混凝土回填处理。②人工敲除坝纵 0+000.000~坝纵 0+027.500 混凝土垫板,清除垫板以下松动的岩石。③对坝纵 0-010.000~坝纵 0+027.500 重新进行帷幕灌浆及固结灌浆。④左坝肩混凝土坝段以 1:0.6 的坡比连接心墙,顺河向以一定折角倾向上游,加宽加厚该连接部位的心墙接头,同时加宽下游反滤层Ⅰ、Ⅱ的厚度和范围。

2. 坝体断面设计

心墙堆石坝属 2 级建筑物,按 100 年一遇洪水设计,2 000 年一遇洪水校核。水库正常蓄水位 905.0 m,设计洪水位 900.41 m,校核洪水位 907.46 m,死水位 880.0 m。经各种工况组合计算,坝顶高程由校核工况(校核洪水位+非常运用条件的坝顶超高)控制,坝顶高程计算值为 909.506 m,最终取值 910.000 m。上游设高出坝顶 1.3 m 高的防浪墙,墙顶高程 911.30 m。河床部位心墙最低建基面高程 817 m,最大坝高 93 m,坝顶长度 244 m,坝顶宽度 8 m。根据坝坡稳定要求及工程类比,确定上游坝坡坡度为 1∶1.8(其中高程 859.0 m 以下与上游围堰结合部位坡度为 1∶2.75);下游坡度为 1∶1.8。为减少坝体工程量,坝顶上游设 L 形防浪墙,基础置于心墙料顶部,墙高 3.3 m。坝料分区原则是:各区坝料的透水性按水力过渡要求从心墙部位向上下游逐步增大,各分区最小尺寸满足机械化施工要求。

根据坝体分区原则、填筑料的料源及开挖料的情况,结合本阶段料场勘察情况,坝料分区如下:Ⅰ区为黏土心墙料区,方量为 25.89 万 m^3;Ⅱ区为下游Ⅰ反滤料区,方量为 5.76 万 m^3;Ⅲ区为上、下游Ⅱ反滤料,上游Ⅱ反滤料方量为 5.50 万 m^3,下游Ⅱ反滤料方量为 5.40 万 m^3;Ⅳ区为过渡料,上游过渡料方量为 7.70 万 m^3,下游过渡料方量为 7.67 万 m^3;Ⅴ区为主堆石料,方量为 63.0 万 m^3;Ⅵ区为开挖料,方量为 11.46 万 m^3;Ⅶ区为次堆石料,方量为 22.60 万 m^3;Ⅷ区为排水棱体料,方量为 5.73 万 m^3。坝体堆石材料分区如图 3-14 所示。

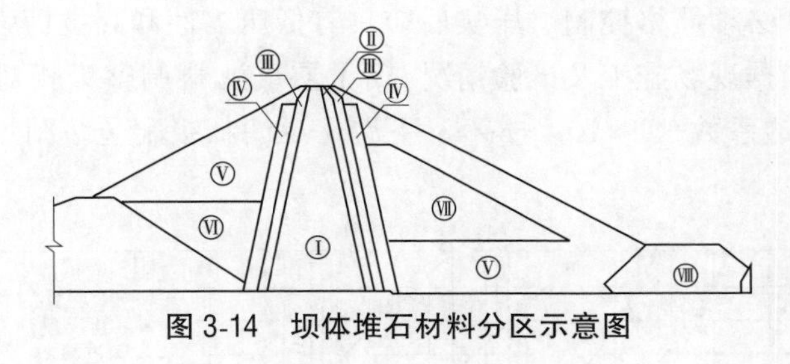

图 3-14 坝体堆石材料分区示意图

3. 坝料设计

坝料来源,心墙料取自大坝上游的 3# 土料场,为砾质黏性土,其质量和储量均能满足要求;在技施阶段实际开挖出来的堆石料与可研阶段的石料相比较,无论在质量或储量上均存在一定差异,故在堆石料的选择上尽可能地利用开挖石渣料,不足部分由石料场补充,最终开挖料比原设计多采用了约 20 万 m^3,根据大坝复核试验的结果,满足设计及规范的要求,节省了投资,缩短了工期。由于岩层是砂岩和泥质岩层的互层,很难取得纯砂岩,因此堆石料实为以砂岩为主的混合料。

1)心墙料

心墙轴线位于坝轴线上游 1.5 m,顶宽 5.0 m,顶部高程 909.0 m。根据类似工程的经验和实践,心墙上下游坡约为 1∶0.2,底部最大宽度约为 41 m。

心墙是大坝防渗的核心,可研阶段室内试验成果:在 595 kJ/m^3 击实功能下,心墙料最大干密度 16.3~18.2 kN/m^3,平均 17.0 kN/m^3。最优含水率 13.5%~21.0%,平均 17.8%。细料击实成果最大干密度 16.4~18.1 kN/m^3,平均 17.3 kN/m^3,最优含水率 14.5%~21.0%,平均 18.0%。在 595 kJ/m^3 击实功能下的渗透系数在 8.17×10^{-7} ~

1.11×10^{-6} cm/s。心墙料料场平均天然含水率 14.0%,其天然含水率比 595 kJ/m³ 击实功能下的最优含水率低 3.8%。

技施阶段,《威远江水电站堆石坝填筑施工技术要求》(调整),要求心墙料取自大坝上游的 3[#]土料场,料场天然含水率比最优含水率偏小,故填筑含水率宜在最优含水率的 -1%~+2%范围内,具体 14%~17%,如果料场含水率偏小较多,需采取料场加水措施。由于料源不均匀(包括土层及风化程度),难以制定统一的压实干容重标准,故采用 847.6 kJ/m³ 的击实功能、三点击实法(快速压实控制法)控制填土质量,要求填土压实度 ≥99%,合格率≥90%,渗透系数≤ 1×10^{-6} cm/s。

2006 年 2 月月底大坝开始填筑,现场碾压试验砾质黏性土成果为:采用 3[#]料场土料,铺土厚度 30 cm,用 18 t 振动凸块碾压 8 遍,碾压后干密度 18.1 kN/m³,平均渗透系数 2.46×10^{-6} cm/s。根据现场施工及碾压试验情况做出调整:砾质黏性土碾压后现场渗透系数≤1×10^{-5} cm/s。根据云南博泰工程质量检测有限公司对心墙防渗土料复合试验的成果,渗透系数 k 值范围为 $2.1\times10^{-6}\sim1.49\times10^{-7}$ cm/s,满足设计及规范的要求。

2)下游Ⅰ反滤料

心墙下游Ⅰ反滤料要求能保证心墙料向心墙下游Ⅱ反滤料的水力过渡和变形模量递减,即其孔隙的尺寸必须严格控制。压实后应具有低压缩性和高抗剪强度,并具有自由排水性。技施阶段,根据现场施工及试验情况,第Ⅰ层反滤料调整为相对密度控制,相对密度为 0.75~0.8,渗透系数为 1×10^{-3} cm/s。下游Ⅰ反滤料级配包络图见图 3-15。

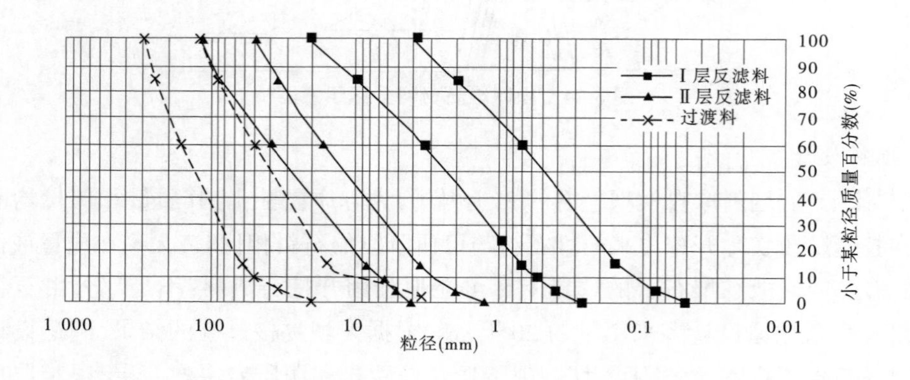

图 3-15　威远江水电站坝料级配曲线

3)上、下游Ⅱ反滤料

心墙上、下游Ⅱ反滤料要求能保证心墙下游Ⅰ反滤料向下游过渡料的水力过渡和变形模量递减及心墙料向心墙上游的水力过渡和变形模量递减。压实后应具有低压缩性和高抗剪强度,并具有自由排水性。技施阶段,根据现场施工及试验情况,第Ⅱ层反滤料调整为相对密度控制,相对密度为 0.8~0.85,渗透系数为 1×10^{-2} cm/s。上、下游Ⅱ反滤料级配包络图见图 3-15。

4）过渡料

过渡料要求能保证心墙上、下游Ⅱ反滤料向主堆石料的水力过渡和变形模量递减，即其孔隙的尺寸必须严格控制。压实后应具有低压缩性和高抗剪强度，并具有自由排水性。技施阶段，根据现场施工及试验情况，调整为过渡料要求孔隙率22%，相应干密度20.5 kN/m^3，过渡料的渗透系数比下游Ⅱ反滤料大5倍左右。过渡料级配包络图见图3-15。

5）主堆石料

主堆石料是承受和传递水荷载的主要部分，要求级配良好，具有低压缩性，高抗剪强度、透水性和耐久性。技施阶段，取值为要求压实后的孔隙率≤21%，相应干密度不小于21.2 kN/m^3。

6）开挖料

建筑物开挖料为砂岩、砂质泥岩，其最大粒径为800 mm，粒径<0.1 mm的含量<8%。设计干密度为21.5 kN/m^3，相应孔隙率为22%，其渗透系数要求大于1×10^{-2} cm/s。

7）下游次堆石料

技施阶段，根据现场碾压试验调整为要求压实后的孔隙率≤21%，相应干密度不小于21.2 kN/m^3，渗透系数为1×10^{-1} cm/s。

4. 坝基防渗处理

为封闭心墙基础下一定深度岩体的天然裂隙和爆破次生裂隙，减少渗透流量，增强基岩抗渗变形能力，对心墙基础进行了固结灌浆和帷幕灌浆。

固结灌浆：在帷幕线上、下游各七排，除第七排、第八排排距2 m，孔距2 m，孔深15 m外，其余排距均为3 m，孔距均为2 m，梅花形布置，孔深6 m。固结灌浆分三序逐渐加密。据40个检查孔66段压水试验成果，透水率均<5 Lu。

防渗帷幕为单排设计，孔距2 m，下部深入相对隔水岩体（$q\leq5$ Lu）顶板线以下（河床帷幕最深达43.5 m），两岸延伸至与水库正常蓄水位等高的$q<5$ Lu线相接。帷幕灌浆防渗标准$q\leq5$ Lu。帷幕灌浆分三序逐渐加密。据50个检查孔63段压水试验成果，透水率均<5 Lu。

3.2.3　两河口水电站心墙防渗土料掺合研究

3.2.3.1　土料基本性质

对于高心墙堆石坝，不但要控制坝体的整体变形，而且要特别注意心墙防渗体与坝壳堆石体的变形协调，以减少坝壳对心墙的拱效应，改善心墙的应力应变，减小心墙的裂缝发生概率。从国内外已建、在建的200 m级以上高土石坝筑坝经验来看，防渗体基本上都采用砾石土、风化岩等宽级配土料。采用砾石土作为高堆石坝防渗体，可在压实后获得较高的密度，使心墙具备较高的变形模量和强度；一旦心墙开裂，可限制裂缝的开展，改善裂缝形态，减弱沿裂缝的渗流冲蚀。在保证掺合土料的防渗、抗渗性能满足设计和规范要求的前提下，改善防渗土料的力学指标及抗变形能力，提出适应300 m级高坝防渗土料性能要求、便于施工和质量控制、经济合理的掺合方案。

两河口水电站心墙防渗土料分布较为分散，根据料源质量和位置，选取苹果园料场土料进行掺合试验研究。根据物理力学性能试验，该料场土料在颗粒级配组成中，60~2 mm 砾粒含量为 0. 50%~12. 50%，平均为 3. 96%；2~0. 075 mm 砂粒含量为 13. 50%~29. 50%，平均为 22. 39%；<0. 075 mm 细粒含量为 86. 00%~58. 00%，平均为 73. 65%；<0. 005 mm 黏粒含量为 32. 80%~16. 80%，平均为 23. 17%；<5 mm 粒径颗粒含量为 100. 00%~95. 00%，平均为 98. 68%。压缩试验成果表明，该土料为一种低压缩性土；摩擦角 φ 最大值为 14. 6°，抗剪强度较低；渗透系数 K 最大值 6.41×10^{-8} cm/s，破坏比降值大于 15. 95，满足规范要求。试验成果表明是一种级配组成偏细土料，其统计平均值<5 mm 颗粒百分含量为 90. 06%，<0. 005 mm 黏粒含量为 18. 58%，是一种含砾低液限黏土。该土料基本物理性质试验结果见表 3-10。

表 3-10 苹果园土料基本物理性质试验结果特征值

土料	颗粒级配组成(颗粒粒径，mm)			天然含水率	液限	塑限	塑性指数
	<5 mm(%)	<0. 075 mm(%)	<0. 005 mm(%)	ω_0(%)	ω_L(%)	ω_P(%)	I_P
上包线	100. 00	86. 00	32. 80	—	—	—	—
平均线	98. 68	73. 65	23. 17	16. 6	25. 8	14. 7	11. 1
下包线	95. 00	58. 00	16. 80	—	—	—	—

3. 2. 3. 2 掺砾比例及击实试验

砾石含量对土的渗透性和力学性能有直接影响，为确定合理的砾石含量，拟定了 7 种不同的土-砾掺配比组合，对每种组合三组试样分别进行了试验研究。试验组合见表 3-11。

表 3-11 掺配比组合(土∶砾，干质量比)

组合	1	2	3	4	5	6	7
掺配比	100∶0	90∶10	80∶20	70∶30	60∶40	50∶50	40∶60

根据类似工程对掺合工艺的研究，砾料最大粒径控制在 100 mm 以下，有利于土料掺合均匀，本次试验采用洞挖板岩夹砂岩直接破碎加工筛分，以最大粒径 100 mm 作为控制粒径进行研究，按 100~60 mm、60~40 mm、40~20 mm、20~10 mm、10~5 mm 粒组进行组合，然后与各土料按不同比例掺合。掺砾料级配组合见表 3-12。

目前，国内外的高土石坝工程，为提高大坝的填筑强度、缩短工期，新型大功率的碾压设备不断投入使用，并根据砾质土的特点，通过加大击实功能来提高防渗与抗渗性能。以往的工程经验表明，采用轻型击实功能试验确定的压实标准，往往导致施工时压实度大于 100%。因此，在 300 m 级的高砾质土心墙堆石坝设计过程中采用 2 740 kJ/m^3 击实功能来研究土料特性并确定其压实标准。各组合方案击实试验结果见表 3-13，掺合料击实后破碎率测定结果见表 3-14。

表 3-12　掺砾料级配组合

样品	颗粒级配组成(颗粒粒径,mm)					
	100~60	60~40	40~20	20~10	10~5	<5
上包线(%)	0	8.00	52.00	24.00	16.00	0
平均线(%)	12.50	16.50	41.00	18.00	12.00	0
下包线(%)	25.00	25.00	30.00	12.00	8.00	0

表 3-13　各组合掺合料击实试验结果

组合方案	掺配比	最大干密度 (g/cm^3)	细料干密度 (g/cm^3)	最优含水率 (%)	击后 P_5 含量 (%)	P_5 破碎率 (%)
1	100:0	1.980	1.980	12.7	0	0
2	90:10	2.040	1.977	11.0	9.32	4.90
3	80:20	2.090	1.972	10.0	18.48	7.55
4	70:30	2.160	1.968	9.0	27.83	7.23
5	60:40	2.215	1.955	8.0	36.56	8.60
6	50:50	2.280	1.943	7.4	45.42	9.18
7	40:60	2.300	1.906	6.8	53.80	10.31

击实试验结果表明,随着掺砾料比例加大,掺合料的击实干密度逐渐增大,击实最优含水率逐渐减小,击实破碎率逐渐增大。随着掺砾比例从 0 增至 60%,最优含水率由 12.7%降至 6.8%,最大干密度由 1.980 g/cm^3 增至 2.300 g/cm^3,<5 mm 粒径颗粒的细粒干密度由 1.980 g/cm^3 降至 1.906 g/cm^3。随着掺砾料比例从 10%增至 60%,室内有侧限状况下以 5 mm 粒径为界统计,平均破碎率为 4.90%~10.31%,总平均为 8.30%。掺砾 30%时,最大平均干密度 2.160 g/cm^3,比不掺砾土料增加 9.1%;击后 P_5 含量 27.83%;掺砾 40%时,最大平均干密度 2.215 g/cm^3,比不掺砾土料增加 11.9%;击后 P_5 含量 36.56%。从干密度和击后 P_5 含量增加比例来看,掺砾 40%比 30%的增幅略为明显。

针对掺砾 30%、40%、50% 三种组合方案的掺合料进行了力学试验,试验结果见表 3-15。从变形和强度方面看,掺砾 40%的土样略优于其他两种土料;从渗透变形来看,掺砾 30%和 40%的土料渗透系数更接近规范要求,更适应 300 m 级高堆石坝的安全性要求;掺砾 40%的土料破坏坡降最高,表明其细粒渗透稳定性最好。

击实试验结果表明,随着掺砾料比例加大,掺合料的击实干密度逐渐增大,击实最优含水率逐渐减小,击实破碎率逐渐增大;随着掺砾料比例从 10%增至 60%,室内有侧限状况下以 5 mm 粒径为界统计，平均破碎率为 4.90%~10.31%，总平均为 8.30%。从变形和强度方面看，掺砾 40%的土样略优于其他两种土料；从渗透变形来看，掺砾 30%和 40%的土料渗透系数更接近规范要求；掺砾 40%的土料破坏坡降最高，表明其细粒渗透稳定性最好。而本工程所用掺砾料均为人工加工而成，增加掺砾量必将增加投资，综合考虑，推荐掺配比采用土料∶砾料=60%∶40%较为适宜。

表 3-14　各组合掺合料击后破碎率测定结果

组合方案	状态	颗粒组成(颗粒粒径，mm)(%)						以 5 mm 为界统计破碎率(%)	平均破碎率(%)
		60~40	40~20	20~10	10~5	<5	>5		
2	原级配	1.89	4.69	2.06	1.37	90.00	10.00	—	—
	击后平均	1.47	4.47	2.05	1.33	90.68	9.32	0.69	4.80
3	原级配	3.77	9.37	4.11	2.74	80.00	20.00	—	—
	击后平均	2.54	8.30	4.62	3.01	81.52	18.48	1.52	7.55
4	原级配	5.66	14.06	6.17	4.11	70.00	30.00	—	—
	击后平均	4.44	12.81	5.55	5.03	72.17	27.83	2.17	7.23
5	原级配	7.54	18.74	8.23	5.49	60.00	40.00	—	—
	击后平均	5.26	17.11	7.28	6.92	63.44	36.56	3.44	8.60
6	原级配	9.43	23.43	10.29	6.86	50.00	50.00	—	—
	击后平均	5.35	22.49	9.83	7.75	54.58	45.42	4.58	9.18
7	原级配	11.31	28.11	12.34	8.23	40.00	60.00	—	—
	击后平均	6.19	25.37	12.88	9.36	46.20	53.80	6.19	10.31

表 3-15　各组合掺合料力学试验结果

组合方案	直剪试验		压缩试验(0.1~0.2 MPa)		渗透变形试验		
	黏聚力 c(kPa)	内摩擦角 φ(°)	压缩系数 a_v(MPa^{-1})	压缩模量 E_s(MPa)	渗透系数 K_{20}(cm/s)	破坏坡降 i_f	破坏类型
4	40	29.6	0.047	27.4	9.03×10^{-8}	15.4	流土
5	40	32.8	0.033	39.1	5.33×10^{-7}	16.8	流土
6	55	29.9	0.029	42.8	4.30×10^{-6}	13.4	流土

3.2.3.3　掺砾心墙料压实性能试验研究

1. 试验用料及仪器设备

1) 试验用料

砾石土心墙防渗料填筑量约 441.14×10^4 m^3，接触黏土料 17.96 m^3。按照设计规划，砾石土心墙料主要采用西地、苹果园、亚中、瓜里、普巴绒等土料场作为土料来源，其料源分散，性状不均一。按照土料颗粒级配平均线中 P_5 含量，设计将料场土料归纳为 3 类：

①P_5 含量 0 ~15%为第 1 类土,需掺砾改性,掺配比例为土∶石=6∶4;②P_5 含量 15% ~25%为第 2 类土,需掺砾改性,掺配比例为土∶石=7∶3;③P_5 含量 30% ~ 40% 为第 3 类土,可直接上坝。心墙砾石土填筑设计技术指标见表 3-16。

表 3-16　心墙砾石土防渗料设计控制指标

最大粒径(mm)	>5mm 颗粒含量(%)	塑性指数	有机质含量(%)	易溶盐含量(%)	<0.075 mm 颗粒含量(%)	<0.005 mm 黏粒含量(%)
≤ 150	30~50	10~20	<2	<3	≥ 15	>8

全料压实度(击实功能 2 688 kJ/m³)(%)	<20 mm 细料压实度(击实功能 592 kJ/m³)(%)	填筑料含水率(%)	渗透破坏坡降	渗透系数(cm/s)
≥ 97	≥ 99	$\omega_{0p}-1.5\%\leq\omega_0\leq\omega_{0p}+2.5\%$	>4	$<1\times10^{-5}$

试验研究所用土料,由亚中土料场 A 区开采,分 3 个时段从不同部位取样,确保样品的代表性。物理性试验用料,将每个时段取样拌匀后分别采取,击实试验用料则将 3 次所取土料全部拌匀后备用。掺砾石料用庆大河加工系统和瓦支沟加工系统生产的连续级配新鲜石料,粒径范围为 5 ~ 100 mm,级配由设计提供,按设计要求分级过筛、拌和均匀后备用。掺砾石料的颗粒级配见表 3-17,级配曲线见图 3-16。

表 3-17　掺砾石料设计颗粒级配　(%)

样品编号	颗粒级配组成(颗粒粒径,mm)					
	100~60	60~40	40~20	20~10	10~5	<5
设计上包线	0	8	52	24	16	0
设计平均线	12.5	16.5	41	18	12	0
设计下包线	25	25	30	12	8	0

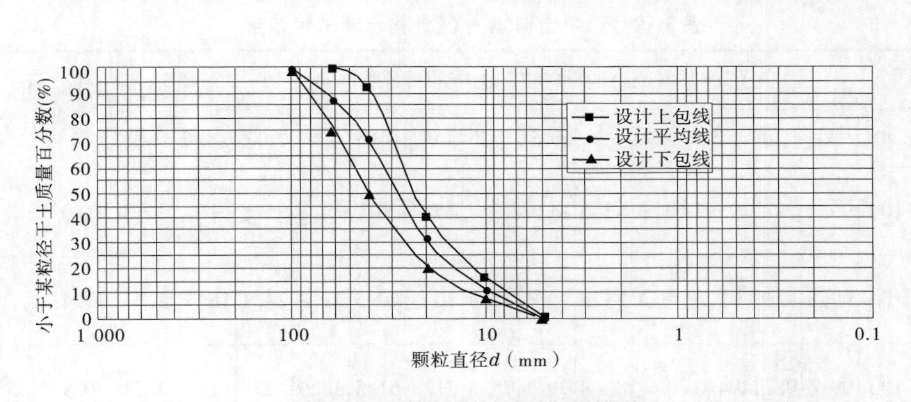

图 3-16　掺砾石料设计级配曲线

2)仪器设备

击实试验采用 30 cm 大型击实仪,仪器允许试样最大粒径为 60 mm,故本次试验掺砾石料试验级配，采用设计平均线等量替代法处理。计算结果详见表 3-18，级配曲线见图 3-17。

表 3-18　掺砾石料颗粒级配　（%）

样品编号	颗粒级配组成(颗粒粒径，mm)					
	100～60	60～40	40～20	20～10	10～5	<5
设计平均线	12.5	16.5	41	18	12	0
试验掺砾级配	—	18.8	46.9	20.6	13.7	0

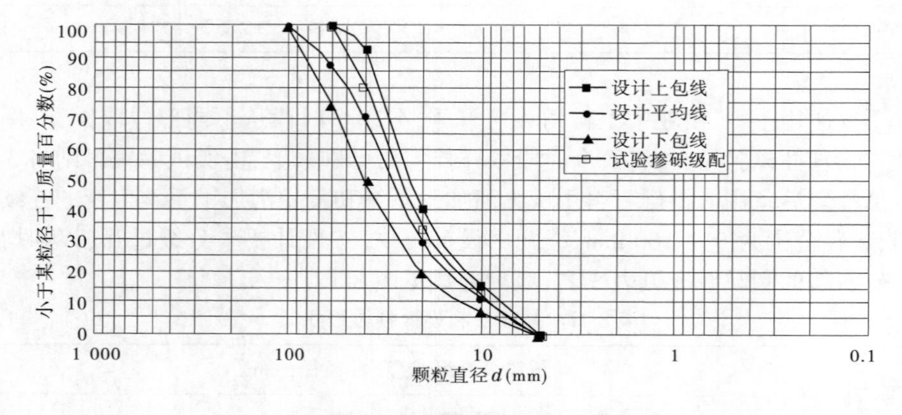

图 3-17　掺砾石料级配曲线

2. 试验内容及工作量

1) 土料物理性试验

对亚中土料场 A 区土料，分 3 个时段从不同部位取样 3 组。进行了天然含水率、比重、液塑性和颗粒分析试验，结果见表 3-19，级配曲线见图 3-18。

表 3-19　亚中土料场 A 区土料物理试验结果

样品编号	含水率(%)	小于某粒径(mm)的颗粒占总土重的百分数(%)													密度(g/m³)	液限(%)	塑限(%)	塑性指数
		40	20	10	5	2	1	0.5	0.25	0.075	0.05	0.01	0.005	0.002				
1号	17.2	100	99.4	98	95.1	88.6	85.5	81.6	79.7	75.4	67	34.8	25.8	16	2.73	31.9	16.1	15.7
2号	15.9	100	99.8	98.7	95.5	87.4	83.9	79.6	75.4	70.5	60.5	31.8	24.1	16.5	2.73	31.4	16.7	14.7
3号	15.4	100	99.4	98.1	94.3	86	82.8	79.1	75.5	71.3	61.5	36.5	27	18	2.73	30.9	15.7	15.2

续表 3-19

样品编号	含水率(%)	小于某粒径(mm)的颗粒占总土重的百分数(%)													密度(g/m³)	液限(%)	塑限(%)	塑性指数
		40	20	10	5	2	1	0.5	0.25	0.075	0.05	0.01	0.005	0.002				
平均值	16.2	100	99.5	98.3	95	87.3	84.1	80.1	76.9	72.4	63	34.4	25.6	16.8	2.73	31.4	16.2	15.2
最大值	17.2	100	99.8	98.7	95.5	88.6	85.5	81.6	79.7	75.4	67	36.5	27	18	2.73	31.9	16.7	15.7
最小值	15.4	100	99.4	98	94.3	86	82.8	79.1	75.4	70.5	60.5	31.8	24.1	16	2.73	30.9	15.7	14.7

试验所得土料天然含水率在 15.4%~17.2%,平均值为 16.2%;液限在 30.9%~31.9%,平均值为 31.4%;塑限在 15.7%~16.7%,平均值为 16.2%;塑性指数在 14.7~15.7,平均值为 15.2;密度为 2.73 g/m³。颗粒分析试验结果,大于 5 mm 颗粒含量在 4.5%~5.7%,平均值为 5%;<0.075 mm 颗粒含量在 70.5%~75.4%,平均值为 72.4%;<0.005 mm 颗粒含量在 24.1%~27%,平均值为 25.6%。根据土的工程分类标准,其中上包线为低液限黏土(CL),平均线和下包线为含砂低液限黏土(CLS),土体颗粒偏细,属于设计定义的第 1 类土,需掺砾改性。

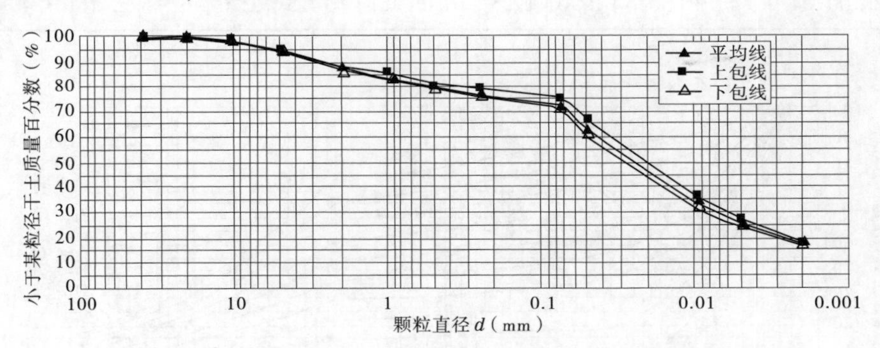

图 3-18 亚中土料场 A 区土料颗粒级配曲线

2)试料掺配

根据设计单位前期大量勘探资料,亚中土料场 A 区土料,设计定义为第 1 类土,承包商进场后的复勘资料及试验检测中心同期进行的试验结果,与设计前期结果相符,需掺砾改性作为大坝心墙料,掺配比例为土:石=6:4。击实试验用料按掺砾量为 0、10%、20%、30%、40%、50%、60%、70%、80% 进行掺配备用。根据颗粒分析试验结果,土料中大于 5 mm 颗粒含量平均为 50%。因土料本身砾石含量较小,考虑与现场施工一致,故击实试验用料未筛除土料中大于 5 mm 颗粒,直接用取回的土料拌和均匀后,按给定掺量进行掺配,实际试验用料中大于 5 mm 颗粒含量比理论掺量稍大,每组土料中自身含砾量也会存在差异。掺配后的理论级配见表 3-20,级配曲线见图 3-19。从掺配结果可以看出,当掺砾量不大于 20%和不小于 50% 以后，砾石含量已不能满足设计要求；从<0.075 mm 颗粒含量看，掺砾量在 70%以下均能满足设计要求；从<0.005 mm 颗粒含量看，掺砾量在 60% 以下均能满足设计要求。

表 3-20　亚中土料场 A 区掺砾料颗粒级配

样品编号	小于某粒径的颗粒占总土重的百分数(%)													砾石含量(%)
	60	40	20	10	5	2	0.5	0.25	0.75	0.05	0.01	0.005	0.002	
砾石料	100	81.2	34.3	13.7	0	—	—	—	—	—	—	—	—	100
土料	—	100	99.5	98.3	95	87.3	80.1	76.9	72.4	63.0	34.4	25.6	16.8	5.0
土:石=9:1	100	98.1	93.0	89.8	85.5	78.6	72.1	69.2	65.2	56.7	30.9	23.1	15.2	14.5
土:石=8:2	100	96.2	86.5	81.4	76.0	69.8	64.1	61.5	57.9	50.4	27.5	20.5	13.5	24.0
土:石=7:3	100	94.4	80.0	72.9	66.5	61.1	56.1	53.8	50.7	44.1	24.1	17.9	11.8	33.5
土:石=6:4	100	92.48	73.4	64.5	57.0	52.4	48.1	46.1	43.5	37.8	20.6	15.4	10.1	43.0
土:石=5:5	100	90.6	66.9	56.0	47.5	43.7	40.1	38.4	36.2	31.5	17.2	12.8	8.4	52.5
土:石=4:6	100	88.72	60.4	47.5	38.0	34.9	32.1	30.7	29.0	25.2	13.7	10.3	6.7	62.0
土:石=3:7	100	56.84	53.9	39.1	28.5	26.2	24.0	23.1	21.7	18.9	10.3	7.7	5.1	72.5
土:石=2:8	100	84.96	47.3	30.6	19.0	17.5	16.0	15.4	14.5	12.6	6.9	5.1	3.4	81.0

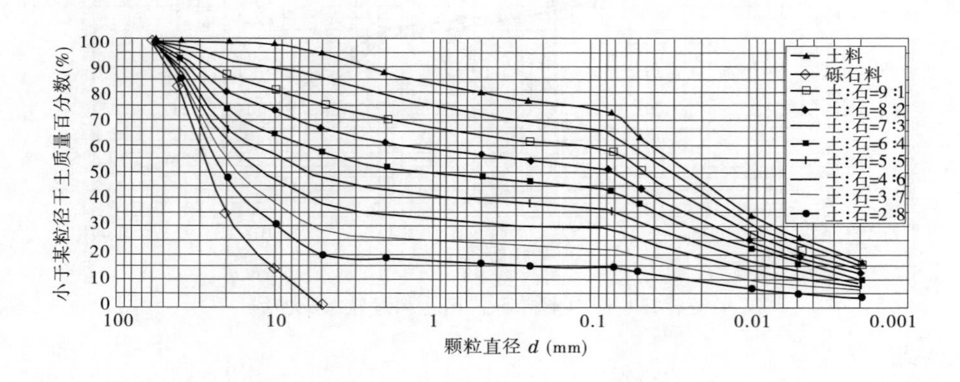

图 3-19　亚中土料场 A 区掺砾料级配曲线

3) 击实试验

本次击实试验采用 30 cm 击实仪，击实功能为 2 688 kJ/m³，并进行了击实后的颗粒分析试验及其他物理性试验。对试验结果进行分述，除特别说明外，结果整理均以掺砾量为基础。

(1) 击实结果分析。

采用 30 cm 击实仪重型击实功能（2 688 kJ/m³）进行了 0、10%、20%、30%、40%、50%、60%、70%、80% 不同砾石掺量击实试验，求得各掺量砾石土的击实最大干密度和最优含水率。为了解全料最大干密度和相应细料干密度与掺砾量关系，试验过程模拟填筑现场细料压实度检测方法，利用全料击实后的试样，测试各击实点<20 mm 细料和<5 mm 细料干密度及含水率，求得相应的最大干密度和最优含水率。再对全料击实后<20 mm 细料和<5 mm 细料采用 15.2 cm 击实仪分别进行轻型功能（592 kJ/m^3）击实试验，得到击实最大干密度和最优含水率，同时进行全料击实后的颗粒分析试验和其他物理性指标试验。

击实试验结果见表 3-21 及图 3-20。其中，全料最大干密度和最优含水率为试验直接结果，而<20 mm 细料和<5 mm 细料最大干密度及最优含水率是用击实后砾石含量和砾石密度计算所得的。

表 3-21　φ30 cm 击实仪重型击实功能试验成果

掺砾量（%）	全料		<20 mm 细料		<5 mm 细料	
	最大干密度（g/cm^3）	最优含水率（%）	最大干密度（g/cm^3）	最优含水率（%）	最大干密度（g/cm^3）	最优含水率（%）
0	2.00	12.0	2.00	12.0	1.97	12.6
10	2.05	11.3	2.01	12.0	1.97	12.9
20	2.11	10.5	2.05	12.0	1.97	13.2
30	2.15	9.0	2.05	11.1	1.93	13.7
40	2.17	8.5	2.04	10.9	1.88	15.1
50	2.21	8.1	2.04	11.1	1.85	15.6
60	2.27	7.5	2.06	11.6	1.78	17.6
70	2.30	6.7	2.06	11.4	1.76	18
80	2.31	5.2	2.0	9.5	1.63	18.7

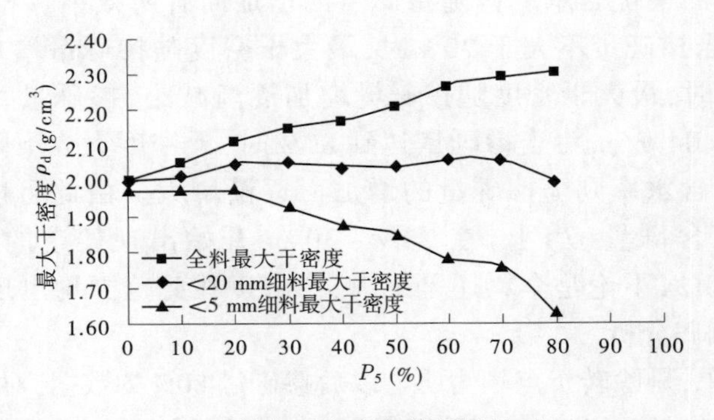

（a）最大干密度与掺砾量关系

图 3-20　φ30 cm 击实仪重型击实最大干密度及最优含水率与掺砾量关系

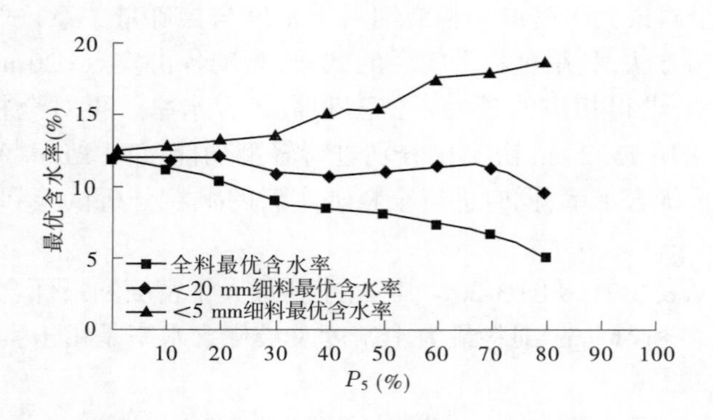

(b)最优含水率与掺砾量关系

续图 3-20

从不同掺砾量击实结果可以看出:全料击实最大干密度随掺砾量增加而增大,掺砾量达到一定数值后,最大干密度增幅变缓。当掺砾量不大于 30% 时,最大干密度随砾石含量增加较为明显,掺砾量每增加 10%,最大干密度平均增加 0.05 g/cm³,此时砾石基本被细料包裹,砾石起不到骨架作用,最大干密度主要取决于细料的密实程度;当掺砾量在 30%~60%时,掺砾量每增加 10%,最大干密度平均增加 0.04 g/cm³,此时砾石开始起骨架作用,细料密实程度逐渐降低,但细料基本能填充砾石间的孔隙,最大干密度随砾石含量增加的幅度变缓;当掺砾量达到 60%~80% 时,此时砾石出现架空,细料已不能填充砾石间的孔隙,细料密实程度大幅下降,最大干密度随砾石含量增加的幅度再次变缓并趋于稳定。掺砾量在 70%时拐点明显。而最优含水率则随掺砾量的增加而逐渐减小。相应的粒径不小于 20 mm 细料最大干密度,当掺砾量从 0 增加到 20%时,最大干密度随砾石含量增加而增大,干密度从 2 g/cm³ 增加到 2.05 g/cm³;当掺砾量在 20%~70%时,最大干密度随掺砾量增加不明显,变幅仅为±0.01 g/cm³;当掺砾量达到 80%时,干密度反而出现下降。掺砾量 70%时拐点明显。而最优含水率则随掺砾量的增加而有所减小。相应的粒径<5 mm 细料最大干密度,当掺砾量不大于 20%时,最大干密度随掺砾量增加没有变化;当掺砾量在 20%~70%时,最大干密度随掺砾量增加逐渐减小,掺砾量每增加 10%,最大干密度平均减小 0.04 g/cm³;当掺砾量达到 80%时,干密度大幅下降,掺砾量 70%时拐点明显。而最优含水率则随掺砾量的增加而逐渐增大。由此可以得出,开始起骨架作用的第一特征含砾量(P_5 Ⅰ)在 20%~30%;开始出现架空的第二特征含砾量(P_5 Ⅱ)在 60%~70%,不论是全料还是细料,干密度在此范围均出现了明显转折。

(2)击实结果回归分析。

将击实试验结果,剔除转折点较为明显以后掺砾量 80%的数据,对掺砾量为 0、10%、20%、30%、40%、50%、60%、70%的试验结果以二次抛物线方程进行回归,用回归方程计算对应的干密度和含水率,结果见表 3-22 及图 3-21。

表 3-22 φ30 cm 击实仪重型击实试验结果回归分析

掺砾量	全料						<20 mm 细料						<5 mm 细料					
	击实最大干密度(g/cm³)	回归方程计算干密度(g/cm³)	干密度实测值-回归值	击实最优含水率(%)	回归方程计算含水率(%)	含水率实测值-回归值	击实最大干密度(g/cm³)	回归方程计算干密度(g/cm³)	干密度实测值-回归值	击实最优含水率(%)	回归方程计算含水率(%)	含水率实测值-回归值	击实最大干密度(g/cm³)	回归方程计算干密度(g/cm³)	干密度实测值-回归值	击实最优含水率(%)	回归方程计算含水率(%)	含水率实测值-回归值
0	2.00	2.01	-0.01	12.0	12.1	-0.1	2.00	2.00	0	12.0	12.2	-0.2	1.97	1.98	-0.01	12.6	12.5	0.1
10	2.05	2.05	0	11.3	11.1	0.2	2.01	2.02	-0.01	12.0	11.8	0.2	1.97	1.97	0	12.9	12.8	0.1
20	2.11	2.10	0.01	10.5	10.2	0.3	2.05	2.03	0.02	12.0	11.5	0.5	1.97	1.95	0.02	13.2	13.4	-0.2
30	2.15	2.14	0.01	9.0	9.4	-0.4	2.05	2.04	0.01	11.1	11.3	-0.2	1.93	1.92	0.01	13.7	14.0	-0.3
40	2.17	2.18	-0.01	8.5	8.7	-0.2	2.04	2.05	-0.01	10.9	11.2	-0.3	1.88	1.89	-0.01	15.1	14.9	0.2
50	2.21	2.23	-0.02	8.1	8.0	0.1	2.04	2.06	-0.02	11.1	11.2	-0.1	1.85	1.84	0.01	15.6	16.0	-0.4
60	2.27	2.26	0.01	7.5	7.4	0.1	2.06	2.07	-0.01	11.6	11.4	0.2	1.78	1.70	-0.01	17.6	17.2	0.4
70	2.30	2.30	0	6.7	6.9	-0.2	2.06	2.07	-0.01	11.4	11.6	-0.2	1.76	1.73	0.03	18.0	18.6	-0.6

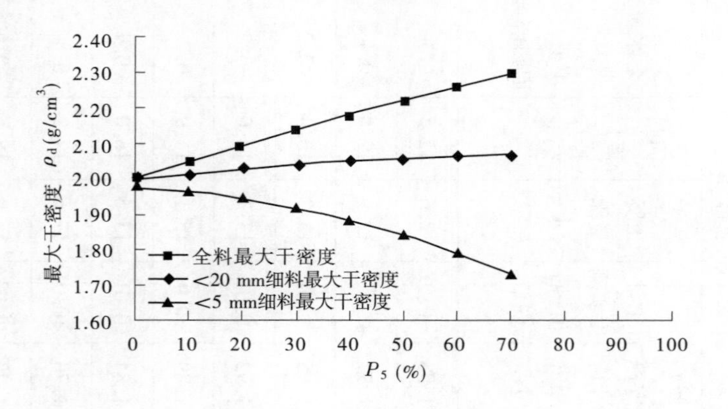

(a)最大干密度与掺砾量关系

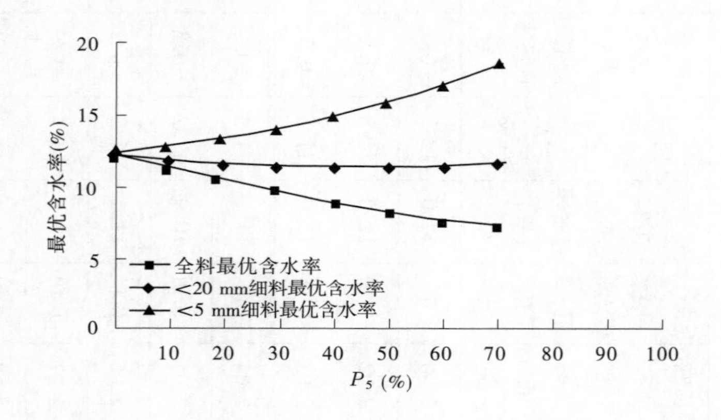

(b)最优含水率与掺砾量关系

图 3-21　ϕ 30 cm 击实仪重型击实最大干密度及最优含水率与掺砾量关系

掺砾量为 0 ~ 70% 内,用回归方程计算所得干密度、含水率与击实最大干密度、最优含水率的差值,均在土工试验规程允许的试验误差范围内。回归相关系数除粒径<20 mm 细料稍小外,其余均大于 0.97,相关性较好。利用此关系,可以很快求得任意掺砾量下砾石土的最大干密度和最优含水率,从而对砾石土填筑含水率和填筑质量做出初步判断,对大坝填筑质量起到事前控制的作用。

(3)细料压实度分析。

将砾石土不同掺砾量击实后的土料分别过 20 mm 筛和 5 mm 筛,对全料击实后<20 mm 细料和<5 mm 细料采用 15.2 cm 击实仪分别进行轻型功能(592 kJ/m³)击实试验,求得相应的最大干密度和最优含水率,计算全料击实后<20 mm 细料和<5 mm 细料的压实度,结果见表 3-23 及图 3-22。

表 3-23　ϕ 30 cm 击实仪重型击实功能下细料压实度

掺砾量（%）	小于 20 mm 细料				小于 5 mm 细料			
	最大干密度（g/cm³）	单独击实最大干密度（g/cm³）	单独击实最优含水率（%）	压实度（%）	最大干密度（g/cm³）	单独击实最大干密度（g/cm³）	单独击实最优含水率（%）	压实度（%）
0	2.00	1.86	15.7	107.5	1.97	1.79	15.2	110.1
10	2.01	1.90	14.3	105.8	1.97	1.78	15.7	110.7
20	2.05	1.89	14.6	108.5	1.97	1.76	16.8	111.9
30	2.05	1.93	12.7	106.2	1.93	1.80	15.3	107.2
40	2.04	1.95	12.0	104.6	1.88	1.79	15.0	105.0
50	2.04	2.00	11.6	102.0	1.85	1.78	14.9	103.9
60	2.06	2.03	11.5	101.5	1.78	1.80	13.5	98.9
70	2.06	2.12	9.8	97.2	1.76	1.84	14.7	95.7
80	2.00	2.17	9.1	92.2	1.63	1.85	14.0	88.1

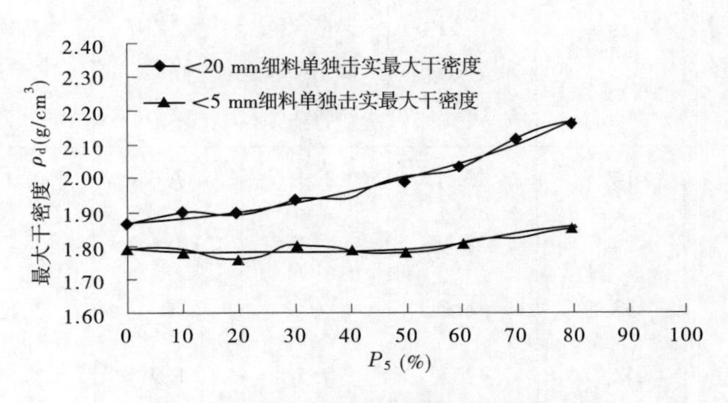

(a)最大干密度与掺砾量关系

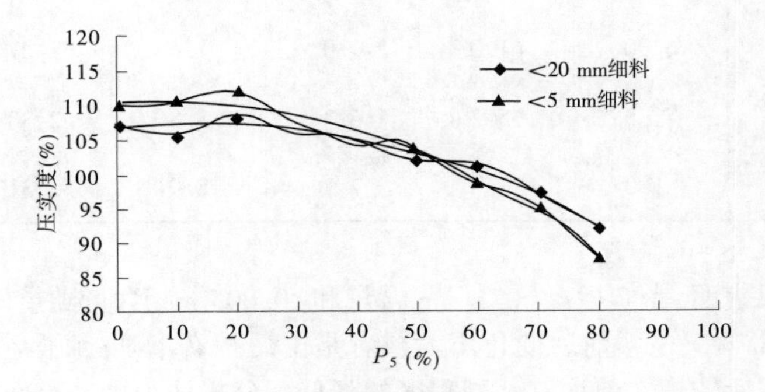

(b)压实度与掺砾量关系

图 3-22　细料最大干密度及压实度与掺砾量关系

结果表明，细料单独击实所得最大干密度随着掺砾量增加逐渐增大，<20 mm 细料较<5 mm 细料增幅明显，高掺砾量时较低掺砾量时增幅更明显，掺砾量变化对<5 mm 细料击实干密度影响很小。细料压实度则随着掺砾量增加逐渐减小，<5 mm 细料较<20 mm 细料减幅更为明显，细料压实度是随掺砾量增加而减小的一个变值，当掺砾量超过某一数值（60%~70%）后，砾石出现架空，其细料压实度就不可能达到设计要求。在掺砾量为30%~50%，全料击实最大干密度状态下，<20 mm 细料压实度在 106.2%~102%，<5 mm 细料压实度在 107.2%~103.9%。

（4）击实后物理性结果分析。

将全料击实后的试样进行颗粒分析试验和比重、液塑性试验，结果见表 3-24、表 3-25。表 3-24 中结果表明，试验击实后颗粒破碎较小，随掺砾量变化规律性不明显，分析认为主要有几个方面原因：①每组土料自身含砾量存在差异，但击前含砾量都以平均值 5% 进行计算；②每点击实剩余料数量不等，未归入击后颗分试验；③砾石颗粒破碎较小，差距拉不开。在掺砾量不大于 60%时，颗粒破碎量均很小，此时砾石基本被细料包裹或细料基本能填充砾石间的孔隙，击实不至于造成砾石较大的破碎；掺砾量不小于 70%（击后含砾量为 65.2%）以后，细料已不能完全填充砾石间的孔隙，砾石出现架空，颗粒破碎增加，此结果与前节第 2 特征含砾量（P_5 Ⅱ）在 60%~ 0 的分析是吻合的。

表 3-24　ϕ 30 cm 击实仪重型击实功能试验结果（一）

掺砾量（%）	土料本身砾石含量（%）	击前含砾量（%）	击后含砾量（%）	击前含砾量-击后含砾量（%）	颗粒破碎率（%）	全料最大干密度（g/cm³）	全料最优含水率（%）
10		14.5	13.4	1.1	7.6	2.05	11.3
20		24.0	22.9	1.1	4.6	2.11	10.5
30		33.5	34.0	0	0	2.15	9.0
40		43.0	42.5	0.5	1.2	2.17	8.5
50	5.0	5.25	49.9	2.6	5.0	2.21	8.1
60		62.0	61.0	1.0	1.6	2.27	7.5
70		71.5	65.2	6.3	8.8	2.30	6.7
80		81.0	73.8	7.2	8.9	2.31	5.2

表 3-25 中结果表明，击实后<0.075 mm 含量和<0.005 mm 含量随掺砾量增加逐渐减小，其中<0.075 mm 含量击实前后变化不大或者是击后稍有增加，值得注意的是<0.005 mm 黏粒含量，击实后较击实前均有不同程度的降低。分析认为主要有两方面的原因：一是击前级配不是直接试验结果，而是采用土料平均级配和掺砾级配按掺配比例加权计算所得，计算值与实际值有一定差距；二是通过击实作用，土颗粒与砾石表面摩擦，致使原黏

附在砾石表面的石粉和摩擦产生的石粉一起融入土中,从而降低了土料的黏粒含量。当掺砾量不大于50%时,击后<0.005 mm黏粒含量都能满足设计要求。而比重和液塑性指标随掺砾量增加没有明显变化。掺砾量在30%~50%内,各项物理性指标均能满足设计要求。

表3-25　φ30 cm击实仪重型击实功能试验结果(二)

掺砾量比例	状态	大于5 mm含量(%)	小于0.075 mm含量(%)	小于0.005 mm含量(%)	比重	液限	塑限	塑性指数
土料	击前	5.0	72.4	25.6	2.73	31.4	16.2	15.2
土:石=9:1	击前	14.5	65.2	23.1	—	—	—	—
	击后	13.4	65.1	20.3	2.73	29.1	14.2	15.0
土:石=8:2	击前	24.0	57.9	20.5	—	—	—	—
	击后	22.9	58.8	12.9	2.76	30.3	13.8	16.5
土:石=7:3	击前	33.5	50.7	17.9	—	—	—	—
	击后	34.0	48.9	14.5	2.74	31.5	15.8	15.7
土:石=6:4	击前	43.0	43.5	15.4	—	—	—	—
	击后	42.5	41.2	12.2	2.74	31.2	15.3	15.9
土:石=5:5	击前	52.5	36.2	12.8	—	—	—	—
	击后	49.0	36.6	9.8	2.74	31.7	15.7	16.0
土:石=4:6	击前	62.0	29.0	10.3	—	—	—	—
	击后	61.0	27.8	6.0	2.76	30.8	14.4	16.4
土:石=3:7	击前	71.5	21.7	7.7	—	—	—	—
	击后	65.2	24.3	5.0	2.75	29.6	13.8	15.7
土:石=2:8	击前	81.0	14.5	5.1	—	—	—	—
	击后	73.8	16.2	3.0	2.75	28.6	13.2	15.4

现场填筑过程中全料压实度计算,通常采用预控线法内查最大干密度求得,其对应的砾石含量是压后(试后)值。为此,根据击实结果,绘制出最大干密度及最优含水率与掺砾量及击后含砾量关系曲线比较见图3-23。将掺砾量在10%~70%内的击实试验结果以二次抛物线和直线方程进行回归,用回归方程计算对应的最大干密度和最优含水率,结果见表3-26、表3-27。

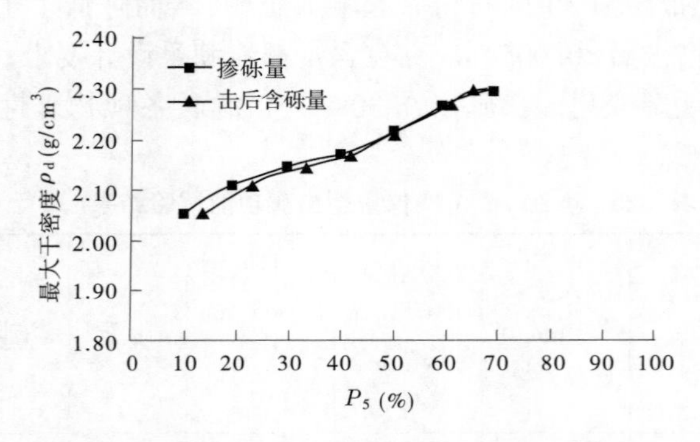

(a)最大干密度与掺砾量及击后含砾量关系

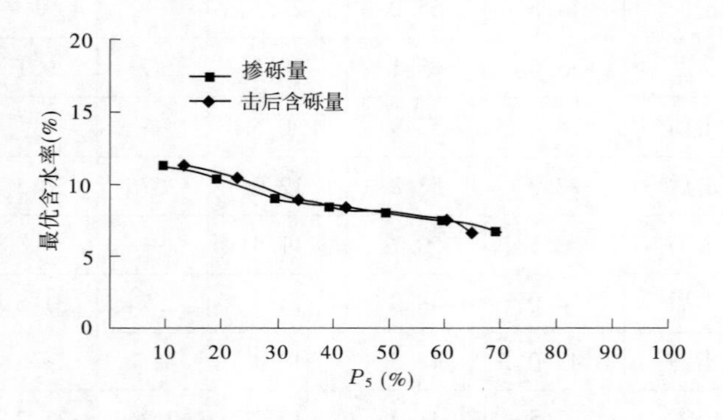

(b)最优含水率与掺砾量及击后含砾量关系

图 3-23　击实最大干密度及最优含水率与掺砾量及击后含砾量关系曲线

表 3-26　回归公式计算全料最大干密度

掺砾量(%)	击前含砾量(%)	击后含砾量(%)	击实最大干密度(g/cm³)	掺砾量抛物线回归计算最大干密度(g/cm³)	掺砾量直线回归计算最大干密度(g/cm³)	干密度实测值-掺砾量直线回归计算值	击后含砾量抛物线回归计算最大干密度(g/cm³)	击后含砾量直线回归计算最大干密度(g/cm³)	干密度实测值-击后含砾量直线回归计算值	掺砾量直线回归计算值-击后含砾量直线回归计算值
10	14.5	13.4	2.05	2.06	2.05	-0.01	2.06	2.05	0	0.01
20	24.0	22.9	2.11	2.10	2.10	0.01	2.10	2.10	0.01	0
30	33.5	34.0	2.15	2.14	2.14	0.01	2.15	2.15	0	-0.01
40	43.0	42.5	2.17	2.18	2.18	-0.01	2.19	2.18	-0.01	0
50	52.5	49.9	2.21	2.22	2.22	-0.01	2.23	2.22	-0.01	0
60	62.0	61.0	2.26	2.26	2.26	0	2.29	2.27	-0.01	-0.01
70	71.5	65.2	2.30	2.30	2.30	0	2.31	2.29	0.01	0.01

表 3-27　回归公式计算全料最优含水率

掺砾量（%）	击前含砾量（%）	击后含砾量（%）	击实最优含水率（%）	掺砾量抛物线回归计算最优含水率（%）	掺砾量直线回归计算最优含水率（%）	含水率实测值-掺砾量直线回归计算值	击后含砾量抛物线回归计算最优含水率（%）	击后含砾量直线回归计算最优含水率（%）	含水率实测值-击后含砾直线回归计算值	掺砾量直线回归计算值-击后含砾量直线回归计算值
10	14.5	13.4	11.3	11.3	11.0	0.3	11.3	11.1	0.2	-0.1
20	24.0	22.9	10.5	10.3	10.3	0.2	10.3	10.3	0.2	0
30	33.5	34.0	9.0	9.4	9.5	-0.5	9.3	9.4	-0.4	0.1
40	43.0	42.5	8.5	8.6	8.8	-0.3	8.5	8.7	-0.2	0.1
50	52.5	49.9	8.1	8.0	8.1	0	8.0	8.1	0	0
60	62.0	61.0	7.5	7.5	7.3	0.2	7.2	7.1	0.4	0.2
70	71.5	65.2	6.7	7.1	6.6	0.1	7.0	6.8	-0.1	-0.2

表 3-26 结果表明，掺砾量在 10%～70%内的击实试验，以掺砾量为基础，用抛物线回归和用直线回归计算所得最大干密度结果一致，实测值与用直线回归计算值之差最大为 0.01 g/cm^3；以击后含砾量为基础，用抛物线回归和用直线回归计算干密度最大相差 0.02 g/cm^3，实测值与用直线回归计算值之差最大为 0.01 g/cm^3；掺砾量用直线回归计算值与击后含砾量用直线回归计算值之差最大为 0.01 g/cm^3。几种计算结果差值都很小，均在土工试验规程允许试验误差范围内，说明该土料与砾石掺配，掺砾量为 10%～70%，击实最大干密度随掺砾量基本呈正相关变化，用掺砾量计算值和用击后含砾量计算值结果相近。

表 3-27 结果表明，在掺砾量为 10%～70%，以掺砾量为基础，用抛物线回归和用直线回归计算所得最优含水率最大相差 0.5%，实测值与用直线回归计算值之差最大为 0.5%；以击后含砾量为基础，用抛物线回归和用直线回归计算含水率最大相差 0.2%，实测值与用直线回归计算值之差最大为 0.2%；掺砾量用直线回归计算值与击后含砾量用直线回归计算值之差最大为 0.2%。几种计算结果差值都很小，均在土工试验规程允许试验误差范围内，说明该土料与砾石掺配，掺砾量在 10%～70%，击实最优含水率随掺砾量基本呈反相关变化，用掺砾量计算值和用击后含砾量计算值结果相近。

在掺砾量为 10% ～70%，最大干密度及最优含水率随含砾量的变化，用直线回归结果与实测值更接近，工程实际应用中，可采用直线回归内查任意含砾量下的最大干密度及最优含水率，并给出直线回归后掺砾量和击后含砾量与最大干密度及最优含水率关系，见图 3-24。

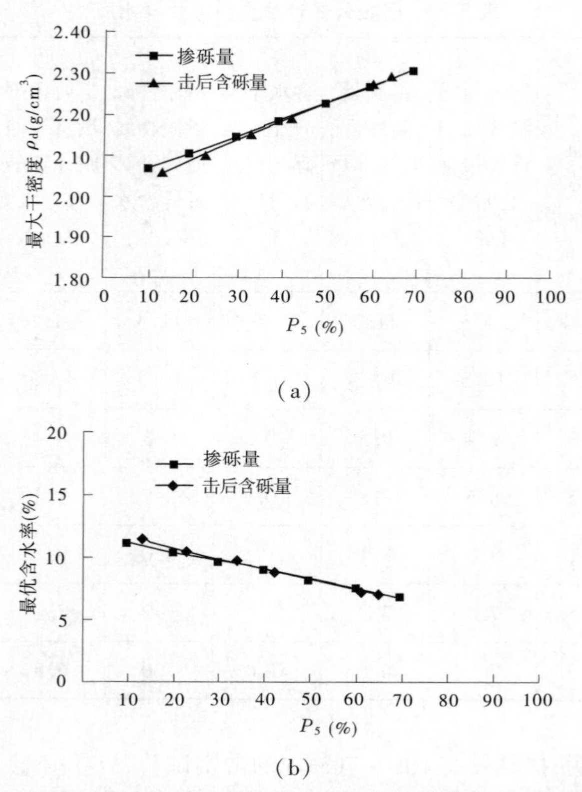

图 3-24　回归后最大干密度及最优含水率与掺砾量及击后含砾量关系

3. 结论

(1)掺砾料击实试验结果,最大干密度随掺砾量不同而变化,且随掺砾量的增加而增大,当掺砾量增大到一定数值后,随着掺砾量的增大,最大干密度趋于稳定或反而出现下降,掺砾量为70%时出现峰值。而击实最优含水率则随掺砾量的增加而减小。最大干密度、最优含水率与掺砾量具有良好的线性关系。

(2)由击实试验成果得出,开始起骨架作用的第 1 特征含砾量(P_5 Ⅰ)在 20%~30%;开始出现架空的第 2 特征含砾量(P_5 Ⅱ)在 60% ~ 70%,不论是全料还是细料,干密度在此范围均出现了明显转折。

(3)在掺砾量为 10% ~70%,用回归方程计算所得干密度、含水率与击实最大干密度、最优含水率的差值,均在土工试验规程允许的试验误差范围内。利用此关系,可以很快求得任意掺砾量下砾石土的最大干密度和最优含水率,从而对砾石土填筑含水率和填筑质量做出初步判断,对大坝填筑质量起到事前控制的作用。

(4)全料在重型击实最大干密度状态下,其细料压实度是随掺砾量增加而减小的一个变值,<5 mm 细料较<20 mm 细料减幅更为明显,当掺砾量超过某一数值后,其细料压实度就不可能达到设计要求。掺砾量在 30% ~50%,全料击实最大干密度状态下,<20 mm 细料压实度在 106. 2% ~102. 0%,<5 mm 细料压实度在 107. 2% ~103. 9%。

(5)试验击后颗粒破碎较小,随掺砾量变化规律性不明显。掺砾量在 30%~50%,击实后大于 5 mm 含量、<0. 075 mm 含量、<0. 005 mm 含量及塑性指数各项指标均满足设计

要求。

3.2.3.4 招标阶段堆石料碾压试验

1. 试验用料

两河口水电站大坝堆石料主要来自坝址上游的两河口石料场和瓦支沟石料场，由于在试验过程中，两个石料场均不具备大规模开采条件，因此试验用料主要来自两河口石料场下部边缘开采石料，料源主要为弱下风化、弱卸荷—微新砂板岩。

2. 振动碾碾压试验

1）碾压施工及试验检测

（1）碾压施工。试验场地先在弃渣平台上平整后，采用有用料堆存场内回采的新鲜石渣料铺筑 80 cm 厚，并采用 26 t 振动碾碾压 10 遍，场地表面不平整度不超过±5 cm。试验用石料装车应粗、细料混装，卸车时须避免粗、细料分离，铺填厚度控制误差±10%。碾压前划线标识出振动碾行走线和沉降测量点，测点间距 1.5~2.0 m。用选定吨位的振动碾在划定的试验单元内静碾 2 遍，采用进退错距法碾压，碾压时振动碾行车速度为 2~3 km/h，按规定遍数进行振碾，碾压带重叠宽度 10~20 cm。

（2）试验检测。现场密度试验检测严格按照《土石筑坝材料碾压试验规程》（NB/T 35016—2013）执行，采用灌水法进行试验，试坑直径按最大粒径 2~3 倍 2 m 直径钢环控制，试验取样取至压实层底部。级配试验采用筛析法及密度计联合法，对大于 20 mm 颗粒部分在现场进行，对于小于 20 mm 颗粒部分，采用四分法将小于 20 mm 颗粒部分充分拌和均匀后，取石料在室内烘干后进行，同时计算全料颗粒级配并绘制颗粒级配曲线。

2）压实机械选择

压实机械选择 DANAPAC20T 和三一重工 26 t 振动力度进行比选试验，铺料厚度 100 cm，碾压 8 遍，天然含水率，行车速度 2~3 km/h。对砂板岩石料进行碾压，26 t 振动碾的技术参数、碾压效果均优于 20 t 振动碾，考虑到该大坝坝高达 300 m 级且为砂板岩筑坝材料，碾压试验采用 26 t 振动碾，堆石料碾后沉降量、干密度与碾质量关系见表 3-28。

表 3-28 堆石料碾后沉降量、干密度与碾质量关系

碾重	铺料厚度(cm)	实际厚度(cm)	层次	沉降量(cm)											沉降量平均值(cm)	干密度平均值(g/cm^3)
20 t	100	99.6	第一层	2.8	1.8	5.8	2.3	3.2	3.1	3.7	1.7	4.7	1	3.6	3.29	2.10
		90.2	第二层	3.9	1.9	1.9	6.8	3.7	3.3	2.4	2.7	4.1	3.5	4.5		
26 t	100	91.6	第一层	3.2	5	6.7	8.9	8.3	6.7	7.2	6.8	6.2	10.5	10.1	8.22	2.18
		96.6	第二层	9.1	7.8	-	9.3	11.3	9.4	8.6	11.3	10.1	7.8	7.1		

注：每个碾压条带设沉降检测点 11 个，取其平均值。“-”为异常数据，已剔除。

3)铺料厚度与碾压遍数选择

压实参数:碾质量 26 t,天然含水率,铺料 80 cm、100 cm、120 cm,静压 2 遍+振动 6 遍\8 遍\10 遍\12 遍,碾后密度、碾前及碾后级配等试验不少于 4 个坑。

试验结果分析:

(1)碾压遍数与沉降率关系。碾压后沉降率整体趋势为随碾压遍数的增加而增加,但碾压 10 遍后沉降率略有减小,沉降率总体在 0.071% ~ 0.158%。碾压遍数相同时,同一碾压遍数下 120 cm 铺料厚度的沉降率均小于其他铺料厚度料。分析可知:两河口石料碾压 10 遍后沉降最大,碾压最为密实;铺料厚度 120 cm 时不利于石料的压实,宜选择 80 cm 或 100 cm 的铺料厚度。

(2)碾压干密度、孔隙率与碾压遍数的关系。同一铺料厚度下,随着碾压遍数的增加碾压干密度增大,当碾压 10 遍后,干密度增长幅度减小;同一铺料厚度下,随着碾压遍数的增加,孔隙率减小。由于碾压 10 遍后,孔隙率的减小幅度变小,结合经济因素综合考虑,选择碾压遍数为 10 遍比较合适。两河口砂板岩沉降率与铺料厚度及碾压遍数关系见图 3-25。

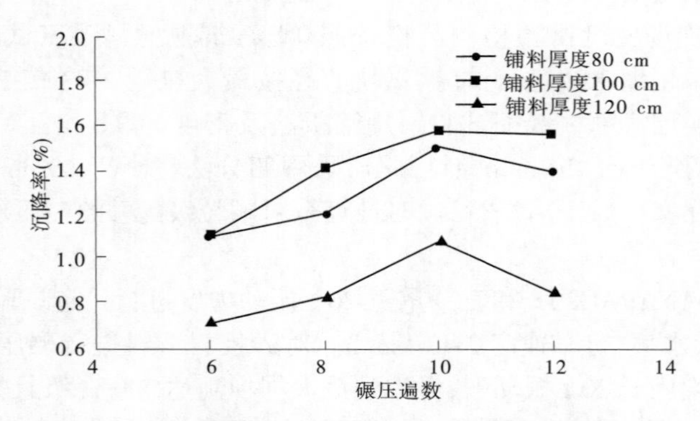

图 3-25 两河口砂板岩沉降率与铺料厚度及碾压遍数关系

(3)碾压干密度、孔隙率与铺料厚度的关系:同一碾压遍数下,随着铺料厚度的增加,碾压干密度逐渐减小,铺料厚度 80 cm 时干密度值最大;同一碾压遍数下,随着铺料厚度的增加,碾压孔隙率逐渐减小,铺料厚度 80 cm 时孔隙率值最小。两河口砂板岩碾压干密度与铺料厚度及碾压遍数关系见图 3-26。

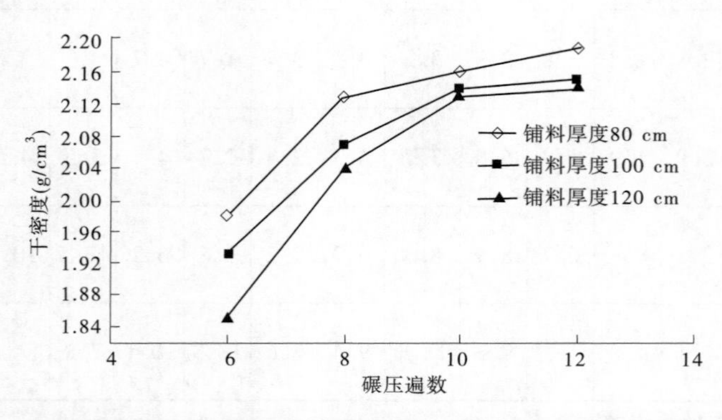

图 3-26 两河口砂板岩碾压干密度与铺料厚度及碾压遍数关系

(4)两河口砂板岩堆石料在铺料 80 cm、100 cm、120 cm 分别经过 6 遍、8 遍、10 遍、12 遍碾压后渗透系数在 $8.86\times10^{-2}\sim4.76\times10^{-1}$ cm/s，差异性并不大，碾压后堆石料均具有强透水性，符合大坝堆石料的渗透要求。

综合分析，为使大坝填筑达到好的填筑质量又能兼顾经济性，推荐采用铺料厚度 80 cm，静压 2 遍+振动 10 遍的碾压参数。

4)含水率变化研究

试验组合：碾质量 26 t，铺料厚度 80 cm，碾压 12 遍(静压 2 遍+振动 10 遍)，行车速度 2~3 km/h。含水率：天然含水率 ω+5%，天然含水率 ω+10%，天然含水率 ω+15%。

试验结果分析：

(1)堆石料含水率分别为天然含水率 ω+5%、天然含水率 ω+10% 及天然含水率 ω+15%时，同时使用 26 t 自行式振动碾在铺料 80 cm 下碾压 12 遍后的干密度平均值分别为 2.26 g/cm^3、2.26 g/cm^3 及 2.28 g/cm^3，孔隙率平均值分别为 18.3%、18.3%及 17.8%，而堆石料为天然含水率碾压后干密度和孔隙率平均值分别为 2.18 g/cm^3、21.3%，表明堆石料加水后碾压干密度值明显较大，压实效果较不加水碾压好。

(2)3 种不同加水情况下沉降量差别不大，加水 5%~15% 压实效果没有多大改善。沉降率、碾后干密度与加水量关系曲线见图 3-27。

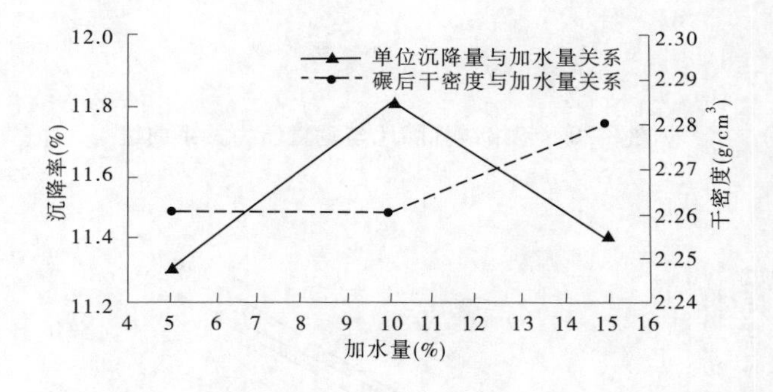

图 3-27　沉降率、碾后干密度与加水量关系曲线

(3)两河口砂板岩堆石料在不同含水率时碾压后渗透系数范围在 $3.25\times10^{-2}\sim7.34\times10^{-2}$ cm/s，差异性并不大，不同加水量碾压后堆石料具有强透水性，符合大坝堆石料的渗透要求。

综合分析，考虑压实质量、材料渗透特性、施工可操作性及经济性，对该砂板岩堆石料进行碾压时加水量应大于 5%。

5)碾压试验施工工艺参数选择及室内力学试验

通过对压实机械选择、铺料厚度与碾压遍数选择、含水率变化等各试验研究成果分析，推荐砂板岩堆石料筑坝施工时选用施工参数为铺料厚度 80 cm，静压 2 遍+振动 10 遍，26 t 振动碾，行车速度 2~3 km/h，加水量不小于 5%。

(1)现场渗透试验。两河口砂板岩堆石料在选择最优参数碾压后渗透系数范围在

$4.71\times10^{-3}\sim7.23\times10^{-2}$ cm/s，平均值为 3.84×10^{-2} cm/s，差异性不大，碾压后堆石料透水性属于强透水性。

（2）室内力学全项。室内开展了压缩试验、直接剪切试验及渗透变形试验，每一组试验在试验压力达到 0.4 MPa 时，a_v 达到最小值随后逐渐增大，同时 E_s 也由峰值逐渐衰减。从孔隙比 e 与垂直压力 p 关系曲线分析可知，压力为 0.4 MPa 的点为 $e\sim p$ 曲线的拐点，即为曲线凹凸的分界点，故 a_v 与 E_s 在压力 0.4 MPa 为一临界值点。由碾压前后颗分曲线可知，在碾压过程中石料有一定的破碎，压力达到 0.4 MPa 后试验料在较大压力下开始逐渐产生破碎，同时原材料中的孔隙进一步被较大程度地填充，这是压缩模量达到峰值后逐渐衰减的根本原因。包络线孔隙比与垂直压力关系曲线见图 3-28，包络线单位沉降量与垂直压力关系曲线见图 3-29。

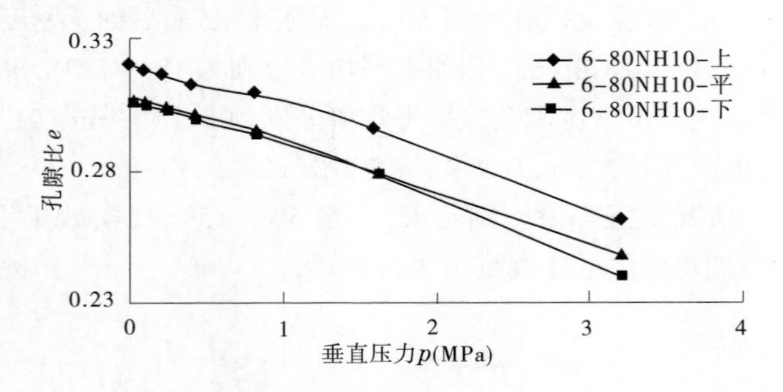

图 3-28　包络线孔隙比与垂直压力关系曲线

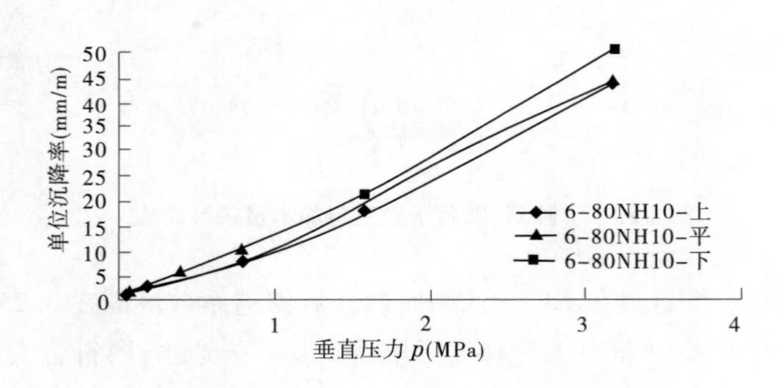

图 3-29　包络线单位沉降量与垂直压力关系曲线

（3）室内大三轴试验。试验采用大型高压三轴仪，试样尺寸 30 cm，施加最大围压为 2.4 MPa；试验工况为饱和固结排水剪（CD）。试验结果非线性 E-μ、E-B 模型参数可供坝体稳定分析计算。碾压石料高压大三轴 CD 试验 E-μ 模型参数结果见表 3-29，碾压石料高压大三轴 CD 试验 E-B 模型参数结果见表 3-30。

表 3-29 碾压石料高压大三轴 CD 试验 E-μ 模型参数结果

试验编号	干密度	孔隙率	施加围压	线性抗剪强度参数		E-μ 模型参数(CD)							
	ρ_d(g/cm³)	n(%)	σ_3(kPa)	c_d(kPa)	φ_d(°)	φ_0	$\Delta\varphi$	K	n	R_f	D	G	F
80NH10-1	2.12	23.47	600 ~ 2 400	234	38.1	52.3	9.4	518	0.38	0.70	4.6	0.27	0.111
80NH10-2	2.15	22.79	600 ~ 2 400	244	38.9	53.3	9.6	637	0.35	0.71	4.0	0.33	0.147
80NH10-3	2.16	21.79	600 ~ 2 400	273	38.8	53.9	9.9	657	0.37	0.71	4.5	0.33	0.152
80NH10-4	2.22	19.83	600 ~ 2 400	252	39.4	53.5	9.1	760	0.35	0.79	3.5	0.34	0.142

表 3-30 碾压石料高压大三轴 CD 试验 E-B 模型参数结果

试验编号	干密度	孔隙率	施加围压	线性抗剪强度参数		E-B 模型参数(CD)						
	ρ_d(g/cm³)	n(%)	σ_3(kPa)	c_d(kPa)	φ_d(°)	φ_0	$\Delta\varphi$	K	n	R_f	K_b	m
80NH10-1	2.12	23.47	600 ~ 2 400	234	38.1	52.3	9.4	518	0.38	0.70	177	0.30
80NH10-2	2.15	22.79	600 ~ 2 400	244	38.9	53.3	9.6	637	0.35	0.71	218	0.29
80NH10-3	2.16	21.79	600 ~ 2 400	273	38.8	53.9	9.9	657	0.37	0.71	227	0.29
80NH10-4	2.22	19.83	600 ~ 2 400	252	39.4	53.5	9.1	760	0.35	0.79	255	0.28

6)碾后破碎率初步分析

堆石料在自行式振动碾产生的快速连续冲击力作用下不可避免地会产生破碎现象，破碎的产生会改变碾压后的石料的颗分级配，进而影响堆石料压实效果及力学性质。在铺料厚度与遍数选择过程中对碾压前后同一位置的石料进行了颗分级配对比试验，然后就碾压过程中的破碎率情况进行了初步分析：

(1)碾压前各不同铺料厚度和碾压遍数组合的堆石料级配平均线基本在设计包线以内，说明碾压试验用料是合格的；除去离散性的极个别试验组外，碾压后的级配曲线均在碾压前级配曲线偏上位置，碾压后石料略变细，表明碾压过程中均产生一定的破碎。

(2)堆石料在不同铺料厚度、不同碾压遍数后，堆石料的破碎程度差别不大，碾压后破碎率值的范围为 1.1%~2.3%(以<5 mm 含量为界进行统计)。

7)试验成果

经过一系列的试验研究成果分析，确定了推荐的压实参数及控制指标如下：

(1)松铺厚度 100 cm、天然含水率等相同的碾压参数条件下：DANAPAC20T 振动碾碾后土体孔隙率平均为 24.2%；而三一重工 26 t 振动碾碾后土体孔隙率平均为 21.2%。推荐压实机械：三一重工 26 t 振动碾。

(2)推荐施工参数:行车速度 2~3 km/h,铺料厚度 80 cm,静压 2 遍+振动碾 10 遍,补水量不小于 5%。气温在 0 ℃以下时,石料表面洒水容易迅速结冰,建议石料洒水可根据运输过程与填筑面相结合的方式进行。

(3)推荐堆石料控制标准:最大粒径 800 mm,压实后孔隙率应不大于 20%,<5 mm 含量为 0~15%,<0.075 mm 含量不大于 5%。

3.2.4 双江口心墙掺砾料三轴试验及材料参数敏感性分析

3.2.4.1 不同掺砾量心墙料三轴试验

双江口水电站工程当卡、大石当等料场主要为低液限黏土,颗粒偏细,难以适应 300 m 级高心墙堆石坝的强度和变形要求,需要掺加一定量的粗颗粒料以改善其变形特性。通过室内大型三轴试验,对其心墙掺砾料的应力应变和强度特性进行研究,确定筑坝材料的物理力学性质,提出相应的计算参数和指标,与中小型三轴试验结果进行对比,探讨掺砾量及试样尺寸对心墙掺砾料力学性质的影响,为坝体设计和计算分析工作提供依据。

试验土石料为心墙掺砾料,其中的黏性土料采用当卡料场防渗土料,其含水率 15.1%,液限 33.4%,塑限 19.6%,塑性指数 13.8,土粒比重 2.71,黏土类型为 CL。试验采用中型多功能三轴剪切仪,试样直径为 101 mm,高度为 200 mm。依据规范,试样允许最大粒径为 20 mm。由于所掺砾石料实际最大粒径达 100 mm,因此对砾石料原级配必须进行缩尺。这里采用混合缩尺法对超径料进行处理。所掺砾石料原级配和缩尺后的级配见表 3-31。

表 3-31　所掺砾石料原级配和混合法缩尺后各粒组质量百分比

粒径(mm)	100~80	80~60	60~40	40~20	20~10	10~5	<5
原级配(%)	5	10	20	28	17.5	16.5	5
混合法(%)	0	0	0	0	52	31	17

试样采用三种砾石料与黏土料的配比进行试验,分别为 1:1、3:1 和 7:1(砾石:干土质量比),相应的掺砾量分别为 50%、75%和 87.5%。参照《土工试验规程》(SL 237—1999)中扰动样的制样方法,制样干密度均控制为 2.04 g/cm³。试样直径 101 mm,高度 200 mm,按 5 层分层击实,并采用真空抽气饱和,抽气时间大于 2 h,水下静置时间大于 10 h。每一种掺砾料试验的固结压力依次设为 200 kPa、600 kPa、1 000 kPa 和 1 500 kPa,试验剪切速率均为 0.014 mm/min。

根据上述试验方案进行了三轴固结排水试验。由试验结果绘制三种不同掺砾量心墙料依次在四种围压下的$(\sigma_1-\sigma_3)\sim\varepsilon_a$及$\varepsilon_v\sim\varepsilon_a$关系曲线,在不同围压下,所有$(\sigma_1-\sigma_3)\sim\varepsilon_a$关系曲线基本上均呈现为硬化型,曲线相对比较平滑。而$\varepsilon_v\sim\varepsilon_a$关系曲线在 50%和 75%掺砾量时整体表现为剪缩,在 87.5%掺砾量时曲线在 200 kPa 围压下体积应变出现负值,表现出弱剪胀性,说明随着掺砾量的增加,掺砾心墙料的特性逐渐接近粗粒料的工程特性。

一定围压下,不同掺砾量心墙料的偏应力峰值强度变化情况由表 3-32 给出。可以看出,掺砾量为 75%和 87.5%的心墙料在 200 kPa 围压下偏应力峰值强度分别为 843.9 kPa 和 892.3 kPa,与 50%掺砾量相比,增幅分别为 32.8%和 40.5%;随着围压的逐渐增加,偏应力峰值强度的增幅明显减少,掺砾量为 87.5%的心墙料在围压为 1 000 kPa 和 1 500 kPa 时偏应力峰值强度的增幅分别为 30.0%和 20.9%。

根据试验结果整理出不同掺砾量心墙料的线性强度指标 c、φ 及邓肯模型参数值,见表 3-33。掺砾心墙料的内摩擦角 φ 随掺砾量的增大整体上略有增大的趋势,而黏聚力 c 则表现出随掺砾量增加而增大的规律。不同掺砾量下心墙料的应力破坏比 R_f 相差不大;F 和 G 值随掺砾量的增加而增大,其他参数 K、n、D、K_b、m 随掺砾量的变化规律不明显,难以分析掺砾量变化对这些参数的影响。

表 3-32　不同掺砾量心墙料偏应力峰值强度变化

掺砾量(%)	围压 200 kPa		围压 600 kPa		围压 1 000 kPa		围压 1 500 kPa	
	偏应力(kPa)	增幅(%)	偏应力(kPa)	增幅(%)	偏应力(kPa)	增幅(%)	偏应力(kPa)	增幅(%)
50	635.3	—	1 586.5	—	2 758.5	—	4 065.0	—
75	843.9	32.8	2 029.2	27.9	3 232.4	17.2	4 650.0	14.4
87.5	892.3	40.5	2 090.7	31.8	3 587.1	30.0	4 916.3	20.9

表 3-33　不同掺砾量心墙料线性强度指标及邓肯模型参数值

掺砾量(%)	φ(°)	c(kPa)	K	n	R_f	D	G	F	K_b	m
50	34.9	15.5	464	0.45	0.68	15.54	0.33	0.197	326	0.033
75	36.5	67.8	308	0.74	0.92	3.11	0.40	0.224	246	0.084
87.5	37.7	69.2	367	0.77	0.85	17.05	0.57	0.498	1 794	-0.691

为了研究不同土石料的变形性质,依据试验曲线计算出三种不同掺砾量心墙料在不同围压下的初始弹性模量 E_i 和体积变形模量 B_t,如表 3-34 和表 3-35 所示。表中一定围压(75%和 87.5%)下掺砾量心墙料的初始弹性模量和体积变形模量变化量的计算均以掺砾 50%的心墙料数据为基准,然后根据 E_i 和 B_t 随围压的变化大致分析材料的变形性质。

根据表 3-34 和表 3-35 所列数据,分别将初始弹性模量和体积变形模量与围压的关系绘成图形,如图 3-31、图 3-32 所示。图 3-30 显示,随着围压的增大,不同掺砾量心墙料的初始弹性模量均逐渐增大;在高围压下,心墙料的初始弹性模量随着掺砾量的增大而显著增大;另外,相对来说,无论是在围压较低时还是较高时,掺砾量 75%心墙料的初始弹性模量比掺砾量 50%的增幅较小,而掺砾量 87.5%心墙料的初始弹性模量在高围压时均比前两者的显著增大，大 73.8%～94.1%。由图 3-31 可以看出，随着围压的增大，掺砾量 50%和掺砾量 75%心墙料的体积变形模量先逐渐增大后又有所减小；而且无论是低围压还是高围压，两种心墙料的体积变形模量变化相差都不大，而掺砾量 87.5%的心墙料的体积变形模量随围压的增大表现出显著减小的特点，且比掺砾量 50%的小 11.9%～13.9%。

表 3-34　不同掺砾量心墙料初始弹性模量值及其变化量

围压(kPa)	掺砾量 50%		掺砾量 75%		掺砾量 87.5%	
	初始弹性模量(MPa)	变化量(%)	初始弹性模量(MPa)	变化量(%)	初始弹性模量(MPa)	变化量(%)
200	64.13	—	50.27	-21.6	66.15	3.2
600	95.83	—	122.56	27.9	120.70	26.0
1 000	146.49	—	169.95	16.0	254.59	73.8
1 500	148.95	—	223.49	50.0	289.07	94.1

表 3-35　不同掺砾量心墙料体积变形模量值及其变化量

围压(kPa)	掺砾量 50%		掺砾量 75%		掺砾量 87.5%	
	初始弹性模量(MPa)	变化量(%)	初始弹性模量(MPa)	变化量(%)	初始弹性模量(MPa)	变化量(%)
200	31.10	—	24.01	-22.8	108.35	248.4
600	42.02	—	34.61	-17.6	59.74	42.2
1 000	31.99	—	29.39	-8.1	30.39	-11.9
1 500	34.51	—	28.26	-18.1	29.73	-13.9

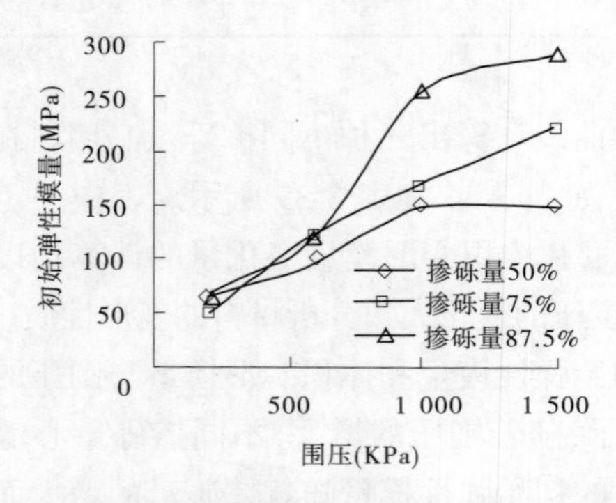

图 3-30　不同掺砾料初始弹性模量与围压关系

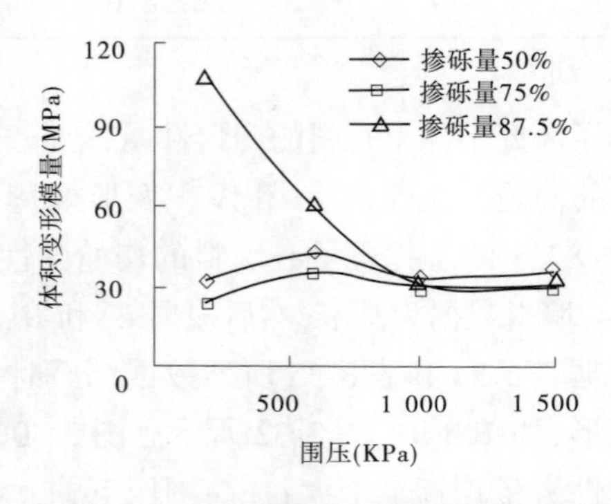

图 3-31　不同掺砾料体积变形模量与围压关系

通过心墙掺砾土料三种不同砾石含量的三轴固结排水剪试验,分析由于掺砾量不同而引起的土石料应力-应变及强度特性变化,得到如下结论:①掺砾量一定时,围压越大,心墙料的抗剪强度越大;一定围压下,掺砾量越大,心墙料的抗剪强度也越大;随着围压的不断增大,掺砾量增加后心墙料抗剪强度的增幅逐步减小。掺砾量增加后,心墙料的特性逐渐接近粗粒料的工程特性。②随着掺砾量的增加,黏聚力 c 及邓肯模型参数 F 和 G 值逐渐增大,而内摩擦角 φ 表现出不很明显的增大趋势;应力破坏比 R_f 相差不大,其他参数 K、n、D、K_b、m 变化规律则不明显。③对初始弹性模量而言,不同掺砾量心墙料均随围压的增加而增大;对体积变形模量而言,掺砾量50%和掺砾量75%的心墙料随围压的增大均先逐渐增大后又有所减小,而掺砾量87.5%的心墙料随围压的增大表现出显著减小的性质;与掺砾量50%的心墙料相比,掺砾量为75%后,心墙料的初始弹性模量和体积变形模量变化范围都不大,而掺砾量变为87.5%后,心墙料的初始弹性模量明显增大,同时体积变形模量明显减小。

3.2.4.2　掺砾心墙料静力特性大型三轴试验

双江口堆石坝心墙黏土的比重在2.74~2.77,其液塑限含水率分别为34.2%和21.5%,按塑性图分类属低液限黏土。拟掺入的碎石为花岗岩,比重为2.71。由于心墙所掺的碎石混合土最大粒径为100 mm,对于大型三轴试验,最大允许粒径为60 mm,采用等量替代法缩尺,见表3-36。

表3-36　双江口心墙掺砾料掺砾部分级配(不包括黏性土部分)　　(%)

粒径(mm)	100~80	80~60	60~40	40~20	20~10	10~5	<5
原级配	5	10	20	28	17.5	14.5	5
试验级配			24	33	21	17	5

心墙掺砾料的大型击实仪直径300 mm,单位体积击实功能为2 684.9 kJ/m^3,心墙掺砾料最大干密度与掺砾比例的关系如图3-32所示,在试验的掺砾范围内,心墙掺砾料最大干密度随掺砾比例增大而增大,一般来讲,其变形模量也会随之增大。

渗透试验在大型垂直渗透变形仪(ϕ 300 mm)中进行,进出口及仪器中部设有测压管,用来量测试样实际承受的水头。渗透试验采取了渗流由下向上的试验方法,为保证试样的均匀性,制样时分层均匀地将土料装入仪器内击实,采用抽气饱和,试验用水为脱气水。试验过程中,对试样进行分级施加水头,由小逐渐加大,每级水头维持时间一般在30 min或60 min左右。

心墙掺砾料渗透系数与掺砾比例的关系如图3-33所示,从试验结果可知,在掺砾比例<45%时,掺砾对心墙料的渗透系数影响较小。只有当掺砾比例达50%时,心墙掺砾料渗透系数才明显增大,但仍在10^{-6} cm/s量级内。当掺砾比例达60%时,心墙掺砾料渗透系数大于1×10^{-5} cm/s。

根据大型渗透和击实试验结果,选择1个掺合比例(干土:碎石=50:50)和1个控制干密度(2.13 g/cm^3,压实度为0.99),含水率取最优含水率,即9%,进行2组CD(饱和与非饱和)及1组非饱和UU大型三轴压缩试验。试验在大型高压三轴蠕变仪上完成,试样

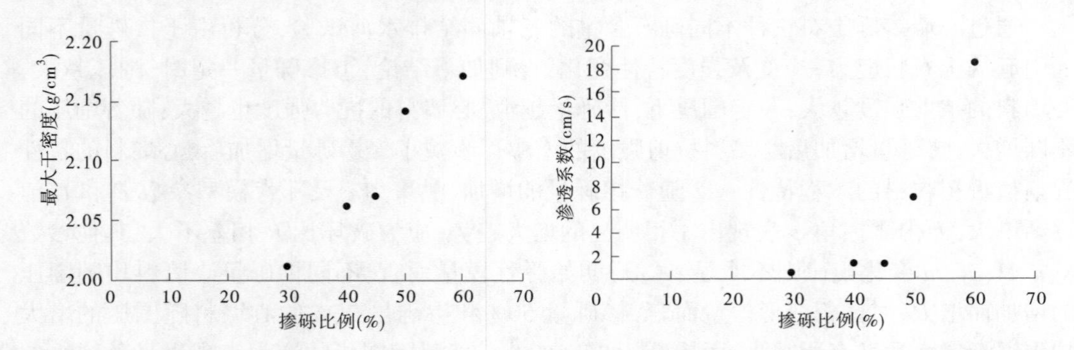

图 3-32　心墙掺砾料最大干密度与掺砾比例的关系　图 3-33　心墙掺砾料渗透系数与掺砾比例的关系

直径为 300 mm，高度为 700 mm。

1. 非饱和 UU 试验结果

采用应变控制式方法进行心墙掺砾料的非饱和 UU 试验，周围压力设定为 0. 5 MPa、1. 3 MPa、2. 2 MPa、3. 0 MPa。在围压施加 30 min 后，施加轴向荷载，剪切速率为 2 mm/min，即 0. 29%/min，近似相当于通常的中型三轴试验剪切速度(0. 5%)的一半。心墙掺砾料的非饱和 UU 试验的应力应变曲线见图 3-34，相应的强度指标为 c_U = 0. 442 MPa，φ_U = 23. 39°。

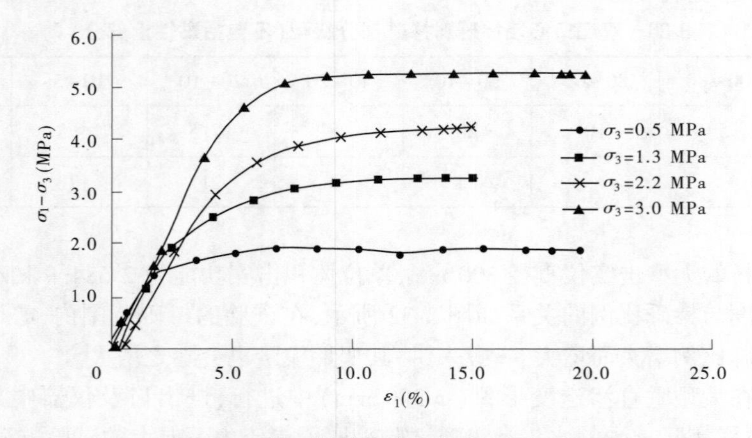

图 3-34　掺砾料应力应变曲线(非饱和 UU)

2. 饱和 CD 试验结果

饱和 CD 试验采用反压力饱和，饱和时间需要 5 d 左右，固结部分用时 3 d 左右，剪切速率为 0. 02 mm/min，即 0. 0029%/min，周围压力设定为 0. 5 MPa、1. 3 MPa、2. 0 MPa、2. 5 MPa。为了提高 CD 试验的排水速度，在试样分 5 层装填击实过程中，每层击实完成后，在层面刨毛后，划出一个"十"字形凹槽，并用中砂填充，形成径向排水通道。在试样侧面用无纺土工织物条带形成轴向排水通道，无纺土工织物条带在试样半高处剪断，以免对试样变形特性产生影响。

图 3-35 为饱和 CD 轴向应力应变曲线，其应力应变曲线基本上符合双曲线的规律。图 3-36 为饱和 CD 体积应力应变曲线，也基本上符合双曲线的规律。根据《土工试验规

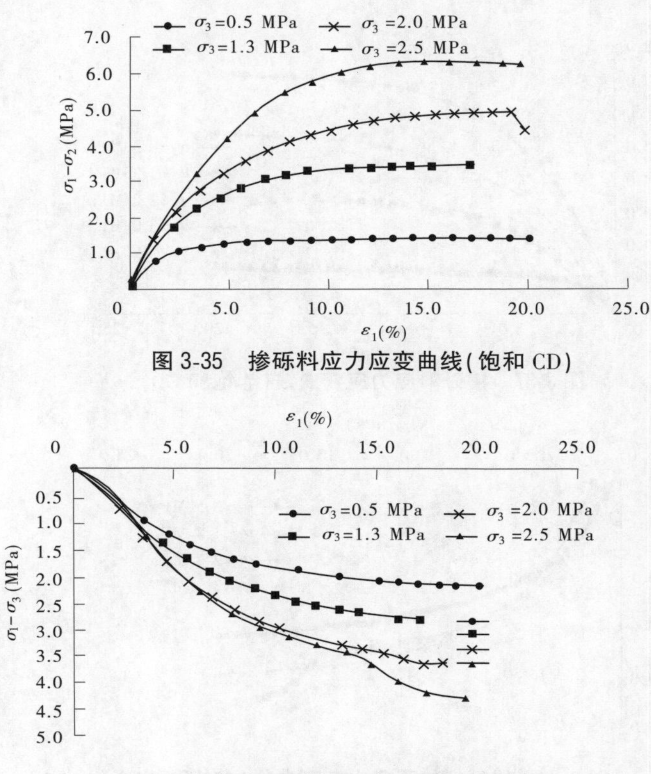

图 3-35　掺砾料应力应变曲线(饱和 CD)

图 3-36　掺砾料体积应力应变曲线(饱和 CD)

程》(SL 237—1999),确定初始切线模量 E_i 时应选取轴向应力应变曲线中对应 0.7 和 0.95 应力水平的两点连线。为了使得到的初始模量更加可靠,采用应力水平为 0.7 和 0.95 之间的全部数据,得到 $K=891$,$n=0.15$。确定初始体积切线模量 B_i 时应选取体积应力应变曲线中对应 0.7 应力水平的应力和体变值进行计算,从而得到 $K_b=398$,$m=0.16$。根据试验数据,该掺砾料的强度指标为:$c_{cd}=0.04$ MPa,$\varphi_{cd}=33.41°$。

3. 非饱和 CD 试验结果

非饱和 CD 试验的固结部分用时 5 d 左右,剪切速率为 0.02 mm/min,周围压力设定为 0.5 MPa、1.3 MPa、2.2 MPa、3.0 MPa。由于蠕变仪可以量测非饱和体积应力应变,因此对非饱和 CD 试验的 K-B 参数进行了整理。

图 3-37 为非饱和 CD 轴向应力应变曲线,掺砾料应力应变曲线基本上符合双曲线规律。图 3-38 为其非饱和 CD 体变曲线,也基本上符合双曲线的规律。按照类似于上述 CD 试验的方法,得到 $K=860$,$n=0.16$,$K_b=100$,m $=0.53$,$c_{cd}=0.07$ MPa,$\varphi_{cd}=32.14°$。

4. 试验结果对比分析

为了考虑掺砾量及试样尺寸对心墙掺砾料力学性质的影响,本书研究对心墙黏土进行了小型三轴试验,对心墙掺砾料进行了中型三轴试验。对于非饱和 UU 试验,根据大型三轴和小型三轴的试验结果,砾石的掺入对心墙料摩擦角影响较大,增加 3°~6°,黏聚力增加 0.1 MPa,如表 3-37 所示。对于 CD 试验,无论试样是处于饱和状态还是非饱和状

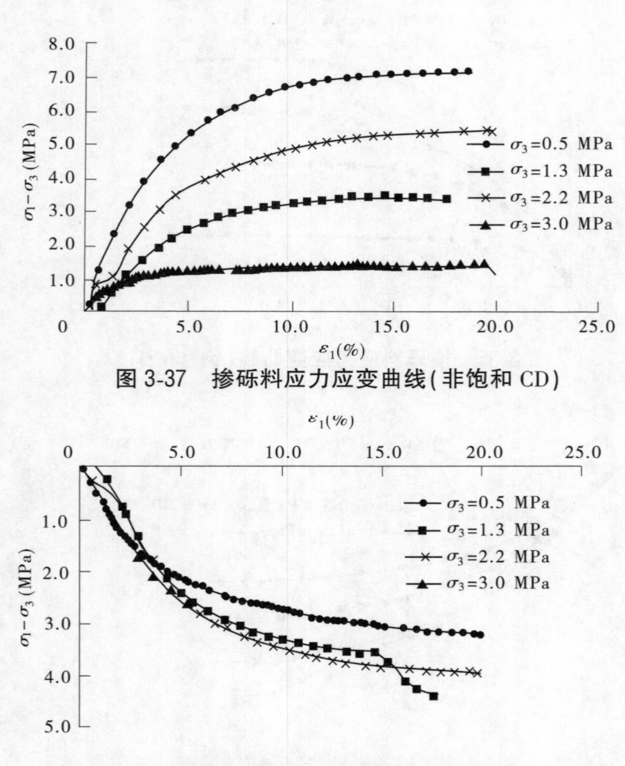

图 3-37　掺砾料应力应变曲线(非饱和 CD)

图 3-38　掺砾料体积应力应变曲线(非饱和 CD)

态,无论掺砾与否,试验得到的黏聚力差别不明显,但掺砾确实使其内摩擦角显著增大,非饱和状态时增加 3°左右,饱和状态时增加 5°左右,见表 3-38。

表 3-37　心墙掺砾料非饱和 UU 试验结果对比

试验类别	干密度(g/cm³)	c(MPa)	φ_0(°)	压实度
小型三轴(不掺砾)	1.77	0.142	23.3	0.98
小型三轴(不掺砾)	1.81	0.157	24.8	1.0
中型三轴(掺砾 50:50)	2.13	0.267	30.3	0.99
大型三轴(掺砾 50:50)	2.13	0.223	26.4	0.99

表 3-38　心墙掺砾料 CD 试验结果对比

试验类别		干密度(g/cm³)	c(MPa)	φ_0(°)	压实度
非饱和	小型三轴(不掺砾)	1.77	0.072	28.7	0.98
	小型三轴(不掺砾)	1.81	0.094	29.7	1.0
	大型三轴(掺砾 50:50)	2.13	0.07	32.14	0.99

续表 3-38

试验类别		干密度(g/cm^3)	c(MPa)	φ_0(°)	压实度
饱和	小型三轴(不掺砾)	1.77	0.072	28.7	0.98
	小型三轴(不掺砾)	1.81	0.053	28.9	1.0
	中型三轴(掺砾 50:50)	2.13	0.089	34.4	0.99
	大型三轴(掺砾 50:50)	2.13	0.04	33.41	0.99

在饱和状态下,掺砾对心墙料模型参数的影响是明显的,见表 3-39。掺砾后,K 和 K_b 值显著增大,K 值增大一倍以上,K_b 值增大 50%以上。这表明,在掺砾料中,虽然砾石未能形成骨架,但已占有一定的体积,其变形性质对掺砾料产生明显的影响,而且比对强度指标的影响更为明显。即由于掺砾,心墙料抵抗变形的能力大大提高,非饱和 CD 试验也得到了类似的结果。而且,随着试样尺寸加大,强度指标和变形参数都在增大,表明所掺砾石的作用在增大,因而实际工程中所掺砾石的作用可能会更大一些。

表 3-39　心墙掺砾料 E-B 模型参数对比

试验类别		干密度(g/cm^3)	R_f	K	n	K_b	m
饱和	小三轴(不掺砾)	1.77	0.85	309	0.51	236	0.31
	中三轴(掺砾 50:50)	2.13	0.862	600	0.37	300	0
	大三轴(掺砾 50:50)	2.13	0.76	891	0.15	398	0.16
非饱和	大三轴(掺砾 50:50)	2.13	0.82	860	0.16	100	0.53

通过室内大型三轴试验,对双江口堆石坝心墙掺砾料的应力应变和强度特性进行了研究,提出了相应的计算参数和指标,并与中小型三轴试验结果进行对比,分析掺砾量及试样尺寸对心墙掺砾料力学性质的影响,得出以下初步结论:①双江口心墙掺砾料饱和 CD、非饱和 CD 的轴向应力应变曲线和体变曲线基本上符合双曲线规律。②在研究的掺砾范围内,心墙掺砾料最大干密度随掺砾比例增大而增大。掺砾比例<45%时,掺砾对心墙料渗透系数影响较小。只有当掺砾比例达 50%时,心墙掺砾料渗透系数才明显增大,但仍在 10^{-6} cm/s 量级内。③按 50% : 50%掺合,对于非饱和 UU 试验,砾石的掺入对掺砾料的强度影响较大,增加约 3°~6°,黏聚力增加 0.1 MPa。对于 CD 试验,掺砾对黏聚力影响不明显,但使其内摩擦角增大,非饱和状态时增加 3°左右,饱和状态时增加 5°左右。④按 50%:50%掺合,掺砾对心墙料变形参数的影响非常明显。掺砾后,K 和 K_b 值显著增大,K 值增大一倍以上,K_b 值增大 50%以上,即掺砾使心墙料抵抗变形的能力大大提高。

3.2.4.3　坝体变形和应力对材料参数的敏感性分析

1. 计算模型及参数

1) 计算模型及工况

心墙堆石坝坝体材料(心墙料、反滤料、过滤料、坝壳料) 及坝基覆盖层的应力应变曲线具有明显的非线性特征,其变形不仅随应力水平变化,同时还与加荷的应力路径相关,反映这种非线性行为的本构模型主要有弹性非线性模型与弹塑性模型。采用邓肯-张(Duncan-Chang)E-B 模型分析。

在坝体填筑过程中,由于不同材料刚度差异,材料分界面之间可能出现相对滑动趋势,采用古德曼单元模拟混凝土防渗墙与周围土体之间的泥皮、基岩与高塑性黏土之间的过渡材料。建立三维有限元模型的范围:自心墙坝轴线向上、下游各取 800 m,即顺河向 X 方向截取 1 600 m;横河向 Z 方向由桩号 0-505.0 取至桩号 1+173.68,横河向总长度 1 678.68 m;铅直向由高程 2 000 m 取至地表自由面。如图 3-39 所示三维有限元网格共有 34 280 个结点和 34 111 个单元。模拟坝体分级填筑和分期蓄水,计算工况如下:第 9 年 4 月以前场地整理并开始进行第一阶段填筑;第 9 年 4 月,坝填筑至 2 385 m,蓄水至 2 350 m;第 10 年 5 月,坝填筑至 2 460 m,蓄水至 2 425 m;第 10 年 10 月,坝填筑至 2 480 m,蓄水至 2 450 m;第 11 年 10 月,坝填筑至 2 510 m,蓄水至 2 500 m。计算成果均为分期填筑至 2 510 m 高程,并蓄水至 2 500 m 高程后的计算结果。

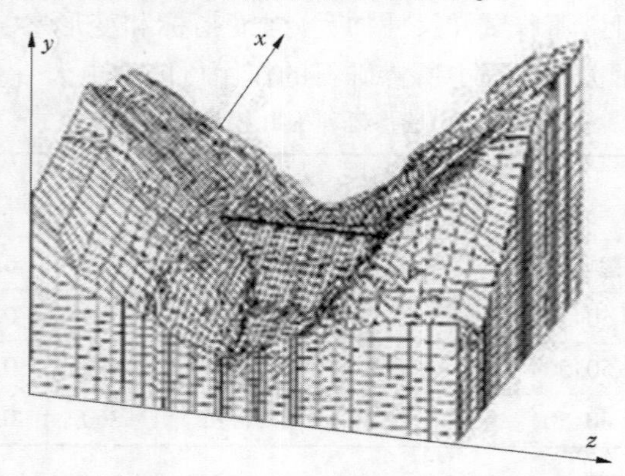

图 3-39　双江口三维有限元计算网格图

2)计算条件及方法

(1)坝体分层填筑荷载加载方法。

在三维静力有限元分析中,坝基和覆盖层作为一次加载,只计入初始应力场,考虑到上游围堰先期填筑,将围堰由下至上分 3 级填筑,坝体由下至上(2 196.0~2 510.0 m 高程) 分为 20 层填筑。计算中采用"中点增量法"模拟每层填筑或分级加载。

(2)水荷载加载方式。

水库蓄水对坝体的作用,通过以下 3 个方面模拟:在心墙上游面施加水压力;上游坝壳堆石、过渡层、反滤层浸水单元,在计算中将湿容重换成浮容重或施加铅直向上浮托力;坝体心墙料变为饱和容重,按饱和容重与湿容重之差施加向下体力;混凝土防渗墙上游面及混凝土防渗墙上游侧心墙底面施加水压力。

3)计算参数

计算参数均在工程经验和试验基础上提出,包括基准参数、高强参数、低强参数、心墙拱效应分析参数、不均匀沉降分析参数。心墙拱效应分析参数对心墙采用低强参数,其他坝料采用高强参数;不均匀沉降分析参数对上游堆石采用低强参数,其他材料采用基准参数。各种强度材料参数参见表 3-40。

表 3-40　各种强度材料参数

材料		干密度 (t/m³)	φ_0(°)	$\Delta\varphi$(°)	c(kPa)	R_f	K	n	K_{ur}	K_b	m
心墙掺砾土	基准	2.10	31.0	—	35	0.88	447	0.51	900	255	0.51
	高强	2.11	31.6	0	40	0.87	457	0.51	900	264	0.51
	低强	2.10	30.4	—	30	0.88	437	0.51	900	247	0.50
过渡层	基准	2.09	47.3	6.4	0	0.79	960	0.25	2 000	357	0.34
	高强	2.09	48.3	6.4	0	0.79	1 030	0.27	2 100	428	0.34
	低强	2.09	46.3	6.4	0	0.79	920	0.24	2 100	321	0.34
上游堆石料	基准	2.12	41.8	3	0	0.71	1 050	0.25	2 100	500	0.25
	高强	2.15	43.9	3	0	0.70	1 169	0.27	2 300	553	0.27
	低强	2.08	41.0	3.5	0	0.71	695	0.23	1 400	330	330
下游主堆石料	基准	2.09	50.7	8	0	0.74	1 234	0.28	2 400	696	0.29
	高强	2.11	52.0	6.8	0	0.69	1 264	0.31	2 500	696	0.35
	低强	2.06	48.4	8.8	0	0.76	1 208	0.25	2 400	576	0.29
下游次堆石料	基准	2.07	48.7	8	0	0.74	1 034	0.28	2 400	596	0.29
	高强	2.09	50.0	6.8	0	0.69	1 064	0.31	2 500	596	0.35
	低强	2.04	46.4	8.8	0	0.76	1 008	0.25	2 400	476	0.29
覆盖层		2.06	39	—	17	0.81	1 050	0.21	2 100	519	0.25
围堰及压重		2.07	35	—	0	0.74	800	0.27	1 600	510	0.26
高塑性黏土		1.67	18.3	—	46	0.87	270	0.47	550	180	0.31
反滤层 1		2.00	42.7	3.8	0	0.72	1 141	0.20	2 200	423	0.23
反滤层 2		2.02	45.7	5.7	0	0.73	1 396	0.23	2 800	451	0.25

注：图表中低强表示低强参数，基准表示基准参数，高强表示高强参数，心墙拱效应表示心墙拱效应分析参数，不均匀沉降表示不均匀沉降分析参数，未标注的均为基准参数，全书同。

2. 计算结果分析

1）基准参数下坝体的变位与应力分布规律

（1）基准参数下坝体位移。

大坝的顺河向水平位移在蓄水后除中下部高程上游堆石区仍向上游变位外，坝体其余部分向下游变位，如图 3-40 所示，极值的部位出现在心墙上游面 1/2 坝高附近。河床中间剖面上游堆石特征结点向上游水平变位为-0.115 m，下游堆石特征结点向下游水平位移为 1.002 m。

由于心墙土料的压缩性比较大，且水压力主要由心墙承受，河床剖面最大沉降如图 3-41 所示，出现在心墙坝段 1/3～1/2 坝高位置，这与工程经验相符，其值为-2. 319 m。大坝的水平变位和垂直沉降分布均匀，无大的变形梯度，由此可知蓄水后，不存在因差异沉降或倾斜造成开裂的可能性。

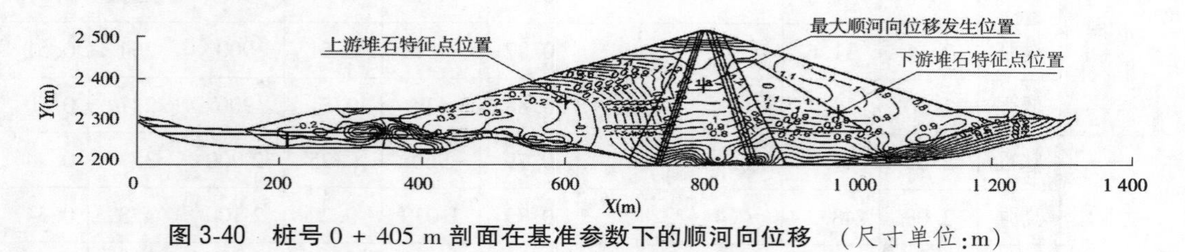

图 3-40 桩号 0 + 405 m 剖面在基准参数下的顺河向位移 （尺寸单位：m）

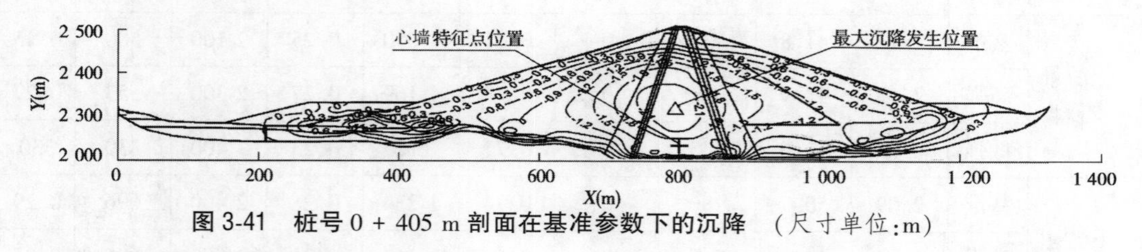

图 3-41 桩号 0 + 405 m 剖面在基准参数下的沉降 （尺寸单位：m）

(2)基准参数下坝体应力。

各横剖面大主应力 σ_1 分布规律一致。心墙内特征结点第 1 主应力为 3. 609 MPa (见图 3-42)，第 3 主应力为 2. 198 MPa；上游堆石特征结点第 1 主应力为 1. 008 MPa，第 3 主应力为 0. 284 MPa；下游堆石特征结点第 1 主应力为 2. 309 MPa，第 3 主应力为 1. 024 MPa。

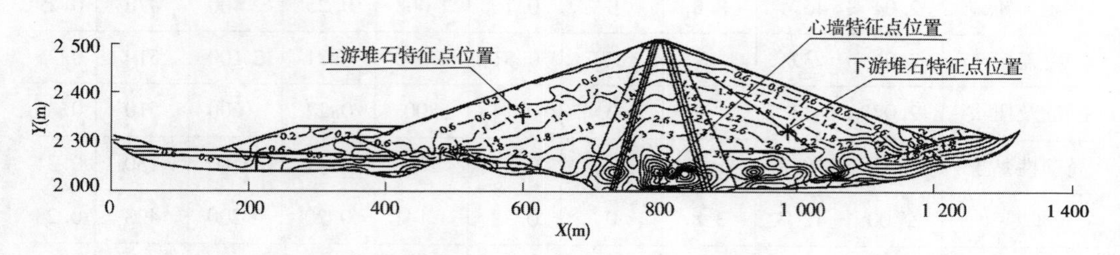

图 3-42 桩号 0 + 405 m 剖面在基准参数下的大主应力 （应力单位：MPa）

2)坝体的变位与应力对不同材料参数敏感性分析

各参数下的坝体变形与应力变化规律大体相同，量值有所差异。

(1)坝体特征点顺河向位移对材料参数敏感性分析。

不同参数下坝体顺河向变位如图 3-43 所示，上游堆石特征点变位计算值为负值，表示上游特征点向上游变位，制图时取其绝对值比较。特征结点顺河向变位受所在单元的刚度以及周围约束单元的刚度影响。心墙拱效应分析参数下，上游堆石强度最大，变位较小，且心墙强度最小，上游堆石向坝体内侧变位趋势增大，使得上游堆石特征点顺河向变位值最小，为 0. 039 m；在不均匀沉降参数下，上游堆石强度最小，变位最大，且心墙强度较大，上游堆石向上游变位趋势增大，使上游特征点顺河向变位最大，其数值为 0. 341 m。

心墙特征点顺河向变位值在高强参数下最小，为 1. 119 m，比基准参数下的值减小 0. 176 m，减小约 13. 59% ，在低强参数下最大，为 1. 555 m，比基准参数下的值增大了 0. 26 m，增大约 20. 08% ；下游堆石特征点向下游变位值在高强参数下最小，为 0. 863 m，比基准参数下的值减小了 0. 139 m，减小约 13. 87%，在低强参数下最大，为 1. 2 m，比基准参数下的值增大了 0. 198 m，约 19. 76%。

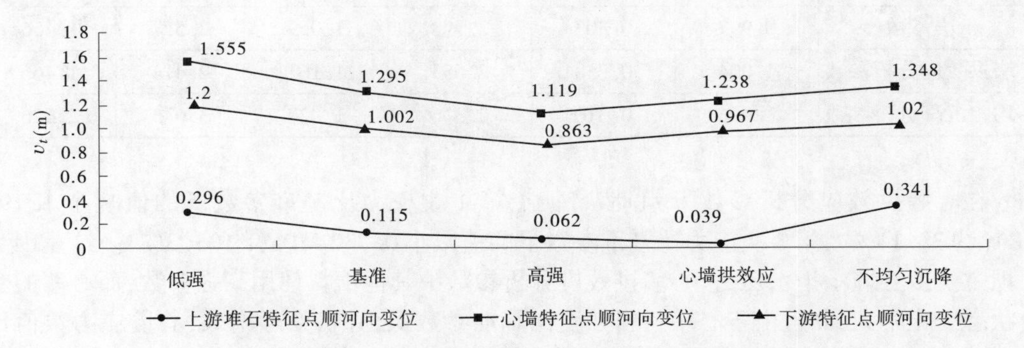

图 3-43　不同参数下坝体特征点顺河向位移

(2)坝体沉降极值对材料参数敏感性分析。

坝体沉降极值在高强参数下最小，为 2. 172 m，比基准参数下的 2. 319 m 减小 0. 147 m，约 6. 34%，如图 3-44 所示；在低强参数下最大，为 2. 519 m，比基准参数下的值增大 0. 2 m，约 8. 62%。心墙拱效应分析参数和不均匀沉降分析参数下的坝体沉降极值相差 0. 004 m，差异微小。心墙拱效应分析参数下坝体最大沉降量比基准参数下的值增大 0. 046 m，约 1. 98%；在不均匀沉降分析参数下，坝体最大沉降量比基准参数下的值增大 0. 05m，约 2. 16%。

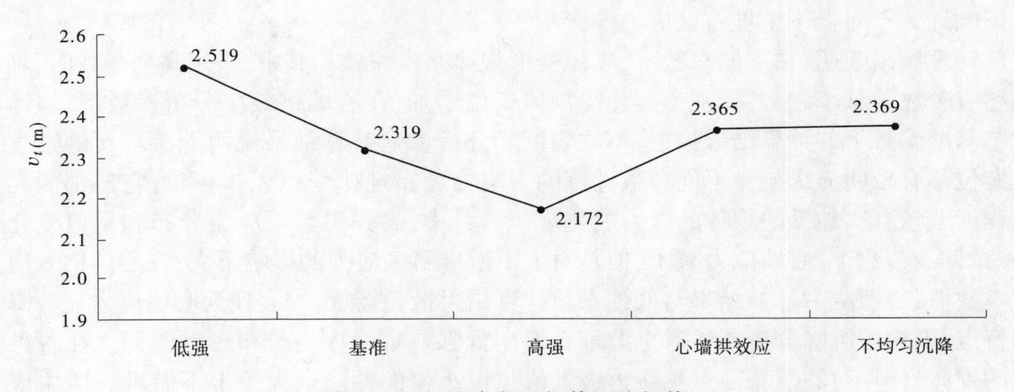

图 3-44　不同参数下坝体沉降极值

(3)坝体应力对材料参数敏感性分析。

应力计算结果见表 3-41，在高强参数下，心墙特征点第 1 主应力和第 3 主应力比基准参数下的第 1 主应力和第 3 主应力分别增大 0. 222 MPa(约 6. 15%) 和 0. 112 MPa(约 5. 10%)。在低强参数下，坝体心墙内特征点第 1 主应力比基准参数下的值减小 1. 082 MPa(约 29. 98%)，第 3 主应力比基准参数下的第 3 主应力值减小 0. 742 MPa(约 33. 76%)。

表 3-41 各种参数下的主应力

参数	上游堆石特征点应力(MPa)		下游堆石特征点应力(MPa)		心墙特征点应力(MPa)	
	σ_1	σ_3	σ_1	σ_3	σ_1	σ_3
基准参数	1.008	0.284	2.309	1.024	3.609	2.198
高强参数	0.998	0.262	2.245	0.966	3.831	2.310
低强参数	0.997	0.303	2.378	1.059	2.527	1.456
心墙拱效应分析参数	1.004	0.258	2.553	1.161	2.414	1.466
不均匀沉降分析参数	1.006	0.310	2.316	1.027	3.675	2.226

在心墙拱效应分析参数下,心墙特征点第1主应力比基准参数下的值减小1.195 MPa(约33.11%),第3主应力比基准参数下的值减小0.732 MPa(约33.3%)。这是因为大坝主要由心墙承担水压力,心墙拱效应分析参数中其他坝料使用高强参数,而心墙的受力状态变化不大,并且由于心墙材料强度比基准参数低,心墙变形增大,心墙应力数值比基准参数下的数值有明显降低。在不均匀沉降参数下,心墙特征点第1主应力 σ_1 的值比基准参数下的值增大0.066 MPa(约1.83%),第3主应力 σ_3 的值比基准参数下的值增大0.028 MPa(约1.27%)。不均匀沉降分析参数应力与基准参数计算结果差异微小,心墙应力状态主要由心墙材料强度决定,上游堆石用低强度参数对心墙应力分布影响微弱。

由表3-41可以看出,上、下游堆石主应力在各种强度参数下数值变化不大。上游堆石特征点的第1主应力极大值与极小值相差仅0.011 MPa,第3主应力极大值与极小值相差0.052 MPa;下游堆石特征点的第1主应力极大值与极小值相差0.308 MPa,第3主应力极大值与极小值相差0.195 MPa;而心墙特征点的第1主应力极大值与极小值相差1.417 MPa,第3主应力的极大值与极小值相差0.854 MPa。可知坝料强度对于心墙应力的影响远大于对上下游堆石区应力的影响。

计算结果表明,在不同参数下,坝体变形规律基本一致。其中,采用高强参数时,坝体位移有较显著减小趋势;低强参数使得坝体变位增加;在心墙拱效应分析参数下,坝体变位与基准参数下的计算结果接近;不均匀沉降分析参数计算结果说明上游堆石的强度对上游位移有较明显影响。不同参数计算的主应力分布规律变化大体一致,它们都能在一定程度上较真实地反映坝体的应力变化规律。其中,高强参数下应力分布和量值变化微弱;在低强参数下,心墙应力减小,但是对上下游堆石区应力的影响不大;在心墙拱效应分析参数下,心墙应力计算结果与低强参数计算结果最为接近,均表现为心墙应力显著降低的特点;不均匀沉降分析参数对上游堆石取用低强参数对应力分布影响微弱。在各种强度的坝体材料下,心墙特征点主应力极大值与极小值的差值远大于上下游堆石区主应力的极大值与极小值的差值。可知坝料强度对于心墙应力的影响远大于对上下游堆石区应力的影响。

3.2.5 瀑布沟水电站砾石土心墙堆石坝的抗震设计

3.2.5.1 大坝抗震分析及计算

瀑布沟砾石土心墙堆石坝具有"大坝高、基础覆盖层深厚、抗震设计烈度高、水位消落大、水库库容大”等特点,大坝抗震安全评价是设计关注的主要问题,通过各种抗震分析技术、计算手段、动力试验、工程经验等综合进行大坝抗震安全评价和设计是合适和必要的。长期以来,我国把拟静力法对土石坝进行抗震稳定分析纳入规范中。因此,瀑布沟水电站大坝抗震安全性评价和抗震设计中既采用了规范要求的拟静力法,也采用了基于静力和动力有限元分析的抗震稳定评价方法。“5·12”汶川地震后,根据相关要求对坝址区地震动特性重新进行了安评分析,确定了大坝设计地震采用100年超越概率0.02(基岩峰值水平加速为225 gal);校核地震采用100年超越概率0.01(基岩峰值水平加速度为268 gal)。瀑布沟大坝拟静力法和三维动力抗震计算结果已用于评价大坝的抗震安全性,并在大坝基础处理、结构设计、筑坝材料设计、填筑施工技术要求、坝体抗震加固措施和监测设计中采用。目前,水库大坝运行正常。

1. 坝基砂层液化可能性分析

1)砂层透镜体的分布及组成

上、下游砂层透镜体分布于第③层(Q_4^{1-2})。上游砂层平面上呈长条形,长175 m,宽30~60 m,偏靠左岸边滩分布。砂层厚一般为1~3 m,最大达7.5 m;埋深一般为40~48 m,最小为32.19~32.47 m;砂层砂粒含量占89%,砾粒和粉粒含量占1.5%和9.5%。下游砂层在平面上呈长椭圆形,沿河流向长260 m,宽50~60 m,偏靠河床右岸滩地分布。砂层厚一般为5~8 m,最大达10.16 m;砂层埋深一般为30~40 m,最小埋深22.37 m;砂层中砂粒含量占87%,粉粒含量占13%,砂粒以中细砂为主。

2)砂层液化可能性判断

根据砂层的各项动力试验和现场各种测试成果,对地震时砂层液化做初步判断:①上、下游砂层透镜体均属第四纪全新世早期,可能发生液化。②上游砂层试验组数5%的黏粒含量超过10%,下游砂层试验组数3%的黏粒含量超过10%,可能发生液化。③砂层埋藏深度大于15 m,以$N_{63.5}$与N_{cr}比值确定液化的方法仅适用于深度<15 m,而西特法也不适用于砂层,故用标准贯入试验不能正确判断砂层是否液化。④按GB 50287规定,通过剪切波速判断,认为上、下游砂层透镜体均不能排除液化可能性。⑤根据工程经验,上、下游砂层埋藏深度均大于20 m,初判为不液化。综上所述,因砂层埋藏太深,用常规方法不易正确判断砂层地震时是否液化。

在可行性研究时,坝体二维及三维有限元动力分析表明,上、下游两块砂层透镜体在筑坝后均不会液化;技施设计阶段时的三维静动力有限元计算分析表明,在设计及校核地震工况下不考虑地震过程中的孔压消散,也不会发生液化。综合初判和计算分析认为砂层不液化。

2. 拟静力法坝坡稳定分析

结合抗震设计,对大坝稳定渗流期、稳定渗流遇设计地震和校核地震的稳定性进行分析。计算采用简化毕肖普法,计算剖面为河床中部典型剖面(拟合剖面)。计算假定上游坝壳内浸润线与上游水位相同;心墙及下游坝壳料内浸润线依据渗流计算确定。在滑动面的搜索计算时,考虑了上、下游砂层可能对滑动面产生的影响,除采用常规的搜索方法外,还采用了折线过砂层的计算方法;滑裂面位置先用穷举法,再用最优化法进行搜索;垂直地震力分别计算向上和向下两个方向;坝壳料参数用线性和非线性参数分别进行计算。

计算参数见表 3-42,计算结果见表 3-43、图 3-45 和图 3-46。计算表明,大坝的稳定主要由心墙料(包括反滤料、过渡料)及基础覆盖层控制,堆石料采用非线性参数和线性参数的计算结果几乎一致,各种工况下大坝上、下游坝坡的稳定安全系数均满足要求。

3. 三维静动力反应分析

大坝位于大渡河河湾处,河谷深切,坝体空间效应显著。为分析大坝抗震安全性进行了大坝三维静动力有限元分析,动力计算结果如下。

1) 计算参数的选取

在前期设计阶段,进行了黑马Ⅰ区全料、坝基砂砾料、坝基饱和砂、上下游堆石料动力变形和强度特性试验,但受当时设备条件制约,动力特性试验是在围压与应力水平偏低(最大 0.3~0.7 MPa)的条件下进行的。前期动力计算认为:在设计地震时,砂层不会发生液化;坝体动力反应极值放大倍数为 1.68~1.93,与一般工程或抗震规范相比偏小。

表 3-42　坝坡稳定计算参数

材料及工况		内摩擦角 φ(°)	黏聚力 c(×10^{10} kPa)	非线性强度		天然密度 ρ(g/cm³)	饱和密度 ρ_{sat}(g/cm³)
				φ(°)	$\Delta\varphi$(°)		
砾石土心墙	稳定渗流	36.1	9.7			2.36	2.43
	稳定渗流遇地震	29	9				
反滤料	稳定渗流	36	0			2.03	2.17
	稳定渗流遇地震	30	0				
过渡料	稳定渗流	40	0			2.15	2.25
	稳定渗流遇地震	38	0				
下游压重	稳定渗流	38	0			2.05	2.20
	稳定渗流遇地震	35	0				
漂(块)卵石层 Q_4^2	稳定渗流	37	0			2.28	2.35
	稳定渗流遇地震	33	0				
含漂卵石层 Q_4^{1-2}	稳定渗流	36	0			2.17	2.24
	稳定渗流遇地震	33	0				
卵砾石层 Q_4^{1-1}	稳定渗流	34	0			2.03	2.15
	稳定渗流遇地震	31	0				
下游砂层透镜体	稳定渗流	26	0			1.65	1.99
	稳定渗流遇地震	23.0	0				
下游次堆石		36.8	0	42	3	2.11	2.24
上游堆石、下游主堆石		44	0	49.5	8.4	2.10	2.24

表 3-43 典型剖面坝坡稳定计算安全系数

计算工况			安全系数			滑弧特性
			坝壳料线性指标	坝壳料非线性指标	规范允许最小值	
正常运行条件	正常蓄水位稳定渗流期 上游 850.00 m、下游 670.00 m	上游坡	2.453	2.424	1.50	圆弧法搜索
			2.294	2.294	1.50	折线法过砂层
		下游坡	2.288	2.286	1.50	圆弧法搜索
			1.702	1.703	1.50	折线法过砂层
非正常运行条件	正常蓄水位稳定渗流期+ 设计地震(a_h=225 gal) 上游 850.00 m、下游 670.00 m	上游坡	1.566	1.556	1.20	圆弧法搜索
			1.393	1.404	1.20	折线法过砂层
		下游坡	1.521	1.524	1.20	圆弧法搜索
			1.316	1.317	1.20	折线法过砂层
	正常蓄水位稳定渗流期+ 校核地震(a_h=268 gal) 上游 850.00 m、下游 670.00 m	上游坡	1.487	1.463		圆弧法搜索
			1.326	1.336		折线法过砂层
		下游坡	1.374	1.375		圆弧法搜索
			1.192	1.192		折线法过砂层

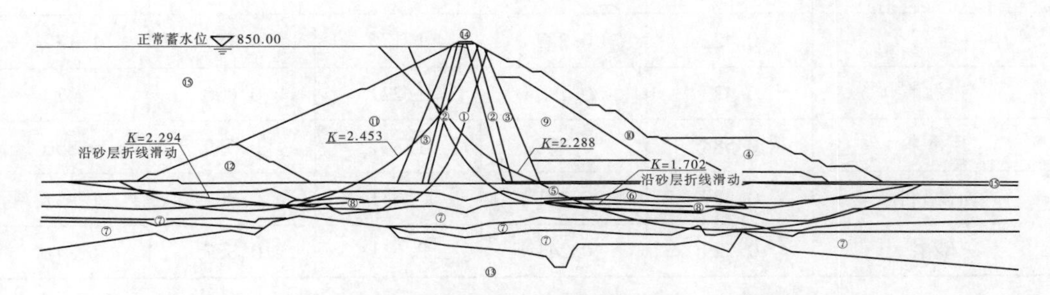

图 3-45 典型剖面正常蓄水位稳定渗流期上、下游坝坡危险滑弧示意

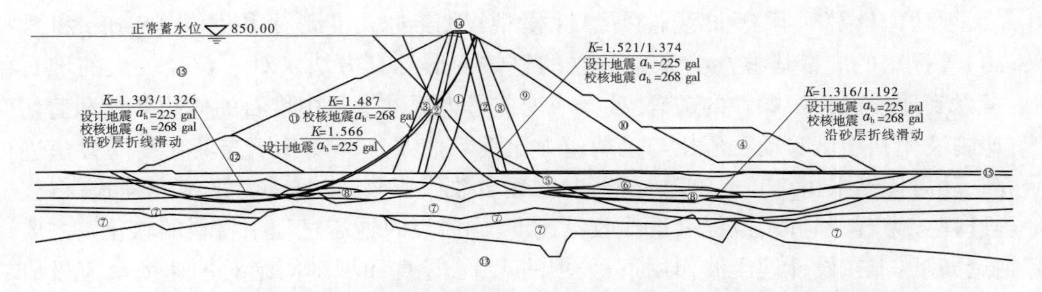

图 3-46 典型剖面正常蓄水位稳定渗流期遇地震上、下游坝坡危险滑弧示意

多个工程试验分析认为,坝料在低围压或小应变条件下,筑坝材料的应力应变关系接近双曲线,在高围压条件下则具有明显的硬化特性。为此,技施阶段在前期大量试验研究的基础上,结合瀑布沟坝体施工实测级配、密度等指标和复核力学试验成果,同时参考地基和筑坝材料相近、同在大渡河上、具有高低围压研究成果的长河坝、双江口和龙头石工程的动力特性试验参数,通过反复论证确定动力计算参数,结果见表 3-44、表 3-45。

表 3-44　坝料动弹模和阻尼比计算参数(河海大学振动强化模型)

材料名称	K_1	n	K_2	K_3	λ_{max}
主堆石	3 000	0.444	506.0	17.4	0.22
覆盖层	3 750	0.500	413.0	16.3	0.19
心墙	1 700	0.522	187.0	15.9	0.30
反滤料Ⅰ	1 000	0.596	86.0	11.2	0.20
反滤料Ⅱ	2 800	0.475	398.0	21.5	0.20
过渡层	2 950	0.438	447.0	23.5	0.21
砂层	600	0.587	98.0	10.7	0.20

表 3-45　坝料永久变形计算参数

材料名称	n	c_1(%)	c_2(%)	c_3(%)	c_4(%)
覆盖层砂砾料	0.439	0.442	1.654	1.322	1.541
堆石	0.422	0.237	1.175	0.757	1.139
过渡料	0.423	0.179	1.221	0.600	1.026
反滤料	0.585	0.288	1.317	0.639	0.856
心墙料	0.529	0.241	2.651	0.887	1.841
砂层	0.529	0.241	2.651	0.887	1.841

2)计算方法及计算结论

大坝动力计算采用等价线性黏弹性模型;地震永久变形采用舍夫(Serff)和西特(Seed)等提出的应变势概念为基础建立的整体变形计算方法。对于粒径较大的堆石材料,考虑到地震过程中颗粒的破碎,残余应变应考虑振动过程中堆石的体积变形和剪切变形;地震液化利用试验动孔压比与动剪应力比关系曲线计算动孔压与液化度的方法进行研究。动力计算采用 Wilson-θ 法,进行时程逐步数值积分,求解动力平衡方程式;将整个地震过程分为若干时段,以提高迭代收敛速度,同时反映地震过程中材料的软化。主要计算结论如下:①在设计地震波作用下,大坝的水平、竖直和坝轴向绝对加速度反应极值放大倍数分别为 3.80、2.61 和 2.97,主要分布在河床坝段的坝体顶部;坝坡地震抗滑稳定分析的安全系数小于1.2的滑弧位置基本位于坝顶附近;坝坡最大累计滑移量14.8 cm。参照美国和瑞士的抗震安全评价标准,大坝坝坡在给定地震条件下不会出现滑动失稳破坏。大坝最大永久变形82.9 cm,位于河床最大断面坝顶位置,地震沉陷量为坝高(不含覆盖层厚度)的0.4%。在校核地震波作用下,大坝的加速度与动应力反应分布规律与设计地震一致,反应量值有所增大,水平向绝对加速度反应极值放大倍数达3.73;坝坡最大累计滑移量24.3 cm;大坝最大永久沉降变形109.4 cm。②在设计地震作用下不考虑消散,砂层透镜体的孔压极值为357.6 kPa,动孔压比为0.62,不会发生液化;大坝反滤层的最大动孔压比为0.37,不会发生液化。在校核地震作用下不考虑消散,砂层透镜体的孔压极值为481.7 kPa,动孔压比为0.89,不会发生液化;大坝反滤层的最大动孔压比为0.47,不会发生液化。

4. 大坝极限抗震能力

拟静力法计算表明,上、下游坝坡的极限抗震能力(安全系数为1)(0.5~0.55)g。三维动力分析表明,随着基岩输入峰值加速度的加大,坝基砂层与坝体反滤层的振动孔压逐步增加,当基岩输入峰值加速度极值达到0.45g时,下游坝基砂层首先出现液化现象。当基岩输入峰值加速度极值达到0.45g时,坝坡稳定与永久变形均在工程经验允许范围内或满足规范要求。结合大坝与地基抗液化的能力、坝坡稳定与永久变形等因素的计算结果,大坝的极限抗震能力受坝基砂层液化条件控制。大坝极限抗震能力计算表明:坝基砂层液化和坝顶较强的鞭梢效应成为大坝抗震的薄弱环节,大坝的极限抗震能力为0.45g左右。

3.2.5.2 大坝抗震措施设计

瀑布沟砾石土心墙堆石坝坝体抗震设计中采取以材料动力试验、拟静力法和动力分析法计算成果为基础,结合已有的工程经验进行抗震设防。虽然分析表明大坝在设计地震和校核地震工况下的抗震性能是满足设计要求的,但大坝坝基砂层为大坝抗震的薄弱环节,坝顶存在较强的鞭梢效应,因此抗震设计中除采取常规的坝体结构抗震措施外,还针对坝基可能液化砂层、坝体上部结构布置了专门抗震措施,同时加强坝体抗震监测。

1. 坝基砂层处理措施

综合初判和计算分析认为砂层不液化,因此对上下游砂层均未进行特殊处理,对上下游砂层透镜体均采取压重处理,即在上游坝脚砂层透镜体上方增加坝体厚度(压重)15~50 m,在下游坝脚砂层透镜体上方增加压重体约61 m。通过二维及三维计算表明,满足坝坡抗滑和砂层地震抗液化的能力,对防止液化有足够的安全储备。

2. 坝体抗震措施

1)优选坝型及坝体结构

综合比较了心墙土石坝(直心墙和斜心墙)、面板坝(趾板建在基岩、趾板建在覆盖层上)、沥青混凝土心墙坝三种坝型。根据大坝基础及防渗土料条件,选用抗震性能较好的土质直心墙堆石坝。为了防止地震时心墙产生贯穿性裂缝、增加防渗体可靠性,设计采用宽心墙,并在两岸岸坡底部局部加宽心墙厚度;同时加厚反滤层和过渡层厚度,以减缓心墙拱效应;设置弃渣压重区,增强大坝地震时的抗滑稳定性。

2)加强坝顶上部结构

瀑布沟大坝采用了适当加宽的坝顶,坝顶宽 14 m;坝顶超高考虑了地震时坝体和坝基产生的附加沉陷和水库地震涌浪。地震涌浪高度取为 1.5 m,地震附加沉陷值按坝高加覆盖层厚度的 1%计。地震附加沉陷值大于计算的坝体垂直永久变形量。

3)坝坡加筋技术

计算表明,在地震动力作用下,810 m 高程以上坝体加速度反应相对较大,鞭梢效应较强,有必要在坝顶 810 m 高程以上增加抗震措施,以提高坝顶部位坝体的整体性和稳定性,减小地震引起的永久变形,提高坝体的抗震能力。通过对坝体上部进行钢筋混凝土锚固梁、土工格栅等加固措施的综合比较,认为土工格栅的铺设受气候环境的影响小、施工简捷、快速,且对堆石坝的填筑施工进度影响很小,加之土工格栅在冶勒大坝、水牛家大坝、硗碛大坝中成功应用的经验,确定在大坝上下游坝坡外层采用土工格栅。其铺设范围为大坝上部 810.00~834.00 m 高程间垂直间距 2.0 m,835.00~855.00 m 高程间垂直间距 1.0 m,水平最大宽度 30 m。

4)提高坝料设计和填筑标准

通过优化选择坝料和坝料级配,以及提高填料的密度和强度来提高大坝地震波的阻尼,从而增强大坝的抗震能力。瀑布沟大坝防渗心墙通过筛分提高了砾石土的黏粒含量;同时在心墙与两岸混凝土板接触部位、河床廊道周围、上游防渗墙顶部周围等部位设置了高塑性黏土料;上下游反滤料、过渡料在满足反滤、排水要求的前提下,颗粒级配尽可能采用级配连续和较粗料;提高土石料的压实标准,砾石土心墙采用室内击实试验确定土料的最大干密度和最优含水率,压实度要求达到 0.98(修正普氏)以上,反滤层相对密度按不小于 0.9 且不大于 0.9 控制(防止反滤层超压致变形不协调),堆石孔隙率宜不大于 22%。

3. 大坝地震监测措施

为了监测大坝在地震中的动态反应,同时为地震应急决策提供有力依据,并为同类工程设计积累抗震设计经验,在坝体中布置地震观测设施。在坝顶左右岸灌浆平洞内的稳定基岩中、最大坝高断面的坝顶及下游坝坡 3 个不同高程、大坝基础廊道和库区等部位布设 9 台强震加速度仪,用以监测坝体在地震时的震动反应状况。另外,为监测坝基渗流和绕坝渗流在地震时的动孔隙水压力,在大坝基础廊道渗流监测孔和左右岸绕坝渗流孔底共布设动孔隙水压力计 12 支。

3.3 软岩堆石料的工程特性

3.3.1 软岩及软岩料

按照岩石的硬度分类,将饱和单轴抗压强度 $R_c \leq 30$ MPa 的岩石定义为软岩,将 $R_c \leq 5$ MPa 的作为极软岩。《凝土面板堆石坝设计规范》(SL 228)也以母岩的饱和抗压强度是否大于 30 MPa 为标准划分为硬岩堆石和软岩堆石两类。软岩的代表性岩石有泥岩、页岩、泥质砂岩、千枚岩及抗压强度低于 30 MPa 的风化岩石。

软岩是强度较低的,介于松散介质和坚硬岩石之间的岩石。按成因分为以下两类:

(1)原生软岩,主要是指沉积岩。它由松散堆积物在温度不高和压力不大的条件下形成,是地表分布最广的一种层状岩石。

(2)次生软岩,可分为风化软岩和断裂破碎软岩。①风化软岩。岩体的风化程度随深度的增加而减弱,完整的风化剖面其风化程度可以分为五类:未风化带、微风化带、中等风化带、强风化带、全风化带。而对于硬质岩石风化成的软岩,主要是全风化带与强风化带以及少数中等风化带。②断裂破碎软岩。是由构造应力作用形成的软岩,主要包括软弱糜棱岩、火成岩侵入过程中的变质破碎软岩、层间错动的软弱层。

软岩按时代划分包括:①古生代软岩,主要包括上石炭系及二叠系软岩;②中生代软岩,主要包括侏罗系、白垩系及部分三叠系软岩;③新生代软岩,主要是第三系软岩。

软岩矿物颗粒之间不像坚硬岩石那样是晶体联结。晶体联结不仅赋予岩石以很高的强度,而且使岩石有明显的抗水性,浸水后联结力并无明显削弱,软化系数较大。而软岩颗粒之间的胶结程度较差,缺乏牢固的联结。一般情况下颗粒之间只是水联结、水胶联结、泥质胶结或凝灰胶结,甚至颗粒之间无联结。因此,软岩的强度较低,软化系数较小。

软岩涉及的岩石种类有30余种,在地球表面分布广泛。强风化的坚硬岩、弱风化的较坚硬岩以及未风化—微风化的软质岩都能形成软岩。代表性软岩主要存在于沉积岩和变质岩中。在火成岩中可能形成软岩的有凝灰岩、凝灰角砾岩等岩石。在沉积岩中可能形成软岩的有页岩、泥质砂岩、泥灰岩、岩溶化石灰岩、风化程度较高的砂岩和粉砂岩。在变质岩中可能形成软岩的有片岩、板岩、千枚岩、盐岩、泥灰质白云岩以及花岗片麻岩等。

对于土石坝建造来说,软岩料是指开挖软岩作为坝体的填料,将软岩通过爆破、开采等手段变成碎散的石料之后,碾压填筑到设计的密实度。软岩填筑体的工程特性与其母岩的工程特性既有密切的联系,又有本质的区别。由于软岩在世界范围内分布很广,占地球表面50%以上。因此,在堆石坝修建中具有充分利用软岩料的迫切要求,这样不仅可以拓宽堆石坝的适用范围,而且可以大量降低工程成本,加快施工进度。软岩岩类多样且性质变异性大,而且软岩料在开采和施工过程中岩块易于破碎,级配难以控制,进一步影响其工程性质。因此,为能够将软岩料作为坝体的填料,在使用之前一般都需要对软岩料进行试验研究,以全面了解软岩料的工程性质。软岩料的工程性质包括矿物和化学成分、颗粒级配、压实性、强度、压缩性、应力—应变特性、渗透性质等。

3.3.2　软岩料矿物及化学成分

岩石(土)是由矿物组成的。矿物是地壳中的化学元素在各种地质作用下形成的自然产物,具有一定的化学成分、物理化学性质及比较均一的内部结构。矿物可以是由几种元素组成的化合物,如方解石、萤石、青金石、紫水晶,也可以是由一种元素组成的单质,如金刚石。自然界中已发现3 000多种矿物,但常见的不过数十种,其中最常见的是硅酸盐矿物。采用X射线衍射和热像分析等方法可确定岩石(土)的矿物成分。按其成因和成分,矿物可以分为以下四大类:

(1)原生矿物。母岩在风化和搬运过程中,化学成分与结晶构造没有发生变化或仅有微弱的变化的矿物。因主要经受物理风化的机械破坏作用,故所形成的土粒一般都较粗大,主要为砂类土和粗碎屑土。一般来说,最主要的矿物是石英,其次为长石、云母类矿物,再次为角闪石、磁铁矿等暗色矿物。有的方解石、白云石等碳酸盐矿物也可包括在原生矿物中。原生矿物的化学性质稳定或较稳定,具有强或较强的抗水性与抗风化能力,亲水性弱或较弱。

(2)次生矿物。母岩风化及搬运过程中的继续风化作用,使原来矿物的化学成分因氧化、水化及水解、溶解等化学风化作用而发生变化,留存部分所形成的新的矿物成分。常见的有黏土矿物、倍半氧化物(Fe_2O_3、Al_2O_3)及次生二氧化硅(SiO_2)。黏土矿物是次生矿物中数量最多的一类矿物。主要的黏土矿物有高岭石、蒙脱石、伊利石、水云母,其次为蛭石、绿泥石等。其中,蒙脱石和蛭石具有膨胀性。黏土矿物是由结晶岩中最主要的组成矿物——各种硅酸盐矿物分解形成的含水铝硅酸盐矿物。颗粒都极细小,粒径一般都<0.003 9 mm,构成土中黏粒的最主要矿物成分。黏土矿物的形成与变化过程较复杂,除母岩成分外,外界条件影响很大。一般情况,母岩类型不同,风化后形成的黏土矿物也不同。如花岗岩风化后经常形成高岭石,玄武岩风化后主要形成蒙脱石。但气候条件及溶液介质 pH 值等也有极大的影响,如中等雨量或较干旱的温带地区和碱性溶液介质(pH 值 7~8.5)条件下,各种岩石形成的黏土矿物主要是蒙脱石组矿物,湿热气候、酸性介质环境(pH 值 5~6)则主要形成高岭石组矿物。

(3)水溶盐。实际上也是一类次生矿物,只是因为主要由土中水溶液蒸发而沉淀充填于土粒间的孔隙内,并对土的性质影响很大,故单列为一大类。水溶盐指矿物中化学性质活泼的 K、Na、Ca、Mg 及 Cl、S 等元素,呈阳离子及酸根离子溶于水后向外地迁移过程中,因蒸发等浓缩作用形成的可溶性卤化物、硫酸盐及碳酸盐等矿物。一般都结晶沉淀,充填于土粒间的孔隙中,减少孔隙,同时对土粒起胶结作用,能显著提高土的力学强度。但是,这种胶结及充填作用是不稳定的,当盐分溶解后即破坏消失,使土的性质急剧劣化。

(4)有机质。在岩石风化及风化产物搬运、沉积过程中,掺杂进土中的动植物遗骸及其分解物,成为有机质。有机质的亲水性很强,对土的工程性质影响很大。

在矿物组合上,火成岩中出现的矿物,如橄榄石、辉石、角闪石等矿物是在高温高压条件下结晶形成的,在常温常压条件下不容易保存,因此在火成岩中出现的矿物在沉积岩中很少见到。即使是同一族的矿物,比如虽然都有长石出现,它们在成分上也不一样。在沉积岩中的长石一般是钾长石和含钠高的酸性斜长石,而在岩浆岩中常常见到的含钙比较高的基性和中性斜长石,在沉积岩中都见不到。

软岩矿物成分取决于母岩及风化程度。不同地质时期的软岩由于其生成环境不同,矿物成分与含量也不同。几种典型软岩的矿物成分如表 3-46 所示。软岩的主要矿物成分是黏土矿物,其次是石英、长石、云母等碎屑矿物,还有一些钙、铁质胶结物或游离氧化物。黏土矿物是铝—硅酸盐类矿物,其化学成分以 SiO_2 及 Al_2O_3 为主。在软岩中出现的黏土矿物种类中占统治地位的是伊利石和绿泥石。随着地质年代的增长,伊利石、绿泥石含量增高,而高岭石、蒙脱石及混层矿物含量减小。在中生代以前的软岩中一般没有蒙脱石存在,即很少有蒙脱石质软岩出现,这是因为地质时间消去了蒙脱石晶层中的水,发生了转化,或因层间阳离子交换使蒙脱石向云母类黏土矿物转变。高岭石同样在地质年代较长的软岩中有消失的趋向。

表 3-46 几种典型软岩的矿物成分

软岩种类	主要矿物成分
泥砂岩、泥质灰岩	伊利石、绿泥石、方解石、白云石
风化安山岩	绿帘石、辉石、角闪石和中长石
泥岩	伊利石、绿泥石、石英
页岩	水云母、绿泥石、石英
板岩	绢云母、石英、绿泥石、斜长石、黄铁矿

黏土矿物具有硬度小、比重不大的特点，是软岩中活性最大、力学性质灵敏的矿物，尤其是与水的反应最为敏感。软岩中黏土矿物的种类特征影响了它的水稳性。水稳性较好的以高岭石为代表，水稳性较差的以蒙脱石、伊利石及伊/蒙混层矿物为代表，其灵敏度和影响程度界于硬岩和土之间。含有较高蒙脱石矿物成分的软岩具有膨胀性，称为膨胀性软岩。不同年代膨胀性软岩的化学性质及水理性质如表 3-47 所示。当蒙脱石含量达 79%以上或伊利石含量达 20%以上时，软岩即具有明显的胀缩特性。泥质页岩常常是膨胀性软岩，岩样中的黏土矿物主要为蒙脱石、伊利石和绿泥石。

表 3-47 不同年代膨胀性软岩的化学性质及水理性质

<table>
<tr><th colspan="2">软岩性质</th><th>古生代软岩</th><th>中生代软岩</th><th>新生代软岩</th></tr>
<tr><td colspan="2">水理性质</td><td>基本不含蒙脱石，吸水量低，岩块吸水率<10%，膨胀性、崩解性和软化性质不明显</td><td>含少量蒙脱石和大量伊/蒙混层矿物，吸水量明显低，岩块吸水率为 10%～70%，有较强的膨胀性、吸水软化不明显，少量软岩膨胀性和吸水力低</td><td>含大量蒙脱石和大量伊/蒙混层矿物，吸水性强，岩块吸水率为 20%～80%，膨胀性和吸水软化性显著</td></tr>
<tr><td colspan="2">抗压强度(MPa)</td><td>24～40</td><td>15～30</td><td>≤10</td></tr>
<tr><td rowspan="3">化学性质</td><td>pH 值</td><td>平均值为 5.4～10.1，最小值为 4.98，最大值为 10.38</td><td>平均值为 7.1～10.1，最小值为 6.82，最大值为 10.18</td><td>平均值为 7.8～10，最小值为 4.4，最大值为 10.02</td></tr>
<tr><td>比表面积(m^2/g)</td><td>20～100</td><td>平均值为 100～350，最小值为 24.27，最大值为 717</td><td>平均值为 150～450，最小值为 18.15，最大值为 555.4</td></tr>
<tr><td>阳离子交换量(meg/100 g)</td><td>平均值为 10～20，最小值为 5.09，最大值为 38.07</td><td>平均值为 20～50，最小值为 8.13，最大值为 86.73</td><td>平均值为 25～60，最小值为 7.02，最大值为 79.8</td></tr>
</table>

3.3.3 软岩料级配及颗粒破碎特征

堆石料级配主要取决于爆破开采方法和岩体本身的结构及裂隙的发育程度。一般而言,钻孔爆破的细粒含量较多,不均匀系数较大,级配较好。从堆石料的级配曲线上看,其级配基本上是呈连续分布,当不均匀系数 $C_u<5$ 时,为不良级配;当不均匀系数 $C_u\geqslant 5$ 时,为良好级配。堆石材料颗粒级配的另一个重要特征在于其变异性,其中尤以转运、筑坝压实过程中的颗粒破碎对堆石料级配的影响最大。

一般而言,对于高堆石坝,主堆石材料的母岩饱和单轴抗压强度要求大于 30 MPa,软化系数大于 0.7~0.8,堆石级配中<5 mm 粒径的颗粒含量宜保持在 1%~5%,相应的不均匀系数应大于 15。但是,软岩料作为次堆石料,甚至主堆石料时,无法满足这样的级配要求。

硬岩料级配一般较粗,而软岩经开采形成的石料,颗粒一般较细。软岩料的级配情况与开采方式有关,如开挖和爆破所得到的料的粒径级配是不相同的。开挖或爆破出的软岩料,在经过转运、碾压之后,又有严重的颗粒破碎,级配常发生很大的变化。降雨、暴晒等环境因素的改变也能使软岩料颗粒细化。因此,填筑压实后的软岩料级配与原始级配相差很大。如美国贝雷坝,开挖后最大粒径为 813 mm,碾压后最大粒径为 229 mm,中值粒径由 127~203 mm 变为 6~9 mm,<5 mm 颗粒达到 45%。天生桥一级面板坝软岩料达 480 万 m^3,碾压后<20 mm 颗粒占 30%~35%,<5 mm 颗粒占 10%~15%,最高达到 16.8%。软岩料在碾压前像石料,而在碾压后看来却像土。级配不同,其工程性质也随之而有差异,甚至是完全变成另一种性质的材料。因此,过分关注爆破开挖料的级配是没有意义的。根据经验,软岩料的级配对其在实际工程中的应用并无太多的影响,重要的是要碾压密实,并以压实后的级配为准,由试验成果及相关经验取用适应的设计计算指标。

对江西大坳、重庆鱼跳两个工程的软岩料,模拟降雨、暴晒过程,进行了试验前后的颗粒分析,试验结果见表 3-48。

表 3-48 干湿循环后颗粒破碎情况

坝名	堆石岩性	饱和抗压强度(MPa)	状态	颗粒组成(mm)				
				60~40	40~20	20~10	10~5	<5
				含量(%)				
大坳	砂岩	28.3	原级配	26	23	22	10.5	18.5
			干湿循环 2 次后	22.8	25.9	21.3	10.1	19.9
			干湿循环 4 次后	22.6	25.4	20.6	10	21.4
鱼跳	泥岩	18.8	原级配	20	30	21	14	15
			干湿循环 2 次后	17.8	27.7	16	17.9	20.6
			干湿循环 4 次后	16	25.3	13.8	18.4	26.5

干湿循环试验结果表明：①软岩料经过干湿过程后，岩块发生崩解，细粒(<5 mm)含量增加。而且，干湿循环次数愈多，岩块崩解愈烈，细粒含量增加愈多。例如，鱼跳的泥岩堆石料，干湿循环2次后，细粒含量由15%增加到20.6%。干湿循环4次后，细粒含量又从20.6%增加到26.5%。②岩块崩解量和细粒增加量与岩石饱和抗压强度大小有关，强度愈低颗粒细化愈明显。鱼跳泥岩饱和抗压强度比大坳砂岩低，两种坝料干湿循环4次后的细粒(<5 mm)增加量明显不同，前者细粒含量由15%增加到26.5%，而大坳软岩料细粒增加量仅由18.5%增加到21.4%。

与干湿循环的效果相比，软岩料击实的破碎效果一般更显著。表3-49所示为水布垭工程风化料的击实试验(模拟现场碾压)成果。可以看出，风化料在击实过程中颗粒破碎现象比较明显。两个级配的风化砂页岩料，击实后<5 mm细粒含量分别由11.7%和2%增加到34.9%和23.1%。击实以后的风化岩料比开采时的级配细料增加很多，成为级配截然不同的石料。

表3-49　标准击实功能击实后颗粒破碎情况

坝名	堆石料岩性	状态	颗粒组成(mm)				
			60~40	40~20	20~10	10~5	<5
			含量(%)				
水布垭	强风化砂页岩	原级配1	16.3	37.7	25.1	9.2	11.7
		击实后	5.2	17.7	29.0	13.2	34.9
		原级配2	39.9	39.9	10.9	7.3	2
		击实后	3.3	30.8	30.9	11.9	23.1

软岩料在剪切过程中也会产生明显的颗粒破碎。对软岩堆石料在三轴试验前后的颗粒破碎情况进行的统计见表3-50，表明：①软岩料在三轴应力条件下，各粒组的含量均发生了较大变化，粗颗粒含量急剧减少，细颗粒含量大大增加，尤以<5 mm颗粒为甚；②软岩料颗粒破碎量随所受应力的增大而增加；③颗粒破碎量随岩石抗压强度、软化系数的增大而减少。

表3-50　在三轴应力条件下的颗粒破碎

坝名	坝料	ρ_d (g/cm^3)	σ_3 (MPa)	颗粒组成(mm)					备注
				60~40	40~20	20~10	10~5	<5	
				含量(%)					
大坳	砂岩堆石料(软岩料)	2.04		26	23	22	10.5	18.5	原级配
			0.2	13	22	20	14	31	
			0.4	12	19	20	14	35	
			0.8	11	19	19	15	36	

续表 3-50

坝名	坝料	ρ_d (g/cm³)	σ_3 (MPa)	颗粒组成(mm)					备注
				60~40	40~20	20~10	10~5	<5	
				含量(%)					
鱼跳	泥岩堆石料(软岩料)	2.11		20	30	21	14	15	原级配
			0.4	15	21	21	19	24	
			0.8	9	18	19	22	32	
西北口	灰岩堆石料(硬岩料)	2.04		8	20	22	22	28	原级配
			0.4	7	18	21	20	34	
			0.8	6	17	18	21	38	
珊溪	凝灰岩堆石料(硬岩料)	1.98		15	24	24	16	21	原级配
			0.4	10	25	24	17	24	
			0.8	11	21	22	17	29	

3.3.4 软岩粗粒料力学特性试验方法

3.3.4.1 大型试验仪器

筑坝软岩料虽颗粒较细,仍属于粗粒料的范畴。堆石坝在世界范围内的迅速发展,为粗粒料的工程应用取得了宝贵的实践经验,也极大地促进了粗粒料的试验研究。堆石料的力学性质决定了面板堆石坝的基本工作性态。在力学特性试验方面,由于常规的试验仪器在试样尺寸及加载能力等方面无法适应粗粒料的要求,国内外在粗粒料的试验设备和试验方法方面进行了大量的研究。一方面研制大型的试验设备;另一方面探讨对原型料的尺寸进行合理缩尺的方法。

针对大粒径填料的力学性试验,国外自 20 世纪 60 年代陆续研制了许多大型的击实仪、三轴仪、压缩仪、平面应变仪及大型的动力试验仪等仪器。早在 1959 年 J. Buarns 和 K. Kast 就已经进行了ϕ1 000 mm × 1 800 mm 三轴试验。墨西哥大学的大型三轴仪试样直径为 1 130 m,最大围压力 σ_3=2.5 MPa,试样允许最大粒径可达 200 mm。美国加利福尼亚州大学的大型三轴仪试样直径为 915 mm,最大围压力 σ_3=5.25 MPa,试样容许最大粒径 150 mm。日本的大型三轴仪直径达到 1 200 mm。我国自 20 世纪 70 年代开始研制了一批适合堆石和砂石料的大型试验仪器——中国水利水电科学研究院研制的我国第一台大型高压三轴仪,试样尺寸为ϕ300 mm × 750 mm,最大围压为 4 MPa,最大轴向压力 1 500 kN;100 t 大型动静三轴试验机,直径为 300 mm,最大轴向荷载 1 000 kN,最大激振荷载±300 kN。成都勘测设计研究院研制的大型直剪仪试样尺寸为 1 000 mm × 1 000 mm × 300 mm,用于粗石料(砂砾石、堆石料等)的动力特性试验。长江科学院和南京自动化研究所为三峡工程研制的大型平面应变仪试样尺寸达 800 mm × 400 mm × 800 mm,国际也不多见。

随着 10 余年来我国 200 m 级以上高土石坝的发展,继续研制了一些大型高压设备。

昆明勘测设计院研制的大型三轴仪试样尺为ϕ 700 mm × 1 400 mm,最大围压力达 7.5 MPa,最大轴向加荷 3 000 kN。成都勘测设计研究院研制的ϕ 505 mm × 450 mm 和ϕ 700 mm × 550 mm 的高压直剪、压缩两用仪,可适应坝高 300 m 的堆石坝坝料试验。为满足世界最高的水布垭面板坝工程的科研需要,长江水利委员会长江科学院与四川大学华西岩土仪器研究所合作研制了试样尺寸为 600 mm × 600 mm × 300 mm(长×宽×高)的 DHJ 600 型叠环式单剪仪,用于进行混凝土面板与砾石垫层之间的接触面试验。清华大学研制的大型接触面循环加载剪切试验机,剪切盒平面尺寸分别为 500 mm × 360 mm,能够进行较大粒径土体与较粗糙接触面的单调和循环加载试验。高面板堆石坝的长期变形问题引起了坝工界的重视。一些单位利用大型三轴仪研究粗粒料的流变特性。长江科学院专门研制了规格为ϕ 300 mm × 600 mm 的应力式蠕变三轴仪,最大围压力 3 MPa,可以适应 300 m 级高坝的应力状态,并开展了较深入的堆石料流变特性试验研究。

大型施工机具的发展,进一步拓宽了筑坝材料的适用范围,如软岩料、风化料、石渣料等,从而促使试验设备和研究手段不断发展。试验测试仪器日趋精密和现代化,许多实际问题都可用室内试验模拟或现场试验量测。

3.3.4.2　缩尺试验

对于粗粒料试验,试样尺寸的大小会影响试验成果的精度,这称为尺寸效应。一般来说试样尺寸愈大,试验结果愈加精确。但是大型设备的使用要耗费大量的财力和时间,而且尽管有各种大型试验设备,也远不能满足原型材料的要求。为此,加利福尼亚州大学及墨西哥大学等曾率先进行过尺寸效应的试验研究,力图简化这类试验。加利福尼亚州大学采用ϕ 915 mm、ϕ 300 mm 和ϕ 70 mm 的三轴仪所做的比较试验结果表明,小直径仪器的内摩擦角偏大,但ϕ 300 mm 仪器得出的摩擦角值 φ 比ϕ 915 mm 仪器大 1°~1.5°。同时试验表明,应力水平对值的影响比仪器尺寸要大,所以认为用ϕ 300 mm 的三轴仪进行大粒径填料试验基本可以满足工程要求。墨西哥大学的研究成果也支持这种观点。我国在"六五"期间采用ϕ 700 mm、ϕ 300 mm、ϕ 100 mm 的三轴仪对六种粗粒料进行比较试验,得出与加利福尼亚州大学试验相类似的结果。根据这些成果,国内外大多以ϕ 300 mm 的三轴仪作为大粒径料的常规试验设备。虽然如此,对于 200 m 级的高坝,我国一般仍要采用直径在 500 mm 以上的大型三轴仪进行试验。在试样高径比方面,一般采用 2.0~2.5,这样可以减少试样端部约束的影响,使试样中部应力分布趋于均匀。

不同的仪器尺寸对试样最大粒径的要求也不一样。试样颗粒的最大粒径要以不引起仪器的约束影响、不改变试样受力状态为依据。一般粒径比(仪器直径与试样最大粒径之比)采用 5~6 较合适。对于目前广泛使用的ϕ 300 mm 三轴仪,其允许的最大粒径为 60 mm。一般坝体堆石料的最大粒径都远远大于 60 mm,最大可达 600~800 mm,现场的超径有时甚至达到 1 m。为此,还必须将原型的填料粒径予以缩小才能进行试验。

国内外不少学者对试样尺寸和级配进行了广泛的研究。研究表明,级配相似的材料在物理、力学性质方面存在一定的对应关系。不同性质的石料,在最大粒径不同而级配相似时,在三轴试验中各自表现出了基本相同的力学特性。这是粒径缩尺试验合理性的基础,给粗粒料的室内试验研究带来了可能。从国内外通常采用的方法来看,缩尺制样方法可总结为以下四种:

(1)对于颗粒超过试样允许最大粒径部分含量<5%的,可采用简单剔除法,即把超径颗粒剔除。

(2)相似级配法,是将原型材料的级配曲线平移至试样允许最大粒径 d_{max} 处,以保持试验材料与原型材料的级配相似,却不改变粗细料之间的充填关系。但为了保证试验用料不产生严重变态,应注意以下两点:①缩制料应由原型料中筛分获得,并力求其颗粒形状系数、不均匀系数与原级配料相等或相近。②经相似模拟级配的试验料中,若<5 mm 的颗粒含量<15%,可取相似级配法制料;若超过 15%,则应在保证透水性相似的条件下修正<5 mm 段的级配曲线,以使材料不至于过细;<0.1 mm 的颗粒含量不超过原型材料,避免有黏性土效应。

(3)等量替代法,是将原型材料大于仪器允许的最大粒径 d_{max} 的颗粒剔除,以相等质量的试验材料中最大一级粒组代替,或分配至 $d_{max}=5$ mm 的几个粒组中。后者用下式计算:

$$P_i=(100-P_m)(P_{ci}-P_5)/(P_m-P_5)+P_{ci} \tag{3-1}$$

式中,P_i 为代换后某粒径的粒料通过百分率(%);P_5 为粒径为 5 mm 的粒料通过百分率(%);P_m 为原级配中击实土样允许的最大粒径的粒料通过百分率(%);P_{ci} 为原级配某粒径的粒料通过百分率(%)。

如原型材料中超过 d_{max} 的含量不大于 40%,则这样缩制的材料既保持了粗骨料的骨架作用,又能保持级配的连续性,可以得到较为相似的效果。

(4)混合法,当超径颗料含量超过 40%时,可先用相似级配法缩制到超径颗粒不大于 40%,然后用等量替代法制备试样,其效果最好。

图 3-47 给出剔除法、相似法、替代法的示例。

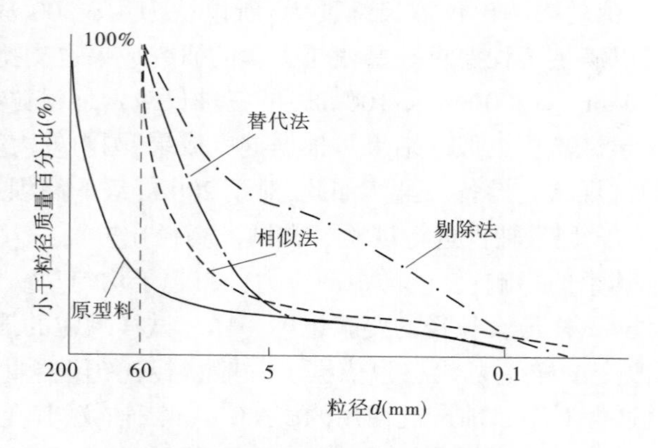

图 3-47 缩尺级配方法示意图

3.3.5 软岩料压实性

粗粒料的填筑标准取决于填料的压实性。合格的填筑,在碾压后应具备较高的强度、较小的变形及经受雨水冲刷和在干湿循环中抵抗湿陷、膨胀和收缩的能力。在坝体填筑中,堆石料的施工控制关键是要控制适当的干密度和孔隙率。软岩材料的压缩变形随着密度的增加而渐减,在饱和状态下的压缩变形较大。因此,为了减少坝体浸水时坝体的沉降量,就需要严格控制碾压参数,使坝体尽可能碾压密实。软岩也是岩,它虽然强度较低,在压实后颗粒破碎较强烈,<5 mm 粒径的颗粒含量增加很多,但<0. 1 mm 粒径的颗粒含量所占比例仍是很小的。因此,软岩料的工程特性更偏向于硬岩,与土有较大差别。同时,由于软岩料颗粒较细,且一般经过一定程度的风化,对水敏感,其压实特性又与土有相似之处。

实际施工过程中,软岩料的填筑大都采用薄层、加水、振动碾压的施工技术,颗粒被压碎挤紧,使得软岩堆石料的压实密度都比较高。重庆鱼跳工程泥岩平均饱和抗压强度仅为 18. 8 MPa,该软岩材料经室内击实后的干密度可达 2. 28 g/cm³,说明在现场实际施工中软岩料经碾压可获得相当高的密度,这对减少坝体变形有利。萨尔瓦兴娜坝的堆石料岩性系半风化砂岩,压实后的干密度为 2. 266 g/cm³,相当于孔隙率 17%。袋鼠溪坝堆石系片岩,压实后孔隙率为 13%~18%,平均 15%。小帕拉坝平均孔隙率约 18%。天生桥一级坝软岩料区干密度为 2. 24~2. 356 g/cm³,孔隙率为 15%~19%。寺坪面板堆石坝、鱼跳面板堆石坝软岩料区干密度为 2. 00~2. 10 g/cm³,孔隙率为 18%~20%。

图 3-48 为鱼跳坝泥岩堆石料(平均级配)、盘石头坝 14 层和 17 层弱风化页岩堆石料、水布垭坝龙 1 页岩料(上限级配)的标准击实曲线。从图 3-48 所示标准击实试验结果可以看出,软岩料对含水率(或称加水率)比较敏感,它近似于土的压实特性,存在最优含水率和最大干密度,这一点与硬岩料不同。硬岩料在压实过程中不存在孔隙水的排出,仅仅是克服颗粒之间的摩擦阻力使颗粒间紧密。软岩料细粒(<5 mm)含量较多,当含水率(或称加水率)较低时,颗粒表面水膜薄,摩阻力大,不易压实。当含水率逐渐增高后,颗粒表面水膜增厚,起到了润滑作用,颗粒表面摩阻力减小,从而易于压实。虽然软岩自身强度较低,但软岩料在碾压过程中颗粒破碎强烈,经压实后可达到较高的密度,从而取得较好的力学性能,在一定程度上弥补了软岩强度的不足。

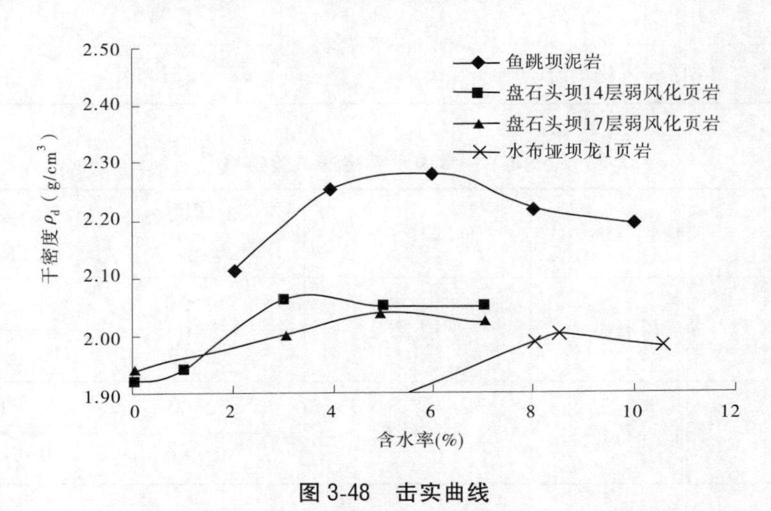

图 3-48　击实曲线

对于粗粒料的室内击实试验,国内自天生桥垫层料试验研究后,多年来都认定可以表面振动(器)法模拟现场(重碾)压实功能,以得到压实孔隙率(干密度)标准,并以现场碾压试验核定。阿瓜密尔巴等坝是以现场碾压干密度较小值为填筑压实标准。

3.3.6　软岩料渗透性

软岩料压实后的渗透性主要取决于压实度及细粒(<5 mm)含量。由于压实后的软岩料颗粒破碎较烈,细粒含量增多,填筑层上部易出现板结层,因此渗透系数一般都较小。由于软岩料种类多,各坝的软岩填筑标准也不统一,测试手段多样,使得软岩填筑体的渗透系数 K 变化范围较大。萨尔瓦兴娜坝 $K=3\times10^{-2}$ cm/s,红树溪坝渗透系数 K 为 $10^{-2}\sim10^{-4}$ cm/s 量级,温尼克坝 K 为 10^{-5}cm/s 量级,贝雷坝现场注水试验软岩填筑体为相对不透水,袋鼠溪坝渗透系数 K 甚至低到 10^{-7} cm/s 量级。我国的天生桥一级面板坝软岩填筑体渗透系数差 K 为 $10^{-2}\sim10^{-3}$ cm/s 量级,十三陵上库坝渗透系数差 K 为 $10^{-1}\sim10^{-3}$ cm/s 量级,渗透系数偏大。我国大坳、鱼跳、盘石头三座面板坝软岩填筑体的渗透试验结果见表 3-51 和表 3-52。从表 3-51 还可以看出,大坳、鱼跳、盘石头三座面板堆石坝软岩填筑体的渗透系数 K 为 $10^{-2}\sim10^{-3}$ cm/s 量级,属于中等透水性。

表 3-51　室内垂直渗透试验结果

<table>
<tr><th>坝名</th><th>材料名称</th><th>级配</th><th>干密度 ρ_d (g/cm³)</th><th>渗透系数 K(cm/s)</th></tr>
<tr><td rowspan="2">大坳</td><td rowspan="2">砂岩堆石料</td><td rowspan="2">平均级配</td><td>2.04</td><td>6.76×10^{-3}</td></tr>
<tr><td>2.10</td><td>4.39×10^{-3}</td></tr>
<tr><td rowspan="2">鱼跳</td><td rowspan="2">泥岩堆石料</td><td rowspan="2">平均级配</td><td>2.00</td><td>2.59×10^{-2}</td></tr>
<tr><td>2.11</td><td>1.49×10^{-3}</td></tr>
<tr><td rowspan="2">盘石头</td><td>17 层弱风化页岩</td><td rowspan="2"><60 mm 混合料</td><td>1.94</td><td>3.28×10^{-2}</td></tr>
<tr><td>14 层弱风化页岩</td><td>2.12</td><td>3.73×10^{-4}</td></tr>
</table>

表 3-52　室内水平渗透试验结果

<table>
<tr><th>坝名</th><th>材料名称</th><th>级配</th><th>干密度 ρ_d (g/cm³)</th><th>渗透系数 K(cm/s)</th></tr>
<tr><td rowspan="2">大坳</td><td rowspan="2">砂岩堆石料</td><td rowspan="2">平均级配</td><td>2.04</td><td>7.36×10^{-2}</td></tr>
<tr><td>2.10</td><td>2.07×10^{-2}</td></tr>
<tr><td rowspan="2">鱼跳</td><td rowspan="2">泥岩堆石料</td><td rowspan="2">平均级配</td><td>2.00</td><td>6×10^{-1}</td></tr>
<tr><td>2.11</td><td>2.11×10^{-2}</td></tr>
</table>

软岩料填筑的渗透系数与软岩的强度(风化程度)有密切关系。湖北寺坪坝页岩料的渗透性质如表 3-53 所示。强风化页岩的渗透系数 $K=2.75\times10^{-3}$ cm/s,属中等透水性。弱风化和微风化页岩的渗透系数分别为 2.28×10^{-1} cm/s 和 2.47×10^{-1} cm/s,属强透水性。

两种混合料的渗透系数分别为1.57×10^{-2} cm/s和1.71×10^{-2} cm/s,界于强—中等透水性。五组试样的临界比降J_{cr}在0.28~1.48,较容易发生渗透破坏,破坏形式为首先产生管涌,然后发展为流土。试样在破坏比降的前几级比降里,带有明显的“冒烟”现象,即试样中的较细颗粒被带出试样,在水流作用下形成“烟雾”的现象。随比降的升高,带出颗粒粒径亦随之增大。当比降继续升高时,试样有轻微的抬动,流量增大,继而发生流土破坏。

表3-53 寺坪坝页岩料渗透试验成果

软岩料	干密度ρ_d(g/cm³)	渗透系数K(cm/s)	临界比降J_{cr}	破坏形式
强风化	2.03	2.75×10^{-3}	0.70	管涌—流土
弱风化	2.18	2.28×10^{-1}	1.29	管涌—流土
微风化	2.19	2.47×10^{-1}	0.28	管涌—流土
强、弱风化混合(1:1)	2.10	1.57×10^{-2}	1.48	管涌—流土
强、弱、微风化混合(1:1:1)	2.14	1.71×10^{-2}	0.98	管涌—流土

由于实际工程中软岩料一般填筑在面板堆石坝坝轴线下游干燥区,因此较小的渗透系数对坝体运行并无大的影响。若坝轴线上游区也使用软岩料,则在坝体中一般需设置足够的排水体。因此,渗透性的大小对软岩料的使用与否已不起决定作用。

3.3.7 软岩料压缩性

软岩堆石料的压缩性质与硬岩堆石料不同。硬岩堆石料的颗粒基本上是单粒结构,其压缩变形取决于颗粒的重新排列。在压力作用下,颗粒发生滑动与滚动,位移到较为稳定的平衡位置,颗粒破碎率小。因此,压缩量的大小主要与颗粒间的摩擦阻力有关。级配好、密度高,颗粒位移受到的阻力愈大,压缩变形就愈小。软岩料的压缩性与母岩抗压强度、初始颗粒级配、密度和饱和情况都有关。图3-49为不同强度岩石填料的干密度—压缩模量关系。可以看出,填料的压缩模量和其密实程度有良好的相关性,干密度越大,其压缩模量也越高。相对于硬质岩石,软岩填料的压缩模量要低很多。但从试验结果看,良好压实的软岩填料均能达到较高的压缩模量,可以满足筑坝的要求。

大坳、鱼跳、盘石头及十三陵上池坝四个工程软岩料的压缩试验结果见图3-54和表3-50,可以看出:①除鱼跳泥岩堆石料压缩性属中等外,其余均为低压缩性,但与硬岩堆石料比较,软岩堆石料的压缩模量明显偏低。在压力为0~3.5 MPa的范围内,大坳坝软岩料的压缩模量为21~62 MPa,十三陵上池坝为18.6~52.1 MPa,盘石头坝为13.8~40.1 MPa。硬岩料方面,以三座坝为例,西北口坝堆石料是白云质灰岩,其孔隙率为27%,在压力为0~3.5 MPa范围内压缩模量为41.2~139.2 MPa;珊溪坝堆石料是凝灰岩,孔隙率为25%,压缩模量为66~232.5 MPa。洪家渡堆石料是灰岩,孔隙率为22%,压缩模量为45~197.4 MPa。这说明,岩性不同堆石料的压缩模量有明显差异,软岩料填筑

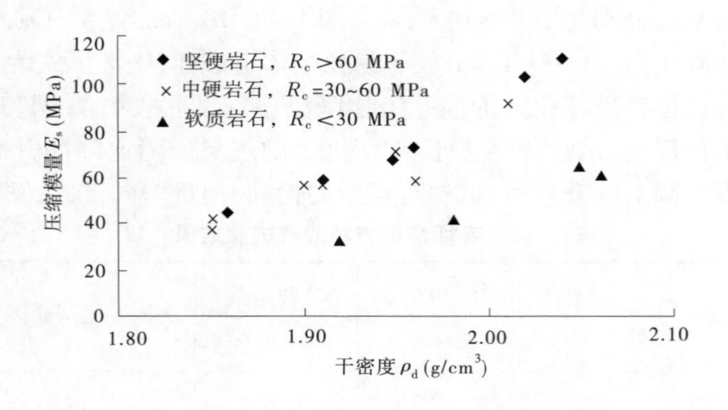

图 3-49　不同岩质填料干密度—压缩模量关系

（R_c 为岩石的饱水抗压强度）

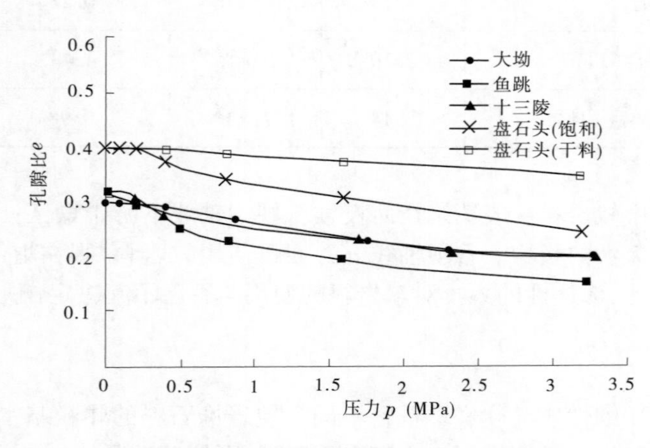

图 3-50　四座坝软岩堆石料的 $e\sim p$ 曲线

体的模量较低。②软岩料对水的敏感性在压缩性上表现也很突出。盘石头风化页岩堆石料干料的压缩模量为 41.7～142.1 MPa，饱和试样的压缩模量仅为 13.8～40.1 MPa，说明风化页岩浸水饱和后软化明显。

湖北寺坪坝页岩料压缩试验采用直径为 500 mm、高为 250 mm 的浮环式压缩仪进行。由压缩试验得到页岩在不同压力等级下的压缩模量如表 3-55 和图 3-51 所示，可见页岩的压缩模量较低，这是由页岩颗粒的片状性质且强度较低决定的。压缩模量与风化程度有密切关系，强风化页岩的压缩模量最低，弱风化次之，微风化的压缩模量最高，但弱风化页岩和微风化页岩的压缩模量很接近。不同风化程度页岩混合料，在较低的压力（$p<800$ kPa）下有较高的压缩模量，尤其是强、弱、微风化页岩的混合料的压缩模量比微风化页岩的压缩模量还高，这可能是由于混合料的颗粒之间具有更好的填充（强风化页岩起较好的填充作用）。在较大的压力（$p>800$ kPa）下，混合料中的强、弱风化页岩（尤其是前者）的颗粒可能产生较多的破碎，颗粒出现一定程度的重新排列，致使变形较大，压缩模量降低。

表 3-54 四座坝软岩堆石料压缩试验结果

坝名	堆石料岩性	级配	干密度 ρ_d (g/cm^3)	状态	试验参数	压力等级 1	2	3	4	5	6	7
大坳	砂岩	平均级配	2.04	饱和	压力(MPa)	0	0.096	0.209	0.402	0.856	1.74	3.26
					孔隙比	0.299	0.293	0.290	0.285	0.264	0.233	0.202
					压缩系数(MPa^{-1})	0.062	0.025	0.026	0.046	0.036	0.021	
					压缩模量(MPa)	21	52	50	28.2	30	62	
鱼跳	泥岩	平均级配	2.00	饱和	压力(MPa)	0	0.112	0.209	0.482	0.816	1.599	3.234
					孔隙比	0.325	0.302	0.287	0.257	0.230	0.193	0.153
					压缩系数(MPa^{-1})	0.204	0.159	0.110	0.079	0.048	0.024	
					压缩模量(MPa)	6.5	8.3	12	16.7	27.8	54.8	
十三陵抽水蓄能电站(上池)	风化安山岩	一料区	2.00	饱和	压力(MPa)	0	0.12	0.18	0.36	0.749	1.708	2.308
					孔隙比	0.321	0.317	0.315	0.305	0.277	0.231	0.215
					压缩系数(MPa^{-1})	0.033	0.033	0.056	0.072	0.048	0.027	
					压缩模量(MPa)	42.6	35.7	23	18.6	27.4	52.1	
盘石头	弱风化页岩	<60 mm 混合料	1.94	饱和	压力(MPa)	0	0.1	0.2	0.4	0.8	1.6	3.2
					孔隙比	0.407	0.401	0.396	0.376	0.337	0.309	0.247
					压缩系数(MPa^{-1})	0.06	0.05	0.10	0.098	0.035	0.039	
					压缩模量(MPa)	21.6	32.9	13.8	14.7	40.1	36.1	
				干料	压力(MPa)	0	0.1	0.2	0.4	0.8	1.6	3.2
					孔隙比	0.407	0.404	0.402	0.399	0.388	0.380	0.353
					压缩系数(MPa^{-1})	0.03	0.02	0.015	0.048	0.01	0.017	
					压缩模量(MPa)	41.7	75.8	88.9	51.1	142.1	84.2	

表 3-55　寺坪坝页岩料压缩模量

土样	干密度 ρ_d (g/cm^3)	E_s(MPa)				
		0~100 (kPa)	100~200 (kPa)	200~400 (kPa)	400~800 (kPa)	800~1 600 (kPa)
强风化页岩	2.03	9.6	32.0	59.5	72.0	60.5
弱风化页岩	2.18	14.8	35.5	52.0	82.0	90.5
微风化页岩	2.19	16.8	45.5	63.5	80.5	101.5
强、弱风化页岩混合(1:1)	2.10	15.5	41.5	67.5	76.5	54.5
强、弱、微风化页岩混合(1:1:1)	2.14	18.5	56.0	80.5	89.0	65.5

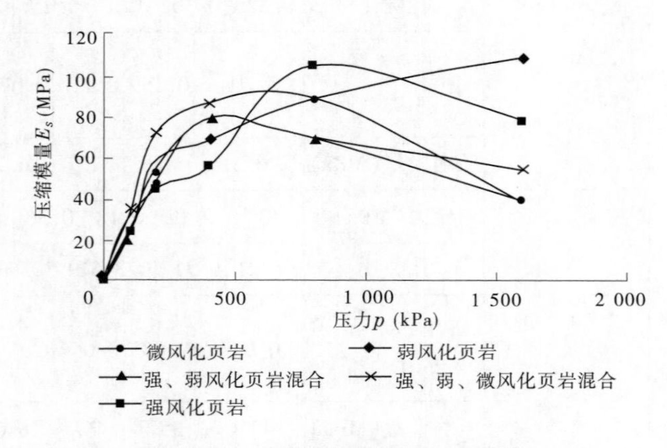

图 3-51　寺坪坝页岩料 E_s~p 曲线

值得注意的是,由表 3-54、表 3-55、图 3-51 和图 3-52 可以看出,粗粒料的压缩模量并不一定是随着压力的增加而增加,有时压缩模量随着压力等级的增加反而会呈现阶段性的降低,这与细粒土是不同的。细粒土的压缩模量总是随着压力的增加而增加(膨胀土除外)。粗粒料的压缩模量除与密实度有关外,还受着颗粒强度及颗粒之间排列组构的极大影响,这是粗粒料的特点。在某一级压力下,颗粒的破碎可能不严重,颗粒的组构通过小的调整就能承受该级压力,则土样的变形就较小,土样的压缩模量就显得较高。但在更大一级压力下,颗粒承受的压力较高则有可能产生严重破碎,颗粒的组构需要通过大的调整才能承受这个更大的压力,石料发生较大的变形,其压缩模量就可能比在小压力下更低。

由于室内试验中成型设备的限制,目前,大粒径填料室内试验的干密度还无法达到实际施工的密实程度。在大型压缩试验中,试样的最大干密度只能达到 2.00~2.05 g/cm^3,而实测干密度一般都在 2.10~2.20 g/cm^3。这表明,实际填料的压缩模量较试验结果一般要高一些,坝体实际发生的压缩变形比根据试验所得压缩模量计算的值一般要小一些。

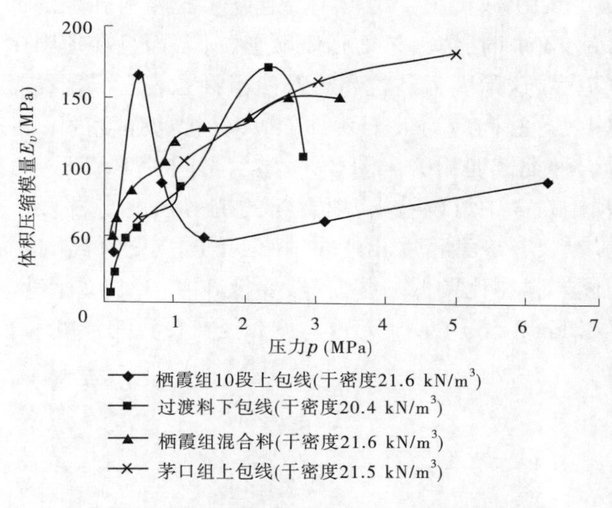

图 3-52　水布垭坝堆石(硬岩)料 $E_v \sim p$ 曲线

3.3.8　软岩料强度

3.3.8.1　线性强度

堆石是由坚硬颗粒组成的散粒体材料,其抗剪强度一般认为是包括了滑动摩擦和咬合摩擦两部分,而咬合摩擦又包含了堆石的剪胀效应和颗粒破碎影响。因此,堆石材料的抗剪强度应该是由颗粒间的滑动摩擦、剪胀效应、颗粒的破碎与重新定向排列所消耗能量共同组成的。

对于堆石料的强度表达式,一般在工程中采用线性表达式和非线性表达式两种。堆石料强度的线性表达式为

$$\tau_f = c + \sigma_n \tan\varphi \tag{3-2}$$

式中, c 、φ 为强度参数。

堆石料强度的线性表达式主要用于坝坡稳定分析,其适用范围一般为低应力水平下,但具体的适用应力范围,则取决于堆石材料的岩性、颗粒形状、级配和密度等。对于坚硬、浑圆且级配优良的砂卵石,其颗粒在较大的应力下仍不会破碎,因此其强度包线在较高的应力水平下仍可保持近似的直线关系。而对于棱角尖锐的堆石而言,由于颗粒破碎的影响,其强度包线在相对较小的应力下即发生了弯曲,因而呈现出非线性的特征。一般来说,硬岩堆石的破碎压力约为 0.8 MPa,而堆石的强度包线由线性转为非线性的分界应力约为 0.85 MPa。

粗粒料是由大小不等、性质不一的颗粒彼此充填而成的散粒体。目前认为,当粗粒含量达 60%~70%时,粗、细料形成最佳组成,各部分强度得到充分发挥,抗剪强度为最大。在物理性质指标中,初始孔隙比对强度影响较大。三轴剪切试验结果显示填料的摩擦角与密实度之间具有良好的相关性。对于同一种填料,尽管具有不同级配,只要密实度大致相同,其摩擦角大致处于同一水平上。

细粒(<5 mm)对软岩料抗剪强度有重要影响。细粒含量的增加,会使填料抗剪强度

显著降低,但在细粒含量<10%时,由于细料主要起到填充粗料孔隙的作用,其抗剪强度降低不明显。当细粒含量>30%时,填料抗剪强度明显降低,而且在填料中混有黏土颗粒时,其抗剪强度降低幅度更大,这是因为黏粒和粉粒使粗颗粒表面出现黏膜,接触面摩擦力减少。在掺加10%黏粒时,当法向应力大于0.5 MPa时,抗剪强度内摩擦角约降低5°。

堆石的强度与母岩种类密切相关。图3-53显示不同种类填石料的抗剪强度摩擦角(系数)分布规律。从图3-53中可以看出,填石料的抗剪强度与岩石种类有密切的关系。对于不同母岩强度的填料,在成型密度相近时,一般抗压强度越高的岩石,填料摩擦角越大。软岩料的强度与硬岩料相比要低一些,一般要低6°~10°。文献针对不同强度母岩堆石料的 c 、φ 取值建议如表3-56所示。实际上各工程堆石料的强度参数取值一般要比该表建议值略大。

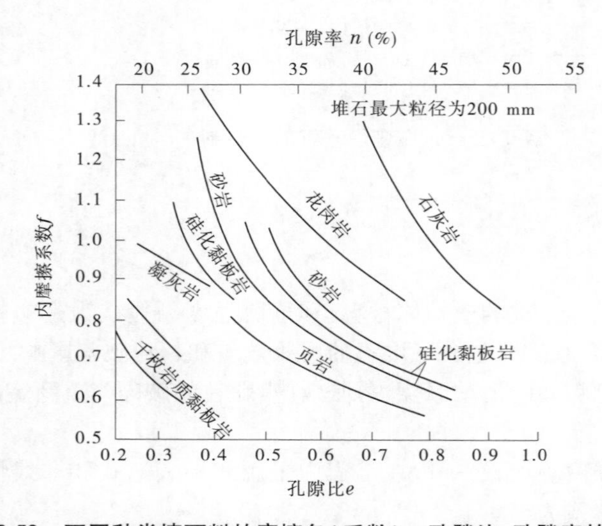

图3-53　不同种类填石料的摩擦角(系数)—孔隙比、孔隙率的关系

表3-56　不同强度母岩填料的抗剪强度指标

干密度(g/cm^3)	黏聚力 c (kPa)			内摩擦角 φ (°)		
	坚硬	中硬	软质	坚硬	中硬	软质
2.05	10~15	10~15	15~20	36~40	30~35	23~28
2.10	10~15	10~15	15~20	38~44	33~37	26~31
2.15	15~20	15~20	20~25	42~48	35~40	28~33
2.20	20~25	20~25	25~30	45~50	38~42	30~35

软岩料及风化料的抗剪强度虽然比硬岩堆石料低,而且在剪切过程中粗颗粒破碎较强烈,<5 mm细粒含量增加较多,但<0.01 mm黏粒含量所占比例很少,因此软岩料的强度特性与硬岩料更为近似,与纯土料的强度特性差异较大。

寺坪坝页岩料抗剪强度试验采用大型三轴仪进行,试样直径为300 mm、高为600

mm,试验方法为固结排水剪,得到抗剪强度如表 3-57 所示。五组试验的黏聚力 $c=84\sim126$ kPa、内摩擦角 $\varphi=33.0°\sim38.5°$,内摩擦角较低,但表现出较高的黏聚力,应该是由颗粒间的咬合力所致。

表 3-57　寺坪坝页岩料抗剪强度

土样	干密度 (g/cm^3)	黏聚力 c(kPa)	内摩擦角(°)
强风化	2.03	105	33.0
弱风化	2.18	126	37.5
微风化	2.19	84	38.5
强、弱风化混合(1:1)	2.10	87	34.0
强、弱、微风化混合(1:1:1)	2.14	121	33.0

一般认为,在散粒状材料中不存在黏聚力,其假性黏聚力一般是由于填料中水分子间的吸引力所致。但对于堆石料,这一种说法并不合理。从堆石料的三轴剪切试验结果来看,粗粒料填筑体都有不同程度的 c 值。其实,填料的 c 和 φ 只是两个互相配合的强度参数,这时 c 值不是黏聚力的表示,而主要是咬合力的体现,其数值是不容忽视的。特别是碾压堆石的高密度,更使其具有较大的 c 值。堆石坝采用较陡的边坡而能表现出很好的稳定性,这在单纯考虑 φ 值的设计中,是无法解释的。

3.3.8.2　非线性强度

在面板堆石坝的稳定和数值计算分析中,常采用非线性公式表征堆石的强度。尖角状颗粒堆石材料非线性是堆石剪胀与颗粒破碎双重作用的结果。此时,颗粒重排、调整并向孔隙充填,造成强度增长缓慢,所以强度包线是向下弯曲的。图 3-54 为鱼跳坝软岩堆石料三轴试验结果,应力应变曲线和莫尔强度包线都呈现非线性特征。

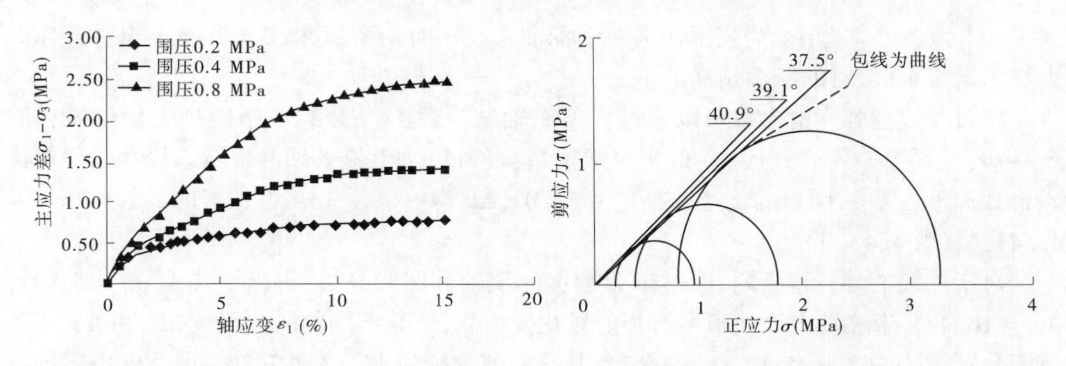

(a)应力应变曲线(平均级配,$\rho_d=2.11$ g/cm^3)　(b)莫尔强度包线(平均级配,$\rho_d=2.11$ g/cm^3)

图 3-54　鱼跳堆石料三轴试验

为定量地描述堆石材料的这种非线性强度特征,研究人员根据各自的试验成果提出了多种表达式。莱普斯(T. Leps,1970)用摩擦角表征抗剪强度的非线性关系为

$$\tau_f = \sigma_n \tan\varphi \tag{3-3}$$

$$\varphi_d = \varphi_0 - \Delta\varphi \log(\sigma_n) \tag{3-4}$$

式中,τ_f 为抗剪强度;φ_d 为非线性内摩擦角;σ_n 为正应力;φ_0 为小应力下内摩擦角;$\Delta\varphi$ 为摩擦角递减量。

在堆石强度的非线性表达式(3-3)中,没有了参数 c,而参数 c 所代表的咬合摩擦部分实际上已包含在参数 φ_0 和 $\Delta\varphi$ 之中,因此这两个参数已不再是通常意义上的内摩擦角。

德迈罗(De Mello,1977)提出抗剪强度 τ_f 与正应力 σ_n 的关系可用指数函数式表达为

$$\tau_f = A(\sigma_n)^m \tag{3-5}$$

式中,σ_n 为正应力,kPa;A、m 为材料的试验参数,就一定的堆石而言是常数,可由试验确定,如果 $m=1$,则变成线性的库仑公式,英国查理斯(J. A. Charles)等根据试验结果给出的几种岩性堆石的 A、m 值见表 3-58。

表 3-58　几种岩性堆石的 A、m 值

堆石岩性	A	m
砂岩	6.8	0.67
板岩(质量好)	5.3	0.75
板岩(质量差)	3.0	0.77

邓肯等(Duncan etc.,1980)提出的用标准大气压力归一化的半对数关系表达式应用得最为普遍,即

$$\varphi_d = \varphi_0 - \Delta\varphi \log\left(\frac{\sigma_3}{P_a}\right) \tag{3-6}$$

式中,σ_3 为小主应力;φ_0 为当围压为一个标准大气压时的摩擦角;$\Delta\varphi$ 为围压相对于标准大气压增大 10 倍时的摩擦角递减量。

堆石非线性强度的参数可以通过大型三轴试验得出。图 3-55 中四个工程软岩料的 $\varphi_d \sim \sigma_3$ 关系基本符合式(3-6) 的半对数关系,表 3-59 为七座大坝的堆石非线性强度指标 φ_0 和 $\Delta\varphi$ 值。其中,硬岩的 φ_0 为 52.2° ~ 57.0°,$\Delta\varphi$ 为 7.2° ~ 13.1°;软岩的 φ_0 为 42.6° ~ 45.4°,$\Delta\varphi$ 为 4.4°~11.5°。

对于一般的硬岩堆石料,通过试验数据的统计和回归分析,得出平均值 φ_0 = 54.4°,$\Delta\varphi$ = 10.4°。十三陵上池面板堆石坝的风化安山岩,依其不同的风化程度,φ_0 和 $\Delta\varphi$ 变化范围分别为 38.4° ~ 48.0°、0 ~ 16.2°,其平均值分别为 45.1° 和 7.8°。风化安山岩堆石料抗剪强度 φ_0 值较硬岩堆石低,而 φ_d 值随侧向应力 σ_3 的变化幅度较硬岩堆石小。

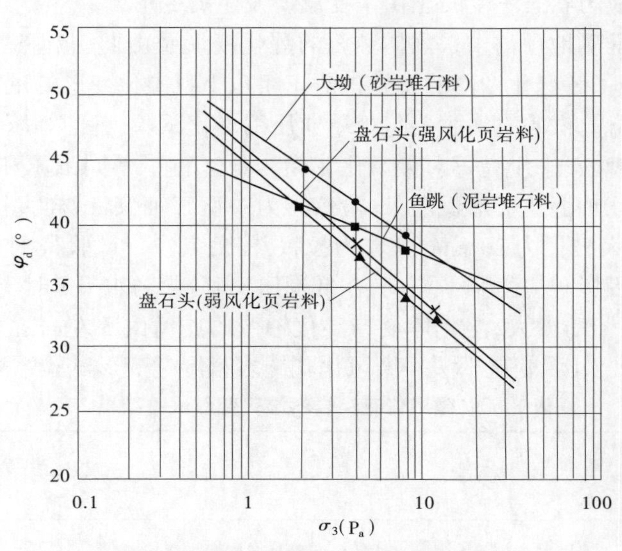

图 3-55　软岩料三轴试验 φ_d ~ σ_3 关系曲线

表 3-59　软、硬岩堆石料的非线性强度对比

坝名	岩性		试样条件		参数	
			干密度 ρ_d(g/cm^3)	孔隙率 n(%)	φ_0(°)	$\Delta\varphi$(°)
大坳	软岩	砂岩	2.04	23.0	46.6	9.0
鱼跳	软岩	泥岩	2.11	20.4	42.6	5.7
盘石头	软岩	弱风化页岩	1.94	28.9	44.0	11.4
盘石头	软岩	强风化页岩	2.12	23.5	44.9	11.5
十三陵上池	软岩	风化安山岩	2.00	29.7	45.4	4.4
西北口	硬岩	白云质灰岩	2.04	26.8	52.2	7.2
珊溪	硬岩	凝灰岩	1.98	25.0	54.4	9.8
洪家渡	硬岩	灰岩	2.22	18.7	57.0	13.1

3.3.9　岩料湿化变形特性

土石坝在蓄水后的变形是不可忽视的。对于心墙坝，轻者在坝顶产生湿陷裂缝，严重的会造成坝肩等重要部位产生深度裂缝，甚至形成渗漏通道；对于混凝土面板堆石坝，面板裂缝漏水或雨水入渗等引起的坝体堆石的湿化变形也会影响面板的应力及周边缝的变位，严重的会造成面板的开裂，使防渗设施失效。所谓粗粒土料的湿化变形，是指粗粒土料在一定的应力状态下浸水，由于颗粒之间被水润滑以及颗粒矿物浸水软化等原因而使颗粒发生相互滑移、破碎和重新排列，从而发生变形，并使土体中的应力发生重分布的现

象。这种变形是在应力状态不变时土由干变湿所发生的变形。

若要在设计时准确地预估未来坝体堆石的湿化变形及由此引起的坝体应力、变形状态的改变,必须准确了解湿化变形的特性。对于粗粒土料湿化变形的试验研究,一般是在常规试验仪器上进行。试验方法主要包括单向压缩湿化试验、各向等压下的湿化试验、常规三轴湿化试验。魏松、朱俊高等对微风化花岗岩料进行了不同围压和剪应力水平下保持应力状态不变的三轴湿化变形试验,试验仪器为中型三轴仪,试样直径 101 mm、高 200 m,所用粗粒土料最大粒径为 20 mm,颗粒为粒状,棱角尖锐。试验得到如下结论:①粗粒料的湿化变形随着围压和应力水平而变,在低围压、高剪应力水平 s 时土体表现出湿胀现象;②随着应力水平 s 的增大,湿化体变与湿化轴变的比值由 3 左右逐渐减小,在应力水平 0~0.35 减小最快,其后变化平缓。微风化花岗岩料湿化变形试验结果见表 3-60。

表 3-60　微风化花岗岩料湿化变形试验结果

参数	围压(kPa)							
	300				600			
剪应力水平 s	0	0.38	0.75	0.91	0	0.36	0.71	0.91
湿化应变 $\Delta\varepsilon_1^w$(%)	0.059	0.196	1.248	5.662	0.138	0.344	1.126	3.555
湿化应变 $\Delta\varepsilon_v^w$(%)	0.222	0.169	0.005	-1.575	0.411	0.355	0.371	-0.154
$\frac{\Delta\varepsilon_v^w}{\Delta\varepsilon_1^w}$	3.763	0.862	0.004	-0.278	2.978	1.032	0.329	-0.043
参数	围压(kPa)							
	900				1 200			
剪应力水平 s	0	0.37	0.73	0.94	0	0.38	0.75	0.96
湿化应变 $\Delta\varepsilon_1^w$(%)	0.212	0.547	1.348	4.069	0.242	0.539	1.564	4.147
湿化应变 $\Delta\varepsilon_v^w$(%)	0.669	0.534	0.526	0.109	0.612	0.560	0.749	0.528
$\frac{\Delta\varepsilon_v^w}{\Delta\varepsilon_1^w}$	3.156	0.976	0.390	0.027	2.529	1.039	0.479	0.127

软岩料的湿化特征更加明显。实际工程中使用的各种软岩料均有一个较为普遍的特点,即软岩料对环境变化的敏感性很强,现场刚开采的各种软岩料尚有一定的强度,但稍经风雨、日晒的影响,其强度迅速降低,颗粒加剧破碎。软岩一般软化系数小,即浸水饱和后强度损失较大,有时只剩下干燥状态的 20%~30%。因此,软岩料的湿化变形也较大。对大坳和鱼跳面板堆石坝所使用的软岩坝料进行了湿化试验,结果见表 3-61。试验方法是:干试样制备好后,在一定的周围压力下进行剪切(UU),待偏应力($\sigma_1-\sigma_3$)达到一定值后(即达到干样的某个应力水平),停止剪切,保持此时的应力状态对试样进行充水饱和,测定其轴向变形量。

表 3-61 软岩料湿化变形试验结果

坝名	坝料	干密度 ρ_d(g/cm^3)	剪应力水平 s	湿化变形(%)		
				σ_3 = 0.2 MPa	σ_3 = 0.4 MPa	σ_3 = 0.8 MPa
大坳	砂岩堆石料(平均级配)	2.04	0.30		1.71	
			0.50	2.24	3.27	3.67
			0.70		4.40	
		2.10	0.50		1.22	
鱼跳	泥岩堆石料(平均级配)	2.00	0.30		2.98	
			0.50	3.67	4.38	4.60
			0.70		6.22	
		2.11	0.50		2.51	

从表 3-61 可见,软岩堆石料的湿化变形比较明显,湿化轴向变形总的趋势是随小主应力 σ_3 增大而增加。如大坳面板堆石坝使用的砂岩堆石料,干密度 ρ_d 为 2.04 g/cm^3,应力水平为50%,小主应力 σ_3=0.2 MPa、0.4 MPa 及 0.8 MPa 时,湿化轴向应变从 2.24%增加到 3.67%。在同一周围压力下,应力水平愈高,湿化轴向变形愈大,如鱼跳面板堆石坝所使用的泥岩堆石料,干密度为 2.00 g/cm^3, σ_3=0.4 MPa,应力水平为 30%、50%及 70%时,湿化轴向应变从 2.98%增加到 6.22%。另外,对比表 3-61 和表 3-62,软岩料的湿化变形远大于微风化花岗岩(硬岩)料的湿化变形。

3.3.10 软岩料流变特性

对于抛填的堆石,其变形历时较长,具有明显的流变特性,亦称蠕变特性。而对于碾压的堆石,其压缩变形的速度很快,一般在面板堆石坝的施工期,坝体沉降变形的大部分即可完成,蓄水后的变形收敛也很快。基于此,堆石坝的变形分析一般只考虑施工期和蓄水期的变形,长期变形问题不予考虑。不过对于高面板堆石坝,由于堆石体承受的应力水平较高,后续的颗粒破碎和颗粒重新调整将会使坝体堆石的蠕变特性重新变得突出起来。国内西北口、大坳、天生桥及澳大利亚 Cethana 等面板堆石坝原型观测结果表明,堆石坝体的变形在一定时期内并未结束,堆石的流变在观测中都比较明显,说明堆石具有流变的性质。对于 200 m 级的高面板堆石坝,堆石体的流变变形对面板的应力、变形影响较大,不容忽视。天生桥一级面板堆石坝由于面板混凝土浇筑离堆石填筑完成时间太短,堆石体初期的流变变形导致了天生桥面板出现脱空现象。罗马尼亚里苏(Le-su)面板堆石坝,坝高 60 m,1972 年建成,水库运行 2 年后,由于左岸坝肩面板与趾板间产生显著相对位移,导致周边缝止水破坏,漏水逐渐加大,满库运行 4 年后,靠右岸坝肩面板继续产生了一系列裂缝。后经多方论证,认为堆石体的长期流变引起堆体沿岸坡的运动是其主要原因。国外有堆石的流变效应引起混凝土护面局部碎裂的实例。

线弹性有限元法、弹性非线性有限元法和弹塑性有限元法先后用于面板堆石坝的结构分析,计算结果在一定程度上能反映该结构的工作性态。然而,以往这些分析中很少计入材料流变性的影响,理论分析结果不能令人满意。随着面板堆石坝高度的进一步增加,进行计入时间效应的应力应变分析,逐步成为必须要做的工作。为此,首先要加强堆石料流变特性的研究。

沈珠江等于1991年较早进行了堆石料的蠕变试验,试样直径为100 mm,最大围压200 kPa,所用的石料取自西北口面板堆石坝,其母岩为灰岩,最大粒径为30 mm,$d_{50}=5$ mm,控制干密度为1.90 g/cm^3,提出了三参数堆石料蠕变模型。该项试验的试样尺寸还比较小,对于粗粒料的代表性不足。梁军等于2002年利用大型压缩仪进行了砂岩堆石料的蠕变试验研究,试样直径500 mm,试样高度35 mm,控制干密度2.06~2.10 g/cm^3(软岩含量5%~15%),最大粒径60 mm,$P_{<5\ mm}<15\%$,$P_{<0.1\ mm}<(5\%\sim8\%)$。根据试验结果认为,在力的作用下堆石颗粒破碎细化、滑移充填孔隙是发生蠕变的重要原因,堆石颗粒的破碎可分为对应于主压缩变形的颗粒破碎和伴随蠕变变形的颗粒破碎,颗粒破碎引起堆石级配的细微改变,从而形成后期变形。不同垂直应力σ下的变形与时间关系的典型试验曲线如图3-56所示。

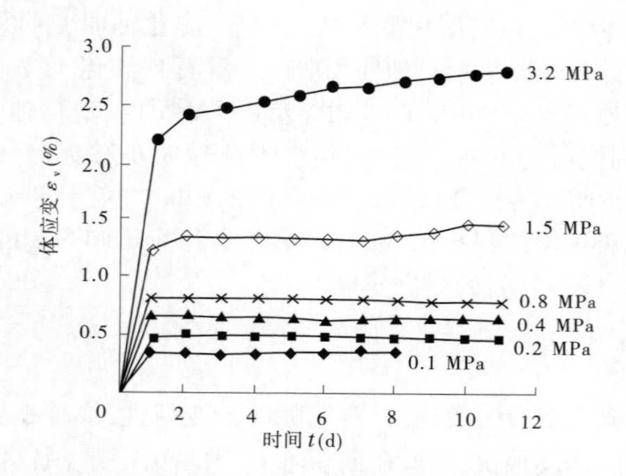

图3-56　堆石料(软岩含量10%)不同垂直应力下的变形与时间关系的典型试验曲线

由试验数据分析,堆石的蠕变规律随时间呈指数衰减变化,并与其所处的应力水平有关。拟合分析得出,轴向应变ε_c与固结应力和时间因素之间的关系,可以用一个统一的关系式来表达,即

$$\varepsilon_c(t,\sigma)=(a_1+b_1\sigma)\{1-\exp[-(a_2+b_2\sigma)t]\} \tag{3-7}$$

式中,试验参数$a_1=0.2\sim0.6$,$b_1=0.6\sim1.2$,$a_2=2.0\sim4.0$,$b_2=-0.3\sim-0.5$。

程展林等针对水布垭面板堆石坝主堆石料,采用自行研制的应力式大型三轴仪进行了蠕变试验,试样直径300 mm、高度600 mm,最大围压力2.7 MPa。试样为水布垭茅口组灰岩堆石料,比重2.73,试验干密度2.16 g/cm^3,初始孔隙率$n=20.9\%$,试验级配为主堆石料平均级配经缩尺后的级配,最大粒径60 mm,$d_{50}=18$ mm。加载方式为:围压一定,逐级施加竖向荷载,各级荷载下稳定应力状态若干时间,记录不同时刻试样变形。共进行了七组试验,同一级荷载下模拟蠕变过程最长达69 d,蠕变历时长,试样尺寸和围压力都很大,在国内外粗粒料蠕变试验方面都不多见,该试验的结果在一定程度上能够表达堆石

料蠕变特性。依据试验结果,堆石料的蠕变变形量的时间曲线可以采用幂函数表达为

$$\varepsilon_L = \varepsilon_f(1 - t^{-\lambda}) \tag{3-8}$$

式中,ε_L 为某时刻的蠕变变形量;ε_f 为相应应力状态下的最终蠕变应变量;t 为时间;λ 为蠕变系统。

3.4 软岩堆石坝的填筑

3.4.1 填筑标准的确定方法

坝体填筑标准的确定是面板堆石坝设计的一项重要内容。我国近 30 年来,面板坝建设的实践证实,不少工程的设计虽然符合设计规范规定的坝料填筑标准,而施工建成的面板堆石坝却出现了诸如坝体沉降过大、面板脱空等危及大坝安全运行的不良状况,这说明确定坝体材料合理的填筑标准是保障大坝安全的关键。由于砂砾石和堆石类材料的不均匀性,干密度与填料密实程度之间的关系没有唯一性,采用某一固定干密度作为设计和施工质量控制标准,必然会出现有的压实干密度值达到或超过控制指标但压实标准偏低或偏松,而有的压实干密度值未达到控制指标,压实结果却是紧密的,这样就形成了由于紧密程度的不同而使坝体容易发生不均匀变形进而危及坝体安全的状况。《混凝土面板堆石坝设计规范》(DL/T 5016—2011)以相对密度、孔隙率、压实度综合起来作为填筑标准,规定垫层料、过渡料、主堆石料及下游区堆石料的填筑标准,应根据坝的等级、坝高、河谷形状、地震烈度及已建相近岩性堆石坝的经验初步选定,再根据碾压试验结果确定。根据《碾压式土石坝设计规范》(DL/T 5395—2007),土石坝的粗粒填料的压实度一般要求在 90%以上,面板堆石坝的压实度一般要求在 95%以上。对于面板坝的砂砾石料和堆石料,还采用孔隙率或相对密度控制,在施工中还要采用碾压参数指标进行质量控制。《混凝土面板堆石坝设计规范》(DL/T 5016—2011)规定设计孔隙率或相对密度宜符合表 3-62 要求。

表 3-62 设计孔隙率或相对密度

坝料	垫层料	砂砾石料	过渡料	主堆石料	下游堆石料
孔隙率(%)	15~20		18~22	20~25	23~28
相对密度		0.75~0.85			

实际上,相对密度、孔隙率和压实度都是与最大干密度、最小干密度或填筑密度有关的无量纲值,都从不同的侧面反映压实后的紧密程度,它们用下式表达:

$$D_r = \frac{\rho_{dmax}(\rho_d - \rho_{dmin})}{\rho_d(\rho_{dmax} - \rho_{dmin})} \tag{3-9}$$

$$D = \frac{\rho_d}{\rho_{dmax}} \tag{3-10}$$

$$n = e/(1 + e) \tag{3-11}$$

式中，D_r 为相对密度；D 为压实度；ρ_{dmax}、ρ_{dmin}、ρ_d 为最大干密度、最小干密度和填筑干密度；n 为孔隙率；e 为孔隙比。

孔隙比按照下式计算：

$$e = \frac{d_s \rho_w (1 + 0.01\omega)}{\rho} - 1 \tag{3-12}$$

式中，d_s 为岩石密度；ρ_ω 为水的密度；ρ 为坝体填筑密度；ω 为填筑体含水率(%)。

由式(3-9)和式(3-10)可见，要确定填料的相对密度或压实度，都需要首先确定填料的最大干密度。因此，在施工质量控制中，针对每种堆石料都需要首先测定其最大干密度，再由实测的填筑干密度和最大干密度计算出填筑压实度。此外，干密度标准差也是一个重要的施工控制指标。

(1)最大干密度。堆石料最大干密度是确定设计填筑标准的关键性指标，有了最大干密度和压实度指标，就能确定设计填筑的密度和孔隙率。堆石料最大干密度的测定主要有振动台法与击实法(表面振动器法)。振动台法与击实法所得的最大干密度有一定的差别，一般前者略小。大量工程实践也已经证明，室内采用振动台法测定的最大干密度值偏低，难以作为设计指导施工的依据。表面振动器法中的振动器直接作用于试样上，其重量已包括在附加荷重中；而试样筒和试样的重量则作用于地面上，从而使得表面振动器法从原理上看比振动台法更接近于现场振动碾压，操作也更为简单。以表面振动器法测定堆石料最大干密度的方法，在面板堆石坝工程中得到广泛的应用。孙陶等对比了已建成六个工程的坝料表面振动器法最大干密度与实际填筑干密度检测值，发现表面振动器法所确定的最大干密度平均值与实际填筑干密度检测平均值之差为-0.04~0.10 g/cm³，其中差值范围在-0.04~0.05 g/cm³ 的占90.0%，认为表面振动器法所确定的最大干密度与实际填筑密度基本相等。建议将表面振动器法的最大干密度乘以0.96~0.98的压实度作为设计控制干密度，并作为施工填筑控制干密度下限，实用且简单。

(2)堆石孔隙率。《混凝土面板堆石坝设计规范》规定，设计堆石干密度可用孔隙率和岩石密度换算。在干密度、孔隙率的换算中以岩石密度替代堆石比重。这项规定对于坚硬岩石自身密度与比重一致(或极其相近)尚属适宜，但对于岩石密度与比重相差较大的堆石料，对堆石孔隙率、干密度的计算影响较大。若坝料细料含量愈高，坝料比重更接近于岩石比重，则影响更大。如某工程白云岩堆石料，岩石比重2.87，岩石密度2.76 g/cm³，堆石料比重2.81(大于5 mm块体虹吸筒法比重与<5 mm颗粒比重瓶法比重加权平均值)，堆石设计控制干密度2.25 g/cm³(室内表面振动器法求测的最大干密度2.32 g/cm³×压实度0.97)，相应孔隙率 n=19.9%(依据堆石比重计算)。而以岩石密度计算堆石孔隙率，则 n=18.5%，孔隙率相差1.4%。反之，若选用堆石孔隙率19.9%，按岩石密度换算堆石设计干密度为2.21 g/cm³，实际21.4%，相应压实度仅为0.95，无疑以后者控制大坝施工则会增大坝体沉降变形量。此外，岩石自身结构疏松、密度低、孔隙率大的岩石对堆石干密度的影响则更为显著。因此，当岩石密度与堆石料比重相差较大时，按设计规范以岩石密度替代堆石料比重换算堆石设计干密度的方法不宜采用。

(3)干密度标准差。干密度标准差的大小反映了堆石填筑的均一性，标准差过大则填筑密度相差较大。关于坝体各区堆石料压实标准差，1998年修订《混凝土面板堆石坝设计规范》时,缺实践资料,主要是依据天生桥一级坝的情况而拟定的,规范规定堆石料填筑干密度标准差应≤0.1 g/cm^3。近20年来的进展,各面板坝基本上都实现了<0.1 g/cm^{3}的水平,标准差均在0.05 g/cm^{3}以下。但是,也有少数工程,虽然其坝料干密度标准差控制在0.1 g/cm^{3}左右,但其坝体仍然产生了较大的沉降变形。这些工程实例说明,在我国目前面板坝压实质量控制、施工技术水平和施工机具设备方面已取得巨大进步的条件下,规范中关于干密度标准差的规定还有调整的必要。

在设计中,往往用工程类比的方法,在坝料填筑标准的选用上采用规范数值范围的中值,如主堆石采用孔隙率23%、相对密度采用0.80等。通过施工初期的碾压试验对初选的设计指标进行复核和修正而最终确定坝体堆石填模式,在当前的面板坝建设实践中已成定式。本应在设计阶段就应当相对准确确定的填筑标准以及力学参数如果滞留到施工期,在实际实施中则很可能产生下述两种情况:一种情况是碾压试验及施工期修正了原设计填筑标准某工程砂砾石堆石坝,原设计主堆石以土工试验规程规定的室内相对密度试验D_r=0.85时换算的设计干密度ρ_d=2.25 g/cm^3、次堆石以D_r=0.80换算的设计干密度ρ_d=2.23 g/cm^{3}控制。施工中进行了碾压试验,经综合分析整理绘制相对密度干密度、砾石含量P_5三因素相关图,按碾压试验结果确定了严格的碾压参数及填筑标准。在三因素图上,主堆石砂砾石P_5含量80%对应相对密度D_r=0.85时,干密度ρ_d=2.32 g/cm^3,而原设计控制干密度2.25 g/cm^3,在三因素图上相应仅0.65。这说明按土工试验规程规定的室内试验方法所确定的最大干密度偏低。通过碾压试验修正了原设计控制填筑标准。实际施工主堆石平均干密度已达2.35 g/cm^3,对应相对密度D_r=0.93,次堆石施工平均干密度2.33 g/cm^3,对应相对密度D_r=0.92。坝体填筑质量优良,大坝竣工期坝体沉降变形率仅0.29%。另一种情况是工程单位仅将碾压试验作为复核设计填筑标准的手段。部分工程在施工初期所进行的碾压试验,往往是复核设计所确定的填筑标准能否在施工中得以实现。但若设计填筑标准原本就不满足工程安全的要求,这时的碾压试验仅达到以原设计填筑标准控制施工的目的(某些中型工程甚至不做碾压试验而直接按设计填筑标准控制),这样可能发生施工虽满足设计要求的填筑标准,但仍可能产生坝体沉陷量过大而造成面板脱空、面板结构性裂缝、垫层冲蚀、大坝漏水的严重后果,在已建面板堆石坝中这种情况已不是个别现象。

3.4.2　软岩填筑的特点

基于近年来软岩筑坝技术的发展水平,只要把握了孔隙率和压实度这个关键问题,规定适当的孔隙率,即使在主堆石干燥区内,也不排除使用软岩的可行性,在次堆石干燥区使用软岩更是可行的。为使软岩堆石体蓄水后不致产生过大的变形,应通过提高堆石体的密度,降低孔隙率而提高堆石体压缩模量的方式来实现。表3-62中填筑标准的经验值是针对硬岩而提的,软岩筑坝要求应高一些。软岩具有变异性,即软岩具有细化(破碎)、湿化、软化、泥化、板结(相对不透水层)的特性。软岩施工措施不当,可能加剧异化,促使相对不透水层(板结)的形成。同时,软岩细化的变异特性,又使软岩堆石体存在可压实得比硬岩堆石体更大的密度、更小的可能。这一特点在一定程度上补偿了软岩强度低的弱点。

软岩料填筑施工的关键是控制好两个技术环节:其一是必须保障填筑上坝的软岩料具有较高的压实度,减少坝体在运行期间的沉降量,使大坝能够在允许的变形范围内安全运行;其二是在填筑施工过程中尽量减少软岩料细化和泥化现象的产生,以提高软岩填筑料的承载能力和坝体的稳定性,同时也可增大软岩填筑料渗透系数和排水的能力。

软岩料一则因种类繁多,包括岩性本身软弱的各类岩石以及硬、软混杂的岩石;二则因软岩具有变异性,所以软岩施工控制标准和施工工艺措施不能用已建硬岩工程类比的方法来设定,一般都需要首先进行软岩的施工试验。软岩施工试验与硬岩施工试验基本相同,但软岩施工试验项目比硬岩略多。主要内容为:①坝料开采爆破现场试验;②坝料填筑碾压现场试验,包括机械选择、坝料颗分试验;③坝料填筑垂直和水平渗透现场试验;④施工控制标准和施工工艺方法现场试验,包括坝料铺填方式、厚度、洒水方式、机械与层厚的选择等,还要做控制和处理板结试验。

对于软岩,饱和强度损失较大,从已有经验可提出偏于安全的填筑标准,但对于重要的坝和高坝,还是应该进行碾压试验。鱼跳、大坳、茄子山面板堆石坝均就软岩坝料填筑施工技术,结合各自工程施工的不同阶段进行了现场试验研究。三个面板堆石坝虽然在所处地域、气象条件、软岩的成因和性质、软岩料在坝体填筑的部位、施工机械的配备等方面,存在较大的区别,但由于软岩料共同具有的特性,使三个面板堆石坝的填筑碾压试验的结果上,还是反映出了软岩料的一些共性和趋向:

(1)软岩料经振动压实一般密实度高、孔隙率低、沉降率较大。软岩料较一般硬岩料更容易振动压密。

(2)适量加水有助于软岩料的碾压密实,但必须控制加水量和洒水时间。由于软岩料吸水率、饱水率和排水性能与硬岩的差异,三个依托工程在现场填筑试验和生产施工中,都曾不同程度地出现过坝面积水、形成橡皮土、坝料粘碾等现象。为克服这些现象发生,三个工程的共同经验是提前加水。加水量应根据软岩料性质的不同有一定的差别,鱼跳纯泥岩料加水量控制在3%~5%比较合适,茄子山风化花岗岩控制加水量为10%~15%;大坳则对加水量不做控制,要求坝料湿润即可。

(3)碾压密实的纯软岩料会在表面形成一个过细的板结层,其厚度为10~20 cm,这也是利用纯软岩料进行坝体填筑时一个普遍存在的现象,主要影响垂直渗透系数。

(4)在一定范围内铺层厚度的变化,对压实效果的影响并不明显。三个依托工程针对不同铺料厚度的压实效果试验表明,尽管对软岩料的密实度要求较高,铺料厚度在80~100 cm时,采用合适的碾压机械和碾压方式,都能达到较高的密实度,满足设计要求。

3.4.3 软岩料施工工艺

在施工过程中,宜采用碾压参数和孔隙率或相对密度两种参数控制,并宜以控制碾压参数为主。根据软岩料填筑试验与生产施工方面的研究成果,以及软岩料填筑面板堆石坝的经验和教训,以下是软岩料填筑施工中需要注意的问题和应采取的工程措施:

(1)软岩料的挖运。软岩料爆破开采应与上坝强度相协调,要做到即爆即用,直接上坝,减少或避免二次堆存和倒运。对于软岩料的挖、装、运作业工序,应做到轻、缓、低,在施工中应注意避免反复挖翻软岩料,挖装软岩料时则须尽可能降低卸料高度;挖装设备以正铲、电铲为宜,料斗尽量放低,靠近车斗时再开启斗门卸料,以减少在下落过程中撞击破碎。运料设备则以 20 t 自卸汽车为宜,如斯太尔、铁马等自卸车。

(2)软岩铺料的方法。前进法卸料时,石料在层坡上产生分离,粗颗粒因自重沿斜坡滚到料层底部,细颗粒留在表层,车轮在未碾压的松散细颗粒上来回碾压,使表层细粒进一步破碎细化,形成板结,影响坝体垂直渗透。为避免前进法导致的粗细分离和表层细化,软岩填筑最好是用后退法铺料,即运料汽车在已压实的层面上后退卸料,形成许多密集的料堆,再用推土机整平,卸料时还应注意根据铺层厚度、汽车斗容大小,使各料堆间距保持适当距离。后退法的缺点是部分大石顶部凸出于表面,影响振动碾的工作,但软岩强度不高,可用冲击锤进行破碎处理。根据鱼跳和大坳工程的经验,进占法和后退法两种施工方法的压实密度相差不大,后退法较前进法的压实干密度仅略大 0.03~0.05 g/cm³,但后退法中<5 mm 和<0.1 mm 细颗粒含量较进占法低近 1 倍。

(3)碾重与铺料厚度。软岩料填筑碾压施工,宜采用牵引式振动碾,比自行式振动碾更为方便和有效。碾压过程中应按通过碾压试验所确定的碾压参数和程序进行,注意严格控制碾压遍数,不得漏振、少振和过振,同时必须做好详细记录和现场交接。

硬岩用重碾,软岩宜用轻碾,因碾子越重,表层破碎量越大,形成板结不透水层越厚,但碾重过轻,影响施工进度,因此选用碾重要适当。目前,软岩施工的工程,多用 10~12 t 的振动碾。少数工程如鱼跳软岩料填筑使用 16~18 t 的振动碾,印度尼西亚的希拉塔坝也用了净重 16 t 的振动碾。应避免超重碾压而使软岩料过度挤压破碎。

铺料厚度(层厚)与碾重的选择要匹配,软岩碾压要用轻碾,轻碾的铺料不宜过厚。国外软岩筑坝部分工程碾压铺层厚度较薄(30~60 cm),压实的密度较高,孔隙率也较低。由于这些坝的铺层薄,一方面对料场爆破的要求高(受最大粒径限制);另一方面铺料碾压费工费时,施工单位不便使用。我国鱼跳坝、大坳坝、茄子山坝的碾压试验及实际施工表明,在一定范围内软岩料铺层厚度的变化,对压实效果的影响并不明显。目前,随着新型碾压机械的不断涌现,压实能力已有很大的提高,这就为适当加大铺层厚度创造了有利条件。三个工程铺料厚度在 80~100 cm 时,鱼跳坝用 16 t 的拖碾、大坳坝采用 13.5 t 的拖碾、茄子山坝采用 17 t 的自行碾,都能达到较高的密实度,满足设计要求。软岩料填筑适当增加铺层厚度,既可加快施工进度、节约成本,又可降低板结层在坝体填筑区所占的比重,有利于增加坝体软岩填筑料的排水能力和通透性。总结工程经验,软岩料的铺填厚度以 60~100 cm 为宜。

(4)软、硬混合施工问题。岩石结构软、硬互层,开采时要优化爆破方案,使爆落的软、硬料较好地混合。这种软、硬混合的堆石体,比软岩堆石体好,可适用于更多部位。如鱼跳坝在下游坝体使用混合料。云南茄子山坝的混合料是硬岩和软岩料混掺使用,既用于主堆石区,也用于次堆石区,为软岩利用开辟另一条途径。茄子山坝是二云花岗岩,因强度高,棱角硬,机械磨损严重,车胎、履带报废很快。为解决这一问题,经试验研究,将软岩 20%摊在硬岩表面,不仅表面平整,而且软岩的细料填入硬岩,提高了堆石体密实度。试验得知,不大于 5 mm 颗粒含量 20%以内,细粒不参与骨架,不仅对渗透系数无大影响,而且会增加密实度,降低孔隙率。在主堆石体中一般都可掺用,次堆石体的软岩加入硬岩,也提高了次堆石体的抗剪强度和透水性。软岩料和硬岩料混掺使用要避免在施工中增加混渗的工序,茄子山坝是采用在料场装料和坝面在卸料时,按比例进行,即用前进法卸料,按比例前排车卸六车软岩,在其后卸四车硬岩,然后用推土机向前推送,在推平中达到混掺的目的。鱼跳坝混合料中软岩为 30%~40%,采用软、硬岩相互混铺,即先铺软岩料,在填筑层表面再铺填硬岩细料,以保证在碾压后其表层不形成板结。该处理方法施工成本较高,但处理效果比较理想。

(5)加水工艺。一般认为对硬岩和中低坝,洒水对坝的性态影响甚微,而对高坝及软化系数小的岩石,应把洒水视为常规。天生桥工程单轴压缩试验表明,随着制样含水率的提高,非饱和及饱和两种压缩的差别渐小,这说明碾压时洒水,不仅可以得到较大的干密度,而且可以减少堆石体因湿化而引起的变形。洒水的主要目的是使石料浸水软化,便于颗粒压碎挤紧而提高密度,可以减少竣工后的变形量,而不是将细料冲洗到粗料孔隙中去,所以不必用高压水枪冲洗,而只要是将石料浸湿均可。

适量洒水有助于软岩料的碾压密实,软岩料一般都有湿化变形的特性,在坝体填筑期间通过加水也可使其湿化变形在施工期基本完成,从而减少坝体运行投入与运行后的沉降变形。但软岩洒水会湿化、软化、泥化,因此洒水要适量。对于软岩料的加水量应根据岩性,通过试验进行确定,严格控制。根据软岩的种类不同,软岩筑坝洒水量一般以 5%~15%为宜,少数可达到 20%。根据国内外工程经验,一般加水量为 10%~20%。按照天生桥一级坝试验成果,加水量使堆石料饱和度达 0.85 左右为好。雨季或雨天施工时,可视坝料情况少加水或不洒水。在碾压前洒水,碾压时粘碾严重,不利碾压。碾压前要提前洒水,洒水可在料场或途中进行,如在坝面洒水要使碾压前有较长的湿润时间。洒水可用水表计量,以用洒水汽车为宜。在缺水或寒冷地区不能加水时,可以采用减少填筑厚度和加大压实功能作为补偿,如十三陵上池坝的风化安山岩,在冬季不能加水时,就将填筑层厚由 80 cm 减为 60 cm,并增加碾压遍数。

软岩料多数采用薄层加水碾压,加大压实功能,以取得较高密度和较好的力学性能。如贝雷坝填筑层厚为 0.3 m,而红树溪和温尼克坝分别为 0.45 m 和 0.5 m,天生桥一级坝为 0.8 m。

(6)控制软岩料细化板结的技术措施。因为软岩的强度一般在 15~30 MPa,在外荷载作用下极易破碎、细化。软岩细化后,石料的块径变小,细颗粒含量增多,加之施工中洒水碾压的作用,软岩填筑料表面容易形成板结层。从现场试验成果及施工情况分析,板结层厚度大部分在 5~10 cm,少数部位因软岩料中泥岩含量偏大,则其板结层的厚度可达 20 cm 左右。在实际坝体填筑时,在软岩料施工的各个工序,如爆破开采、挖装运、填铺、洒水碾压等,采取有效措施尽量减少软岩料在施工过程中的细化,可使其在填筑过程中不形成板结层或尽量使板结层厚度减小。在每一填筑层碾压完成,应检查填筑层表面的板结层情况。在板结层形成大面积覆盖或竖向排水区出现表面板结层时,必须进行处理。对于 5 cm 以下很薄的板结层,在上一层铺料前洒水,冲洗软化板结层,可使上层石棱嵌入下层。对于较薄的板结层(5~10 cm),采用履带式推土机、拖拉机在板结层表面行走的方式,使层面翻起和错位,也可加功能相同的专用工具进行处理。对于大于 10 cm 厚的板结层,可采用推土机的犁土器把板结层犁松或用推土机铲刀将板结层刮掉两种方法。犁土器可犁松板结层,但犁头碰到大的石块后同时将周围已压密实的堆石也翻松,细粒料却留置在犁沟附近,板结层虽破,但需重新对翻松的堆石碾压,碾压后再次板结,效果不好,而推土机铲刀推到表面板结层,底部压实的堆石不会产生破坏,细料可推至两岸坝肩处,还可改善坝坡结合处防渗作用。每层处理后才能进行下一层铺料,实际施工中尤其要注意对竖向排水区的专门保护。

采用纯软岩作为填筑坝料时,要控制其细化、板结是非常困难的。目前施工中处理板结层的主要方法是挖除,这样做既不经济又影响工期。鱼跳、茄子山等面板堆石坝采用不同方式。鱼跳坝是灰泥岩,板结层较薄(5~10 cm),经试验用推土机在板结层表面行走,履带的履刺把板结层翻松,垂直渗透得到改善。茄子山工程是二云花岗岩风化料,垂直渗透系数最大为 10^{-3} cm/s 量级,板结不太严重,只是在板结层厚不小于30 cm 时,才用推土机推掉处理。在纯软岩料中掺和一定比例的硬岩料,这种方法在鱼跳、茄子山和大坳工程中都不同程度的采用,效果均不错。掺和比例和方法需通过试验研究确定。软、硬岩的掺混使用有利于控制和解决软岩的细化、板结问题,而且还能提高堆石体的排水性能。通过上述三个工程进行的试验研究,取得以下基本一致的共识:①在软岩料施工的各个环节,爆破开采、挖运填铺、洒水碾压采取有效措施,尽量减少软岩料在施工过程的细化,从而使其在填筑过程中不形成板结层或尽量使板结层厚减小。②对于较薄的板结层(<5 cm),采用履带式推土机、拖拉机在板结层表面行走的方式,使层面翻起和错位,也可加功能相同的专用工具进行处理。③在纯软岩料中掺合一定比例的硬岩料,这种方法三个依托工程都不同程度地被采用,效果均不错。掺合比例和方法需通过试验研究确定。

3.4.4 坝体分区填筑方法

坝料按坝体分区,一般可分为垫层料、特殊垫层料(或小区料)、过渡料、主堆石料及次堆石料几大种类。除垫层料和特殊垫层料需要系统生产加工外,过渡料及堆石料一般均由选择的石料场,通过严格的爆破试验进行开采。坝体不同区域的填料有不同的级配和填筑标准,施工中首先就是要选择合格的坝料和控制级配。目前,主堆石料($Ⅲ_B$ 区)的级配一般根据 Talbot 堆石级配用下式计算:

$$P=(d/D_{max})^n \tag{3-13}$$

式中,P 为某粒径通过的百分数(%);d 为某粒径,mm;D_{max} 为最大粒径,mm,对于高坝,主堆石最大粒径一般取 800 mm;n 为决定级配曲线形状的指数,一般取 0.45。

次堆石料位于$Ⅲ_C$ 区,可以采用与$Ⅲ_B$ 区相同的材料或软岩料。垫层料级配要求很严格,目前常用谢腊德级配,但对于其<0.075 mm 含量 2%~12%的规定也有不同的观点,认为垫层料如果细粒含量过多(8%以上),可能使抛填细料封闭面板缺陷的反滤能力变弱。我国现行设计规范亦规定<0.075 mm 的颗粒含量不宜超过 8%。水布垭坝控制 0.1 mm 的细粒含量为<6%,巴贡坝控制为<5%。

垫层区能够有效地控制渗流,但可能导致垫层区水力梯度很高。因此,设置具有反滤性质的过渡料(3A)具有重要意义,它可以阻止垫层料在渗透水流作用下发生冲蚀。过渡料的级配特征根据对垫层料的反滤原则确定。通过控制爆破或地下建筑物开挖可获得符合级配要求的过渡料,其最大粒径一般不超过 300 mm。

坝体填筑原则上应在坝基、两岸岸坡处理验收以及相应部位的趾板混凝土浇筑完成后进行。采用流水作业法组织坝体填筑施工,将整个坝面划分成若干施工单元,在各单元内依次完成填筑的测量控制、坝料运输、卸料、洒水、摊铺平整、振动碾压、质量检查等各道工序,使各单元上所有工序能够连续作业。坝面填筑作业顺序多采用“先粗后细”法,即堆石区→过渡层区→垫层区。也可采用垫层料和过渡料的填筑与堆石区同步进行。铺料时必须及时清理界面上粗粒径料,此法有利于保证质量,且不增加细料用量。铺料后用牵引式振动碾碾压,接缝处采用骑缝碾压。由于软岩料填筑坝体的施工期沉降量较大,因此应在堆石坝体充分沉降稳定后,才能开始混凝土面板的施工。下游坡面防护层应及时紧随软岩料填筑坝体上升而完成,以防止软岩料的继续风化。

(1)主、次堆石区填筑:堆石区的填筑料由自卸车运输卸料,卸料的堆之间宜保留 60 cm 左右的间隙,采用推土机平仓以使粗径石料滚落底层而细石料留在面层便于碾压,超径石应尽量在料场解小。碾压时采用错距法顺坝轴线方向进行,低速行驶(1.5~2 km/h)。碾压按坝料的分区、分段进行,各碾压段之间的搭接不少于 1.0 m,铺筑碾压层次分明,做到平起平升,以防碾压时漏碾欠碾。在岸坡边缘靠山坡处,大块石易集中,故岸坡周边选用石料粒径较小且级配良好的过渡料填筑,同时周边部位先于同层堆石料铺筑。碾压时滚筒尽量靠近岸坡,沿上下游方向行驶,仍碾压不到之处用手扶式小型振动碾或液压振动夯加强碾压。

(2)过渡层料填筑:过渡料填筑前,必须把主堆石料上游坡面所有大于该区最大粒径的块石清除干净。超径料在料场及时解小,填筑时自卸汽车将料直接卸入工作面,后退法卸料,倒料顺序可从两边向中间进行,以利流水作业。过渡料用推土机推平,人工辅助平整,铺层厚度等按规定的施工参数执行,接缝处超径块石需清除,主堆石料不得侵占过渡区料的位置。若出现这一现象,应采用反铲挖除或人工清除。平整后洒水、碾压,碾压采用自行式或拖式振动碾碾压,碾压时的行走方向顺坝轴线来回行驶。

(3)垫层料的填筑:特殊垫层料位于周边缝底部,铺层厚度为 0.2 m。普通垫层料的铺层厚度一般取 0.4 m。铺筑方法基本同过渡区料,并与同层过渡料和相邻主堆石料一并碾压。挤压边墙技术出现之前,垫层料的施工比较复杂。按照传统施工方法,每层填筑时需向上游面超填 20~30 cm。水平振动碾加水碾压后,接着用反铲削坡修整。沿着上游坡面用振动碾碾压,然后对坡面喷乳化沥青或砂浆进行保护,防止大雨冲蚀。挤压边墙施工是对传统施工方法的重大改变。该方法首先应用于巴西的依塔坝(ITA),即在垫层料铺筑前,先沿上游边缘施工低强度混凝土挤压边墙(强度相当于 C5),使墙高与垫层料每层铺筑高度一致,其倾斜的外表面与面板坡度一致,内表面倾斜,作为垫层料碾压的横向支撑,顶宽 10~12 cm。在面板浇筑前,为减少边墙和面板之间的黏结力,在边墙表面涂刷薄层乳化沥青。挤压边墙施工技术大大减少了施工程序,受天气影响小,表面平整,无须保护,效率高。水布垭坝和巴贡坝均采用了挤压边墙施工技术。

3.4.5　软岩料施工质量控制

在软岩料坝体填筑前,应结合现场碾压试验,对软岩料填筑施工和进行质量控制的有关人员,进行必要的技术和操作培训,使他们熟悉工程所用软岩料的施工特性、已确定的软岩料的施工参数和相应的施工质量控制标准等,以保证软岩料填筑的施工质量。由于软岩料饱和强度损失较大,从已有经验可提出偏于安全的填筑标准,但对于重要的坝和高坝,还是应该进行碾压试验。碾压试验后采用试坑注水法进行密度试验,可以提供必要的填筑质量标准信息,但由于软岩堆石料级配的变化,可能给出错误的信息,因此用方格网布置测点,测量不同碾压参数下的层面沉降量以表示压实程度是可取的。

对于软岩堆石料填筑,采用常规的质量检查措施,即施工过程中认证是否达到规定的层厚和碾压遍数。如按规定的层厚、碾压遍数和洒水量进行施工,即可认为合格。堆石的密度和级配试验是很少做的。对于一些重要的坝,进行一些试坑注水法的密度和级配试验,主要是为了留作施工记录并分析坝体宏观质量之用。

软岩料应定期进行爆破料颗粒分析,每爆破一场应按规定取样,测定超径石百分数、<5 mm 细粒含量、风化软弱颗粒含量的百分数、<0.1 mm 细粒含量等,控制其不超过规范及设计要求。

主、次堆石区使用软岩料的控制压实标准,必须经过充分压实(以补偿软岩强度低的弱点)的碾压试验后确定。施工过程中宜采用碾压参数和孔隙率或相对密度两种参数控制,并宜以控制碾压参数为主。也就是说,对于软岩堆石料填筑,主要是采用常规的工序质量检查措施,即施工过程中认证是否达到规定的层厚和碾压遍数。如按规定的层厚、碾压遍数和洒水量进行施工,即初步认为合格。同时,对于压实效果定期按施工规范频度检查干密度、孔隙率、颗粒级配。

为保证软岩料按设计要求规定的区域填筑,施工中要采用清晰标志显示软岩料利用区的控制界线。填筑施工前,根据软岩料现场碾压试验成果,确定初步施工参数和质量控制指标,在软岩坝料填筑碾压施工过程中根据现场抽样检测成果和施工条件及时进行调整。软岩料填筑采用后退法铺料,推土机整平。碾压施工作业中严格控制铺层厚度和碾压遍数,保证不漏振、少振和过振。软岩料的加水量应根据岩性,通过试验进行确定,严格控制和检测洒水量,一般控制在10%以下。加水可以在运输途中进行或在推土机摊铺前洒水湿润坝料。若遇雨天施工,可视坝料情况少加水或不洒水。坝体下游坡面防护层必须紧随软岩料填筑坝体上升而完成,以防止软岩料的继续风化。

软岩料坝体填筑质量控制除一般标准外,还应注意检查有无弹簧土、泥化和板结,并按设计要求检查渗透系数。主、次堆石区使用软岩料的控制压实标准,必须经过充分压实(以补偿软岩强度低的弱点)的碾压试验后确定。根据本项目三个依托工程试验情况,主堆石区如使用软岩料,则建议其孔隙率不大于20%;次堆石区使用软岩料,建议其孔隙率为21%~24%。压实效果应定期按硬岩施工规范频度检查(包括干密度、孔隙率、颗粒分析),必要时,坝轴线以上部分可按标准范围的中偏上范围取值控制,坝轴线以下部分可按标准范围的中偏下范围取值进行控制。施工中形成的板结层应采取必要的措施。使用推土机刮去板结层是彻底处理的措施。此外可用其他措施:一是在上一层铺料前洒水,冲洗板结层,使上层石棱嵌入下层;二是当板结层较薄时,用拖拉机履带在板结面上行走一遍,在其表面形成沟槽和起翻松作用,履带刺长 5 cm,对下层又有劈裂深度,可大为改善渗透性能,铺料再碾时也利用层间结合。

3.4.6 软岩料的开采

软岩料开采采用梯段松动爆破和洞室爆破均可,视工程的具体情况而定。国内几个工程均不同程度采用了洞室爆破开采软岩料。由于软岩具有易爆碎的特点,爆破中一般不采用过大的集中药包,而采用延长药包。但实际施工中由于软岩料多利用枢纽建筑物开挖料,受枢纽建筑物的限制,多采用梯段松动爆破。为减少软岩料在施工过程中软化、细化、泥化,应采用减少转运次数、尽量使开挖出的软岩料直接上坝等施工措施。

堆石坝的主体是堆石体,其开采和运输费用约占大坝投资的70%,因此研究坝料的开采施工技术具有重要的意义。堆石料主要依靠爆破开采获得。面板堆石坝要求爆破开采的石料不但最大粒径应小于铺层厚度(一般不大于80 cm),有较好的颗粒级配组成以利于振动压实;而且在爆破开采规模和数量上要满足设计要求,与坝体填筑强度相适应。统计资料显示,随着建坝高度的增加,坝体规模与方量及设计要求的上坝强度将呈指数增加,当坝高由100 m增加至200 m左右时,坝体方量可由100余万 m^3 增加到2 000万 m^3 左右,且最大上坝方量也由3 000~4 000 m^3 增至上万立方米。坝体堆石料的爆破开采将面临严重的挑战。

3.4.6.1 软岩的爆破特性

与硬岩相比,软岩具有密度外、孔隙率大、泊松比大、抗拉抗剪强度低、软化系数小的特点。因此软岩与硬岩在承受动力(强冲击)荷载方面也有一定的差异。硬岩料开采的技术成果均无法直接应用于软岩料的爆破开采,因此必须根据软岩的特点,寻求符合面板堆石坝填筑特点和要求的爆破开采方法与技术。

软岩与一般硬岩在动力特性方面的最大区别是软岩的波阻抗值较低(岩石的波阻抗是指岩石中纵波波速与岩石密度的乘积)。研究结果表明:炸药在岩石中爆炸时,只有很少一部分能量(约2%)用于破碎岩石,大部分的能量用于岩石的运动和变为无用功,岩石的动力特性不同,爆炸能量利用率与分配比例也不尽相同。药包爆炸后形成的空腔半径是随着岩石波阻抗的减小和炸药爆炸威力的增加而增加的;随着波阻抗的减小,岩石在爆炸作用下的位移速度、位移量、压缩相的作用时间和单位质量获得的动能都将增加;而随着炸药爆炸威力的增加,无论是软岩还是硬岩,它们的位移速度、位移量、压缩相的作用时间和单位质量获得的动能等诸项指标都将有所增加;但是作用于介质的压力、比能和冲击波的总能量则是随着炸药猛度的增大和岩石波阻抗的增大而增加的。也就是说,岩石的波阻抗越大、炸药的威力越大,炸药的能量转换系数就越大。试验结果表明,对于不同威力的炸药,岩石越软炸药爆炸后的能量转换系数的差值也就越大,这就充分说明,对于软弱岩石,提高炸药的威力就会导致转移给岩石的能量值的急剧增加,从而使得本来就属于易爆易碎的软岩产生过碎现象。

3.4.6.2 软岩料的爆破开采技术

密度小、强度低、节理裂隙发育是软岩共有的特点。因此,软岩坝料的爆破开采除要满足一般筑坝石料爆破开采的技术要求外,最关键的是要采取必要的爆破技术措施,有效地控制由于爆破作用而使开采的软岩料过碎。软岩料开采只要详细了解爆区的地质资料,有针对性地进行爆破设计与施工,采用深孔梯段爆破和硐室爆破均可达到预期目的。

统计资料显示,工程上经常面对的软岩,由于地质构造和岩石的成因不同,大体可分为三类:①单纯的软岩;②以软岩为主夹杂少量的坚硬岩层或侵入岩脉等;③软岩硬岩的互层结构。由于软岩与硬岩在爆破动力特性等方面的差异,因此针对三类不同的软岩类型,需要采取不同的爆破技术措施。

对于纯软岩料宜采用松动、切割的爆破方法,即在爆破设计中应采用大抵抗线、小药包间距的钻孔(药包)布置形式,有条件时要尽量选用爆炸威力较小的炸药品种,或是通过适当加大药包的不耦合系数来减小爆炸的冲击压力,起爆方式宜采用排间微差的一字形起爆顺序。

对于以软岩为主夹杂少量硬岩和岩脉时,除按上述原则对软岩进行爆破开采外,对遇到的硬岩应进行特别处理,其单耗药量等爆破参数需根据硬岩的性质予以选定,炸药用量也要单独核算,并通过间隔装药的隔断措施等以保证这部分炸药的爆炸能量能有效作用于硬岩中,否则由于软硬岩动力特性方面的差异,极易造成软岩过碎而硬岩部分产生大量超径大块石现象。

对于软硬岩互层结构岩石的爆破开采比较复杂,岩层的厚度、产状、力学指标的差异等,都将直接影响爆破效果。对于软硬岩互层的岩石,爆破开采的关键就是充分、有效地利用炸药的能量;通过爆破作用使较坚硬难爆的硬岩部分得到充分的破碎,控制其超径大块石产生;同时又要尽量减少软岩部分的爆破过碎现象的发生。因此,对爆区地质的详查工作,可以帮助爆破技术人员深入了解爆区地质构造,从而有针对性地进行爆破设计,尽量将炸药布设于较坚硬的岩层中,以达到理想的爆破效果。必要时还应采取分段间隔装药、改变药包直径(装药量)和孔网参数等爆破措施,这样做,爆破设计与施工虽然麻烦,但可防止由于爆破能量分配不当或由于爆炸气体过早泄漏等原因,造成坚硬岩层产生过多超径大块石和二次破碎量,而软岩部分又过分细碎,影响挖运和上坝填筑。

至于软岩料开采是采用深孔梯段爆破,还是采用洞室爆破,各工程应视具体情况而定。国内也有几个工程不同程度地采用了洞室爆破开采软岩料。由于软岩在爆破作用下具有对爆炸能量吸收多、空腔与压缩半径大、易爆碎的特点,洞室爆破中也应根据上述的软岩组成情况进行爆破设计与施工,一般不应采用集中药包,而多选用不耦合较大的条形或延长药包更为有利。当然在有条件的情况下最好选用深孔梯段爆破方法,更有利于根据不断变化的地质情况进行钻孔和药包布置,以及有针对性地进行药量调整等,从而取得较理想的爆破效果。也有利于减少软岩料在施工过程中由于长期堆放、淋雨、分层采挖、二次破碎以及转运等,造成软化、细化、泥化。实际施工中,许多工程的软岩料是利用枢纽建筑物开挖料,如溢洪道、岸坡和基坑等,应按上述要求在开挖时进行必要的爆破控制,以利于这些料的充分利用和坝体的填筑质量。

以上是综合软岩的岩石特性和爆破特点,结合多年来进行面板堆石坝坝料爆破开采的经验,提出一些软岩料爆破开采的具体原则。由于各个工程的地质、岩性、施工机具和方法、爆破器材等方面的差异,因此各个工程在具体施工中,应结合工程的特点参照上述几条爆破原则,通过现场爆破试验来选择具体的爆破方法和参数。

4 黄草坝工程筑坝土石料特性试验研究

4.1 筑坝土石料勘察

4.1.1 左岸近坝区土石料勘察地质概况

库坝区河谷深切,河道狭窄,阶地不发育,天然砂砾石料分布稀少。工程区中—新生界红层广泛分布,其中近坝区范围内以中生界白垩系地层为主,岩性组成主要为泥质粉砂岩、岩屑石英砂岩。最近的灰岩石料产地位于正兴镇周边,距坝址区公路里程约 30 km。近坝区范围内一般土料分布零散,而坡残积碎石土及风化岩分布广泛,软岩与硬岩不等厚相间分布且软岩相对集中,风化岩体普遍分布且厚度较大。为了充分发挥土石坝就地取材的优势、充分体现生态绿色的环保理念,本工程需考虑采用宽级配的坡残积碎石土或风化岩作为防渗土料,最大限度地利用近坝区丰富的风化岩、泥质岩等软岩料(包括坝基开挖料)作为坝体填筑料。

针对设计所需天然建筑材料类型,结合坝址区及其周边地层分布特点,首先对上、下坝址近坝区和自上坝址至下坝址的整个枢纽工程区进行了料源普查,并在此基础上选取了代表性料区开展了勘探和试验工作,主要包括上坝址左岸土石料场勘探区、坝卡风化岩料场勘探区、下坝址左岸土石料场勘探区,其中根据地形地貌特点及覆盖层厚度,上坝址左岸土石料场勘探区又进一步划分为 A、B、C 三个亚区。勘察研究过程中,从经济角度出发,根据不同勘探区内各料源层分布特点,针对不同料源选取代表性勘探区进行重点勘察。其中,以上坝址左岸土石料场 A 区作为堆石料重点勘察区,以上坝址左岸土石料场 C 区和坝卡区作为防渗土料重点勘察区。此外,结合坝基覆盖层开挖料、岩石开挖料用于防渗土料、堆石料一并进行了勘察研究。

A 区位于上坝址左岸坝顶高程以上山梁,山梁总体呈 NW 走向,区内高程 1 300~1 580 m,其北侧、东侧及南东侧分别为南板河及冲沟围限,地貌上呈现为单薄山脊。沿山脊地形坡度一般为 20°~35°,山脊两侧地形较陡,坡度一般在 40°以上,特别是靠近南板河的 NE 侧,存在较多的基岩陡坎。C 区位于坝址区下游左岸斜坡,距离上坝址坝轴线直线距离约 1.1 km,山坡地形整体较完整,地形坡度一般为 30°~40°,区内地面高程 1 160~1 420 m,表面植被茂密,高程 1 400 m 以上有乡间土路通往黄草坝公路。料场范围内发育两条小型冲沟,即 3#冲沟及 5#冲沟,两冲沟内上部无常年流水,仅于中下部有水流出。坝卡距离坝址左岸直线距离约 1.5 km,黄草坝公路从料场下部绕行而过,沿黄草坝公路至坝址区的公路里程约 5 km。勘探区面积约 0.42 km^2,分布高程 1 800~2 050 m,总体地形坡度 15°~30°,局部地形较陡,可达 35°~40°。料场地形总体较完整,料场东南侧分布有 1 条常流水小冲沟。地表多被植被覆盖,山脊部位地形较缓。

勘探区内第四系松散堆积物以残坡积物(Q_4^{eld})为主,料场表部广泛分布,厚度变化较大,一般为2~11 m,坡度不大于35°缓坡处较厚,一般为超过4 m,坡度大于45°的陡坡处厚度较薄,一般为1~3 m。覆盖层上部多为含砾低液限黏土、碎石混合土,下部为碎石、块石或混合土碎块石。

料场基岩地层为下白垩统曼岗组下段及景星组下段。

曼岗组下段(K_1m^1):主要分布于勘探区NEE侧外围,与景星组下段以断层F_{64}接触。岩性以灰紫色中厚层状中—细粒石英砂岩为主,与紫红色泥质粉砂岩、粉砂质泥岩互层。

景星组下段(K_1j^1):勘探区内主要料源地层,区内出露其第二层(K_1j^{1-2})至第七层(K_1j^{1-7})。第二层(K_1j^{1-2})以浅灰色中厚层—厚层状岩屑石英砂岩为主,钻孔勘探深度内未揭露,类比坝址,推断层厚为30~60 m。第三层(K_1j^{1-3})为紫红色、灰紫色中厚层—厚层状泥质粉砂岩夹粉砂质泥岩,局部泥质粉砂岩、粉砂岩、细粒岩屑石英砂岩互层,层厚为40~70 m。第四层(K_1j^{1-4})为浅灰色、灰绿色中厚—厚层状中—细粒长石石英砂岩夹灰绿色、深灰色粉砂岩、泥质粉砂岩,层厚60~100 m。第五层(K_1j^{1-5})以灰绿色、紫红色中厚层—厚层状泥质粉砂岩为主,夹少量粉砂岩、细砂岩,局部泥质粉砂岩、粉砂岩与细砂岩互层,层厚20~70 m。第六层(K_1j^{1-6})以浅灰色中厚层—厚层状中—细粒岩屑石英砂岩为主,局部夹灰绿色、紫红色粉砂岩、泥质粉砂岩,层厚40~10 m。第七层(K_1j^{1-7})以紫红色、灰紫色中厚—厚层状泥质粉砂岩、粉砂质泥岩为主夹灰绿色粉砂岩或少量灰色细粒岩屑石英砂岩,未见其顶部,推测层厚>70 m。

A区NEE侧发育区域性断层F_{64},产状为NW335°~350°/SW∠60°~80°。岩层总体走向为NW310°~330°,受构造影响,倾向SW或者NE,倾角30°~50°。地下水埋深37~176 m,水位1 335~1 455 m。C区范围内岩层褶曲较发育,产状变化较大,岩层总体走向为NW320°~350°,倾向SW或NE,倾角40°~70°,受褶曲影响,局部岩层走向NE。地下水埋深20.5~93.2 m,水位1 173~1 305 m。

A区地形较陡,坡面破碎,山脊单薄,风化、卸荷深度较大。钻孔揭露强风化层垂直厚度平均为8~15 m,山梁高处强风化层垂直厚度一般超过20 m,最大可达46 m,弱风化垂直厚度大多超过45 m,最大可达105.6 m。C区风化较强烈,强风化层厚度一般为9~24 m,弱风化层厚度为21~75 m。地形坡度总体不大,滑坡、崩塌等不良地质现象不发育。

4.1.2 筑坝土石料勘察

4.1.2.1 防渗土料勘察

针对库坝区防渗土料分布特征及工程特性,选取重点料区开展全面的勘察及试验研究,一般料区仅采样进行关键的物理指标试验。

1. 坝卡勘探区

坝卡勘探区内布置钻孔13个,孔深20~40 m,累计完成钻探工作量427.6 m;竖井16个,井深3.2~6.7 m,共完成竖井工作量82.7 m。

钻孔勘探深度范围内覆盖层及风化层揭露情况详见表4-1。覆盖层厚度0.5~2.7 m;全风化层厚度1.6~17.1 m,平均厚度7.9 m;仅部分钻孔揭穿强风化层,强风化层揭露最小厚度8.6 m,最大厚度大于31 m。竖井勘探深度内主要揭露覆盖层及全风化层,下部多揭露强风化层。

表 4-1　坝卡勘探区钻孔揭露信息汇总

孔号	孔深(m)	覆盖层及风化层揭露深度及厚度				
		覆盖层	全风化	强风化	弱风化	微风化
LBZK1	40	0～2.7 m:低液限黏土	2.7～6.4 m:泥质粉砂岩 3.7 m(100%)	6.4～33.4 m:砂岩 12.9 m(47.8%),泥质粉砂岩 14.1 m(52.2%)	33.4～40 m	—
LBZK2	36.8	0～0.6 m:低液限黏土	0.6～8 m:泥质粉砂岩 7.2 m(100%)	8～36.8 m:泥质粉砂岩 28.8 m(100%)	—	—
LBZK3	37.6	0～0.8 m:低液限黏土	0.8～7.2 m:泥质粉砂岩 6.4 m(100%)	7.2～37.6 m:泥质粉砂岩 10.2 m(33.6%),砂岩 20.2 m(66.4%)	—	—
LBZK4	20.5	0～2.6 m:低液限黏土	2.6～10.1 m:泥质粉砂岩 0.2 m(2.7%),砂岩 7.3 m(97.3%)	10.1～20.5 m:泥质粉砂岩 0.3 m(2.9%),砂岩 10.1 m(97.1%)	—	—
LBZK5	36.1	0～1 m:含砾低液限黏土	1～12 m:泥质粉砂岩 0.7 m(6.4%),砂岩 5.6 m(51%),泥岩 4.7 m(42.6%)	12～36.1 m:泥质粉砂岩 1.7 m(7.1%),砂岩 22.4 m(92.9%)	—	—
LBZK6	40	0～0.8 m:低液限黏土	0.8～17.9 m:泥质粉砂岩 4.8 m(28%),砂岩 7.6 m(44.3%),泥岩 4.7 m(27.7%)	17.9～40 m:泥质粉砂岩 4.9 m(22.5%),粉砂质泥岩 36.1 m(73%),砂岩 1 m(4.5%)	—	—
LBZK7	40.2	0～3.2 m:含砾低液限黏土	3.2～4.8 m:泥质粉砂岩 1.3 m(81.3%),泥岩 0.3 m(18.7%)	4.8～13.4 m:粉砂质泥岩 8.6 m(100%)	13.4～30.4 m	30.4～40.2 m
LBZK8	40.2	0～0.8 m:低液限黏土	0.8～8.4 m:粉砂质泥岩 1.7 m(22.4%),泥岩 5.9 m(77.6%)	8.4～40.2 m:泥质粉砂岩 15.8 m(49.7%),粉砂质泥岩 8.5 m(26.7%),砂岩 7.5 m(23.6%)	—	—

续表 4-1

孔号	孔深(m)	覆盖层及风化层揭露深度及厚度				
		覆盖层	全风化	强风化	弱风化	微风化
LBZK9	30	0~0.5 m:含砾低液限黏土	0.5~7.1 m:砂岩2.34 m(35.5%),泥岩4.26 m(64.5%)	7.1~30 m:泥质粉砂岩3.9 m(17%),粉砂质泥岩1.95 m(8.5%),砂岩17.05 m(74.5%)	—	—
LBZK10	30	0~0.4 m:含砾低液限黏土	0.4~17 m:砂岩7.6 m(44.6%),泥质粉砂岩9.2 m(55.4%)	17~30 m:泥质粉砂岩3.4 m(28.2%),砂岩9.6 m(73.8%)	—	—
LBZK11	27	0~0.3 m:含砾低液限黏土	0.4~6.1 m:泥岩3.7 m(64.1%),粉砂质泥岩2.1 m(35.9%)	6.1~27 m:粉砂质泥岩1.13 m(5.4%),泥质粉砂岩2 m(9.5%),砂岩16.3 m(77.9%),泥岩1.5 m(7.2%)	—	—
LBZK12	23	0~0.6 m:含砾低液限黏土	0.6~6.4 m:泥岩3.3 m(57.6%),粉砂质泥岩2.5 m(42.6%)	6.4~23 m:泥质粉砂岩6.65 m(40%),砂岩9.95 m(60%)	—	—
LBZK13	26	0~0.8 m:低液限黏土	0.8~7.6 m:泥质粉砂岩6.8 m(100%)	7.6~26 m:泥质粉砂岩18.4 m(100%)	—	—

从竖井采取覆盖层、全风化层、强风化层混合土样8组,覆盖层、全风化层混合土样8组。从钻孔岩芯中采取覆盖层土样3组,全风化层土样5组,覆盖层、全风化层混合土样3组,强风化层土样2组。针对覆盖层和全风化层,从竖井不同深度采取环刀样进行现场天然含水率和密度试验,共计完成22组,试验结果见表4-2。

表 4-2 坝卡勘探区覆盖层及全风化层含水率及密度现场试验结果

土样编号	取样深度(m)	天然含水率(%)	密度(g/cm^3)		土样编号	取样深度(m)	天然含水率(%)	密度(g/cm^3)	
			天然	干				天然	干
LBSJ1-1	0~1	30.2	1.70	1.31	LBSJ4-2	1~2	25.0	1.60	1.28
LBSJ1-2	1~2	26.5	1.52	1.20	LBSJ4-3	2~3	24.8	1.84	1.47
LBSJ1-3	2.2~3.2	19.9	1.64	1.37	LBSJ4-4	3~4	24.0	1.90	1.53
LBSJ1-4	3.5~4.5	23.5	1.81	1.47	LBSJ5-1	0~1	38.0	1.47	1.07

续表 4-2

土样编号	取样深度（m）	天然含水率（%）	密度（g/cm³）		土样编号	取样深度 m	天然含水率 %	密度（g/cm³）	
			天然	干				天然	干
LBSJ1-5	4.7~5.7	20.6	1.94	1.61	LBSJ5-2	1~2	29.6	1.76	1.36
LBSJ2-1	0~1	33.5	1.64	1.23	LBSJ6-1	0~1	34.3	1.28	0.95
LBSJ2-2	1.2~2.2	19.5	1.80	1.51	LBSJ7-1	0.6~0.8	20.8	1.60	1.32
LBSJ2-3	2.5~3.5	13.4	1.87	1.65	LBSJ8-1	0~1	37.6	1.42	1.03
LBSJ3-1	0~1	29.5	1.74	1.34	LBSJ8-2	1~2	33.5	1.59	1.19
LBSJ3-2	1~2	31.1	1.78	1.36	LBSJ8-3	2~3	31.7	1.62	1.23
LBSJ4-1	0~1	39.1	1.45	1.04	LBSJ8-4	3~4	21.2	1.81	1.49

层位及风化状态	统计指标		天然含水率	天然密度	干密度
坡残积及全风化	统计项目	组数	22	22	22
		最大值	39.1	1.94	1.65
		最小值	13.4	1.28	0.95
		平均值	27.6	1.67	1.32
		大值平均值	33.4	1.81	1.47

注：取样时间为 12 月中旬（雨季结束后 1 个半月）。

坝卡勘探区勘察范围为 0.42 km²，剥离层按照 1.5 m 考虑，勘探区开采底高程按照 1 800 m 控制，采用平行断面法计算得到全风化层及其以上防渗土料储量约 240 万 m³，强风化层储量约 880 万 m³，强风化层以下储量约 2 200 万 m³。其中，强风化层以上料源储量约 1 120 万 m³。

2. 上坝址左岸土石料场 C 勘探区

坝卡勘探区内布置钻孔 10 个，孔深 80~150 m，累计完成钻探工作量 1 030 m；竖井 29 个，井深 3.1~5.5 m，共完成竖井工作量 123.2 m。

钻孔勘探深度范围内覆盖层及风化层揭露情况详见表 4-3。覆盖层及全风化层厚度 3.5~12.5 m，平均厚度 7.7 m。

竖井勘探深度范围内揭露情况见表 4-4。仅 7 个竖井揭露强风化层，其余均未揭穿。竖井揭露的覆盖层及全风化层最小厚度 1.3 m，最大厚度大于 5.4 m。从竖井勘探揭露情况来看，覆盖层岩性以低液限黏土、含砾低液限黏土、碎石混合土为主，土质不均匀，各类

表 4-3 C 勘探区内钻孔揭露覆盖层及风化带分布深度汇总

孔号	孔深(m)	覆盖层及全风化层厚度(m)	风化带分布深度(m)		
			强风化	弱风化	微风化
LXZK1	100.0	3.5	3.5~15.0	15.0~88.1	88.1~100.0
LXZK2	100.0	8.3	8.3~32.0	32.0~86.8	86.8~100.0
LXZK3	80.0	12.5	12.5~24.5	24.5~80.0	—
LXZK4	100.0	5.0	5.0~24.0	24.0~84.1	84.1~100.0
LXZK5	100.0	10.0	10.0~19.0	19.0~100.0	—
LXZK6	95.0	5.0	5.0~27.0	27.0~87.0	87.0~95.0
LXZK7	100.0	6.8	6.8~16.0	16.0~40.2	40.2~100.0
LXZK8	80.0	7.5	7.5~24.8	24.8~45.4	45.4~80.0
ZKZ1	150.0	10.1	10.1~38.2	38.2~113.4	113.4~150.0
ZKZ4	125.0	8.5	8.5~10.2	10.2~53.4	53.4~125.0

岩性土层分布无明显规律,各个竖井揭露的土层中砾石、碎块石含量存在较大差异,砾石及碎块石含量总体上随竖井深度的增加而增大,成分为泥质粉砂岩、粉砂质泥岩、岩屑石英砂岩。地表以下 1.5 m 深度范围内的覆盖层根系发育。

根据竖井揭露覆盖层及全风化层岩性组成特征对 29 个竖井进行初步分类,同时考虑现场搬用条件,从竖井开挖料中采取代表性覆盖层及全风化层混合土样 8 组。针对覆盖层及全风化层,完成现场天然含水率、密度及筛分试验 29 组,现场试验结果见表 4-5、表 4-6,颗分曲线见图 4-1。

从现场试验结果来看,C 勘探区内覆盖层及全风化层天然含水率范围为 8.9%~28.0%,平均值为 17.0%;天然湿密度范围为 1.58~2.03 g/cm^3,平均为 1.84 g/cm^3;天然干密度范围为 1.27~1.82 g/cm^3,平均值为 1.58 g/cm^3。从颗粒组成来看,>60 mm 的颗粒含量为 1.1%~47.0%,平均为 20.9%;大于 5 mm 的颗粒含量为 14.5%~82.5%,平均为 53.7%;<0.075 mm 的颗粒含量为 4.3%~46.2%,平均为 23.9%;<0.005 mm 的颗粒含量为 2.0%~28.3%,平均为 13.9%;粒径<0.005 mm 的黏粒含量在<5 mm 颗粒组分中的占比为 4.7%~44.3%,平均为 29.0%。从天然含水率与粉黏粒含量关系曲线(见图 4-2)来看,天然含水率与粉黏粒含量具有很好的正相关性,天然含水率较高的土层,粒径<0.075 mm 的粉黏粒含量也较高。

C 勘探区勘察范围约为 0.48 km^2,剥离层按照 2.0 m 考虑,采用平行断面法计算得到全风化层及其以上防渗土料储量约 171.8 万 m^3。

表 4-4 C 勘探区竖井揭露情况汇总

竖井编号	井深(m)	土层厚度(m)	土层分层情况	基岩揭露情况
LXSJ1	4	2.4	0~1.8 m 碎石混合土,1.8~2.4 m 混合土碎石	揭露强风化层泥质粉砂岩
LXSJ2	4	2.3	低液限黏土	揭露强风化层岩屑石英砂岩
LXSJ3	4.3	4.3	0~1.7 m 低液限黏土,1.7~2.7 m 含砾低液限黏土,2.7~4.3 m 碎石混合土	未揭露
LXSJ4	4.5	4.5	0~2 m 低液限黏土,2~3.2 m 含砾低液限黏土,3.2~4.5 m 黏土质砾	未揭露
LXSJ5	4.2	4.2	碎石混合土	未揭露
LXSJ6	4	4	碎石混合土	未揭露
LXSJ7	4.8	4.8	低液限黏土	未揭露
LXSJ8	4.2	4.2	含砾低液限黏土	未揭露
LXSJ9	4	3	0~1.8 m 混合土块石,1.8~3.0 m 碎石混合土	揭露强风化层岩屑石英砂岩
LXSJ10	5.4	5.4	0~1.7 m 含砾低液限黏土,1.7~5.4 m 碎石混合土	未揭露
LXSJ11	4	4	0~1.3 m 含砾低液限黏土,1.3~3.0 m 碎石混合土,3.0~4.0 m 混合土块石	未揭露
LXSJ12	4.5	4.5	含砾低液限黏土	未揭露
LXSJ13	4	4	0~1.3 m 含砾低液限黏土,1.3~4.0 m 含细粒土砂	未揭露
LXSJ14	5.1	5.1	0~3.4 m 低液限黏土,3.4~5.1 m 黏土质砾	未揭露
LXSJ15	4.3	4.3	0~2.0 m 碎石混合土,2.0~4.3 m 粉土质砾	未揭露
LXSJ16	5.2	4.2	0~2.7 m 碎石混合土,2.7~4.2 m 黏土质砾	揭露强风化层岩屑石英砂岩
LXSJ17	5.5	5.5	0~4.3 m 含砾低液限黏土,4.3~5.5 m 碎石混合土	未揭露
LXSJ18	4	1.5	含砾低液限黏土	揭露强风化层泥质粉砂岩
LXSJ19	4.5	4.5	黏土质砾夹块石	未揭露
LXSJ20	4	4	0~1.4 m 低液限黏土,1.4~4.0 m 碎石混合土	未揭露
LXSJ21	5.1	5.1	0~3.9 m 低液限黏土,3.9~5.1 m 含砾低液限黏土	未揭露
LXSJ22	4.8	4.8	含砾低液限黏土	未揭露
LXSJ23	3.4	3.4	碎石混合土	未揭露

续表 4-4

竖井编号	井深(m)	土层厚度(m)	土层分层情况	基岩揭露情况
LXSJ24	1.4	1.4	碎石混合土	未揭露
LXSJ25	4.3	4.3	低液限黏土	未揭露
LXSJ26	4	4	0~3.0 m 低液限黏土,3.0~4.0 m 含砾低液限黏土	未揭露
LXSJ27	5.5	5.5	0~2.1 m 低液限黏土,2.1~5.5 m 碎石混合土	未揭露
LXSJ28	3.1	3.1	低液限黏土	揭露强风化层泥质粉砂岩
LXSJ29	3.1	1.3	含砾低液限黏土	揭露强风化层泥质粉砂岩

表 4-5　C 勘探区覆盖层及全风化层含水率及密度现场试验结果

编号	含水率(%)	湿密度(g/cm^3)	干密度(g/cm^3)	编号	含水率(%)	湿密度(g/cm^3)	干密度(g/cm^3)
LXSJ1	19.7	1.86	1.55	LXSJ16	13.3	1.92	1.70
LXSJ2	24.8	1.58	1.27	LXSJ17	11.6	1.84	1.65
LXSJ3	19.7	1.89	1.58	LXSJ18	15.2	1.83	1.59
LXSJ4	21.7	2.03	1.67	LXSJ19	12.2	1.89	1.69
LXSJ5	19.7	1.72	1.44	LXSJ20	20.1	1.69	1.41
LXSJ6	14.5	1.74	1.52	LXSJ21	15.4	1.76	1.53
LXSJ7	21.9	1.97	1.62	LXSJ22	26.2	1.72	1.36
LXSJ8	13.6	2.01	1.77	LXSJ23	20.9	1.78	1.47
LXSJ9	11.5	1.88	1.68	LXSJ24	15.0	1.83	1.59
LXSJ10	12.2	1.97	1.76	LXSJ25	28.0	1.67	1.30
LXSJ11	8.9	1.82	1.67	LXSJ26	14.1	1.92	1.69
LXSJ12	11.7	1.88	1.68	LXSJ27	25.5	1.67	1.33
LXSJ13	9.2	1.98	1.82	LXSJ28	22.8	1.80	1.46
LXSJ14	19.8	1.86	1.56	LXSJ29	13.8	1.89	1.66
LXSJ15	11.2	1.93	1.74	—	—	—	—
统计项目		—		最大值	最小值	平均值	—
		含水率(%)		28.0	8.9	17.0	—
		湿密度(g/cm^3)		2.03	1.58	1.84	—
		干密度(g/cm^3)		1.82	1.27	1.58	—

表 4-6 C 勘探区覆盖层及全风化层现场颗分试验结果 (%)

竖井编号	天然混合颗粒级配(mm)								
	>200	200~60	60~20	20~5	5~2	2~0.5	0.5~0.25	0.25~0.075	0.075~0.005	< 0.005
LXSJ1	5.1	28	16.5	23.9	2.4	3.3	1.4	4.3	8.1	7.0
LXSJ2		9.5	11.2	19	4.1	5.6	2.1	10.5	14.2	23.8
LXSJ3	1.7	12.3	15.4	16.2	4.5	6.7	2.1	9.1	12.2	19.8
LXSJ4		5.7	11.8	17.7	6.8	5.1	1.4	8	21.1	22.4
LXSJ5		31.1	15.5	10.4	0.5	1.7	2.6	30.1	6.1	2
LXSJ6	17.6	23.8	21.4	14.7	3.3	3.4	0.9	3	3.6	8.3
LXSJ7		22.2	3.9	18.9	2.4	4.8	2.9	13.6	13.2	18.1
LXSJ8	3.1	14.1	11.2	23.4	5.6	4.8	1.6	11	11.4	13.8
LXSJ9	31.6	15.4	16.9	12.9	2	3.1	1.5	9.1	3.2	4.3
LXSJ10	3.2	19.7	22.7	20.1	4.5	4.4	1.1	4.8	9.2	10.3
LXSJ11	25.7	12.7	23.6	20.5	3.4	2.8	0.9	3.4	2.5	4.5
LXSJ12	2	19.7	13.3	19.3	5	5.3	2.1	9.8	8.6	14.9
LXSJ13	6.1	17	15.6	12.5	6.2	10.7	6.1	9.7	8.2	7.9
LXSJ14		3.6	5.7	20.3	2.4	0.5	1.4	19.9	20.5	25.7
LXSJ15	1.8	12.8	15.2	26.1	10.3	10.8	2.6	6.1	6.7	7.6
LXSJ16		7.5	23	31	8.5	6.9	1.8	7.8	7.5	6
LXSJ17	1.3	19.2	16.6	21.1	4.9	5.5	1.9	7.6	9.5	12.4
LXSJ18	29.2	14.1	23.8	15.1	2.4	8.5	0.5	2.1	1.5	2.8
LXSJ19	18.7	16.1	16	18.7	6.2	5.7	1.9	4.8	5	6.9
LXSJ20	5.9	8.7	22.3	19.1	3	3.4	1.5	7.1	11.5	17.5
LXSJ21		12.3	17	28.2	7.6	7.4	1.1	4.2	8.8	13.4
LXSJ22	3	7.1	4.5	18.7	2.5	4.4	2.3	14.6	16.1	26.8
LXSJ23	6	13.3	19.6	15.9	3.4	6.6	2.3	10.1	9.1	13.7
LXSJ24	20.1	14.2	15	15.7	5.3	5.3	1.2	4	8.3	10.9
LXSJ25		1.1	4.5	8.9	2.7	15.7	4.9	17.4	16.5	28.3

续表 4-6 （%）

竖井编号	天然混合颗粒级配(mm)									
	>200	200~60	60~20	20~5	5~2	2~0.5	0.5~0.25	0.25~0.075	0.075~0.005	<0.005
LXSJ26		8.2	5.9	12	3.2	7.7	7.7	31.3	10.9	13.1
LXSJ27	2.8	5.9	10.5	13.2	3.4	10.9	4.5	14.1	13.1	21.6
LXSJ28	1.9	6.4	10.9	16.9	0.8	4.4	2.4	14.3	16.4	25.6
LXSJ29	34.7	3.1	17	14.7	2.6	3.9	0.9	3	6.6	13.5
统计项目	累计含量(%)		>60 mm	>5 mm	>2 mm	<0.075 mm	<0.005 mm	黏粒在<5 mm颗粒中的占比		
	最大值		47.0	82.5	85.9	46.2	28.3	44.3		
	最小值		1.1	14.5	17.2	4.3	2.0	4.7		
	平均值		20.9	53.7	57.9	23.9	13.9	29.0		

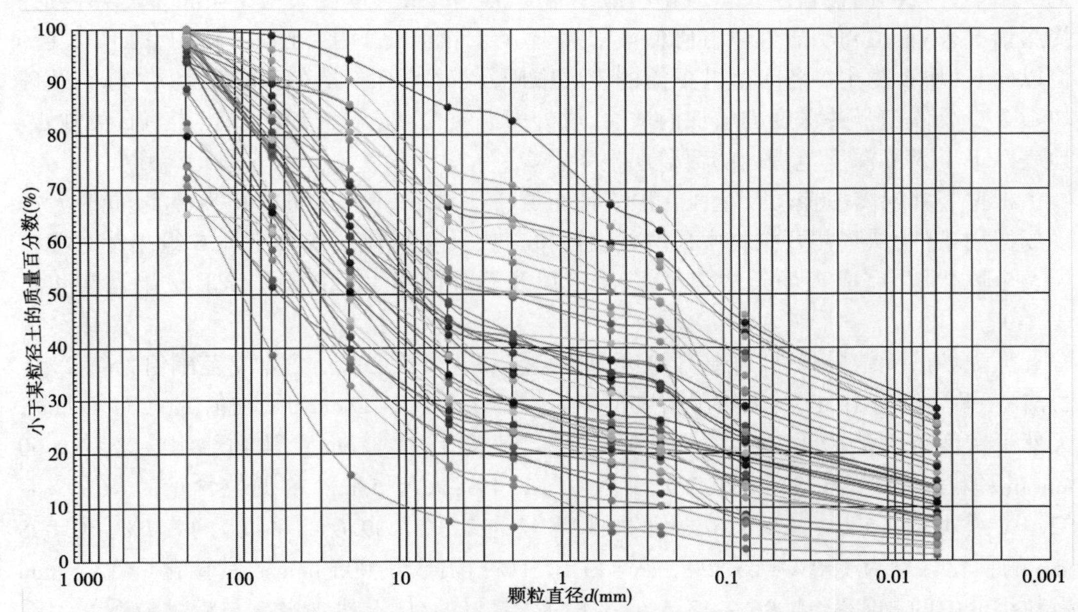

图 4-1 覆盖层及全风化层天然颗粒级配曲线

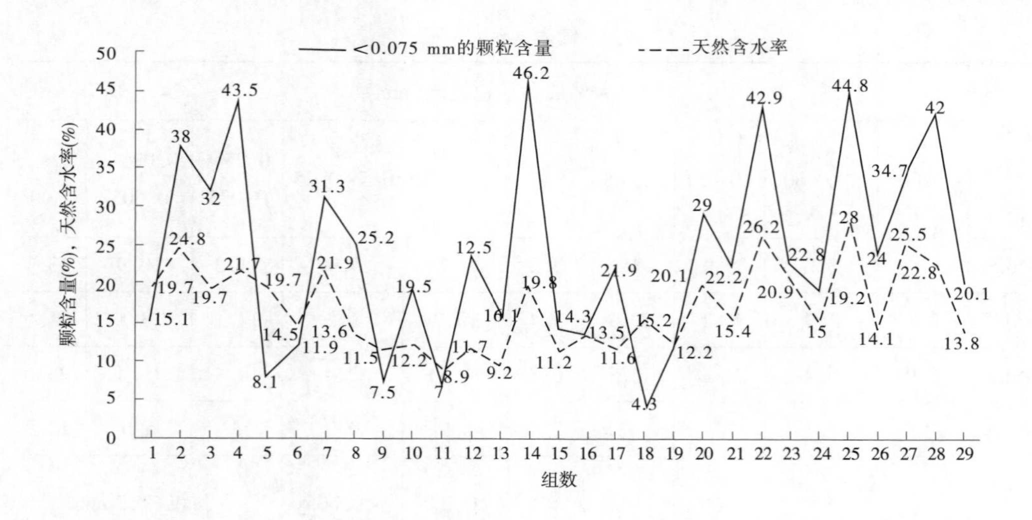

图 4-2 坡残积层天然含水率与粒径<0.075 mm 的颗粒含量关系曲线

3. 坝基开挖区

针对防渗土料特性研究，共布置竖井 12 个，井深 1.5~5.4 m，累计完成竖井工作量 49.1 m。竖井勘探深度内揭露情况见表 4-7。其中，有 3 个竖井揭露强风化层，其余均未揭穿。竖井揭露的覆盖层及全风化层最小厚度 0.5 m，最大厚度大于 5.4 m。从竖井勘探揭露情况来看，覆盖层岩性以含砾低液限黏土、碎石混合土为主，土质不均匀，地形较陡部位以碎石、块石为主。各个竖井揭露的土层中砾石、碎块石含量存在较大差异，砾石及碎块石含量总体随竖井深度的增加而增大，成分为泥质粉砂岩、粉砂质泥岩、岩屑石英砂岩。地表以下 1.5 m 深度范围内的覆盖层根系发育。

根据竖井揭露覆盖层及全风化层岩性组成特征对 12 个竖井进行初步分类，同时考虑现场搬用条件，从竖井开挖料中采取代表性覆盖层及全风化层混合土样 6 组。针对覆盖层及全风化层，完成现场天然含水率、密度以及筛分试验 12 组，现场试验成果见表 4-8、表 4-9。

从现场试验结果来看，坝基开挖区内覆盖层及全风化层天然含水率范围值为 7.2%~27.2%，平均值为 16.0%；天然湿密度范围值为 1.49~1.84 g/cm^3，平均值为 1.74 g/cm^3；天然干密度范围值为 1.34~1.69 g/cm^3，平均值为 1.51 g/cm^3。从颗粒组成来看，>60 mm 的颗粒含量为 16.5%~61.2%，平均为 31.4%；大于 5 mm 的颗粒含量为 46.9%~92.4%，平均为 65.6%；<0.075 mm 的颗粒含量为 2.3%~39.0%，平均为 17.7%；<0.005 mm 的颗粒含量为 1.0%~25.2%，平均为 10.1%；粒径<0.005 mm 的黏粒含量在<5 mm 颗粒组分中的占比为 10.9%~47.5%，平均为 27.2%。从天然含水率与粉黏粒含量关系曲线（见图 4-3）来看，天然含水率与粉黏粒含量具有很好的正相关性，天然含水率较高的土层，粒径<0.075 mm 的粉黏粒含量也较高。

表 4-7　坝基开挖区竖井揭露情况汇总

竖井编号	井深(m)	土层厚度(m)	土层分层情况	基岩揭露情况
BSJ1	4.1	4.1	块石,成分为砂岩	未揭露
BSJ2	4.3	4.3	碎石混合土,碎石成分以砂岩为主	未揭露
BSJ3	4	4	含细粒土砂	全风化砂岩
BSJ4	4	4	含砾低液限黏土,碎石成分为粉砂质泥岩	强风化粉砂质泥岩
BSJ5	4.1	4.1	碎石混合土,碎石成分为粉砂质泥岩	未揭露
BSJ6	5	4.6	碎石混合土,碎石成分为粉砂质泥岩	强风化粉砂质泥岩
BSJ7	3.2	3.2	含砾低液限黏土,碎石成分为粉砂质泥岩	全风化粉砂质泥岩
BSJ8	5	5	碎石混合土,碎石成分为泥质粉砂岩	未揭露
BSJ9	4	4	碎石混合土,碎石成分为泥质粉砂岩	未揭露
BSJ10	1.5	0.5	碎石混合土,碎石成分为泥质粉砂岩	强风化泥质粉砂岩
BSJ11	4.5	4.5	含砾低液限黏土,碎石成分为泥质粉砂岩	未揭露
BSJ12	5.4	5.4	碎石混合土,碎石成分为泥质粉砂岩	未揭露

表 4-8　覆盖层及全风化层含水率及密度现场试验结果

编号	含水率(%)	湿密度(g/cm^3)	干密度(g/cm^3)	编号	含水率(%)	湿密度(g/cm^3)	干密度(g/cm^3)
BSJ1	19.7	1.86	1.55	BSJ7	13.3	1.92	1.70
BSJ2	24.8	1.58	1.27	BSJ8	11.6	1.84	1.65
BSJ3	19.7	1.89	1.58	BSJ9	15.2	1.83	1.59
BSJ4	21.7	2.03	1.67	BSJ11	12.2	1.89	1.69
BSJ5	19.7	1.72	1.44	BSJ12	20.1	1.69	1.41
BSJ6	14.5	1.74	1.52	—	—	—	—
统计项目		—		最大值	最小值	平均值	—
		含水率(%)		27.2	7.2	16.0	—
		湿密度(g/cm^3)		1.84	1.49	1.74	—
		干密度(g/cm^3)		1.69	1.34	1.51	—

表 4-9　覆盖层及全风化层现场颗分试验结果　　(%)

竖井编号	天然混合颗粒级配(mm)									
	>200	200~60	60~20	20~5	5~2	2~0.5	0.5~0.25	0.25~0.075	0.075~0.005	<0.005
BSJ1	27.7	33.5	22.6	8.6	1.1	1	0.3	2.9	1.3	1
BSJ2	0.7	23.3	24	18.8	4.2	3.1	1.5	10	6.6	7.8
BSJ3	11.8	25.2	19.1	14.6	5.4	3.7	1.5	10.5	5	3.2
BSJ4	2.9	13.6	15.7	15.3	2.1	4	2.8	15.1	12.2	16.3
BSJ5	1.2	21.3	22.6	16.1	9.5	6.8	2	6.4	6.1	8
BSJ6	4.9	28.6	24.2	14.9	1.9	3.7	0.9	2.4	8.2	10.3
BSJ7	25.4	22.9	11.9	11.6	2.8	2.6	0.8	2.8	7.4	11.8
BSJ8	4	18.7	19.1	13	6.2	5.3	1.6	8.3	10.5	13.3
BSJ9	11.1	23.6	23.3	16.4	5.7	5.9	1.3	4.1	3.7	4.9
BSJ11		23.4	9	14.5	3.5	5.1	1	4.5	13.8	25.2
BSJ12	1.3	19.8	22.8	18.3	1.9	1.5	1.4	15.2	8.7	9.1
统计项目	累计含量(%)		>60 mm	>5 mm	>2 mm	<0.075 mm	<0.005 mm	黏粒在<5 mm颗粒中的占比		
	最大值		61.2	92.4	93.5	39.0	25.2	47.5		
	最小值		16.5	46.9	49.6	2.3	1.0	10.9		
	平均值		31.4	65.6	69.6	17.7	10.1	27.2		

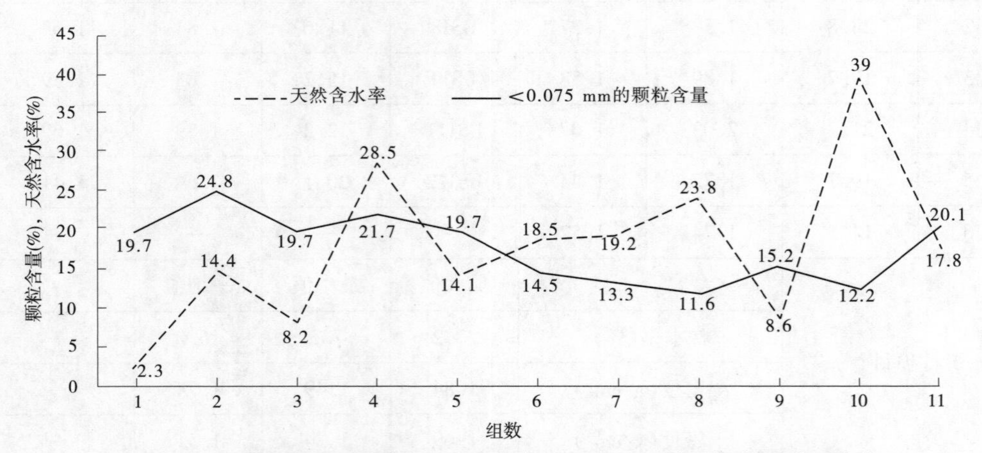

图 4-3　坡残积层天然含水率与粒径<0.075 mm 的颗粒含量关系曲线

4.1.2.2　堆石料勘察

将A勘探区作为重点堆石料料区开展勘察工作,勘探区内共布置钻孔共计11个,孔深60~220 m,钻孔勘探高程范围为1 314~1 473 m,累计完成钻探工作量1 110 m;竖井及背包钻机钻孔12个,井深或孔深3.0~7.5 m,共完成山地工作量50.9 m;平硐2个,总进尺109.5 m。钻孔揭露的覆盖层及风化带信息见表4-10,竖井揭露覆盖层厚度见表4-11。

表4-10　钻孔揭露覆盖层及风化带信息汇总

孔号	孔深(m)	覆盖层厚度(m)	风化带分布深度及厚度(m)					
			强风化		弱风化		微风化—新鲜	
			深度范围	厚度	深度范围	厚度	深度范围	厚度
LSZK1	130	3.5	3.8~18.6	14.8	18.6~124.2	105.6	124.2~130	—
LSZK2	60	5.3	5.3~16.5	11.2	16.5~24.5	8	24.5~60	—
LSZK3	90	1.7	1.7~6.5	4.8	6.5~90	>83.5	—	未揭露
LSZK4	90	1.0	1.0~9.6	8.6	9.6~90	>80.4	—	未揭露
LSZK5	100	2.0	2.0~12.5	10.5	12.5~89.2	76.7	89.2~100	—
LSZK6	90	4.3	4.3~8.6	4.3	8.6~90	81.4	—	未揭露
ZKS25	220	2.4	2.4~27	24.6	27.0~50.5	23.5	50.5~220	—
ZKS26	70	5.0	5~11	6.0	11~33.6	22.6	33.6~70	—
ZKS27	100	5.2	5.2~53.8	48.6	53.8~100	46.2	—	未揭露
ZKS29	80	9.6	9.6~31	21.4	31~80	49	—	未揭露
ZKS30	80	9.0	9~14.4	5.4	14.4~62	47.6	62~80	—

表4-11　钻孔揭露覆盖层及风化带信息汇总

勘探点编号	勘探深度(m)	覆盖层厚度(m)	勘探点编号	勘探深度(m)	覆盖层厚度(m)
BSJ1	4.1	4.1	ZBZK3	4	4
BSJ2	4.3	4.3	ZBZK4	4	4
BSJ3	4	4	ZBZK5	4	4
BSJ4	4	4	ZBZK12	5	4.5
ZBZK1	7.5	5.3	ZBZK13	3	3
ZBZK2	4	4	ZBZK13	3	3

A勘探区内地形总体较陡,根据钻孔及山地揭露情况,覆盖层厚度多为2~4 m,地形坡度<40°的区域覆盖层厚度可达4~9 m。覆盖层岩性组成以混合土碎块及碎石混合土为主,颗粒组成总体偏粗。

勘探区内料源岩石以泥质粉砂岩、岩屑石英砂岩为主,两者呈不等厚相间交错分布,局部夹有粉砂岩、粉砂质泥岩,多有过渡岩性分布于泥质粉砂岩与岩屑石英砂岩之间。泥质粉砂岩岩层厚较大,层面不明显,似板理面极发育,其结合程度与泥质含量、风化卸荷作用有关,泥质含量越高、卸荷扰动越强烈,结合程度越差,其原生结构属厚层—巨厚层状结构。在风化、卸荷以及人工开挖扰动作用下,局部似板理面张开,导致泥质粉砂岩层厚变薄。岩屑石英砂岩层厚多为 30~80 cm,局部大于 1 m,原生结构以中厚—厚层状结构为主,由于库坝区曾经历过较为强烈的构造作用,岩屑石英砂岩岩体中结构面较发育,同时在风化营力作用下岩石原生结构均有较大改变。根据平硐开挖揭露弱风化岩屑石英砂岩岩体多为镶嵌状—次块状结构,微新岩屑石英砂岩岩体多呈次块状结构、中厚—厚层状结构。

勘探区内岩体风化深度较大,弱风化岩体厚度较大。从钻孔揭露情况来看,强风化层下限垂直埋深一般为 10~30 m,厚度一般为 5~25 m,平均厚度 8~15 m,弱风化层下限垂直埋深一般均在 50 m 以上,厚度基本在 46 m 以上,钻孔揭露的最大厚度 105. 6 m。从平硐揭露情况来看,勘探区内强风岩体下限水平埋深 25~30 m,弱风化岩体下限水平埋深 50 m 左右。岩体风化受构造、地形以及岩性影响显著,具有明显的间隔风化现象。泥质粉砂岩无论从风化深度还是强烈程度均弱于岩屑石英砂岩,粉砂质泥岩、粉砂岩岩体风化特征与泥质粉砂岩类似。

A 勘探区勘察范围约为 0. 317 km^2,开采底高程按照 1 350 m 控制,采用平均断面法,对不同岩性、不同风化状态的堆石料储量进行计算,结果见表 4-12。

表 4-12　A 勘探区堆石料储量汇总

岩性	风化状态	储量(万 m^3)
泥质岩	强风化	154. 6
	弱风化	510. 6
	微风化—新鲜	304. 2
砂岩	强风化	258. 0
	弱风化	747. 2
	微风化—新鲜	663. 9

在 A 勘探区内分别采取钻孔岩芯样、平硐岩块样及大量平硐洞渣料开展了大量关于料源岩石矿化组成、基本物理力学性质及填筑特性试验研究。

反滤料需要硬质岩石料,根据库坝区地层岩性分布特点,反滤料料源石料勘察与堆石料料源勘察一并考虑。此外,由于反滤料用量相对不大,亦可考虑从正兴镇附近的商业开采的灰岩石料场购买,从正兴镇附近主要商业石料场采取料源岩样进行了复核性常规物理力学试验。

4. 2　试验技术与方法

4. 2. 1　试验工作量

研究防渗土料天然状态基本物理性质的试验项目包括现场天然含水率、现场天然密度及现场筛分试验。研究堆石料原岩基本性质的试验项目包括岩矿鉴定、矿物分析、化学分析、室内常规岩石物理力学试验、点荷载试验、膨胀性试验、崩解性试验、长期强度试验以及岩体原位变形试验。研究防渗土料和堆石料填筑特性的试验项目包括击实或相对密度、击实后或压缩后颗分、大型渗透及渗透变形、大型压缩、大型直剪和大型或中型三轴压缩试验等。试验工作量见表 4-13～表 4-17。

表 4-13　防渗土料天然状态基本物理性质试验工作量

试验项目	天然含水率	天然密度	现场筛分	塑性指数
试验数量	(40)74+41+22 组	(40)74+14+22 组	40 组	8 组
试验项目	有机质含量	可溶盐含量	自由膨胀率	分散性
试验数量	42+8 组	42+8 组	28+8 组	14 组

表 4-14　堆石料原岩基本物理力学性质试验工作量

试验项目	岩矿鉴定	矿物分析	化学分析	点荷载	常规岩石物理力学
试验数量	77 块	22 块	22 块	436 块	78 组
试验项目	膨胀性	崩解性	长期强度	岩体原位变形	—
试验数量	4 组	6 组	6 组	16 点	—

表 4-15　防渗土料粗粒土填筑特性试验工作量(一)

样品编号	取样地点	击实	试后颗分	击实后试验								
				大型渗透	大型渗变	大型直剪		大型三轴			大型压缩	
						非浸水快剪	饱固快剪	UU	CU	CD	非浸水	饱和快剪
								测孔压				
T1	LXSJ3、LXSJ5、LXSJ10、LXSJ23	√	√			√	√	√	√	√	√	√
T2		√	√									
T3	LXSJ4、LXSJ14	√	√	√	√	√	√	√	√	√	√	√
T4		√	√	√	√							
T5	LXSJ7	√	√	√	√	√	√	√	√	√	√	√
T6	LXSJ15	√	√	√	√	√	√	√	√	√	√	√
T7	LXSJ15、LXSJ17	√	√									
T8	LXSJ21、LXSJ22、LXSJ27、LXSJ28	√	√									
B1	BSJ2	√	√			√	√	√	√	√	√	√
B2	BSJ4	√	√							√	√	√
B3	BSJ4	√	√	√	√	√	√	√	√	√	√	√
B4	BSJ5	√	√			√	√	√	√	√	√	√
B5	BSJ11	√	√									
B6	BSJ12	√	√									
各项试验数量(组)		20	20	5	5	7	7	7	7	10	10	10

表 4-16　防渗土料粗粒土填筑特性试验工作量(二)

样品编号	取样地点	击实	试后颗分	击实后试验					
				大型渗透	大型渗变	中型三轴		大型压缩	
						UU	CU测孔压	非浸水	饱和
BK1	坝卡料区	√	√	√	√	√	√	√	√
BK2		√	√	√	√	√	√	√	√
BK3		√	√	√	√	√	√	√	√
BK4		√	√	√	√	√	√	√	√
BK5		√	√	√	√	√	√	√	√
BK6		√	√	√	√	√	√	√	√
BK7		√	√	√	√	√	√	√	√
BK8		√	√	√	√	√	√	√	√
各项试验数量(组)		8	8	8	8	8	8	8	8

表 4-17　堆石料粗粒土填筑特性试验工作量

编号	岩性	风化状态	颗分		大型三轴			大型直剪			大型压缩		大型渗透
			试前	试后	UU	CU	CD	快剪	饱固快	慢剪	饱和	天然	
SD1	砂岩	微新	√	√			√			√	√		√
SD2			√	√			√			√	√		√
SD3			√	√								√	
SD4		弱风化	√	√			√			√	√		√
SD5			√	√			√			√	√		√
SD6			√	√								√	
SD7		强风化+弱风化（1:2混合）	√	√	√	√	√	√	√	√	√		√
SD8			√	√	√	√	√	√	√	√	√	√	√
SD9			√	√									

续表 4-17

编号	岩性	风化状态	颗分		大型三轴			大型直剪			大型压缩		大型渗透
			试前	试后	UU	CU	CD	快剪	饱固快	慢剪	饱和	天然	
ND1	泥质粉砂岩	微新	√	√			√			√	√	√	√
ND2			√	√			√			√	√		√
ND3													
ND4		弱风化	√	√			√			√	√	√	√
ND5			√	√			√			√	√		√
ND6													
ND7		强风化+弱风化(1:2混合)	√	√	√	√	√	√	√	√	√	√	√
ND8			√	√	√	√	√	√	√	√	√		√
ND9													
各项试验数量(组)			15	15	4	4	12	4	4	12	12	6	12

4.2.2 基本物理力学性质试验方法

4.2.2.1 防渗料料源土层基本物理性质试验方法

研究料源区范围内料源土层成因类型复杂,涉及坡残积覆盖层、全风化层及浅表部强风化层,颗粒级配宽,空间分布上均匀性差。为了全面客观地了解料源土层的基本物理性质,针对不同成因类型料源土料及混合土料分别进行如下试验项目:天然含水率、天然密度、颗粒分析、界限含水率、塑性指数、自由膨胀率、分散性、有机质含量、可溶盐含量、pH值。以上所有试验项目按照水利水电行业标准《土工试验方法标准》(GB/T 50123—2019)进行。

天然密度和天然含水率结合竖井开挖开展现场试验,首先根据每个竖井开挖深度现场选取不同深度代表性试验点,深度不大于6 m的竖井一般选取不少于2个试验点,试验点深度范围分别为1.5~3 m、3~5 m;深度大于6 m的竖井一般选取不少于3个试验点,试验点深度范围分别为1.5~3 m、3~5 m及井底附近。然后计算不同深度试验点的平均值,用平均值来表征全井土料的天然密度和天然含水率。

界限含水率、塑性指数、自由膨胀率、分散性、有机质含量、可溶盐含量及pH值均针对每组试样中<5 mm组分进行,以<5 mm组分的试验值来表征每组全组分试样上述各项试验指标值。

竖井试样现场颗分采用全井法测定,对于单井试样采用相应竖井全井法测得的颗分结果作为试样的天然颗粒级配,对于多井试样采用相应各竖井全井法测得的颗分结果平均值作为试验的天然颗粒级配。

钻孔试样一般分层采样或混合采样，分别对所采取层位进行室内颗分试验，由于钻孔的尺寸效应，很难反映采样层实际的颗粒级配，但可以反映采样层粗细粒(以 5 mm 为界限值)的相对含量大小。

4.2.2.2　堆石料原岩基本物理力学性质试验方法

岩矿分析包括岩矿鉴定、矿物分析(XRD 分析)和化学分析三个方面，能够从微观层面反映岩石的物质组成特征。

岩石常规物理力学试验、点荷载试验、膨胀性试验、耐崩解性试验均按照《水利水电工程岩石试验规程》(SL 264—2001)进行。

岩石长期强度试验是针对泥质岩专门设计的试验方法，通过岩块声波测试和点荷载试验两种测试手段平行测试，以获得岩石在常温、常压及长期饱水条件下岩块声波指标和点荷载强度指标的衰减特点。具体试验过程为，首先制备规格相同的试样，试样制作按照《水利水电工程岩石试验规程》(SL 264—2001)中有关试验进行，其中用于声波波速测试的样品加工成 10 cm 左右的岩芯柱，用于点荷载试验的样品统一加工成 2 cm 厚的圆形薄片，分别测试岩样在浸水前以及自然浸水 7 d、15 d、30 d、45 d、60 d 的声波波速和点荷载强度，整个试验过程历时 2 个月。

4.2.3　填筑特性试验技术方法与数据

4.2.3.1　试样准备

试验按照水利水电行业标准《土工试验方法标准》(GB/T 50123—2019)进行。粗粒土试验主要有土料和堆石料两大类。其中，土料主要来源于左岸下游 C 勘探区和坝基及溢洪道开挖区，两处土料成因类型均为坡残积层或全风化层，以黄褐或红褐色碎石混合土为主；堆石料岩性包括泥质粉砂岩(ND)和砂岩(SD)，泥质粉砂岩和砂岩分别按照不同风化程度(强风化、弱风化和微风化)采取石料。

室内试验前，对土料和堆石料进行了现场颗粒分析。按照设计要求，土料粗粒土的各项试验(包括击实、渗透系数和渗透变形、压缩、直剪、三轴压缩试验等)，以现场颗粒分析试验确定的天然级配作为制样依据。堆石料粗粒土的相对密度试验以洞渣料现场颗粒分析试验确定的颗粒级配(下文称为天然级配)作为制样依据。土料和堆石料粗粒土制样级配是在天然级配的基础上采用等量代替法将大于 60 mm 的大颗粒料替换成 60~5 mm 的各级粒径颗粒，5 mm 以下的颗粒含量保持不变，试样天然级配和制样级配见表 4-18~表 4-20。堆石料其余各项试验(包括渗透系数和渗透变形、压缩、直剪、三轴压缩试验等)以设计孔隙率作为制样控制指标，以现场颗粒级配经过等量替代法获得的颗粒级配作为制样参考级配，根据相对密度试验成果确定适宜的制样方法，制备满足设计孔隙率的试样。

堆石料(包括泥质粉砂岩和砂岩)各项试验的制样密度则是根据测得的综合比重和设计孔隙率(根据设计要求，按 20%控制)进行计算得到的，堆石料(泥质粉砂岩和砂岩)制样密度控制参数见表 4-21、表 4-22。土料主要为碎石混合土，其试样密度根据击实试验测得的最大干密度控制。

(1)试样运至实验室后，将其在水泥地板上薄摊晾晒风干；用木槌将土块及附着在粗颗粒土上的细颗粒土敲散，并避免破坏土的天然颗粒；试样达到风干后，测定其风干含水率。

表 4-18 土料天然颗粒级配和试验颗粒级配参数

勘探区	试验编号	取样编号	制样干密度（g/cm³）	颗粒级配(%)									
				粒径(mm)	>200	200~60	60~20	20~5	5~2	2~0.5	0.5~0.25	0.25~0.075	0.075~0.005	<0.005
左岸下游C勘探区	T1	LXSJ5、LXSJ10、LXSJ23	1.87	天然级配	3.1	21.4	19.3	15.5	3.5	5.6	1.6	9.0	8.8	12.2
				试验级配	0	0	32.8	26.4	3.5	5.6	1.6	9.0	8.8	12.2
	T2		1.85	天然级配	3.1	21.4	19.3	15.5	3.1	5.8	2.0	9.6	8.9	11.3
				试验级配	0	0	32.8	26.4	3.1	5.8	2.0	9.6	8.9	11.3
	T3	LXSJ4、LXSJ14	1.74	天然级配	0	4.7	8.8	19.0	4.2	4.8	1.9	15.2	17.1	24.3
				试验级配	0	0	10.2	22.2	4.2	4.8	1.9	15.2	17.1	24.3
	T4		1.77	天然级配	0	4.7	8.8	19.0	3.7	4.9	2.3	14.9	16.6	25.1
				试验级配	0	0	10.2	22.2	3.7	4.9	2.3	14.9	16.6	25.1
	T5	LXSJ7	1.64	天然级配	0	22.2	3.9	18.9	5.6	8.6	2.1	8.7	13.1	16.9
				试验级配	0	0	7.7	37.3	5.6	8.6	2.1	8.7	13.1	16.9
	T6	LXSJ15	1.94	天然级配	1.8	12.8	15.2	26.1	12.4	10.2	1.9	4.9	7.0	7.7
				试验级配	0	0	20.6	35.3	12.4	10.2	1.9	4.9	7.0	7.7
	T7	LXSJ17、LXSJ19	1.94	天然级配	10.0	17.7	16.3	19.9	6.8	5.7	1.5	5.8	6.4	9.9
				试验级配	0	0	28.8	35.1	6.8	5.7	1.5	5.8	6.4	9.9
	T8	LXSJ21、LXSJ22、LXSJ27、LXSJ28	1.67	天然级配	1.9	7.9	10.7	19.3	8.9	9.3	2.5	9.1	11.1	19.3
				试验级配	0	0	14.2	25.6	8.9	9.3	2.5	9.1	11.1	19.3

续表 4-18

勘探区	试验编号	取样编号	制样干密度（g/cm^3）	颗粒级配（%）										
				粒径（mm）	>200	200~60	60~20	20~5	5~2	2~0.5	0.5~0.25	0.25~0.075	0.075~0.005	<0.005
坝基及溢洪道开控区	B1	BSJ2	1.98	天然级配	0.7	23.3	24.0	18.8	4.4	3.0	1.6	10.2	6.3	7.7
				试验级配	0	0	37.5	29.3	4.4	3.0	1.6	10.2	6.3	7.7
	B2	BSJ4	1.90	天然级配	2.9	13.6	20.3	10.7	4.3	4.4	3.2	16.4	10.3	13.9
				试验级配	0	0	24.1	23.4	4.3	4.4	3.2	16.4	10.3	13.9
	B3	BSJ4	1.91	天然级配	2.9	13.6	15.7	15.3	4.8	4.7	2.5	15.3	12.0	13.2
				试验级配	0	0	24.1	23.4	4.8	4.7	2.5	15.3	12.0	13.2
	B4	BSJ5	1.80	天然级配	1.2	21.3	22.6	16.1	6.7	4.8	1.6	8.1	7.0	10.6
				试验级配	0	0	35.7	25.5	6.7	4.8	1.6	8.1	7.0	10.6
	B5	BSJ11	1.63	天然级配	0	23.4	9.0	14.5	7.4	7.2	1.8	4.7	10.6	21.4
				试验级配	0	0	18.0	28.9	7.4	7.2	1.8	4.7	10.6	21.4
	B6	BSJ12	1.90	天然级配	1.3	19.8	22.8	18.3	2.3	1.9	1.3	13.0	8.3	11.0
				试验级配	0	0	34.5	27.7	2.3	1.9	1.3	13.0	8.3	11.0

表 4-19 堆石料(泥质粉砂岩)天然颗粒级配及试验颗粒级配参数

试验编号	岩性	风化程度	制样干密度(g/cm^3)	颗粒级配(%)										备注
				粒径(mm)	>200	200~60	60~20	20~5	5~2	2~0.5	0.5~0.25	0.25~0.075	<0.075	
ND1	泥质粉砂岩	微新	2.224	天然级配	0.9	26.3	32.4	23.7	5.9	4.8	1.1	3.5	1.4	
				试验级配	0	0	48.1	35.2	5.9	4.8	1.1	3.5	1.4	
ND2			2.224	天然级配	0.9	26.3	32.4	23.7	6.4	4.5	1.5	2.7	1.6	
				试验级配	0	0	48.1	35.2	6.4	4.5	1.5	2.7	1.6	
ND4	泥质粉砂岩	弱风化	2.224	天然级配	0.3	17.0	34.1	29.0	8.8	5.8	1.1	2.7	1.2	
				试验级配	0	0	43.4	37.0	8.8	5.8	1.1	2.7	1.2	
ND5			2.224	天然级配	0.3	17.0	34.1	29.0	7.8	5.5	1.6	3.2	1.5	
				试验级配	0	0	43.4	37.0	7.8	5.5	1.6	3.2	1.5	
ND7	泥质粉砂岩	弱风化与强风化(2:1)	2.224	天然级配	2.8	21.1	31.4	26.3	7.9	5.3	1.0	2.9	1.3	把弱、强风化砂岩按2:1的比例混合
				试验级配	0	0	44.3	37.2	7.9	5.3	1.0	2.9	1.3	
ND8			2.224	天然级配	2.8	21.1	31.4	26.3	8.2	4.7	1.4	2.8	1.3	
				试验级配	0	0	44.3	37.2	8.2	4.7	1.4	2.8	1.3	

表 4-20 堆石料(砂岩)天然颗粒级配及试验颗粒级配参数

试验编号	岩性	风化程度	制样干密度(g/cm^3)	颗粒级配(%)											备注
				粒径(mm)	>200	200~60	60~20	20~5	5~2	2~0.5	0.5~0.25	0.25~0.075	0.075~0.005	< 0.005	
SD1	砂岩	微新	2.144	天然级配	0	39.0	36.2	12.9	3.6	2.6	1.0	2.5	1.4	0.8	配料时,先将<5 mm的颗粒剔除
				试验级配	0	0	73.7	26.3	0	0	0	0	0	0	
SD2			2.144	天然级配	0	39.0	36.2	12.9	3.6	2.6	1.0	2.5	1.4	0.8	
				试验级配	0	0	73.7	26.3	0	0	0	0	0	0	
SD3			2.144	天然级配	0	39.0	36.2	12.9	3.6	2.6	1.0	2.5	1.4	0.8	
				试验级配	0	0	73.7	26.3	0	0	0	0	0	0	
SD4	砂岩	弱风化	2.123	天然级配	0	33.4	33.6	18.6	3.6	3.4	1.1	3.1	2.0	1.2	
				试验级配	0	0	64.4	35.6	0	0	0	0	0	0	
SD5			2.123	天然级配	0	33.4	33.6	18.6	3.6	3.4	1.1	3.1	2.0	1.2	
				试验级配	0	0	64.4	35.6	0	0	0	0	0	0	
SD6			2.123	天然级配	0	33.4	33.6	18.6	3.6	3.4	1.1	3.1	2.0	1.2	
				试验级配	0	0	64.4	35.6	0	0	0	0	0	0	
SD7	砂岩	弱风化与强风化(2:1)	2.125	天然级配	2.0	30.4	32.8	20.0	3.5	3.6	1.2	3.1	2.2	1.2	把弱、强风化砂岩按2:1的比例混合
				试验级配	0	0	59.2	35.7	1.2	1.3	0.4	1.1	0.7	0.4	
SD8			2.125	天然级配	2.0	30.4	32.8	20.0	3.5	3.6	1.2	3.1	2.2	1.2	
				试验级配	0	0	59.2	35.7	1.2	1.3	0.4	1.1	0.7	0.4	
SD9			2.125	天然级配	2.0	30.4	32.8	20.0	3.5	3.6	1.2	3.1	2.2	1.2	
				试验级配	0	0	59.2	35.7	1.2	1.3	0.4	1.1	0.7	0.4	

表 4-21 堆石料(泥质粉砂岩)制样密度控制参数

试验编号	岩性	风化程度	试验级配		比重			控制孔隙率(%)	制样密度(g/cm³)	备注
			60~5 mm	< 5 mm	60~5 mm	< 5 mm	综合			
ND1										
ND2		微新	33	16.7	2.78	2.76	2.78	20	2.224	
ND3										
ND4										
ND5	泥质粉砂岩	弱风化	80.4	19.6	2.78	2.78	2.78	20	2.224	根据设计要求,堆石料制样按孔隙率控制
ND6										
ND7										
ND8		弱、强风化 2:1	81.5	18.5	2.78	2.78	2.78	20	2.224	
ND9										

表 4-22 堆石料(砂岩)制样密度控制参数

试验编号	岩性	风化程度	试验级配		比重			控制孔隙率(%)	制样密度(g/cm³)	备注
			60~5 mm	< 5 mm	60~5 mm	< 5 mm	综合			
SD1										
SD2		微新	100	0	2.68	—	2.68	20	2.144	
SD3										
SD4										
SD5	泥质粉砂岩	弱风化	100	0	2.65	—	2.65	20	2.123	根据设计要求,堆石料制样按孔隙率控制
SD6										
SD7										
SD8		弱、强风化 2:1	94.9	5.1	2.65	2.65	2.66	20	2.125	
SD9										

(2)将全部风干后的试样,依次过筛,按>60 mm、60~20 mm、20~5 mm、<5 mm 分组,并分别用袋装好堆放以备用。测定粒径>5 mm 试样(或各粒组)及粒径<5 mm 试样的风干含水率。

(3)由于试验仪器的尺寸限制,各试验仪器允许的最大粒径为 60 mm,故采用等量替代法,将各试样原始级配中大于 60 mm 的粒径质量百分数,按比例替换成 60~20 mm 和 20~5 mm 的质量百分数,5 mm 以下粒组的质量百分数保持不变,从而计算出各试样的试验级配。

4.2.3.2 相对密度试验

试验采用大型电动相对密度仪(见图 4-4)进行。密度仪为圆筒形,尺寸为ϕ 300 mm,高 340 mm。

图 4-4 XD-301A 型变频式粗粒土相对密度仪

最小干密度:按等重量替代法后的颗粒级配取出各粒组试样(烘干),总重约 50 kg;采用松填法,用小铲将试样松填于一定体积的试样筒内,装填时小铲应贴近桶内土面,使铲中土样徐徐滑入筒内,直至填土高于筒顶,装填时余土高度不超过 25 mm,然后用钢直尺将筒面整平,当有大颗粒露顶时,凸出筒顶的体积应能近似地与筒顶水平面以下的大凹隙体积相抵消;称出筒中试样的质量,计算求得。

最大干密度:采用干法,直接用最小干密度试验时装好的试样筒,放在振动台上,加上套筒,把加重盖板放于土面上,依次安放好加重物,加重盖板和加重物的总压力为 14 kPa。启动电机,将振动台的振动频率调整为 40~60 Hz,使振幅调整至最优振幅,按下计时器,振动 8 min 后取出加重盖板和加重物,测记试样高度,称筒中试样的质量,计算求得。

由于洞渣料级配较差,在实验室相对密度试验条件下最小孔隙率指标远小于设计孔隙率。各种风化状态下泥质粉砂岩洞渣石料最大孔隙率指标普遍大于砂岩洞渣石料,可能与泥质粉砂岩碎石几何形态有关,一般呈宽厚比较大的板状或片状。在相对密实规定的振动条件下,泥质粉砂岩洞渣石料孔隙率的减少量明显大于砂岩洞渣石料,表明在振密过程中泥质粉砂岩更易破碎。

堆石料相对密度试验结果汇总见表 4-23。

表 4-23 堆石料相对密实度试验结果汇总

试验编号	岩性及风化状态	相对密度试验				
		最小干密度(g/cm³)	最大孔隙率(%)	最大干密度(g/cm³)	最小孔隙率(%)	最大干密度对应的饱和密度(g/cm³)
ND1	微新泥质粉砂岩	1.46	47	2.10	24	2.34
ND2		1.46	47	2.09	25	2.34
ND4	弱风化泥质粉砂岩	1.50	46	2.11	24	2.35
ND5		1.50	46	2.12	24	2.36
ND7	强风化+弱风化(1:2)泥质粉砂岩	1.49	46	2.12	24	2.36
ND8		1.49	46	2.11	24	2.35
SD1	微新砂岩	1.52	44	1.97	27	2.24
SD2		1.55	42	2.00	25	2.25
SD4	弱风化砂岩	1.53	43	1.98	26	2.24
SD5		1.54	42	1.97	26	2.23
SD7	强风化+弱风化(1:2)砂岩	1.52	43	2.04	23	2.27
SD8		1.53	42	2.04	23	2.27

4.2.3.3 击实试验

1. 试样制备

试验采用大型电动击实仪(见图 4-5)。击实仪圆柱尺寸为ϕ 300 mm,高 288 mm。

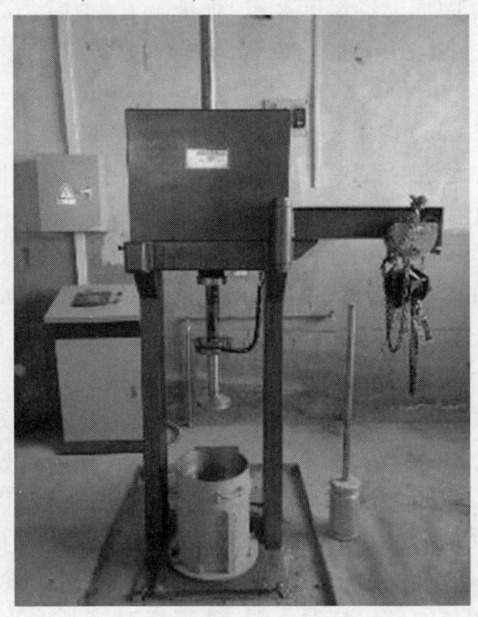

图 4-5 DDJ30-6 型电动击实仪

(1)按等重量替代法后的颗粒级配取出各粒组风干试料 7 份，每份重约 50 kg，其中 1 份做测定试样含水率用，1 份备用。

(2)准备好的 5 份试样，进行含水率调制。将<5 mm 试料配制 5 种不同的含水率，置于塑料袋中密封、静置 24 h，备用。调制含水率时，各试样依次相差 2%～3%，其中 2 个大于最优含水率，2 个小于最优含水率(最优含水率可按细粒的塑限估计)。将>5 mm 各级粒组泡于水池中，进行饱和备用。

2. 试验步骤

(1)把大于 5 mm 的各粒组试样置于胶板上，用干毛巾擦拭，使之达到饱和面干；然后将其与备好的细料混合均匀，并均分成 3 份(以控制每层的高度大致相同)。

(2)将上述 3 份试样分三层置于击实筒中。每层击实 44 次，待每一层击实后应将其表面刨毛；最后一层的顶面不应超过击实筒顶面 15 mm。

(3)击实完成后，取下套环，取去超高部分余土，并将表面填平，将击实筒外壁擦净，称筒与试样总质量，计算试样湿密度。将试样从击实筒内取出，取试样中部 30～40 kg 混合土，测定其含水率。

(4)对 5 个不同含水率的试样进行击实试验。

3. 资料整理

以干密度为纵坐标、含水率为横坐标，绘制干密度和含水率关系曲线。曲线的峰值为最大干密度 ρ_{dmax}，与其对应的含水率为最优含水率 ω_{op}。

粗粒土料分别进行了轻型(击实功为 592 kJ/m^3)和重型(击实功为 2 688～2 690 kJ/m^3)两种击实试验。击实功为 592 kJ/m^3 轻型击实试验共完成 14 组，试验结果见表 4-24～表 4-27，击实试验曲线见图 4-6～图 4-19。击实功为 2 688～2 690 kJ/m^3 的重型击实试验共完成 14 组，其中坝卡勘探区 8 组、坝址及 C 勘探区 6 组，试验结果见表 4-24～表 4-27，击实试验曲线见图 4-20～图 4-27。图 4-20～图 4-27 的击实试验曲线对应击实功为 2 688. 2 kJ/m^3。

土料中的细颗粒(<5 mm)含量变化较大，为 32%～67%，粉、黏粒含量变化范围也比较大，为 14. 0%～41. 7%，上述两者的颗粒含量基本决定了最优含水率的大小，并进一步影响到最大干密度的大小。从击实试验结果来看，在击实功为 592. 2 kJ/m^3 下，土样 B1(BSJ2)的黏粒含量最少，粗颗粒含量最多，最优含水率最小(10. 2%)，击实试验所得的最大干密度最大(1. 98 g/cm^3)，T6、T7 和 B1、B2、B3、B6 最优含水率都比较小(10. 2%～13. 3%)，最大干密度都比较大，均大于 1. 90 g/cm^3；T5、T8 和 B5 黏粒含量均比较高，最优含水率比较大(均大于 20%)，而最大干密度则相对比较小，在 1. 63～1. 67 g/cm^3。另外，T3、T4 黏粒含量最高，最优含水率却并不最大，推测应与矿物成分有较大关系(矿物的亲水性)，而 B4 的粗颗粒含量比较高，黏粒含量比较少，其最大干密度却居中，这主要与试样的颗粒级配优劣有关。在两种击实功下，试样 T1、T3、T5、T6、B1、B2 和 B5 的最大干密度和最优含水率呈现相反的变化趋势。一般来说，粉黏粒(< 0. 075 mm)含量越高，尤其是黏粒(<0. 005 mm)含量越高，最优含水率越高，最大干密度则越小。

从击实试验后试样颗粒的破碎情况来看，破碎相对较严重的为粗颗粒(>5 mm)含量大于 60%以上的 3 组试样，击实后细颗粒(<5 mm)含量增加量在 7%～9%，且粗颗粒各粒

组含量一般都有所减少。击实试验前后颗粒级配对比情况见表 4-28、表 4-29。

表 4-24　土料(C 勘探区)轻型击实试验结果

试验编号	试样编号	击实功(kJ/m³)	含水率(%)	干密度(g/cm³)	最优含水率(%)	最大干密度(g/cm³)
T1	LXSJ5、LXSJ10、LXSJ23	592	12.17	1.833	14.3	1.87
			12.65	1.846		
			13.76	1.866		
			14.88	1.862		
			17.00	1.797		
T2	LXSJ5、LXSJ10、LXSJ23	592	12.51	1.789	14.6	1.85
			13.47	1.835		
			14.10	1.847		
			14.85	1.852		
			16.77	1.809		
T1、T2	平均值				14.5	1.86
T3	LXSJ4、LXSJ14	592	16.21	1.678	18.3	1.74
			17.55	1.735		
			19.62	1.733		
			20.09	1.730		
			21.70	1.690		
T4	LXSJ4、LXSJ14	592	16.30	1.683	18.1	1.77
			17.81	1.712		
			18.13	1.768		
			20.69	1.707		
			22.19	1.684		
T3、T4	平均值				18.2	1.76
T5	LXSJ7	592	19.60	1.576	21.9	1.64
			20.36	1.610		
			21.81	1.643		
			22.42	1.627		
			24.45	1.583		

续表 4-24

试验编号	试样编号	击实功（kJ/m³）	含水率（%）	干密度（g/cm³）	最优含水率（%）	最大干密度（g/cm³）
T6	LXSJ15	592	11.48	1.865	13.3	1.94
			11.88	1.864		
			12.77	1.931		
			14.26	1.926		
			16.56	1.849		
T7	LXSJ17、LXSJ19	592	11.39	1.914	13.3	1.94
			12.60	1.937		
			13.78	1.939		
			14.34	1.922		
			14.85	1.906		
T8	LXSJ21、LXSJ22、LXSJ27、LXSJ28	592	15.81	1.578	21.3	1.67
			18.41	1.606		
			20.48	1.653		
			21.56	1.667		
			24.42	1.608		

表 4-25　土料（坝址区）轻型击实试验结果

试验编号	试样编号	击实功（kJ/m³）	含水率（%）	干密度（g/cm³）	最优含水率（%）	最大干密度（g/cm³）
B1	BSJ2	592	7.99	1.900	10.2	1.98
			9.54	1.963		
			10.37	1.976		
			12.66	1.952		
			13.03	1.947		
B2	BSJ4	592	11.51	1.880	12.8	1.90
			12.14	1.898		
			13.54	1.895		
			14.70	1.855		
			15.05	1.843		

续表 4-25

试验编号	试样编号	击实功(kJ/m³)	含水率(%)	干密度(g/cm³)	最优含水率(%)	最大干密度(g/cm³)
B3	BSJ4	592	11.45	1.831	12.8	1.91
			12.16	1.877		
			12.79	1.912		
			14.95	1.854		
			16.60	1.797		
B2、B3	平均值				12.8	1.91
B4	BSJ5	592	11.66	1.748	16.4	1.80
			12.63	1.781		
			14.55	1.797		
			17.32	1.799		
			20.32	1.733		
B5	BSJ11	592	17.87	1.550	22.1	1.63
			20.99	1.608		
			21.66	1.620		
			22.20	1.631		
			26.98	1.547		
B6	BSJ12	592	10.37	1.856	13.2	1.90
			12.12	1.885		
			13.24	1.896		
			14.16	1.885		
			16.09	1.839		

表 4-26 土料(坝卡勘探区)重型击实试验结果

试样编号	击实功(kJ/m³)	最优含水率(%)	最大干密度(g/cm³)
BK1	2 690	10.2	2.02
BK2	2 690	11.7	2.01
BK3	2 690	15.9	1.85
BK4	2 690	13	1.96
BK5	2 690	11.7	1.96
BK6	2 690	9.7	2.11
BK7	2 690	11.2	1.96
BK8	2 690	12.2	1.96

表 4-27　土料(坝址及 C 勘探区)重型击实试验结果

试验编号	试样编号	击实功 (kJ/m³)	含水率(%)	干密度(g/cm³)	最优含水率(%)	最大干密度 (g/cm³)
T1	LXSJ5、LXSJ10、LXSJ23	2 688	10.26	1.895	11.3	2.00
			10.85	1.971		
			11.37	2.001		
			12.98	1.956		
			14.08	1.889		
T5	LXSJ7	2 688	15.59	1.688	18.6	1.75
			17.49	1.728		
			18.78	1.746		
			20.11	1.703		
			21.47	1.645		
T6	LXSJ15	2 688	6.97	1.971	11.2	2.04
			8.59	1.996		
			10.82	2.038		
			11.40	2.041		
			12.57	2.000		
			13.16	1.944		
B1	BSJ2	2 688	5.39	2.006	8.50	2.11
			6.97	2.073		
			8.59	2.107		
			9.69	2.052		
			10.82	2.014		
B2	BSJ4	2 688	6.44	1.882	10.6	1.96
			8.59	1.915		
			10.82	1.960		
			14.36	1.865		
			14.97	1.838		
B5	BSJ11	2 688	15.59	1.735	18.0	1.78
			16.85	1.765		
			17.49	1.774		
			18.13	1.781		
			20.11	1.748		

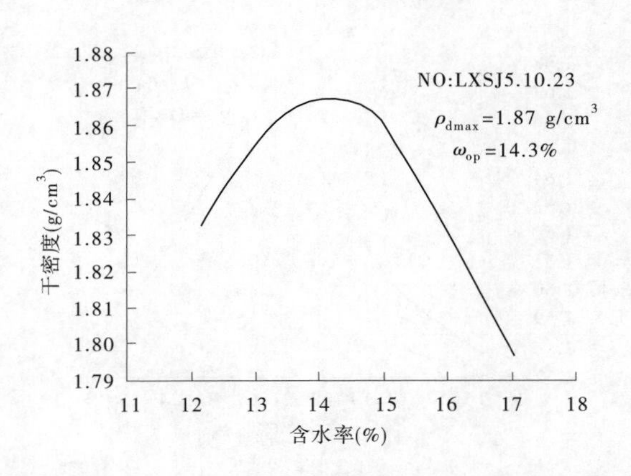

图 4-6 T1 干密度—含水率关系曲线

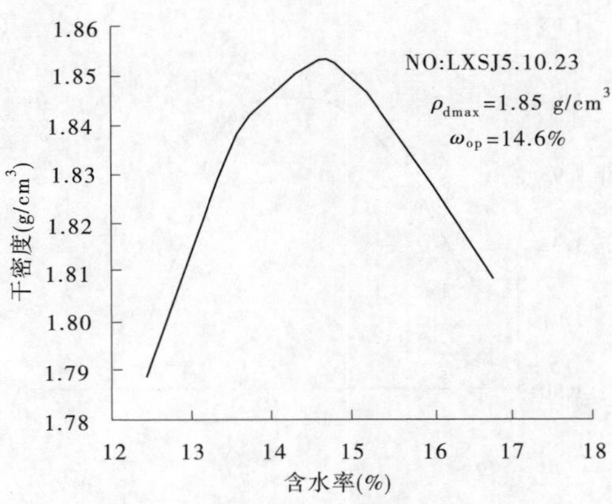

图 4-7 T2 干密度—含水率关系曲线

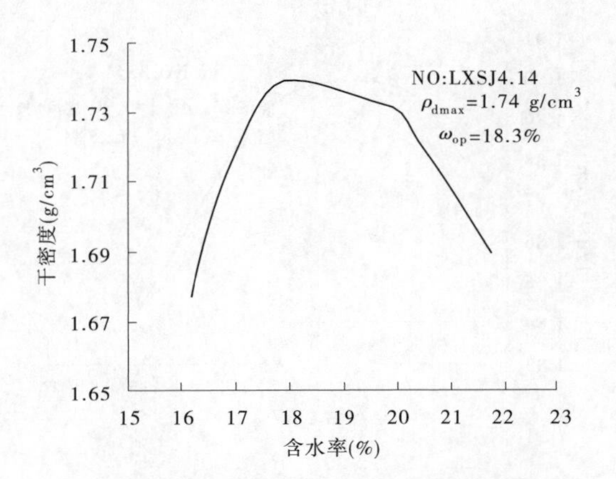

图 4-8 T3 干密度—含水率关系曲线

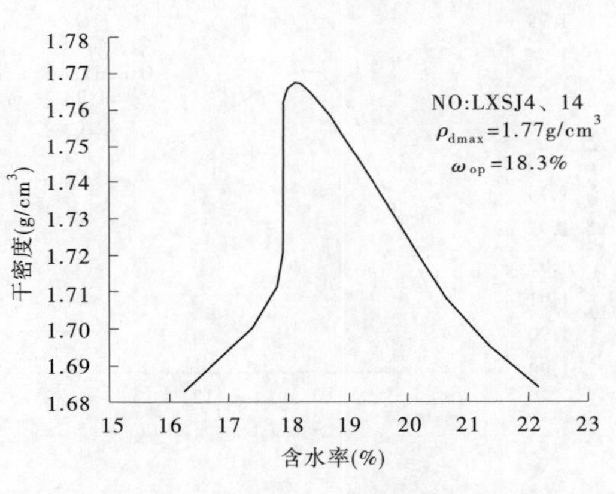

图 4-9 T4 干密度—含水率关系曲线

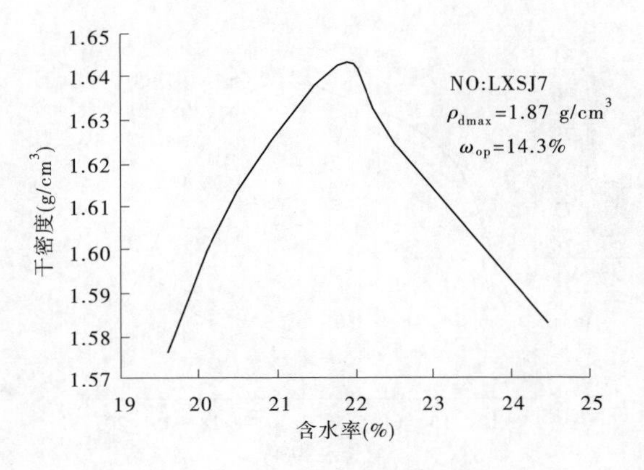

图 4-10 T5 干密度—含水率关系曲线

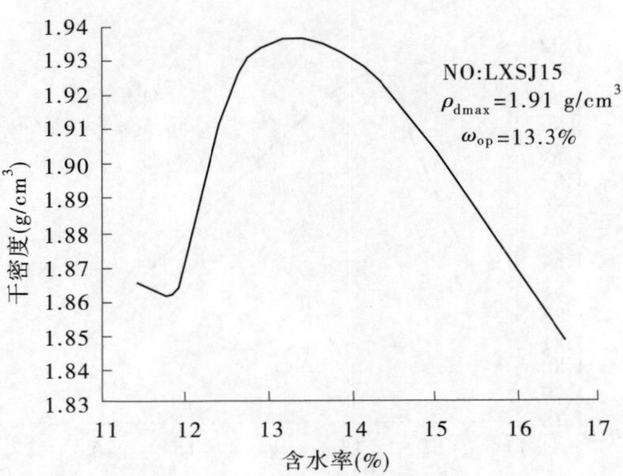

图 4-11 T6 干密度—含水率关系曲线

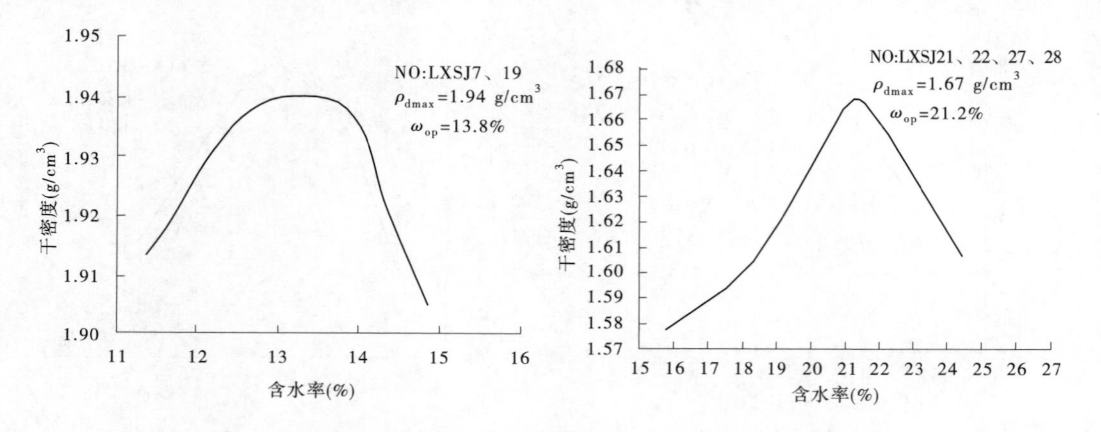

图 4-12 T7 干密度—含水率关系曲线

图 4-13 T8 干密度—含水率关系曲线

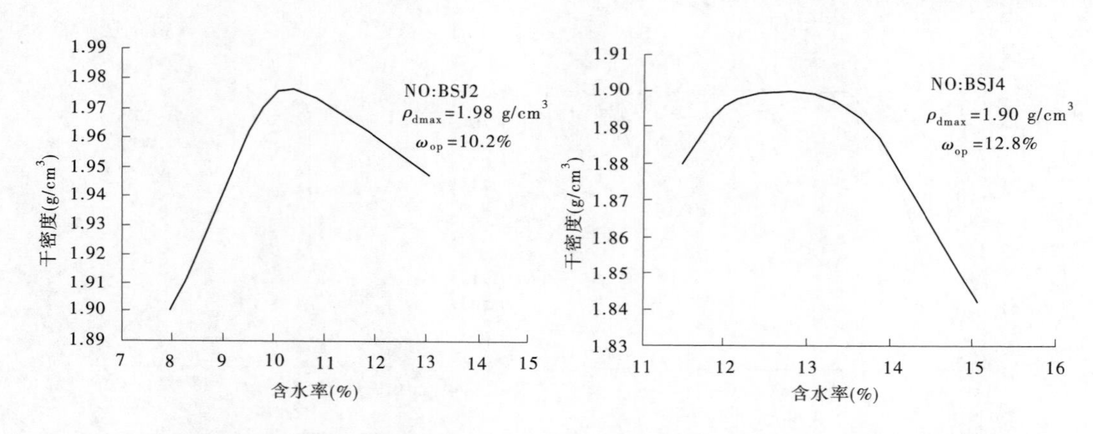

图 4-14 B1 干密度—含水率关系曲线

图 4-15 B2 干密度—含水率关系曲线

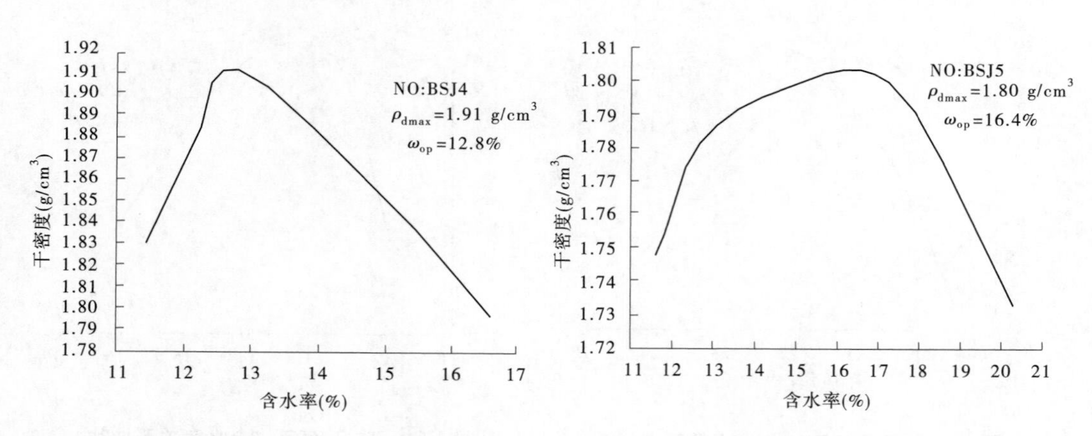

图 4-16 B3 干密度—含水率关系曲线

图 4-17 B4 干密度—含水率关系曲线

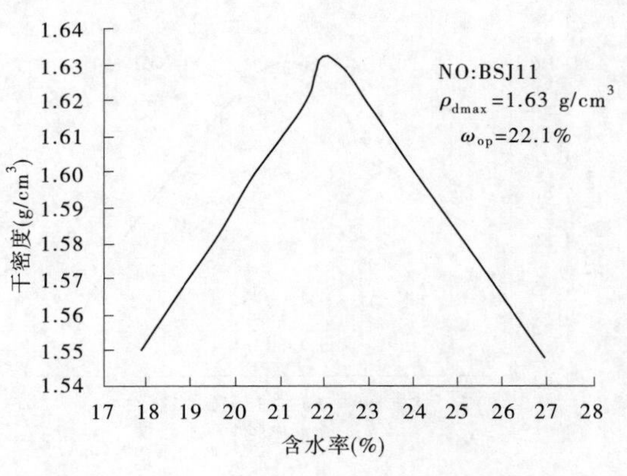

图 4-18 B4 干密度—含水率关系曲线

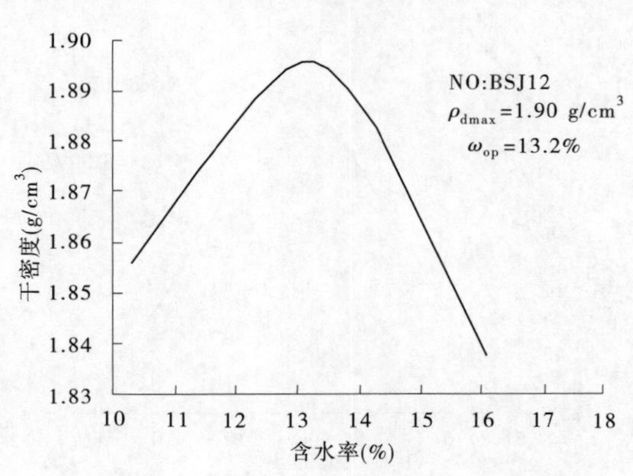

图 4-19 B6 干密度—含水率关系曲线

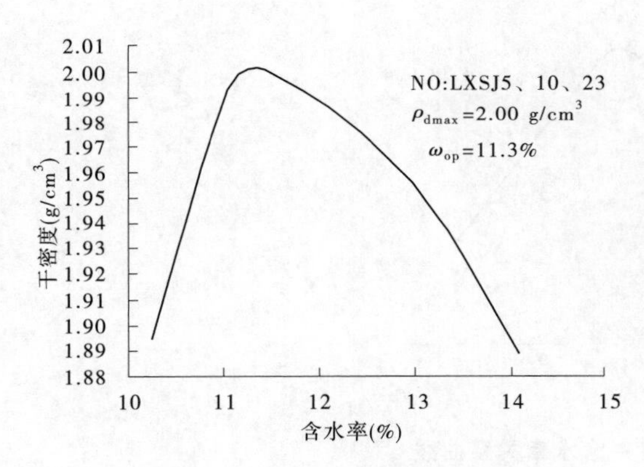

图 4-20 T1 干密度—含水率关系曲线

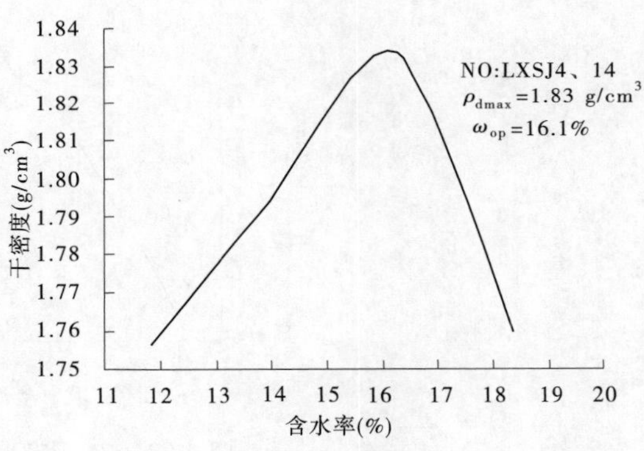

图 4-21 T3 干密度—含水率关系曲线

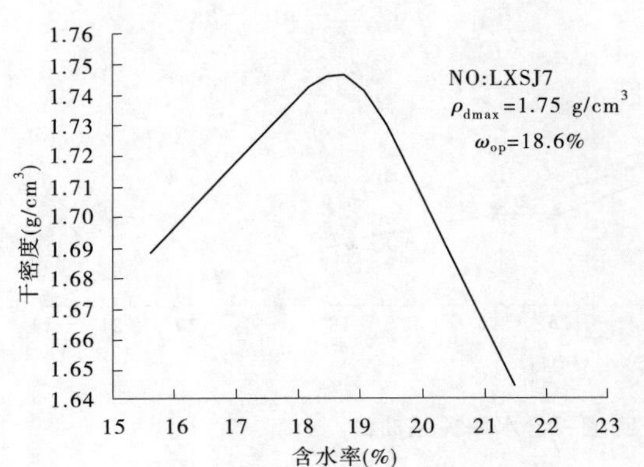

图 4-22 T5 干密度—含水率关系曲线

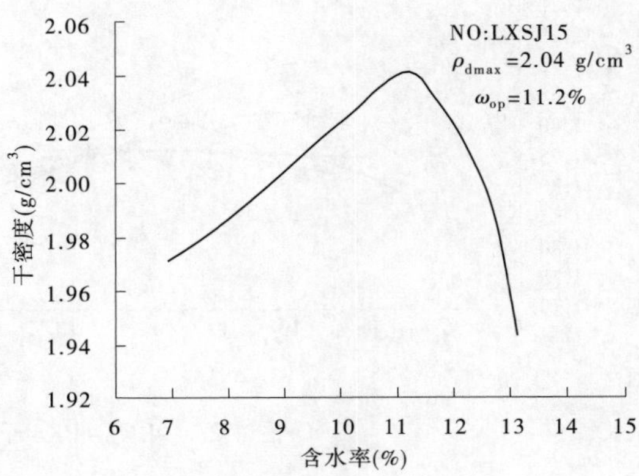

图 4-23 T6 干密度—含水率关系曲线

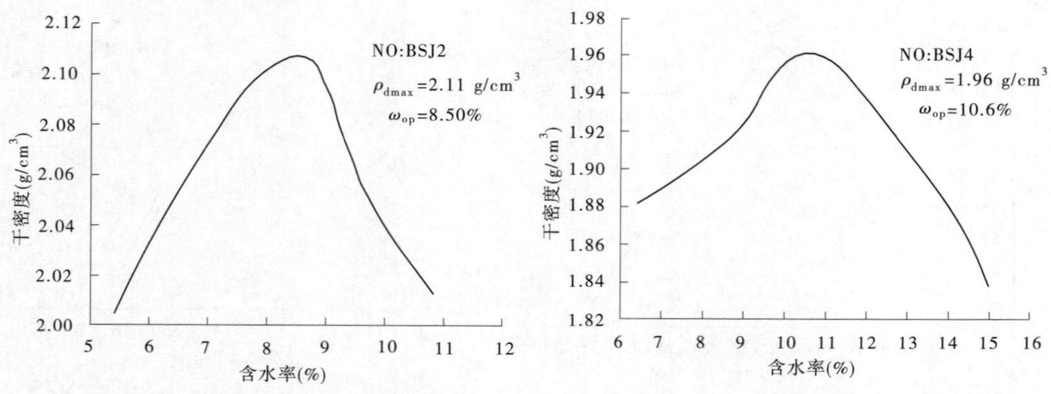

图 4-24　B1 干密度—含水率关系曲线　　图 4-25　B2 干密度—含水率关系曲线

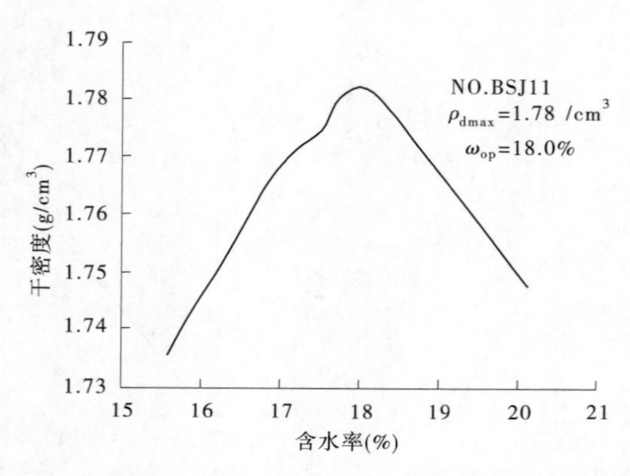

图 4-26　B5 干密度—含水率关系曲线

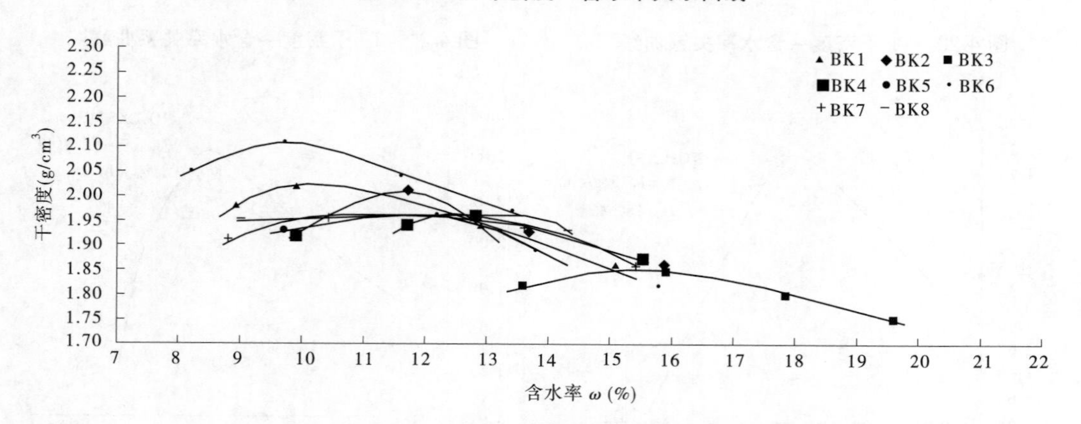

图 4-27　BK1～BK8 干密度—含水率关系曲线

表 4-28 土料(C 勘探区及坝址区)击实试验前后颗分结果

试验编号	试样编号	击实功(kJ/m^3)	最优含水率(%)	最大干密度(g/cm^3)	颗粒级配(%)					
					粒径(mm)	>200	200~60	60~20	20~5	<5
T1	LXSJ5、LXSJ10、LXSJ23	592	14.3	1.87	天然级配	3.1	21.4	19.3	15.4	40.8
					制样级配	—	—	32.8	26.4	40.8
					击实后级配	—	—	24.7	31.1	44.2
T2		592	14.6	1.85	天然级配	3.1	21.4	19.3	15.4	40.8
					制样级配	—	—	32.8	26.4	40.8
					击实后级配	—	—	27.5	23.2	49.3
T3	LXSJ4、LXSJ14	592	18.3	1.74	天然级配	0	4.7	8.8	19.0	67.6
					制样级配	—	—	10.2	22.2	67.6
					击实后级配	—	—	9.0	15.7	75.4
T4		592	18.1	1.77	天然级配	0	4.7	8.8	19.0	67.6
					制样级配	—	—	10.2	22.2	67.6
					击实后级配	—	—	5.2	25.1	69.7
T5	LXSJ7	592	21.9	1.64	天然级配	0	22.2	3.90	18.9	55.0
					制样级配	—	—	7.70	37.3	55.0
					击实后级配	—	—	6.5	37.1	56.4
T6	LXSJ15	592	13.3	1.94	天然级配	1.8	12.8	15.2	26.1	44.1
					试验级配	—	—	20.6	35.3	44.1
					击实后级配	—	—	15.2	37.2	47.6
T7	LXSJ17、LXSJ19	592	13.3	1.94	天然级配	10.0	17.7	16.3	19.9	36.1
					试验级配	—	—	28.8	35.1	36.2
					击实后级配	—	—	26.1	35.5	38.4
T8	LXSJ21、LXSJ22、LXSJ27、LXSJ28	592	21.3	1.67	天然级配	1.9	7.9	10.7	19.3	60.2
					试验级配	—	—	14.2	25.6	60.2
					击实后级配	—	—	12.5	24.7	62.9

续表 4-28

试验编号	试样编号	击实功（kJ/m^3）	最优含水率（%）	最大干密度（g/cm^3）	颗粒级配（%）					
					粒径（mm）	>200	200~60	60~20	20~5	<5
B1	BSJ2	592	10.2	1.98	天然级配	0.70	23.3	24.0	18.8	33.2
					试验级配	—	—	37.5	29.3	33.2
					击实后级配	—	—	34.4	30.3	35.2
B2	BSJ4	592	12.8	1.90	天然级配	2.90	13.6	15.7	15.3	52.5
					试验级配	—	—	24.1	23.4	52.5
					击实后级配	—	—	19.5	24.8	55.7
B3	BSJ4	592	12.8	1.91	天然级配	2.90	13.6	15.7	15.3	52.5
					试验级配	—	—	24.1	23.4	52.5
					击实后级配	—	—	19.2	27.7	53.1
B4	BSJ5	592	16.4	1.80	天然级配	1.20	21.3	22.6	16.1	38.8
					试验级配	—	—	35.7	25.5	38.8
					击实后级配	—	—	29.7	24.8	45.5
B5	BSJ11	592	22.1	1.63	天然级配	0	23.4	9.00	14.5	53.1
					试验级配	—	—	18.0	28.9	53.1
					击实后级配	—	—	11.4	32.4	56.3
B6	BSJ12	592	13.2	1.90	天然级配	1.3	19.8	22.8	18.3	37.8
					试验级配	—	—	34.5	27.7	37.8
					击实后级配	—	—	21.7	31.3	47.0
T1	LXSJ5、LXSJ10、LXSJ23	2 688	11.3	2.00	天然级配	3.1	21.4	19.3	15.4	40.8
					制样级配	—	—	32.8	26.4	40.8
					击实后级配	—	—	17.7	26.6	55.7
T3	LXSJ4/14	2 688	16.1	1.83	天然级配	0	4.7	8.8	19.0	67.6
					制样级配	—	—	10.2	22.2	67.6
					击实后级配	—	—	7.1	11.0	81.9

续表 4-28

试验编号	试样编号	击实功（kJ/m^3）	最优含水率（%）	最大干密度（g/cm^3）	颗粒级配（%）					
					粒径（mm）	>200	200~60	60~20	20~5	<5
T5	LXSJ7	2 688	18.6	1.75	天然级配			3.90	18.9	55.0
					制样级配	—	—	7.7	37.3	55.0
					击实后级配	—	—	6.7	17.4	75.9
T6	LXSJ15	2 688	11.2	2.04	天然级配	1.8	12.8	15.2	26.1	44.1
					制样级配	—	—	20.6	35.3	44.1
					击实后级配	—	—	12.6	25.5	61.9
B1	BSJ2	2 688	8.50	2.11	天然级配			24.0	18.8	33.2
					制样级配	—	—	37.5	29.3	33.2
					击实后级配	—	—	28.1	27.4	44.5
B2	BSJ4	2 688	10.6	1.96	天然级配	2.90	13.6	15.7	15.3	52.5
					制样级配	—	—	24.1	23.4	52.5
					击实后级配	—	—	15.4	12.1	72.5
B5	BSJ11	2 688	18.0	1.78	天然级配	0	23.4	9.00	14.5	53.1
					制样级配	—	—	18.0	28.9	53.1
					击实后级配	—	—	12.4	18.9	68.7

表 4-29　土料(坝卡区)击实试验前后颗分结果

样品编号	颗粒组成(%)																破碎率 Bg (%)
	粒径(mm)	200~100	100~60	60~40	40~20	20~10	10~5	5~2	2~1	1~0.5	0.5~0.25	0.25~0.075	0.075~0.05	0.05~0.01	0.01~0.005	<0.005	<0.002	
BK1	试前级配	5.6	9.5	8.1	10	10	15.2	4.3	1.5	2.8	3.1	7.2	4	5.9	2.9	9.9	6.8	—
	试后级配	—	—	5	11.2	11.8	13	8.9	6.4	2.2	4.2	4.7	10.8	6	8.2	4.7	14.7	25.1
BK2	试前级配	—	12.4	8.5	18.6	19.3	13.2	5	1.5	2.9	3.4	3.1	2.6	3.5	2	4	2.5	—
	试后级配	—	—	5.8	15	18.1	13.5	8.5	2.5	5	5.7	5.3	4.7	5.9	3	7	4	33.8
BK3	试前级配	—	5.7	4.7	15.6	17.9	13	10.2	2.6	5.5	3.9	3.6	4.5	3.9	3	5.9	2.8	—
	试后级配	—	—	1.7	8.7	15.4	11.8	14.7	3.7	8	5.6	5.2	5.6	6.7	4.9	8	2	30.4
BK4	试前级配	—	5.3	6.9	14.6	13.6	8.7	5.6	1.9	3.8	4.9	8.8	3.7	5.7	3.7	12.8	7.9	—
	试后级配	—	—	2.2	7.7	12.3	8.9	7.5	2.5	5.2	6.6	11.9	5.2	7.9	4.7	17.4	10.5	26.6
BK5	试前级配	—	6.1	5.5	10.5	11.2	6.9	12.6	4.5	10	7.7	5.7	3.1	4.2	2.7	9.3	5	—
	试后级配	—	—	2.6	6.1	9	6	16.1	5.8	12.8	9.8	7.3	3.5	6	3.3	11.7	6.5	29.7
BK6	试前级配	—	8.6	6.9	18.2	16.5	13.2	7.7	2.8	6.1	4.7	3.5	1.8	2.6	1.7	5.7	3	—
	试后级配	—	—	4.5	13.1	18.1	13.3	10.8	3.9	8.5	6.6	4.9	2.5	3.8	2.1	7.9	4	27.3
BK7	试前级配	—	10.3	5.9	15.4	16.6	12.1	9.8	2	4.2	3.3	3.6	3.6	4.4	1.8	7	4.1	—
	试后级配	—	—	7.1	13.6	16.8	14	12	2.4	5.1	4.1	4.3	4.6	5.7	1.9	8.4	5.4	23.9
BK8	试前级配	—	6.3	6.1	15.1	23.9	8.6	7.6	2	5	4.5	3.7	2.5	3.7	2.1	8.9	6	—
	试后级配	—	—	3.6	9.6	18.1	11.9	10.8	2.8	7.1	6.4	5.2	3.7	5.3	3.2	12.3	8.3	30.1

4.2.3.4　渗透及渗透变形试验

1. 试样制备

渗透试验的试样尺寸为φ300 mm、高 300 mm 的圆柱形(见图 4-28、图 4-29),允许最大粒径 60 mm。在渗透仪中以常水头测定渗透系数。垂直渗透及渗透变形试验在大型垂直渗透变形仪(φ300 mm)中由下向上进行,见图 4-30。

土料试样的密度按击实试验测得的最优含水率和最大干密度进行控制;堆石料试样的密度按孔隙率(20%)和测得的相应比重计算所得的干密度进行控制。为保证试样的均匀性,制样时分三层均匀地将土料装入仪器内击实,试样采用水头饱和。

图 4-28　渗透变形仪

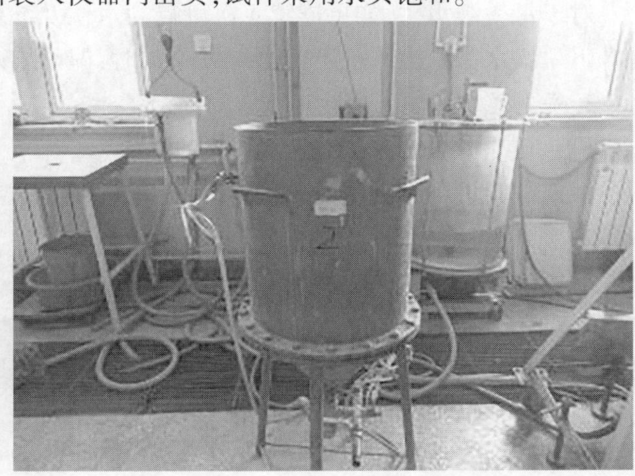

图 4-29　砂砾料渗透变形仪

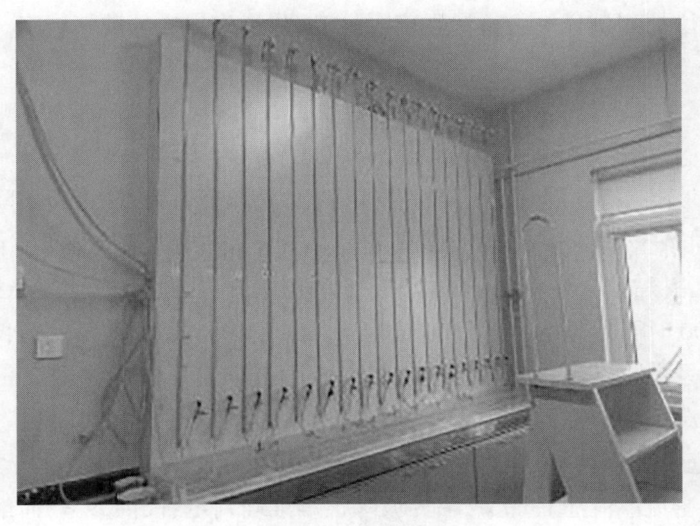

图 4-30　渗透仪

2. 试验过程

在试验过程中,分级施加水头,由小逐渐加大,每级水头维持时间一般在 30~60 min。每施加一级水头,在读取上、下游水头的同时,测量渗流量,并观察试样下游出口的渗流情况及试样顶部表面的变化情况。渗透及渗透变形试验的终止(试验结束)比降,主要以观察到的如下现象之一为标准:①流出口水色连续浑浊;②下游出口连续不断地带出细颗粒,并呈束状流出;③在试样顶面观察到细颗粒通过大空隙被带出并不断跳动或整体浮动;④$\lg i \sim \lg v$ 曲线斜率明显偏离 45°。

对于每一级水头,如果连续 4 次测得的水位及渗流量基本稳定,又无异常现象,即可提升下一级水头。当水头不能再继续增加时,即可结束试验。

3. 资料整理

1)渗透系数计算

根据试验过程中测得的单位时间的渗流量与渗透坡降,计算土样的渗透系数。

2)渗透坡降计算

对于管涌破坏的试样,可利用绘制的 $\lg i \sim \lg v$ 曲线,并根据观察到的破坏现象,计算其临界坡降和破坏坡降。当渗透坡降与渗流速度关系曲线的斜率开始变化,并观察到细颗粒开始跳动或被水流带出时,认为该试样达到了临界坡降。按下列公式计算临界坡降:

$$i_K = \frac{i_2 + i_1}{2} \tag{4-1}$$

式中:i_K 为临界坡降;i_2 为开始出现管涌时的坡降;i_1 为开始出现管涌前一级的坡降。

根据渗透坡降与渗流速度关系曲线,随着水头逐步加大,细颗粒不断被冲走,渗透流量变大,当水头增加到试样失去抗渗强度时,该坡降称为试样的破坏坡降。按下列公式计算破坏坡降:

$$i_F = \frac{i'_2 + i'_1}{2} \tag{4-2}$$

式中:i_F 为破坏坡降;i'_2 为破坏时的渗透坡降;i'_1 为破坏前一级的渗透坡降。

天然土料的渗透及渗透变形试验结果见表 4-30、表 4-31,渗透变形关系曲线见图 4-31~图 4-38。天然土料黏粒含量较高,试样不易饱和透水,经长期浸泡且逐步提升水头后,基本上于坡降 4.00 时开始见水。此后,提升水头,由于渗水量很小,虽然延长了接渗水量的时间,所得渗透系数也并不稳定,呈现较大波动,但其渗透系数均$<10^{-6}$ cm/s,属于极弱透水,符合土体情况。继续提升水头后,试样从边壁处开始松动,有小气泡或混浊水流出现,最终试样从边壁处被整体托起破坏。在此过程中,由于试样黏粒含量较大,虽经延长时间,但仍然难以避免渗流滞后现象,临界坡降很难准确判定,仅供参考,而最终破坏皆由接触面破坏造成,在工程应用中应特别重视相关连接处的情况。

表 4-30　土料(C 勘探区及坝址区)渗透及渗透变形试验结果统计

试样编号	渗透和渗透变形(垂直制样)						
	制样干密度(g/cm^3)	制样含水率(%)	临界坡降 i_K	破坏坡降 i_F	渗透系数 K_{20} (cm/s)	破坏形式	渗流方向
T3	1.74	18.3	8.50	20.00	2.72×10^{-7}	接触面破坏	由下向上
T4	1.77	18.1	12.50	34.58	2.24×10^{-7}	接触面破坏	由下向上
T5	1.64	21.9	8.50	25.00	1.59×10^{-8}	接触面破坏	由下向上
T6	1.94	13.3	12.50	40.00	6.73×10^{-7}	接触面破坏	由下向上
B3	1.91	12.8	17.50	44.88	7.26×10^{-7}	接触面破坏	由下向上

注:与制样干密度相应的击实功为 592 kJ/m^3。

表 4-31　土料(坝卡区)渗透及渗透变形试验结果统计

试样编号	渗透变形试验						渗透试验
	制样干密度(g/cm^3)	制样含水率(%)	渗透系数 K_{20} (cm/s)	渗流方向	破坏坡降	破坏形式	渗透系数 K_{20} (cm/s)
BK1	2.02	10.2	5.806×10^{-6}	自上而下	165	流土	8.747×10^{-6}
BK2	2.01	11.7	4.143×10^{-6}	自上而下	165		6.965×10^{-6}
BK3	1.85	15.9	4.911×10^{-6}	自上而下	165		1.382×10^{-6}
BK4	1.96	13	1.781×10^{-6}	自上而下	165		3.965×10^{-6}
BK5	1.96	11.7	6.998×10^{-6}	自上而下	165		1.492×10^{-6}
BK6	2.11	9.7	6.560×10^{-6}	自上而下	165		7.655×10^{-6}
BK7	1.96	11.2	3.516×10^{-6}	自上而下	165		1.185×10^{-6}
BK8	1.96	12.2	2.210×10^{-6}	自上而下	165		1.773×10^{-6}

注:与制样干密度相应的击实功为 2 690 kJ/m^3。

4.2.3.5　直剪试验

1. 试样制备

土料和堆石料的直剪试验在大型直剪仪上进行。剪力仪为直径 505 mm 的圆形剪力盒,分上盒、下盒,见图 4-39。制样时,在上盒、下盒之间预留一定尺寸的剪切缝,土料取缝宽 10 mm,堆石料取 15 mm。试样受剪面积为 2 000 cm^2,适用于粒径不大于 60 mm 的颗粒。配料时,首先将试料中大于 60 mm 的颗粒以等质量代替法进行替换。

土料试样的直剪试验按照击实试验测得的最优含水率和最大干密度进行试样制备;制备完成后,非浸水快剪直接进行试验,饱和固结快剪则先进行试样饱和(水头饱和或抽

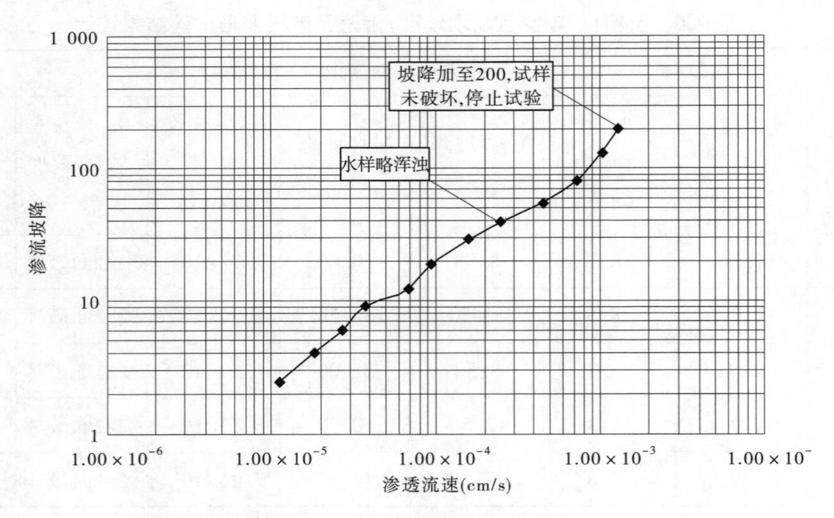

图 4-31 BK1 渗透变形关系曲线

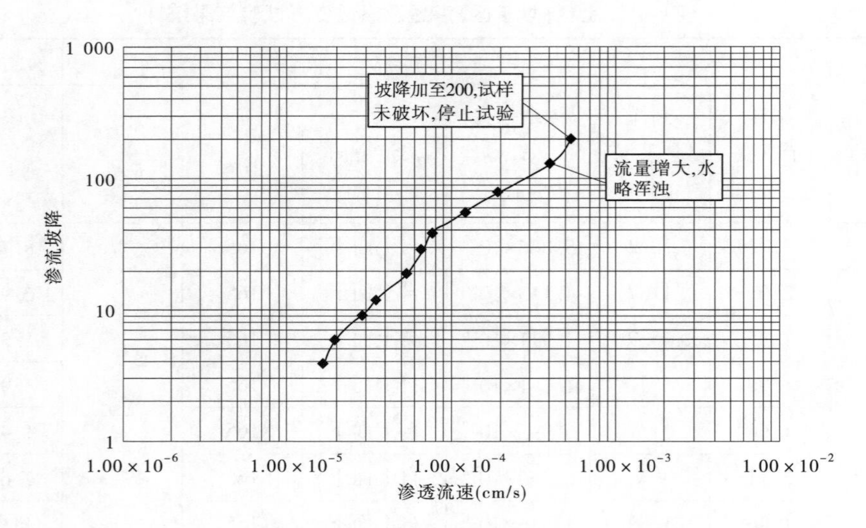

图 4-32 BK2 渗透变形关系曲线

气饱和),然后进行固结和快剪试验。

堆石料试样的直剪试验首先根据控制孔隙率计算得到的干密度(采用天然含水率)进行试样制备;制备完成后,快剪试验可直接进行,饱和固结快剪试验和慢剪试验则先进行试样饱和(水头饱和),然后按照试验规程进行试样固结;最后,前者进行快剪试验,后者则进行慢剪试验(逐级稳定标准采用 0.01 mm/h)。饱和试验的试样制备也可先将粗粒(大于 5 mm)料用水浸泡达到饱和。

每组试验为 5 个试样;按照设计要求,最大垂直应力为 4.2 MPa,试验时分 5 级等间隔施加,分别为 0.84 MPa、1.68 MPa、2.52 MPa、3.36 MPa、4.20 MPa。

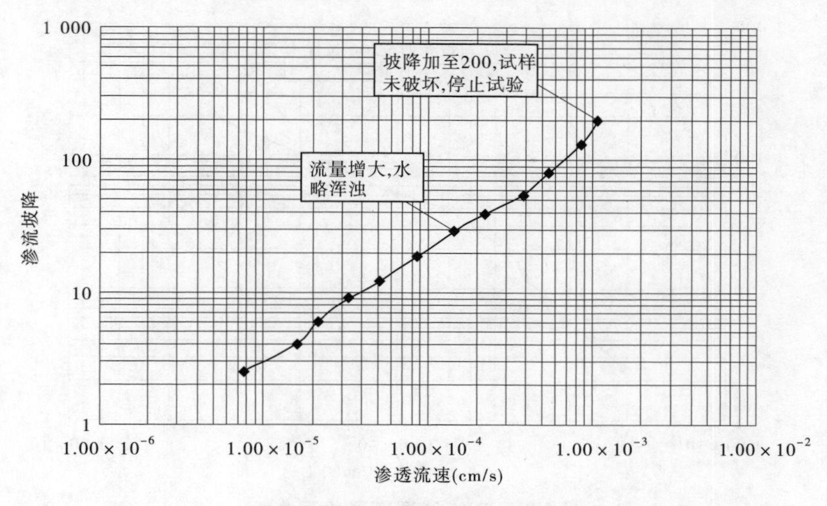

图 4-33　BK3 渗透变形关系曲线

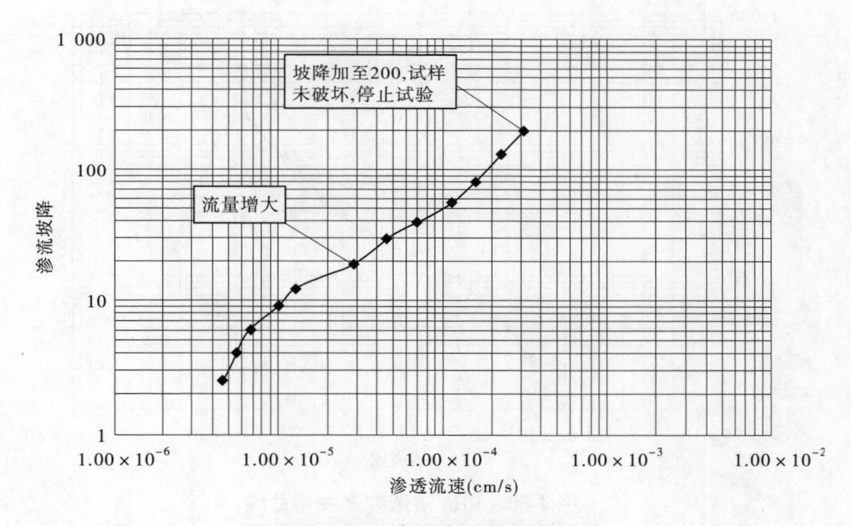

图 4-34　BK4 渗透变形关系曲线

2. 快剪试验基本步骤

快剪试验采用应变加载方式,法向应力施加完成并基本稳定后开始施加剪切荷载,剪切速率一般采取 1.5 mm/min,一般在 30~40 min 完成剪切;饱和固结快剪试验,试样饱和时间一般在 24 h 左右,试验固结稳定标准一般按照 0.05 mm/h 控制,通常固结时间在 4 h 左右;试验固结完成后,直剪试验按照快剪试验的剪切速率进行。快剪试验若无剪切应力峰值,剪切位移一般不少于 50 mm。

3. 慢剪试验基本步骤

慢剪试验的饱和与固结过程按照饱和固结快剪试验进行,试样固结完成后,开始剪切试验,剪切荷载的施加按照应力加载方式进行。首先剪切荷载分级施加,每一级剪切荷载施加完成后,每隔 1 min 测记水平测表读数和垂直测表读数各一次,若 1 min 内剪切变形

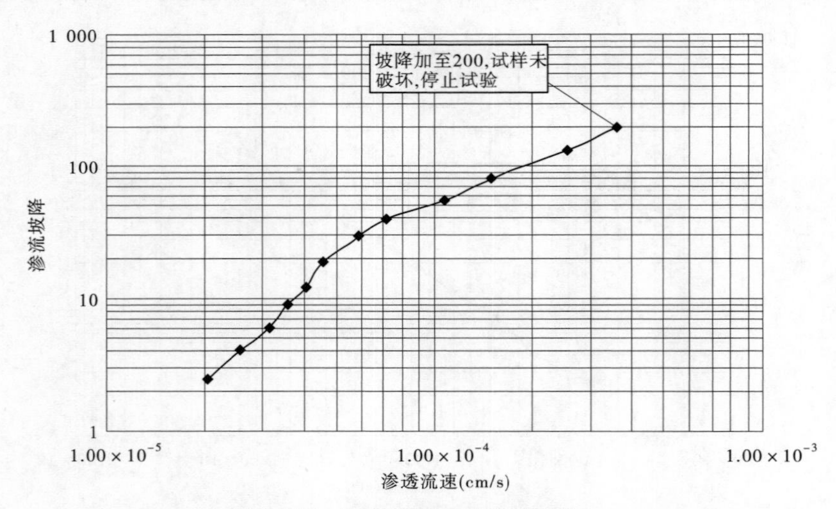

图 4-35　BK5 渗透变形关系曲线

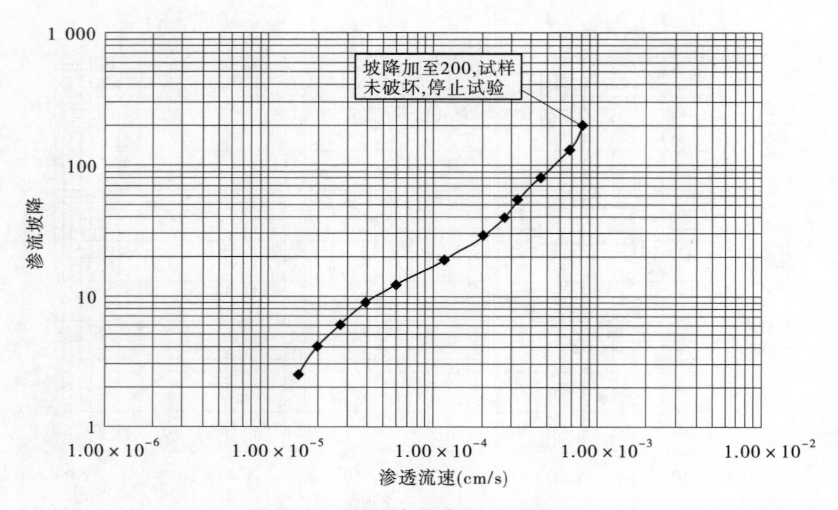

图 4-36　BK6 渗透变形关系曲线

不超过 0.01 mm,可施加下一级水平荷载。起始水平荷载每级可按垂直荷载的 7%~10%施加,当某级水平荷载下的剪切位移超过前一级剪切位移的 1.5~2.0 倍时,改为按 5%施加。当水平荷载读数不再增加或剪切变形急剧增长时,即认为已剪损。试验结束前,慢剪试验剪切位移一般不小于 50 mm。若无剪切荷载峰值,最大剪切位移控制在 100 mm。剪切试验完成后,拆除试样,对剪切面进行拍照,并测定其剪后含水率与颗粒级配。

4. 资料整理方法

按下式计算垂直压力和剪应力:

$$p = \frac{p_v}{A} \tag{4-3}$$

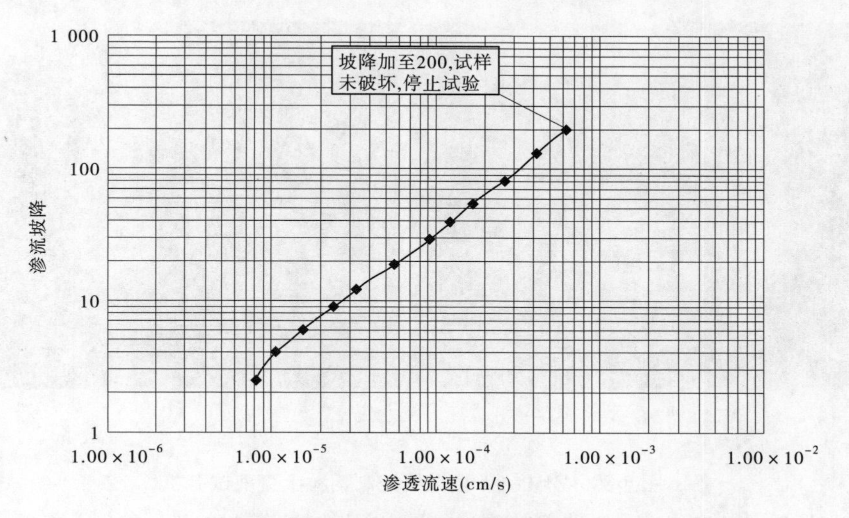

图 4-37　BK7 渗透变形关系曲线

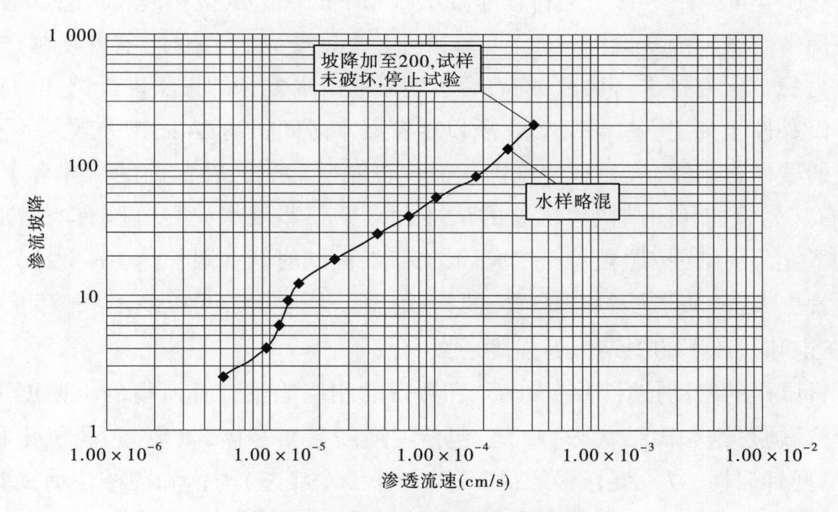

图 4-38　BK8 渗透变形关系曲线

$$\tau = \frac{p_h}{A} \tag{4-4}$$

式中:p、τ 分别为垂直压力和剪应力,kPa;p_v、p_h 分别为垂直荷载和剪切荷载,kN;A 为试样面积,m^2。

以剪应力为纵坐标、水平位移为横坐标,绘制某级垂直压力下剪应力 τ 与水平位移 ΔL 关系曲线。取剪应力 τ 与水平位移 ΔL 关系曲线上峰值或稳定值作为抗剪强度,如无明显峰值,则取水平位移达到试样直径 1/15～1/10 处的剪应力作为抗剪强度 S。以抗剪强度 S 为纵坐标、垂直压力 p 为横坐标,绘制抗剪强度 S 与垂直压力 p 的关系曲线,直线的倾角为粗颗粒土的内摩擦角 φ,直线在纵坐标轴上的截距为粗颗粒土的黏聚力 c。

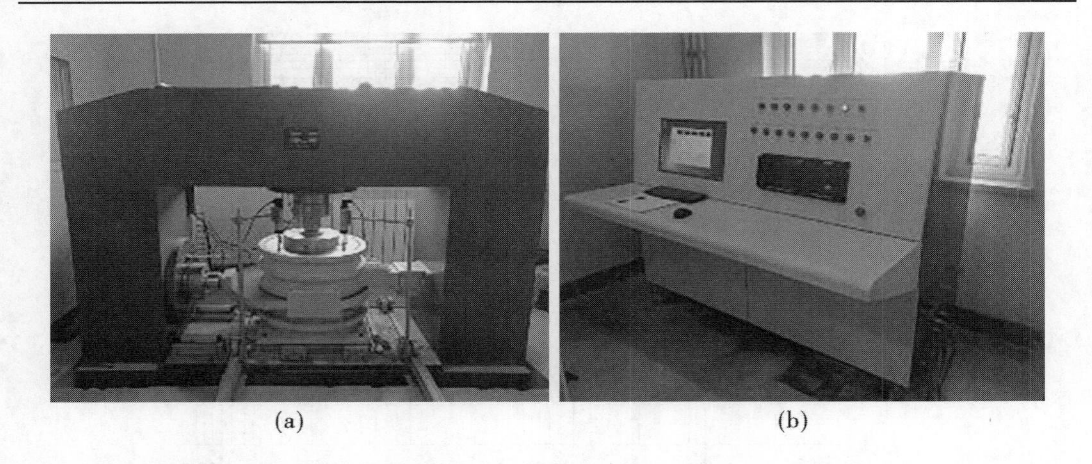

(a)　(b)

图 4-39　ZJ50-3A 型微机控制粗粒土直剪试验机

土料试验共完成快剪(非浸水状态)与饱和固结快剪各 10 组。试验结果见表 4-32,试验曲线见图 4-40~图 4-79。土料在非浸水状态下的快剪试验和饱和状态下的固结快剪试验均采用击实试验的结果(最优含水率和最大干密度)进行制样,前者在制样完成和施加法向应力稳定后直接进行快剪试验,后者则采取浸水饱和的方法进行试样饱和,但由于土料主要以黏性土为主,基本不透水,所以尽管浸水时间长达 24 h,饱和效果并不理想,从试后测得的试样含水率(在试样中部剪切面位置取样)来看,较试前的试样含水率一般高出 2%左右。尽管饱和固结快剪试验的试样含水率较非浸水快剪试验有所增加,但由于前者进行了充分固结(按照粗粒土试验固结标准,固结时间一般长达 10~16 h),因而试样密度较后者更大些,从试验结果来看,两种状态下的抗剪强度相差不大,甚至个别试样(如 T5)在饱和状态下的固结快剪强度还大一些。

堆石料试样的密度按孔隙率(20%)和测得的相应比重计算所得的干密度进行控制,共完成慢剪试验(饱和固结状态)12 组,包括泥质粉砂岩和砂岩(微新、弱风化和弱、强风化混合料)两种岩性,以及混合料的快剪试验(非浸水状态)与饱和固结快剪试验各 2 组。试验结果见表 4-33、表 4-34,试验曲线见图 4-80~图 4-119。

泥质粉砂岩岩质相对较软,浸水饱和后性状变化较大,强度有所降低。从试验结果来看,混合料的天然快剪试验强度明显比饱和固结快剪试验强度高一些,而慢剪强度比快剪强度略高些。

砂岩由于强度相对较高,遇水软化性较弱,抗剪强度受水的影响较小。从试验结果来看,无论是天然状态还是饱和状态,无论是快剪还是慢剪,砂岩的抗剪强度没有十分明显的差异。

由于砂岩强度明显高于泥质粉砂岩,试验测得的抗剪强度明显高于后者,从试验结果来看,一般高出 4°~8°。

表 4-32　土料直剪试验结果

试验编号	试样编号	制样干密度 (g/cm³)	制样含水率 (%)	试验后含水率 (%)	颗粒级配(%)						σ (MPa)	τ (MPa)	抗剪强度	
					粒径	> 200 mm	200~ 60 mm	60~ 20 mm	20~ 5 mm	< 5 mm			f/φ (°)	c (kPa)
T1	LXSJ3 LXSJ5 LXSJ10 LXSJ23	1.86	14.5	16.1 (非浸水)	天然级配	3.07	21.4	19.3	15.4	40.8	0.84	0.44	0.38 /20.9	129
											1.67	0.80		
					试验级配	—	—	32.8	26.4	40.8	2.51	1.07		
											3.35	1.37		
											4.18	1.75		
	LXSJ3 LXSJ5 LXSJ10 LXSJ23	1.86	饱和	17.9	天然级配	3.07	21.4	19.3	15.4	40.8	0.84	0.44	0.41 /22.3	125
											1.67	0.84		
					试验级配	—	—	32.8	26.4	40.8	2.51	1.16		
											3.35	1.49		
											4.18	1.82		
T3	LXSJ4 LXSJ14	1.755	18.2	(非浸水)	天然级配	—	4.70	8.80	19.0	67.6	0.84	0.54	0.34 /18.6	248
											1.67	0.92		
					试验级配	—	—	10.2	22.2	67.6	2.51	1.23		
											3.35	1.41		
											4.18	1.50		
	LXSJ4 LXSJ14	1.755	饱和	20.9	天然级配	—	4.70	8.80	19.0	67.6	0.84	0.37	0.24 /13.6	215
											1.67	0.67		
					试验级配	—	—	10.2	22.2	67.6	2.51	0.84		
											3.35	1.01		
											4.18	1.21		

续表 4-32

试验编号	试样编号	制样干密度（g/cm³）	制样含水率（%）	试验后含水率（%）	颗粒级配（%）						σ（MPa）	τ（MPa）	抗剪强度	
					粒径	> 200 mm	200~60 mm	60~20 mm	20~5 mm	< 5 mm			f/φ（°）	c（kPa）
T4	LXSJ4 LXSJ14	1.755	18.2	15.2（非浸水）	天然级配	—	4.70	8.80	19.0	67.6	0.84	0.49	0.34/19.0	226
											1.68	0.81		
					试验级配	—	—	10.2	22.2	67.6	2.52	1.12		
											3.36	1.41		
											4.20	1.63		
	LXSJ4 LXSJ14	1.755	饱和	19.5	天然级配	—	4.70	8.80	19.0	67.6	0.84	0.44	0.24/13.4	245
											1.67	0.64		
					试验级配	—	—	10.2	22.2	67.6	2.51	0.85		
											3.35	1.06		
											4.18	1.23		
T6	LXSJ15	1.94	13.3	（非浸水）	天然级配	1.80	12.8	15.2	26.1	44.1	0.84	0.53	0.52/27.3	51.8
											1.67	0.88		
					试验级配	—	—	20.6	35.3	44.1	2.51	1.31		
											3.35	1.76		
											4.18	2.26		
	LXSJ15	1.94	饱和		天然级配	1.80	12.8	15.2	26.1	44.1	0.84	0.56	0.41/22.1	237
											1.67	0.92		
					试验级配	—	—	20.6	35.3	44.1	2.51	1.30		
											3.35	1.58		
											4.18	1.93		

续表 4-32

试验编号	试样编号	制样干密度（g/cm³）	制样含水率（%）	试验后含水率（%）	颗粒级配（%）						σ（MPa）	τ（MPa）	抗剪强度	
					粒径	＞200 mm	200～60 mm	60～20 mm	20～5 mm	＜5 mm			f/φ（°）	c（kPa）
B1	BSJ2	1.98	10.2	9.34（非浸水）	天然级配	0.70	23.3	24.0	18.8	33.2	0.84	0.64	0.67/33.9	36.0
											1.67	1.16		
					试验级配	—	—	37.5	29.3	33.2	2.51	1.64		
											3.35	2.24		
											4.18	2.91		
	BSJ2	1.98	饱和	13.2	天然级配	0.70	23.3	24.0	18.8	33.2	0.84	0.64	0.64/32.5	43.0
											1.67	1.16		
					试验级配	—	—	37.5	29.3	33.2	2.51	1.70		
											3.35	2.24		
											4.18	2.59		
B2	BSJ4	1.905	12.8	（非浸水）	天然级配	2.90	13.6	15.7	15.3	52.5	0.84	0.61	0.59/30.5	135
											1.67	1.12		
					试验级配	—	—	24.1	23.4	52.5	2.51	1.61		
											3.35	2.19		
											4.18	2.53		
	BSJ4	1.905	饱和	14.3	天然级配	2.90	13.6	15.7	15.3	52.5	0.84	0.47	0.46/24.9	161
											1.67	1.01		
					试验级配	—	—	24.1	23.4	52.5	2.51	1.38		
											3.36	1.70		
											4.20	2.08		

续表 4-32

试验编号	试样编号	制样干密度（g/cm^3）	制样含水率（%）	试验后含水率（%）	颗粒级配（%）						σ（MPa）	τ（MPa）	抗剪强度	
					粒径	> 200 mm	200~60 mm	60~20 mm	20~5 mm	< 5 mm			f/φ（°）	c（kPa）
B3	BSJ4	1.905	12.8	（非浸水）	天然级配	2.90	13.6	15.7	15.3	52.5	0.84	0.58	0.60/30.8	86.6
											1.67	1.16		
					试验级配	—	—	24.1	23.4	52.5	2.51	1.49		
											3.35	2.07		
											4.18	2.62		
	BSJ4	1.905	饱和	14.6	天然级配	2.90	13.6	15.7	15.3	52.5	0.84	0.46	0.52/27.4	53.2
											1.67	0.96		
					试验级配	—	—	24.1	23.4	52.5	2.51	1.39		
											3.36	1.73		
											4.20	2.26		
B5	BSJ11	1.63	22.1	21.7（非浸水）	天然级配	—	23.4	9.00	14.5	53.1	0.84	0.58	0.28/15.8	375
											1.67	0.89		
					试验级配	—	—	18.0	28.9	53.1	2.51	1.10		
											3.35	1.30		
											4.18	1.44		
	BSJ11	1.63	饱和	19.1	天然级配	—	23.4	9.00	14.5	53.1	0.84	0.35	0.29/16.2	118
											1.67	0.61		
					试验级配	—	—	18.0	28.9	53.1	2.51	0.83		
											3.35	1.13		
											4.18	1.31		

续表 4-32

试验编号	试样编号	制样干密度(g/cm^3)	制样含水率(%)	试验后含水率(%)	颗粒级配(%)						σ(MPa)	τ(MPa)	抗剪强度	
					粒径	>200 mm	200~60 mm	60~20 mm	20~5 mm	<5 mm			f/φ(°)	c(kPa)
B6	BSJ12	1.90	13.2	7.82(非浸水)	天然级配	1.30	19.8	22.8	18.3	37.8	0.84	0.63	0.67/33.7	38.3
											1.67	1.06		
					试验级配	—	—	34.5	27.7	37.8	2.51	1.62		
											3.35	2.24		
											4.18			
	BSJ12	1.90	饱和	12.5	天然级配	1.30	19.8	22.8	18.3	37.8	0.84	0.55	0.60/30.8	28.0
											1.67	1.00		
					试验级配	—	—	34.5	27.7	37.8	2.51	1.47		
											3.35	1.98		
											4.18	2.59		

表 4-33 粗粒土直剪强度(慢剪)试验结果

试样编号	孔隙率	制样干密度(g/cm^3)	制样含水率(%)	试验后含水率(%)	颗粒级配(%)						σ(MPa)	τ(MPa)	抗剪强度	
					粒径	>200 mm	200~60 mm	60~20 mm	20~5 mm	<5 mm			f/φ(°)	c(kPa)
ND1	0.20	2.224	饱和	7.15	天然级配	0.90	26.3	32.4	23.7	16.7	0.84	0.67	0.68/34.1	183
											1.68	1.33		
					试验级配	—	—	48.1	35.2	16.7	2.52	2.10		
											3.36	2.36		
					试后	—	—	—	—	—	4.20	3.00		

续表 4-33

试样编号	孔隙率	制样干密度(g/cm³)	制样含水率(%)	试验后含水率(%)	颗粒级配(%)						σ(MPa)	τ(MPa)	抗剪强度	
					粒径	>200 mm	200~60 mm	60~20 mm	20~5 mm	<5 mm			f/φ(°)	c(kPa)
ND2	0.20	2.224	饱和	5.41	天然级配	0.90	26.3	32.4	23.7	16.7	0.84	0.67	0.67/33.9	99.9
											1.68	1.20		
					试验级配	—	—	48.1	35.2	16.7	2.52	1.90		
											3.36	2.25		
					试后	—	—	18.5	38.8	42.7	4.20	2.96		
ND4	0.20	2.224	饱和	5.66	天然级配	0.30	17.0	34.1	29.0	19.6	0.84	0.57	0.70/35.0	16.8
											1.68	1.19		
					试验级配	—	—	43.4	37.0	19.6	2.52	1.88		
											3.36	2.33		
					试后	—	—	—	—	—	4.20	2.95		
ND5	0.20	2.224	饱和	6.33	天然级配	0.30	17.0	34.1	29.0	19.6	0.84	0.65	0.72/35.9	10.2
											1.68	1.15		
					试验级配	—	—	43.4	37.0	19.6	2.52	1.96		
											3.36	2.34		
					试后	—	—	—	—	—	4.20	3.09		

续表 4-33

试样编号	孔隙率	制样干密度（g/cm³）	制样含水率（%）	试验后含水率（%）	颗粒级配(%)						σ（MPa）	τ（MPa）	抗剪强度	
					粒径	> 200 mm	200~ 60 mm	60~ 20 mm	20~ 5 mm	< 5 mm			f /φ（°）	c（kPa）
ND7	0. 20	2. 224	饱和	5. 67	天然级配	2. 80	21. 1	31. 4	26. 3	18. 5	0. 84	0. 60	0. 69 /34. 5	95. 8
											1. 68	1. 35		
					试验级配	—	—	44. 3	37. 2	18. 5	2. 52	1. 85		
											3. 36	2. 39		
					试后	—	—	15. 2	39. 6	45. 2	4. 20	2. 96		
ND8	0. 20	2. 224	饱和	5. 36	天然级配	2. 80	21. 1	31. 4	26. 3	18. 5	0. 84	0. 70	0. 69 /34. 7	189
											1. 68	1. 51		
					试验级配	—	—	44. 3	37. 2	18. 5	2. 52	1. 80		
											3. 36	2. 65		
					试后	—	—	20. 0	39. 3	40. 7	4. 20	3. 04		
SD1	0. 20	2. 144	饱和	3. 21	天然级配	—	39. 0	36. 2	12. 9	11. 9	0. 84	0. 98	0. 80/ 38. 8	277
											1. 68	1. 53		
					试验级配	—	—	73. 7	26. 3	—	2. 52	2. 39		
											3. 36	2. 99		
					试后	—	—	41. 0	38. 7	20. 3	4. 20	3. 63		

续表 4-33

试样编号	孔隙率	制样干密度（g/cm^3）	制样含水率（%）	试验后含水率（%）	颗粒级配（%）						σ（MPa）	τ（MPa）	抗剪强度	
					粒径	> 200 mm	200~60 mm	60~20 mm	20~5 mm	< 5 mm			f/φ（°）	c（kPa）
SD2	0.20	2.144	饱和	3.58	天然级配	—	39.0	36.2	12.9	11.9	0.84	1.13	0.84/40.2	367
											1.68	1.85		
					试验级配	—	—	73.7	26.3	—	2.52	2.41		
											3.36	2.99		
					试后	—	—	38.4	37.1	24.5	4.20	4.10		
SD4	0.20	2.123	饱和	3.98	天然级配	—	33.4	33.6	18.5	14.5	0.84	1.17	0.85/40.3	438
											1.68	1.99		
					试验级配	—	—	64.4	35.6	—	2.52	2.43		
											3.36	3.15		
					试后	—	—	32.7	42.5	24.8	4.20	4.15		
SD5	0.20	2.123	饱和	4.22	天然级配	—	33.4	33.6	18.5	14.5	0.84	1.23	0.89/41.6	644
											1.68	2.21		
					试验级配	—	—	64.4	35.6	—	1.68	2.33		
											2.52	2.96		
					试后	—	—	27.9	39.6	32.5	3.36	3.29		
											4.20	4.51		

续表 4-33

试样编号	孔隙率	制样干密度 (g/cm³)	制样含水率 (%)	试验后含水率 (%)	颗粒级配(%)						σ (MPa)	τ (MPa)	抗剪强度	
					粒径	> 200 mm	200~ 60 mm	60~ 20 mm	20~ 5 mm	< 5 mm			f/φ (°)	c (kPa)
SD7	0.20	2.125	饱和	6.36	天然级配	2.00	30.4	32.8	20.0	14.8	0.84	0.85	0.75/37.0	383
											1.68	1.93		
					试验级配	—	—	59.2	35.7	5.10	2.52	2.31		
											3.36	2.66		
					试后	—	—	27.6	33.1	39.3	4.20	3.65		
SD8	0.20	2.125	饱和	5.51	天然级配	2.00	30.4	32.8	20.0	14.8	0.84	0.97	0.83/39.6	163
											1.68	1.40		
					试验级配	—	—	59.2	35.7	5.10	2.52	2.30		
											3.36	2.86		
					试后	—	—	26.3	37.3	36.4	4.20	3.10		
											4.20	4.25		

表 4-34 粗粒土直剪强度(快剪)试验结果

试样编号	孔隙率	制样干密度 (g/cm³)	制样含水率 (%)	试验后含水率 (%)	颗粒级配(%)						σ (MPa)	τ (MPa)	抗剪强度	
					粒径	> 200 mm	200~ 60 mm	60~ 20 mm	20~ 5 mm	< 5 mm			f/φ (°)	c (kPa)
ND7	0.20	2.224	非浸水	0.90	天然级配	2.8	21.1	31.4	26.3	18.5	0.84	0.89	0.64/ 32.4	290
											1.67	1.30		
					试验级配	—	—	44.3	37.2	18.5	2.51	1.81		
											3.35	2.45		
					试后	—	—	—	—	—	4.18	2.97		
ND7	0.20	2.224	饱和	9.91	天然级配	2.8	21.1	31.4	26.3	18.5	0.84	0.57	0.62 /31.9	29.0
											1.67	1.07		
					试验级配	—	—	44.3	37.2	18.5	2.51	1.57		
											3.35	1.95		
					试后	—	—	17.6	39.9	42.5	4.18	2.73		
ND8	0.20	2.224	非浸水	0.70	天然级配	2.8	21.1	31.4	26.3	18.5	0.84	0.80	0.67/ 33.9	180
											1.67	1.26		
					试验级配	—	—	44.3	37.2	18.5	2.51	1.84		
											3.35	2.37		
					试后	—	—	—	—	—	4.18	3.06		

续表4-34

试样编号	孔隙率	制样干密度（g/cm³）	制样含水率（%）	试验后含水率（%）	颗粒级配（%）						σ（MPa）	τ（MPa）	抗剪强度	
					粒径	>200 mm	200~60 mm	60~20 mm	20~5 mm	<5 mm			f/φ（°）	c（kPa）
ND8	0.20	2.224	饱和	7.15	天然级配	—	—	31.4	26.3	18.5	0.84	0.54	0.61/31.5	26.0
											1.67	1.01		
					试验级配	—	—	44.3	37.2	18.5	2.51	1.42		
											3.35	2.02		
					试后	—	—	18.5	40.4	41.1	4.18	2.73		
SD7	0.20	2.125	饱和	5.50	天然级配	2.00	30.4	32.8	20.0	14.8	0.84	0.77	0.83/39.5	287
											1.68	1.59		
					试验级配	—	—	59.2	35.7	5.10	2.52	2.34		
											3.36	3.61		
					试后	—	—	30.6	34.8	34.7	4.20	3.41		
SD8	0.20	2.125	饱和	7.04	天然级配	2.00	30.4	32.8	20.0	14.8	0.84	1.40	0.83/39.8	338
											1.68	1.57		
					试验级配	—	—	59.2	35.7	5.10	2.52	2.35		
											3.36	2.97		
					试后	—	—	30.3	41.1	28.6	4.20	4.02		

续表 4-34

试样编号	孔隙率	制样干密度（g/cm^3）	制样含水率（%）	试验后含水率（%）	颗粒级配（%）						σ（MPa）	τ（MPa）	抗剪强度	
					粒径	> 200 mm	200~ 60 mm	60~ 20 mm	20~ 5 mm	< 5 mm			f/φ（°）	c（kPa）
SD7	0. 20	2. 125	天然	0. 66	天然级配	2. 00	30. 4	32. 8	20. 0	14. 8	0. 84	1. 04	0. 86/ 40. 7	377
											1. 68	1. 82		
					试验级配	—	—	59. 2	35. 7	5. 10	2. 52	2. 59		
											3. 36	3. 46		
					试后	—	—	23. 4	34. 7	41. 9	4. 20	3. 83		
SD8	0. 20	2. 125	天然	0. 70	天然级配	2. 00	30. 4	32. 8	20. 0	14. 8	0. 84	0. 95	0. 84/ 40. 1	367
											1. 68	1. 81		
					试验级配	—	—	59. 2	35. 7	5. 10	2. 52	2. 65		
											3. 36	3. 28		
					试后	—	—	23. 2	34. 2	42. 6	4. 22	3. 78		

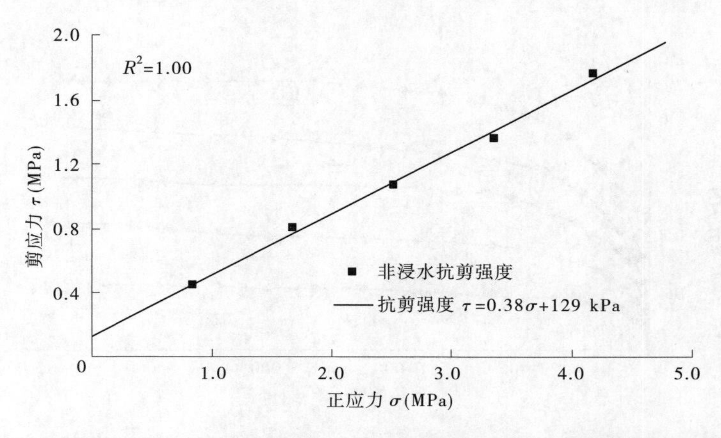

图 4-40　T1-LXSJ5、T1-LXSJ10、T1-LXSJ23 非浸水快剪正应力与剪应力关系曲线

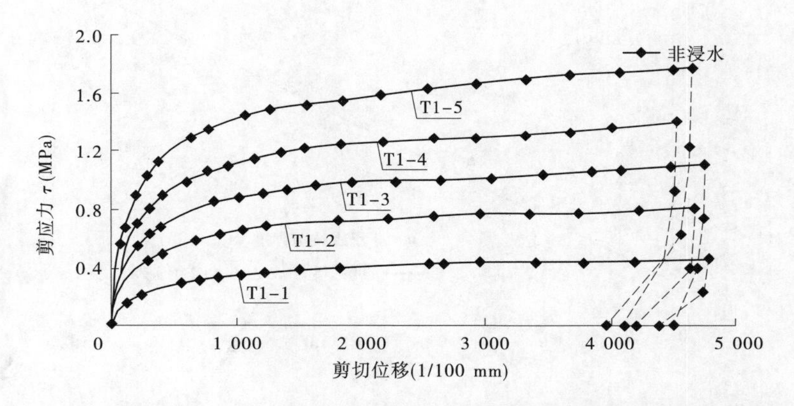

图 4-41　T1-LXSJ5、T1-LXSJ10、T1-LXSJ23 非浸水快剪剪应力与剪切位移关系曲线

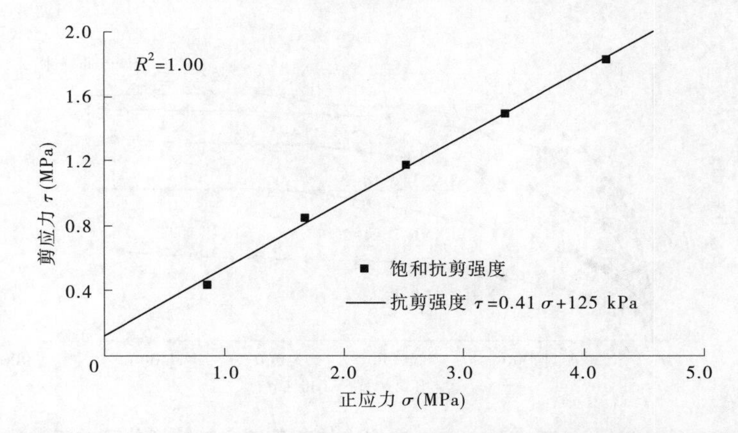

图 4-42　T1-LXSJ5、T1-LXSJ10、T1-LXSJ23 饱和固结快剪正应力与剪应力关系曲线

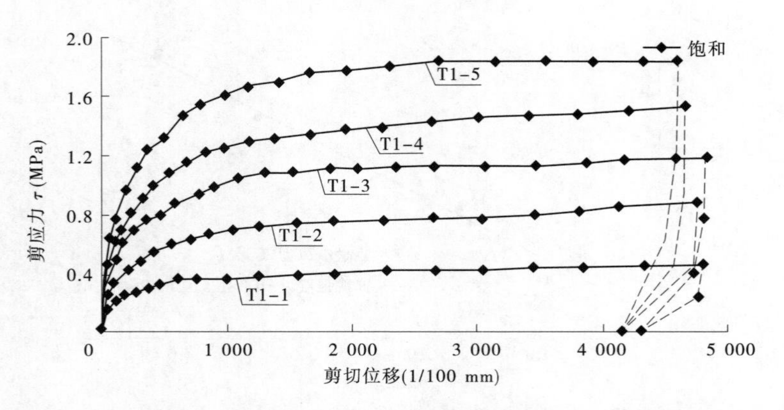

图 4-43　T1-LXSJ5、T1-LXSJ10、T1-LXSJ23 饱和固结快剪剪应力与剪切位移关系曲线

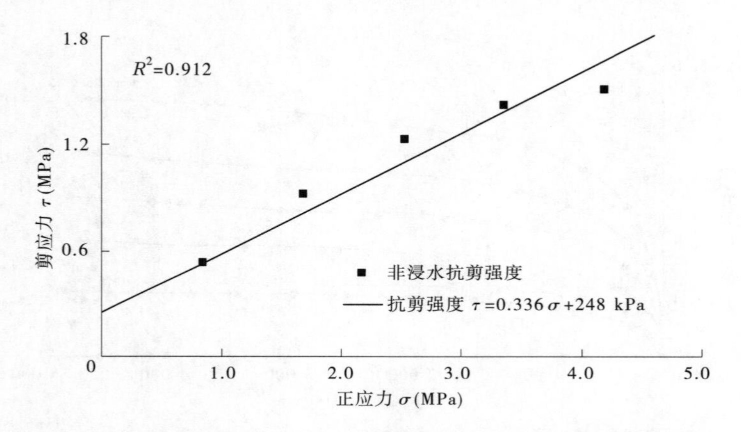

图 4-44　T3-LXSJ4、T3-LXSJ14 非浸水快剪正应力与剪应力关系曲线

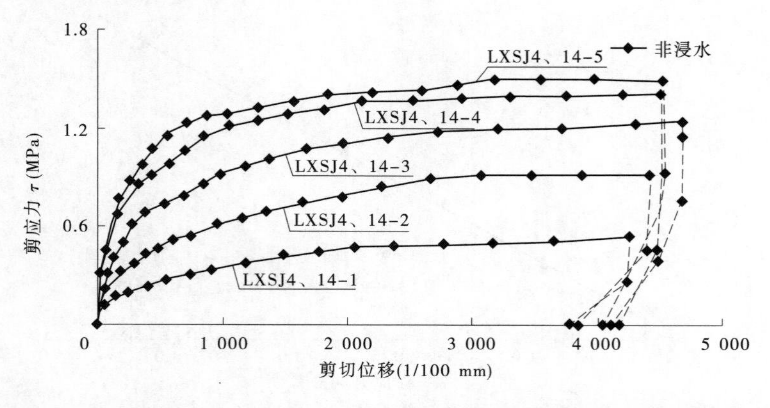

图 4-45　T3-LXSJ4、T3-LXSJ14 非浸水快剪剪应力与剪切位移关系曲线

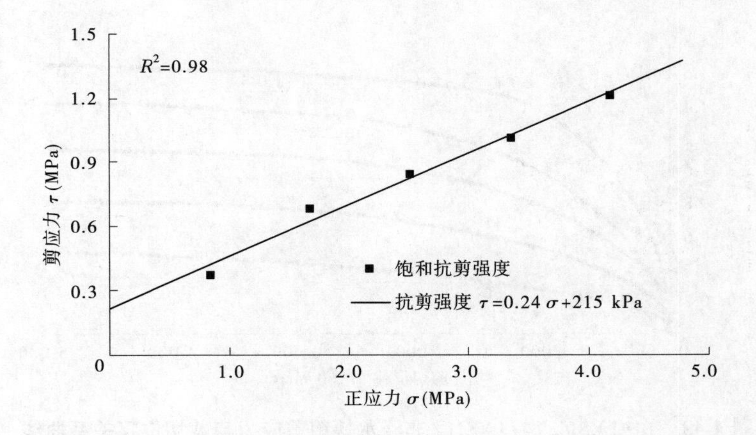

图 4-46　T3-LXSJ4、T3-LXSJ14 饱和固结快剪正应力与剪应力关系曲线

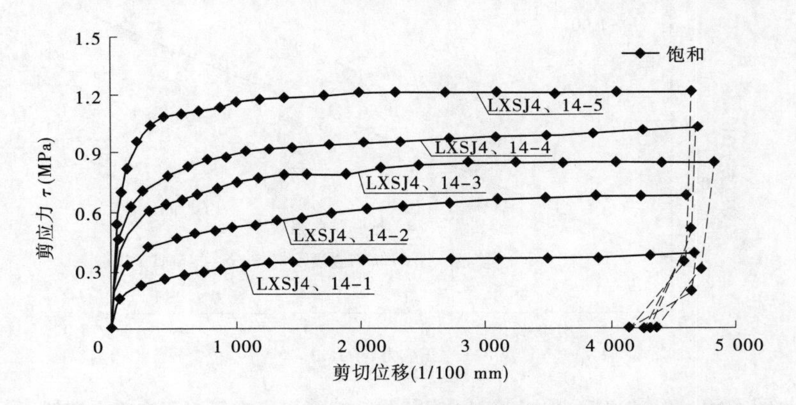

图 4-47　T3-LXSJ4、T3-LXSJ14 饱和固结快剪剪应力与剪切位移关系曲线

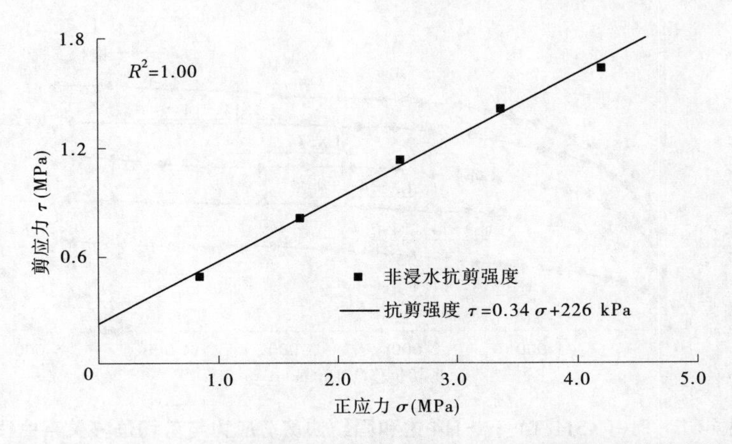

图 4-48　T4-LXSJ4、T4-LXSJ14 非浸水快剪正应力与剪应力关系曲线

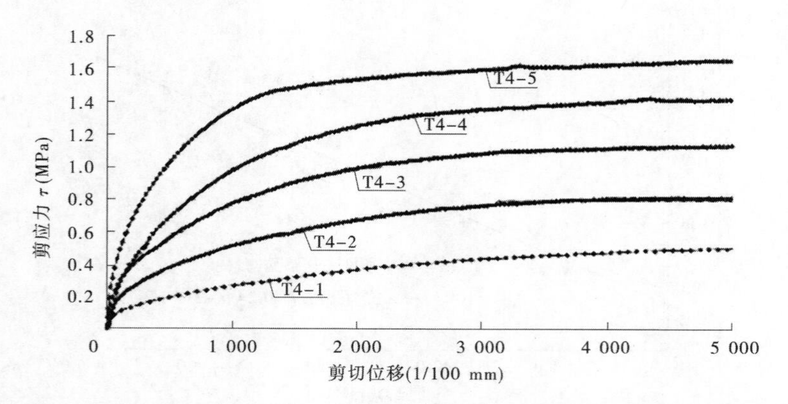

图 4-49　T4-LXSJ4、T4-LXSJ14 非浸水快剪剪应力与剪切位移关系曲线

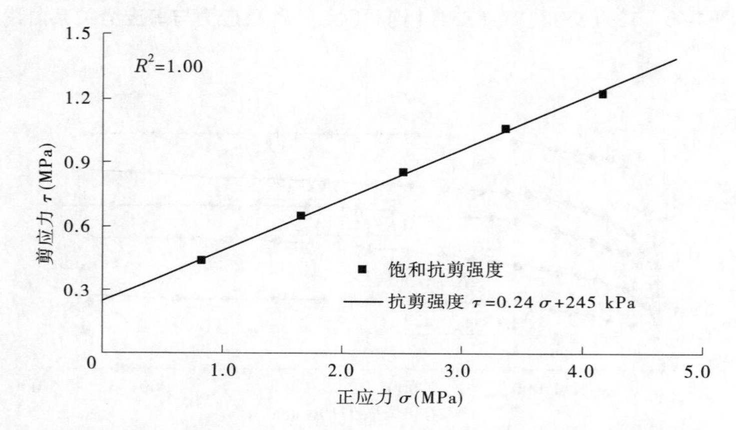

图 4-50　T4-LXSJ4、T4-LXSJ14 饱和固结快剪正应力与剪应力关系曲线

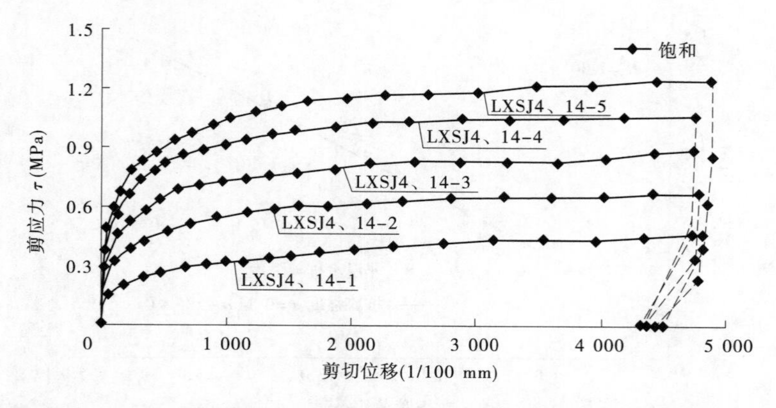

图 4-51　T4-LXSJ4、T4-LXSJ14 饱和固结快剪剪应力与剪切位移关系曲线

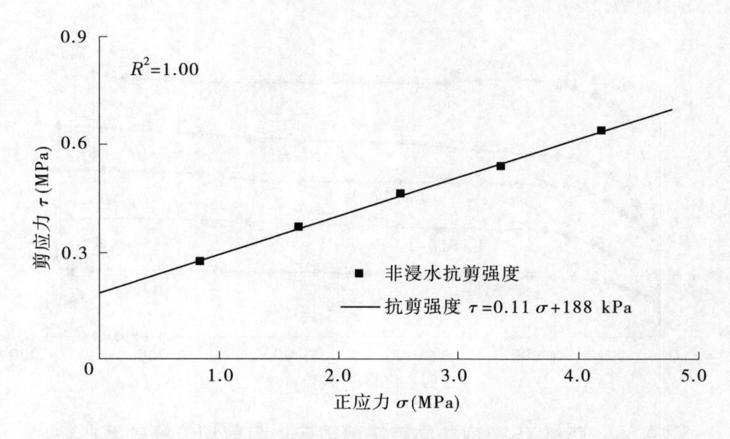

图 4-52　T5-LXSJ7 非浸水快剪正应力与剪应力关系曲线

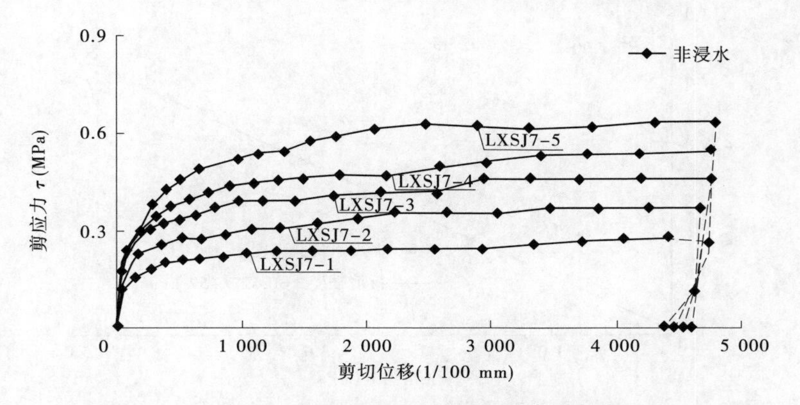

图 4-53　T5-LXSJ7 非浸水快剪剪应力与剪切位移关系曲线

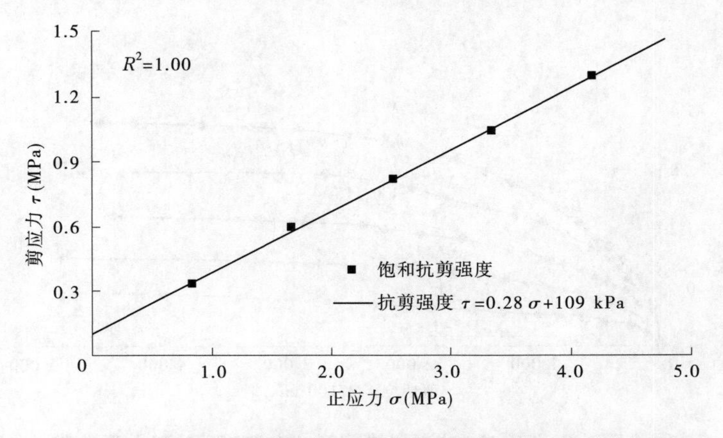

图 4-54　T5-LXSJ7 饱和固结快剪正应力与剪应力关系曲线

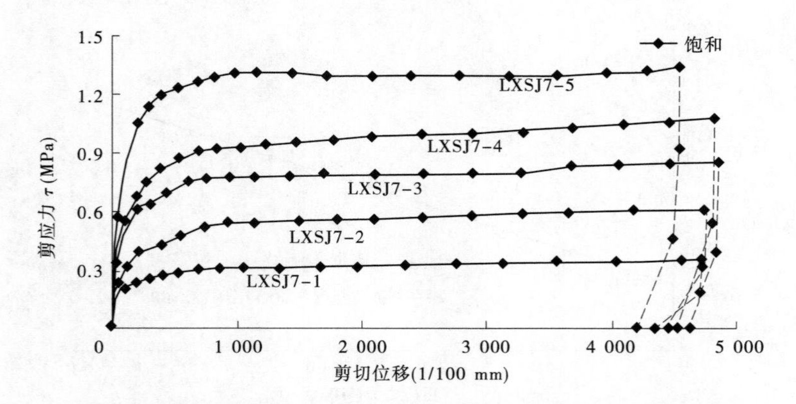

图 4-55　T5-LXSJ7 饱和固结快剪剪应力与剪切位移关系曲线

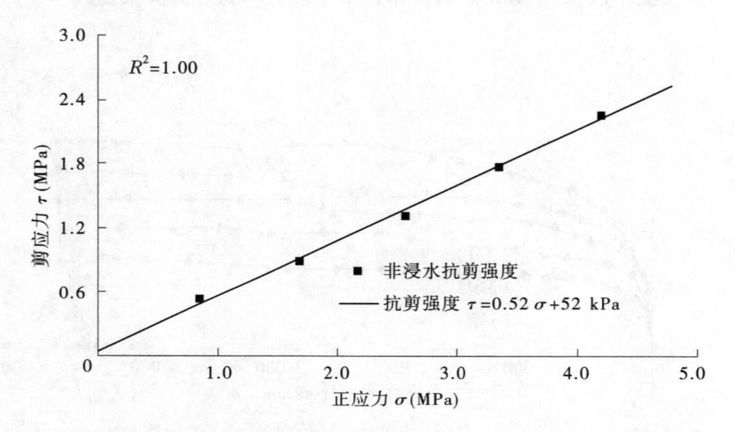

图 4-56　T6-LXSJ15 非浸水快剪正应力与剪应力关系曲线

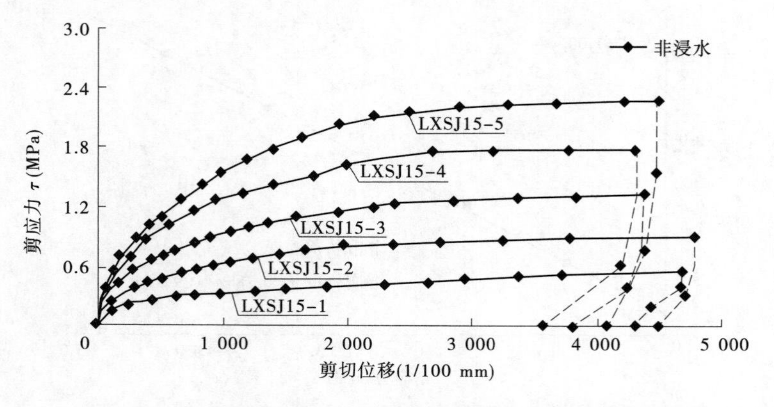

图 4-57　T6-LXSJ15 非浸水快剪剪应力与剪切位移关系曲线

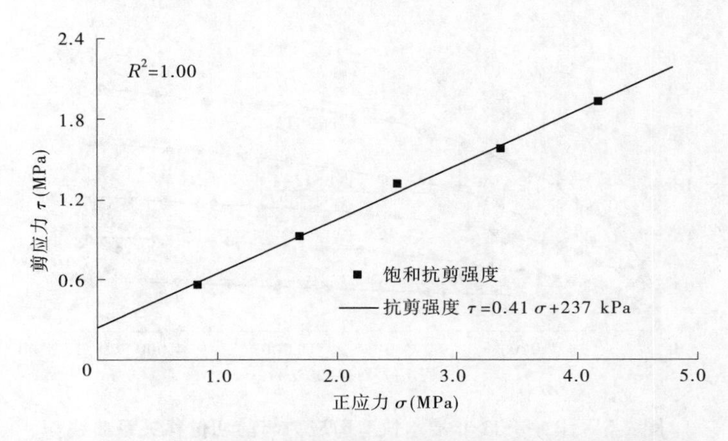

图 4-58　T6-LXSJ15 饱和固结快剪正应力与剪应力关系曲线

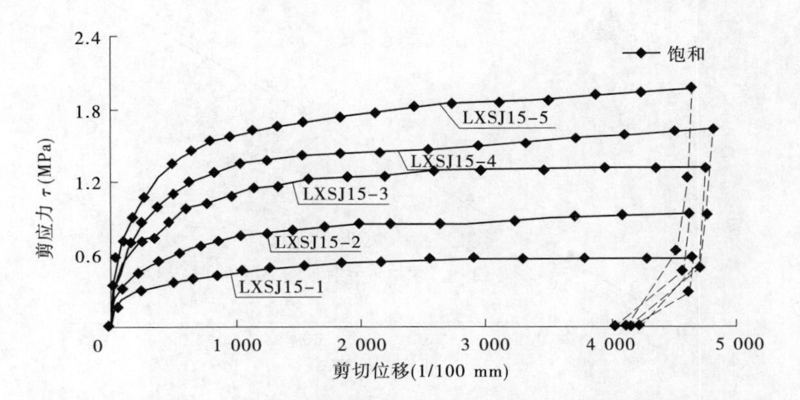

图 4-59　T6-LXSJ15 饱和固结快剪剪应力与剪切位移关系曲线

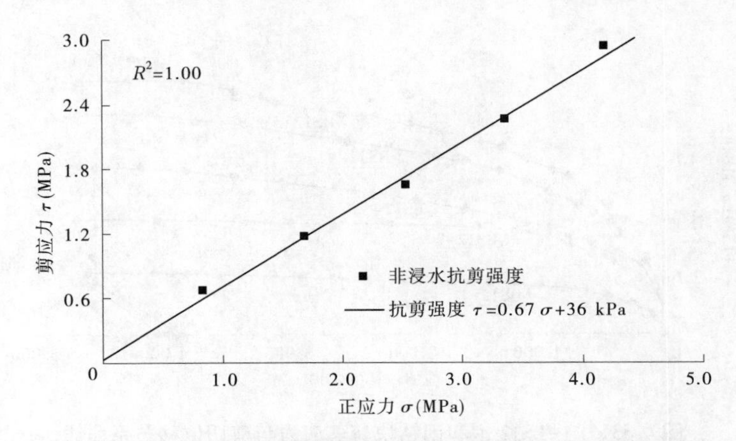

图 4-60　B1-BSJ2 非浸水快剪正应力与剪应力关系曲线

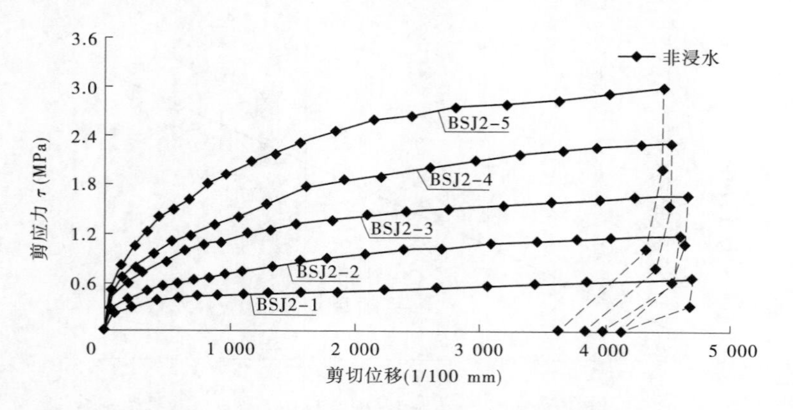

图 4-61　B1-BSJ2 非浸水快剪剪应力与剪切位移关系曲线

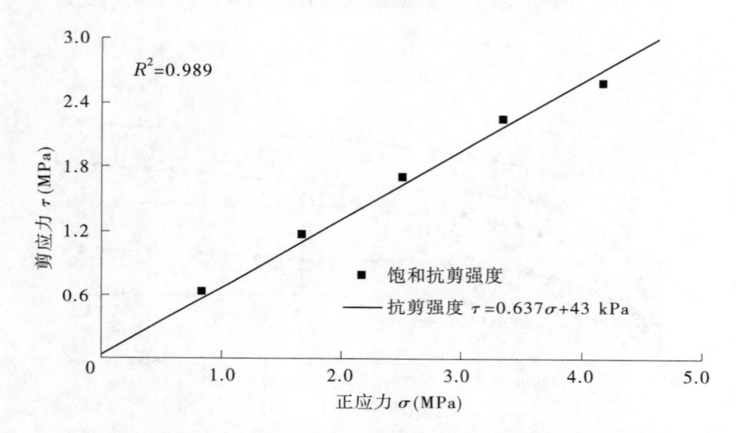

图 4-62　B1-BSJ2 饱和固结快剪正应力与剪应力关系曲线

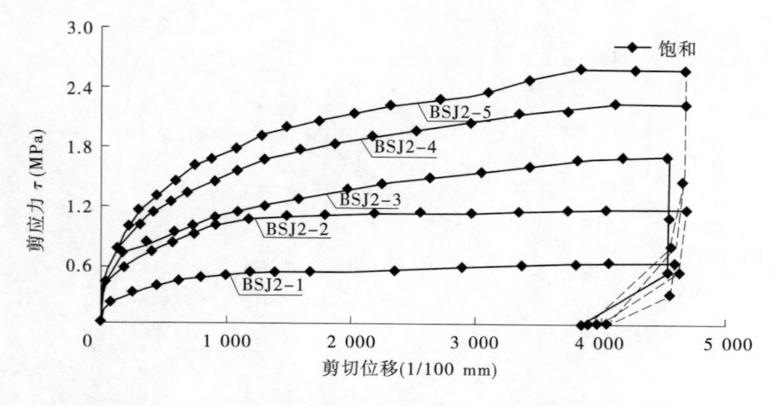

图 4-63　B1-BSJ2 饱和固结快剪剪应力与剪切位移关系曲线

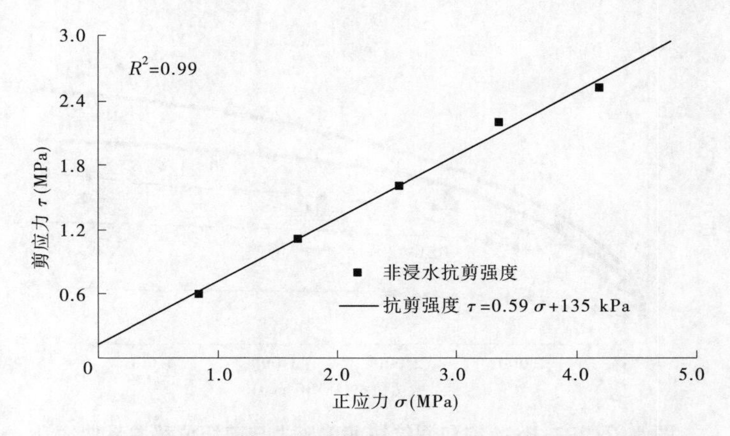

图 4-64　B2-BSJ4 非浸水快剪正应力与剪应力关系曲线

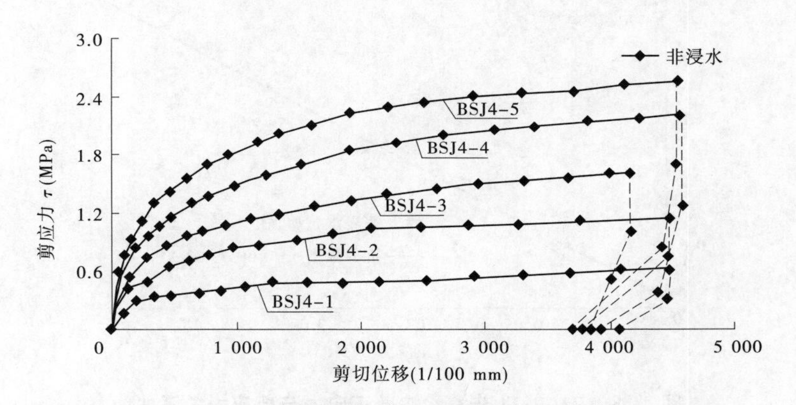

图 4-65　B2-BSJ4 非浸水快剪剪应力与剪切位移关系曲线

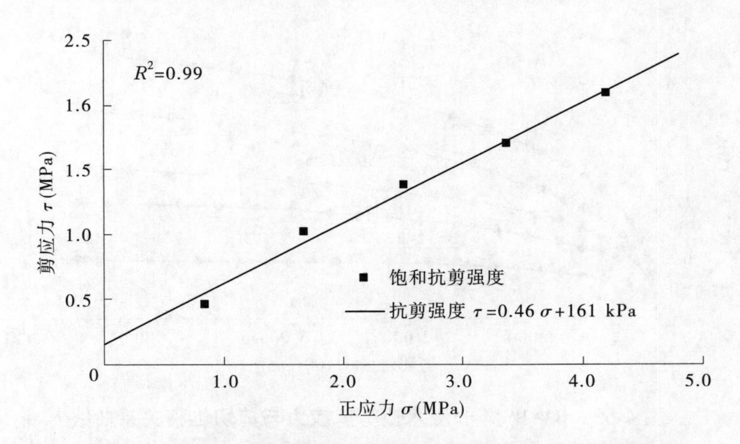

图 4-66　B2-BSJ4 饱和固结快剪正应力与剪应力关系曲线

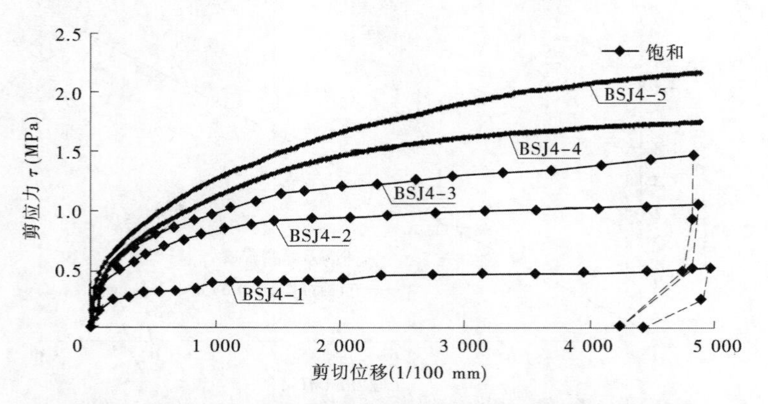

图 4-67　B2-BSJ4 饱和固结快剪剪应力与剪切位移关系曲线

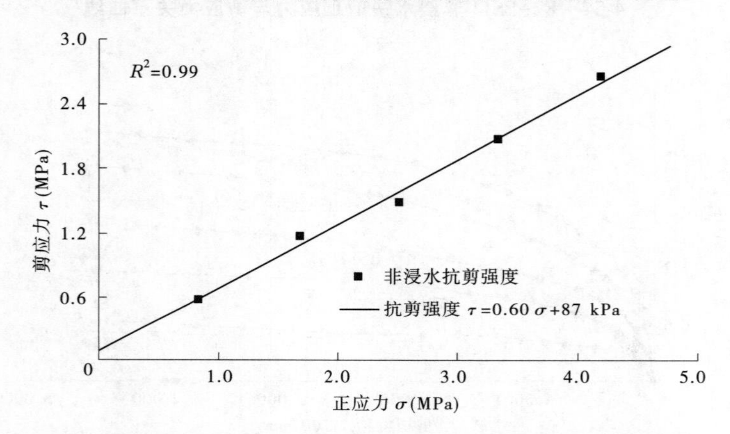

图 4-68　B3-BSJ4 非浸水快剪正应力与剪应力关系曲线

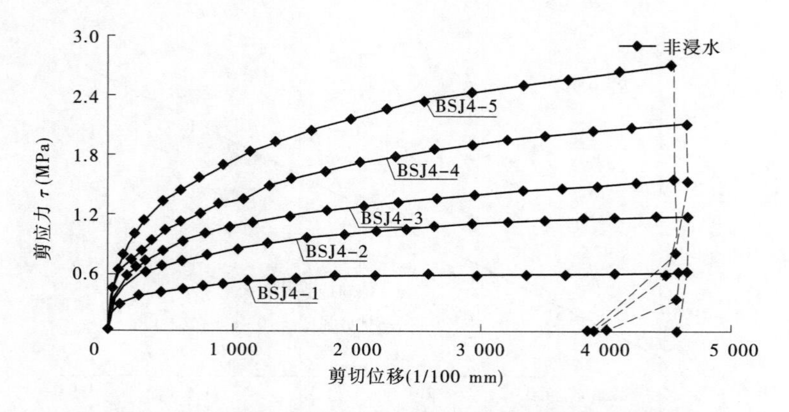

图 4-69　B3-BSJ4 非浸水快剪剪应力与剪切位移关系曲线

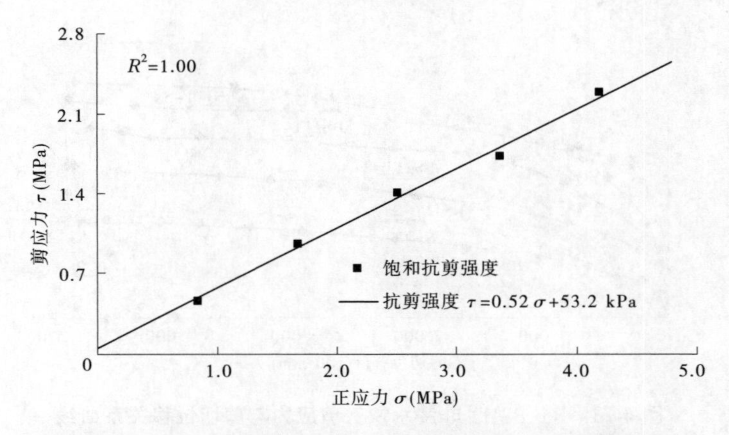

图 4-70　B3-BSJ4 饱和固结快剪正应力与剪应力关系曲线

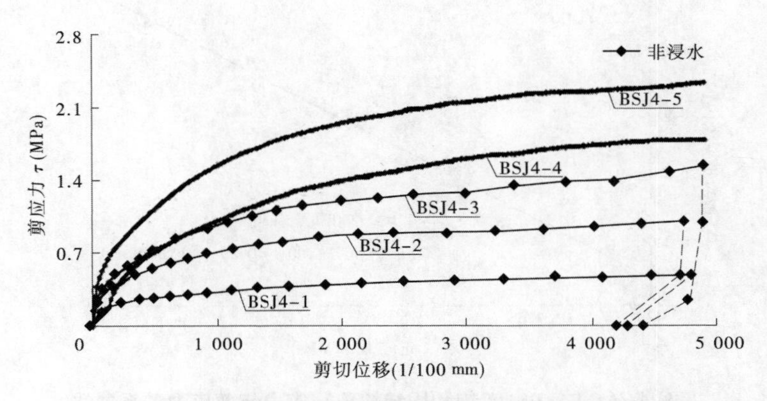

图 4-71　B3-BSJ4 饱和固结快剪剪应力与剪切位移关系曲线

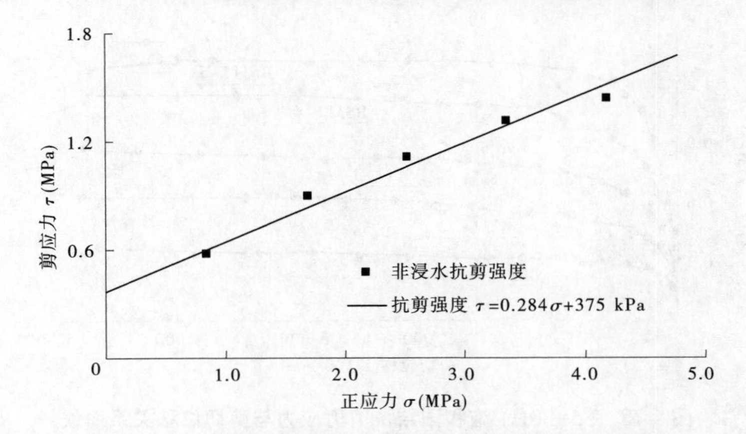

图 4-72　B5-BSJ11 非浸水快剪正应力与剪应力关系曲线

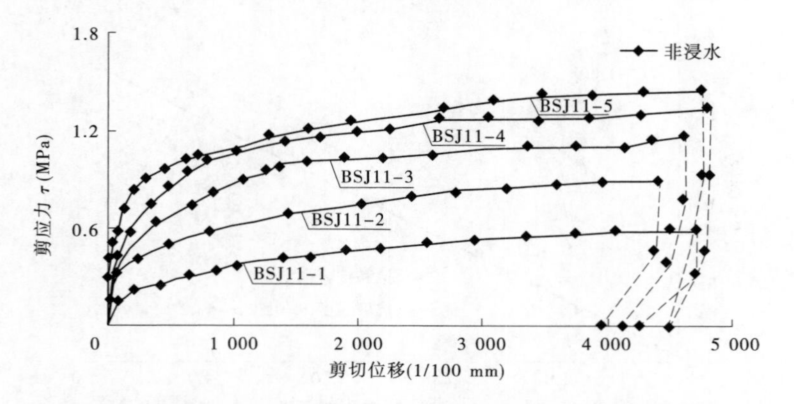

图 4-73　B5-BSJ11 非浸水快剪剪应力与剪切位移关系曲线

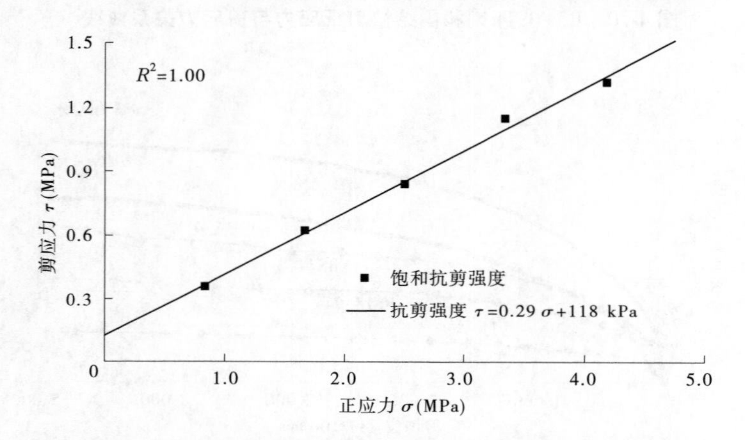

图 4-74　B5-BSJ11 饱和固结快剪正应力与剪应力关系曲线

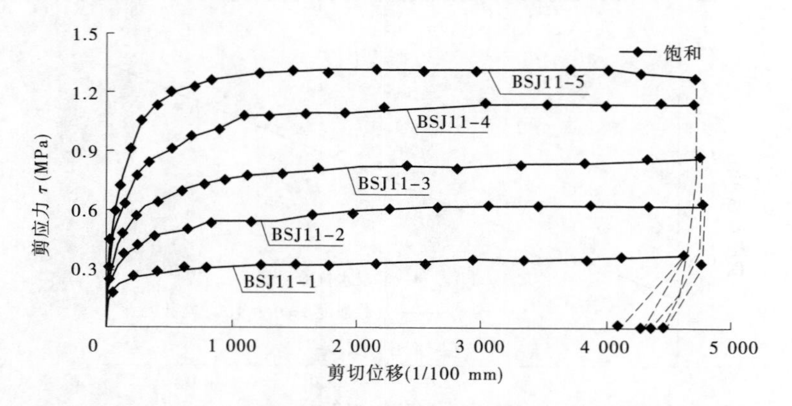

图 4-75　B5-BSJ11 饱和固结快剪剪应力与剪切位移关系曲线

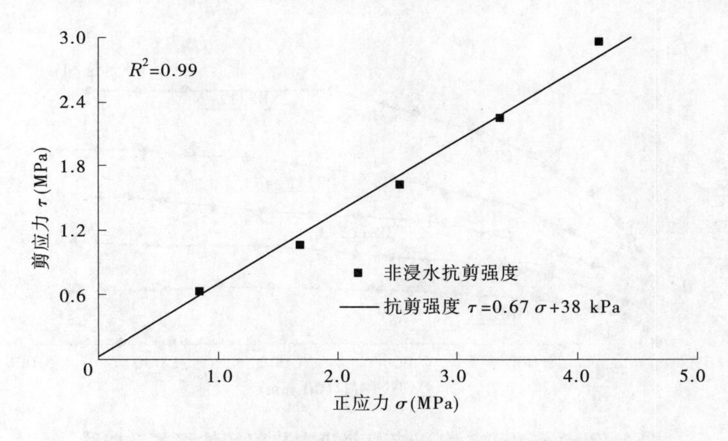

图 4-76　B6-BSJ12 非浸水快剪正应力与剪应力关系曲线

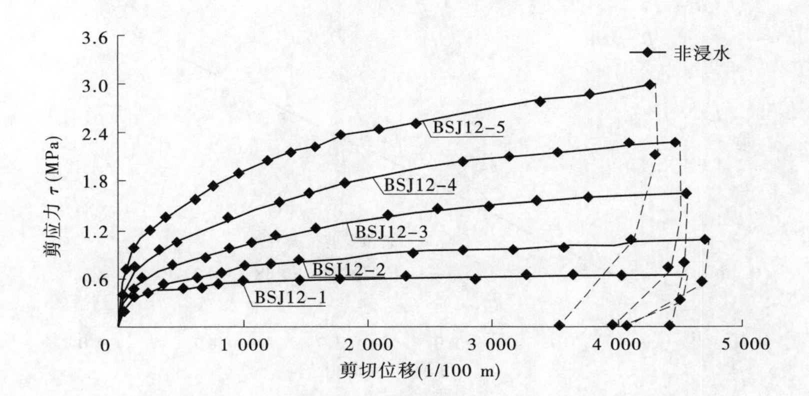

图 4-77　B6-BSJ12 非浸水快剪剪应力与剪切位移关系曲线

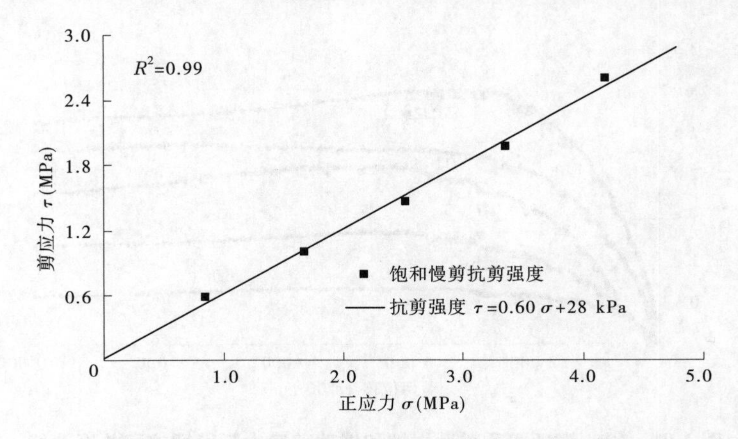

图 4-78　B6-BSJ12 饱和快剪正应力与剪应力关系曲线

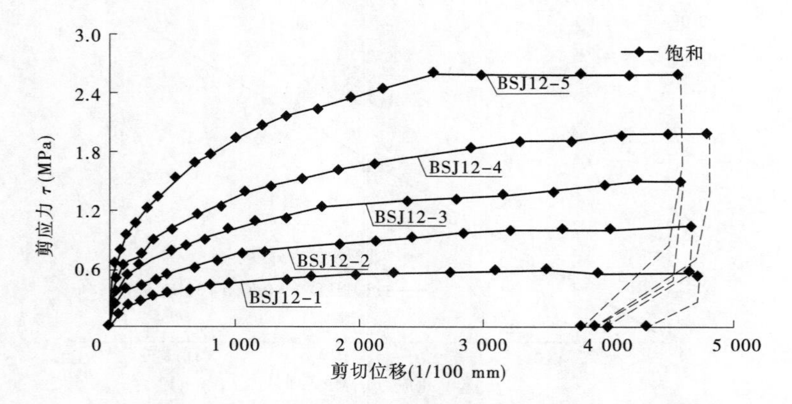

图 4-79　B6-BSJ12 饱和快剪剪应力与剪切位移关系曲线

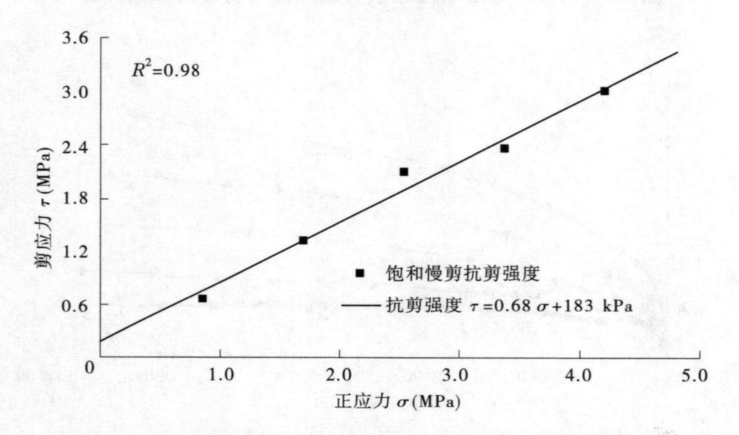

图 4-80　ND1 微新泥质粉砂岩饱和慢剪正应力与剪应力关系曲线

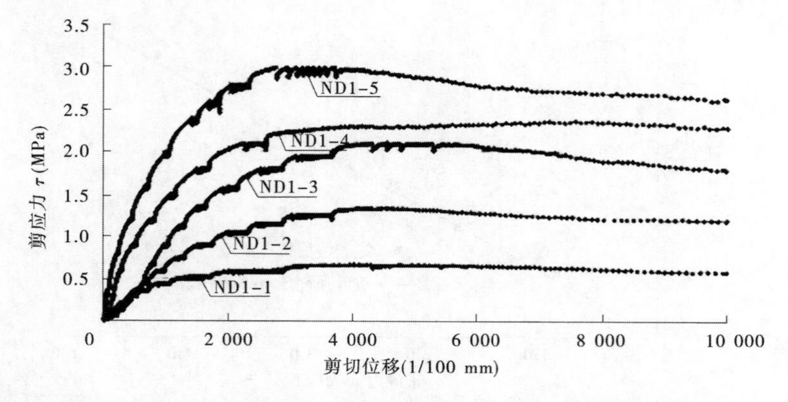

图 4-81　ND1 微新泥质粉砂岩饱和慢剪剪应力与剪切位移关系曲线

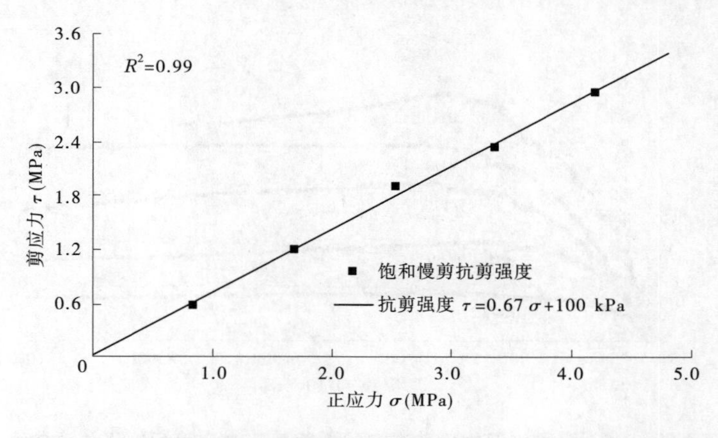

图4-82　ND2微新泥质粉砂岩饱和慢剪正应力与剪应力关系曲线

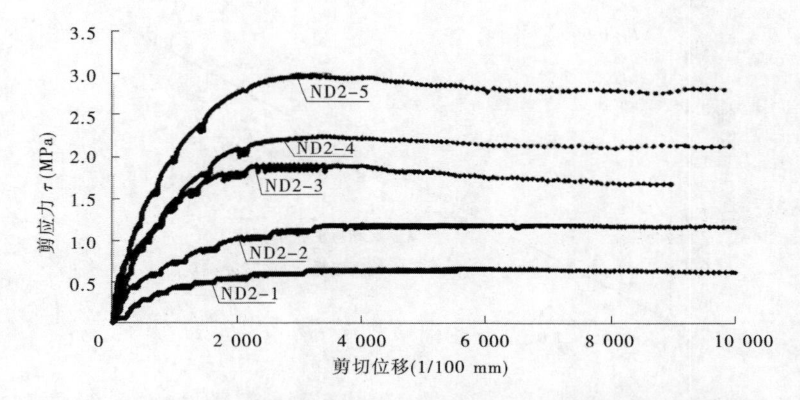

图4-83　ND2微新泥质粉砂岩饱和慢剪剪应力与剪切位移关系曲线

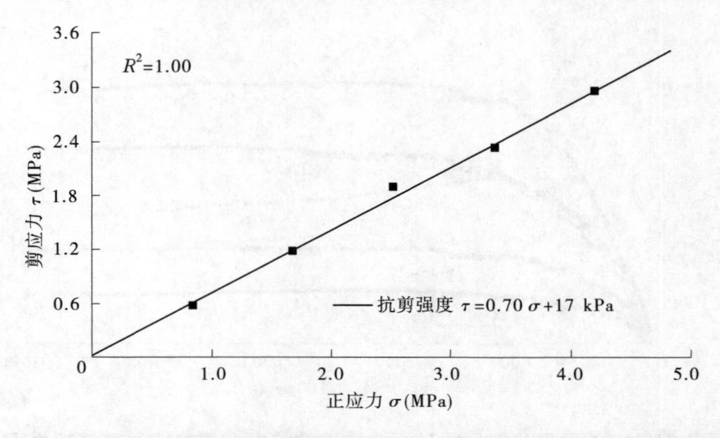

图4-84　ND4弱风化泥质粉砂岩饱和慢剪正应力与剪应力关系曲线

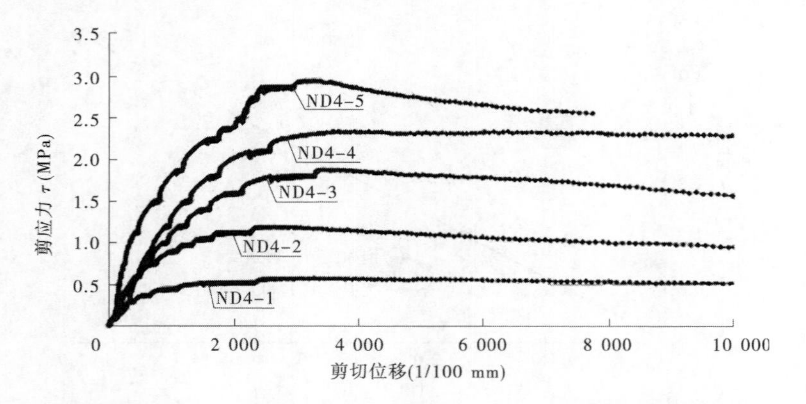

图 4-85　ND4 弱风化泥质粉砂岩饱和慢剪剪应力与剪切位移关系曲线

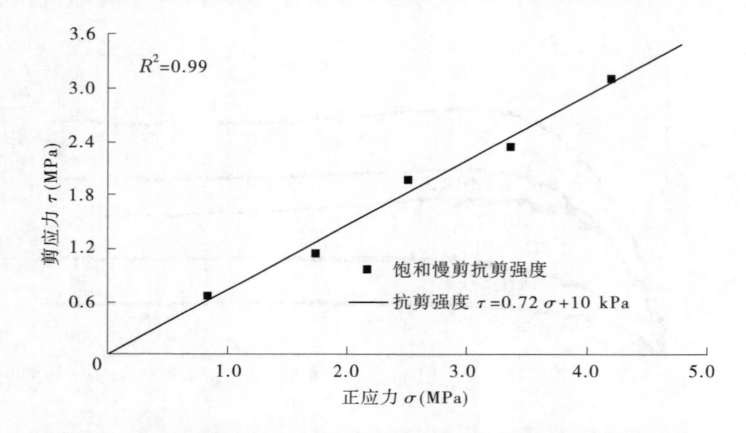

图 4-86　ND5 弱风化泥质粉砂岩饱和慢剪正应力与剪应力关系曲线

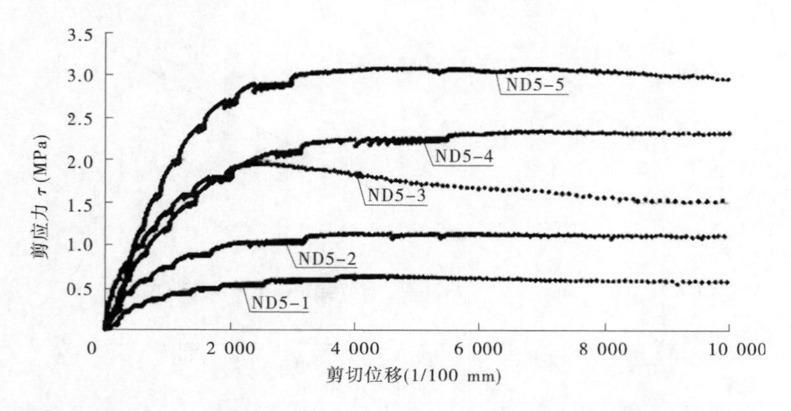

图 4-87　ND5 弱风化泥质粉砂岩饱和慢剪剪应力与剪切位移关系曲线

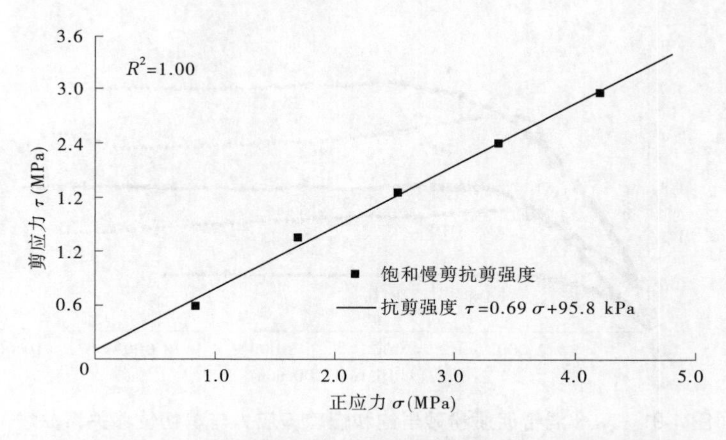

图 4-88　ND7 混合泥质粉砂岩饱和慢剪正应力与剪应力关系曲线

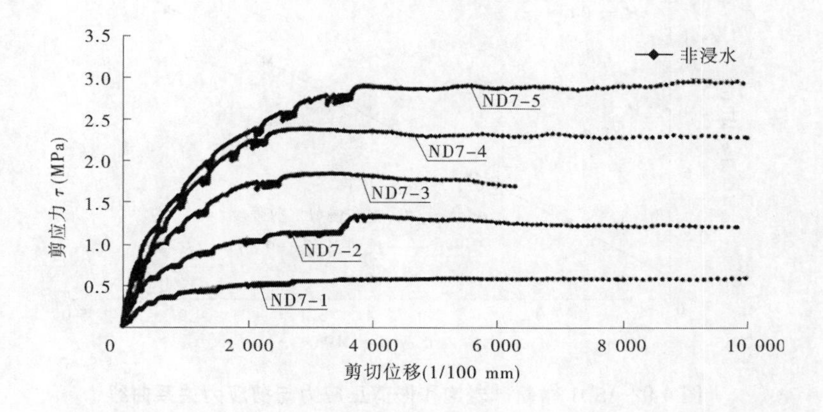

图 4-89　ND7 混合泥质粉砂岩饱和慢剪剪应力与剪切位移关系曲线

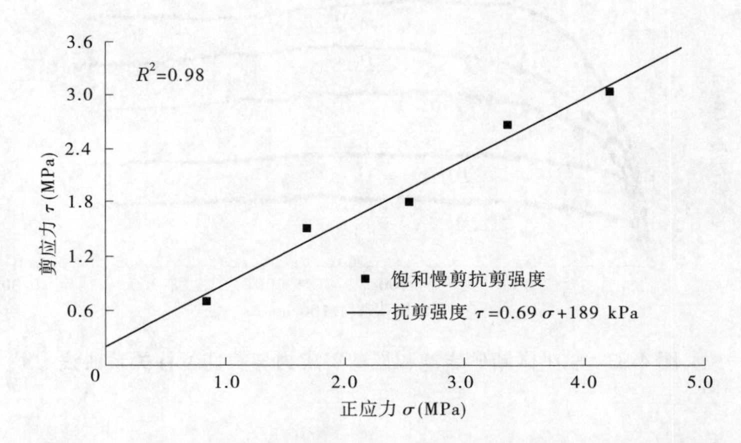

图 4-90　ND8 混合泥质粉砂岩饱和慢剪正应力与剪应力关系曲线

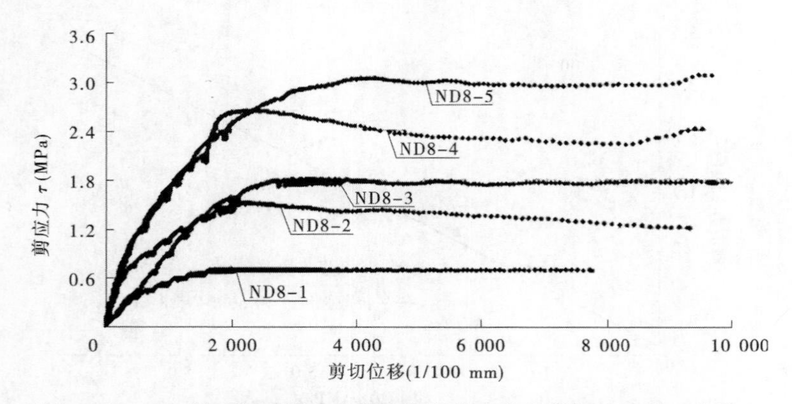

图 4-91 ND8 混合泥质粉砂岩饱和慢剪剪应力与剪切位移关系曲线

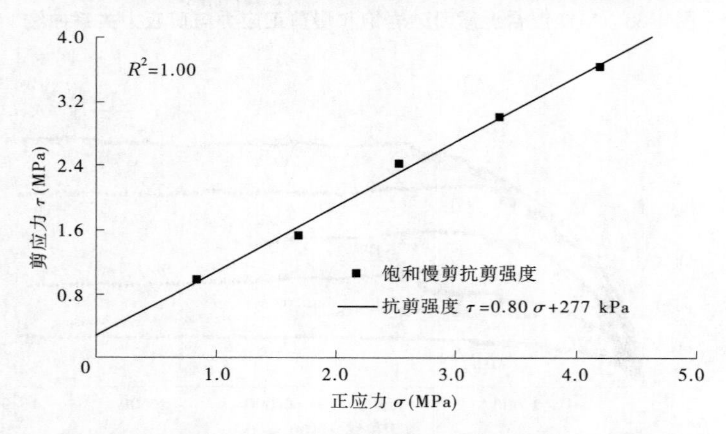

图 4-92 SD1 微新砂岩饱和慢剪正应力与剪应力关系曲线

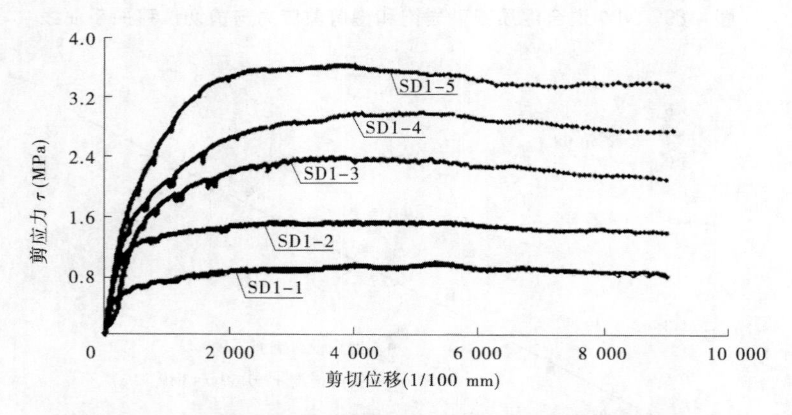

图 4-93 SD1 微新砂岩饱和慢剪剪应力与剪切位移关系曲线

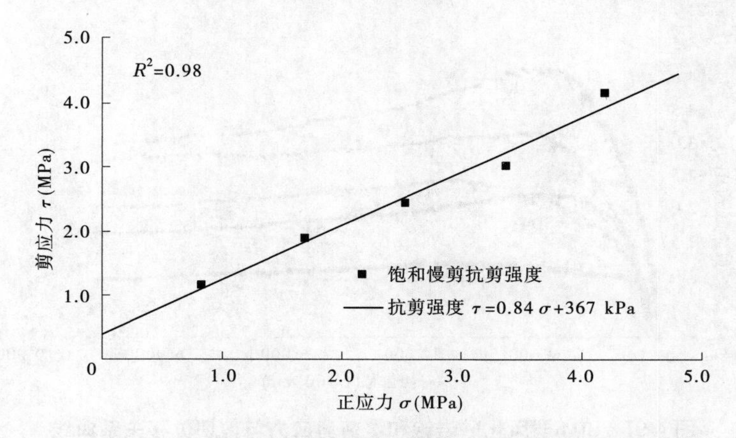

图 4-94　SD2 微新砂岩饱和慢剪正应力与剪应力关系曲线

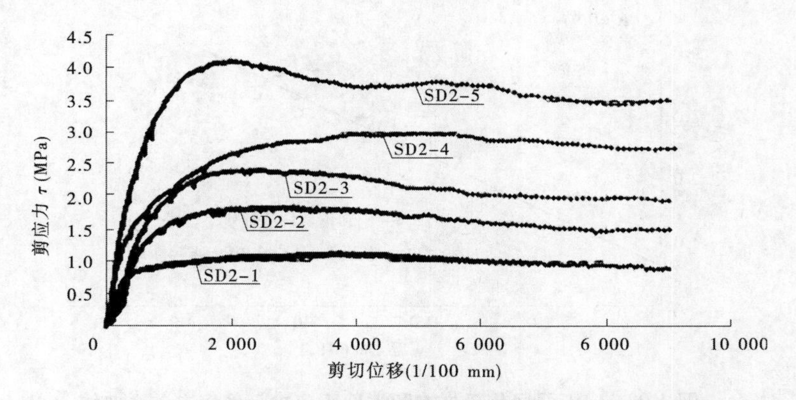

图 4-95　SD2 微新砂岩饱和慢剪剪应力与剪切位移关系曲线

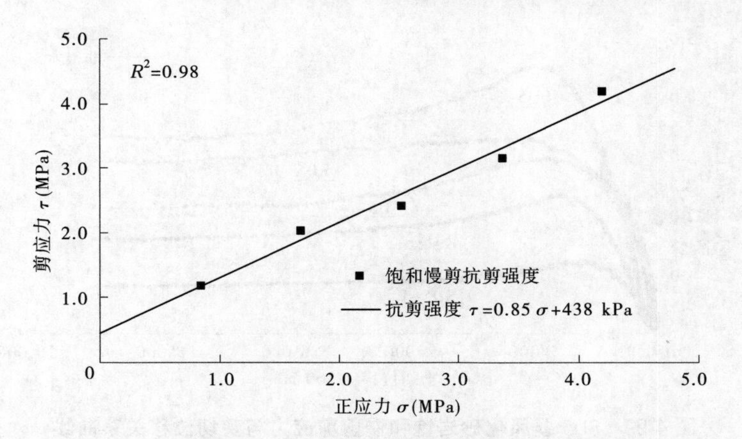

图 4-96　SD4 弱风化砂岩饱和慢剪正应力与剪应力关系曲线

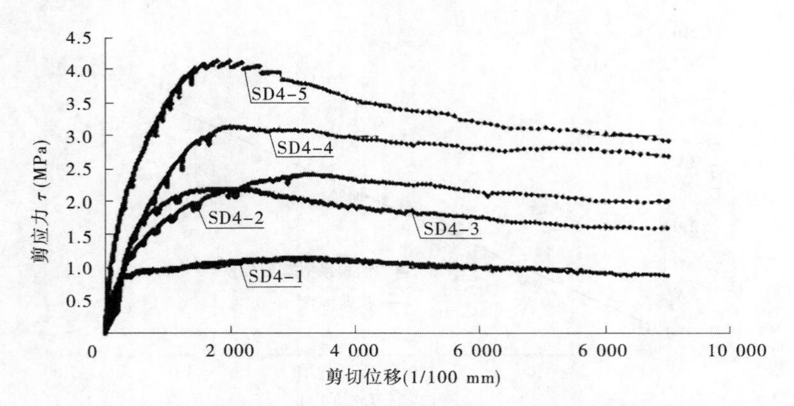

图 4-97 SD4 弱风化砂岩饱和慢剪剪应力与剪切位移关系曲线

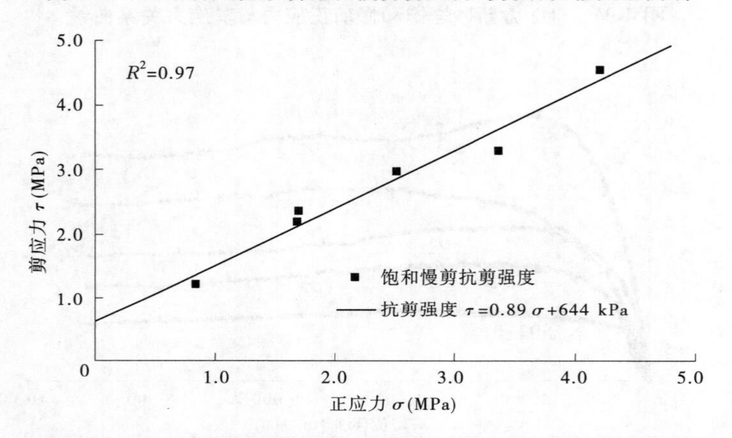

图 4-98 SD5 弱风化砂岩饱和慢剪正应力与剪应力关系曲线

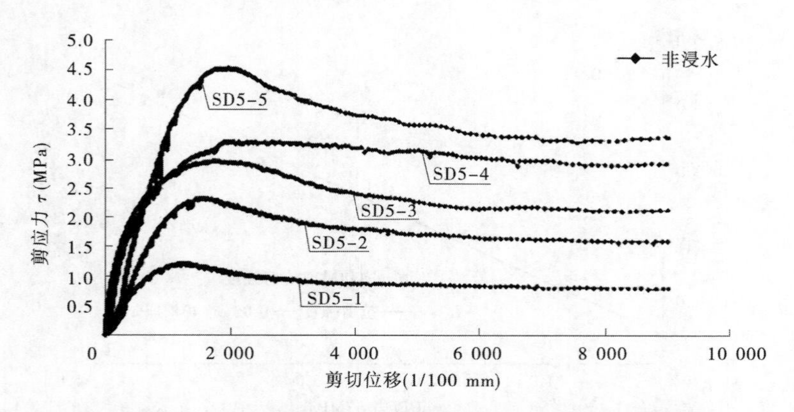

图 4-99 SD5 弱风化砂岩饱和慢剪剪应力与剪切位移关系曲线

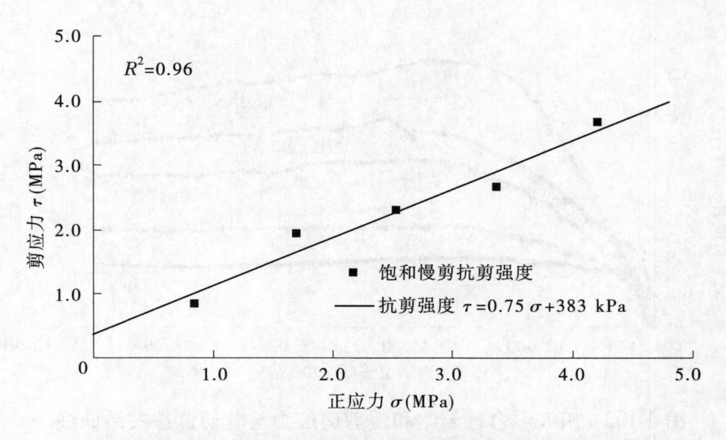

图 4-100　SD7 混合砂岩饱和慢剪正应力与剪应力关系曲线

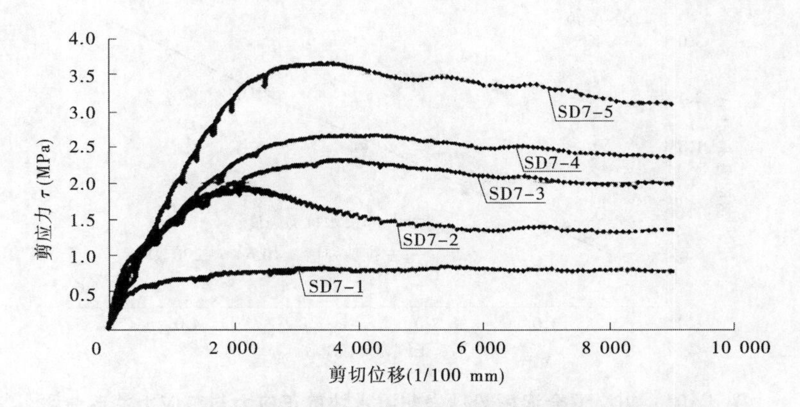

图 4-101　SD7 混合砂岩饱和慢剪剪应力与剪切位移关系曲线

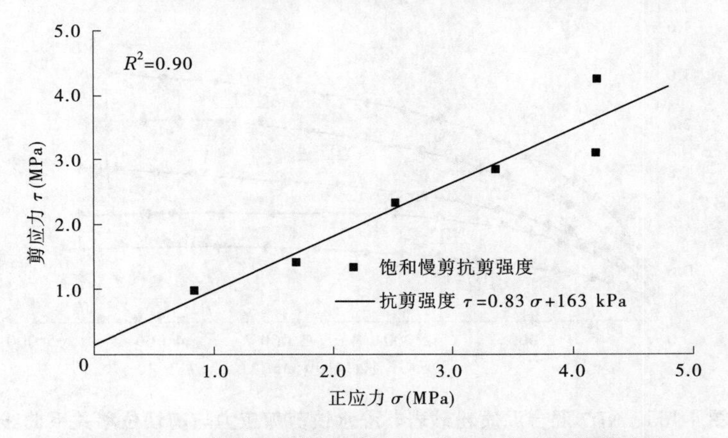

图 4-102　SD8 混合砂岩饱和慢剪正应力与剪应力关系曲线

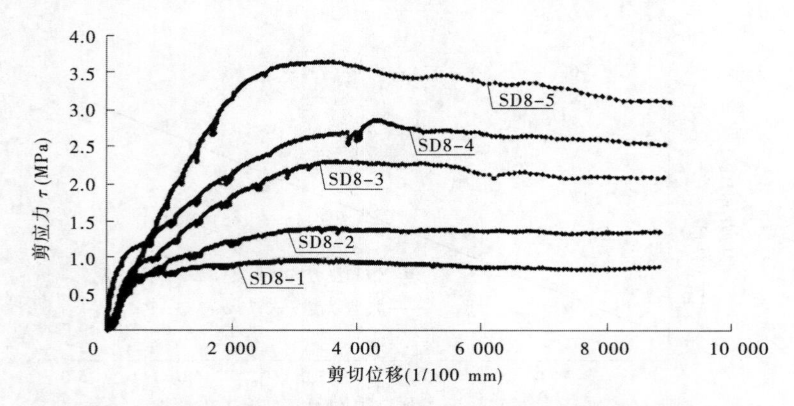

图 4-103　SD8 混合砂岩饱和慢剪剪应力与剪切位移关系曲线

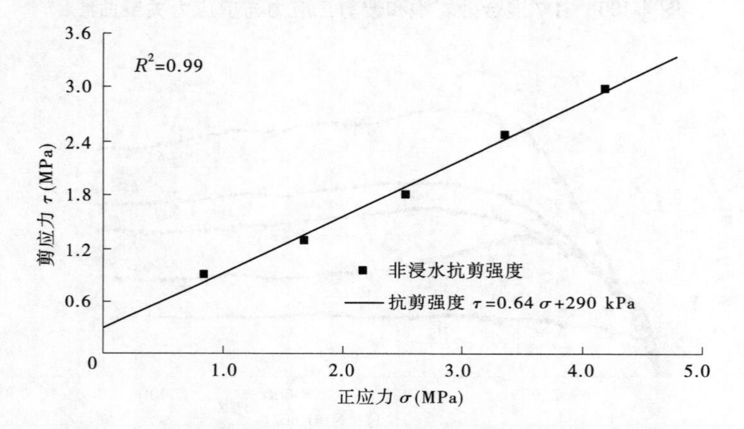

图 4-104　ND7 混合泥质粉砂岩非浸水快剪正应力与剪应力关系曲线

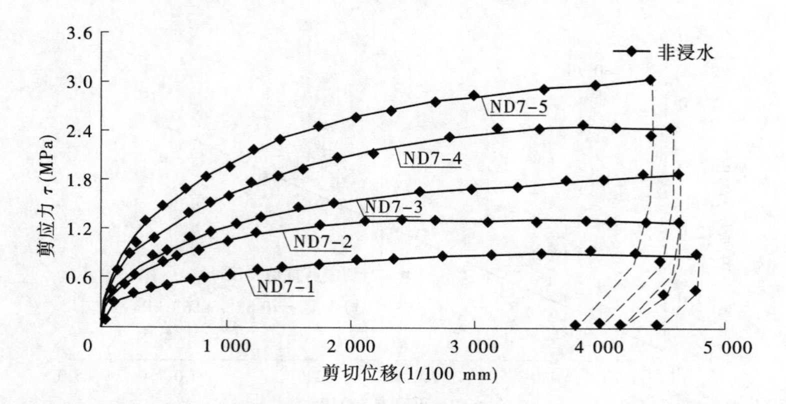

图 4-105　ND7 混合泥质粉砂岩非浸水快剪剪应力与剪切位移关系曲线

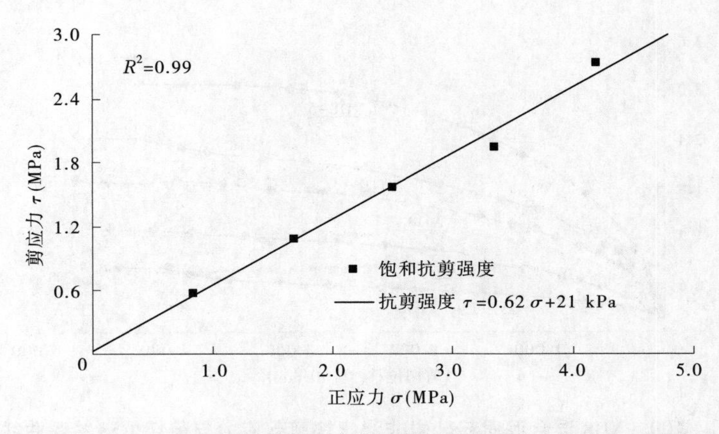

图 4-106　ND7 混合泥质粉砂岩饱和快剪正应力与剪应力关系曲线

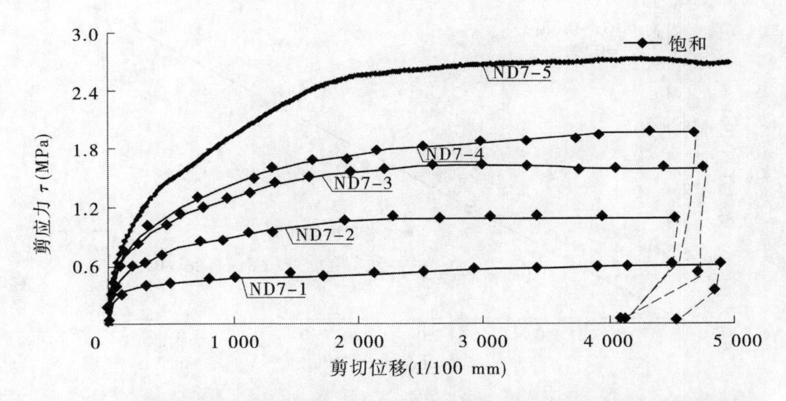

图 4-107　ND7 混合泥质粉砂岩饱和快剪剪应力与剪切位移关系曲线

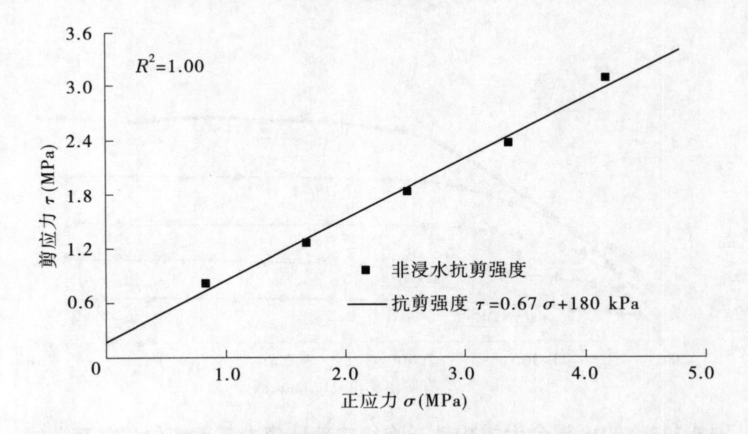

图 4-108　ND8 混合泥质粉砂岩非浸水快剪正应力与剪应力关系曲线

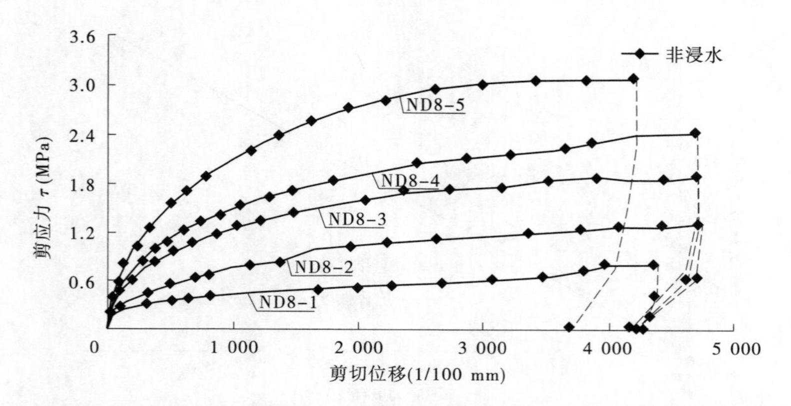

图 4-109　ND8 混合泥质粉砂岩非浸水快剪剪应力与剪切位移关系曲线

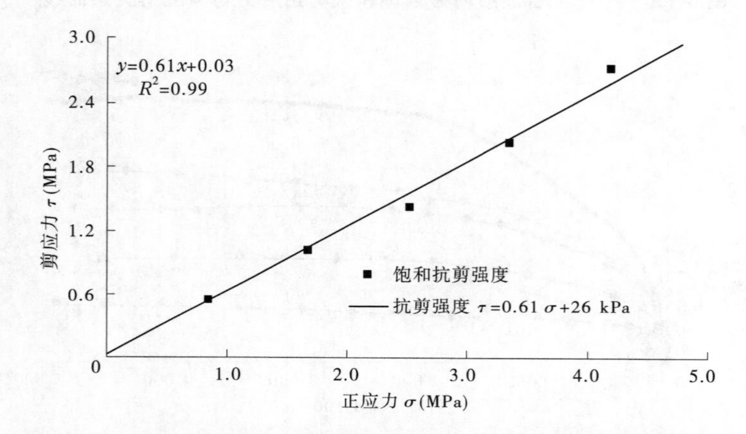

图 4-110　ND8 混合泥质粉砂岩饱和快剪正应力与剪应力关系曲线

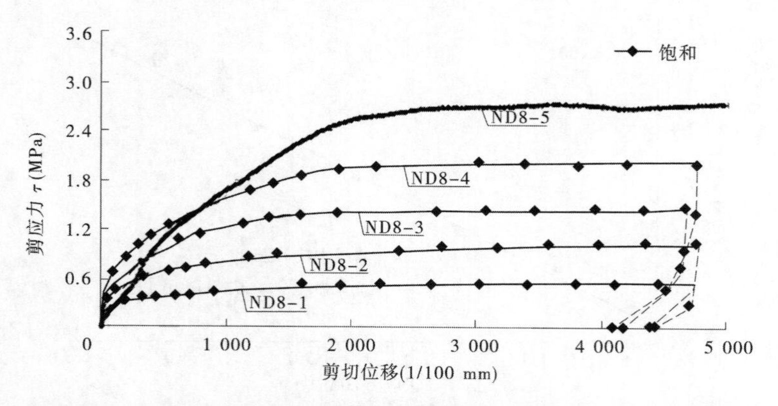

图 4-111　ND8 混合泥质粉砂岩饱和快剪剪应力与剪切位移关系曲线

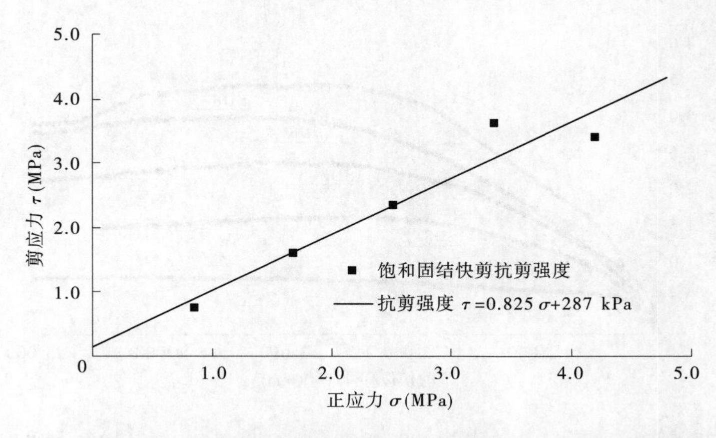

图 4-112　SD7 混合砂岩饱和固结快剪正应力与剪应力关系曲线

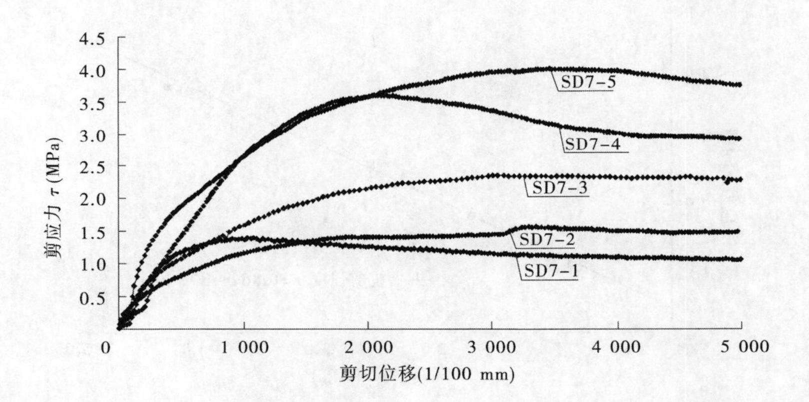

图 4-113　SD7 混合砂岩饱和固结快剪剪应力与剪切位移关系曲线

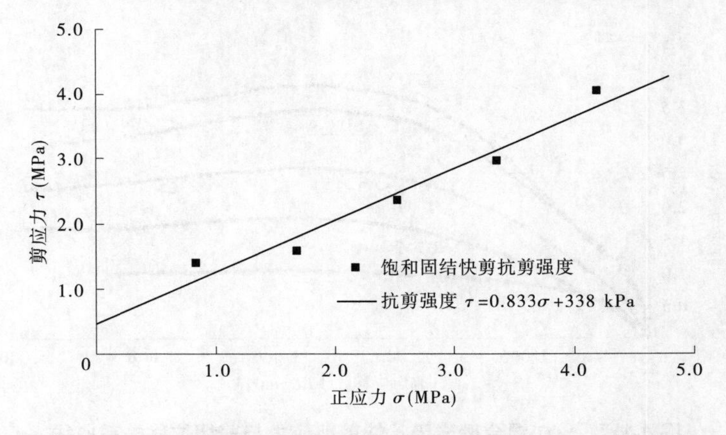

图 4-114　SD8 混合砂岩饱和固结快剪正应力与剪应力关系曲线

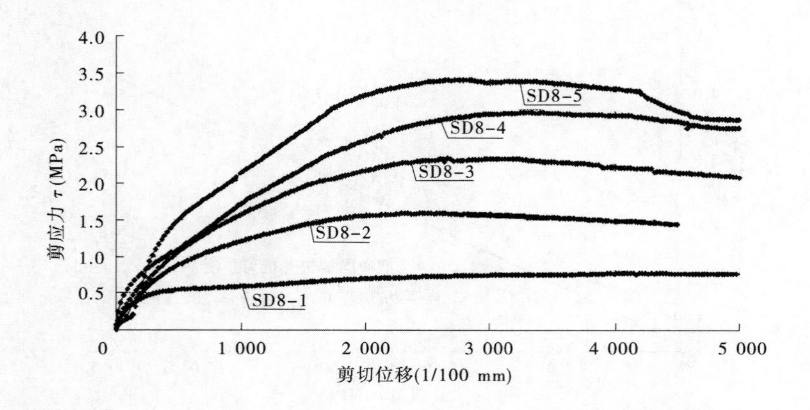

图 4-115　SD8 混合砂岩饱和固结快剪剪应力与剪切位移关系曲线

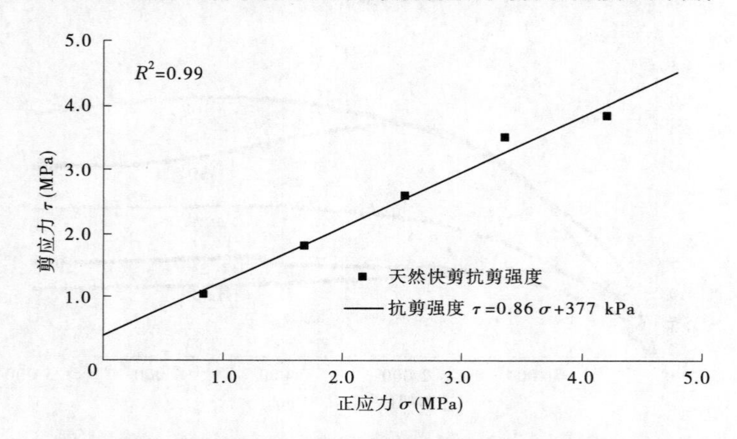

图 4-116　SD7 混合砂岩天然快剪正应力与剪应力关系曲线

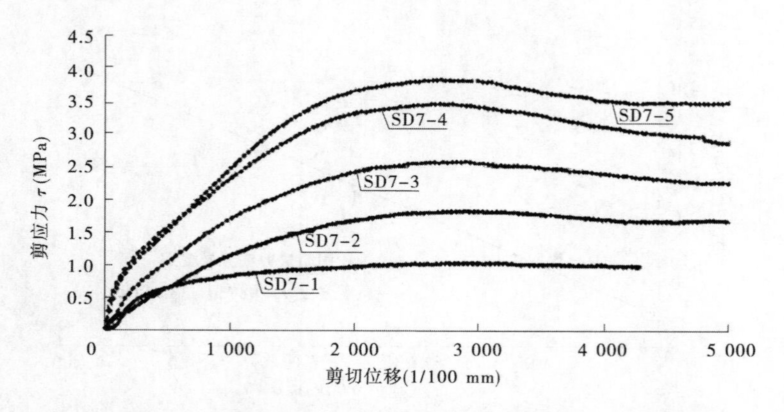

图 4-117　SD7 混合砂岩天然快剪剪应力与剪切位移关系曲线

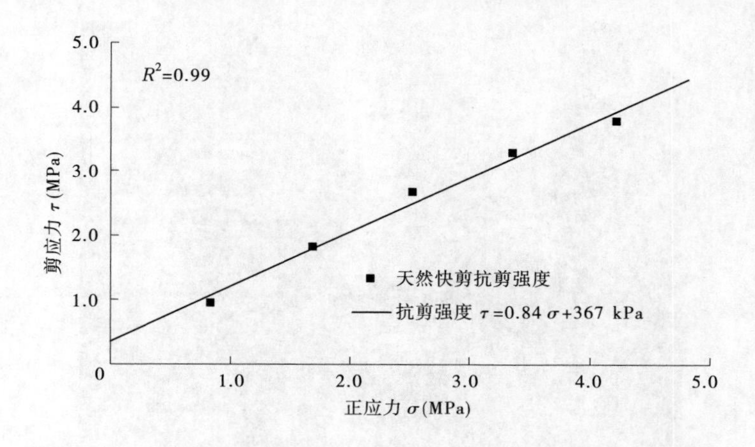

图 4-118　SD8 混合砂岩天然快剪正应力与剪应力关系曲线

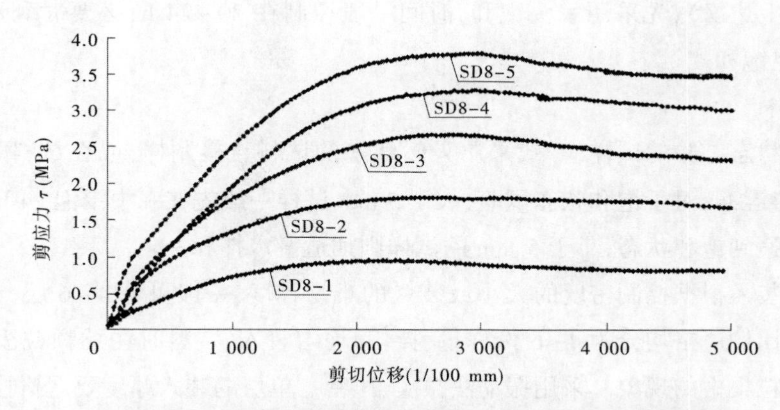

图 4-119　SD8 混合砂岩天然快剪剪应力与剪切位移关系曲线

4.2.3.6　压缩试验

1. 试样制备

压缩试验采用大型固结仪进行,固结仪为圆筒形,试样尺寸为ϕ 504.6 mm,高 300 mm (见图 4-120),允许最大粒径 60 mm,故在配制压缩试样前,首先采用等重量代替法将天然级配缩径至粒径 60 mm 以下的试验级配。

1) 土料

非浸水状态与饱和状态试验的试样,均采用击实试验测得的最优含水率和最大干密度制样。试样的装入根据控制密度的大小或装入的难易程度,一般可分 3~5 层,试样也相应地按照级配比例严格均分为 3~5 份称量、加水、拌匀,均匀装入,装料时注意颗粒级配均匀,防止出现大颗粒集中的现象。采用击实法压实。每层料均应严格按规定的厚度进行压实。

对于饱和状态的试验,待安装完毕后,连接供水装置,向水槽内供水(保持水面略低

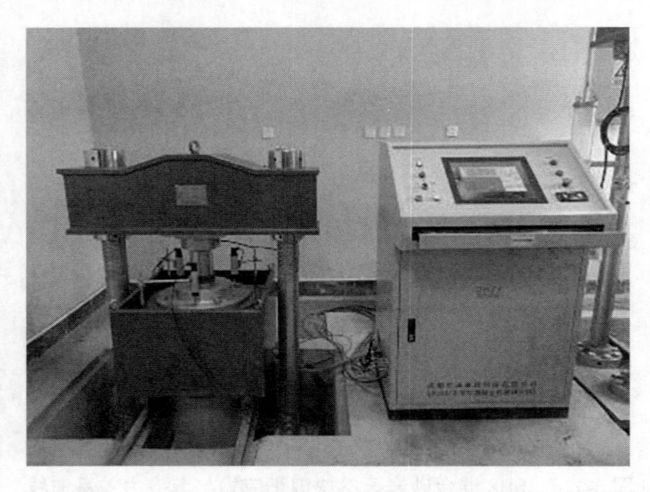

图 4-120　YS50-4B 型微机控制粗粒土压缩(固结)试验机

于固结容器上边缘),先采用水头饱和,时间一般控制在 20~24 h;必要时利用真空泵抽气,采用真空饱和。

2)堆石料

非浸水状态试验的试样,一般采用天然状态的试料直接制样,或在试料表面略洒些水,保持试料湿润;对于饱和状态试验,大于 5 mm 试样一般先在水中浸泡 24 h 以上,以保证岩块本身达到饱和状态,小于 5 mm 的试样则加适量水拌和。

试样的装入根据控制密度的大小或装入的难易程度,一般可分 4~6 层,试样也相应地按照级配比例严格均分为 4~6 份称量、拌匀,均匀装入,装料时注意颗粒级配均匀,防止出现大颗粒集中的现象。采用振动法振实、压密。单层的装入厚度要严格控制。

对于饱和状态的试验,待安装完毕后,连接供水装置,向水槽内供水(保持水面略低于固结容器上边缘),采用水头饱和,时间一般控制在 4~10 h(一般 3~5 h 即能达到饱和)。

2. 试验步骤

(1)测表安装。在试样顶板表面对称地安装 3 支位移传感器,以测定试样的变形压缩量。

(2)接触压力。用稳压装置施加 2 kN 预压力,使试样与仪器各部件之间接触良好。将各位移传感器调至零点。

(3)施加各级压力。根据设计要求,试验最大压力为 4 200 kPa,故设定各级压力等级分别为 100 kPa、200 kPa、400 kPa、800 kPa、1 600 kPa、3 200 kPa、4 200 kPa。

(4)施加压力后,第 1 h 内,数据采集频率为 10 次/min,第 2 h 内,数据采集频率为 1 次/min,以后采集频率均为 1 次/10 min。当每 1 h 各位移传感器的测读数差值均不大于 0. 05 mm 时,可施加下一级压力。

(5)试验结束后,拆除各仪器部件(饱和试验,则先排除水槽内的水),将试样从容器内取出,在试样中部取代表性试样测定试验后的含水率。对于堆石料,则将全部试样取出、晾晒,进行颗粒大小分析试验,以了解颗粒破碎情况。

3. 资料整理

(1)计算试样的初始孔隙比 e_0:

$$e_0 = \frac{\rho_w G_s(1 + 0.01\omega_0)}{\rho_0} - 1 \tag{4-5}$$

式中:G_s 为土粒比重;ρ_w 为水的密度,g/cm³;ρ_0 为试样初始密度,g/cm³;ω_0 为试样的初始含水率(%)。

(2)计算各级压力下压缩稳定后的孔隙比 e_i:

$$e_i = e_0 - (1 + e_0)\frac{\Delta h_i}{h_0} \tag{4-6}$$

式中:e_i 为某级压力下的孔隙比;Δh_i 为某级压力下试样高度变化,cm;h_0 为试样初始高度,cm。

(3)计算各级压力下的单位沉降量:

$$\text{单位沉降量} = \frac{\Delta h_i}{h_0} \times 100 \tag{4-7}$$

(4)计算某一压力范围内的压缩系数 a_v:

$$a_v = \frac{e_i - e_{i+1}}{p_{i+1} - p_i} \tag{4-8}$$

式中:p_i 为某一压力值,kPa。

(5)计算某一压力范围内的压缩模量 E_s:

$$E_s = \frac{1 + e_0}{a_v} \tag{4-9}$$

(6)压缩曲线绘制。

以孔隙比 e 为纵坐标、压力 p 为横坐标,绘制孔隙比与压力的关系曲线;以孔隙比 e 为纵坐标、压力 p 的对数为横坐标,绘制孔隙比与压力的半对数关系曲线;以单位沉降量为纵坐标、压力 p 为横坐标、绘制单位沉降量与压力的关系曲线。

完成土料(LXSJ 和 BSJ)压缩试验 42 组,其中非浸水状态和饱和状态各 21 组,试验结果见表 4-35、表 4-36,压缩试验曲线见图 4-121~图 4-138。从试验结果统计来看,土料在非浸水状态下压缩模量(最高应力 4.20 MPa 下)一般在 80~180 MPa,饱和状态下压缩模量则在 60~180 MPa,由于土的压缩模量是分级计算的,各压力级段内压缩模量值变化幅度较大。一般来说,由于压缩试验是逐级一次施加各级压应力的,随着压应力的逐级提高,土试样逐渐被压密,因此压缩模量一般是逐级增高的。饱和状态与非浸水状态相比较,由于土样受水浸泡变软,各试样的压缩变形量会因土性不同而有不同程度的增加,因此压缩模量有所降低。但是,由于土的性质不同,变形量在各压力级段内的增长变化分布不同,因而即使在同一压力级段内,两种状态下压缩模量在数值上会出现异常情况。另外,由于各组土样含有较多粉黏粒成分,按照击实试验结果(最优含水率和最大干密度)制样后,再采用水头饱和的方法进行浸水饱和,这对于直径 500 mm 的大尺寸试样很难达到饱和状态(在实验室内,通常浸水饱和 24 h),从试后含水率的测定结果来看,饱和状态下的含水率通常比非浸水状态下略高,一般不超过 2%,有的很接近,这说明,浸水饱和的办法很难使水进入到试样内部。所以,本次试验中,即使饱和状态下的试样实际并没有达到真正意义上的饱和,这一点在试验参数使用时应特别注意。

完成堆石料(泥质粉砂岩)压缩试验 12 组,包括微新、弱风化和弱风化与强风化以 2:1比例的混合料三种试料,其中饱和状态各 3 组,天然状态 1 组。试验结果见表 4-37,压缩试验曲线见图 4-139~图 4-142。泥质粉砂岩压缩试验结果规律性较好,各试料在非浸水状态下(基本为风干状态)的压缩模量平均在 104 MPa 左右;饱和状态下,无论是微新岩体、弱风化岩体还是弱、强风化混合料,压缩模量值没有明显的变化规律,最高应力下一般在 90~100 MPa。

共完成堆石料(砂岩)的压缩试验 9 组,共包括微新、弱风化和弱风化与强风化以比例 2:1的混合料三种试料,其中饱和状态各 2 组,天然状态 1 组。试验结果见表 4-38,压缩试验曲线见图 4-143~图 4-145。砂岩由于岩质较坚硬,压缩模量普遍相对较高,最高压应力下压缩模量大多在 180 MPa 以上。砂岩多呈棱角状,试料的压缩主要表现为岩块的压碎和棱角的磨损,由于岩块粗细颗粒在压缩仪内的空间排列位置差异,压应力的大小对不同位置的岩块产生的压缩效应也不尽相同,从而导致不同压力级段内试样的总压缩变形量不同,压缩模量当然也有所不同。所以,对于同一试样,随着压应力的逐级增大,压缩模量的变化会有波动。与天然状态相比,饱和状态下的砂岩岩质有所变软,低压应力下更易被压缩(易被压碎和棱角易被磨损),所以低压应力下压缩量相对较大(与天然状态下),模量较低,而高压应力级段内压缩量并不大,因而饱和状态下压缩模量反而比天然状态下高一些。但总的来说,砂岩在饱和状态下的总压缩量比天然状态下大些。

表4-35 土料(C区及坝址区)压缩试验结果

试样编号	混合比重	干密度(g/cm³)	试验状态	初始孔隙比	试验含水率(%)	压缩特性指标	压力等级(kPa)							
							0	100	200	400	800	1 600	3 200	4 200
T1-LXSJ5、10、23	2.68	1.86	非浸水	0.439	15.8	孔隙比 e_i	0.439	0.427	0.418	0.406	0.388	0.361	0.328	0.314
						单位沉降量(mm/m)	0	8.57	14.6	23.2	35.6	54.1	77.4	87.1
						压缩系数(MPa^{-1})	0.123	0.086 4	0.062 1	0.044 5	0.033 3	0.021 0	0.013 9	
						压缩模量(MPa)	11.7	16.7	23.2	32.3	43.2	68.7	103.4	
	2.68	1.86	饱和	0.439	13.4	孔隙比 e_i	0.439	0.415	0.403	0.387	0.367	0.341	0.312	0.299
						单位沉降量(mm/m)	0	17.0	25.1	36.4	50.5	68.6	88.6	97.8
						压缩系数(MPa^{-1})	0.244 7	0.117 1	0.081 3	0.050 7	0.032 5	0.018 0	0.013 2	
						压缩模量(MPa)	5.88	12.3	17.7	28.4	44.3	79.9	109.1	
T1-LXSJ5、10、23	2.68	1.95	非浸水	0.372	10.5	孔隙比 e_i	0.372	0.368	0.365	0.361	0.353	0.340	0.315	0.304
						单位沉降量(mm/m)	0	3.43	5.5	8.5	14.2	24.0	41.6	49.6
						压缩系数(MPa^{-1})	0.047 1	0.028 4	0.020 4	0.019 7	0.016 8	0.015 2	0.010 9	
						压缩模量(MPa)	29.1	48.4	67.4	69.8	81.9	90.6	125.5	
	2.68	2.00	饱和	0.339	14.3	孔隙比 e_i	0.339	0.323	0.315	0.305	0.291	0.273	0.250	0.240
						单位沉降量(mm/m)	0	11.8	17.5	25.1	35.6	49.1	66.1	73.8
						压缩系数(MPa^{-1})	0.157 9	0.076 7	0.050 9	0.035 1	0.022 5	0.014 3	0.010 3	
						压缩模量(MPa)	8.47	17.4	26.3	38.1	59.6	93.8	130.4	

续表 4-35

试样编号	混合比重	干密度(g/cm^3)	试验状态	初始孔隙比	试验含水率(%)	压缩特性指标	压力等级(kPa)							
							0	100	200	400	800	1 600	3 200	4 200
T3-LXSJ4、14	2.71	1.76	非浸水	0.541	15.5	孔隙比 e_i	0.541	0.537	0.525	0.514	0.495	0.463	0.427	0.408
						单位沉降量(mm/m)	0	3.09	10.3	17.8	30.3	51.0	74.1	86.3
						压缩系数(MPa^{-1})	0.047 6	0.111 5	0.057 8	0.048 0	0.039 9	0.022 3	0.018 7	
						压缩模量(MPa)	32.4	13.8	26.7	32.1	38.6	69.2	82.4	
	2.71	1.76	饱和	0.541	17.6	孔隙比 e_i	0.541	0.528	0.524	0.510	0.487	0.451	0.407	0.382
						单位沉降量(mm/m)	0	8.51	11.5	20.2	35.3	58.8	87.2	103.4
						压缩系数(MPa^{-1})	0.131 2	0.045 6	0.067 3	0.058 1	0.045 2	0.027 4	0.025 0	
						压缩模量(MPa)	11.7	33.8	22.9	26.5	34.1	56.3	61.8	
T4-LXSJ4、14	2.71	1.76	非浸水	0.541	—	孔隙比 e_i	0.541	0.536	0.532	0.524	0.509	0.478	0.437	0.420
						单位沉降量(mm/m)	0	3.59	5.98	10.9	21.2	41.1	67.6	78.6
						压缩系数(MPa^{-1})	0.055 3	0.036 8	0.038 2	0.039 4	0.038 5	0.025 5	0.016 9	
						压缩模量(MPa)	27.9	41.9	40.4	39.1	40.0	60.5	91.4	
	2.71	1.76	饱和	0.541	18.8	孔隙比 e_i	0.541	0.531	0.525	0.516	0.498	0.467	0.425	0.405
						单位沉降量(mm/m)	0	6.62	10.6	16.7	28.4	48.1	75.6	88.1
						压缩系数(MPa^{-1})	0.102 1	0.060 6	0.047 0	0.045 2	0.038 1	0.026 4	0.019 3	
						压缩模量(MPa)	15.1	25.4	32.8	34.1	40.5	58.3	79.8	

续表 4-35

试样编号	混合比重	干密度(g/cm^3)	试验状态	初始孔隙比	试验含水率(%)	压缩特性指标	压力等级(kPa)							
							0	100	200	400	800	1 600	3 200	4 200
T5-LXSJ7	2.65	1.64	非浸水	0.617	18.3	孔隙比 e_i	0.617	0.562	0.541	0.514	0.481	0.442	0.397	0.378
						单位沉降量(mm/m)	0	34.1	47.2	63.8	84.3	108.6	136.3	148.0
						压缩系数(MPa^{-1})	0.552	0.212	0.134	0.082 9	0.049 1	0.028 0	0.019 0	
						压缩模量(MPa)	2.93	7.63	12.1	19.5	33.0	57.8	85.2	
	2.65	1.64	饱和	0.617	20.5	孔隙比 e_i	0.617	0.601	0.591	0.574	0.545	0.507	0.457	0.434
						单位沉降量(mm/m)	0	9.8	16.1	26.7	44.8	68.4	99.2	113.4
						压缩系数(MPa^{-1})	0.158 5	0.101 9	0.085 7	0.073 2	0.047 7	0.031 2	0.022 9	
						压缩模量(MPa)	10.2	15.9	18.9	22.1	33.9	51.9	70.6	
T6-LXSJ15	2.73	1.94	非浸水	0.408	12.2	孔隙比 e_i	0.408	0.393	0.387	0.377	0.363	0.341	0.314	0.303
						单位沉降量(mm/m)	0	10.2	14.8	21.7	32.0	47.7	66.5	74.3
						压缩系数(MPa^{-1})	0.143 1	0.065 7	0.048 6	0.036 2	0.027 6	0.016 5	0.010 9	
						压缩模量(MPa)	9.84	21.4	29.0	38.8	51.0	85.1	128.8	
	2.73	1.94	饱和	0.408	14.5	孔隙比 e_i	0.408	0.380	0.370	0.358	0.341	0.319	0.291	0.279
						单位沉降量(mm/m)	0	19.5	27.0	35.4	47.5	63.1	82.8	91.1
						压缩系数(MPa^{-1})	0.274 5	0.106 0	0.058 7	0.042 6	0.027 6	0.017 3	0.011 8	
						压缩模量(MPa)	5.13	13.3	24.0	33.1	51.1	81.5	119.5	

续表 4-35

试样编号	混合比重	干密度(g/cm^3)	试验状态	初始孔隙比	试验含水率(%)	压缩特性指标	压力等级(kPa)							
							0	100	200	400	800	1 600	3 200	4 200
T6-LXSJ15	2.73	2.04	非浸水	0.339	11.0	孔隙比 e_i	0.339	0.330	0.326	0.319	0.309	0.295	0.276	0.267
						单位沉降量(mm/m)	0	6.8	9.9	14.8	22.3	32.3	46.7	53.5
						压缩系数(MPa^{-1})	0.090 6	0.041 5	0.032 8	0.025 1	0.016 8	0.012 0	0.009 1	
						压缩模量(MPa)	14.8	32.3	40.8	53.3	79.7	111.1	147.8	
	2.73	2.04	饱和	0.339	12.6	孔隙比 e_i	0.339	0.323	0.313	0.299	0.283	0.265	0.245	0.236
						单位沉降量(mm/m)	0	11.5	19.0	29.4	41.6	55.1	69.9	76.5
						压缩系数(MPa^{-1})	0.154 4	0.100 4	0.069 2	0.040 9	0.022 6	0.012 4	0.008 8	
						压缩模量(MPa)	8.7	13.3	19.4	32.7	59.1	108.4	152.3	
B1-BSJ2	2.64	1.98	非浸水	0.334	8.76	孔隙比 e_i	0.334	0.321	0.316	0.308	0.298	0.285	0.268	0.261
						单位沉降量(mm/m)	0	9.80	14.0	19.5	27.3	37.2	49.7	55.2
						压缩系数(MPa^{-1})	0.130 8	0.056 5	0.036 7	0.025 8	0.016 6	0.010 4	0.007 4	
						压缩模量(MPa)	10.2	23.6	36.4	51.7	80.5	128.3	179.6	
	2.64	1.98	饱和	0.334	9.51	孔隙比 e_i	0.334	0.313	0.306	0.297	0.286	0.272	0.255	0.248
						单位沉降量(mm/m)	0	15.6	21.3	27.8	36.2	46.7	59.4	64.9
						压缩系数(MPa^{-1})	0.208 1	0.076 5	0.042 9	0.028 2	0.017 5	0.010 5	0.007 4	
						压缩模量(MPa)	6.41	17.4	31.1	47.2	76.2	126.6	180.7	

续表 4-35

试样编号	混合比重	干密度(g/cm^3)	试验状态	初始孔隙比	试验含水率(%)	压缩特性指标	压力等级(kPa)							
							0	100	200	400	800	1 600	3 200	4 200
B2-BSJ4	2.68	1.91	非浸水	0.408	11.9	孔隙比 e_i	0.408	0.387	0.376	0.364	0.351	0.336	0.317	0.308
						单位沉降量(mm/m)	0	15.2	22.8	31.1	40.6	51.6	65.2	71.2
						压缩系数(MPa^{-1})	0.214 4	0.106 3	0.058 9	0.033 2	0.019 5	0.011 9	0.008 5	
						压缩模量(MPa)	6.57	13.3	23.9	42.5	72.1	118.2	166.1	
	2.68	1.91	饱和	0.408	12.1	孔隙比 e_i	0.408	0.393	0.378	0.362	0.341	0.317	0.287	0.274
						单位沉降量(mm/m)	0	11.1	21.5	32.8	47.9	65.2	86.3	95.6
						压缩系数(MPa^{-1})	0.156 5	0.146 0	0.080 0	0.052 9	0.030 4	0.018 6	0.013 1	
						压缩模量(MPa)	9.00	9.65	17.6	26.6	46.3	75.7	107.8	
B2-BSJ4	2.68	1.91	非浸水	0.369	12.1	孔隙比 e_i	0.369	0.348	0.340	0.329	0.317	0.300	0.280	0.271
						单位沉降量(mm/m)	0	15.1	20.8	28.8	38.2	50.6	64.8	71.5
						压缩系数(MPa^{-1})	0.206 2	0.078 5	0.055 0	0.031 9	0.021 3	0.012 1	0.009 2	
						压缩模量(MPa)	6.6	17.4	24.9	42.9	64.2	112.9	149.3	
	2.68	1.91	饱和	0.369	12.6	孔隙比 e_i	0.369	0.350	0.342	0.331	0.318	0.302	0.283	0.274
						单位沉降量(mm/m)	0	13.5	19.8	27.3	37.2	48.5	62.7	69.3
						压缩系数(MPa^{-1})	0.184 8	0.085 8	0.051 3	0.033 9	0.019 3	0.012 2	0.009 0	
						压缩模量(MPa)	7.4	16.0	26.7	40.4	70.8	112.1	152.3	

续表 4-35

试样编号	混合比重	干密度(g/cm^3)	试验状态	初始孔隙比	试验含水率(%)	压缩特性指标	压力等级(kPa)							
							0	100	200	400	800	1 600	3 200	4 200
B3-BSJ4	2.68	1.91	非浸水	0.408	12.3	孔隙比 e_i	0.408	0.389	0.382	0.374	0.364	0.350	0.331	0.322
						单位沉降量(mm/m)	0	13.4	18.4	24.1	31.5	41.5	55.0	61.0
						压缩系数(MPa^{-1})	0.188 7	0.070 6	0.039 8	0.026 3	0.017 6	0.011 8	0.008 5	
						压缩模量(MPa)	7.46	22.0	35.4	53.6	80.1	119.1	165.1	
	2.68	1.91	饱和	0.408	12.0	孔隙比 e_i	0.408	0.386	0.378	0.368	0.356	0.341	0.321	0.313
						单位沉降量(mm/m)	0	15.6	21.8	28.5	37.2	48.0	62.0	68.0
						压缩系数(MPa^{-1})	0.219 9	0.086 8	0.047 0	0.030 6	0.019 1	0.012 3	0.008 4	
						压缩模量(MPa)	6.41	16.2	30.0	46.0	73.5	114.3	166.7	
B5-BSJ11	2.73	1.63	非浸水	0.678	18.6	孔隙比 e_i	0.678	0.652	0.639	0.615	0.584	0.539	0.491	0.470
						单位沉降量(mm/m)	0	15.2	23.4	37.4	56.1	82.5	111.5	123.6
						压缩系数(MPa^{-1})	0.254 5	0.137 6	0.117 4	0.078 6	0.055 4	0.030 4	0.020 4	
						压缩模量(MPa)	6.59	12.2	14.3	21.4	30.3	55.2	82.4	
	2.73	1.63	饱和	0.678	21.9	孔隙比 e_i	0.678	0.650	0.625	0.591	0.551	0.503	0.454	0.434
						单位沉降量(mm/m)	0	16.3	31.7	51.5	75.4	104.2	133.4	145.3
						压缩系数(MPa^{-1})	0.274 0	0.257 8	0.165 8	0.100 4	0.060 5	0.030 6	0.019 9	
						压缩模量(MPa)	6.12	6.5	10.1	16.7	24.7	54.8	84.3	

续表 4-35

试样编号	混合比重	干密度(g/cm³)	试验状态	初始孔隙比	试验含水率(%)	压缩特性指标	压力等级(kPa)							
							0	100	200	400	800	1 600	3 200	4 200
B6-BSJ12	2.68	1.90	非浸水	0.410	11.8	孔隙比 e_i	0.410	0.402	0.397	0.389	0.379	0.363	0.340	0.330
						单位沉降量(mm/m)	0	5.67	9.57	14.7	22.0	33.4	49.5	56.8
						压缩系数(MPa^{-1})	0.079 9	0.055 0	0.036 0	0.026 0	0.020 0	0.014 2	0.010 4	
						压缩模量(MPa)	17.6	25.6	39.2	54.3	70.4	99.6	135.7	
	2.68	1.90	饱和	0.410	11.4	孔隙比 e_i	0.410	0.388	0.380	0.365	0.349	0.330	0.308	0.299
						单位沉降量(mm/m)	0	15.8	21.4	32.0	43.3	56.6	72.7	78.9
						压缩系数(MPa^{-1})	0.222 8	0.078 5	0.074 7	0.040 0	0.023 4	0.014 2	0.008 7	
						压缩模量(MPa)	6.33	18.0	18.9	35.3	60.2	99.2	162.2	

表 4-36 土料(坝卡区)压缩试验结果

试样编号	混合比重	干密度(g/cm³)	含水率(%)	状态	压缩指标	垂直压力(MPa)								
						0	0.05	0.1	0.2	0.4	0.8	1.6	3.2	4.2
BK1	2.62	2.02	9.9	饱和	单位沉降量(mm/m)	0	1.37	3.13	5.24	7.5	10.46	15.66	23.75	28.48
					孔隙比 e_i	0.297	0.295	0.293	0.29	0.287	0.284	0.277	0.266	0.26
					压缩系数(MPa^{-1})	0.035 5	0.045 8	0.027 3	0.014 7	0.009 6	0.008 4	0.006 6	0.006 1	
					压缩模量(MPa)	36.56	28.33	47.44	88.5	135.32	153.82	197.82	211.18	
				非饱和	单位沉降量(mm/m)	0	0.95	1.93	2.91	4.8	7.02	11.56	18.67	22.11
					孔隙比 e_i	0.297	0.296	0.295	0.293	0.291	0.288	0.282	0.273	0.268
					压缩系数(MPa^{-1})	0.024 7	0.025 4	0.012 7	0.012 3	0.007 2	0.007 4	0.005 8	0.004 5	
					压缩模量(MPa)	52.58	51	102	105.7	180.13	176.24	225.1	291.01	

续表 4-36

试样编号	混合比重	干密度(g/cm³)	含水率(%)	状态	压缩指标	垂直压力(MPa) 0	0.05	0.1	0.2	0.4	0.8	1.6	3.2	4.2
BK2	2.63	2.01	11.7	饱和	单位沉降量(mm/m)	0	5.21	6.5	8.87	10.82	14.33	19.94	28.36	31.33
					孔隙比 e_i	0.311	0.305	0.303	0.3	0.297	0.293	0.285	0.274	0.27
					压缩系数(MPa^{-1})	0.136 7	0.033 9	0.031	0.012 8	0.011 5	0.009 2	0.006 9	0.003 9	
					压缩模量(MPa)	9.6	38.71	42.28	102.26	114.13	142.53	190.1	336.08	
				非饱和	单位沉降量(mm/m)	0	2.183 8	3.610 3	4.75	6.607 8	8.580 9	11.975 5	18.578 4	22.558 8
					孔隙比 e_i	0.311	0.309	0.307	0.305	0.303	0.3	0.296	0.287	0.282
					压缩系数(MPa^{-1})	0.057 3	0.037 4	0.014 9	0.012 2	0.006 5	0.005 6	0.005 4	0.005 2	
					压缩模量(MPa)	22.9	35.05	87.74	107.65	202.73	235.67	242.32	251.23	
BK3	2.62	1.85	15.9	饱和	单位沉降量(mm/m)	0	5.4	8.19	12.38	17	23.08	33.43	49.5	57.67
					孔隙比 e_i	0.419	0.411	0.407	0.401	0.395	0.386	0.372	0.349	0.337
					压缩系数(MPa^{-1})	0.153 1	0.079 2	0.059 6	0.032 7	0.021 6	0.018 4	0.014 3	0.011 6	
					压缩模量(MPa)	9.27	17.92	23.82	43.36	65.77	77.32	99.53	122.39	
				非饱和	单位沉降量(mm/m)	0	2.07	3.55	6.11	8.47	12.81	21.04	36.88	46.28
					孔隙比 e_i	0.419	0.416	0.414	0.41	0.407	0.401	0.389	0.367	0.353
					压缩系数(MPa^{-1})	0.058 7	0.042 1	0.036 3	0.016 7	0.015 4	0.014 6	0.014 1	0.013 3	
					压缩模量(MPa)	24.18	33.68	39.07	84.74	92.14	97.3	100.98	106.45	

续表 4-36

试样编号	混合比重	干密度(g/cm^3)	含水率(%)	状态	压缩指标	垂直压力(MPa) 0	0.05	0.1	0.2	0.4	0.8	1.6	3.2	4.2
BK4	2.65	1.96	13	饱和	单位沉降量(mm/m)	0	2.59	3.57	5.31	7.88	13.2	21	44.22	59.4
					孔隙比 e_i	0.355	0.352	0.35	0.348	0.344	0.337	0.327	0.295	0.275
					压缩系数(MPa^{-1})	0.070 1	0.026 7	0.023 6	0.017 4	0.018	0.013 2	0.019 7	0.020 6	
					压缩模量(MPa)	19.32	50.75	57.47	77.86	75.21	102.64	68.9	65.87	
				非饱和	单位沉降量(mm/m)	0	1.44	2.76	5.36	7.92	11.68	17.86	28.46	36.5
					孔隙比 e_i	0.355	0.353	0.351	0.348	0.344	0.339	0.331	0.317	0.306
					压缩系数(MPa^{-1})	0.038 9	0.036	0.035 2	0.017 3	0.012 7	0.010 5	0.009	0.010 9	
					压缩模量(MPa)	34.81	37.64	38.49	78.24	106.32	129.52	150.97	124.24	
BK5	2.67	1.96	11.7	饱和	单位沉降量(mm/m)	0	5.89	11.24	15.88	21.13	28.64	38.04	51.56	60.01
					孔隙比 e_i	0.362	0.354	0.346	0.34	0.333	0.323	0.31	0.292	0.28
					压缩系数(MPa^{-1})	0.160 5	0.145 5	0.063 3	0.035 7	0.025 5	0.016	0.011 5	0.011 5	
					压缩模量(MPa)	8.49	9.36	21.52	38.1	53.3	85.04	118.37	118.4	
				非饱和	单位沉降量(mm/m)	0	1.8	3.56	4.78	6.79	10.16	15.64	24.51	30.58
					孔隙比 e_i	0.362	0.359	0.357	0.355	0.352	0.348	0.34	0.328	0.32
					压缩系数(MPa^{-1})	0.049	0.048 1	0.016 6	0.013 7	0.011 4	0.009 3	0.007 6	0.008 3	
					压缩模量(MPa)	27.79	28.33	82.26	99.27	118.95	145.85	180.33	164.78	

续表 4-36

试样编号	混合比重	干密度(g/cm^3)	含水率(%)	状态	压缩指标	垂直压力(MPa) 0	0.05	0.1	0.2	0.4	0.8	1.6	3.2	4.2
BK6	2.6	2.11	9.7	饱和	单位沉降量(mm/m)	0	3.32	6.31	9.73	13.29	19.03	27.36	42.09	49.53
					孔隙比 e_i	0.235	0.231	0.227	0.223	0.218	0.211	0.201	0.183	0.174
					压缩系数(MPa^{-1})		0.082	0.073 8	0.042 2	0.022	0.017 7	0.012 9	0.011 4	0.009 2
					压缩模量(MPa)		15.07	16.72	29.23	56.2	69.68	96.06	108.62	134.39
				非饱和	单位沉降量(mm/m)	0	0.916 7	2.068 6	3.419 1	5.127 5	8.441 2	14.122 5	22.970 6	29.921 6
					孔隙比 e_i	0.235	0.234	0.232	0.231	0.228	0.224	0.217	0.206	0.198
					压缩系数(MPa^{-1})		0.022 6	0.028 4	0.016 7	0.010 5	0.010 2	0.008 8	0.006 8	0.008 6
					压缩模量(MPa)		54.55	43.4	74.05	117.07	120.71	140.81	180.83	143.87
BK7	2.65	1.96	11.2	饱和	单位沉降量(mm/m)	0	4.5	6.74	10.93	15.2	20.7	29.68	46.12	58.7
					孔隙比 e_i	0.352	0.346	0.343	0.337	0.331	0.324	0.312	0.289	0.272
					压缩系数(MPa^{-1})		0.121 8	0.060 3	0.056 6	0.028 9	0.018 6	0.015 2	0.013 9	0.017
					压缩模量(MPa)		11.1	22.42	23.86	46.84	72.66	89.13	97.29	79.5
				非饱和	单位沉降量(mm/m)	0	1.97	3.14	5.09	6.65	9.23	14.06	21.32	27.5
					孔隙比 e_i	0.352	0.349	0.347	0.345	0.343	0.339	0.333	0.323	0.314
					压缩系数(MPa^{-1})		0.053 2	0.031 8	0.026 3	0.010 6	0.008 7	0.008 2	0.006 1	0.008 4
					压缩模量(MPa)		25.41	42.5	51.32	128.1	155.28	165.52	220.54	161.77

续表 4-36

试样编号	混合比重	干密度(g/cm³)	含水率(%)	状态	压缩指标	0	0.05	0.1	0.2	0.4	0.8	1.6	3.2	4.2
						垂直压力(MPa)								
BK8	2.73	1.96	12.2	饱和	单位沉降量(mm/m)	0	3.52	5.75	7.86	10.68	14.92	22.78	37.45	51.95
					孔隙比 e_i	0.392	0.387	0.384	0.381	0.377	0.371	0.36	0.34	0.32
					压缩系数(MPa^{-1})	0.098	0.062 2	0.029 3	0.019 6	0.014 8	0.013 7	0.012 8	0.020 2	
					压缩模量(MPa)	14.21	22.37	47.44	71.08	94.34	101.68	109.09	68.99	
				非饱和	单位沉降量(mm/m)	0	2.51	3.57	5.61	8.4	13.64	22.25	39.24	48.76
					孔隙比 e_i	0.392	0.389	0.387	0.384	0.38	0.373	0.361	0.338	0.324
					压缩系数(MPa^{-1})	0.07	0.029 5	0.028 3	0.019 4	0.018 3	0.015	0.014 8	0.013 3	
					压缩模量(MPa)	19.88	47.22	49.16	71.71	76.26	92.99	94.15	105.05	

表 4-37 堆石料(泥质粉砂岩)压缩试验结果

试样编号	混合比重	干密度(g/cm³)	试验状态	初始孔隙率	试验含水率(%)	压缩特性指标	0	100	200	400	800	1 600	3 200	4 200
							压力等级(kPa)							
ND1-WN	2.78	2.224	饱和	20%	4.43	孔隙比 e_i	0.250	0.242	0.238	0.234	0.225	0.210	0.183	0.170
						单位沉降量(mm/m)	0	6.30	9.40	13.2	19.8	32.1	53.6	64.1
						压缩系数(MPa^{-1})	0.078 7	0.039 2	0.023 3	0.020 7	0.019 3	0.016 8	0.013 1	
						压缩模量(MPa)	15.9	31.9	53.6	60.3	64.9	74.4	95.5	
ND2-WN	2.78	2.224	饱和	20%	4.97	孔隙比 e_i	0.250	0.234	0.228	0.222	0.214	0.200	0.179	0.169
						单位沉降量(mm/m)	0	12.8	17.6	22.5	28.8	39.6	56.9	65.1
						压缩系数(MPa^{-1})	0.160 4	0.060 0	0.030 4	0.019 7	0.016 9	0.013 5	0.010 3	
						压缩模量(MPa)	7.8	20.8	41.1	63.5	73.8	92.5	122.0	

续表 4-37

试样编号	混合比重	干密度(g/cm^3)	试验状态	初始孔隙率	试验含水率(%)	压缩特性指标	压力等级(kPa)							
							0	100	200	400	800	1 600	3 200	4 200
ND3-WN	2.78	2.224	饱和	20%	5.39	孔隙比 e_i	0.250	0.244	0.242	0.238	0.230	0.210	0.176	0.161
						单位沉降量(mm/m)	0	4.70	6.70	9.60	16.3	32.1	59.3	71.2
						压缩系数(MPa^{-1})	0.058 3	0.025 0	0.018 5	0.020 8	0.024 7	0.021 3	0.014 9	
						压缩模量(MPa)	21.4	50.0	67.4	60.0	50.5	58.8	84.0	
ND4-RN	2.78	2.224	饱和	20%	5.20	孔隙比 e_i	0.250	0.243	0.241	0.237	0.231	0.221	0.198	0.185
						单位沉降量(mm/m)	0	5.50	7.40	10.2	14.9	22.8	41.5	51.8
						压缩系数(MPa^{-1})	0.068 3	0.024 6	0.017 5	0.014 6	0.012 4	0.014 6	0.012 8	
						压缩模量(MPa)	18.3	50.8	71.4	85.7	100.8	85.7	97.4	
ND5-RN	2.78	2.224	饱和	20%	4.52	孔隙比 e_i	0.250	0.244	0.241	0.237	0.231	0.216	0.186	0.173
						单位沉降量(mm/m)	0	4.60	7.00	10.1	15.4	27.3	50.8	61.8
						压缩系数(MPa^{-1})	0.057 9	0.030 0	0.019 0	0.016 6	0.018 6	0.018 4	0.013 8	
						压缩模量(MPa)	21.6	41.7	65.9	75.5	67.2	67.9	90.9	
ND6-RN	2.78	2.224	饱和	20%	5.28	孔隙比 e_i	0.250	0.244	0.240	0.233	0.223	0.206	0.179	0.166
						单位沉降量(mm/m)	0	4.80	8.20	13.3	21.8	35.4	57.0	67.2
						压缩系数(MPa^{-1})	0.060 4	0.042 1	0.032 1	0.026 4	0.021 4	0.016 8	0.012 8	
						压缩模量(MPa)	20.7	29.7	39.0	47.4	58.5	74.3	98.0	

续表 4-37

试样编号	混合比重	干密度 (g/cm^3)	试验状态	初始孔隙比	试验含水率(%)	压缩特性指标	压力等级(kPa)							
							0	100	200	400	800	1 600	3 200	4 200
ND7-RQN	2.78	2.224	饱和	20%	5.18	孔隙比 e_i	0.250	0.241	0.237	0.232	0.224	0.208	0.178	0.165
						单位沉降量(mm/m)	0	7.00	10.7	14.8	21.0	33.5	57.6	68.4
						压缩系数(MPa^{-1})	0.087 9	0.045 8	0.025 4	0.019 6	0.019 5	0.018 8	0.013 5	
						压缩模量(MPa)	14.2	27.3	49.2	63.8	64.0	66.5	92.9	
ND8-RQN	2.78	2.224	饱和	20%	5.48	孔隙比 e_i	0.250	0.245	0.243	0.239	0.233	0.217	0.190	0.177
						单位沉降量(mm/m)	0	3.90	5.60	8.60	13.7	26.4	48.2	58.5
						压缩系数(MPa^{-1})	0.049 2	0.021 3	0.018 5	0.015 9	0.019 8	0.017 1	0.012 8	
						压缩模量(MPa)	25.4	58.8	67.4	78.4	63.2	73.2	97.7	
ND9-RQN	2.78	2.224	饱和	20%	5.44	孔隙比 e_i	0.250	0.246	0.243	0.239	0.233	0.224	0.204	0.193
						单位沉降量(mm/m)	0	3.50	5.80	8.70	13.3	20.9	36.6	45.8
						压缩系数(MPa^{-1})	0.044 2	0.028 3	0.017 9	0.014 5	0.011 9	0.012 3	0.011 5	
						压缩模量(MPa)	28.3	44.1	69.8	86.3	105.3	101.7	109.1	
ND1-TWN	2.78	2.224	天然	20%	0.79	孔隙比 e_i	0.250	0.248	0.246	0.243	0.235	0.217	0.189	0.177
						单位沉降量(mm/m)	0	1.80	3.07	6.00	12.0	26.2	48.7	58.6
						压缩系数(MPa^{-1})	0.022 5	0.015 8	0.018 3	0.018 7	0.022 1	0.017 6	0.012 4	
						压缩模量(MPa)	55.6	78.9	68.2	66.7	56.5	71.1	100.7	

续表 4-37

试样编号	混合比重	干密度(g/cm³)	试验状态	初始孔隙比	试验含水率(%)	压缩特性指标	压力等级(kPa)							
							0	100	200	400	800	1 600	3 200	4 200
ND4-T-RN	2.78	2.224	天然	20%	0.71	孔隙比 e_i	0.250	0.247	0.245	0.241	0.234	0.220	0.194	0.182
						单位沉降量(mm/m)	0	2.3	4.2	7.1	12.4	24.3	45.0	54.7
						压缩系数(MPa^{-1})	0.028 3	0.024 6	0.017 9	0.016 7	0.018 5	0.016 2	0.012 1	
						压缩模量(MPa)	44.1	50.8	69.8	75.0	67.6	77.3	103.1	
ND7-T-RQ	2.78	2.224	天然	20%	0.85	孔隙比 e_i	0.250	0.248	0.246	0.242	0.235	0.220	0.195	0.183
						单位沉降量(mm/m)	0	1.9	3.5	6.3	12.0	23.8	44.3	53.6
						压缩系数(MPa^{-1})	0.023 7	0.020 0	0.017 5	0.017 7	0.018 4	0.016 1	0.011 6	
						压缩模量(MPa)	52.6	62.5	71.4	70.6	67.8	77.8	107.5	

表 4-38 堆石料(砂岩)压缩试验结果

试样编号	混合比重	干密度(g/cm³)	试验状态	初始孔隙比	试验含水率(%)	压缩特性指标	压力等级(kPa)							
							0	100	200	400	800	1 600	3 200	4 200
SD1	2.68	2.144	饱和	0.25	4.38	孔隙比 e_i	0.250	0.248	0.247	0.245	0.243	0.239	0.230	0.225
						单位沉降量(mm/m)	0	1.7	2.7	3.9	5.5	9.1	16.3	20.4
						压缩系数(MPa^{-1})	0.021 7	0.012 5	0.007 3	0.005 0	0.005 7	0.005 6	0.005 0	
						压缩模量(MPa)	57.7	100.0	171.4	250.0	220.2	222.2	247.9	

续表 4-38

试样编号	混合比重	干密度(g/cm^3)	试验状态	初始孔隙比	试验含水率(%)	压缩特性指标	压力等级(kPa)							
							0	100	200	400	800	1 600	3 200	4 200
SD2	2.68	2.144	饱和	0.25	3.66	孔隙比 e_i	0.250	0.247	0.246	0.244	0.240	0.234	0.225	0.219
						单位沉降量(mm/m)	0	2.0	3.2	4.9	7.8	12.6	20.2	24.7
						压缩系数(MPa^{-1})	0.025 4	0.014 6	0.010 6	0.009 0	0.007 6	0.005 9	0.005 7	
						压缩模量(MPa)	49.2	85.7	117.6	139.5	165.5	210.5	220.6	
SD3	2.68	2.144	天然	0.25	0.76	孔隙比 e_i	0.250	0.248	0.247	0.246	0.244	0.241	0.233	0.226
						单位沉降量(mm/m)	0	1.3	2.1	3.1	4.5	7.4	13.8	18.8
						压缩系数(MPa^{-1})	0.016 7	0.010 0	0.006 3	0.004 4	0.004 5	0.005 0	0.006 3	
						压缩模量(MPa)	75.0	125.0	200.0	285.7	279.1	248.7	200.0	
SD4	2.65	2.123	饱和	0.25	3.79	孔隙比 e_i	0.250	0.246	0.244	0.240	0.233	0.225	0.211	0.205
						单位沉降量(mm/m)	0	3.50	5.17	8.07	13.3	20.1	30.9	36.0
						压缩系数(MPa^{-1})	0.043 7	0.020 8	0.018 1	0.016 4	0.010 6	0.008 4	0.006 4	
						压缩模量(MPa)	28.6	60.0	69.0	76.4	118.2	148.1	194.8	
SD5	2.65	2.123	饱和	0.25	4.68	孔隙比 e_i	0.250	0.245	0.243	0.239	0.235	0.228	0.219	0.215
						单位沉降量(mm/m)	0	3.93	5.73	8.47	12.2	17.2	24.5	28.1
						压缩系数(MPa^{-1})	0.049 2	0.022 5	0.017 1	0.011 6	0.007 9	0.005 7	0.004 5	
						压缩模量(MPa)	25.4	55.6	73.2	108.1	157.9	219.2	280.4	

续表 4-38

试样编号	混合比重	干密度(g/cm^3)	试验状态	初始孔隙比	试验含水率(%)	压缩特性指标	压力等级(kPa)							
							0	100	200	400	800	1 600	3 200	4 200
SD6	2.65	2.123	天然	0.25	0.49	孔隙比 e_i	0.250	0.249	0.248	0.246	0.243	0.236	0.224	0.217
						单位沉降量(mm/m)	0	1.07	1.60	3.20	5.9	11.3	20.6	26.1
						压缩系数(MPa^{-1})	0.013 3	0.006 7	0.010 0	0.008 3	0.008 5	0.007 2	0.006 9	
						压缩模量(MPa)	93.8	187.5	125.0	150.0	146.3	172.7	180.7	
SD7	2.66	2.125	饱和	0.25	6.11	孔隙比 e_i	0.250	0.244	0.239	0.234	0.226	0.216	0.203	0.196
						单位沉降量(mm/m)	0	4.93	8.50	12.93	19.1	27.4	37.7	43.1
						压缩系数(MPa^{-1})	0.061 7	0.044 6	0.027 7	0.019 3	0.013 0	0.008 0	0.006 8	
						压缩模量(MPa)	20.3	28.0	45.1	64.9	96.0	156.4	182.9	
SD8	2.66	2.125	饱和	0.25	6.49	孔隙比 e_i	0.250	0.240	0.235	0.229	0.221	0.211	0.200	0.194
						单位沉降量(mm/m)	0	7.63	11.90	16.77	23.1	30.8	40.1	45.0
						压缩系数(MPa^{-1})	0.095 4	0.053 3	0.030 4	0.019 8	0.012 1	0.007 3	0.006 1	
						压缩模量(MPa)	13.1	23.4	41.1	63.2	103.4	172.0	205.5	
SD9	2.66	2.125	天然	0.25	0.69	孔隙比 e_i	0.250	0.248	0.247	0.244	0.239	0.229	0.214	0.206
						单位沉降量(mm/m)	0	1.63	2.67	4.77	8.5	16.4	28.9	35.5
						压缩系数(MPa^{-1})	0.020 4	0.012 9	0.013 1	0.011 8	0.012 3	0.009 7	0.008 2	
						压缩模量(MPa)	61.2	96.8	95.2	106.2	101.3	128.3	151.5	

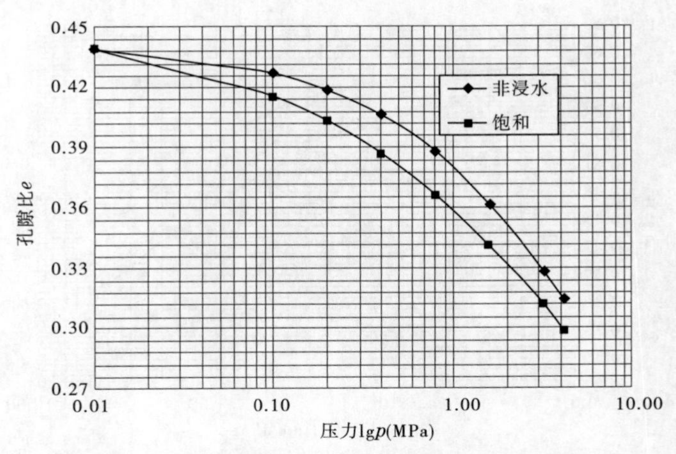

图 4-121　T1(LXSJ5、LXSJ10、LXSJ23) $e\sim\lg p$ 关系曲线

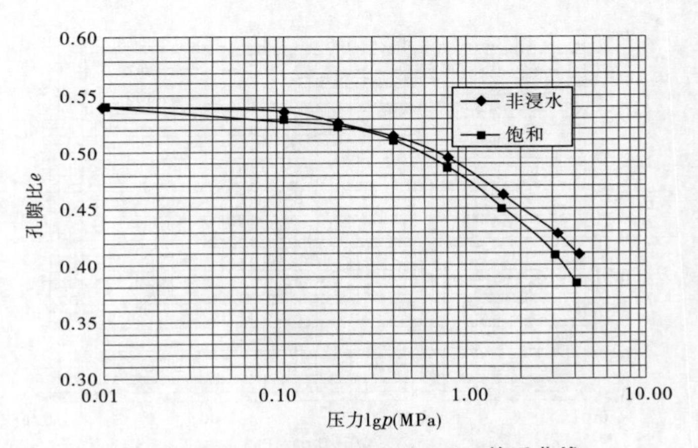

图 4-122　T3(LXSJ4、LXSJ14) $e\sim\lg p$ 关系曲线

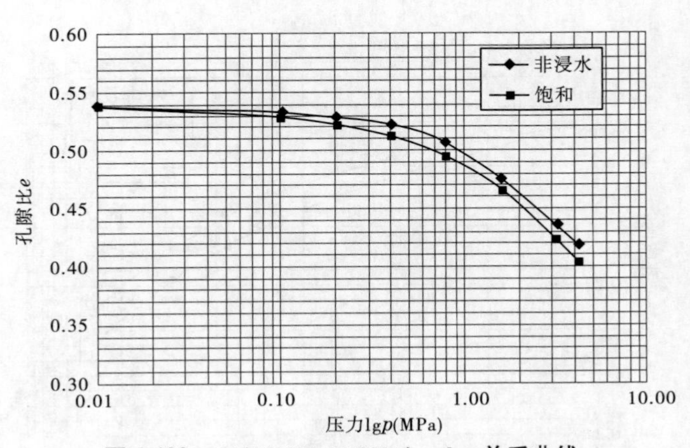

图 4-123　T4(LXSJ4、LXSJ14) $e\sim\lg p$ 关系曲线

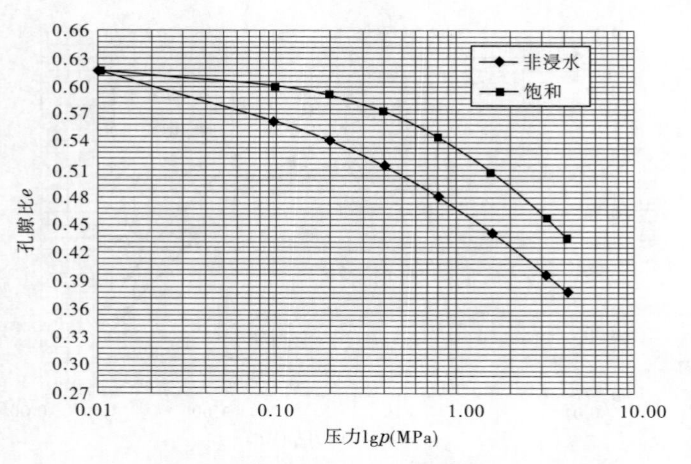

图 4-124　T5(LXSJ7) $e\sim\lg p$ 关系曲线

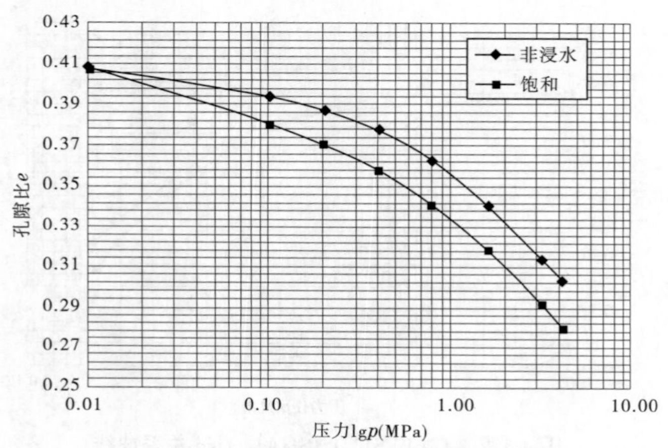

图 4-125　T6(LXSJ15) $e\sim\lg p$ 关系曲线

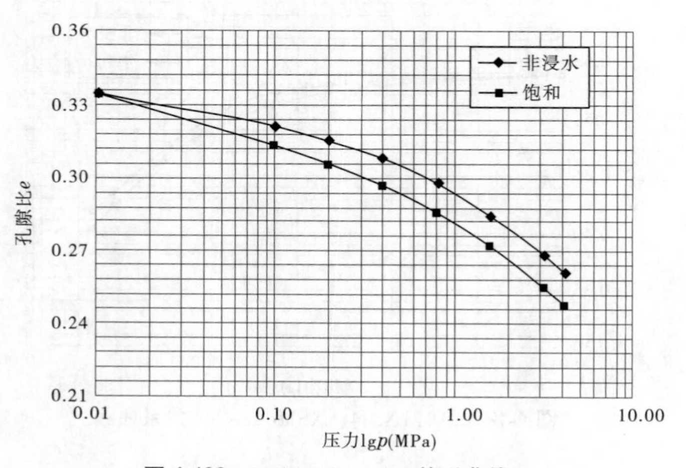

图 4-126　B1(BSJ2) $e\sim\lg p$ 关系曲线

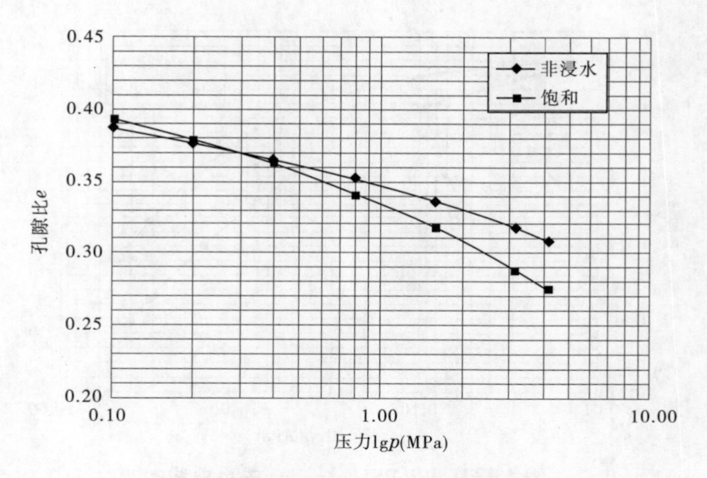

图 4-127　B2(BSJ4)$e \sim \lg p$ 关系曲线

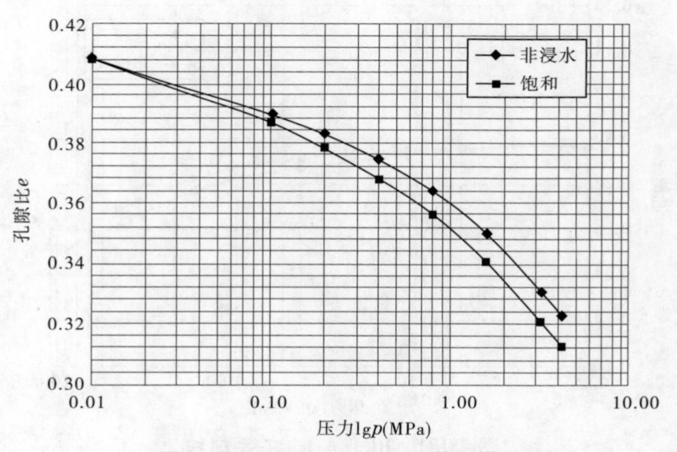

图 4-128　B3(BSJ4)$e \sim \lg p$ 关系曲线

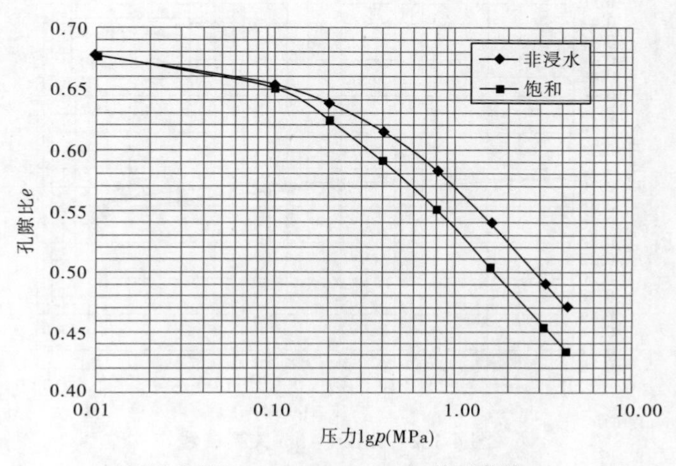

图 4-129　B5(BSJ11)$e \sim \lg p$ 关系曲线

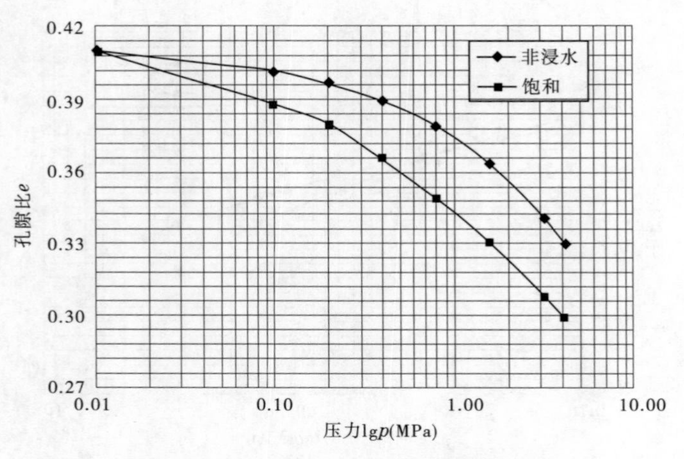

图 4-130 B6(BSJ12) $e \sim \lg p$ 关系曲线

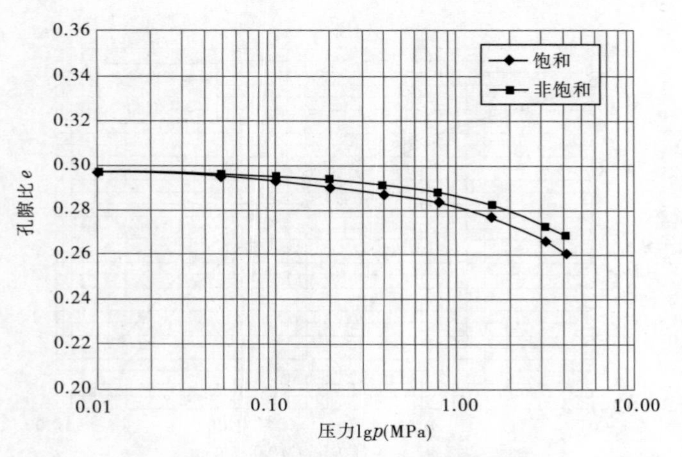

图 4-131 BK1 $e \sim \lg p$ 关系曲线

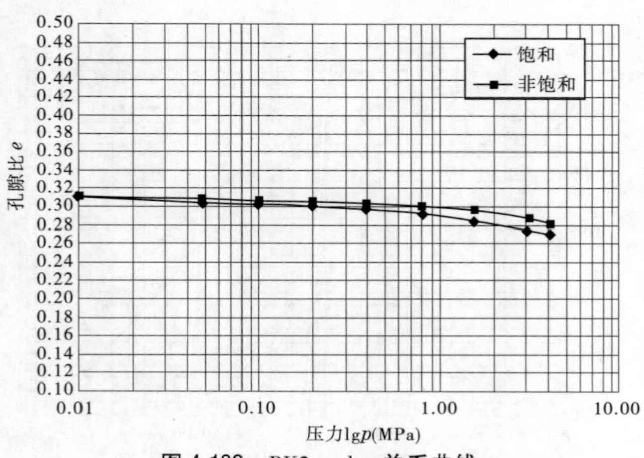

图 4-132 BK2 $e \sim \lg p$ 关系曲线

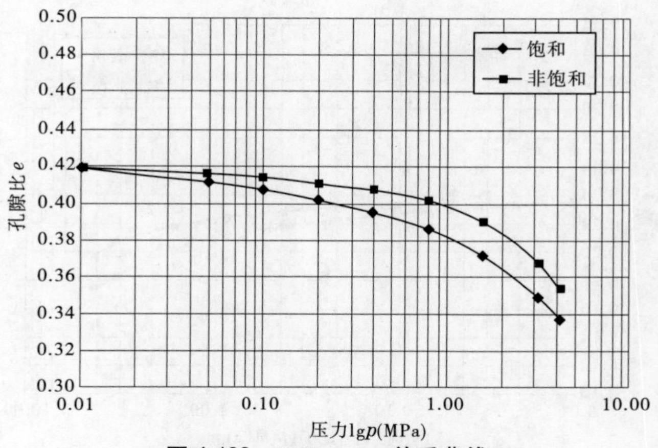

图 4-133　BK3 $e\sim\lg p$ 关系曲线

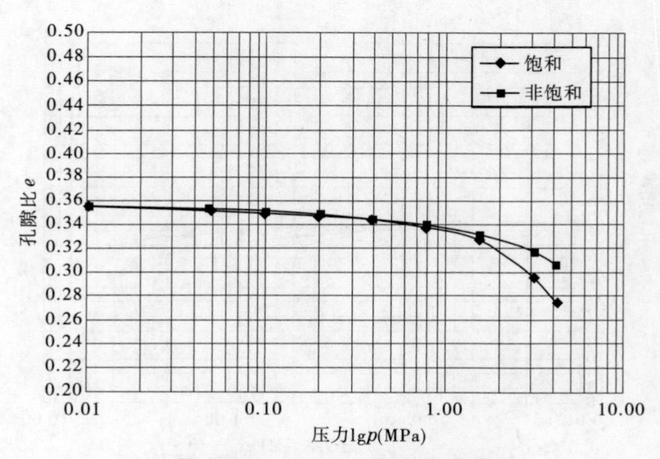

图 4-134　BK4 $e\sim\lg p$ 关系曲线

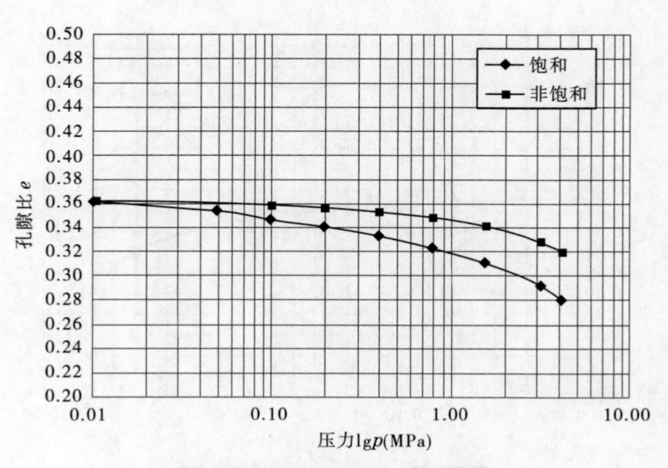

图 4-135　BK5 $e\sim\lg p$ 关系曲线

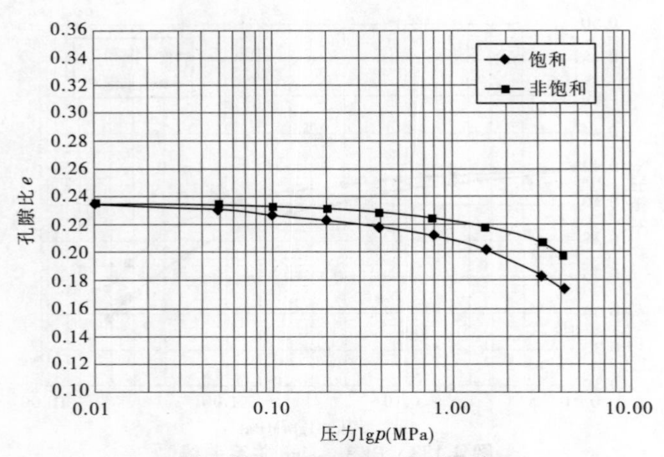

图 4-136　BK6 $e \sim \lg p$ 关系曲线

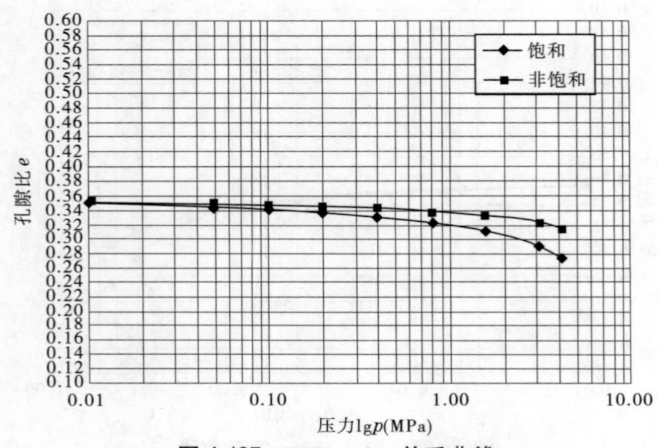

图 4-137　BK7 $e \sim \lg p$ 关系曲线

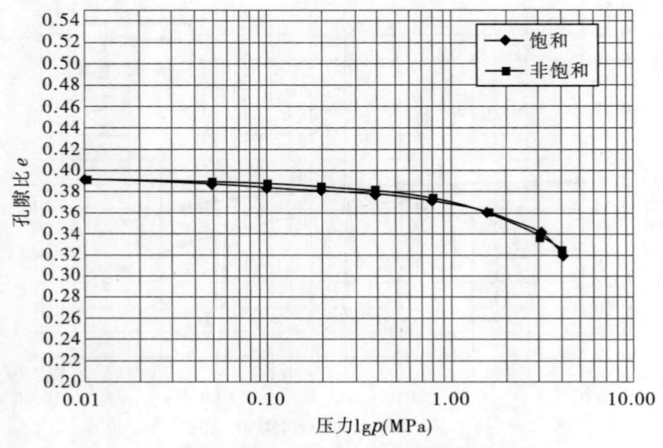

图 4-138　BK8 $e \sim \lg p$ 关系曲线

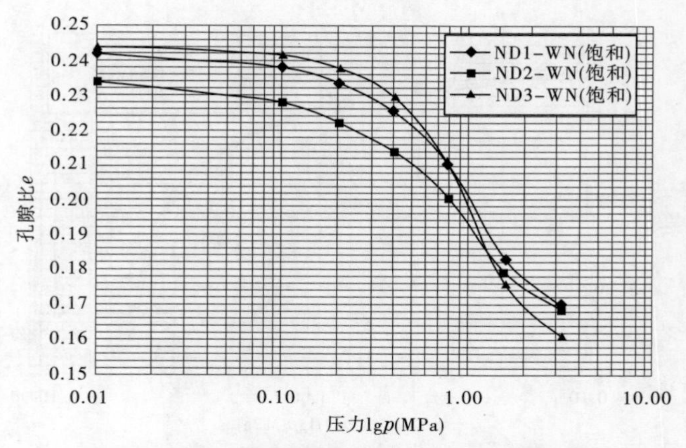

图 4-139　ND-WN(微新泥岩) $e \sim \lg p$ 关系曲线

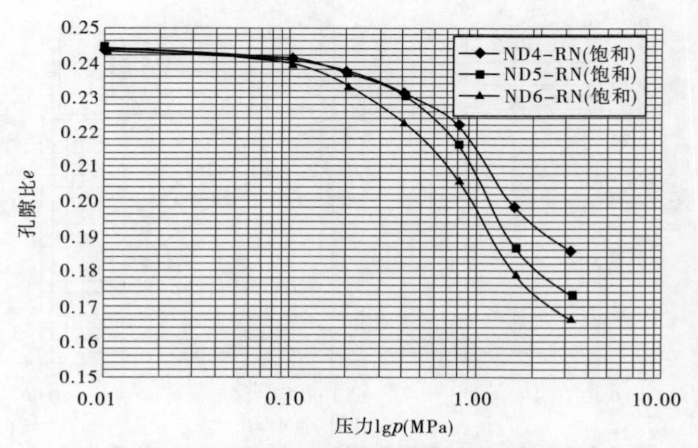

图 4-140　ND-RN(弱风化泥岩) $e \sim \lg p$ 关系曲线

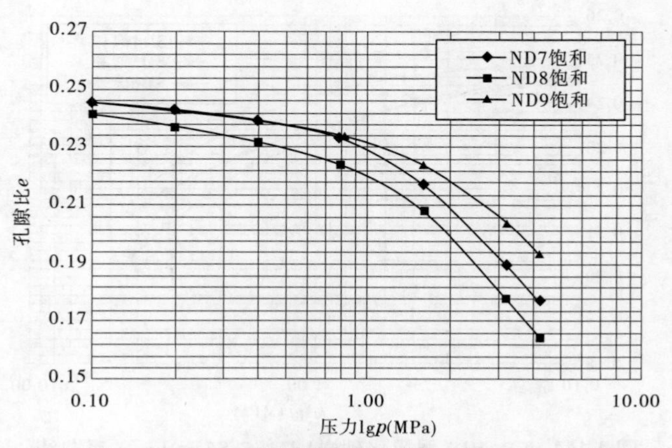

图 4-141　ND-RQN(弱强风化泥岩混合料) $e \sim \lg p$ 关系曲线

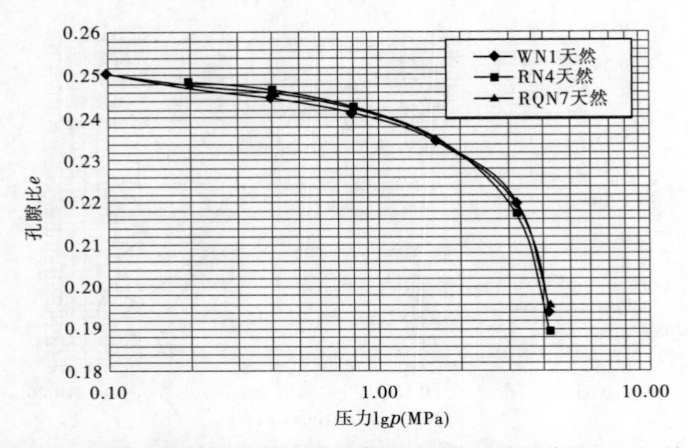

图 4-142　ND(微新、弱风化、弱强风化泥岩混合料)天然状态下 $e \sim \lg p$ 关系曲线

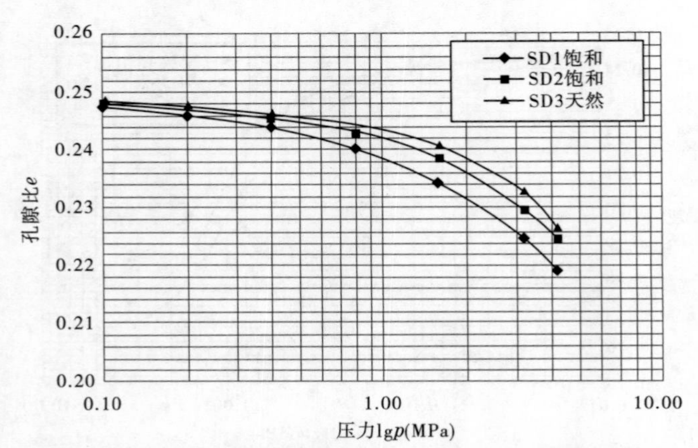

图 4-143　SD-WD(微新砂岩)S1、S2、S3 $e \sim \lg p$ 关系曲线

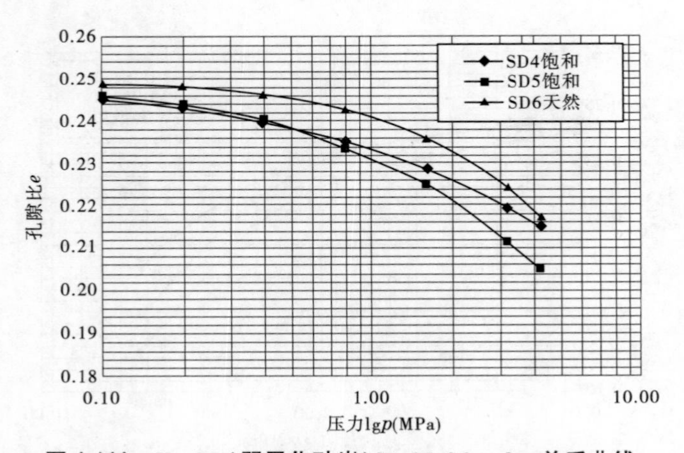

图 4-144　SD-RD(弱风化砂岩)S4、S5、S6 $e \sim \lg p$ 关系曲线

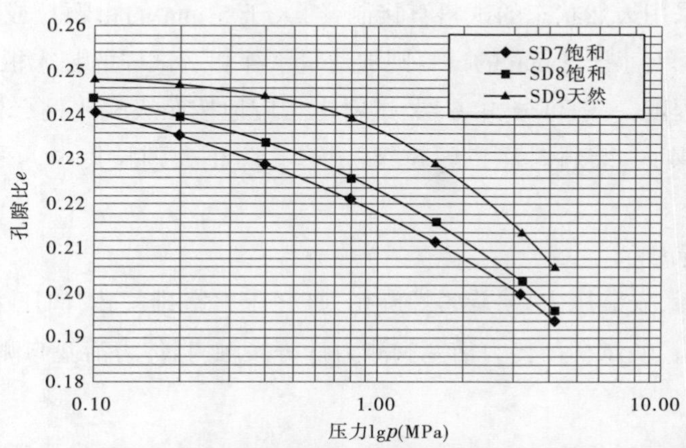

图 4-145　SD-RQD(弱、强风化砂岩 2∶1混合料)S7、S8、S9 e~lg$p$ 关系曲线

4.2.3.7　三轴压缩试验

1. 试样制备

粗粒土三轴压缩试验采用大型三轴仪(见图 4-146),三轴仪圆柱体试样尺寸为ϕ 300 mm,高 600 mm,允许最大粒径 60 mm,故在配制三轴压缩试样前,首先采用等重量代替法将天然级配缩径至粒径 60 mm 以下的试验级配。试验最大围压为 3.0 MPa,同组各试样的围压等级设定为 750 kPa、1 500 kPa、2 250 kPa 和 3 000 kPa。

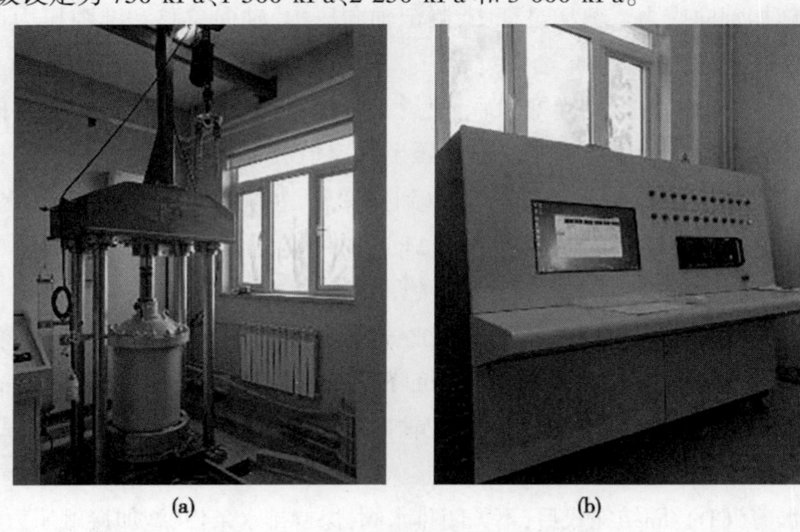

(a)　　(b)

图 4-146　SZ30-4DA 型粗粒土三轴剪切试验机(应力路径控制式)

土料 CD、CU 和 UU 试验的试料,均采用击实试验测得的最优含水率和最大干密度制样。试样制备一般分 3 层,各层试样严格按照级配比例进行称量、加水、拌匀(对于 5 mm 以下的土颗粒,加水拌匀后密封静置 12 h 以上,以保证水分充分吸收),然后装入试样筒内,分层压实;装料时应搅拌均匀,防止粗细颗粒分离,保证试样的均匀性;每层试料装完后,将表面刨毛,再装下一层,以防止形成明显的层间界面,破坏整个试样的完整性。

堆石料一般采用天然状态的试料直接制样，大于 5 mm 的粗颗粒或在试料表面略洒些水，保持试料湿润；小于 5 mm 的试料则加适量水拌和。试样的装入根据控制密度的大小或装入的难易程度，一般可分 4～6 层，试料也相应地按照级配比例严格均分为 4～6 份称量、拌匀，均匀装入，装料时注意颗粒级配均匀，防止大颗粒集中。采用振动法振实、压密。

2. 三轴压缩试验

待安装完毕后，安装压力室，旋紧螺旋扣，打开压力室排气孔，向压力室注满水后，关排气孔。开压力机，使试样与传力活塞和测力计等接触，当传力活塞与测力计间隙<2 mm 时，关闭供油阀。

1）土料

对于饱和状态的试验，采用抽气饱和与反压饱和相结合的方法进行试样饱和，一般根据试样饱和的难易程度（通常参考黏粒含量或最优含水率）调整饱和方式及抽气饱和与反压饱和的时长：抽气饱和时间一般保持 3～6 h，反压饱和时间一般保持 10～20 h。本次试验反压饱和时，反压一般采用 620～640 kPa，同时围压保持 700～720 kPa。

不固结不排水剪（UU）：待试样饱和后，关闭进水阀、排水阀，开周围压力阀施加围压至预定值（750 kPa），并保持恒定，测记孔隙压力稳定后的读数。以轴向变形 0.6 mm/min 的剪切速率施加轴向应力。剪切过程中，测记轴向压力、轴向位移和孔隙压力读数，试验进行至轴向应变达到 20%时止。

固结不排水剪（CU）：待试样饱和后，使量水管水面位于试样中部，关排水阀，测记孔隙压力的起始读数。开周围压力阀施加围压至预定值（750 kPa），并保持恒定，测记孔隙压力稳定后的读数。开排水阀，让试样排水到体变管，每隔 20 s 测记固结排水量和孔隙压力 1 次，在固结过程中，随时绘制排水量 ΔV 与时间 t 或孔隙压力 u 与时间 t 关系曲线。固结完成后，测记固结排水量、孔隙压力。关闭排水阀，测记孔隙水压力读数。开动压力机，当轴向测力计读数微动时，表示活塞与试样接触，施加 2 kN 的接触压力，将测力计读数清零，再次测记轴向位移读数，计算固结沉降量 Δh 。以轴向变形 0.3～0.6 mm/min 的剪切速率施加轴向应力。剪切过程中，测记轴向压力、轴向位移和排水体积，试验进行至轴向应变达到 20%时止。

固结排水剪（CD）：固结完成后，不关闭排水阀，保持排水条件，施加接触压力，测记轴向位移读数，计算固结沉降量 Δh 。以轴向变形 0.15～0.3 mm/min 的剪切速率施加轴向压力，剪切过程中，测记轴向压力、轴向位移和排水体积，试验进行至轴向应变达到 20%时止。

试验结束后，卸去轴向压力，再卸去周围压力，开压力室排气孔和排水阀，排去压力室内的水，卸除压力室罩，擦干试样周围余水，去掉橡皮膜，拆除试样，对剪后试样进行描述和拍照，测定剪后试样含水率；风干试样，测定剪后试样颗粒级配。其余试样，按照上述步骤分别在不同周围压力下进行试验。

2)堆石料

对于饱和状态的试验,采用水头饱和与抽气饱和相结合的方法进行试样饱和。

水头饱和:安装压力室后,徐徐打开周围压力阀施加周围压力 σ_3(≤30 kPa)和开试样上部排气阀,释放负压。开进水阀,并逐渐提高进水管水头,水由下而上逐渐饱和试样,上部出水后,保持进水管水头 2~4 h,使试样充分饱和。

抽气饱和:由试样顶部抽气,试样内形成负压。徐徐开进水阀,试样在负压作用下,水由下而上逐渐饱和试样,待试样上部出水后,持续 20 min 左右,停止抽气。徐徐打开周围压力阀施加周围压力 σ_3(≤30 kPa),并打开试样上部排气阀,释放负压。提高进水管水头,保持进水管水头,用水头饱和法进行饱和。饱和时间一般保持 2~3 h。

不固结不排水剪(UU):待试样饱和后,关闭进水阀、排水阀,开周围压力阀施加围压至预定值(750 kPa),并保持恒定,测记孔隙压力稳定后的读数。以轴向变形 1.0 mm/min 的剪切速率施加轴向应力。剪切过程中,测记轴向压力、轴向位移和孔隙压力读数,试验进行至轴向应变达到 20%时止。

固结不排水剪(CU):待试样饱和后,使量水管水面位于试样中部,关排水阀测记孔隙压力的起始读数。开周围压力阀施加围压至预定值(750 kPa),并保持恒定,测记孔隙压力稳定后的读数。开排水阀,让试样排水到体变管,每隔 20 s 测记固结排水量和孔隙压力 1 次,在固结过程中,随时绘制排水量 ΔV 与时间 t 或孔隙压力 u 与时间 t 关系曲线。固结完成后,测记固结排水量、孔隙压力。关闭排水阀,测记孔隙水压力读数。开动压力机,当轴向测力计读数微动时,表示活塞与试样接触,施加 2 kN 的接触压力,将测力计读数清零,再次测记轴向位移读数,计算固结沉降量 Δh 。以轴向变形 0.6~1.0 mm/min 的剪切速率施加轴向应力。剪切过程中,测记轴向压力、轴向位移和排水体积,试验进行至轴向应变达到 20%时止。

固结排水剪(CD):固结完成后,不关闭排水阀,保持排水条件,施加接触压力,测记轴向位移读数,计算固结沉降量 Δh 。以轴向变形 0.6 mm/min 的剪切速率施加轴向压力,剪切过程中,测记轴向压力、轴向位移和排水体积,试验进行至轴向应变达到 20%时止。

试验结束后,卸去轴向压力,再卸去周围压力,开压力室排气孔和排水阀,排去压力室内的水,卸除压力室罩,擦干试样周围余水,去掉橡皮膜,拆除试样,对剪后试样进行描述和拍照,测定剪后试样含水率;风干试样,测定剪后试样颗粒级配。其余试样,按照上述步骤分别在不同周围压力下进行试验。

3. 资料整理

1) 不固结不排水剪(UU)

以法向应力为横坐标、剪应力为纵坐标,建立直角坐标系。在横坐标上以 $\frac{\sigma_{1f}+\sigma_{3f}}{2}$ 为圆心、$\frac{\sigma_{1f}-\sigma_{3f}}{2}$ 为半径(f 注脚表示破坏时的值)绘制破坏总应力莫尔圆。作诸圆包线。

该包线的倾角为内摩擦角 φ_u，包线在纵轴上的截距为黏聚力 c_u。绘制偏应力($\sigma_1-\sigma_3$)与孔隙压力 u 关系曲线。

2)固结不排水剪(CU)

以法向应力为横坐标、剪应力为纵坐标，建立直角坐标系。在横坐标上以 $\frac{\sigma_{1f}+\sigma_{3f}}{2}$ 为圆心、$\frac{\sigma_{1f}-\sigma_{3f}}{2}$ 为半径(f注脚表示破坏时的值)绘制破坏总应力莫尔圆。在横坐标上以 $\frac{\sigma'_{1f}+\sigma'_{3f}}{2}$ 为圆心、$\frac{\sigma'_{1f}-\sigma'_{3f}}{2}$ 为半径(f注脚表示破坏时的值)绘制破坏有效应力莫尔圆。作各总应力莫尔圆包线。该包线的倾角为内摩擦角 φ_{cu}，包线在纵轴上的截距为黏聚力 c_{cu}。作各有效应力莫尔圆包线。该包线的倾角为有效内摩擦角 φ'_{cu}，包线在纵轴上的截距为有效黏聚力 c'_{cu}。绘制偏应力($\sigma_1-\sigma_3$)与孔隙压力 u 关系曲线。

3)固结排水剪(CD)

抗剪强度指标 c、φ 值：采用摩尔—库仑强度准则，先作出不同围压 σ_3 下($\sigma_1-\sigma_3$) ~ ε_1 的关系曲线，得到不同围压下的峰值强度(σ_{1fi})($i=1,2,3,4$)，进而得到不同大小的极限主应力组合(σ_{1fi}、σ_{3fi})($i=1,2,3,4$)。以法向应力为横坐标、剪应力为纵坐标，建立 $\tau_f-\sigma$ 直角坐标系。在横坐标上以 $\frac{\sigma_{1f}+\sigma_{3f}}{2}$ 为圆心、$\frac{\sigma_{1f}-\sigma_{3f}}{2}$ 为半径(f注脚表示破坏时的值)绘制破坏应力莫尔圆。作诸圆包线。该包线的倾角为内摩擦角 φ_d，包线在纵轴上的截距为黏聚力 c_d。如各应力圆无规律，难以绘制各圆的强度包线，可按应力路径取值，即以 $\frac{\sigma_1+\sigma_3}{2}$ 为纵坐标、$\frac{\sigma_1-\sigma_3}{2}$ 为横坐标，绘制应力圆；作通过各圆之圆顶点的平均值线，或拟合各圆之圆顶点为一直线，根据直线的倾角及在纵坐标上的截距，按照下列公式计算 φ' 和 c'：

$$\varphi'=\sin^{-1}\tan\alpha \tag{4-10}$$

$$c'=\frac{d}{\cos\varphi'} \tag{4-11}$$

4)邓肯参数计算

(1)E、μ 模型参数。

粗粒土的初始切线模量 E_i 和破坏比 R_f：邓肯-张模型假定剪切过程中轴向偏应力 $q=(\sigma_1-\sigma_3)$ 与轴向应变 ε_1 间为双曲线关系，以 $\frac{\varepsilon_1}{\sigma_1-\sigma_3}$ 为纵坐标，以 ε_1 为横坐标作图，对试验点用直线进行拟合，该直线的斜率 b 的倒数 q_{ult}，截距 a 的倒数为初始切线模量 E_i。定义 $R_f=\frac{q_f}{q_{ult}}$ 为破坏比，对不同围压下的 R_f 取平均值，得到平均的破坏比 R_f。

粗粒土的 K 和 n 参数：邓肯-张模型假定粗粒土的初始切线模量 E_i 和围压 σ_3 呈指数关系 $E_i = K \times p_a\left(\frac{\sigma_3}{p_a}\right)^n$，即 $\lg\left(\frac{E_i}{p_a}\right)$ 与 $\lg\left(\frac{\sigma_3}{p_a}\right)$ 为线性关系，在双对数坐标上对计算点采用直线拟合，直线上 $\sigma_3 = 100$ kPa 时的 $\frac{E_i}{p_a}$ 为 K，直线的斜率为 n。各式中，$p_a = 100$ kPa，为标准大气压。

粗粒土的 D、G 和 F 参数：邓肯-张模型认为三轴剪切排水过程中，试样的轴向应变 ε_1 与侧向应变 $\varepsilon_3\left(\varepsilon_3 = \frac{\varepsilon_v - \varepsilon_1}{2}\right)$ 呈双曲线关系。若采用 $\frac{\varepsilon_r}{\varepsilon_1}$ 为纵坐标，ε_r 为横坐标，得到一条直线，该不同围压下直线斜率的平均值记作 D，该直线在纵坐标上的截距记作 f。参数 f 即为试样的初始泊松比 μ_i，粗粒土的初始泊松比 μ_i 与围压的大小有关，邓肯-张模型认为 μ_i 与 $\lg\left(\frac{\sigma_3}{p_a}\right)$ 呈线性关系，以 μ_i 为纵坐标、$\lg\left(\frac{\sigma_3}{p_a}\right)$ 为横坐标作图并采用线性拟合，直线的截距为 G，直线的斜率为 $-F$。

粗粒土的非线性指标参数 φ_0、$\Delta\varphi$：在高围压下粗粒土的莫尔圆强度包线呈非线性性质，将每一围压下的剪切角 φ 值求出，绘制 $\varphi \sim \lg\sigma_3$ 关系曲线，可按下式计算不同围压下的 φ。

$$\varphi = \varphi_0 - \Delta\varphi \lg\left(\frac{\sigma_3}{p_a}\right) \tag{4-12}$$

式中：φ_0 为当 $\frac{\sigma_3}{p_a} = 1$ 时的剪切角 φ 值，(°)；$\Delta\varphi$ 为当 σ_3 增加 10 倍时的剪切角的减小量，(°)。

(2) E、B 模型参数。

粗粒土的 K_b 和 m 参数：粗粒土的初始切线体积模量按下式计算：

$$B_i = \frac{\sigma_1 - \sigma_3}{3\varepsilon_v} \tag{4-13}$$

式中：B_i 为初始切线体积模量，kPa；ε_v 为与应力水平对应的体积应变。

其取值原则：若试样的体积应变曲线在强度值的 70% 以前未出现峰值，则取 0.7 $(\sigma_1 - \sigma_3)_f$ 应力水平及相应的体积应变 ε_v；对于体积应变曲线在强度值的 70% 以前出现峰值，则应取体积应变峰值及相应的应力水平。在双对数坐标系中绘制 $\left(\frac{B_i}{p_a}\right) \sim \left(\frac{\sigma_3}{p_a}\right)$ 关系曲线并采用线性拟合，得到如下关系式：

$$\lg\left(\frac{B_i}{p_a}\right) = \lg K_b + m \lg\left(\frac{\sigma_3}{p_a}\right) \tag{4-14}$$

或

$$B_i = K_b p_a \left(\frac{\sigma_3}{p_a}\right)^m \tag{4-15}$$

式中：K_b 为当 $\frac{\sigma_3}{p_a}$ 为1时纵坐标上的截距；m 为 $\lg\left(\frac{B_i}{p_a}\right)-\lg\left(\frac{\sigma_3}{p_a}\right)$ 关系曲线的斜率。

完成土料的三轴压缩试验CD、CU和UU各7组。试验结果见表4-39～表4-44，三轴压缩试验曲线见图4-147～图4-239。CD和CU试验过程中，采用了水头饱和、抽气负压饱和与反压饱和相结合的方法，一般控制反压饱和时间在14～18 h，从试后含水率的测定结果来看，应没有达到理想的饱和状态，主要是由于黏性土很难透水造成的。由于试样饱和效果不理想，且各试样的饱和程度和透水范围各不相同，导致试样的固结排水规律性较差，其排水量并不随围压的提高而规律性地增大，可能造成试样的三轴压缩强度参数和邓肯参数在某种程度上的失真。

左岸下游土料场的4种土料（T1/T3/T5/T6）和坝基与溢洪道覆盖层开挖料的3种土料（B1/B3/B5），其颗粒级配含量差异性较大，尤其是粉黏粒含量差别较大，导致其强度参数差别较大。UU试验是在天然状态（最优含水率）下直接进行三轴剪切的，加之土料的透水性差，尽管试验过程中测得了试样的孔隙水压力，但此孔隙水压力并不能代表整个土样内的流通性的水的压力，而只代表测压管内及其连接的土样附近的孔隙水的压力。对于CU试验来说，上述情况同样存在。试样在固结排水阶段将其内部部分水分排出后，关闭上、下排水管，在接下来的剪切过程中与上述UU的情况完全一样。这样再利用测得的孔隙水压力计算有效强度值就会有所偏差。

堆石料（泥质粉砂岩和砂岩）试验完成CD12组、CU4组和UU4组。试验成果见表4-45～表4-48，三轴压缩试验曲线见图4-240～图4-307。堆石料多是较为坚硬的碎石，对于需要饱和的CD和CU试验，预先把大于5 mm的粗颗粒进行浸水饱和（一般在12 h以上），以减少装样后的饱和时间（因为岩石自身达到浸水饱和需要较长时间）。堆石料的饱和一般采用水头饱和与抽气饱和相结合的方法，对于部分细颗粒较多的泥质粉砂岩试样，由于透水性较差，采用了反压饱和的方法。堆石料的UU试验采用天然风干状态制样，未进行饱和，测得孔隙水压力值应为虚值。

从泥质粉砂岩试验结果来看，微新、弱风化和混合料三者的三轴压缩强度（CD）指标基本相近，没有明显大的差异；但从所做的混合料CD、CU和UU试验结果对比来看，CU的有效强度指标似乎比CD略高些（高1°～2°），但该结果是否具有普遍规律，需要进一步试验验证。UU由于是风干料，相较于浸水饱和后的试料，本身就不易压缩，试料的密实程度会小些；但作为泥质粉砂岩，软化性较强些，所以两种因素的综合结果致使UU和CD强度值基本接近。从砂岩试验结果来看，微新、弱风化和混合料三者的三轴压缩强度（CD）指标有一定差异，微新砂岩强度指标较后两者略高些，而弱风化砂岩与混合料基本没有差别；混合料的CD和CU结果基本一致；UU强度值比CD、CU稍低一些，可能与前者试样压缩程度低、密度略小有一定关系。

表4-39　土料三轴试验(CD)强度指标及邓肯模型参数

试验对象	试验编号	制样干密度(g/cm^3)	施加围压(MPa)	峰值偏应力(MPa)	线性强度		非线性指标				E-μ、E-B模型参数							
					c_d(kPa)	φ_d(°)	c(kPa)	φ(°)	φ_0(°)	$\Delta\varphi$(°)	R_f	K	n	D	G	F	K_b	m
土料	T1	1.87	0.75	1.075	97	19.2	0	24.7	32.8	9.6	0.679	192	0.233	0.002 5	0.467	0.043 1	128	0.381
			1.50	1.630			0	20.6										
			2.25	2.539			0	21.1										
			3.00	2.719			0	18.2										
	T3	1.74	0.75	0.802	261	7.8	0	20.4	33.1	14.7	0.789	199	0.182	0.002 1	0.467	0.027 4	239	0.141
			1.50	1.115			0	15.7										
			2.25	1.310			0	13.0										
			3.00	1.521			0	11.7										
	T5	1.64	0.75	0.464	148	5.2	0	13.7	24.6	12.4	0.243	137	0.122	0.001 0	0.466	0.017 0	116	0.194
			1.50	0.645			0	10.2										
			2.25	0.765			0	8.4										
			3.00	0.698			0	6.0										
	T6	1.94	0.75	1.381	66	27.2	0	28.6	30.8	1.9	0.785	178	0.546	0.004 2	0.426	0.028 3	95	0.591
			1.50	2.945			0	27.9										
			2.25	3.921			0	27.7										
			3.00	5.243			0	27.8										

续表 4-39

试验对象	试验编号	制样干密度 (g/cm^3)	施加围压 (MPa)	峰值偏应力 (MPa)	线性强度		非线性指标				E-μ、E-B 模型参数							
					c_d (kPa)	φ_d (°)	c (kPa)	φ (°)	φ_0 (°)	$\Delta\varphi$ (°)	R_f	K	n	D	G	F	K_b	m
土料	B1	1.98	0.75	1.966	11.0	37.9	0	38.5	38.7	0.6	0.796	300	0.617	0.008 1	0.475	0.081 8	208	0.593
			1.50	3.432			0	37.3										
			2.25	5.014			0	38.8										
			3.00	6.464			0	37.7										
	B2	1.90	0.75	1.862	167	28.2	0	33.6	39.2	6.4	0.753	735	0.120	0.005 6	0.460	0.057 70	453	0.201
			1.50	3.258			0	31.4										
			2.25	4.806			0	31.1										
			3.00	5.813			0	29.5										
	B5	1.64	0.75	0.774	157	14.2	0	19.9	26.3	6.6	0.743	183	0.227	0.003 7	0.482	0.082 9	102	0.247
			1.50	1.528			0	19.7										
			2.25	1.958			0	17.7										
			3.00	2.239			0	15.8										

注: 制样干密度对应击实功为 592 kJ/m^3,大型试验。

表 4-40　土料三轴试验(CD)强度指标及邓肯模型参数

试验对象	试验编号	制样干密度(g/cm^3)	施加围压(MPa)	峰值偏应力(MPa)	线性强度		非线性指标				E-μ、E-B 模型参数							
					c_d(kPa)	φ_d(°)	c(kPa)	φ(°)	φ_0(°)	$\Delta\varphi$(°)	R_f	K	n	D	G	F	K_b	m
土料	T1	2.00	0.75	1.836	245	24.5	0	33.4	43.4	11.4	0.752	393	0.292	0.340	0.481	0.045	260	0.154
			1.50	3.111			0	30.6										
			2.25	3.540			0	26.1										
			3.00	5.167			0	27.6										
	T6	2.04	0.75	1.630	109	28.3	0	31.4	34.7	3.6	0.854	236	0.654	0.588	0.479	0.071	165	0.626
			1.50	3.085			0	30.5										
			2.25	4.649			0	30.5										
			3.00	5.585			0	28.8										
	B2	1.96	0.75	2.198	212	29.2	0	36.5	43.5	8.6	0.810	455	0.487	0.615	0.490	0.078	304	0.430
			1.50	3.368			0	31.9										
			2.25	5.357			0	32.9										
			3.00	6.249			0	30.7										

注:制样干密度对应击实功为 2 688 kJ/m^3,大型试验。

表 4-41　土料三轴试验(CU)强度指标

试验对象	试验编号	试样编号	制样干密度(g/cm³)	施加围压(MPa)	峰值偏应力(MPa)	孔隙水压力(kPa)	总应力指标		有效应力指标	
							c(kPa)	φ(°)	c′(kPa)	φ′(°)
土料	T1	LXSJ3、LXSJ5、LXSJ10、LXSJ23	1.86	0.75	1.069	0.401	376	8.8	88	31.9
				1.50	1.570	0.981				
				2.25	1.620	1.657				
				3.00	1.937	2.266				
	T3	LXSJ4、LXSJ14	1.76	0.75	0.572	0.505	100	9.5	146	17.6
				1.50	0.821	1.138				
				2.25	1.028	1.227				
				3.00	1.486	1.951				
	T5	LXSJ7	1.64	0.75	0.634	0.517	170	7.0	128	23.1
				1.50	0.794	1.249				
				2.25	0.921	1.809				
				3.00	1.283	2.308				
	T6	LXSJ15	1.94	0.75	0.904	0.196	36	20.2	171	31.4
				1.50	1.565	1.067				
				2.25	2.705	1.251				
				3.00	3.131	1.862				
	B1	BSJ2	1.98	0.75	2.376	0.120	110	31.6	100	36.1
				1.50	3.671	0.324				
				2.25	4.676	0.683				
				3.00	7.404	0.601				
	B2	BSJ4	1.91	0.75	1.455	0.229	289	21.5	77	32.5
				1.50	2.988	0.347				
				2.25	3.597	0.853				
				3.00	4.062	1.332				
	B5	BSJ11	1.63	0.75	0.389	0.467	28	9.5	87	17.5
				1.50	0.653	1.185				
				2.25	0.933	1.315				
				3.00	1.298	1.838				

注：制样干密度对应击实功为 592 kJ/m³，大型试验。

表 4-42　土料三轴试验(CU)强度指标

试验对象	试验编号	制样干密度 (g/cm^3)	施加围压 (MPa)	峰值偏应力 (MPa)	孔隙水压力 (kPa)	总应力指标		有效应力指标	
						c(kPa)	φ(°)	c'(kPa)	φ'(°)
土料	BK1	2.02	100	868.6	9	155.0	35.6	158.0	39.6
			300	1 414.1	75				
			500	2 016.5	144				
			800	2 673.4	288				
			1 200	3 964.0	361				
	BK2	2.01	100	812.7	5	139.0	35.4	165.0	38.8
			300	1 367.0	75				
			500	1 982.3	147				
			800	2 631.4	231				
			1 200	3 884.2	358				
	BK3	1.85	100	498.1	10	60.0	35.0	65.0	39.0
			300	1 010.2	71				
			500	1 550.8	141				
			800	2 229.2	239				
			1 200	3 444.4	361				
	BK4	1.96	100	773.7	11	135.0	35.6	160.0	38.6
			300	1 325.6	80				
			500	1 894.8	135				
			800	2 609.5	238				
			1 200	3 870.1	357				
	BK5	1.96	100	653.0	11	110.0	35.2	135.0	38.5
			300	1 207.0	77				
			500	1 768.3	132				
			800	2 498.3	236				
			1 200	3 688.3	351				
	BK6	2.11	100	911.0	5	175.0	35.6	190.0	39.2
			300	1 469.2	75				
			500	2 100.3	150				
			800	2 753.6	233				
			1 200	3 988.2	361				
	BK7	1.96	100	586.9	12	94.0	35.6	110.0	39.1
			300	1 160.2	86				
			500	1 706.7	132				
			800	2 426.2	236				
			1 200	3 647.6	357				
	BK8	1.96	100	716.2	9	125.0	35.3	142.0	38.9
			300	1 265.8	71				
			500	1 846.4	137				
			800	2 536.7	229				
			1 200	3 780.1	357				

注:制样干密度对应击实功为 2 690 kJ/m^3,中型试验,围压 1.2 MPa。

表 4-43 土料三轴试验(UU)强度指标

试验对象	试验编号	试样编号	制样干密度(g/cm^3)	施加围压(MPa)	峰值偏应力(MPa)	孔隙水压力(kPa)	总应力指标		有效应力指标	
							c(kPa)	φ(°)	c'(kPa)	φ'(°)
土料	T1	LXSJ3、LXSJ5、LXSJ10、LXSJ23	1.87	0.75	0.908	0.510	235	11.3	—	—
				1.50	1.348	1.008				
				2.25	1.681	1.627				
				3.00	2.017	2.151				
	T3	LXSJ4、LXSJ14	1.74	0.75	1.235	0.040	423	7.3	—	—
				1.50	1.409	0.781				
				2.25	1.465	1.565				
				3.00	1.935	1.982				
	T5	LXSJ7	1.64	0.75	0.118	0.544	23	2.5	—	—
				1.50	0.197	1.349				
				2.25	0.236	2.127				
				3.00	0.335	2.933				
	T6	LXSJ15	1.94	0.75	1.664	0.206	406	15.3	—	—
				1.50	2.018	0.780				
				2.25	2.726	1.054				
				3.00	2.392	2.222				
	B1	BSJ2	1.98	0.75	2.226	0.126	323	27.1	—	—
				1.50	3.847	0.336				
				2.25	4.543	0.672				
				3.00	6.126	0.753				
	B3	BSJ4	1.91	0.75	1.588	0.110	211	24.4	—	—
				1.50	3.073	0.321				
				2.25	3.648	1.316				
				3.00	3.215	1.854				
	B5	BSJ11	1.63	0.75	0.492	0.624	67	9.3	—	—
				1.50	0.726	1.342				
				2.25	0.939	1.962				
				3.00	1.384	2.523				

注:制样干密度对应击实功为 592 kJ/m^3,大型试验。

表 4-44　土料三轴试验(UU)强度指标

试验对象	试验编号	制样干密度(g/cm³)	施加围压(MPa)	峰值偏应力(MPa)	孔隙水压力(kPa)	总应力指标		有效应力指标	
						c(kPa)	φ(°)	c'(kPa)	φ'(°)
土料	BK1	2.02	100	893.8	—	155.0	35.6	—	—
			300	1 429.7	—				
			500	2 021.7	—				
			800	2 610.9	—				
			1 200	3 714.0	—				
	BK2	2.01	100	852.1	—	139.0	35.4	—	—
			300	1 376.0	—				
			500	1 941.4	—				
			800	2 550.1	—				
			1 200	3 692.0	—				
	BK3	1.85	100	556.2	—	60.0	35.0	—	—
			300	1 084.7	—				
			500	1 616.8	—				
			800	2 267.5	—				
			1 200	3 385.6	—				
	BK4	1.96	100	797.3	—	135.0	35.6	—	—
			300	1 330.1	—				
			500	1 908.4	—				
			800	2 497.0	—				
			1 200	3 616.8	—				
	BK5	1.96	100	702.5	—	110.0	35.2	—	—
			300	1 231.8	—				
			500	1 778.8	—				
			800	2 449.1	—				
			1 200	3 518.3	—				
	BK6	2.11	100	1 021.3	—	175.0	35.6	—	—
			300	1 554.7	—				
			500	2 082.8	—				
			800	2 718.2	—				
			1 200	3 811.2	—				
	BK7	1.96	100	640.7	—	94.0	35.6	—	—
			300	1 174.3	—				
			500	1 704.3	—				
			800	2 373.1	—				
			1 200	3 436.3	—				
	BK8	1.96	100	758.9	—	125.0	35.3	—	—
			300	1 289.6	—				
			500	1 825.5	—				
			800	2 479.1	—				
			1 200	3 604.0	—				

注:制样干密度对应击实功为 2 690 kJ/m³,中型试验,围压 1.2 MPa。

表 4-45　堆石料(泥质粉砂岩)CD 强度指标及邓肯模型参数

试验对象	试验编号	制样干密度 (g/cm^3)	施加围压 (MPa)	峰值偏应力 (MPa)	线性强度		非线性指标				E-μ、E-B 模型参数							
					c_d (kPa)	φ_d (°)	c (kPa)	φ (°)	φ_0 (°)	$\Delta\varphi$ (°)	R_f	K	n	D	G	F	K_b	m
堆石料	WN1	2.224	0.75	2.887	322	32.2	0	41.2	50.1	10.5	0.772	574	0.392	0.027 1	0.327	0.029 3	264	0.205
			1.50	4.674			0	37.5										
			2.25	6.397			0	35.9										
			3.00	8.014			0	34.9										
	WN2	2.224	0.75	2.887	296	32.6	0	41.2	49.8	10.2	0.852	630	0.445	0.032 0	0.345	0.111 0	154	0.441
			1.50	4.674			0	37.5										
			2.25	6.298			0	35.7										
			3.00	8.182			0	35.2										
	RN4	2.224	0.75	2.746	266	32.8	0	40.3	48.1	9.0	0.831	627	0.369	0.019 9	0.439	0.406 9	318	0.122
			1.50	4.704			0	37.6										
			2.25	6.245			0	35.5										
			3.00	8.144			0	35.1										
	RN5	2.224	0.75	2.746	250	33.2	0	40.3	47.5	8.4	0.798	540	0.383	0.024 9	0.469	0.248 3	281	0.174
			1.50	4.574			0	37.2										
			2.25	6.522			0	36.3										
			3.00	8.125			0	35.1										
	RQN7	2.224	0.75	2.709	270	32.7	0	40.1	47.6	8.8	0.855	586	0.444	0.020 6	0.340	0.059 1	275	0.276
			1.50	4.503			0	36.9										
			2.25	6.268			0	35.6										
			3.00	7.986			0	34.8										
	RQN8	2.224	0.75	2.725	273	32.6	0	40.2	48.1	9.0	0.829	601	0.393	0.027 5	0.383	0.122 1	326	0.171
			1.50	3.682			0	37.6										
			2.25	6.216			0	35.5										
			3.00	8.043			0	34.9										

表 4-46　堆石料(砂岩)CD 强度指标及邓肯模型参数

试验对象	试验编号	制样干密度 (g/cm^3)	施加围压 (MPa)	峰值偏应力 (MPa)	线性强度		非线性指标				E-μ、E-B 模型参数							
					c_d (kPa)	φ_d (°)	c (kPa)	φ (°)	φ_0 (°)	$\Delta\varphi$ (°)	R_f	K	n	D	G	F	K_b	m
砂岩堆石料	SD1	2. 144	0. 75	3. 370	220	38. 4	0	43. 8	49. 2	6. 4	0. 858	1 135	0. 382	0. 031 1	0. 402	0. 127 8	594	0. 268
			1. 50	5. 722			0	41. 0										
			2. 25	8. 481			0	40. 8										
			3. 00	10. 629			0	39. 7										
	SD2	2. 144	0. 75	3. 314	210	38. 7	0	43. 5	48. 5	5. 7	0. 896	1 084	0. 513	0. 030 7	0. 405	0. 110 7	518	0. 281
			1. 50	5. 937			0	41. 6										
			2. 25	8. 495			0	40. 8										
			3. 00	10. 809			0	40. 0										
	SD4	2. 123	0. 75	3. 531	308	37. 0	0	44. 6	52. 1	8. 9	0. 803	975	0. 344	0. 034 0	0. 444	0. 173 7	421	0. 138
			1. 50	5. 704			0	40. 9										
			2. 25	8. 127			0	40. 1										
			3. 00	10. 292			0	39. 2										
	SD5	2. 123	0. 75	3. 340	303	36. 1	0	43. 6	51. 2	8. 9	0. 893	982	0. 636	0. 036 0	0. 421	0. 151 6	428	0. 188
			1. 50	5. 429			0	40. 1										
			2. 25	7. 766			0	39. 3										
			3. 00	9. 717			0	38. 2										
	SD7	2. 125	0. 75	3. 578	271	36. 8	0	44. 8	52. 5	9. 5	0. 908	863	0. 572	0. 026 4	0. 396	0. 072 8	570	0. 296
			1. 50	5. 402			0	40. 0										
			2. 25	7. 927			0	39. 6										
			3. 00	10. 207			0	39. 0										
	SD8	2. 125	0. 75	3. 308	243	36. 8	0	43. 5	50. 1	8. 0	0. 862	891	0. 499	0. 034 0	0. 413	0. 151 3	558	0. 176
			1. 50	5. 437			0	40. 1										
			2. 25	7. 824			0	39. 4										
			3. 00	9. 973			0	38. 6										

表 4-47　堆石料(泥质粉砂岩和砂岩)三轴试验(CU)强度指标

试验对象	试验编号	制样干密度(g/cm^3)	施加围压(MPa)	峰值偏应力(MPa)	孔隙水压力(kPa)	总应力指标		有效应力指标	
						c(kPa)	φ(°)	c'(kPa)	φ'(°)
堆石料(泥质粉砂岩)	RN7	2.224	0.75	2.037	0.175	313	20.7	111	35.8
			1.50	2.486	0.767				
			2.25	2.836	1.422				
			3.00	4.518	1.551				
	RN8	2.224	0.75	2.492	0.070	339	23.3	216	33.3
			1.50	3.091	0.572				
			2.25	3.634	1.117				
			3.00	5.462	1.102				
堆石料(砂岩)	SD7	2.125	0.75	2.982	0.004	392	28.5	188	36.9
			1.50	3.716	0.501				
			2.25	5.295	0.762				
			3.00	6.960	0.922				
	SD8	2.125	0.75	2.948	0.008	376	29.9	172	36.5
			1.50	3.873	0.417				
			2.25	6.344	0.323				
			3.00	6.969	0.988				

表 4-48　堆石料(泥岩)三轴试验(UU)强度指标

试验对象	试验编号	制样干密度(g/cm^3)	施加围压(MPa)	峰值偏应力(MPa)	孔隙水压力(kPa)	总应力指标		有效应力指标	
						c(kPa)	φ(°)	c'(kPa)	φ'(°)
堆石料(泥质粉砂岩)	RN7	2.224	0.75	2.873	4.9	245	32.4		
			1.50	4.738	2.3				
			2.25	6.467	14.5				
			3.00	7.183	3.4				
	RN8	2.224	0.75	2.741	56.4	133	32.3		
			1.50	3.553	74.7				
			2.25	5.040	78.1				
			3.00	7.771	18.7				
堆石料(砂岩)	SD7	2.125	0.75	3.179	8.4	381	34.5		
			1.50	5.644	19.1				
			2.25	7.613	18.7				
			3.00	9.018	26.3				
	SD8	2.125	0.75	3.232	4.2	326	33.8		
			1.50	4.544	12.6				
			2.25	7.542	7.2				
			3.00	8.316	12.6				

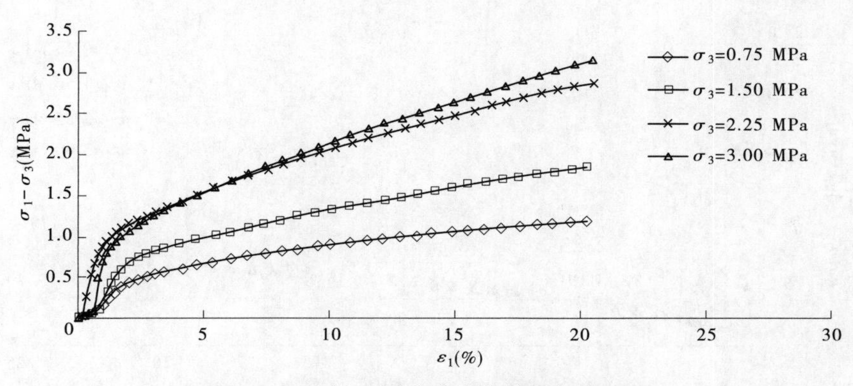

图 4-147　土料(T1)应力应变关系曲线(CD)

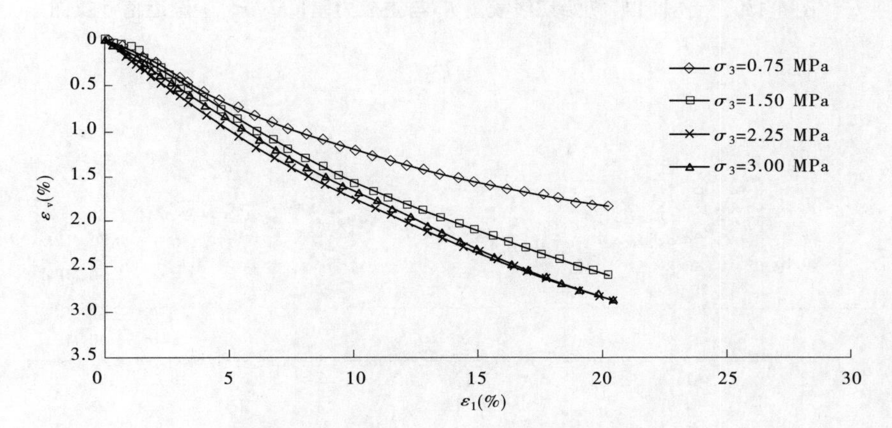

图 4-148　土料(T1)ε_1~ ε_v 关系曲线

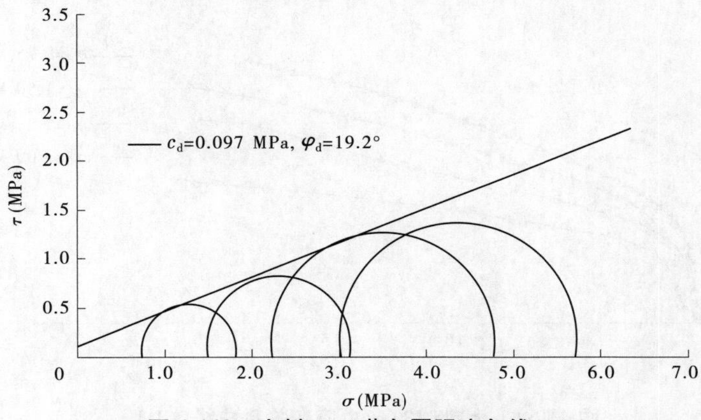

图 4-149　土料(T1)莫尔圆强度包线(CD)

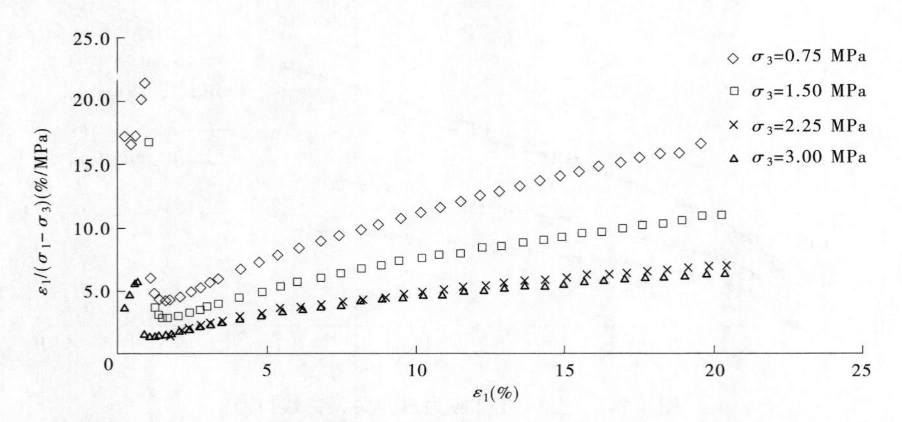

图 4-150　土料(T1)初始切线模量 E_i 与主应力差$(\sigma_1-\sigma_3)_{ult}$渐近值计算图

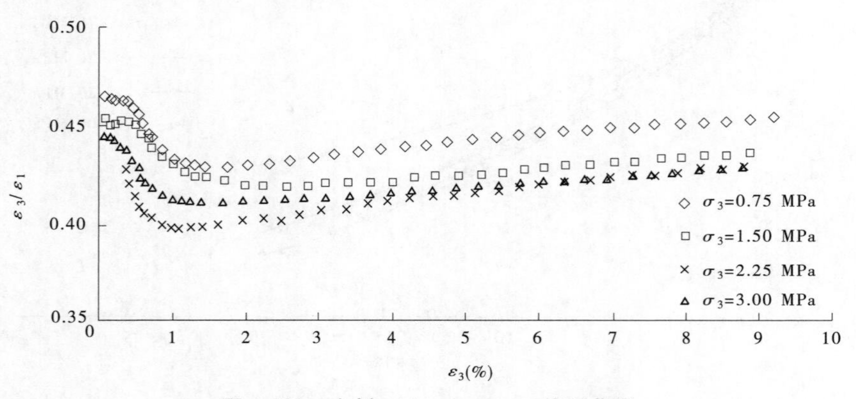

图 4-151　土料 T1$(\varepsilon_3/\varepsilon_1)\sim\varepsilon_3$ 关系曲线

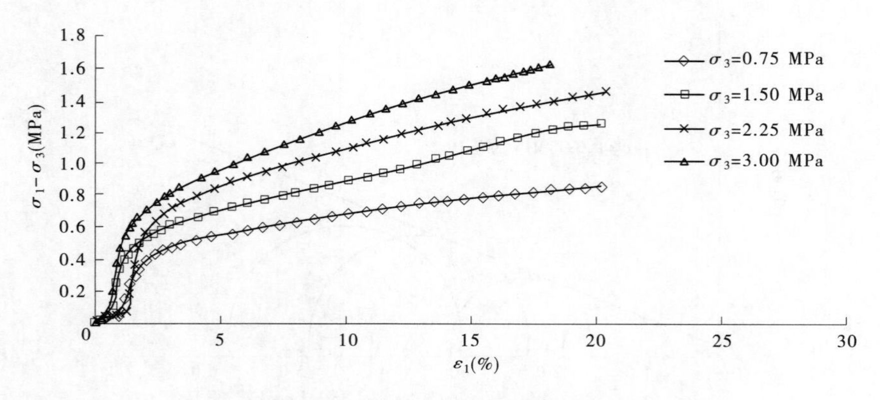

图 4-152　土料(T3)应力应变关系曲线(CD)

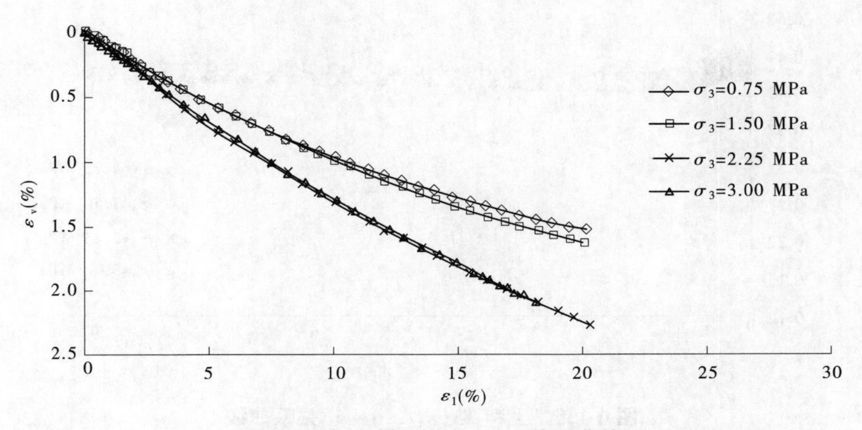

图 4-153　土料(T3)$\varepsilon_1 \sim \varepsilon_v$ 关系曲线

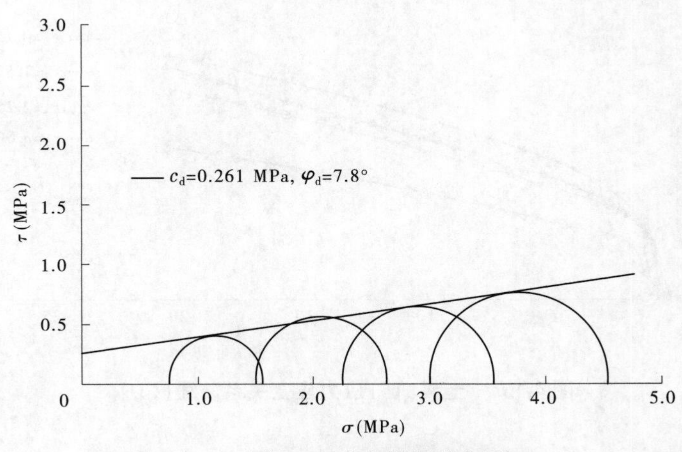

图 4-154　土料(T3)莫尔圆强度包线(CD)

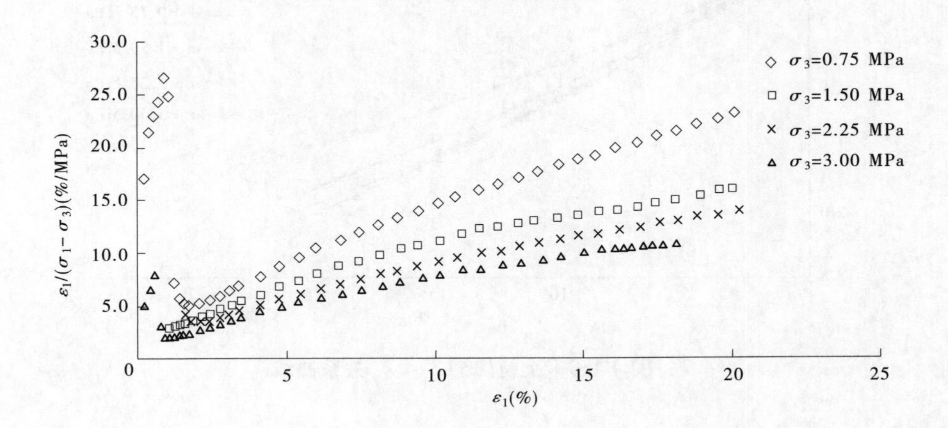

图 4-155　土料(T3)初始切线模量 E_i 与主应力差$(\sigma_1-\sigma_3)_{ult}$ 渐近值计算图

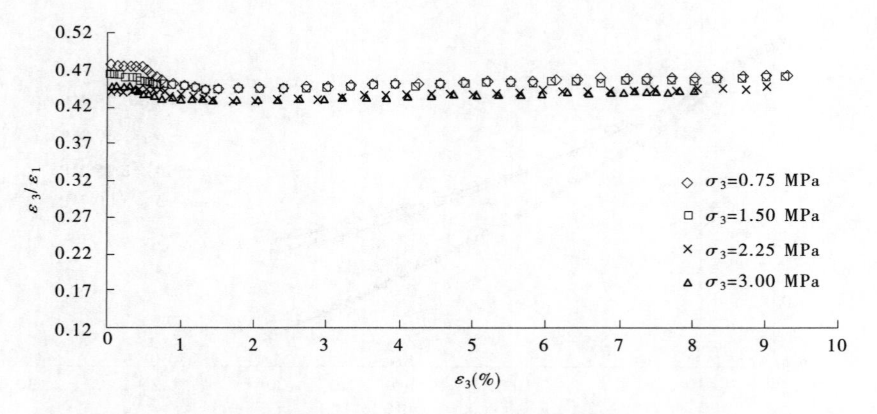

图 4-156　土料 T3($\varepsilon_3/\varepsilon_1$) ~ ε_3 关系曲线

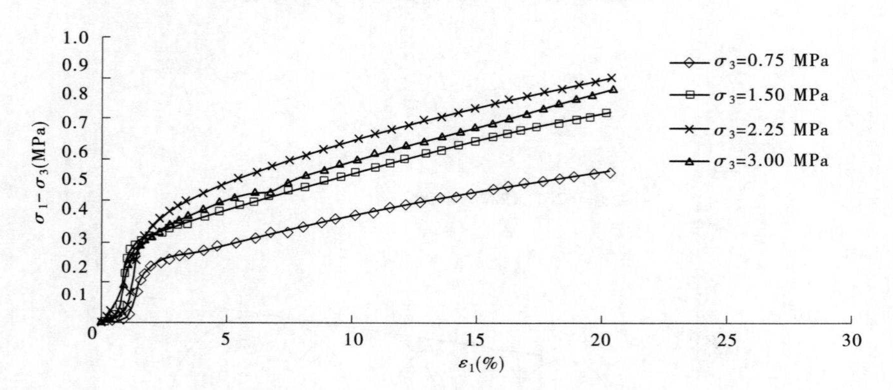

图 4-157　土料(T5)应力应变关系曲线(CD)

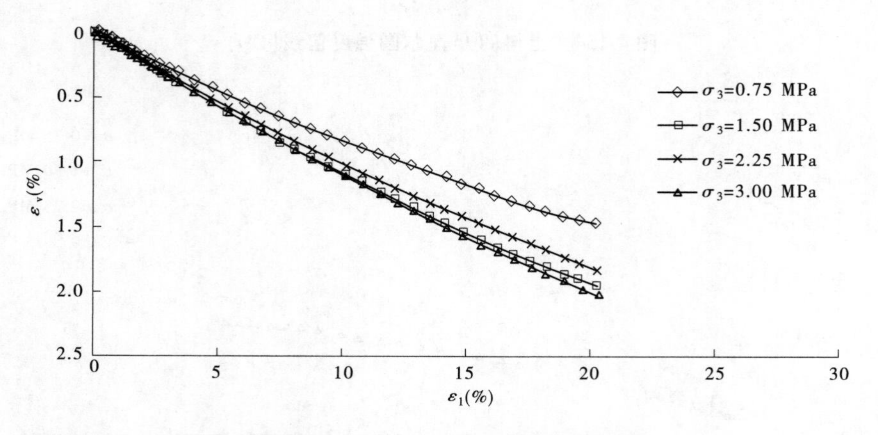

图 4-158　土料(T5)ε_1 ~ ε_v 关系曲线

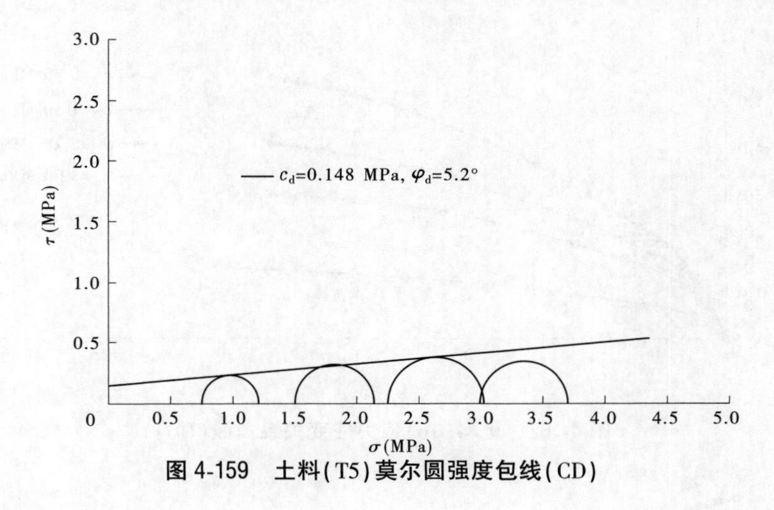

图 4-159　土料(T5)莫尔圆强度包线(CD)

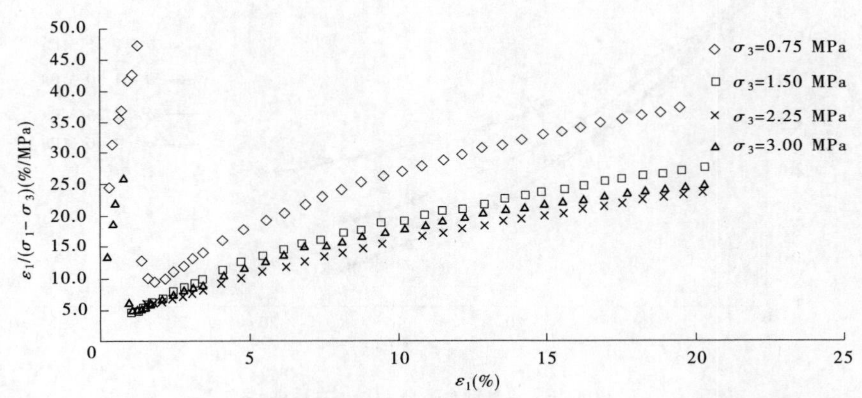

图 4-160　土料(T5)初始切线模量 E_i 与主应力差 $(\sigma_1-\sigma_3)_{ult}$ 渐近值计算图

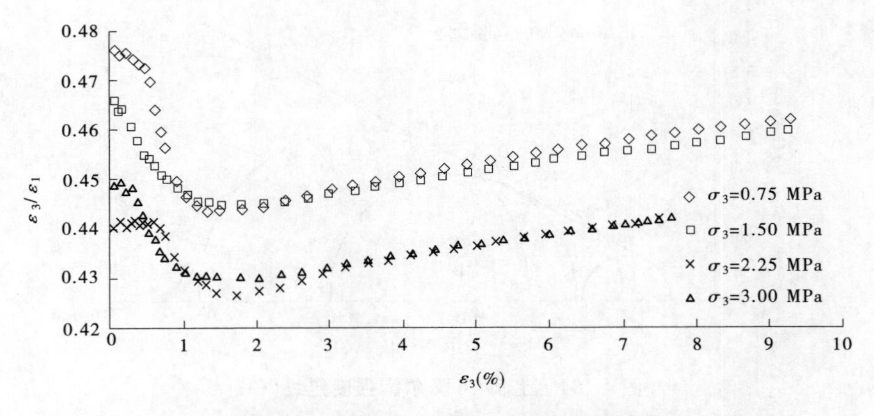

图 4-161　土料 T3$(\varepsilon_3/\varepsilon_1)\sim\varepsilon_3$ 关系曲线

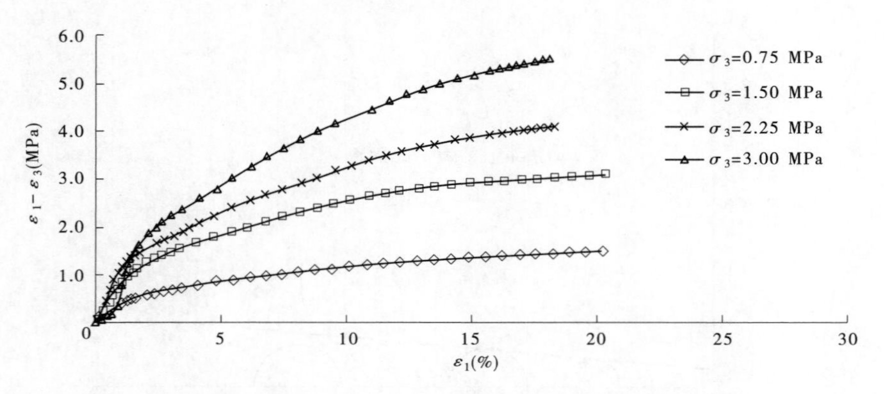

图 4-162 土料(T6)应力应变关系曲线(CD)

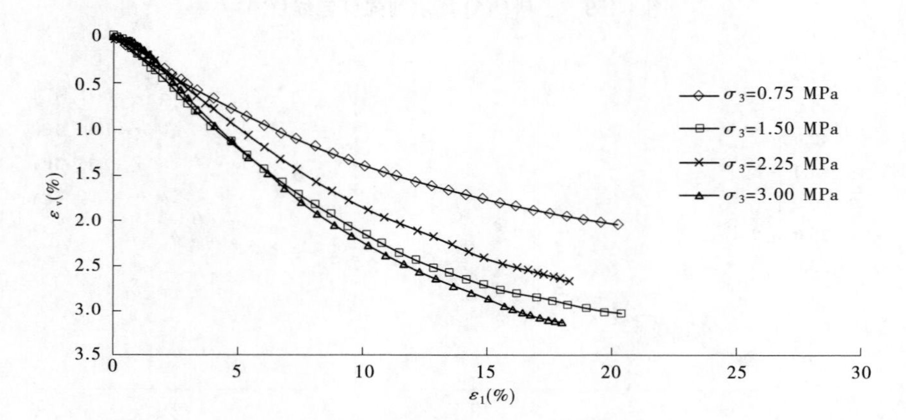

图 4-163 土料(T6) $\varepsilon_1 \sim \varepsilon_v$ 关系曲线

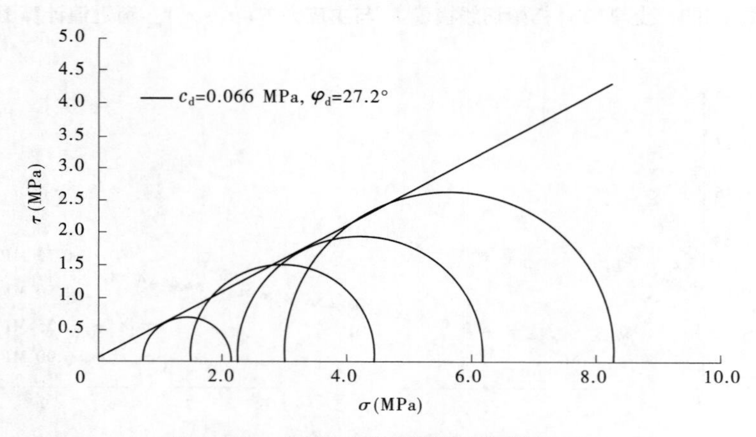

图 4-164 土料 T6 莫尔圆强度包线(CD)

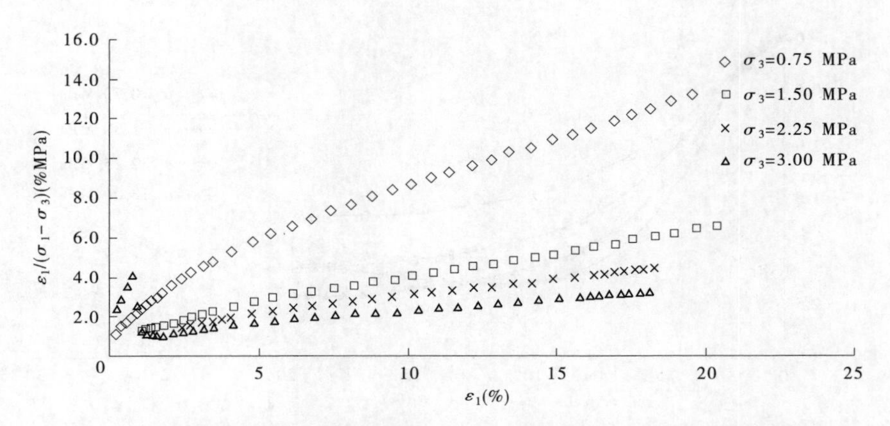

图 4-165 土料(T6)初始切线模量 E_i 与主应力差 $(\sigma_1-\sigma_3)_{ult}$ 渐近值计算图

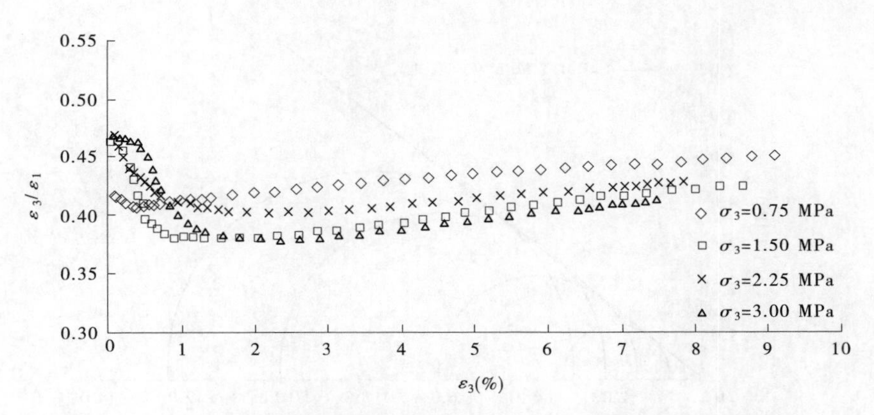

图 4-166 土料(T6)$(\varepsilon_3/\varepsilon_1)\sim\varepsilon_3$ 关系曲线

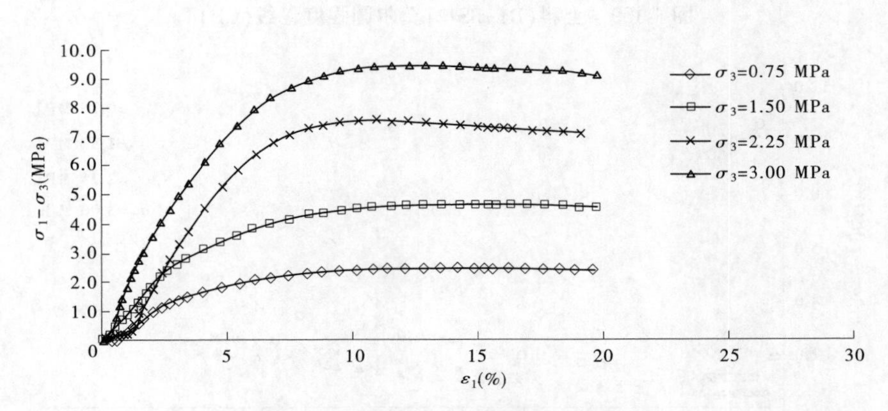

图 4-167 土料(B1)应力应变关系曲线(CD)

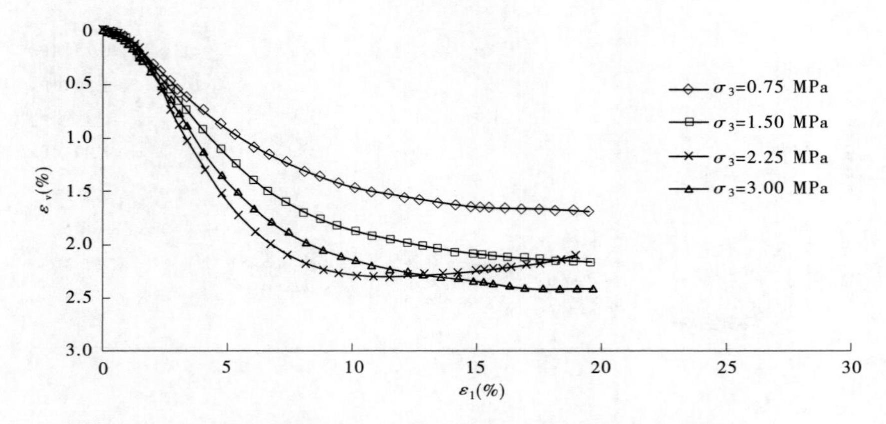

图 4-168　土料(B1)$\varepsilon_1 \sim \varepsilon_v$ 关系曲线

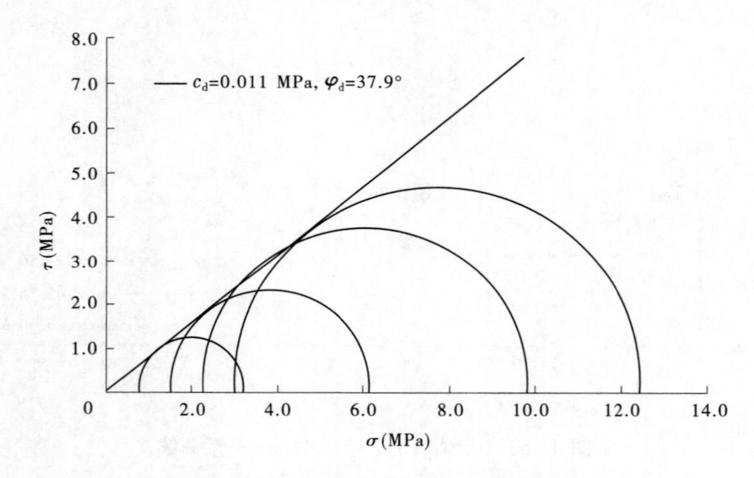

图 4-169　土料(B1-BSJ2)莫尔圆强度包线(CD)

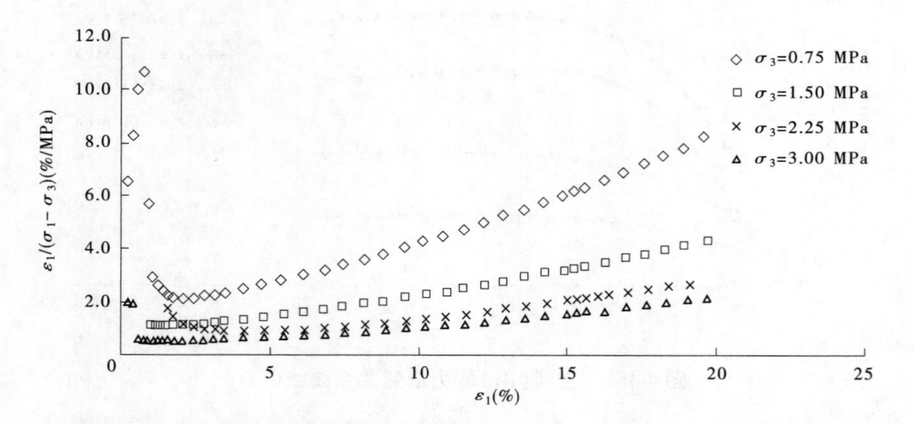

图 4-170　土料(B1)初始切线模量 E_i 与主应力差 $(\sigma_1-\sigma_3)_{ult}$ 渐近值计算图

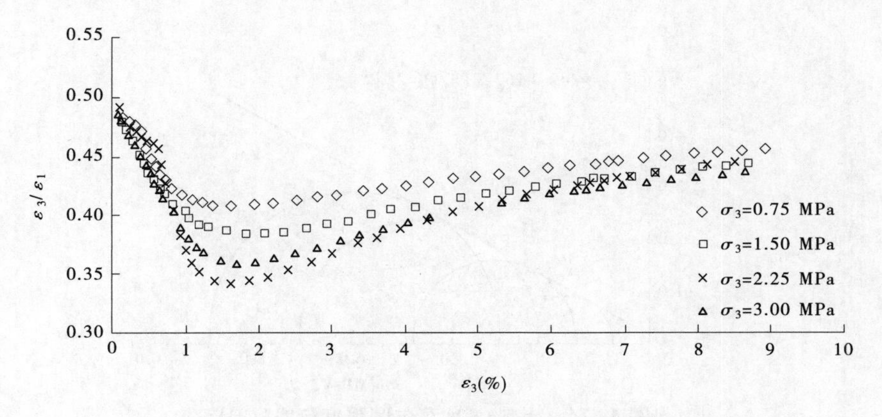

图 4-171　土料 B1($\varepsilon_3/\varepsilon_1$)~$\varepsilon_3$ 关系曲线

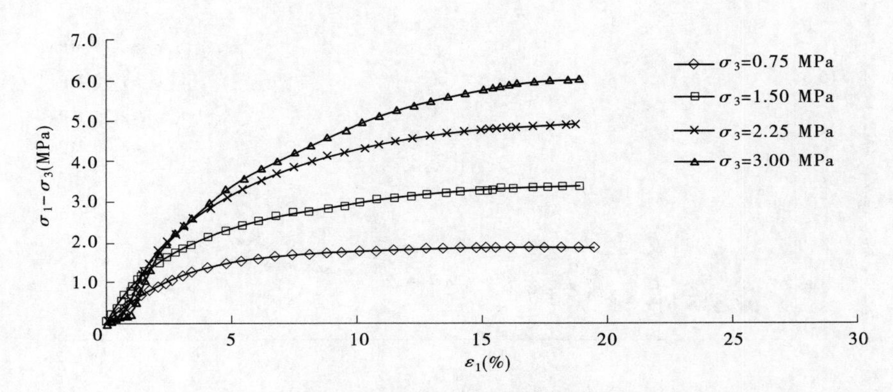

图 4-172　土料(B2)应力应变关系曲线(CD)

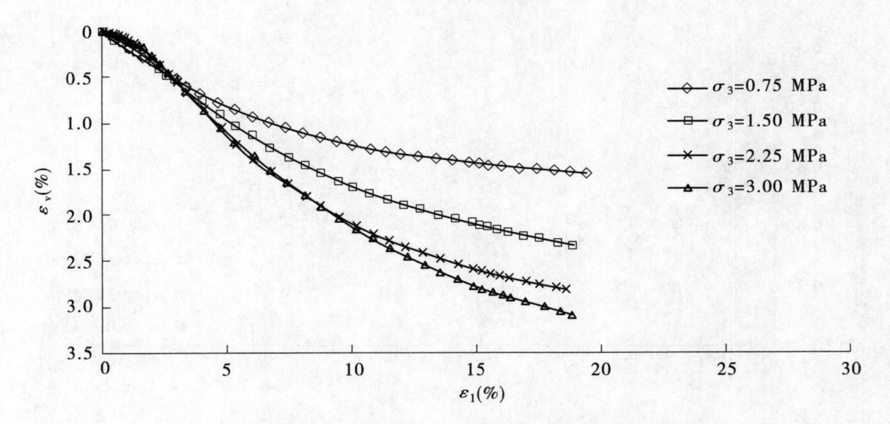

图 4-173　土料(B2)ε_1~ ε_v 关系曲线

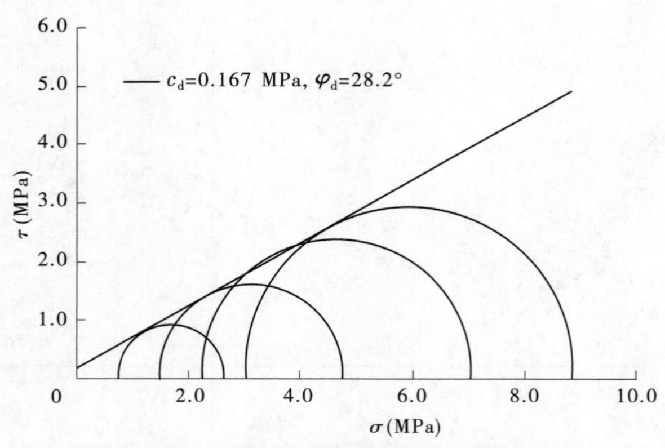

图 4-174　土料(B2)莫尔圆强度包线(CD)

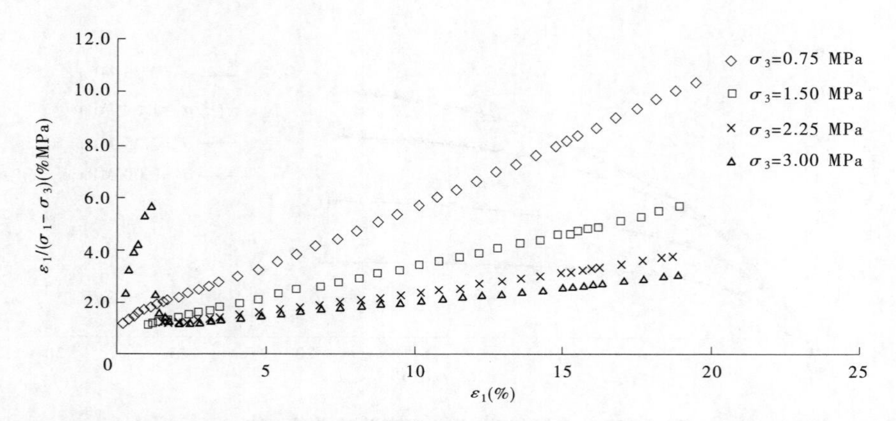

图 4-175　土料(B2)初始切线模量 E_i 与主应力差 $(\sigma_1-\sigma_3)_{ult}$ 渐近值计算图

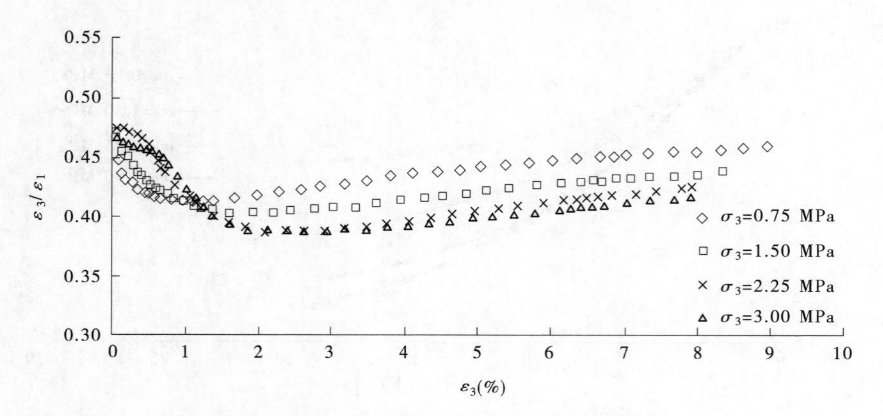

图 4-176　土料 B2($\varepsilon_3/\varepsilon_1$)~$\varepsilon_3$ 关系曲线

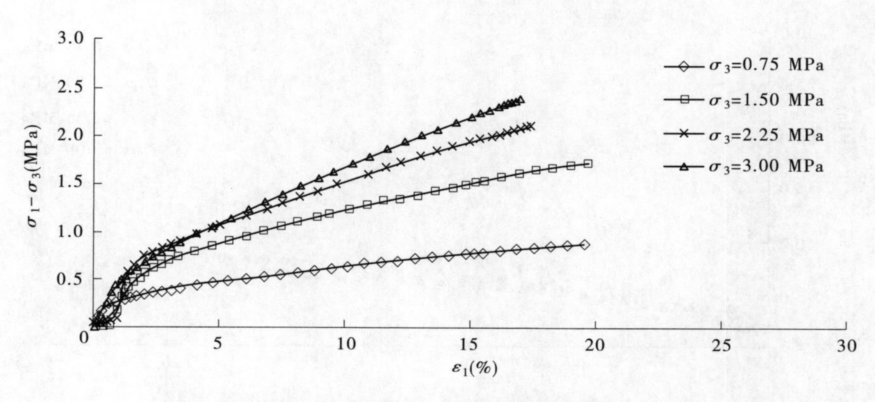

图 4-177　土料(B5)应力应变关系曲线(CD)

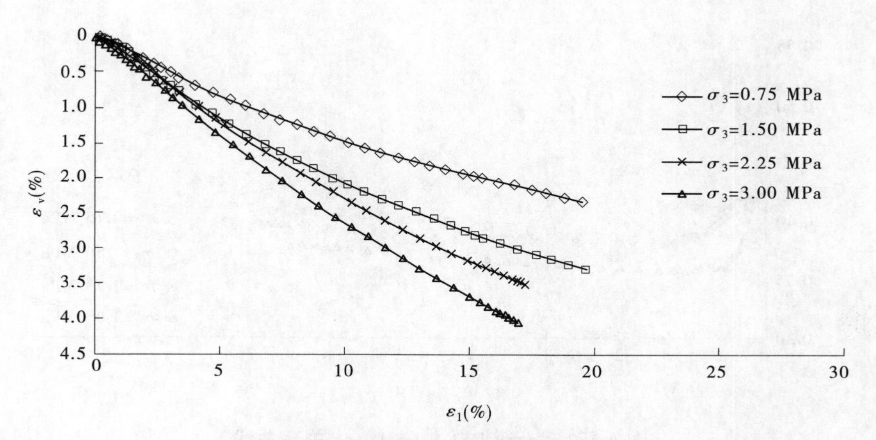

图 4-178　土料(B5)ε_1～ε_v 关系曲线

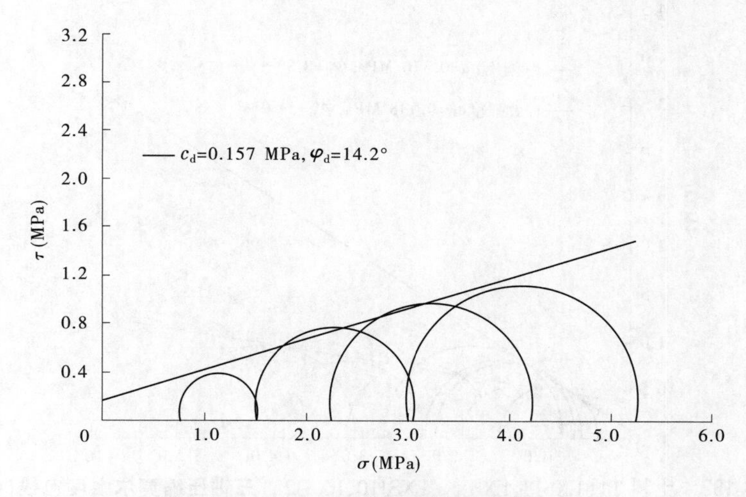

图 4-179　土料(B5)莫尔圆强度包线(CD)

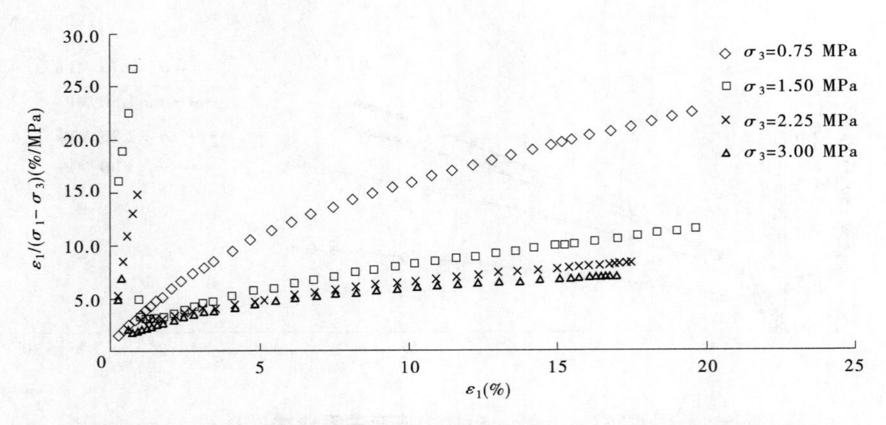

图 4-180　土料(B5)初始切线模量 E_i 与主应力差 $(\sigma_1-\sigma_3)_{ult}$ 渐近值计算图

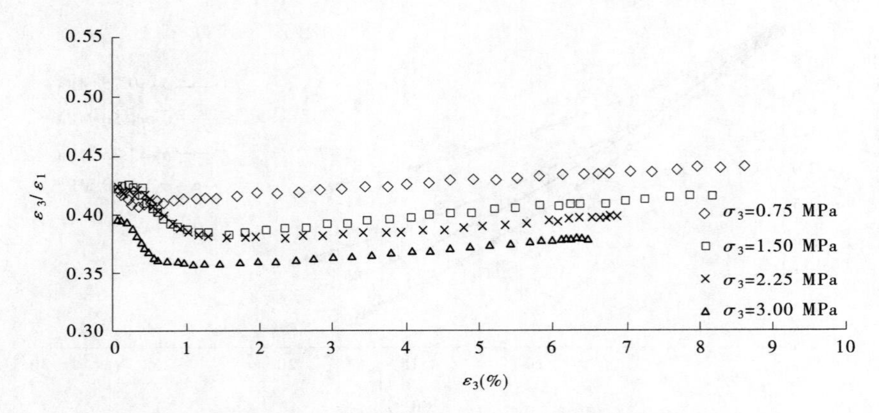

图 4-181　土料 B5$(\varepsilon_3/\varepsilon_1)\sim\varepsilon_3$ 关系曲线

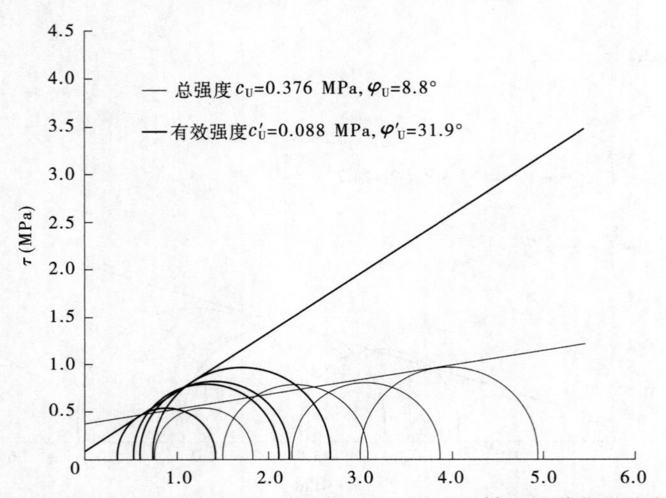

图 4-182　土料 T1(LXSJ3、LXSJ5、LXSJ10、LXSJ23)三轴压缩莫尔强度包线(CU)

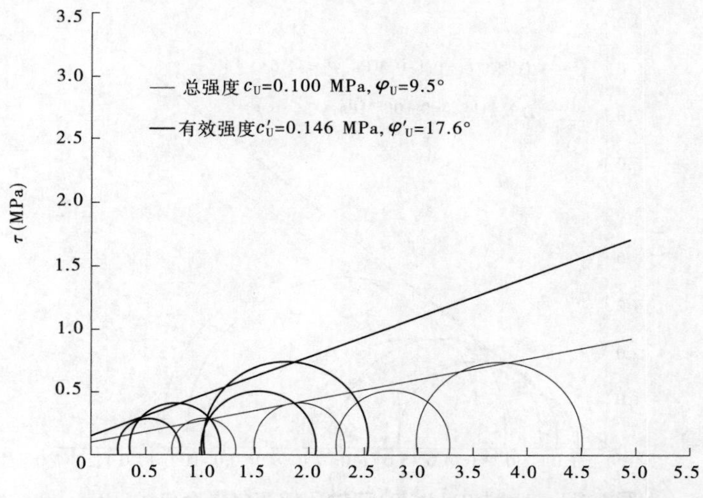

图4-183　土料T3(LXSJ4、LXSJ14)三轴压缩莫尔强度包线(CU)

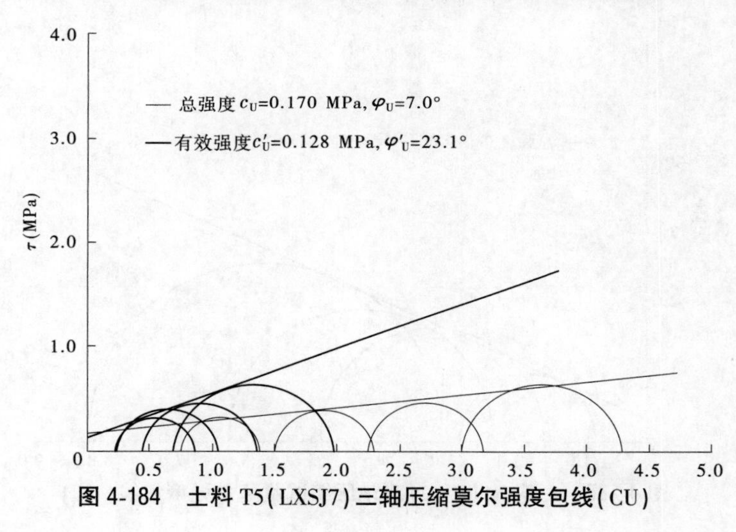

图4-184　土料T5(LXSJ7)三轴压缩莫尔强度包线(CU)

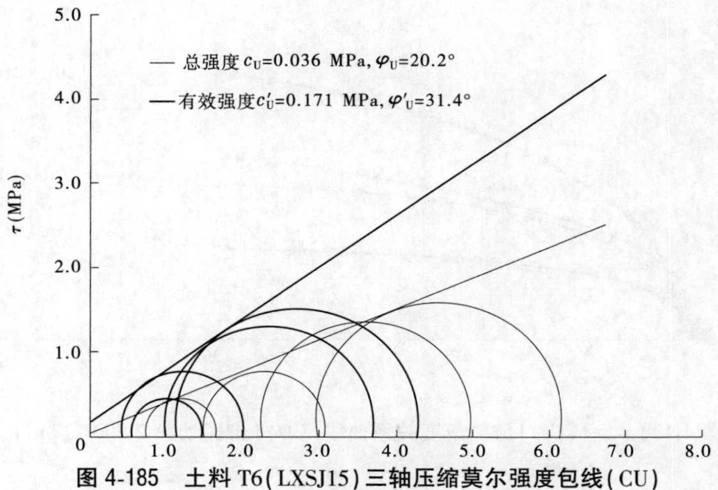

图4-185　土料T6(LXSJ15)三轴压缩莫尔强度包线(CU)

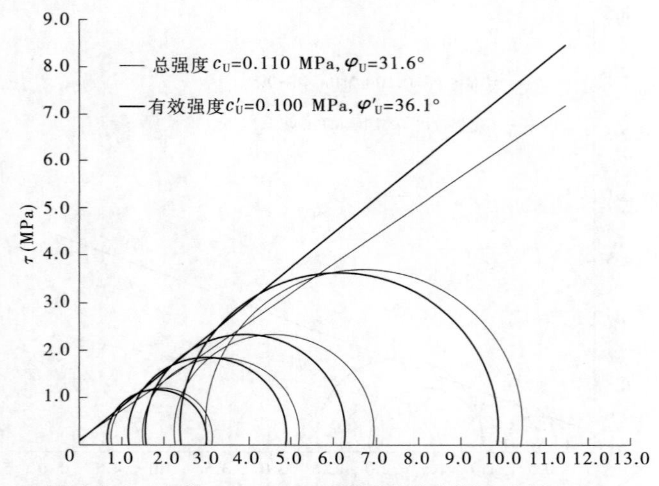

图 4-186　土料 B1(BSJ2)三轴压缩莫尔强度包线(CU)

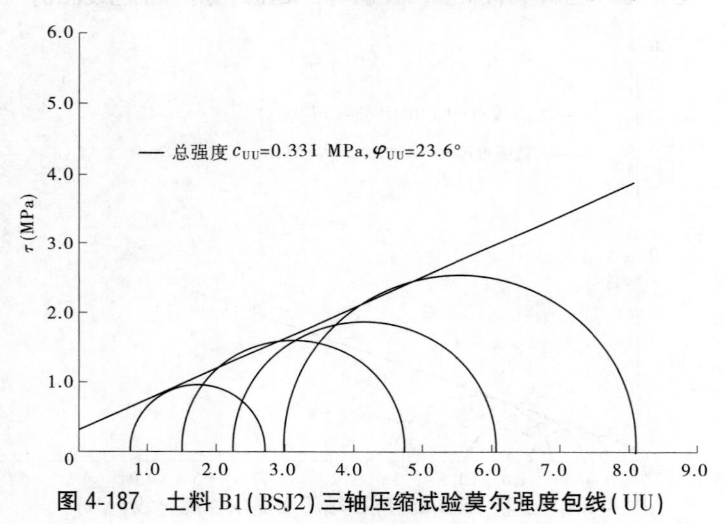

图 4-187　土料 B1(BSJ2)三轴压缩试验莫尔强度包线(UU)

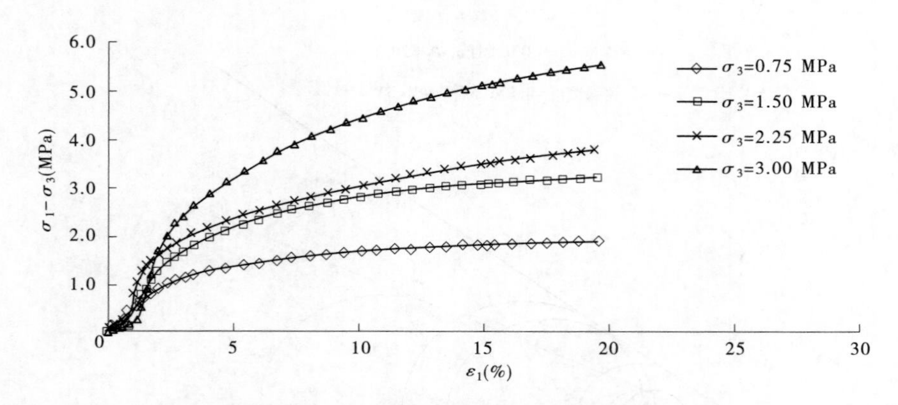

图 4-188　土料(T1)应力应变关系曲线(CD)(击实功为 2 690 kJ/m³)

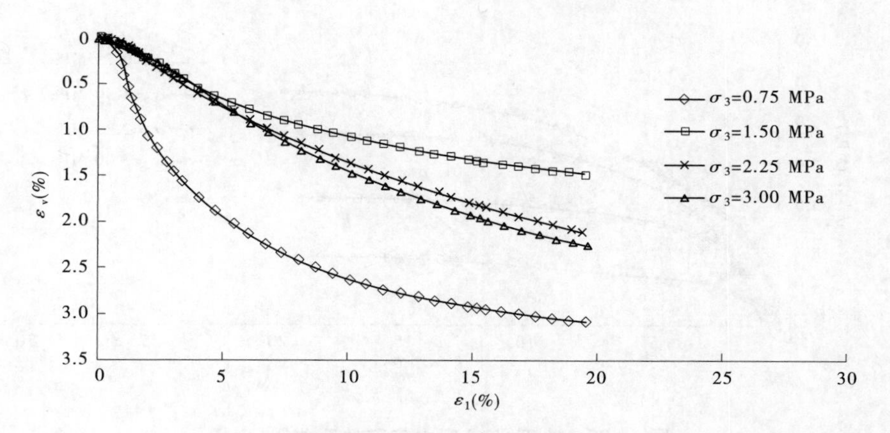

图 4-189　土料(T1)ε_1～ε_v 关系曲线

注:击实功为 2 690 kJ/m^3,图 4-190～图 4-307 同。

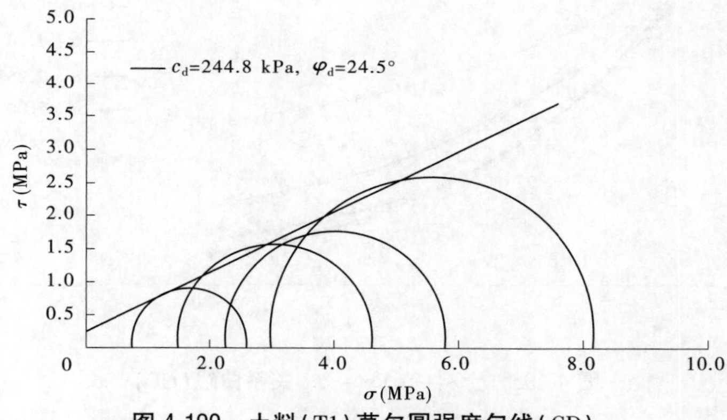

图 4-190　土料(T1)莫尔圆强度包线(CD)

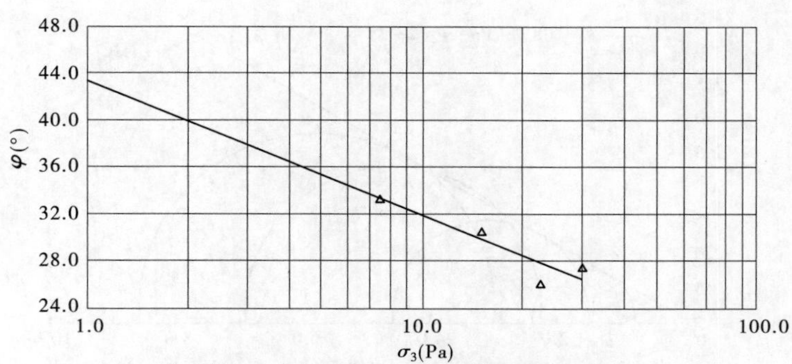

图 4-191　土料(T1)φ～lgσ_3 关系曲线(CD)

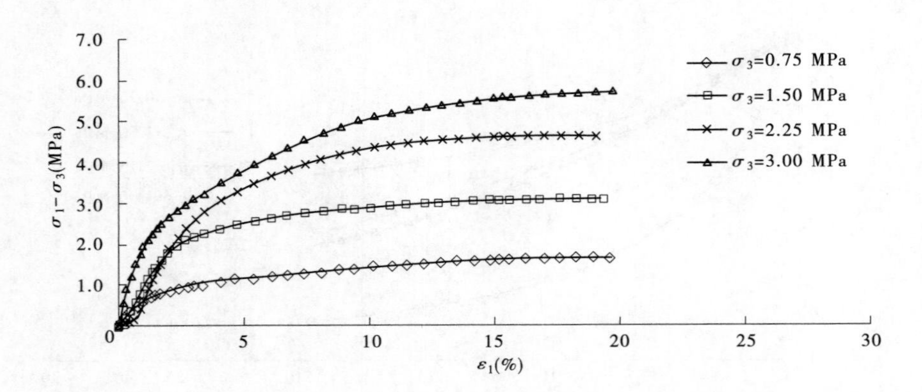

图 4-192　土料(T6)应力应变关系曲线(CD)

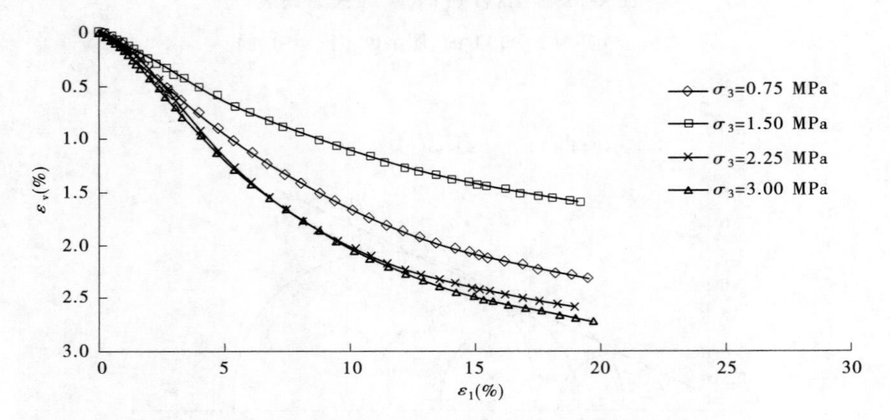

图 4-193　土料(T6)$\varepsilon_1\sim\varepsilon_v$ 关系曲线(CD)

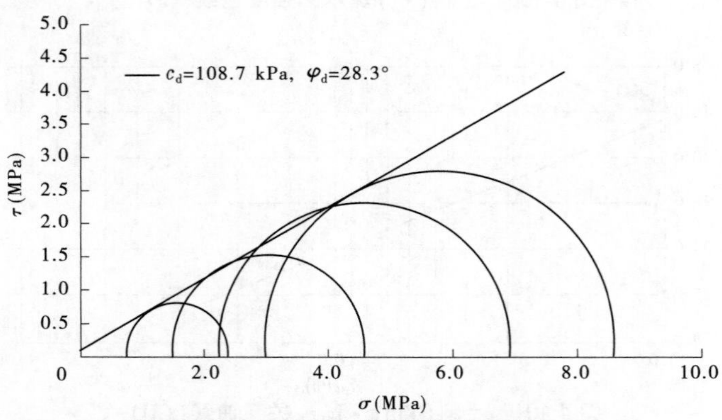

图 4-194　土料(T6)莫尔圆强度包线(CD)

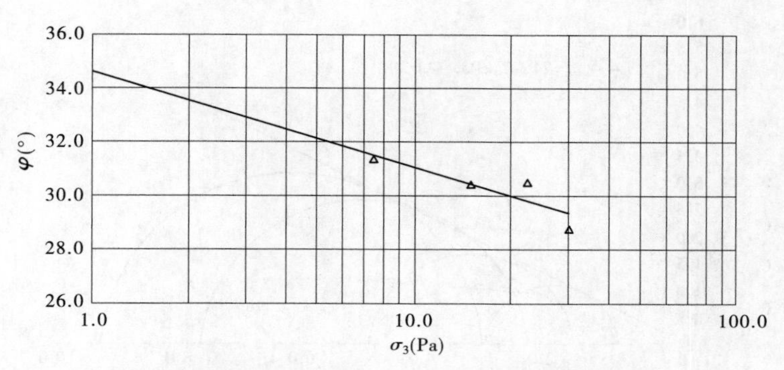

图 4-195　土料(T6)$\varphi \sim \lg\sigma_3$ 关系曲线(CD)

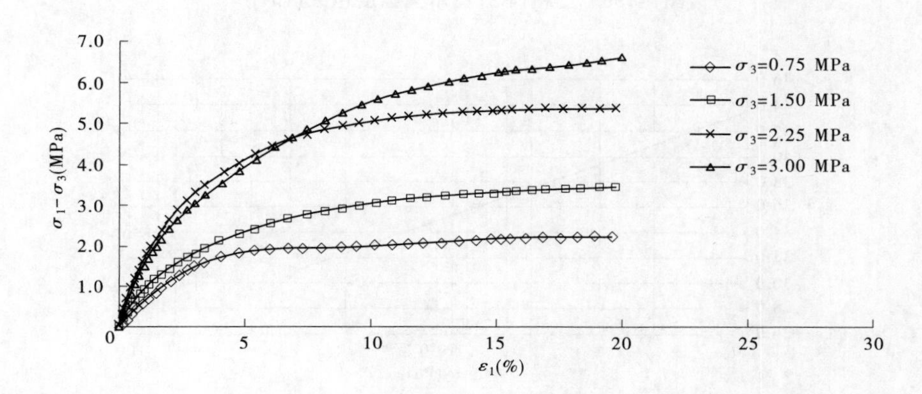

图 4-196　土料(T3)应力应变关系曲线(CD)

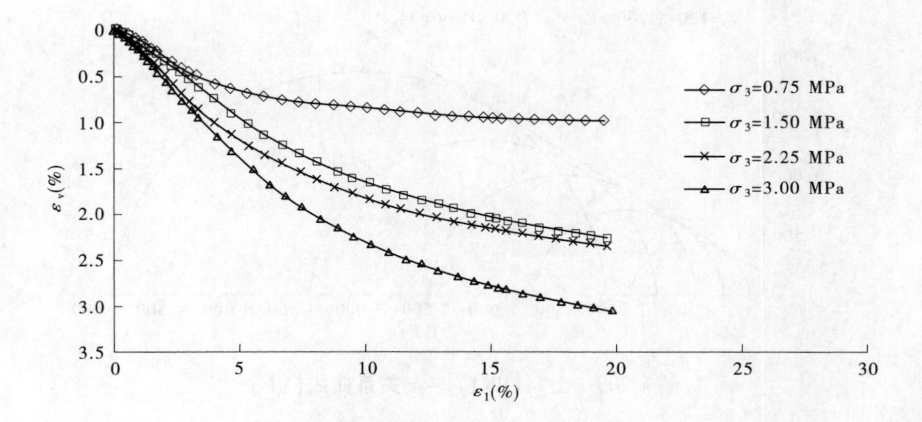

图 4-197　土料(B2)$\varepsilon_1 \sim \varepsilon_v$ 关系曲线(CD)

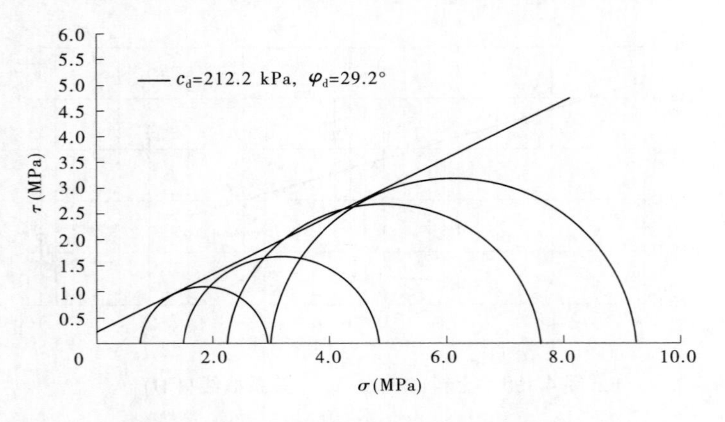

图 4-198　土料(B2)莫尔圆强度包线(CD)

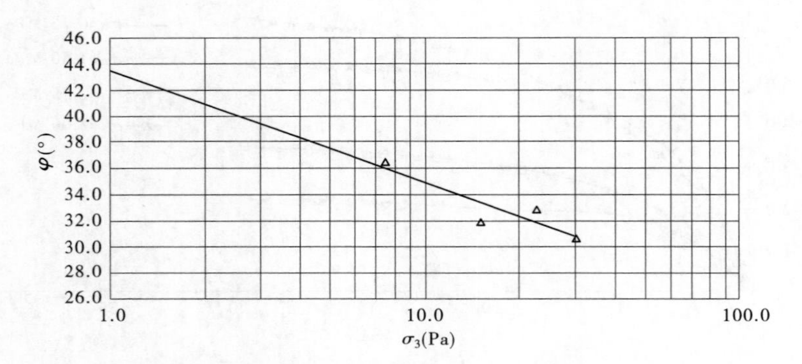

图 4-199　土料(T2) $\varphi \sim \lg\sigma_3$ 关系曲线(CD)

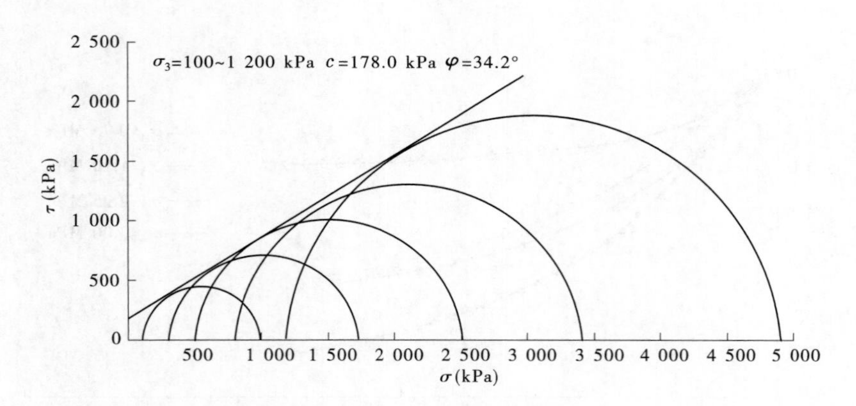

图 4-200　土料(BK1) $\tau \sim \sigma$ 关系曲线(UU)

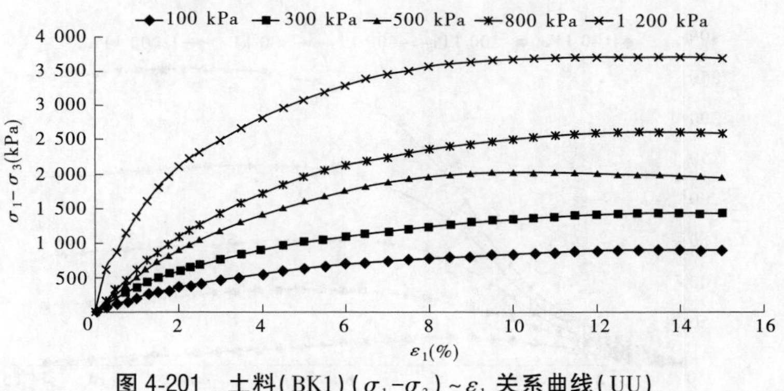

图 4-201　土料(BK1)$(\sigma_1-\sigma_3)\sim\varepsilon_1$ 关系曲线(UU)

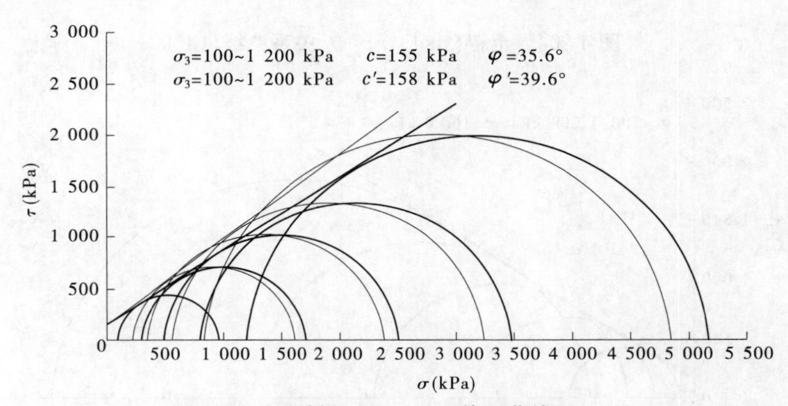

图 4-202　土料(BK1) $\tau\sim\sigma$ 关系曲线(CU)

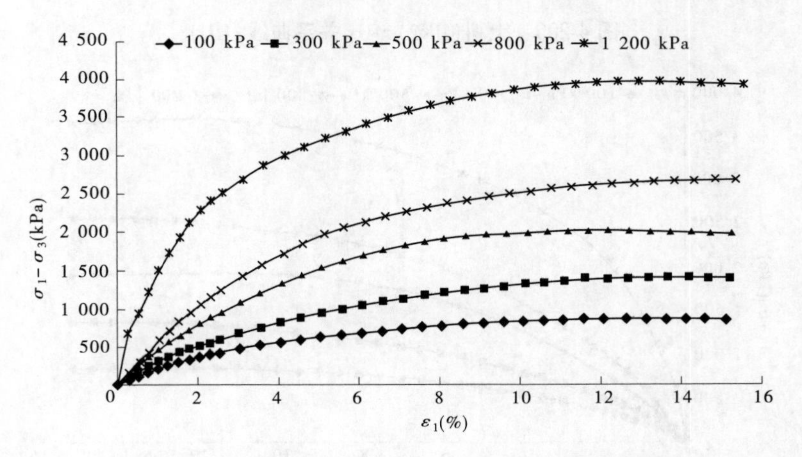

图 4-203　土料(BK1) $\varepsilon_1\sim(\sigma_1-\sigma_3)$关系曲线(CU)

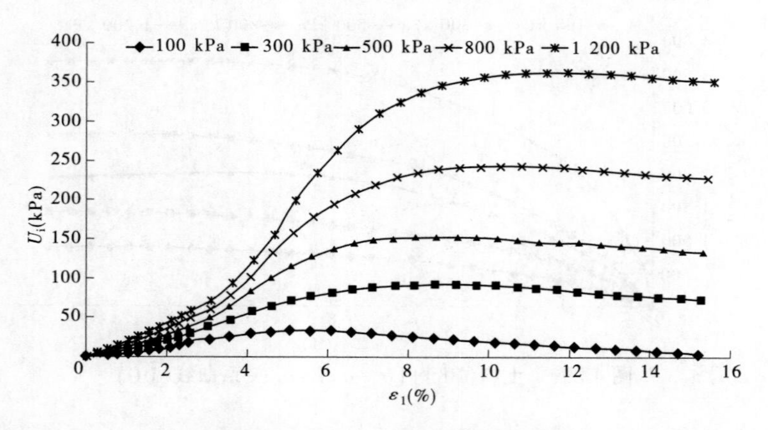

图 4-204　土料(BK1) $\varepsilon_1 \sim U_i$ 关系曲线(CU)

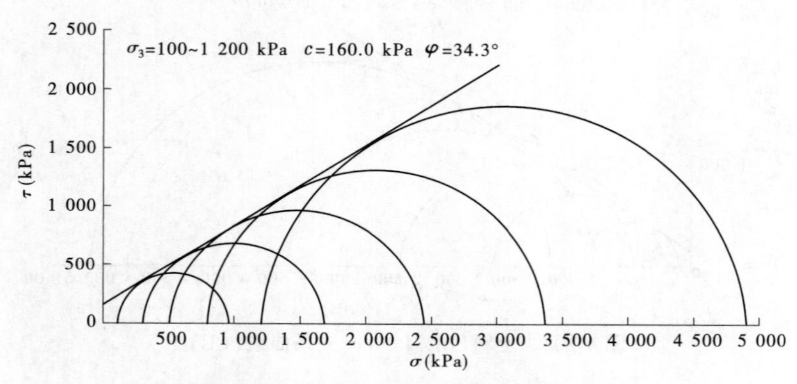

图 4-205　土料(BK2) $\tau \sim \sigma$ 关系曲线(UU)

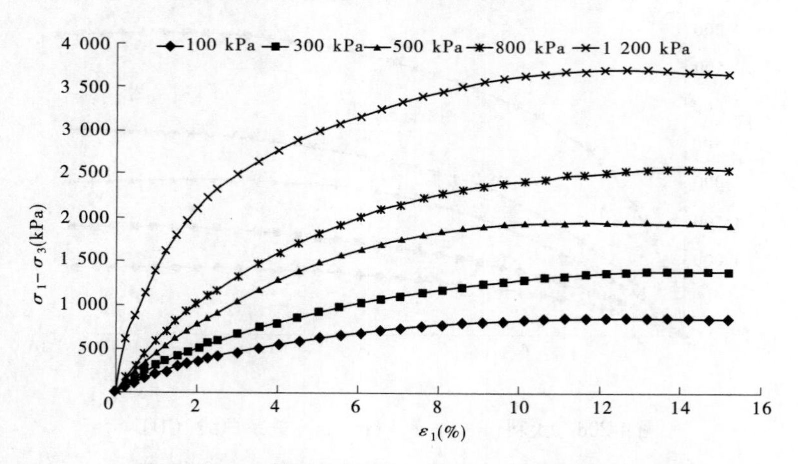

图 4-206　土料(BK2)($\sigma_1-\sigma_3$)~ε_1 关系曲线(UU)

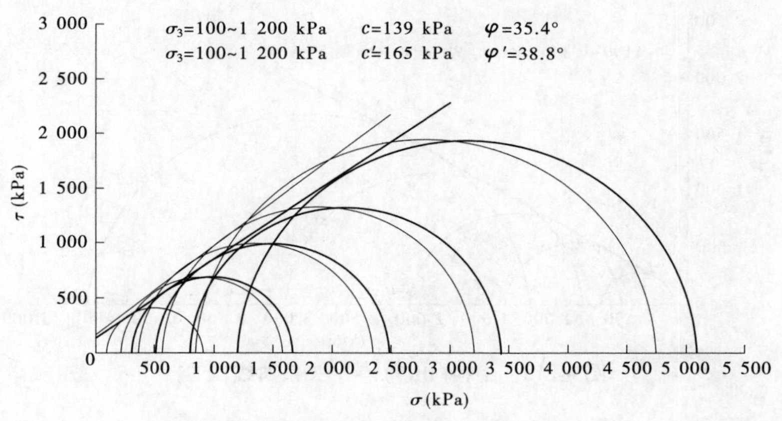

图 4-207　土料(BK2) $\tau \sim \sigma$ 关系曲线(CU)

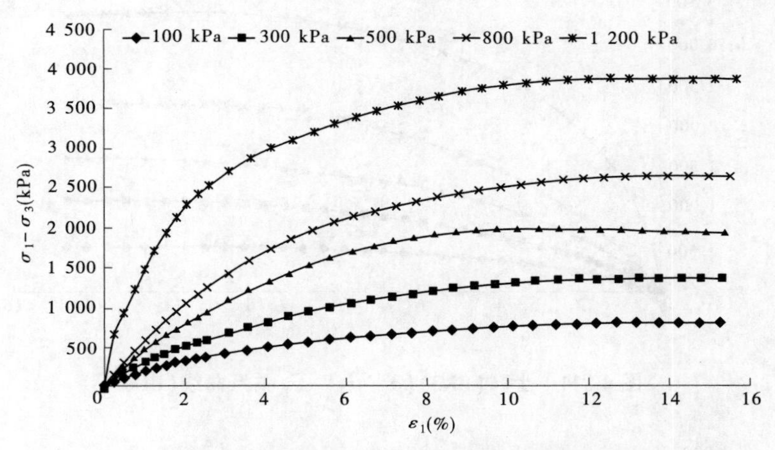

图 4-208　土料(BK2) $\varepsilon_1 \sim (\sigma_1 - \sigma_3)$ 关系曲线(CU)

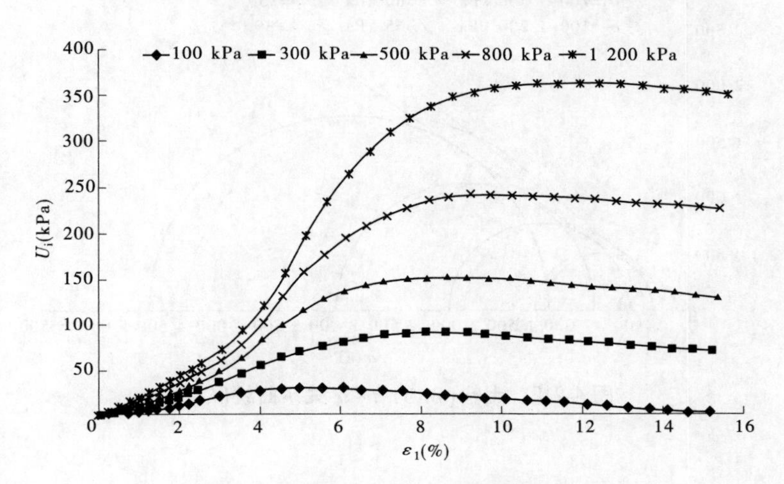

图 4-209　土料(BK2) $\varepsilon_1 \sim U_i$ 关系曲线(CU)

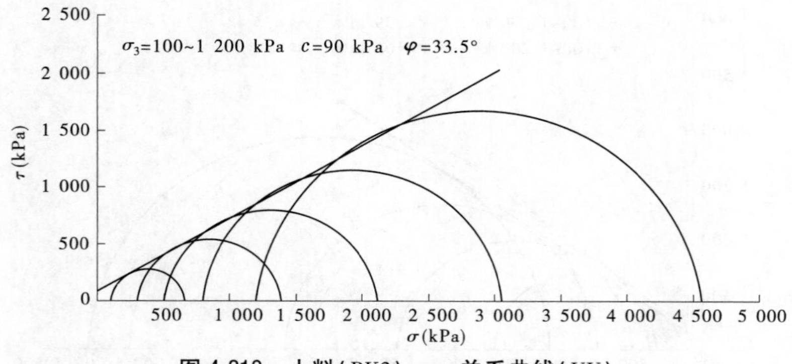

图 4-210　土料(BK3)τ~σ 关系曲线(UU)

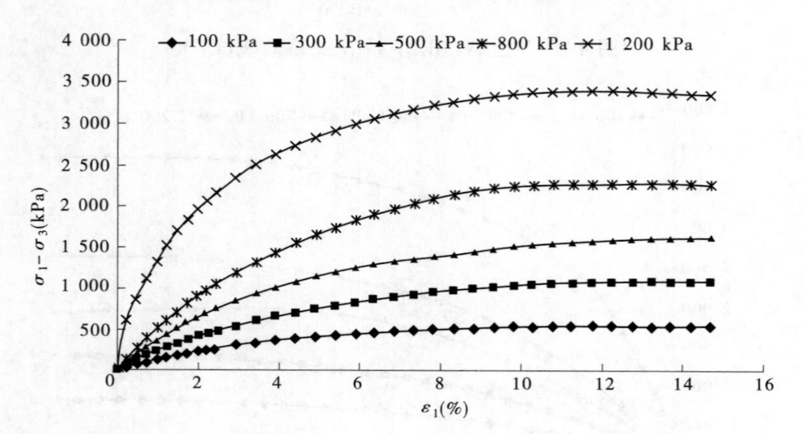

图 4-211　土料(BK3)($\sigma_1-\sigma_3$)~ε_1 关系曲线(UU)

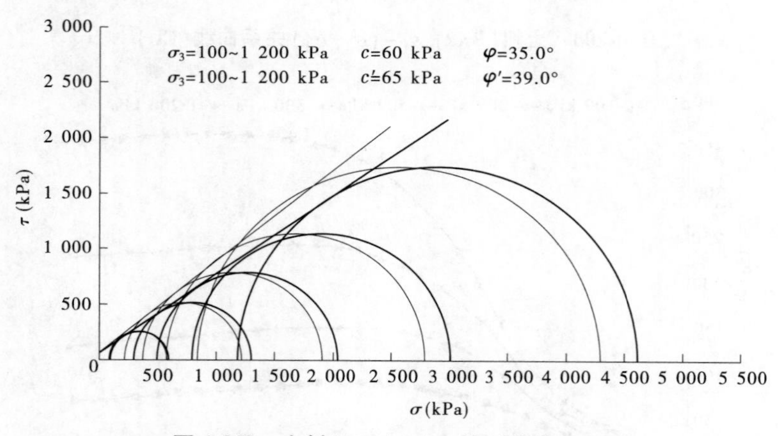

图 4-212　土料(BK3) τ~σ 关系曲线(CU)

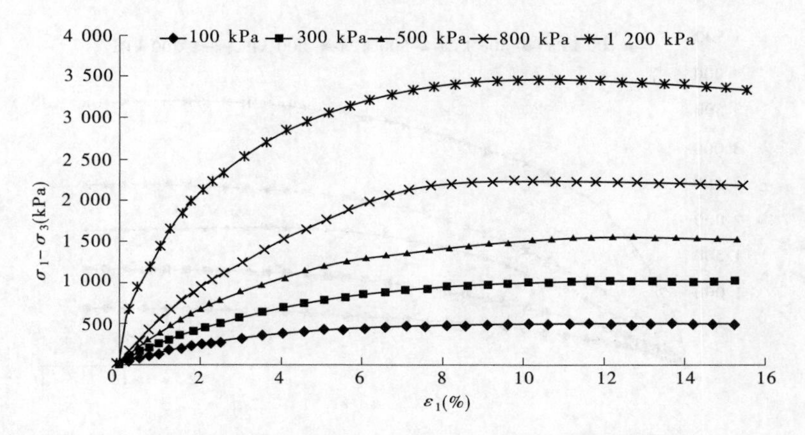

图 4-213　土料(BK3) $\varepsilon_1 \sim (\sigma_1-\sigma_3)$ 关系曲线(CU)

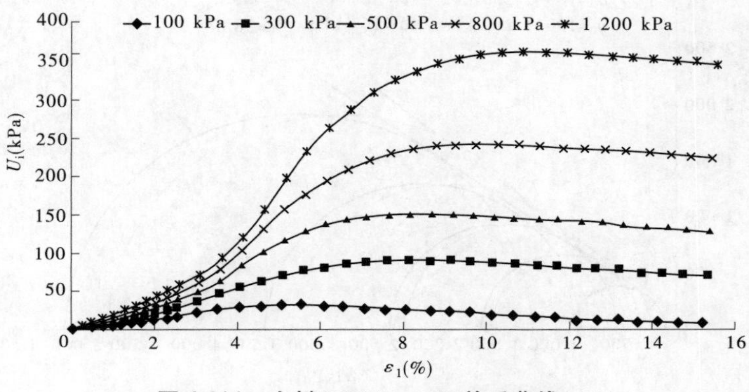

图 4-214　土料(BK3) $\varepsilon_1 \sim U_i$ 关系曲线(CU)

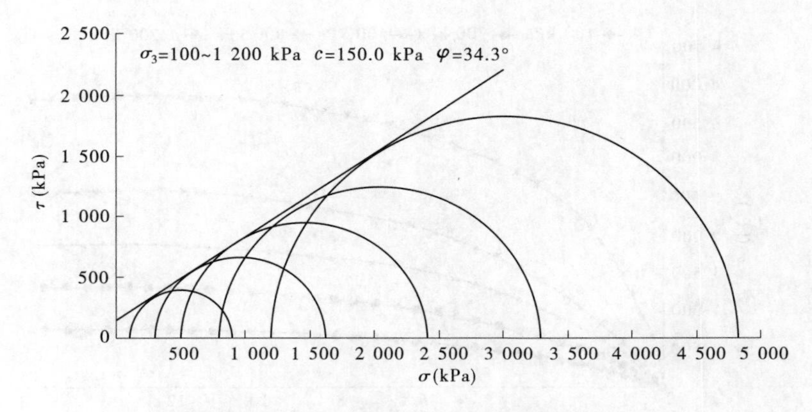

图 4-215　土料(BK4) $\tau \sim \sigma$ 关系曲线(UU)

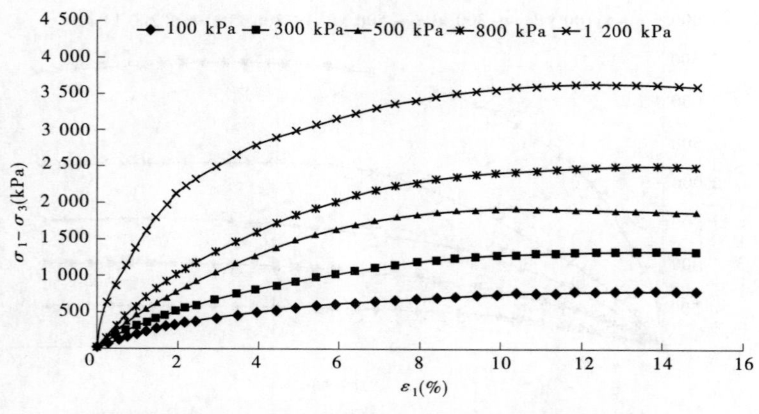

图 4-216　土料(BK4)($\sigma_1-\sigma_3$)~ε_1 关系曲线(UU)

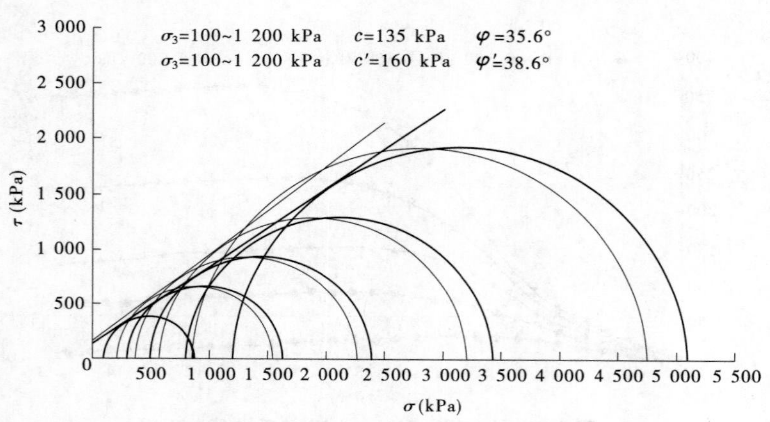

图 4-217　土料(BK4)τ~σ 关系曲线(CU)

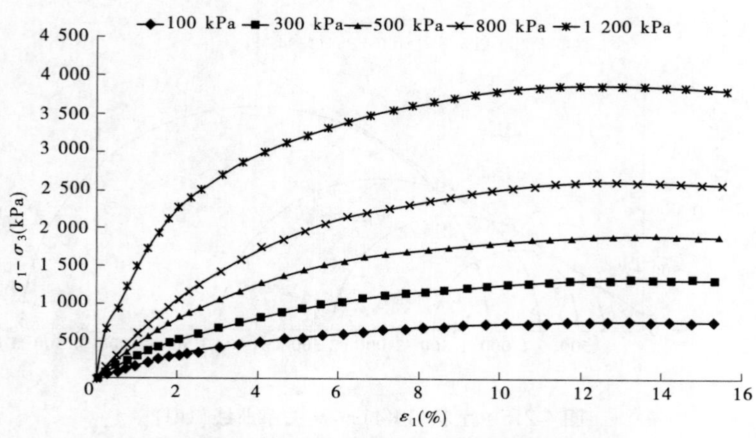

图 4-218　土料(BK4)ε_1~($\sigma_1-\sigma_3$)关系曲线(CU)

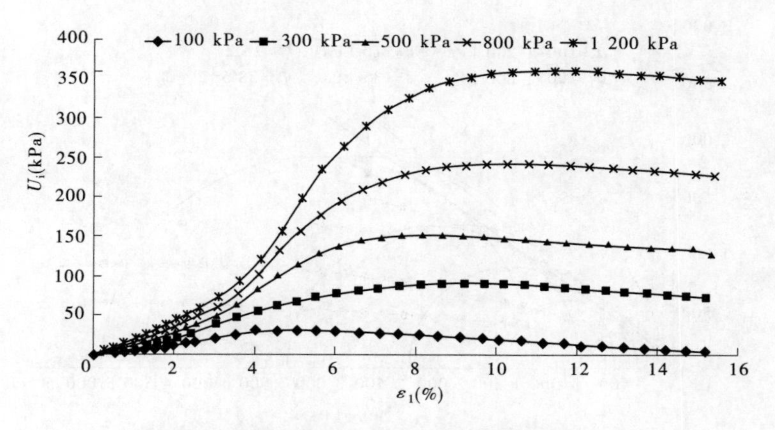

图 4-219　土料(BK4)$\varepsilon_1 \sim U_i$ 关系曲线(CU)

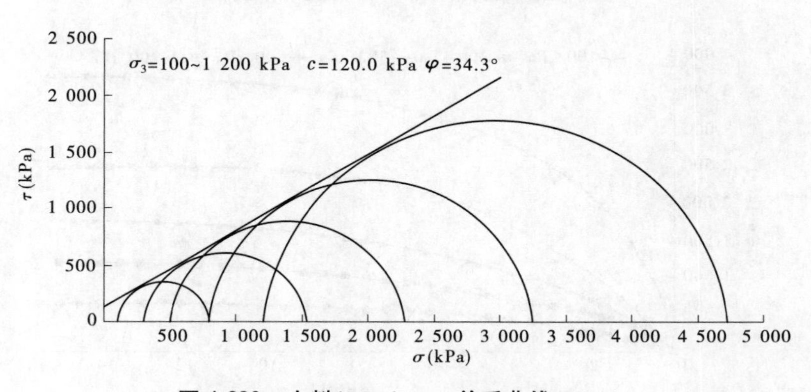

图 4-220　土料(BK5)$\tau \sim \sigma$ 关系曲线(UU)

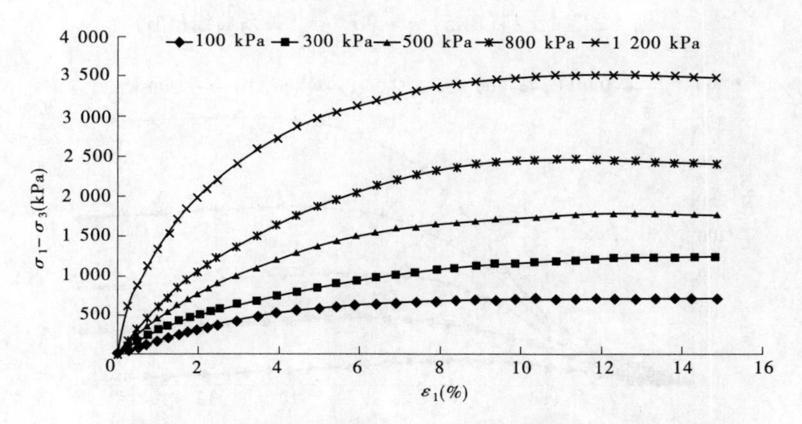

图 4-221　土料(BK5)$(\sigma_1-\sigma_3) \sim \varepsilon_1$ 关系曲线(UU)

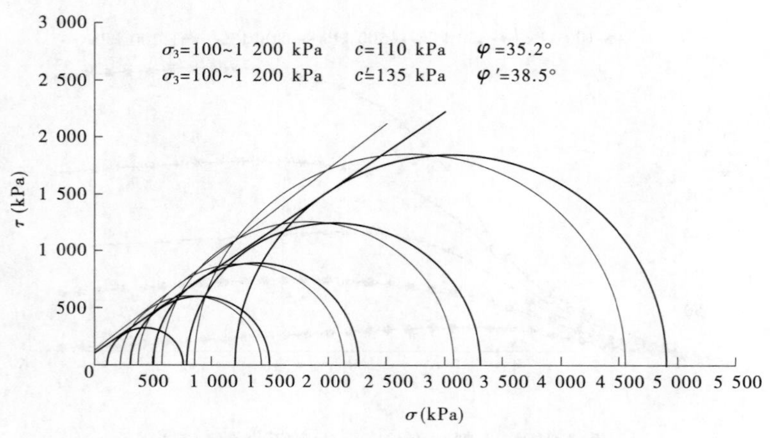

图 4-222　土料(BK5) $\tau \sim \sigma$ 关系曲线(CU)

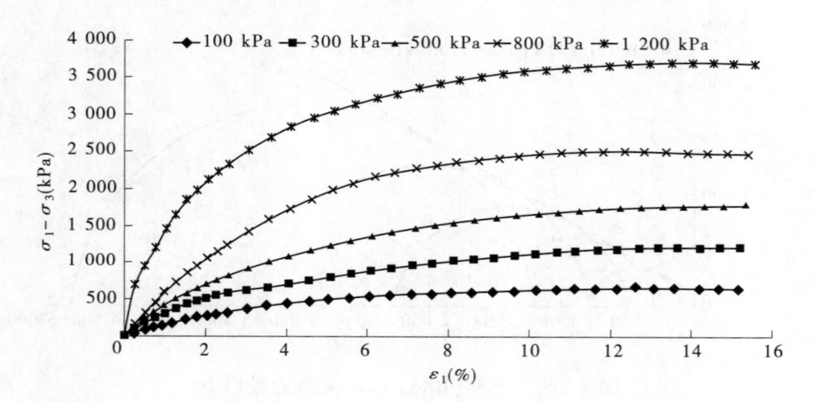

图 4-223　土料(BK5) $\varepsilon_1 \sim (\sigma_1-\sigma_3)$ 关系曲线(CU)

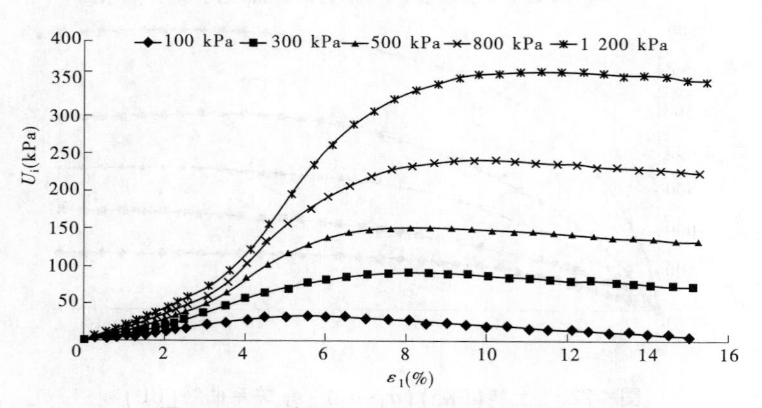

图 4-224　土料(BK5) $\varepsilon_1 \sim U_i$ 关系曲线(CU)

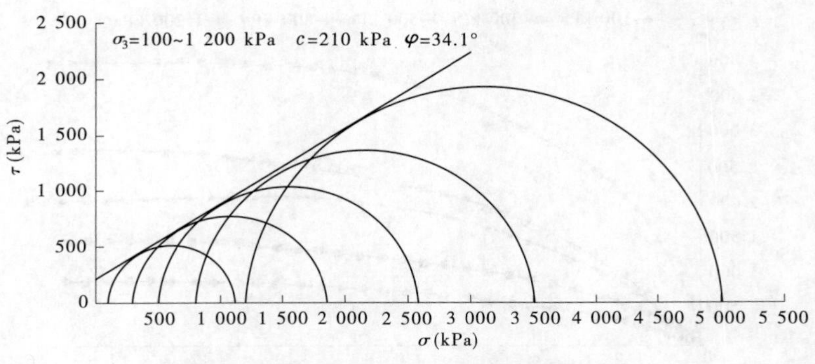

图 4-225　土料(BK6) $\tau \sim \sigma$ 关系曲线(UU)

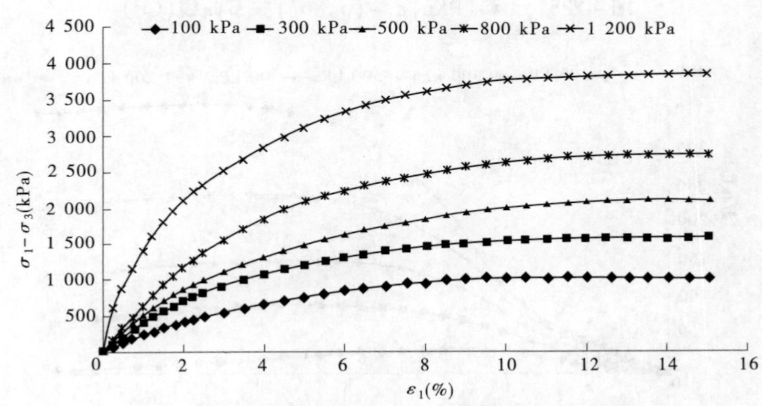

图 4-226　土料(BK6)$(\sigma_1-\sigma_3)\sim\varepsilon_1$ 关系曲线(UU)

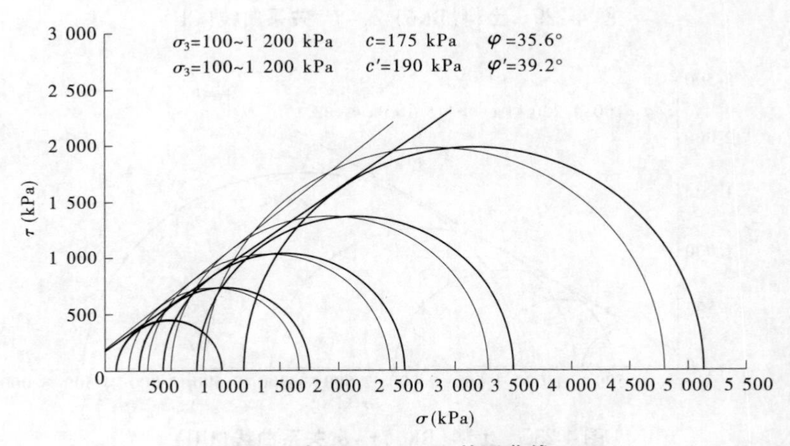

图 4-227　土料(BK6) $\tau \sim \sigma$ 关系曲线(CU)

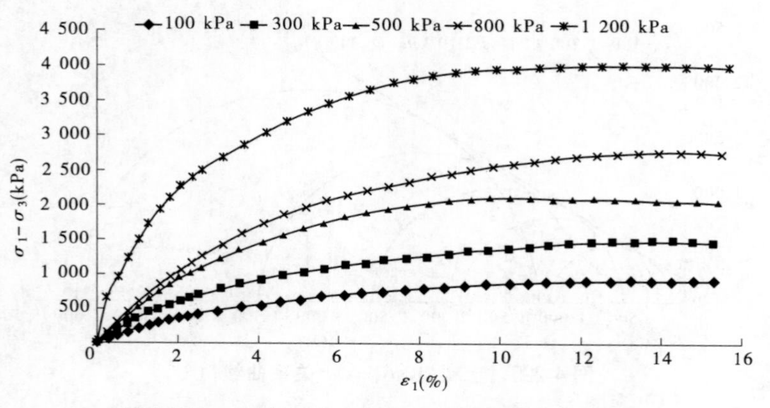

图 4-228　土料(BK6)$\varepsilon_1\sim(\sigma_1-\sigma_3)$关系曲线(CU)

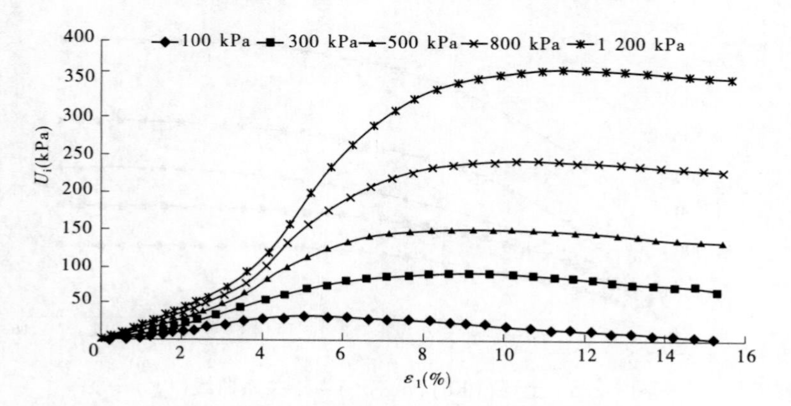

图 4-229　土料(BK6) $\varepsilon_1\sim U_i$ 关系曲线(CU)

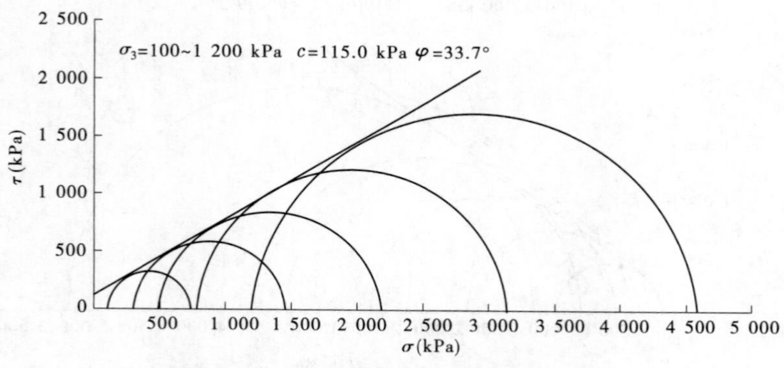

图 4-230　土料(BK7)$\tau\sim\sigma$关系曲线(UU)

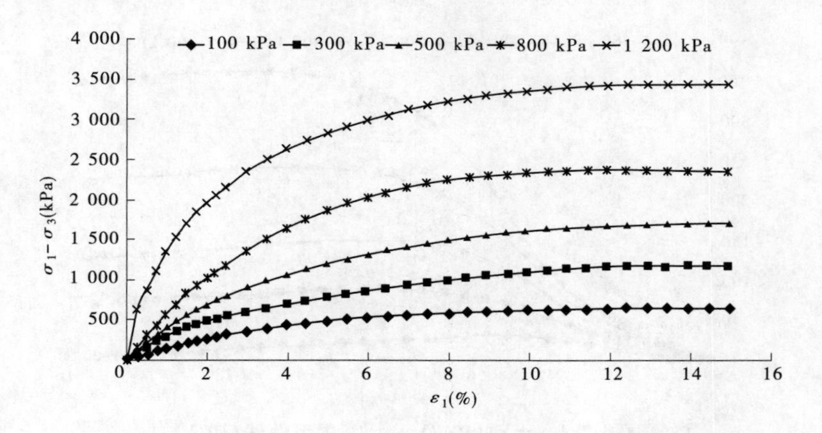

图 4-231　土料(BK7)$(\sigma_1-\sigma_3)\sim\varepsilon_1$ 关系曲线(UU)

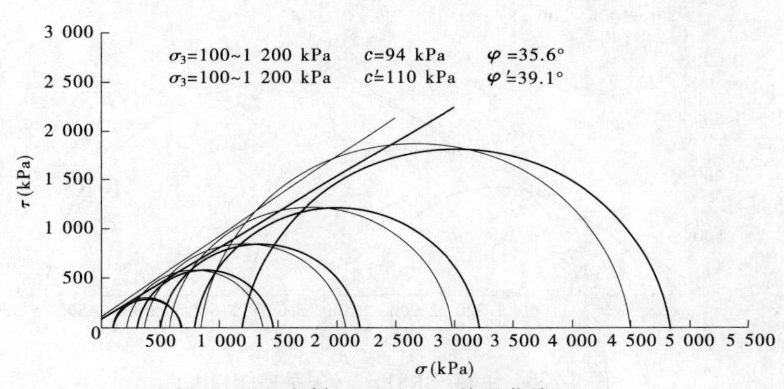

图 4-232　土料(BK7)$\tau\sim\sigma$ 关系曲线(CU)

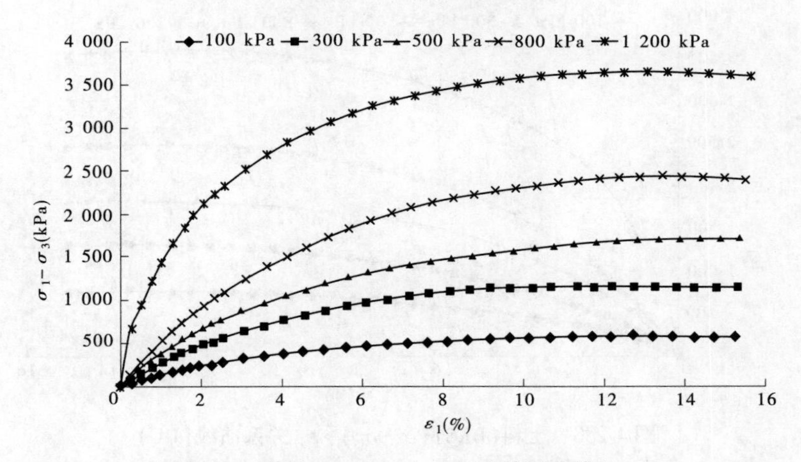

图 4-233　土料(BK7)$\varepsilon_1\sim(\sigma_1-\sigma_3)$关系曲线(CU)

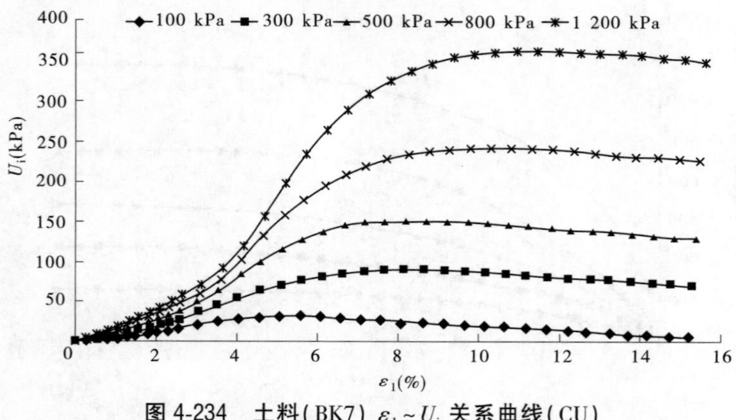

图 4-234　土料(BK7) $\varepsilon_1 \sim U_i$ 关系曲线(CU)

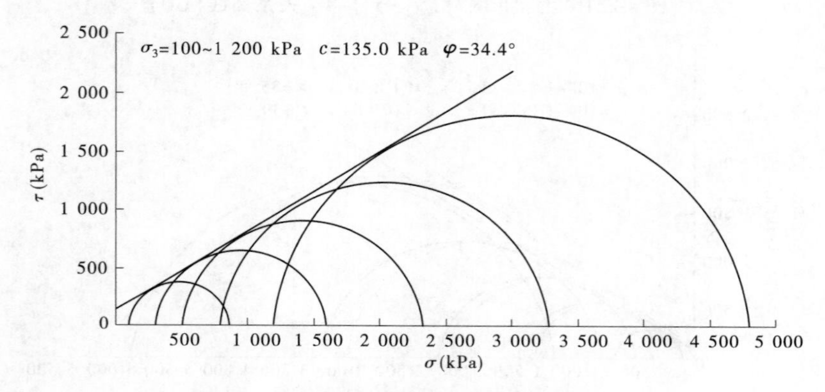

图 4-235　土料(BK8) $\tau \sim \sigma$ 关系曲线(UU)

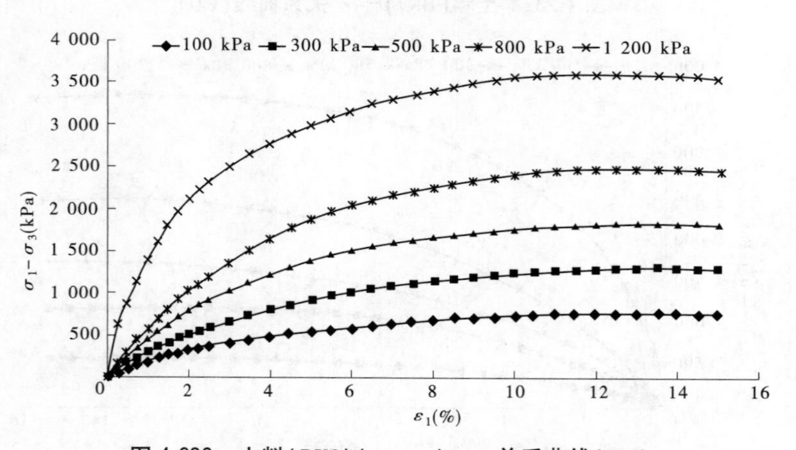

图 4-236　土料(BK8) $(\sigma_1-\sigma_3) \sim \varepsilon_1$ 关系曲线(UU)

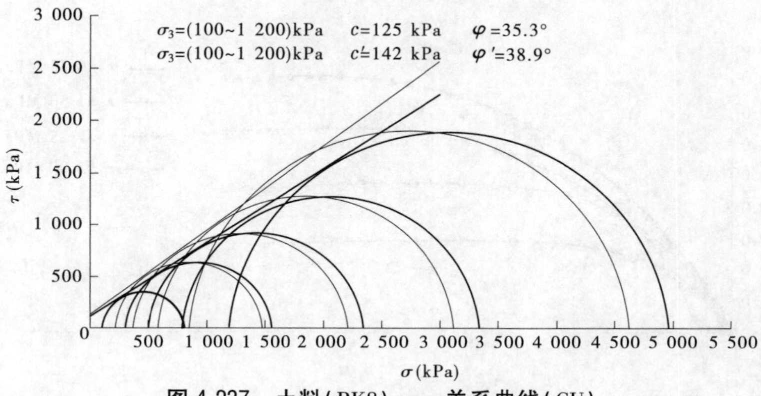

图 4-237　土料(BK8)$\tau \sim \sigma$ 关系曲线(CU)

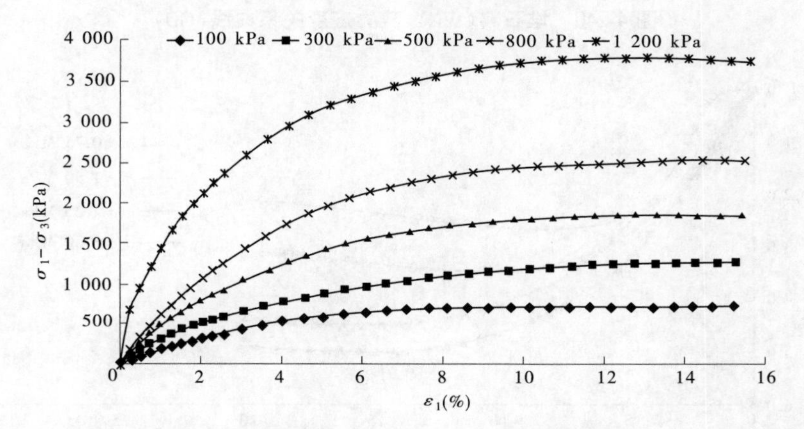

图 4-238　土料(BK8)$\varepsilon_1 \sim (\sigma_1-\sigma_3)$ 关系曲线(CU)

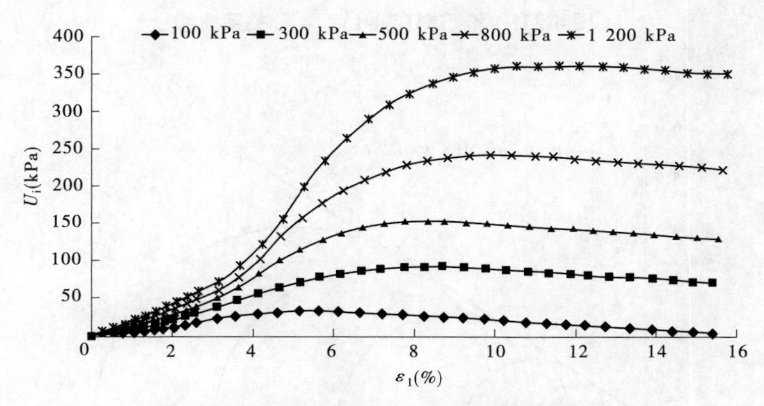

图 4-239　土料(BK8) $\varepsilon_1 \sim U_i$ 关系曲线(CU)

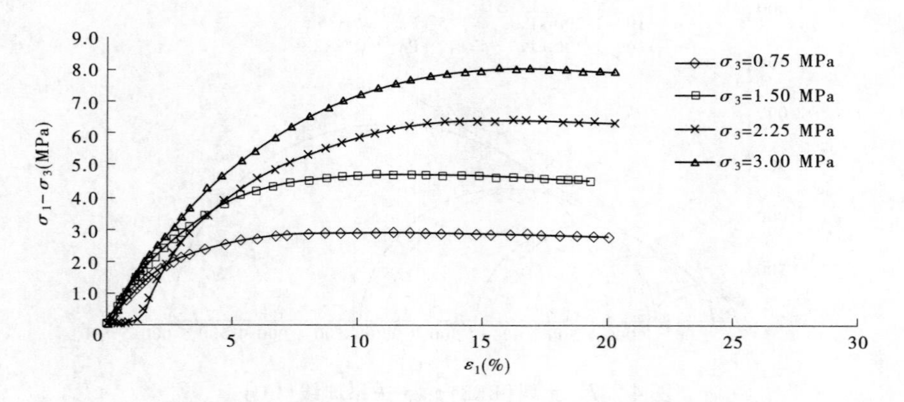

图 4-240 堆石料(WN1)应力应变关系曲线(CD)

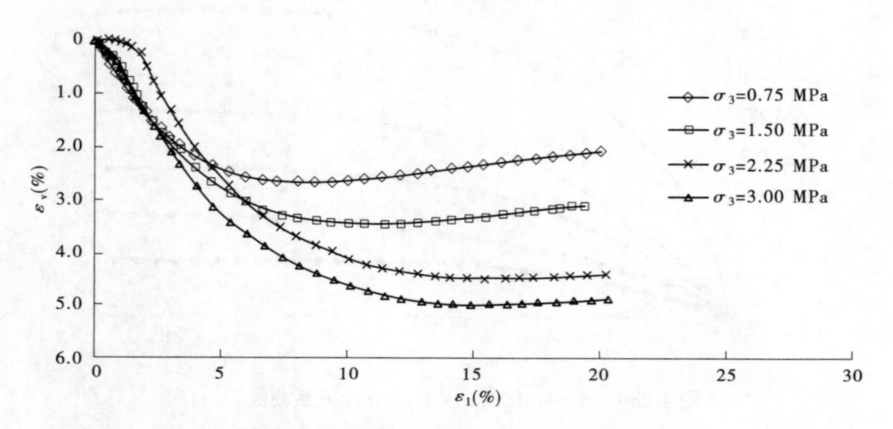

图 4-241 堆石料(WN1)$\varepsilon_1\sim\varepsilon_v$ 关系曲线

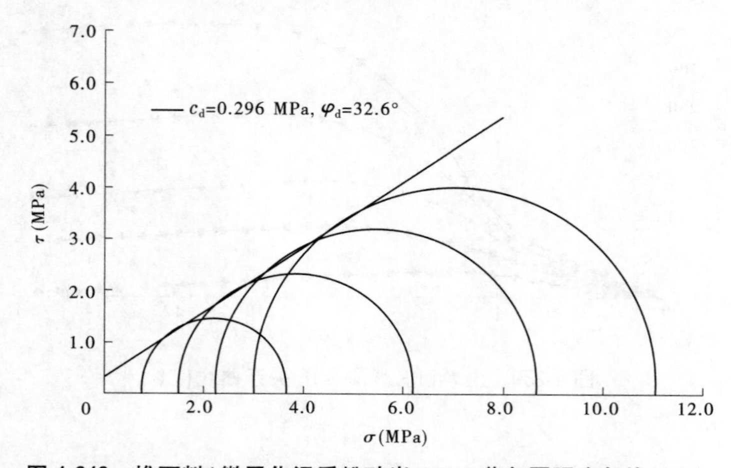

图 4-242 堆石料(微风化泥质粉砂岩 WN1)莫尔圆强度包线(CD)

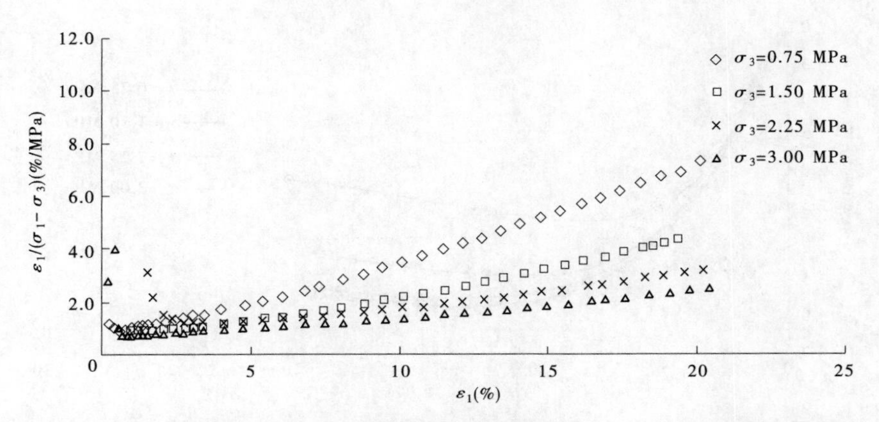

图 4-243　堆石料(WN1)初始切线模量 E_i 与主应力差 $(\sigma_1-\sigma_3)_{ult}$ 渐近值计算图

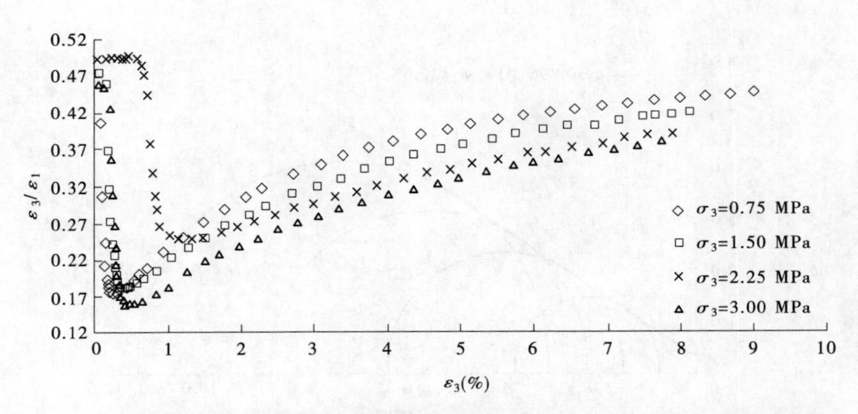

图 4-244　堆石料(微风化泥质粉砂岩)WN1($\varepsilon_3/\varepsilon_1$)~$\varepsilon_3$ 关系曲线

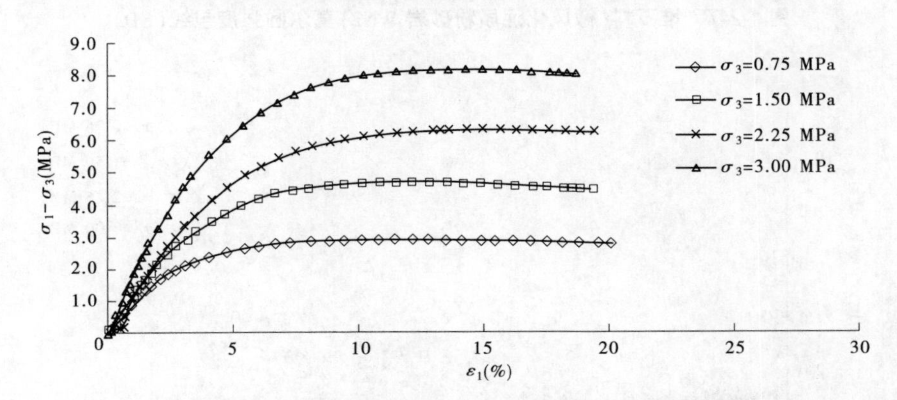

图 4-245　堆石料(微风化泥质粉砂岩 WN2)应力应变关系曲线(CD)

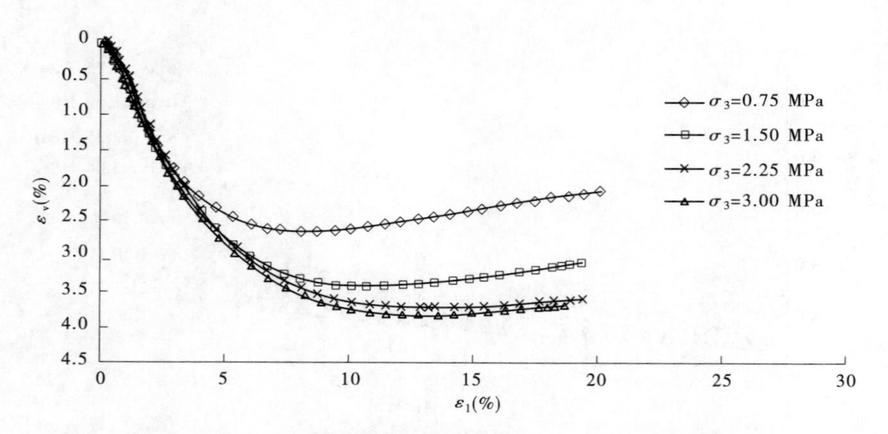

图 4-246　堆石料(微风化泥质粉砂岩 WN2)$\varepsilon_1 \sim \varepsilon_v$ 关系曲线

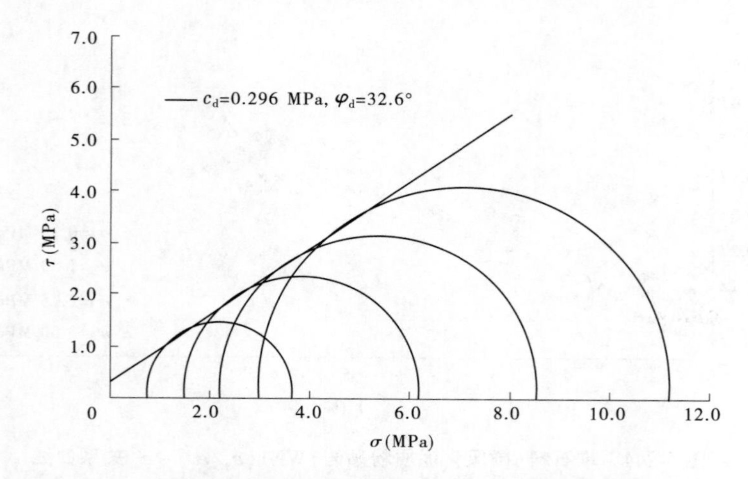

图 4-247　堆石料(微风化泥质粉砂岩 WN2)莫尔圆强度包线(CD)

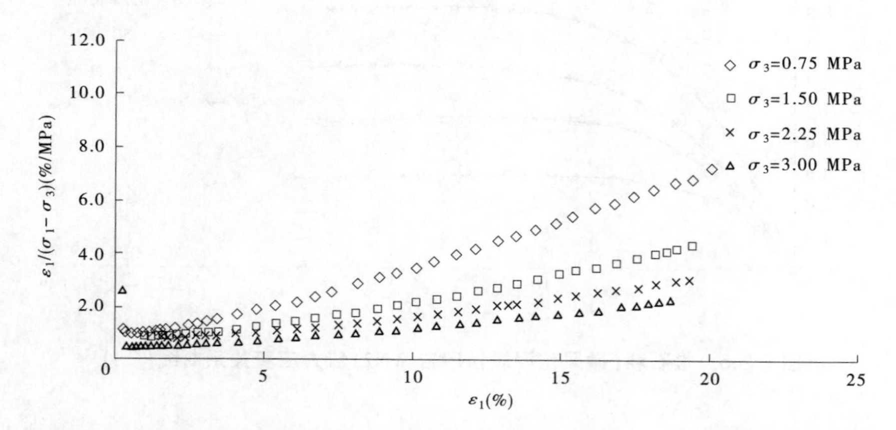

图 4-248　堆石料(WN2)初始切线模量 E_i 与主应力差$(\sigma_1-\sigma_3)_{ult}$ 渐近值计算图

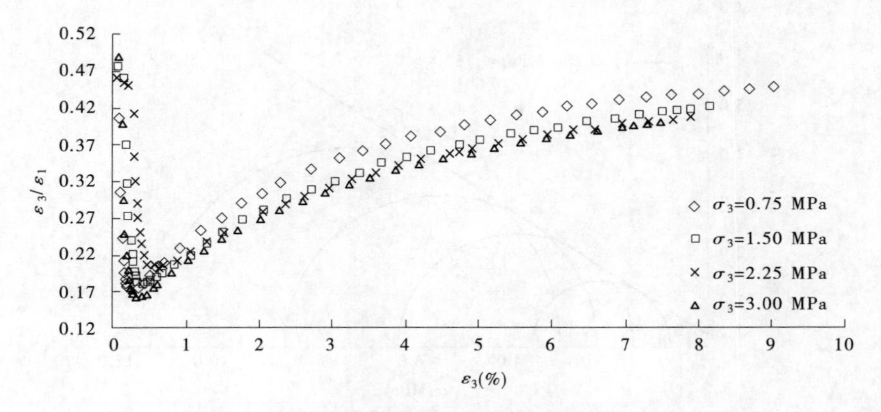

图 4-249　堆石料 WN2($\varepsilon_3/\varepsilon_1$)~$\varepsilon_3$ 关系曲线

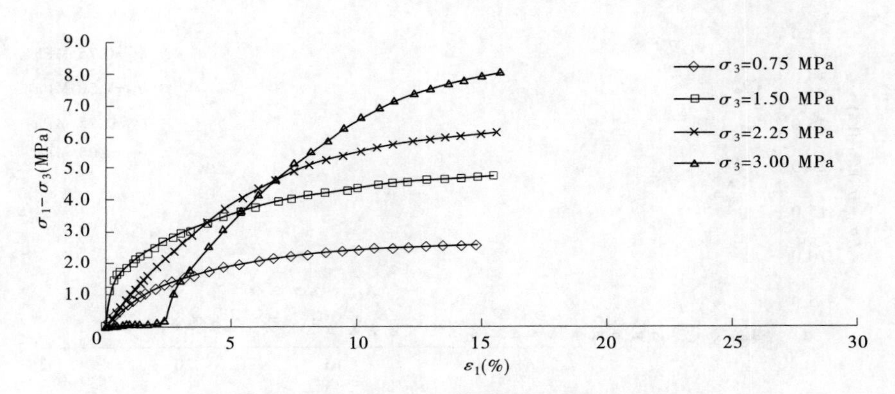

图 4-250　堆石料(RN4)应力应变关系曲线(CD)

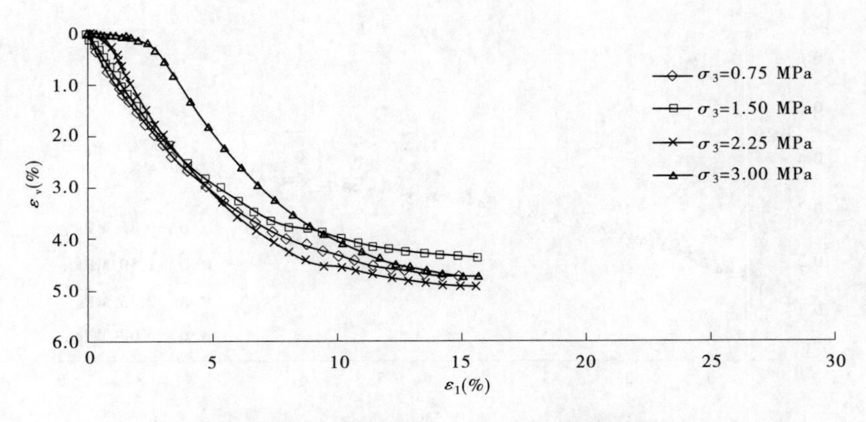

图 4-251　堆石料(RN4)ε_1~ε_v 关系曲线

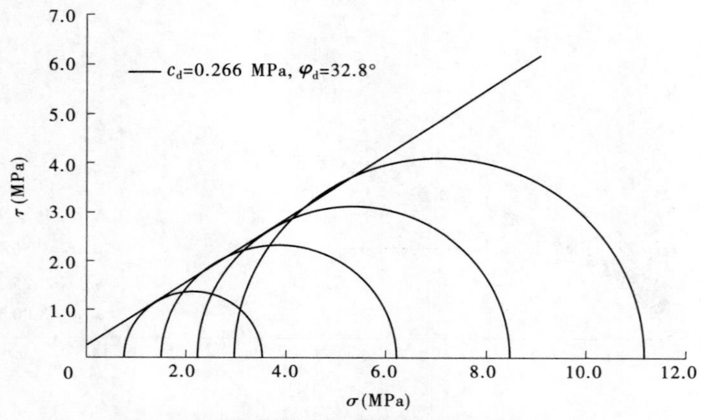

图 4-252　堆石料 RN4 莫尔圆强度包线(CD)

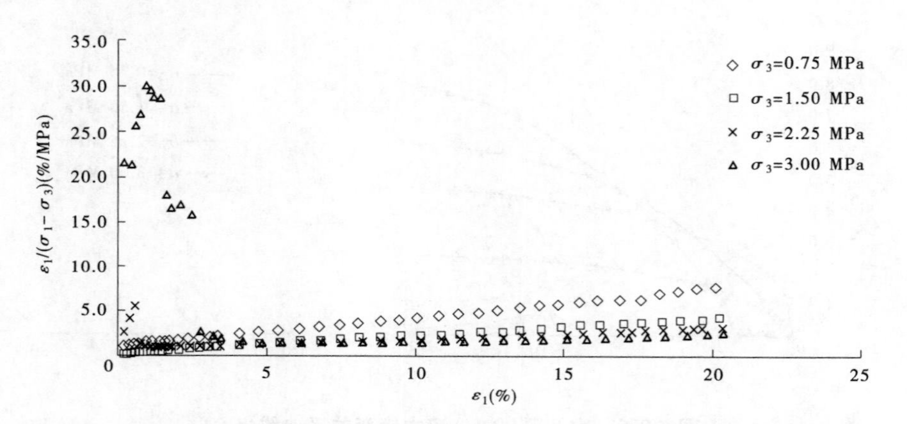

图 4-253　堆石料(RN4)初始切线模量 E_i 与主应力差 $(\sigma_1-\sigma_3)_{ult}$ 渐近值计算图

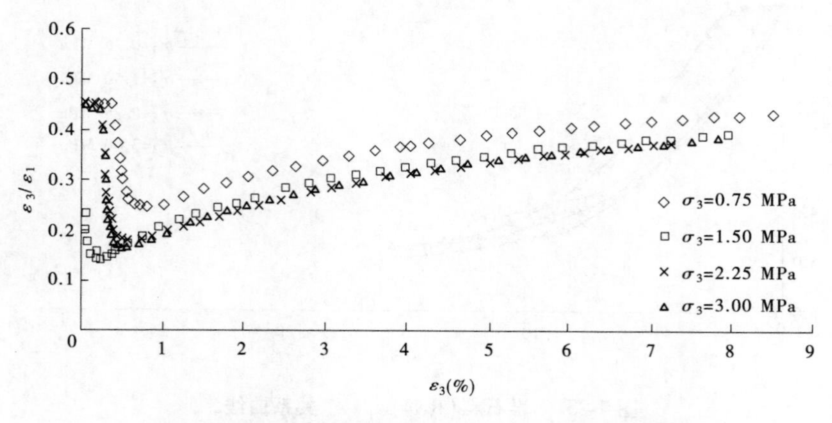

图 4-254　堆石料 RN4$(\varepsilon_3/\varepsilon_1)\sim\varepsilon_3$ 关系曲线

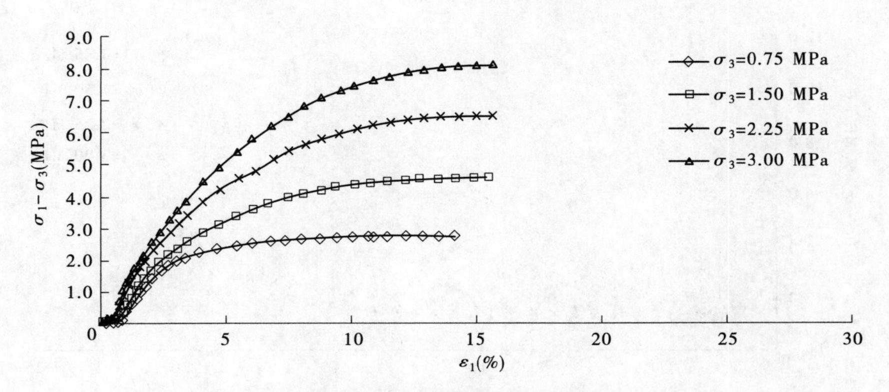

图 4-255　堆石料(RN5)应力应变关系曲线(CD)

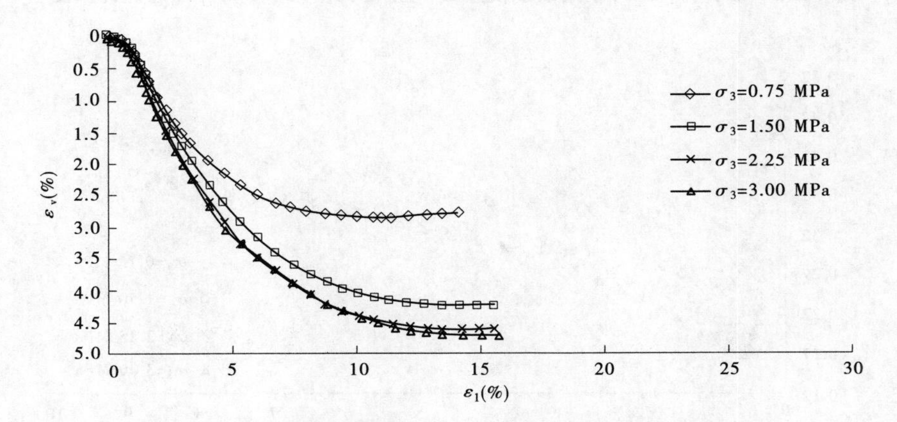

图 4-256　堆石料(RN5)$\varepsilon_1\sim\varepsilon_v$ 关系曲线

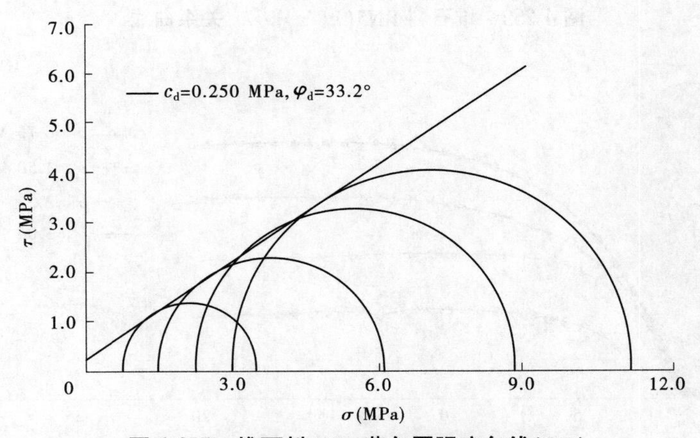

图 4-257　堆石料 RN5 莫尔圆强度包线(CD)

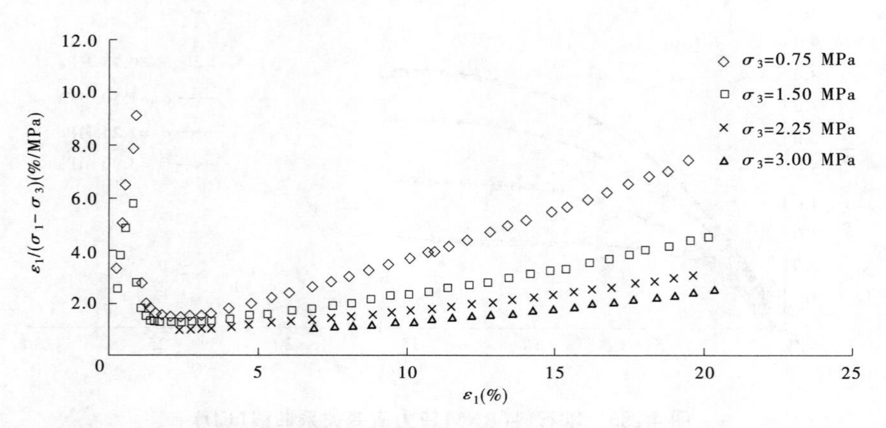

图 4-258 堆石料(RN5)初始切线模量 E_i 与主应力差 $(\sigma_1-\sigma_3)_{ult}$ 渐近值计算图

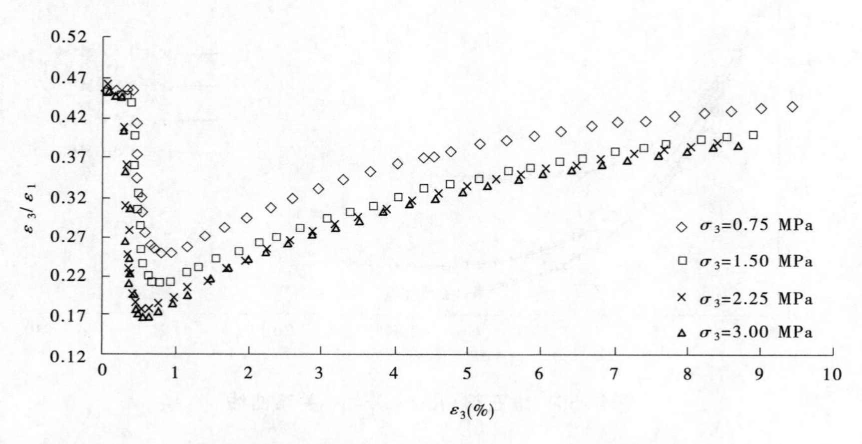

图 4-259 堆石料 RN5$(\varepsilon_3/\varepsilon_1)\sim\varepsilon_3$ 关系曲线

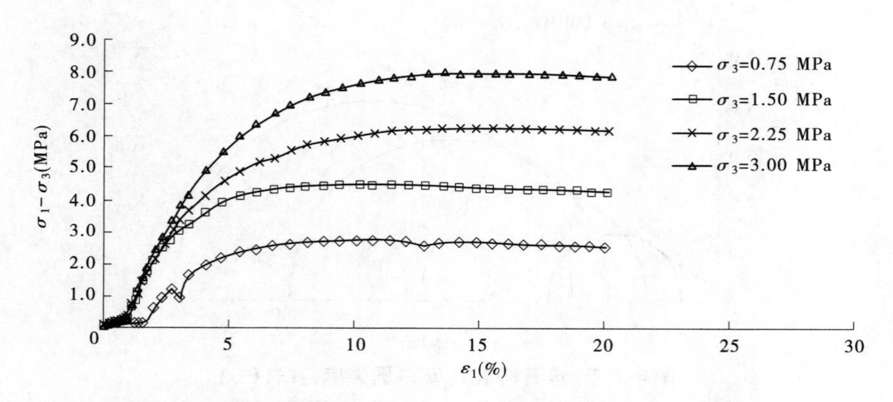

图 4-260 堆石料(RQN7)应力应变关系曲线(CD)

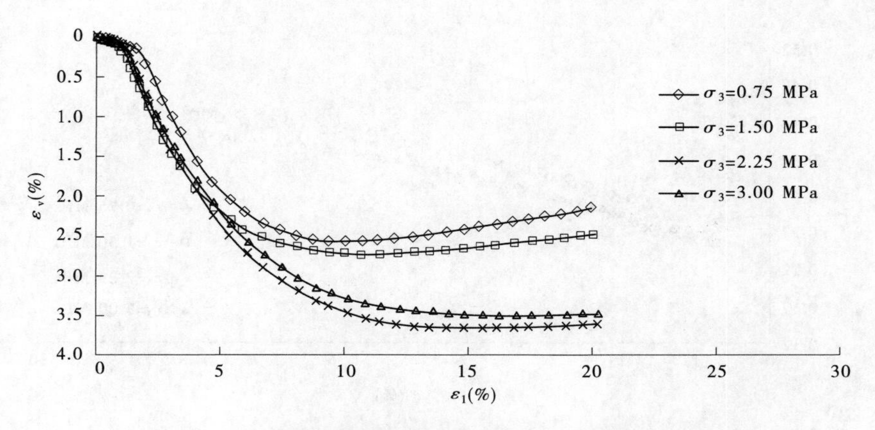

图 4-261　堆石料(RQN7)$\varepsilon_1 \sim \varepsilon_v$ 关系曲线

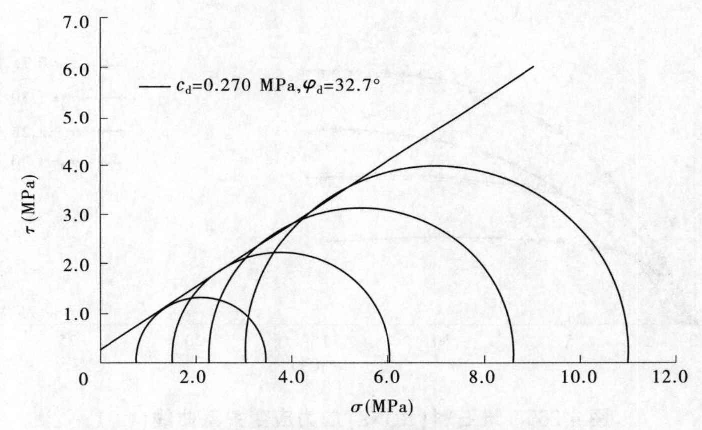

图 4-262　堆石料 RQN7 莫尔圆强度包线(CD)

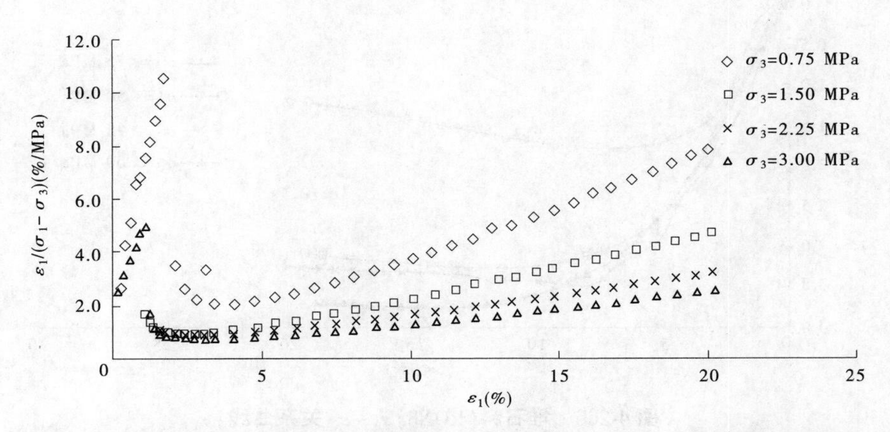

图 4-263　堆石料(RQN7)初始切线模量 E_i 与主应力差 $(\sigma_1-\sigma_3)_{ult}$ 渐近值计算图

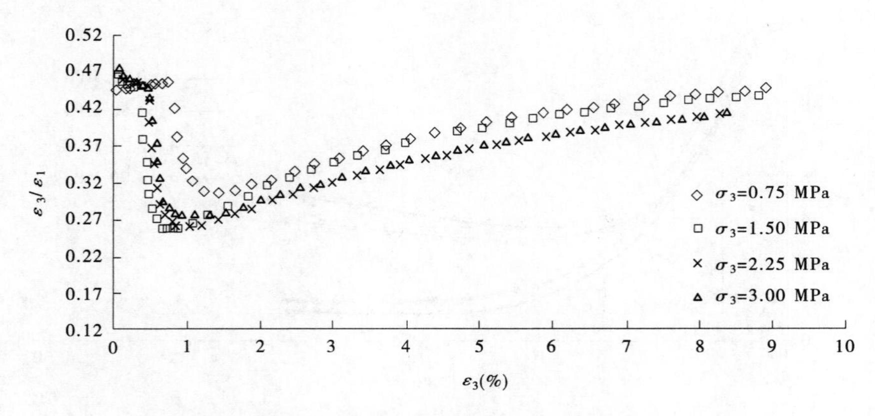

图 4-264　堆石料 RQN7($\varepsilon_3/\varepsilon_1$) ~ ε_3 关系曲线

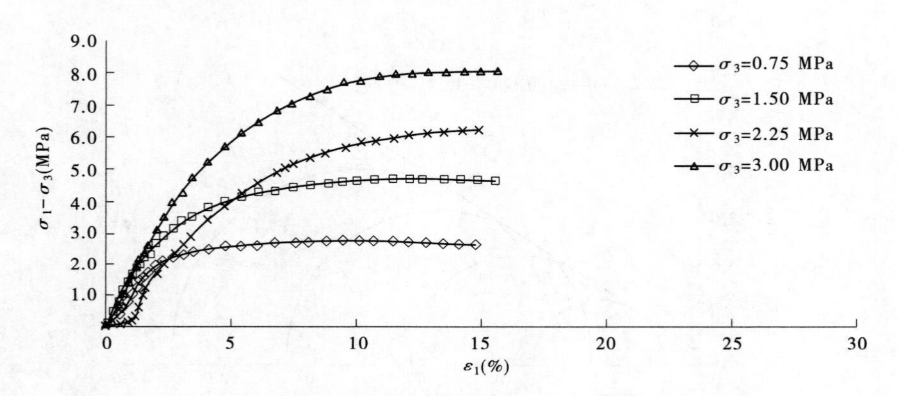

图 4-265　堆石料(RQN8)应力应变关系曲线(CD)

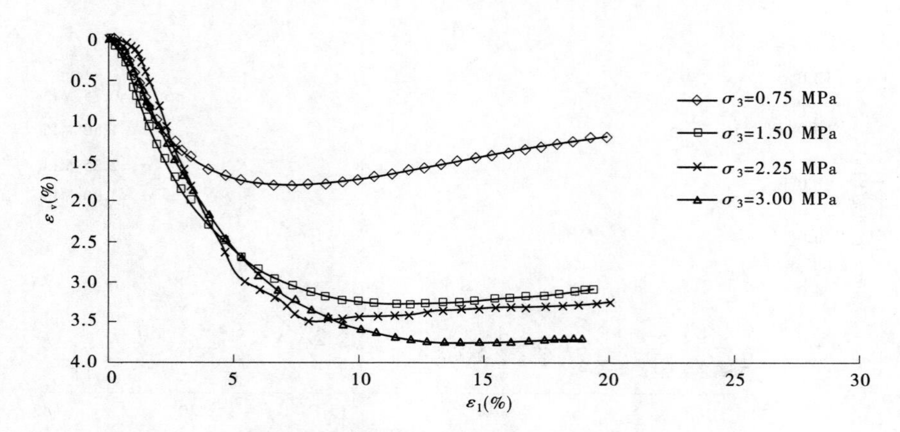

图 4-266　堆石料(RQN8) ε_1 ~ ε_v 关系曲线

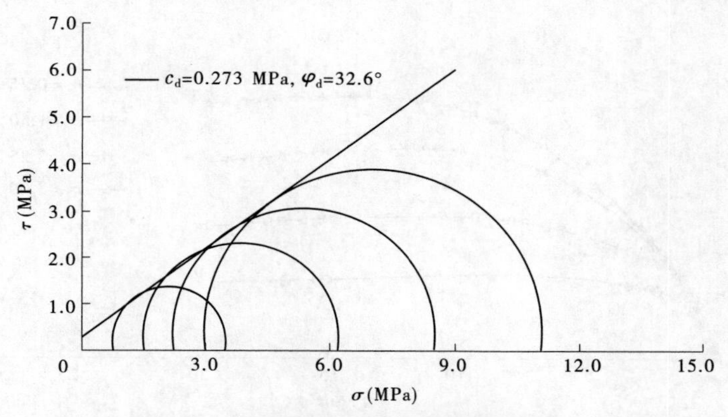

图 4-267　堆石料 RQN8 莫尔圆强度包线(CD)

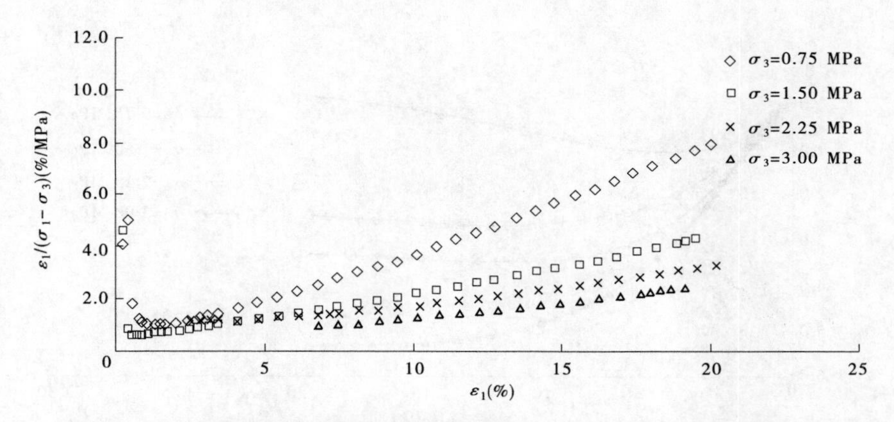

图 4-268　堆石料(RQN8)初始切线模量 E_i 与主应力差 $(\sigma_1-\sigma_3)_{ult}$ 渐近值计算图

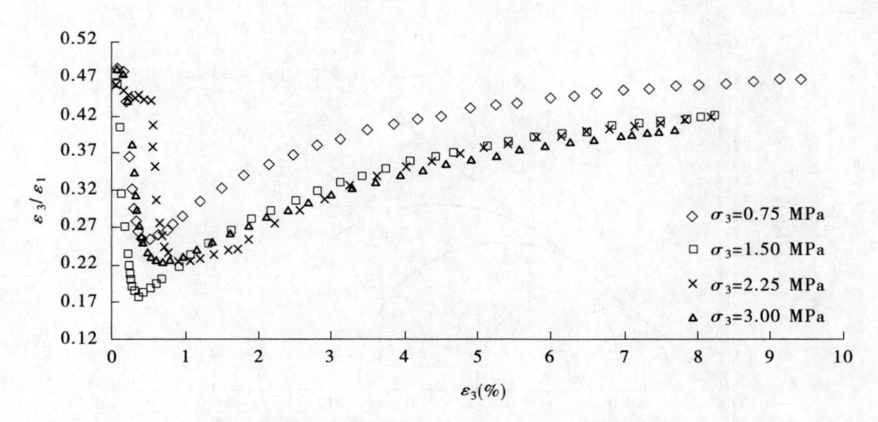

图 4-269　堆石料 RQN8$(\varepsilon_3/\varepsilon_1)\sim\varepsilon_3$ 关系曲线

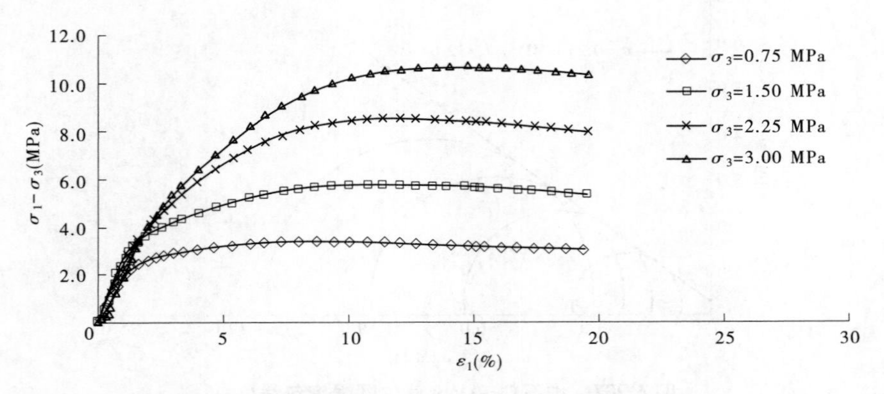

图 4-270　堆石料(微风化砂岩 SD1)应力应变关系曲线(CD)

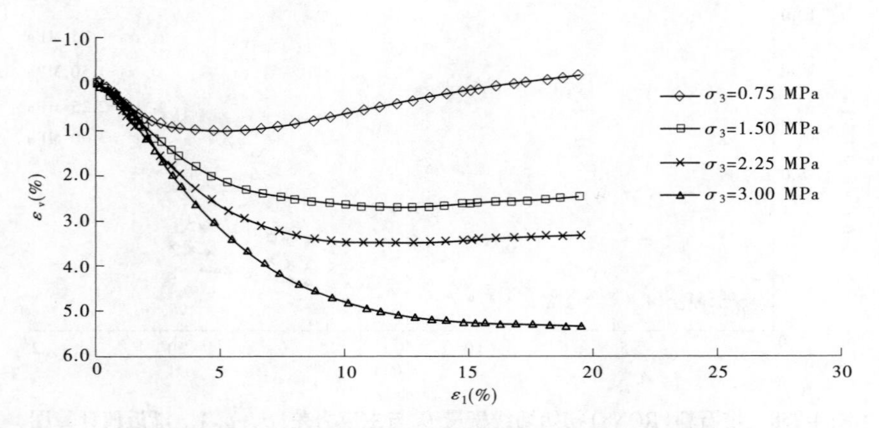

图 4-271　堆石料(微风化砂岩 SD1)$\varepsilon_1 \sim \varepsilon_v$ 关系曲线

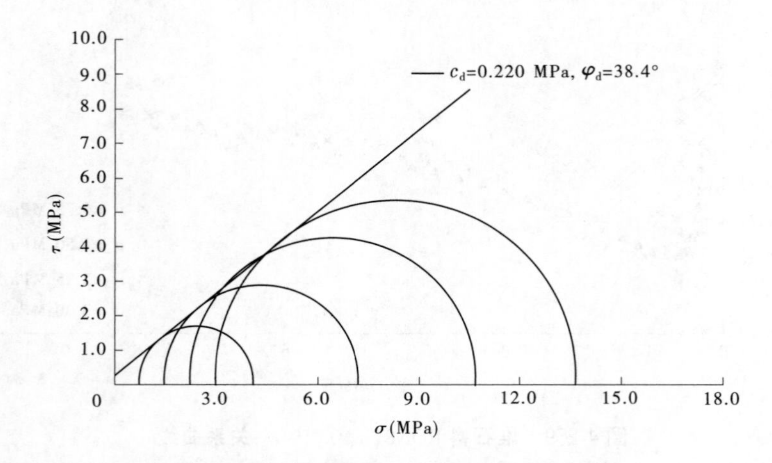

图 4-272　堆石料 SD1 莫尔圆强度包线(CD)

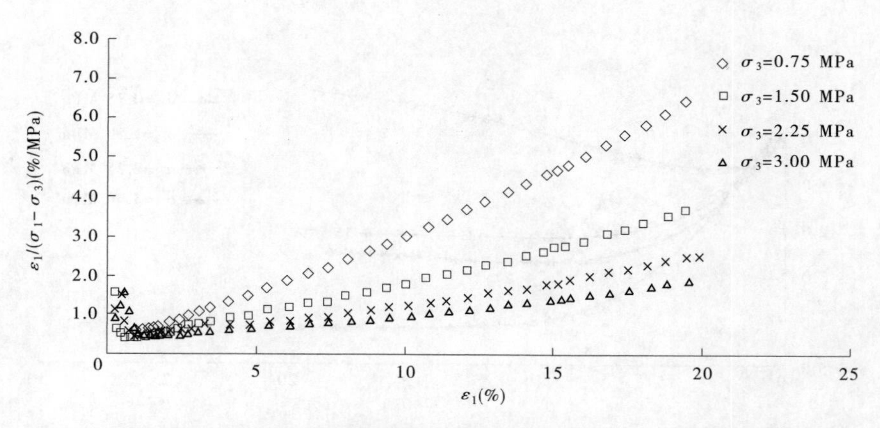

图4-273　堆石料(SD1)初始切线模量 E_i 与主应力差 $(\sigma_1-\sigma_3)_{ult}$ 渐近值计算图

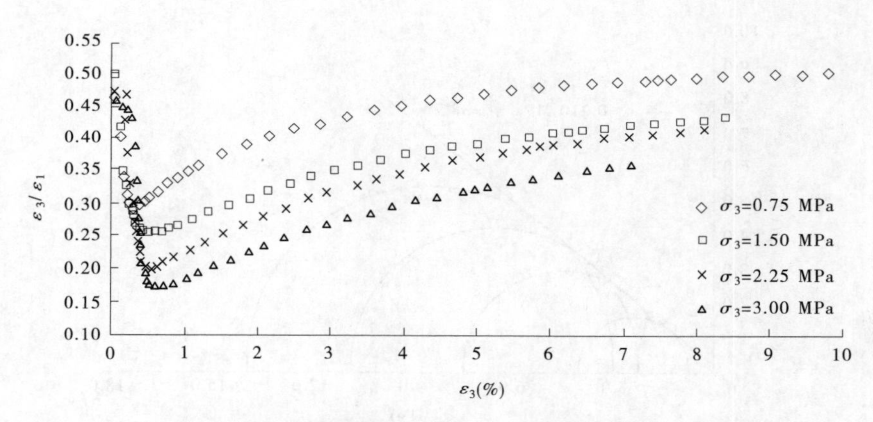

图4-274　堆石料SD1$(\varepsilon_3/\varepsilon_1)\sim\varepsilon_3$ 关系曲线

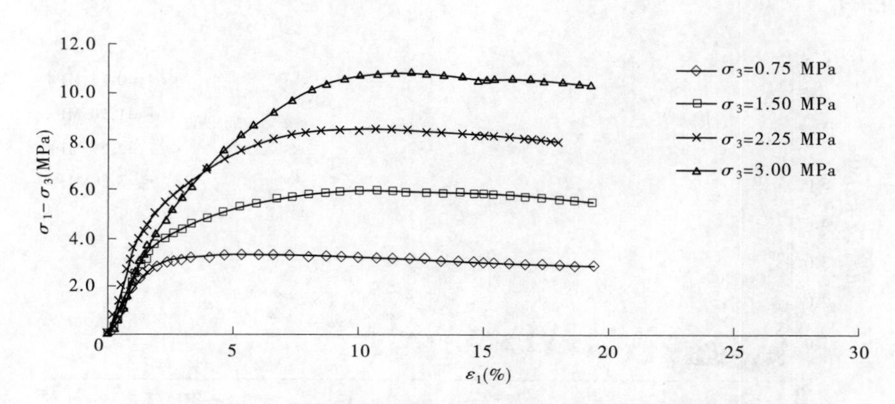

图4-275　堆石料(微风化砂岩SD2)应力应变关系曲线(CD)

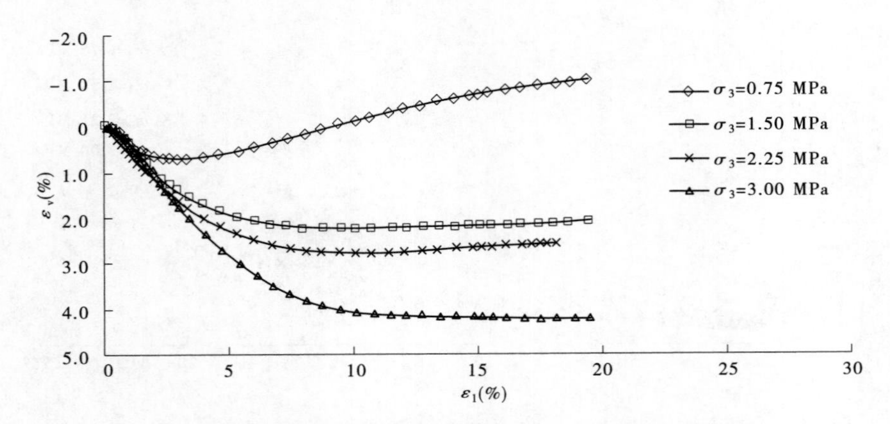

图 4-276　堆石料(微风化砂岩 SD2) $\varepsilon_1 \sim \varepsilon_v$ 关系曲线

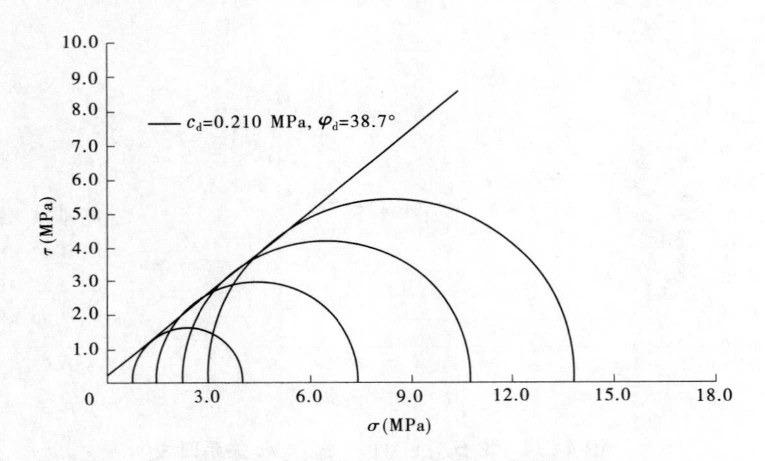

图 4-277　堆石料 SD2 莫尔圆强度包线(CD)

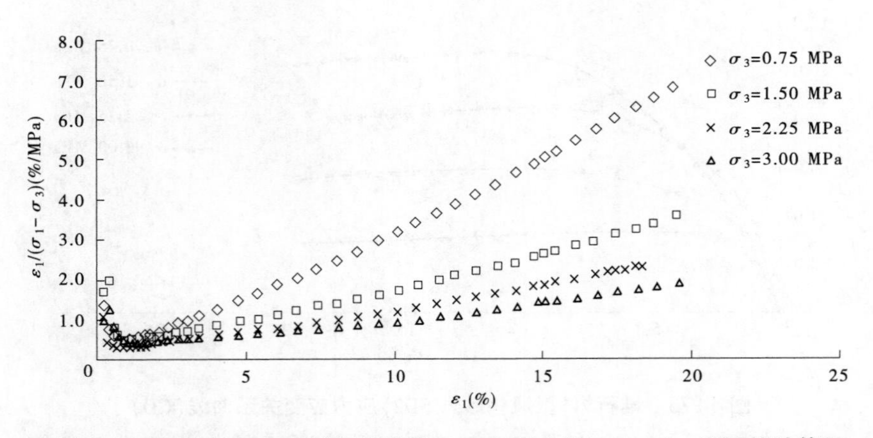

图 4-278　堆石料(SD2)初始切线模量 E_i 与主应力差 $(\sigma_1-\sigma_3)_{ult}$ 渐近值计算图

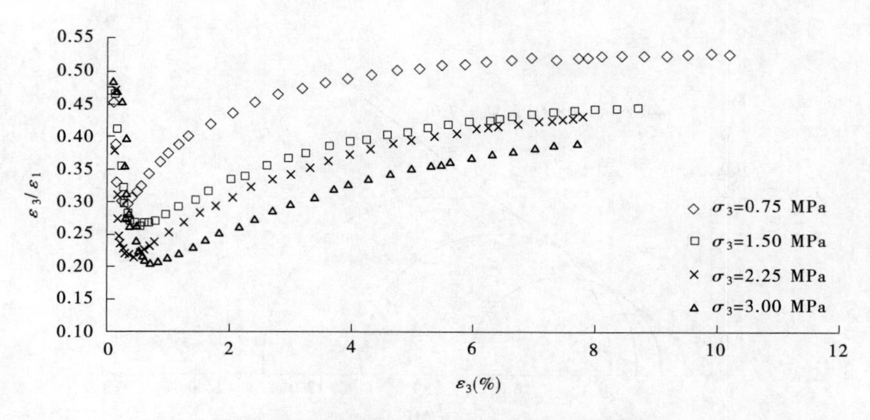

图4-279　堆石料SD2($\varepsilon_3/\varepsilon_1$)~$\varepsilon_3$关系曲线

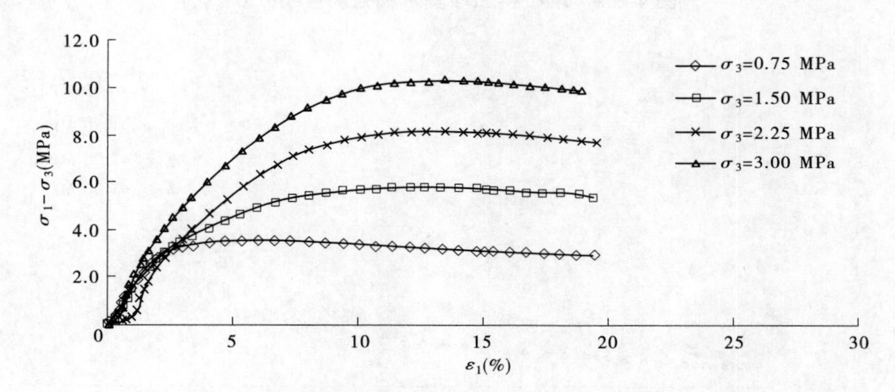

图4-280　堆石料(弱风化砂岩SD4)应力应变关系曲线(CD)

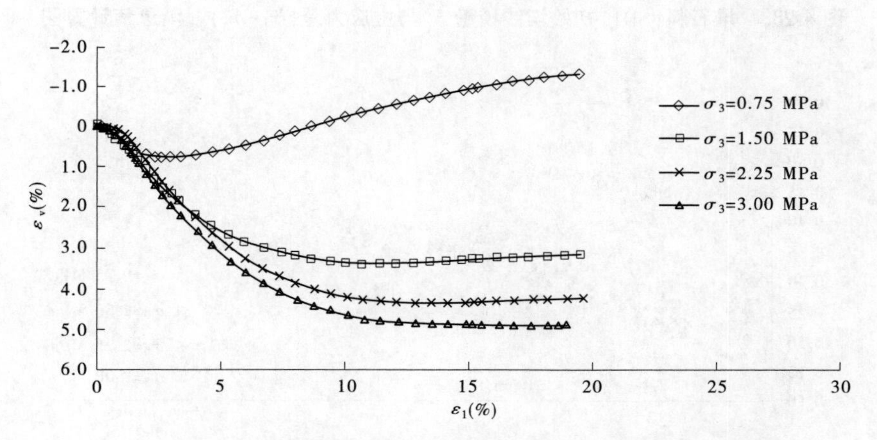

图4-281　堆石料(弱风化砂岩SD4)ε_1~ε_v关系曲线

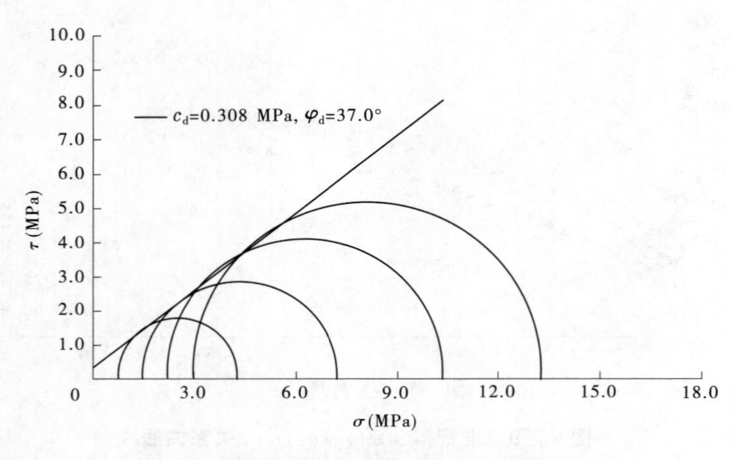

图 4-282 堆石料 SD4 莫尔圆强度包线(CD)

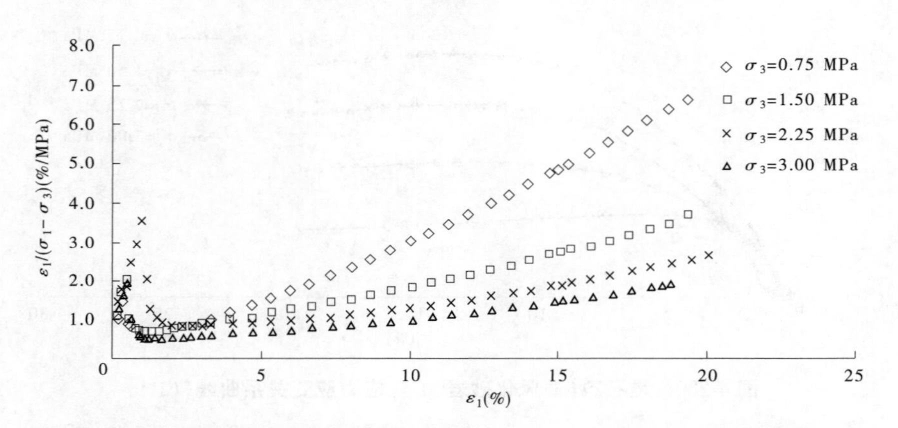

图 4-283 堆石料(SD1)初始切线模量 E_i 与主应力差 $(\sigma_1-\sigma_3)_{ult}$ 渐近值计算图

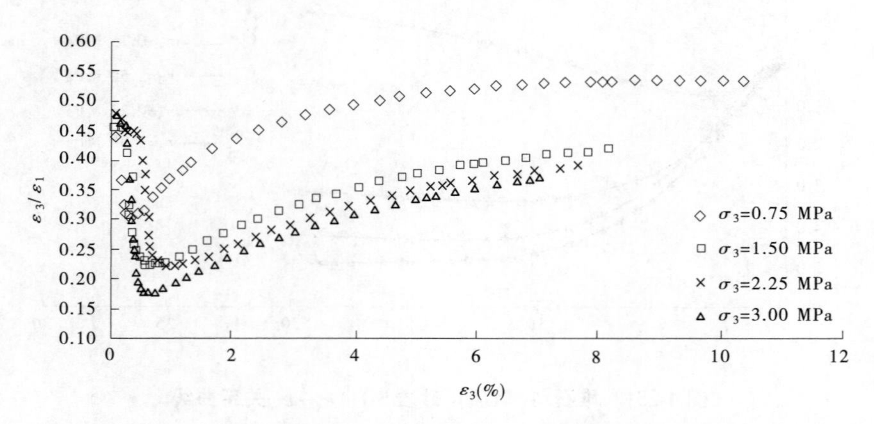

图 4-284 堆石料 SD4$(\varepsilon_3/\varepsilon_1)\sim\varepsilon_3$ 关系曲线

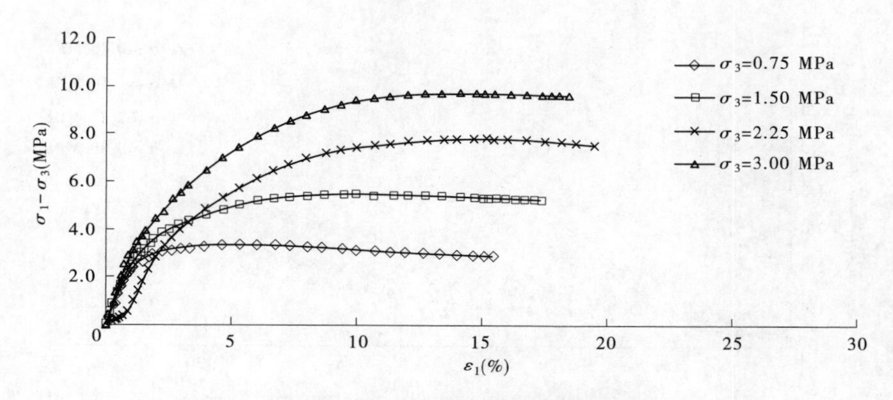

图 4-285　堆石料(SD5)应力应变关系曲线(CD)

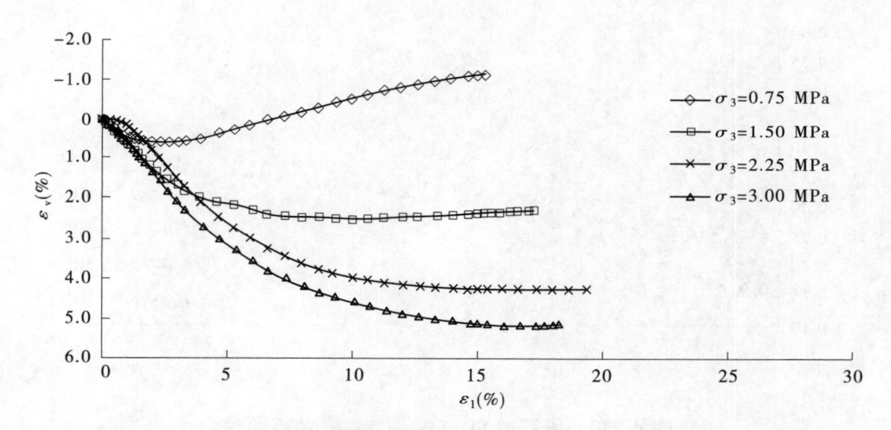

图 4-286　堆石料(弱风化砂岩 SD5)$\varepsilon_1 \sim \varepsilon_v$ 关系曲线

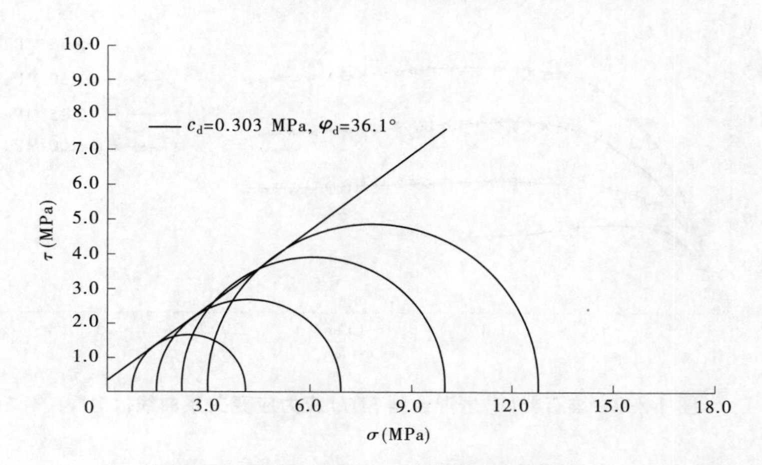

图 4-287　堆石料 SD5 莫尔圆强度包线(CD)

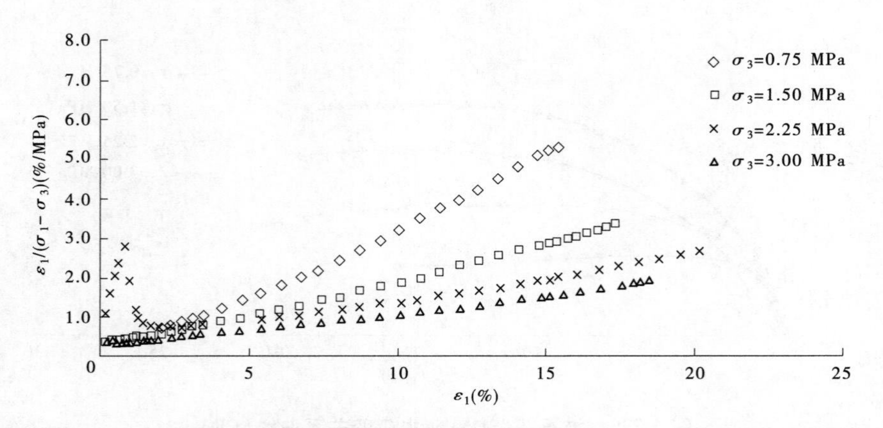

图 4-288　堆石料(SD5)初始切线模量 E_i 与主应力差 $(\sigma_1-\sigma_3)_{ult}$ 渐近值计算图

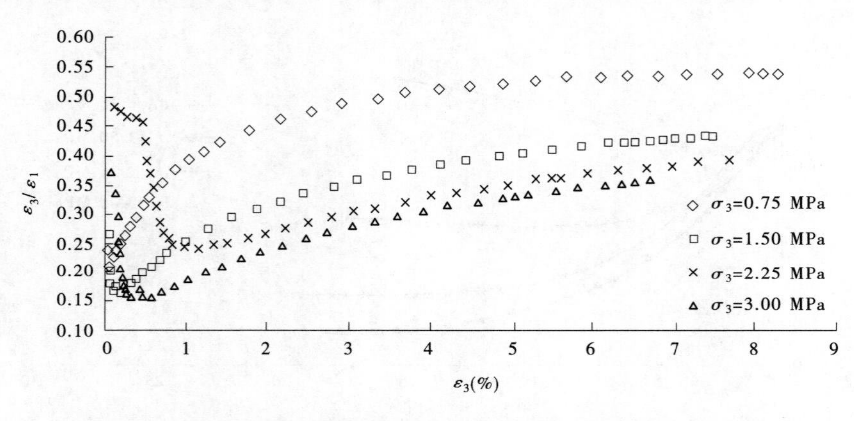

图 4-289　堆石料 SD5$(\varepsilon_3/\varepsilon_1)\sim\varepsilon_3$ 关系曲线

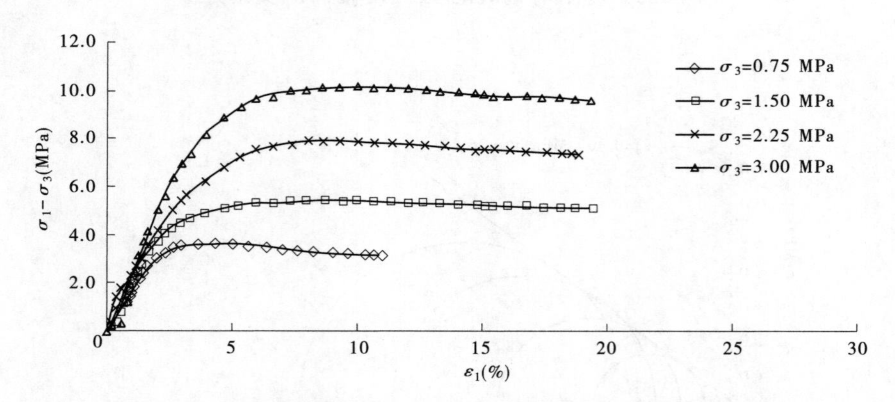

图 4-290　堆石料(砂岩混合料 SD7)应力应变关系曲线(CD)

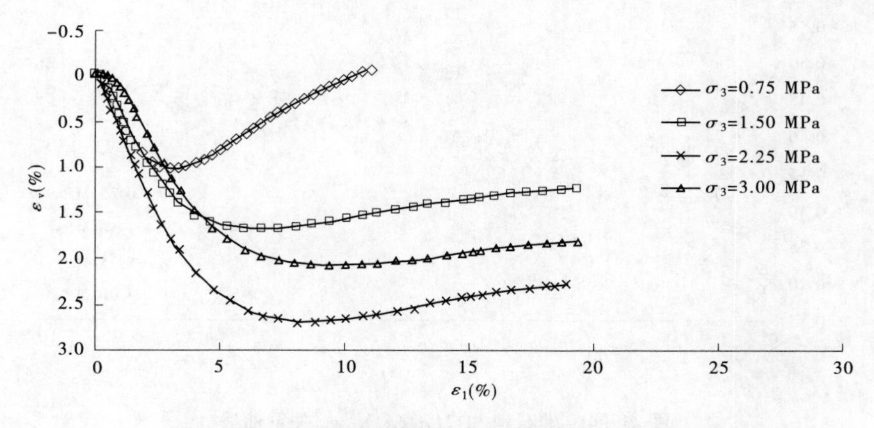

图 4-291　堆石料(砂岩混合料 SD7)$\varepsilon_1 \sim \varepsilon_v$ 关系曲线

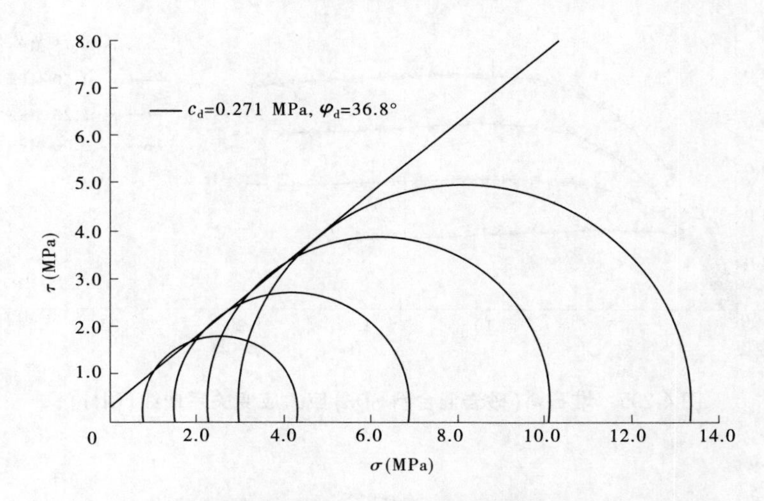

图 4-292　堆石料 SD7 莫尔圆强度包线(CD)

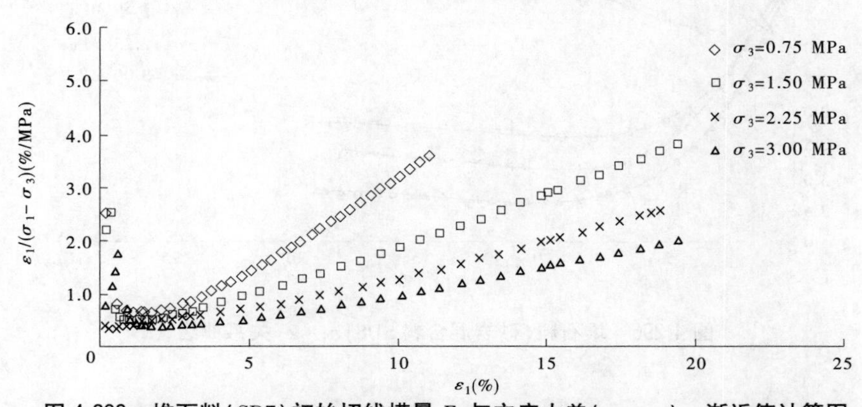

图 4-293　堆石料(SD7)初始切线模量 E_i 与主应力差$(\sigma_1-\sigma_3)_{ult}$ 渐近值计算图

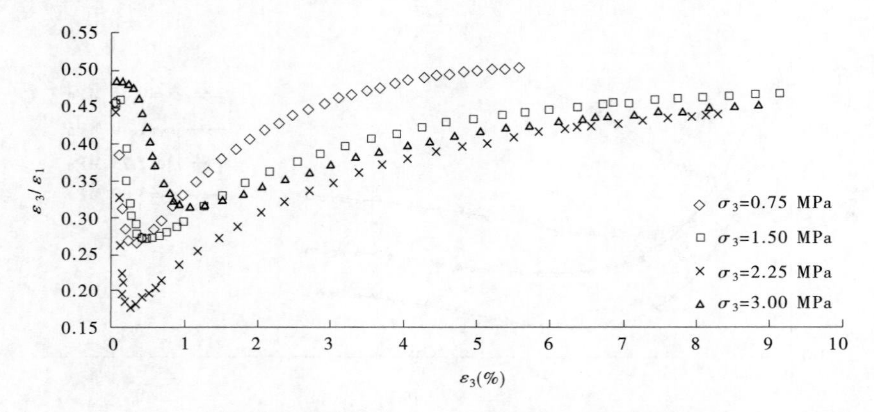

图 4-294　堆石料 SD7($\varepsilon_3/\varepsilon_1$) ~ ε_3 关系曲线

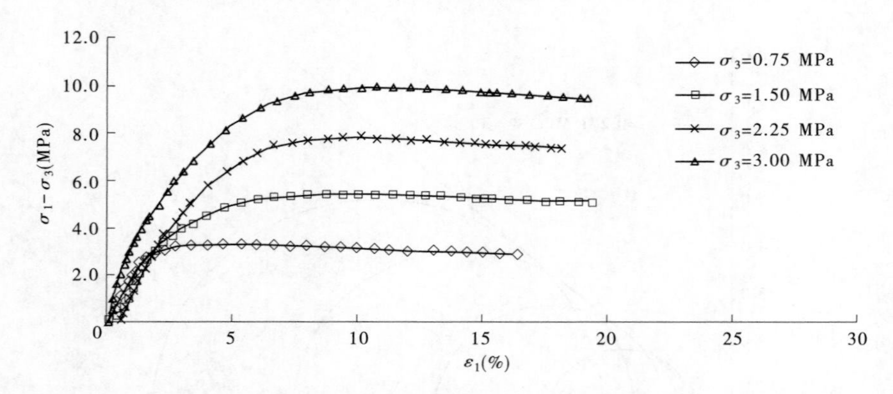

图 4-295　堆石料(砂岩混合料 SD8)应力应变关系曲线(CD)

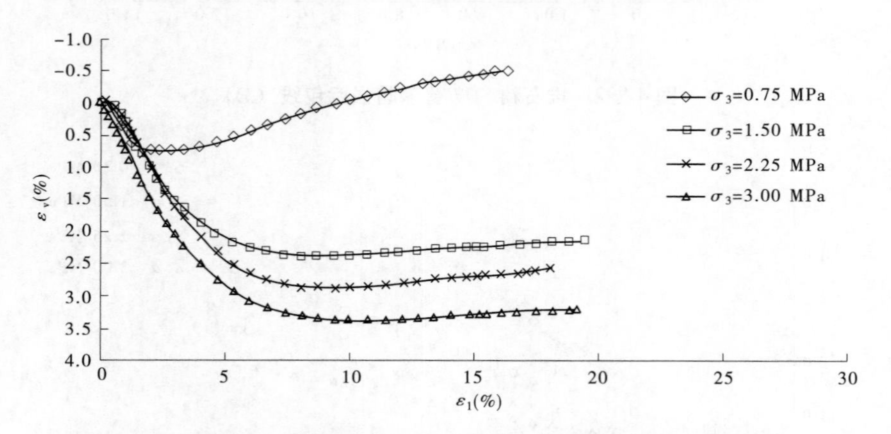

图 4-296　堆石料(砂岩混合料 SD8) ε_1 ~ ε_v 关系曲线

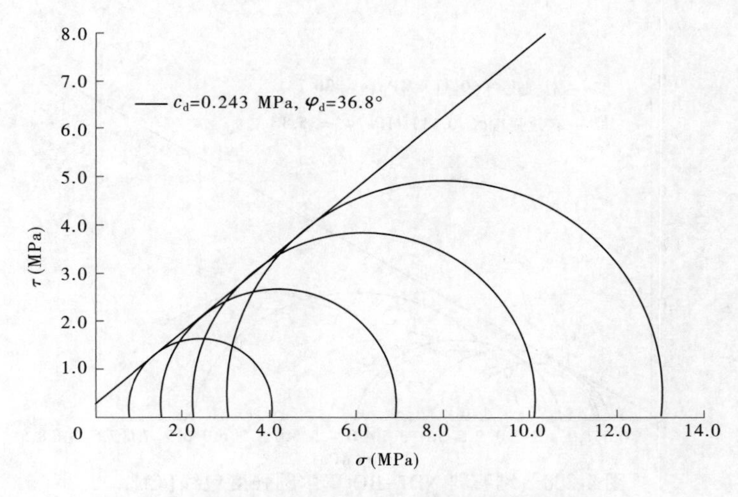

图 4-297　堆石料 SD8 莫尔圆强度包线(CD)

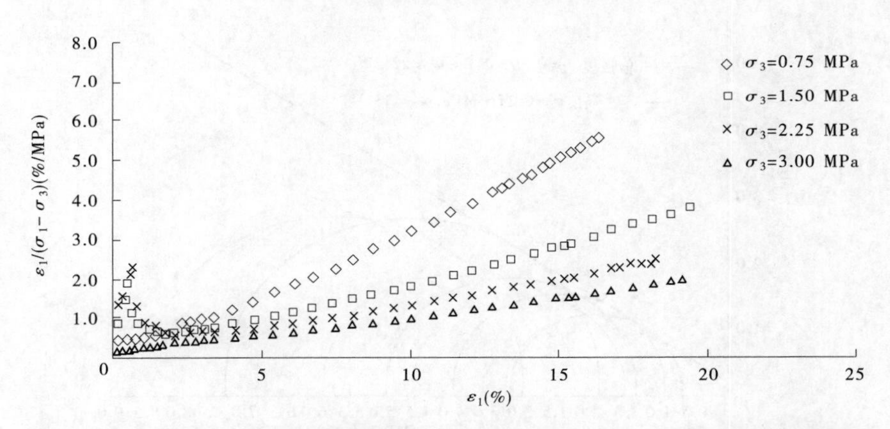

图 4-298　堆石料(SD8)初始切线模量 E_i 与主应力差 $(\sigma_1-\sigma_3)_{ult}$ 渐近值计算图

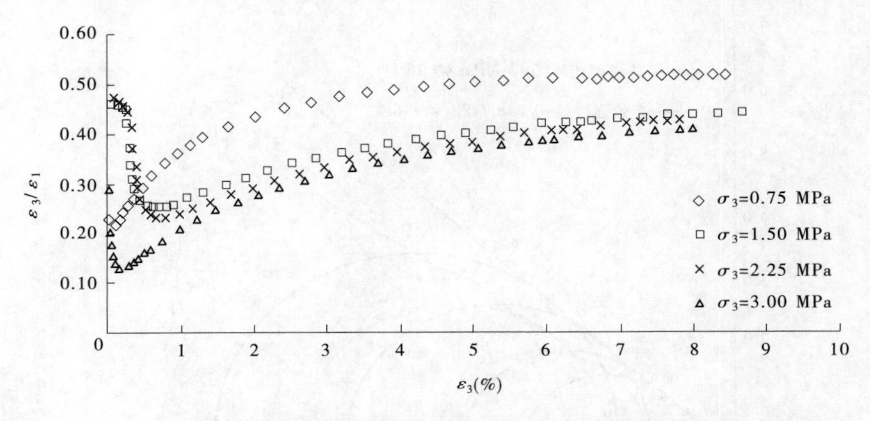

图 4-299　堆石料 SD8$(\varepsilon_3/\varepsilon_1)\sim\varepsilon_3$ 关系曲线

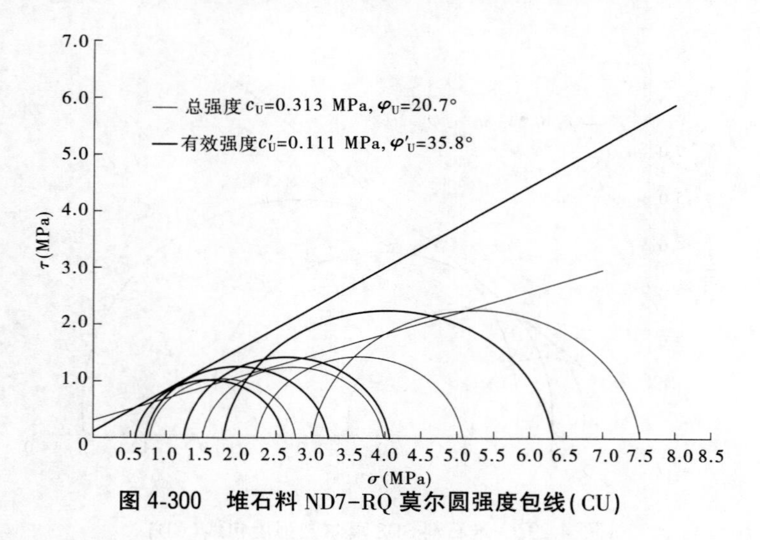

图 4-300　堆石料 ND7-RQ 莫尔圆强度包线(CU)

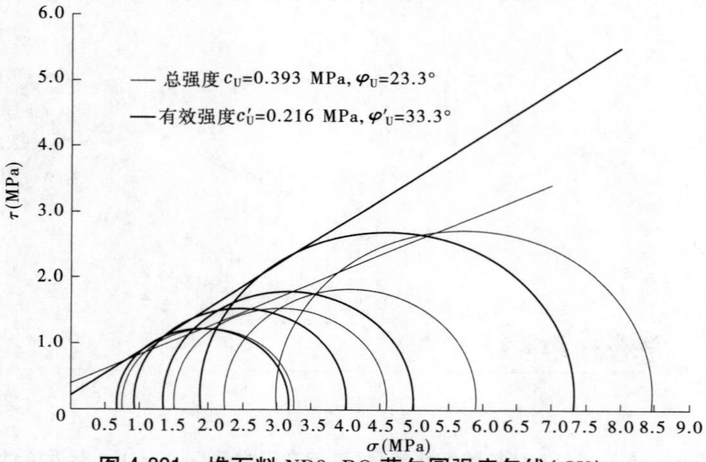

图 4-301　堆石料 ND8-RQ 莫尔圆强度包线(CU)

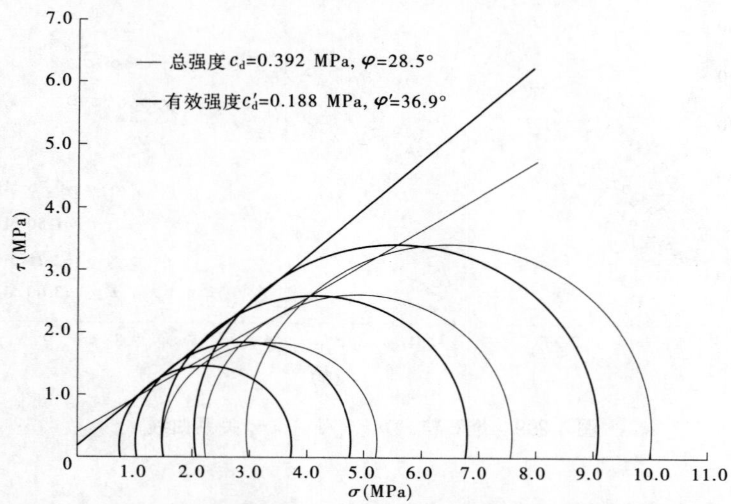

图 4-302　堆石料(弱、强风化砂岩混合料)SD7 三轴压缩莫尔圆强度包线(CU)

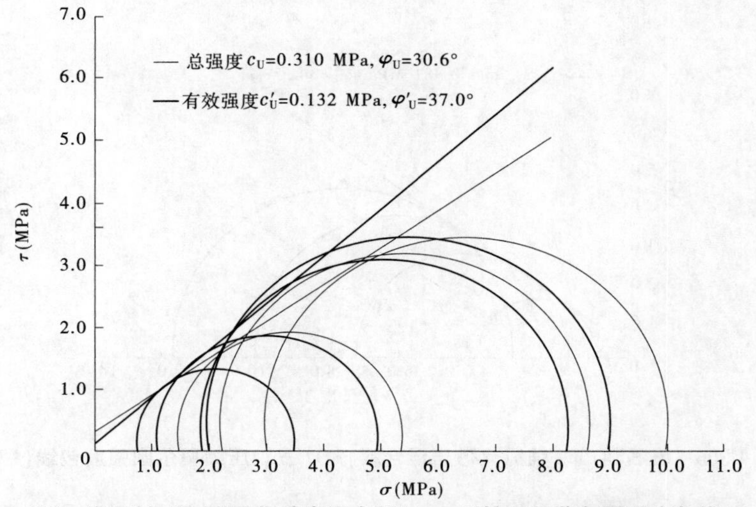

图 4-303 堆石料(弱、强风化砂岩混合料)SD8 三轴压缩莫尔圆强度包线(CU)

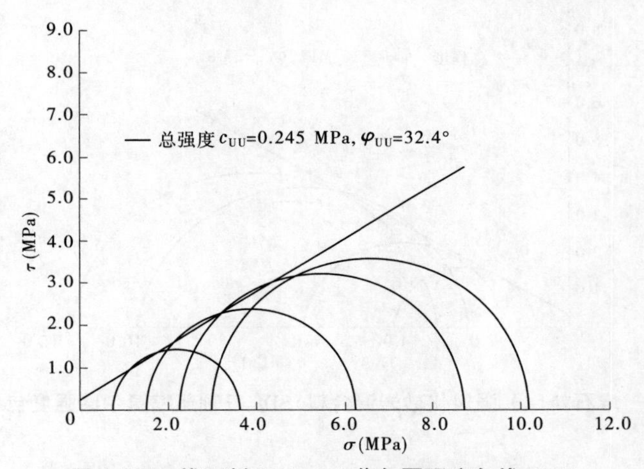

图 4-304 堆石料 ND7-RQ 莫尔圆强度包线(UU)

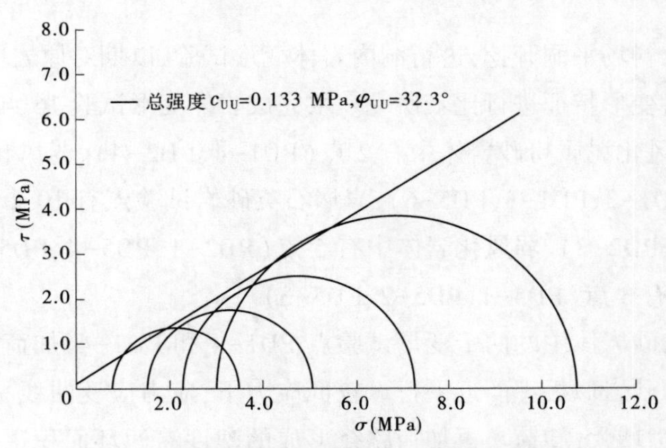

图 4-305 堆石料 ND8-RQ 莫尔圆强度包线(UU)

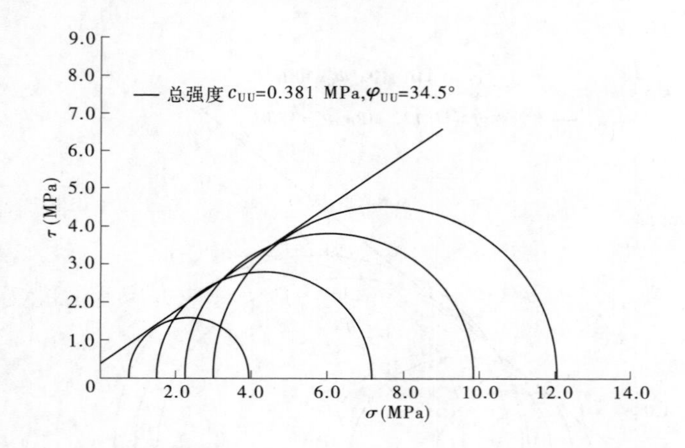

图 4-306 堆石料(弱、强风化砂岩混合料)SD7 三轴压缩莫尔圆强度包线(UU)

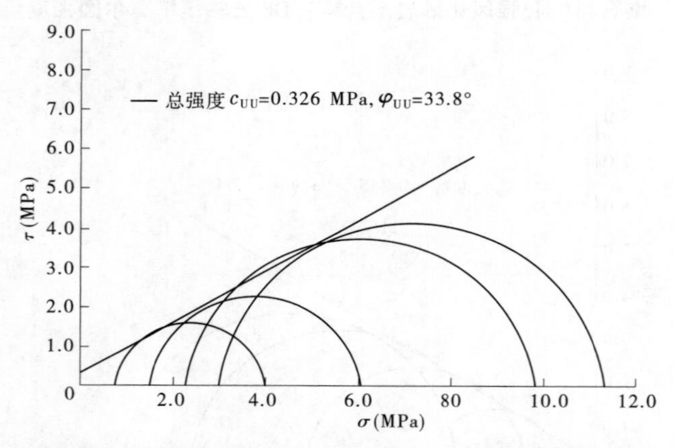

图 4-307 堆石料(弱、强风化砂岩混合料)SD8 三轴压缩莫尔圆强度包线(UU)

4.2.4 原位岩体变形试验

结合坝址区及料场平洞开挖,进行洞内岩体变形试验,以期对原岩应力应变路径与不同风化程度堆石料变形特征进行比较研究。共完成岩体变形试验 16 点,泥质粉砂岩试验点有 6 个,其中强风化泥质粉砂岩体中有 2 点(PD1-4、PD2-4)、弱风化泥质粉砂岩体中有 4 点(PD1-1、PD1-2、PD1-3、PD5-6);岩屑石英砂岩试验点有 10 个,其中强风化岩体中有 2 点(PD2-2、PD2-3)、弱风化岩体中有 5 点(PD2-1、PD5-4、PD5-5、PD5-7、PD5-8)、微风化岩体中有 3 点(PD5-1、PD5-2、PD5-3)。

强风化泥质粉砂岩体中的两个变形试验点 PD1-4 和 PD2-4,加荷方向均为水平向,加荷方向与泥质粉砂岩似板理面近平行。较低应力下,应力应变曲线呈近直线形或微上凸曲线形,随着应力增大,卸荷与再加荷路径形成的塑性滞回环面积逐渐增大,卸荷回弹模量呈逐渐增大趋势,回弹变形量呈缓慢增大趋势,应力应变路径表现出弹-塑性或弹-

黏性材料的特点。在未达到最大试验应力 4.71 MPa 条件下,试验点周边均发生沿似板理面的剪胀破坏。

弱风化泥质粉砂岩体中的四个变形试验点 PD1-1、PD1-2、PD1-3 和 PD5-6,加荷方向均为铅直方向,加荷方向与泥质粉砂岩似板理面呈 30°~40°。位于弱风化下带岩体中的试验点 PD1-1 和 PD5-6,岩体完整,似板理面结合紧密,应力应变曲线呈上凸或微上凸曲线形,随着应力增大,回弹变形量呈缓慢增大趋势。起始应力曲线段较陡,表现出较大弹变形模量,曲线中间段较为平缓,从第三或四级应力起应力应变曲线又表现出变陡,表现出层状、高压缩、完整岩体的变形特征。位于弱风化上带岩体中的试验点 PD1-2 和 PD1-3,岩体较完整,但似板理面结合较差,应力应变曲线呈现近似直线形或微下凸曲线形,随着应力增大,回弹变形量呈缓慢增大趋势。起始应力曲线段一般不陡于其余各级应力曲线段,表现为岩体变形受似板理面影响的特点。

强风化岩屑石英砂岩岩体中仅有 PD2-2 能够反映强风化岩体的应力应变特征,其加载方向为铅直向下,应力应变曲线呈微下凸曲线形,随着应力增大,卸荷回弹变形量明显增大,最大试验应力对应的总塑性变形量明显小于泥质粉砂岩,表现为完整性差且较坚硬岩体的变形特征。

弱风化岩屑石英砂岩岩体中的四个代表性变形试验点 PD5-4、PD5-5、PD5-7、PD5-8,加载方向均为铅直向下,应力应变曲线呈直线形或微下凸曲线形,随着应力增大,卸荷回弹变形量明显增大,最大试验应力对应的总塑性变形量明显小于强风化岩屑石英砂岩,表现为完整性差且较坚硬岩体的变形特征。

微风化岩屑石英砂岩岩体中的四个代表性变形试验点 PD5-1、PD5-2、PD5-3,其中 PD5-1、PD5-3 加载方向为铅直向下,应力应变曲线呈直线形,随着应力增大,卸荷回弹变形量显著增大;PD5-2 加载方向为水平向,应力应变曲线呈微上凸曲线形,前期较低应力阶段随着应力增大回弹变形量增大缓慢,后期较大应力阶段回弹变形量增大显著。最大试验应力对应的总塑性变形量较小,表现为完整性差且较坚硬岩体的变形特征,水平向与铅直向应力应变曲线的差异,反映了优势结构面对岩体变形的影响。

4.3　防渗土料试验与特性研究

4.3.1　基本物理性质

针对库坝区料源土层,从不同勘探区采取样品进行了大量试验研究。分别采取覆盖层、全风化层、覆盖层与全风化层混合样品以及覆盖层、全风化与强风化混合样品进行试验,试验项目包括颗粒分析、界限含水率、膨胀性、分散性、pH 值、可溶盐含量、有机质含量。为了全面广泛了解库坝区料源土层的基本物理性质,便于比较分析,将不同勘探区试验成果分别进行统计,统计结果见表 4-49、表 4-50 和图 4-308。

表 4-49　各勘探区料源土层试样颗分试验结果统计

勘探区	取样方式	料源层位	统计项目	百分含量(%)					
				>60 mm	>5 mm	>2 mm	<0.075 mm	<0.005 mm	黏粒在<5 mm颗粒中的占比
坝卡	钻孔采样	覆盖层	组数	3	3	3	3	3	3
			范围值	0~4.5	1.6~10.7	3.1~12	63.8~84	31~41	31.5~45.9
			平均值	1.5	4.9	6.2	75.4	36.6	38.8
		全风化层	组数	5	5	5	5	5	5
			范围值	0~14.4	22.4~40.9	27.1~52.4	32.6~63.0	10~27.5	16.6~36.8
			平均值	8.2	33.4	40.2	48	18.2	26.6
		覆盖层+全风化层	组数	3	3	3	3	3	3
			范围值	0~17.9	13.1~42.9	16.7~46.3	44.3~71.6	19~27	30.5~35.2
			平均值	9.3	26.4	29.5	59.1	23.4	33
	竖井采样	覆盖层+全风化层	组数	8	8	8	8	8	8
			范围值	0	42.9~83.6	53.7~89.4	5.7~39.6	3.4~18.6	18.9~42.8
			平均值	0	62.6	67.8	24.8	12.2	33.1
		覆盖层+全风化层+强风化	组数	8	8	8	8	8	8
			范围值	5.3~15.1	40.2~72	52.8~77	11.8~25.9	4~12.8	13.7~25.1
			平均值	8.3	57.5	65.4	17.9	7.9	18.5
坝基开挖及C勘探区	竖井采样	覆盖层+全风化层	组数	14	14	14	14	14	14
			范围值	4.7~27.7	32.5~66.8	36.2~71.2	14~41.7	7.7~25.1	17.5~40.3
			平均值	18.3	51.5	57	24.9	14.6	29.3

表4-50　各勘探区料源土层试样物理及化学性质试验结果统计

勘探区	采样方式	料源土层	统计项目	液限（%）	塑限（%）	塑性指数	自由膨胀率（%）	pH值	有机质含量（%）	易溶盐含量（%）	分散性试验		
											双密度计法 分散D（%）	结果	针孔法
坝卡	钻孔取样	覆盖层	组数	3	3	3	2	3	3	3	—	—	—
			最大值	51.5	27.6	26.8	26	7.78	0.76	0.17	—	—	—
			最小值	36.5	18.3	18.2	0	7.69	0.14	0.16	—	—	—
			平均值	48.2	23.5	22.7	13	7.60	0.51	0.16	—	—	—
		全风化层	组数	5	5	5	3	5	5	5	—	—	—
			最大值	41.6	21.3	20.3	17	8.10	0.49	0.19	—	—	—
			最小值	25.4	14.2	11.2	4	7.56	0.10	0.15	—	—	—
			平均值	34.2	17.9	16.3	9	7.76	0.22	0.17	—	—	—
		覆盖层+全风化层	组数	3	3	3	3	3	3	3	—	—	—
			最大值	37.7	19.9	19.4	15	8.22	0.32	0.17	—	—	—
			最小值	35.5	17.6	16.4	0	7.85	0.23	0.11	—	—	—
			平均值	36.5	18.6	17.9	10	8.08	0.27	0.14	—	—	—
	竖井取样	覆盖层+全风化层	组数	8	8	8	—	8	8	8	—	—	8
			最大值	45.6	28.9	17.7	—	7.79	0.35	0.06	—	—	非分散性
			最小值	31.3	22.7	8.5	—	7.06	0.22	0.02	—	—	
			平均值	39.1	25.9	13.1	—	7.56	0.29	0.04	—	—	
坝基开挖区及C勘探区	竖井或探坑采样	覆盖层及全风化层	组数	14	14	14	28	42	42	42	14	非分散性土	14
			最大值	55.0	28.0	27.0	32	6.01	1.52	0.03	14.7		非分散性
			最小值	28.6	16.5	12.1	14	5.32	0.53	0	0.9		
			平均值	39.5	21.5	18.0	21	5.68	0.92	0.01	4.0		

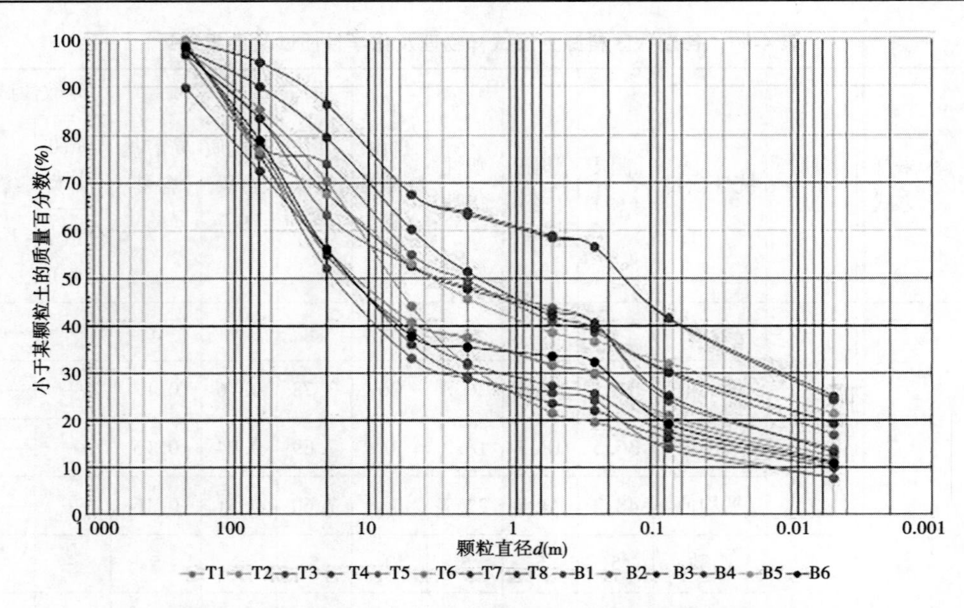

图 4-308　坝基开挖区及 C 勘探区料源土层试样颗分曲线

从各勘探区料源土层试样颗分试验结果来看，各勘探区通过竖井采取的覆盖层及全风化层试样大于 5 mm 颗粒含量总体均在 30%以上，最大可达 83.6%，平均值为 51.5%~62.6%；小于 0.075 mm 的粉黏粒含量最大值均在 40%左右，平均值均在 25%左右。与覆盖层及全风化层混合试样相比，坝卡勘探区采取的覆盖层、全风化层与强风化层混合试样，大于 5 mm 的颗粒含量均在 60%左右，但粒径小于 0.075 mm 的粉黏粒含量，明显小于前者。

4.3.2　压实特性

采取料源土层样品分别针对全颗粒组分和<5 mm 的细颗粒组分别进行击实试验。对<5 mm 的细颗粒部分采用轻型击实，击实功为 592 kJ/m^3；对全颗粒组分，按照等重量替代法制样，分别进行击实功为 592 kJ/m^3 的轻型击实试验和击实功为 2 690 kJ/m^3 的重型击实试验。击实试验结果统计见表 4-51。全组分料源土试样击实前后颗粒分析结果见表 4-52~表 4-54。击实试验中最大干密度、最优含水率与颗粒含量的关系曲线见图 4-309~图 4-314。

从击实试验结果来看，<5 mm 的细粒组分，当击实功为 592 kJ/m^3 时，最大干密范围值为 1.66~1.80 g/cm^3，平均值为 1.71 g/cm^3；不同试验样最优含水率平均值为 17.8%~22.5%。最大干密度、最优含水率与粉黏粒含量均具有较好正相关性，一般粉黏粒含量越高，最大干密度、最优含水率也相应越大。

对于全组分样品试验，最大干密度与大于 5 mm 颗粒含量与击实功大小均有关。当击实功为 592 kJ/m^3 时，最大干密度范围值为 1.63~1.98 g/cm^3，平均值为 1.82 g/cm^3；最大干密度与大于 5 mm 颗粒含量有较好的正相关性，一般大于 5 mm 的颗粒含量越高，最大干密度也相应越大。当击实功为 2 690 kJ/m^3 时，最大干密度范围值为 1.75～2.11 g/cm^3，平均值为 1.95 g/cm^3；最大干密度与大于 5 mm 的颗粒含量总体呈现正相关性，与<0.075 mm 的粉黏粒含量、<0.005 mm 的黏粒含量总体呈现反相关性，但均未表现出一一对应的关系，可能还与大于 5 mm 颗粒的岩性成分等有关。当最大干密度大于 1.95 g/cm^3 时，大于 5 mm 的颗粒含量一般大于 30%、<0.005 mm 的黏粒含量一般<20%、<0.075 mm 的粉黏粒含量一般<35%。最优含水率与<0.075 mm 的粉黏粒含量总体均呈现正相关性，与击实功总体呈反相关性，与击实功为 592 kJ/m^3 相对应的试验样品最优含水率范围值为 10.2%～22.1%，平均值为 15.9%；与击实功为 2 690 kJ/m^3 对应的最优含水率范围值为 8.5%～18.6%，平均值为 12.7%，前者总体较后者偏高 3%～4%。

表 4-51　各勘探区料源土层试样击实试验结果统计

勘探区	采样方式	料源土层	击实功（kJ/m^3）	统计项目	最大干密度（g/cm^3）	最优含水率（%）	渗透系数（cm/s）
坝卡勘探区	钻孔取样	全风化层	592	组数	2	2	2
				试验值 1	1.69	18	8.73×10^{-7}
				试验值 2	1.73	17.6	6.52×10^{-7}
				平均值	1.71	17.8	7.63×10^{-7}
		覆盖层+全风化层	592	组数	3	3	3
				最大值	1.75	19.9	1.25×10^{-6}
				最小值	1.67	15.3	3.64×10^{-7}
				平均值	1.72	17.9	7.44×10^{-7}
	竖井取样	覆盖层+全风化层	592	组数	8	8	8
				最大值	1.80	25.5	7.92×10^{-7}
				最小值	1.66	19.1	1.25×10^{-7}
				平均值	1.71	22.5	3.91×10^{-7}
		覆盖层+全风化层+强风化层	2 690	组数	8	8	8
				最大值	2.11	15.9	8.75×10^{-6}
				最小值	1.85	9.7	1.19×10^{-6}
				平均值	1.98	12.0	4.15×10^{-6}

续表 4-51

勘探区	采样方式	料源土层	击实功 (kJ/m³)	统计项目	最大干密度 (g/cm³)	最优含水率 (%)	渗透系数 (cm/s)
坝基开挖区及C勘探区	竖井取样	覆盖层+全风化层	592	组数	8	8	5
				最大值	1.98	22.1	7.26×10^{-7}
				最小值	1.63	10.2	1.59×10^{-8}
				平均值	1.82	15.9	3.82×10^{-7}
		覆盖层+全风化层	2 688	组数	7	7	—
				最大值	2.11	18.6	—
				最小值	1.75	8.5	—
				平均值	1.92	13.5	—

表 4-52　击实试验前后试样颗粒分析结果汇总

试验编号	击实功 (kJ/m³)	类型	颗粒级配(%)							
			60~20 mm	20~5 mm	5~2 mm	2~0.5 mm	0.5~0.25 mm	0.25~0.075 mm	0.075~0.005 mm	<0.005 mm
T1	592	击前	32.8	26.4	3.5	5.6	1.6	9.1	8.8	12.2
		击后	24.7	31.1	5	3.9	1.1	9.1	10.9	14.2
T2	592	击前	32.8	26.4	3.1	5.8	2.1	9.6	8.9	11.3
		击后	27.5	23.2	3.9	5.2	1.7	11.2	11.9	15.4
T3	592	击前	10.2	22.2	4.2	4.8	2	15.2	17.1	24.3
		击后	9	15.7	5.7	2.8	1.8	16.7	19.7	28.6
T4	592	击前	10.2	22.2	3.7	4.9	2.4	14.9	16.6	25.1
		击后	5.2	25.1	2.2	3.3	1.6	16.8	19.3	26.5
T5	592	击前	7.7	37.3	5.6	8.6	2.1	8.7	13.1	16.9
		击后	6.5	37.1	5.9	6.3	2.8	9.4	13.3	18.7
T6	592	击前	20.6	35.3	12.4	10.2	1.9	4.9	7	7.7
		击后	15.2	37.2	13.5	11	2.1	5.3	6.9	8.8
T7	592	击前	28.8	35.1	6.8	5.7	1.5	5.8	6.4	9.9
		击后	26.1	35.5	7.7	5.8	1.6	6.3	6.7	10.3
T8	592	击前	14.2	25.6	8.9	9.3	2.5	9.1	11.1	19.3
		击后	12.5	24.7	4.7	5.9	2.1	9.9	15.2	25

续表 4-52

试验编号	击实功(kJ/m³)	类型	颗粒级配(%)							
			60~20 mm	20~5 mm	5~2 mm	2~0.5 mm	0.5~0.25 mm	0.25~0.075 mm	0.075~0.005 mm	<0.005 mm
B1	592	击前	37.5	29.3	4.4	3	1.6	10.2	6.3	7.7
		击后	34.4	30.3	3.1	3.1	1.5	12.1	7	8.5
B2	592	击前	24.1	23.4	4.3	4.4	3.2	16.4	10.3	13.9
		击后	19.5	24.8	3.6	5.3	3.4	16.9	12.1	14.4
B3	592	击前	24.1	23.4	4.8	4.7	2.5	15.3	12	13.2
		击后	19.2	27.7	4.1	4.5	2.9	16.3	11.5	13.8
B4	592	击前	35.7	25.5	6.7	4.8	1.6	8.1	7	10.6
		击后	29.7	24.8	6.3	6.1	1.9	8.8	8.7	13.7
B5	592	击前	18	28.9	7.4	7.2	1.8	4.7	10.6	21.4
		击后	11.4	32.4	3.4	5.8	1.5	4.4	14.1	27
B6	592	击前	34.5	27.7	2.3	1.9	1.3	13	8.3	11
		击后	21.7	31.3	2.8	2.9	2.3	14.5	10	14.5
BK1	2 690	击前	33.2	25.2	4.3	4.3	3.1	7.2	12.8	9.9
		击后	16.2	24.8	8.9	8.6	4.2	4.7	25	7.6
BK2	2 690	击前	39.5	32.5	5	4.4	3.4	3.1	8.1	4
		击后	20.8	31.6	8.5	7.5	5.7	5.3	13.6	7
BK3	2 690	击前	26	30.9	10.2	8.1	3.9	3.6	11.4	5.9
		击后	10.4	27.2	14.7	11.7	5.6	5.2	17.2	8
BK4	2 690	击前	26.8	22.3	5.6	5.7	4.9	8.8	13.1	12.8
		击后	9.9	21.2	7.5	7.7	6.6	11.9	17.8	17.4
BK5	2 690	击前	22.1	18.1	12.6	14.5	7.7	5.7	10	9.3
		击后	8.7	15	16.1	18.6	9.8	7.3	12.8	11.7
BK6	2 690	击前	33.7	29.7	7.7	8.9	4.7	3.5	6.1	5.7
		击后	17.6	31.4	10.8	12.4	6.6	4.9	8.4	7.9
BK7	2 690	击前	21.3	28.7	9.8	6.2	3.3	3.6	9.8	7
		击后	20.7	30.8	12	7.5	4.1	4.3	12.2	8.4
BK8	2 690	击前	21.2	32.5	7.6	7	4.5	3.7	8.3	8.9
		击后	13.2	30	10.8	9.9	6.4	5.2	12.2	12.3

续表 4-52

试验编号	击实功(kJ/m³)	类型	颗粒级配(%)							
			60~20 mm	20~5 mm	5~2 mm	2~0.5 mm	0.5~0.25 mm	0.25~0.075 mm	0.075~0.005 mm	<0.005 mm
T1	2 688	击前	32.8	26.4	3.5	5.6	1.6	9.1	8.8	12.2
		击后	17.7	26.6	8	4.4	2.2	13	12.2	15.9
T3	2 688	击前	10.2	22.3	4.2	4.8	1.9	15.2	17.1	24.3
		击后	7.1	11	6.9	3.3	1.7	16.6	23.2	30.2
T5	2 688	击前	7.7	37.3	5.6	8.6	2.1	8.7	13.1	16.9
		击后	6.7	17.4	7.7	5.1	1.7	12	18.8	30.6
T6	2 688	击前	20.6	35.3	12.4	10.2	1.9	4.9	7	7.7
		击后	12.6	25.5	13.2	12	3	7.9	11.9	13.9
B1	2 688	击前	37.5	29.3	4.4	3	1.6	10.2	6.3	7.7
		击后	28.1	27.4	7.6	4.4	2.7	12.6	8	9.2
B2	2 688	击前	24.1	23.4	4.3	4.4	3.2	16.4	10.3	13.9
		击后	15.4	12.1	1.3	5.4	3.5	26.3	16.7	19.3
B5	2 688	击前	18	28.9	7.4	7.2	1.8	4.7	10.6	21.4
		击后	12.4	18.9	8.7	6.7	1.3	4.9	17.6	29.5

表 4-53 击实试验前后试样颗粒变化情况统计

试样编号	击实功(kJ/m³)	不同粒径的百分含量(%)											
		>5 mm			<0.075 mm			<0.005 mm			黏粒在<5 mm 颗粒中的占比		
		击前	击后	变化	击前	击后	变化	击前	击后	变化	击前	击后	变化
T1	592	59.3	55.8	−3.5	21	25.1	4.1	12.2	14.2	2	30.0	32.1	2.2
T2	592	59.3	50.7	−8.6	20.2	27.3	7.1	11.3	15.4	4.1	27.8	31.2	3.5
T3	592	32.5	24.7	−7.8	41.4	48.3	6.9	24.3	28.6	4.3	36.0	38.0	2.0
T4	592	32.5	30.3	−2.2	41.7	45.8	4.1	25.1	26.5	1.4	37.2	38.0	0.8
T5	592	45	44.6	−0.4	30	35	5	16.9	22.7	5.8	30.7	41.0	10.2
T6	592	55.9	52.4	−3.5	14.7	15.7	1	7.7	8.8	1.1	17.5	18.5	1.0
T7	592	63.9	61.6	−2.3	16.3	16	0	9.9	9.3	0	27.4	25.8	−1.6
T8	592	39.8	37.2	−2.6	30.4	40.2	9.8	19.3	25	5.7	32.1	39.8	7.8
B1	592	66.8	64.7	−2.1	14	15.5	1.5	7.7	8.5	0.8	23.2	24.1	0.9

续表 4-53

试样编号	击实功(kJ/m³)	不同粒径的百分含量(%)											
		>5 mm			<0.075 mm			<0.005 mm			黏粒在<5 mm颗粒中的占比		
		击前	击后	变化	击前	击后	变化	击前	击后	变化	击前	击后	变化
B2	592	47.5	44.3	-3.2	24.2	38.5	14.3	13.9	20.4	6.5	26.5	36.6	10.1
B3	592	47.5	46.9	-0.6	25.2	24.3	0	13.2	12.8	0	25.1	24.9	-0.2
B4	592	61.2	54.5	-6.7	17.6	22.4	4.8	10.6	13.7	3.1	27.3	30.1	2.8
B5	592	46.9	43.8	-3.1	32	41.1	9.1	21.4	27	5.6	40.3	48.0	7.7
B6	592	62.2	53	-9.2	19.3	18.5	0	11	9.5	0	29.1	23.4	-5.7
统计项目	组数	14	14	14	14	14	14	14	14	14	14	14	14
	最大值	66.8	64.7	-0.4	41.7	48.3	14.3	25.1	28.6	6.5	40.3	48.0	10.2
	最小值	32.5	24.7	-9.2	14.0	15.5	0	7.7	8.5	0	17.5	18.5	-5.7
	平均值	51.5	47.5	-4.0	24.9	29.6	4.8	14.6	17.3	2.9	29.3	32.3	3.0
BK1	2 690	58.4	41	-17.4	22.7	32.6	9.9	9.9	7.6	0	23.8	16.8	-7
BK2	2 690	72	52.4	-19.6	12.1	20.6	8.5	4	7	3	14.3	14.7	0.4
BK3	2 690	56.9	37.6	-19.3	17.3	25.2	7.9	5.9	8	2.1	13.7	12.8	-0.9
BK4	2 690	49.1	31.1	-18	25.9	35.2	9.3	12.8	17.4	4.6	25.1	25.3	0.2
BK5	2 690	40.2	23.7	-16.5	19.3	24.5	5.2	9.3	11.7	2.4	15.6	15.3	-0.3
BK6	2 690	63.4	49	-14.4	11.8	16.3	4.5	5.7	7.9	2.2	15.6	15.5	-0.1
BK7	2 690	60.3	51.5	-8.8	16.8	20.6	3.8	7	8.4	1.4	17.6	17.3	-0.3
BK8	2 690	60	43.2	-16.8	17.2	24.5	7.3	8.9	12.3	3.4	22.3	21.7	-0.6
统计项目	组数	8	8	8	8	8	8	8	8	8	8	8	8
	最大值	72.0	52.4	-8.8	25.9	35.2	9.9	12.8	17.4	4.6	25.1	25.3	0.4
	最小值	40.2	23.7	-19.6	11.8	16.3	3.8	4.0	7.0	0	13.7	12.8	-7.0
	平均值	57.5	41.2	-16.4	17.9	24.9	7.1	7.9	10.0	2.4	18.5	17.4	-1.1
T1	2 688	59.2	44.3	-14.9	21	28.1	7.1	12.2	15.9	3.7	29.9	28.5	-1.4
T3	2 688	32.5	18.1	-14.4	41.4	53.4	12	24.3	30.2	5.9	36.0	36.9	0.9
T5	2 688	45	24.1	-20.9	30	49.4	19.4	16.9	30.6	13.7	30.7	40.3	9.6
T6	2 688	55.9	38.1	-17.8	14.7	25.8	11.1	7.7	13.9	6.2	17.5	22.5	5.0
B1	2 688	66.8	55.5	-11.3	14	17.2	3.2	7.7	9.2	1.5	23.2	20.7	-2.5
B2	2 688	47.5	27.5	-20	24.2	36	11.8	13.9	19.3	5.4	26.5	26.6	0.1
B5	2 688	46.9	31.3	-15.6	32	47.1	15.1	21.4	29.5	8.1	40.3	42.9	2.6

续表 4-53

试样编号	击实功 (kJ/m^3)	不同粒径的百分含量(%)											
		>5 mm			<0. 075 mm			<0. 005 mm			黏粒在<5 mm 颗粒中的占比		
		击前	击后	变化	击前	击后	变化	击前	击后	变化	击前	击后	变化
统计项目	组数	7	7	7	7	7	7	7	7	7	7	7	7
	最大值	66. 8	55. 5	−11. 3	41. 4	53. 4	19. 4	24. 3	30. 6	13. 7	40. 3	42. 9	9. 6
	最小值	32. 5	18. 1	−20. 9	14. 0	17. 2	3. 2	7. 7	9. 2	1. 5	17. 5	20. 7	−2. 5
	平均值	50. 5	34. 1	−16. 4	25. 3	36. 7	11. 4	14. 9	21. 2	6. 4	29. 2	31. 2	2. 1

表 4-54　土料击实试验颗粒级配与击实功和制样干密度统计

试验编号	取样编号	颗粒级配情况				击实功 (kJ/m^3)	制样干密度 (g/cm^3)
		>5 mm	<5 mm	<0. 075 mm	<0. 005 mm		
T1	LXSJ5、LXSJ10、LXSJ23	59. 2	40. 8	21. 0	12. 2	592	1. 87
T1		59. 2	40. 8	21. 0	12. 2	2 688	2. 00
T2		59. 2	40. 8	21. 0	12. 2	592	1. 85
T3	LXSJ4、LXSJ14	32. 4	67. 6	41. 4	24. 3	592	1. 74
T4		32. 4	67. 6	41. 7	25. 1	592	1. 77
T5	LXSJ7	45. 0	55. 0	30. 0	16. 9	592	1. 64
						2 688	1. 75
T6	LXSJ15	55. 9	44. 1	14. 7	7. 7	592	1. 94
						2 688	2. 04
T7	LXSJ17、LXSJ19	63. 9	36. 1	16. 3	9. 9	592	1. 94
T8	LXSJ21、LXSJ22、LXSJ27、LXSJ28	39. 8	60. 2	30. 4	19. 3	592	1. 67
B1	BSJ2	66. 8	33. 2	14. 0	7. 7	592	1. 98
						2 688	2. 11
B2	BSJ4	47. 5	52. 5	24. 2	13. 9	592	1. 90
						2 688	1. 96
B3	BSJ4	47. 5	52. 5	25. 2	13. 2	592	1. 91
B4	BSJ5	61. 2	38. 8	17. 6	10. 6	592	1. 80
B5	BSJ11	46. 9	53. 1	32. 0	21. 4	592	1. 63
						2 688	1. 78
B6	BSJ12	62. 2	37. 8	19. 3	11. 0	592	1. 90
BK1	BK1	58. 4	41. 6	22. 7	9. 9	2 690	2. 02
BK2	BK2	72	28	12. 1	4	2 690	2. 01
BK3	BK3	56. 9	43. 1	17. 3	5. 9	2 690	1. 85
BK4	BK4	49. 1	50. 9	25. 9	12. 8	2 690	1. 96
BK5	BK5	40. 2	59. 8	19. 3	9. 3	2 690	1. 96
BK6	BK6	63. 4	36. 6	11. 8	5. 7	2 690	2. 11
BK7	BK7	60. 3	39. 7	16. 8	7	2 690	1. 96
BK8	BK8	60	40	17. 2	8. 9	2 690	1. 96

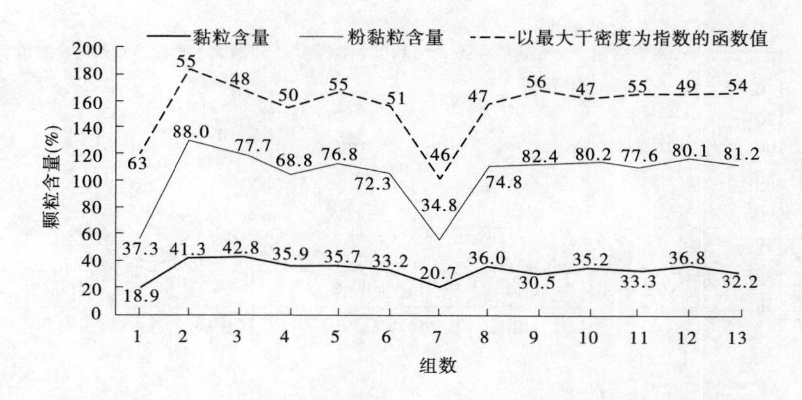

图 4-309　<5 mm 组分击实试验最大干密度与粉黏粒含量关系曲线

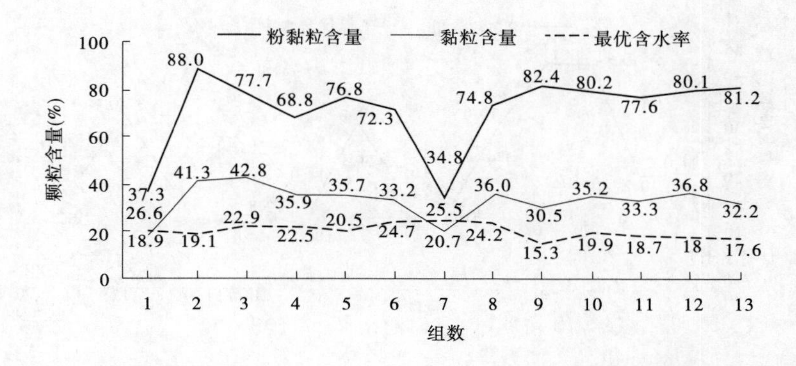

图 4-310　<5 mm 组分击实试验最优含水率与粉黏粒含量关系曲线

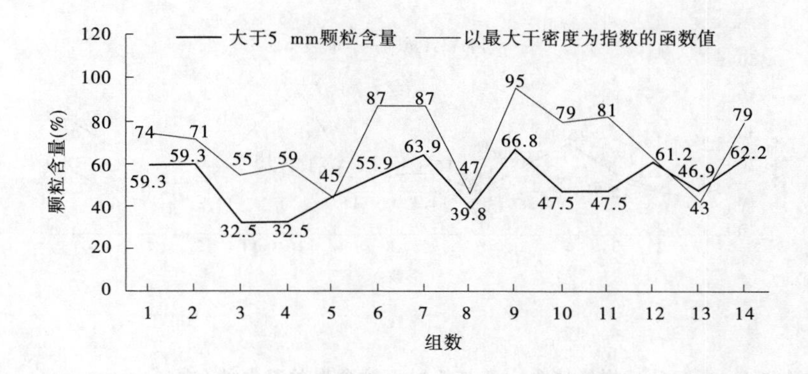

图 4-311　全组分试样最大干密度与大于 5 mm 颗粒含量关系曲线(击实功为 592 kJ)

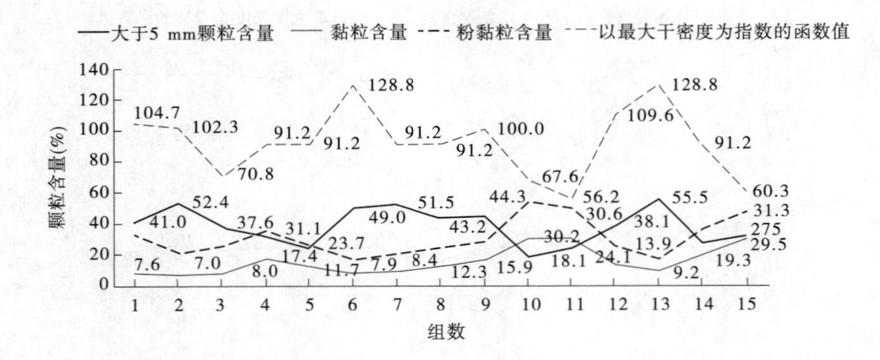

图 4-312　全组分试样最大干密度与大于 5 mm 颗粒含量关系曲线(击实功为 2 690 kJ)

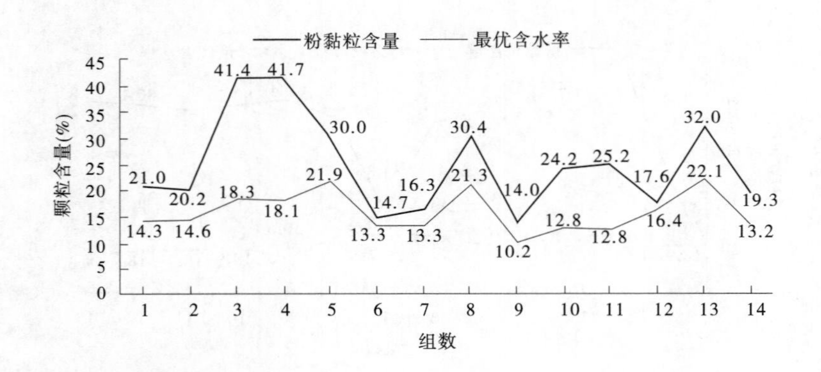

图 4-313　全组分试样最优含水率与粉黏颗粒含量关系曲线(击实功为 592 kJ)

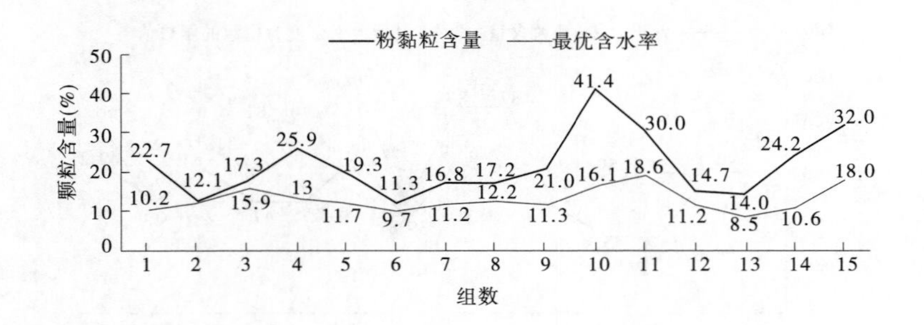

图 4-314　全组分试样最优含水率与粉黏颗粒含量关系曲线(击实功为 2 690 kJ)

从击实前后全组分试样颗粒变化情况来看,在击实功为 592 kJ/m^3 和 2 690 kJ/m^3 两种情况下,大于 5 mm 的颗粒含量均有不同程度减少,击实功越大,减少量也越大,击实功为 592 kJ/m^3 时平均减少量为 4. 0%,击实功为 2 690 kJ/m^3 时平均减少量为 16. 4%。<0. 075 mm 的粉黏粒含量和<0. 005 mm 的黏粒含量均有不同程度增加,增加量除与击实功有关外,还有与粗粒部分的岩性及风化程度有关。就 C 勘探区试验样品来看,在击实功为 592 kJ/m^3 和 2 690 kJ/m^3 两种击实条件下,前者<0. 075 mm 的粉黏粒含量的平均增加量为 4. 8%,后者为 11. 4%,后者比前者大 6%~7%;前者<0. 005 mm 的黏粒含量的平均增加量为 2. 9%,后者为 6. 4%,后者比前者大 3%~4%。就坝卡勘探区与 C 勘探区来看,在击实功为 2 690 kJ/m^3 的试验条件下,坝卡勘探区试验样品<0. 075 mm 的粉黏粒含量和<0. 005 mm 的黏粒含量的增加量明显小于 C 勘探区试验样品,后者比前者大 3%~4%,可能与大于 5 mm 粗颗粒的岩性和风化程度有关。在击实功为 592 kJ/m^3 和 2 690 kJ/m^3 两种情况下,击实前后黏粒在<5 mm 颗粒中含量占比也呈现不同程度变化(部分增加、部分减少),C 勘探区试验样品击实功总体呈现增大趋势,与击实功为 592 kJ/m^3 和 2 690 kJ/m^3 相应的平均变化量分别为 3. 0%和 2. 1%,随着击实功增加黏粒含量在<5 mm 颗粒中的含量变化量总体呈现减小趋势;而对于坝卡勘探区试验样品,在击实功为 2 690 kJ/m^3 试验条件下击实前后黏粒在<5 mm 颗粒中含量总体呈现减少趋势,平均变化量为-1. 1%。

4. 3. 3　渗透特性

不同料源土层击实后渗透试验统计结果见表 4-51。从试验结果来看,渗透系数与<0. 005 mm 的黏粒含量和黏粒含量在<5 mm 颗粒中相对占比相关。坝卡勘探区<5 mm 的细粒组分试样黏粒含量为 26. 6%~33. 1%,当渗透试验制样采用与 2 690 kJ/m^3 击实功相对应的最大干密度时,渗透系数平均值为 3.91×10^{-7}~7.63×10^{-7} cm/s。坝卡勘探区全组分试样黏粒含量为 7%~17%,黏粒含量在<5 mm 颗粒中的含量为 12. 8%~25. 3%,当渗透试验制样采用与 2 690 kJ/m^3 击实功相对应的最大干密度时,相应的渗透系数范围值为 1.19×10^{-6}~8.75×10^{-6} cm/s,平均值为 4.16×10^{-6} cm/s。C 勘探区试样黏粒含量为 8. 8%~28. 6%,黏粒含量在<5 mm 中的颗粒含量为 18. 5%~41. 0%,当渗透试验制样采用与 592 kJ/m^3 击实功相对应的最大干密度时,渗透系数范围值为 1.59×10^{-8}~7.26×10^{-7} cm/s,平均值为 3.82×10^{-7} cm/s。

通过对渗透试验成果与击实试验前后颗分成果的对比分析可知:对于全组分防渗土料来说,当压实后干密度大于 1. 95 g/cm^3 时,在满足黏粒含量大于 7%且黏粒含量在<5 mm 颗粒中的含量大于 15%条件下,渗透系数基本在 3.0×10^{-7}~1.0×10^{-5} cm/s,渗透系数能够满足防渗土料技术要求。

4. 3. 4　压缩变形特性

从料源勘探区内采取不同料源土层样品分别针对<5 mm 的细粒组分和全组分进行压缩试验。细粒组分压缩试验为常规小尺寸试验,采用 1. 6 MPa 和 3. 2 MPa 两种不同最大试验压力分别进行试验;全组分压缩试验为直径为 50 cm 的大尺寸试验,最大试验压力为 4. 3 MPa。试验统计结果见表 4-55~表 4-63。

表 4-55　料源区防渗土料细粒组分压缩试验结果统计(孔隙比)

勘探区	采样方式	料源土层	试样颗粒组成	试样编号	试验状态	统计项目	垂直压力(MPa)							
							0	0.1	0.2	0.3	0.4	0.8	1.6	3.2
							孔隙比 e							
坝卡勘探区	钻孔取样	全风化层	<5 mm细粒组分	2~1	非饱和	—	0.657	0.643	0.630	0.623	0.618	0.603	0.582	0.531
				5~1		—	0.581	0.571	0.563	0.557	0.552	0.538	0.52	0.481
				—	非饱和	组数	2	2	2	2	2	2	2	2
				—		平均值	0.619	0.607	0.597	0.590	0.585	0.571	0.551	0.506
				2~1	饱和	—	0.657	0.637	0.621	0.61	0.602	0.578	0.548	0.493
				5~1		—	0.581	0.562	0.548	0.538	0.531	0.511	0.482	0.436
				—	饱和	组数	2	2	2	2	2	2	2	2
				—		平均值	0.619	0.600	0.585	0.574	0.567	0.545	0.515	0.465
		覆盖层+全风化层	<5 mm细粒组分	1~3	非饱和	—	0.567	0.555	0.548	0.543	0.539	0.527	0.512	0.475
				3~3		—	0.636	0.626	0.620	0.615	0.611	0.598	0.582	0.548
				4~3		—	0.599	0.592	0.586	0.581	0.577	0.566	0.545	0.501
				—	非饱和	组数	3	3	3	3	3	3	3	3
				—		最大值	0.636	0.626	0.620	0.615	0.611	0.598	0.582	0.548
				—		最小值	0.567	0.555	0.548	0.543	0.539	0.527	0.512	0.475
				—		平均值	0.601	0.591	0.585	0.580	0.576	0.564	0.546	0.508
		覆盖层+全风化层		1~3	饱和	—	0.567	0.547	0.529	0.522	0.516	0.503	0.483	0.44
				3~3		—	0.636	0.618	0.609	0.603	0.598	0.58	0.545	0.492
				4~3		—	0.599	0.583	0.573	0.566	0.561	0.545	0.524	0.476
				—	饱和	组数	3	3	3	3	3	3	3	3
				—		最大值	0.636	0.618	0.609	0.603	0.598	0.580	0.545	0.492
				—		最小值	0.567	0.547	0.529	0.522	0.516	0.503	0.483	0.440
				—		平均值	0.601	0.583	0.570	0.564	0.558	0.543	0.517	0.469

续表 4-55

勘探区	采样方式	料源土层	试样颗粒组成	试样编号	试验状态	统计项目	垂直压力(MPa)						
							0	0.05	0.1	0.2	0.4	0.8	1.6
							孔隙比 e						
坝卡勘探区	竖井取样	覆盖层+全风化层	<5 mm细粒组分	LBSJ1	非饱和	—	0.475	0.468	0.463	0.453	0.434	0.406	0.365
				LBSJ2		—	0.523	0.515	0.51	0.5	0.48	0.457	0.414
				LBSJ3		—	0.577	0.569	0.565	0.558	0.544	0.517	0.485
				LBSJ4		—	0.571	0.564	0.56	0.553	0.54	0.519	0.491
				LBSJ5		—	0.523	0.517	0.513	0.507	0.496	0.475	0.439
				LBSJ6		—	0.556	0.545	0.539	0.533	0.522	0.499	0.456
				LBSJ7		—	0.621	0.612	0.608	0.6	0.588	0.566	0.53
				LBSJ8		—	0.605	0.597	0.591	0.581	0.564	0.542	0.505
				LBSJ1	饱和	—	0.475	0.466	0.457	0.443	0.42	0.387	0.338
				LBSJ2		—	0.523	0.51	0.501	0.484	0.464	0.432	0.376
				LBSJ3		—	0.577	0.568	0.563	0.553	0.533	0.504	0.46
				LBSJ4		—	0.571	0.56	0.553	0.542	0.521	0.489	0.452
				LBSJ5		—	0.523	0.515	0.508	0.497	0.474	0.453	0.414
				LBSJ6		—	0.556	0.544	0.538	0.529	0.513	0.483	0.425
				LBSJ7		—	0.621	0.611	0.601	0.591	0.575	0.544	0.482
				LBSJ8		—	0.605	0.595	0.588	0.576	0.553	0.524	0.469
			<5 mm细粒组分	—	非饱和	组数	8	8	8	8	8	8	8
				—		最大值	0.621	0.612	0.608	0.600	0.588	0.566	0.530
				—		最小值	0.475	0.468	0.463	0.453	0.434	0.406	0.365
				—		平均值	0.556	0.548	0.544	0.536	0.521	0.498	0.461
			<5 mm细粒组分	—	饱和	组数	8	8	8	8	8	8	8
				—		最大值	0.621	0.611	0.601	0.591	0.575	0.544	0.482
				—		最小值	0.475	0.466	0.457	0.443	0.420	0.387	0.338
				—		平均值	0.556	0.546	0.539	0.527	0.507	0.477	0.427

表 4-56　料源区防渗土料细粒组分压缩试验结果统计(压缩系数)

勘探区	采样方式	料源土层	试样颗粒组成	试样编号	试验状态	统计项目	垂直压力(MPa)						
							0~0.1	0.1~0.2	0.2~0.3	0.3~0.4	0.4~0.8	0.8~1.6	1.6~3.2
							压缩系数(MPa^{-1})						
坝卡勘探区	钻孔取样	全风化层	<5 mm 细粒组分	2~1	非饱和	—	0.14	0.13	0.07	0.05	0.04	0.03	0.03
				5~1		—	0.1	0.08	0.06	0.05	0.04	0.02	0.02
				—	非饱和	组数	2	2	2	2	2	2	2
				—		平均值	0.12	0.11	0.07	0.05	0.04	0.03	0.03
				2~1	饱和	—	0.2	0.16	0.11	0.08	0.06	0.04	0.03
				5~1		—	0.19	0.14	0.1	0.07	0.05	0.04	0.03
				—	饱和	组数	2	2	2	2	2	2	2
				—		平均值	0.20	0.15	0.11	0.08	0.06	0.04	0.03
		覆盖层+全风化层	<5 mm 细粒组分	1~3	非饱和	—	0.12	0.07	0.05	0.04	0.03	0.02	0.02
				3~3		—	0.1	0.06	0.05	0.04	0.03	0.02	0.02
				4~3		—	0.07	0.06	0.05	0.04	0.03	0.03	0.03
				—	非饱和	组数	3	3	3	3	3	3	3
				—		最大值	0.12	0.07	0.05	0.04	0.03	0.03	0.03
				—		最小值	0.07	0.06	0.05	0.04	0.03	0.02	0.02
				—		平均值	0.10	0.06	0.05	0.04	0.03	0.02	0.02
				1~3	饱和	—	0.2	0.18	0.07	0.06	0.03	0.03	0.03
				3~3		—	0.18	0.09	0.06	0.05	0.05	0.04	0.03
				4~3		—	0.16	0.1	0.07	0.05	0.04	0.03	0.03
				—	饱和	组数	3	3	3	3	3	3	3
				—		最大值	0.20	0.18	0.07	0.06	0.05	0.04	0.03
				—		最小值	0.16	0.09	0.06	0.05	0.03	0.03	0.03
				—		平均值	0.18	0.12	0.07	0.05	0.04	0.03	0.03

续表 4-56

勘探区	采样方式	料源土层	试样颗粒组成	试样编号	试验状态	统计项目	垂直压力(MPa)					
							0~0.05	0.05~0.1	0.1~0.2	0.2~0.4	0.4~0.8	0.8~1.6
							压缩系数(MPa^{-1})					
坝卡勘探区	竖井取样	覆盖层+全风化层	<5 mm 细粒组分	LBSJ1	非饱和	—	0.138	0.116	0.101	0.091	0.070	0.052
				LBSJ2		—	0.158	0.110	0.101	0.097	0.058	0.053
				LBSJ3		—	0.160	0.082	0.072	0.069	0.067	0.040
				LBSJ4		—	0.124	0.098	0.066	0.063	0.054	0.035
				LBSJ5		—	0.114	0.088	0.063	0.055	0.051	0.046
				LBSJ6		—	0.214	0.118	0.058	0.058	0.057	0.054
				LBSJ7		—	0.166	0.090	0.076	0.060	0.056	0.046
				LBSJ8		—	0.154	0.118	0.098	0.087	0.055	0.047
				LBSJ1	饱和	—	0.196	0.174	0.139	0.113	0.084	0.061
				LBSJ2		—	0.258	0.190	0.167	0.101	0.079	0.070
				LBSJ3		—	0.190	0.108	0.100	0.099	0.072	0.055
				LBSJ4		—	0.190	0.108	0.100	0.099	0.072	0.055
				LBSJ5		—	0.152	0.144	0.116	0.112	0.054	0.049
				LBSJ6		—	0.234	0.114	0.090	0.083	0.075	0.072
				LBSJ7		—	0.200	0.186	0.103	0.081	0.077	0.078
				LBSJ8		—	0.198	0.138	0.122	0.112	0.075	0.068
			<5 mm 细粒组分	—	非饱和	组数	8	8	8	8	8	8
				—		最大值	0.214	0.118	0.101	0.097	0.070	0.054
				—		最小值	0.114	0.082	0.058	0.055	0.051	0.035
				—		平均值	0.154	0.103	0.079	0.073	0.059	0.047
			<5 mm 细粒组分	—	饱和	组数	8	8	8	8	8	8
				—		最大值	0.258	0.190	0.167	0.113	0.084	0.078
				—		最小值	0.152	0.108	0.090	0.081	0.054	0.049
				—		平均值	0.202	0.145	0.117	0.100	0.074	0.064

表 4-57 料源区防渗土料细粒组分压缩试验结果统计(压缩模量)

勘探区	采样方式	料源土层	试样颗粒组成	试样编号	试验状态	统计项目	垂直压力(MPa)						
							0~0.1	0.1~0.2	0.2~0.3	0.3~0.4	0.4~0.8	0.8~1.6	1.6~3.2
							压缩模量(MPa)						
坝卡勘探区	钻孔取样	全风化层	<5 mm细粒组分	2~1	非饱和	—	11.8	12.7	23.7	33.1	41.4	55.2	55.2
				5~1		—	15.8	19.8	26.4	31.6	39.5	79.1	79.1
				—	非饱和	组数	2	2	2	2	2	2	2
				—		平均值	13.80	16.25	25.05	32.35	40.45	67.15	67.15
				2~1	饱和	—	8.3	10.4	15.1	20.7	27.6	41.4	55.2
				5~1		—	8.3	11.3	15.8	22.6	31.6	39.5	52.7
				—	饱和	组数	2	2	2	2	2	2	2
				—		平均值	8.30	10.85	15.45	21.65	29.60	40.45	53.95
		覆盖层+全风化层	<5 mm细粒组分	1~3	非饱和	—	13.1	22.4	31.3	39.2	52.2	78.4	78.4
				3~3		—	16.4	27.3	32.7	40.9	54.5	81.8	81.8
				4~3		—	22.8	26.7	32	40	53.3	53.3	53.3
				—	非饱和	组数	3	3	3	3	3	3	3
				—		最大值	22.80	27.30	32.70	40.90	54.50	81.80	81.80
				—		最小值	13.10	22.40	31.30	39.20	52.20	53.30	53.30
				—		平均值	17.43	25.47	32.00	40.03	53.33	71.17	71.17
				1~3	饱和	—	7.8	8.7	22.4	26.1	52.2	52.2	52.2
				3~3		—	9.1	18.2	27.3	32.7	32.7	40.9	54.5
				4~3		—	10	16	22.8	32	40	53.3	53.3
				—	饱和	组数	3	3	3	3	3	3	3
				—		最大值	10.00	18.20	27.30	32.70	52.20	53.30	54.50
				—		最小值	7.80	8.70	22.40	26.10	32.70	40.90	52.20
				—		平均值	8.97	14.30	24.17	30.27	41.63	48.80	53.33

续表 4-57

勘探区	采样方式	料源土层	试样颗粒组成	试样编号	试验状态	统计项目	垂直压力(MPa)					
							0~0.05	0.05~0.1	0.1~0.2	0.2~0.4	0.4~0.8	0.8~1.6
							压缩模量(MPa)					
坝卡勘探区	竖井取样	覆盖层+全风化层	<5 mm细粒组分	LBSJ1	非饱和	—	10.64	12.82	14.60	16.33	21.00	28.57
				LBSJ2		—	9.62	13.89	15.15	15.63	26.23	28.52
				LBSJ3		—	9.80	19.61	21.74	22.86	23.46	39.41
				LBSJ4		—	12.66	16.13	23.81	25.00	29.20	44.69
				LBSJ5		—	13.33	17.54	23.81	27.78	29.74	33.26
				LBSJ6		—	7.30	13.16	26.67	26.85	27.49	28.73
				LBSJ7		—	9.80	17.86	21.28	27.03	29.20	35.63
				LBSJ8		—	10.42	13.51	16.39	18.43	29.30	34.19
				LBSJ1	饱和	—	7.52	8.47	10.64	13.07	17.58	24.06
				LBSJ2		—	5.88	8.06	9.09	15.21	19.28	21.68
				LBSJ3		—	8.26	14.71	15.75	15.94	21.92	28.52
				LBSJ4		—	8.26	14.71	15.75	15.94	21.92	28.52
				LBSJ5		—	10.00	10.64	13.07	13.61	28.07	31.43
				LBSJ6		—	6.67	13.51	17.39	18.78	20.89	21.56
				LBSJ7		—	8.06	8.77	15.75	20.10	21.05	20.75
				LBSJ8		—	8.13	11.63	13.07	14.39	21.45	23.53
			<5 mm细粒组分	—	非饱和	组数	8	8	8	8	8	8
				—		最大值	13.33	19.61	26.67	27.78	29.74	44.69
				—		最小值	7.30	12.82	14.60	15.63	21.00	28.52
				—		平均值	10.45	15.57	20.43	22.49	26.95	34.13
			<5 mm细粒组分	—	饱和	组数	8	8	8	8	8	8
				—		最大值	10.00	14.71	17.39	20.10	28.07	31.43
				—		最小值	5.88	8.06	9.09	13.07	17.58	20.75
				—		平均值	7.85	11.31	13.81	15.88	21.52	25.01

表 4-58　料源区防渗土料全组分压缩试验结果统计(孔隙比)

勘探区	采样方式	料源土层	试样颗粒组成	试样编号	试验状态	统计项目	垂直压力(MPa)								
							0	0.05	0.1	0.2	0.4	0.8	1.6	3.2	4.2
							孔隙比 e								
坝卡勘探区	竖井取样	覆盖层+全风化层+强风化层	全组分	BK1	非饱和	—	0.297	0.296	0.295	0.293	0.291	0.288	0.282	0.273	0.268
				BK2		—	0.311	0.309	0.307	0.305	0.303	0.3	0.296	0.287	0.282
				BK3		—	0.419	0.416	0.414	0.41	0.407	0.401	0.389	0.367	0.353
				BK4		—	0.355	0.353	0.351	0.348	0.344	0.339	0.331	0.317	0.306
				BK5		—	0.362	0.359	0.357	0.355	0.352	0.348	0.34	0.328	0.32
				BK6		—	0.235	0.234	0.232	0.231	0.228	0.224	0.217	0.206	0.198
				BK7		—	0.352	0.349	0.347	0.345	0.343	0.339	0.333	0.323	0.314
				BK8		—	0.392	0.389	0.387	0.384	0.38	0.373	0.361	0.338	0.324
			全组分	BK1	饱和	—	0.297	0.295	0.293	0.29	0.287	0.284	0.277	0.266	0.26
				BK2		—	0.311	0.305	0.303	0.3	0.297	0.293	0.285	0.274	0.27
				BK3		—	0.419	0.411	0.407	0.401	0.395	0.386	0.372	0.349	0.337
				BK4		—	0.355	0.352	0.35	0.348	0.344	0.337	0.327	0.295	0.275
				BK5		—	0.362	0.354	0.346	0.34	0.333	0.323	0.31	0.292	0.28
				BK6		—	0.235	0.231	0.227	0.223	0.218	0.211	0.201	0.183	0.174
				BK7		—	0.352	0.346	0.343	0.337	0.331	0.324	0.312	0.289	0.272
				BK8		—	0.392	0.387	0.384	0.381	0.377	0.371	0.36	0.34	0.32
			全组分	—	非饱和	组数	8	8	8	8	8	8	8	8	8
				—		最大值	0.419	0.416	0.414	0.410	0.407	0.401	0.389	0.367	0.353
				—		最小值	0.235	0.234	0.232	0.231	0.228	0.224	0.217	0.206	0.198
				—		平均值	0.340	0.338	0.336	0.334	0.331	0.327	0.319	0.305	0.296
			全组分	—	饱和	组数	8	8	8	8	8	8	8	8	8
				—		最大值	0.419	0.411	0.407	0.401	0.395	0.386	0.372	0.349	0.337
				—		最小值	0.235	0.231	0.227	0.223	0.218	0.211	0.201	0.183	0.174
				—		平均值	0.340	0.335	0.332	0.328	0.323	0.316	0.306	0.286	0.274

续表 4-58

勘探区	采样方式	料源土层	试样颗粒组成	试样编号	试验状态	统计项目	垂直压力(MPa)							
							0	0.1	0.2	0.4	0.8	1.6	3.2	4.2
							孔隙比 e							
坝基开挖区及C勘探区	竖井取样	覆盖层+全风化层	全组分	T1	非饱和	—	0.439	0.427	0.418	0.406	0.388	0.361	0.328	0.314
				T3		—	0.541	0.537	0.525	0.514	0.495	0.463	0.427	0.408
				T4		—	0.541	0.536	0.532	0.524	0.509	0.478	0.437	0.420
				T5		—	0.617	0.562	0.541	0.514	0.481	0.442	0.397	0.378
				T6		—	0.408	0.393	0.387	0.377	0.363	0.341	0.314	0.303
				B1		—	0.334	0.321	0.316	0.308	0.298	0.285	0.268	0.261
				B2		—	0.408	0.387	0.376	0.364	0.351	0.336	0.317	0.308
				B3		—	0.408	0.389	0.382	0.374	0.364	0.350	0.331	0.322
				B5		—	0.678	0.652	0.639	0.615	0.584	0.539	0.491	0.470
				B6		—	0.410	0.402	0.397	0.389	0.379	0.363	0.340	0.330
			全组分	—	非饱和	组数	10	10	10	10	10	10	10	10
				—		最大值	0.678	0.652	0.639	0.615	0.584	0.539	0.491	0.470
				—		最小值	0.334	0.321	0.316	0.308	0.298	0.285	0.268	0.261
				—		平均值	0.478	0.461	0.451	0.439	0.421	0.396	0.365	0.351
		覆盖层+全风化层	全组分	T1	饱和	—	0.439	0.415	0.403	0.387	0.367	0.341	0.312	0.299
				T3		—	0.541	0.528	0.524	0.510	0.487	0.451	0.407	0.382
				T4		—	0.541	0.531	0.525	0.516	0.498	0.467	0.425	0.405
				T5		—	0.617	0.601	0.591	0.574	0.545	0.507	0.457	0.434
				T6		—	0.408	0.393	0.387	0.378	0.366	0.350	0.327	0.317
				B1		—	0.334	0.313	0.306	0.297	0.286	0.272	0.255	0.248
				B2		—	0.408	0.393	0.378	0.362	0.341	0.317	0.287	0.274
				B3		—	0.408	0.386	0.378	0.368	0.356	0.341	0.321	0.313
				B5		—	0.678	0.650	0.625	0.591	0.551	0.503	0.454	0.434
				B6		—	0.410	0.388	0.380	0.365	0.349	0.330	0.308	0.299
			全组分	—	饱和	组数	10	10	10	10	10	10	10	10
				—		最大值	0.678	0.650	0.625	0.591	0.551	0.507	0.457	0.434
				—		最小值	0.334	0.313	0.306	0.297	0.286	0.272	0.255	0.248
				—		平均值	0.478	0.460	0.450	0.435	0.415	0.388	0.355	0.341

表 4-59　料源区防渗土料全组分压缩试验结果统计(压缩系数)

勘探区	采样方式	料源土层	试样颗粒组成	试样编号	试验状态	统计项目	垂直压力(MPa) 0~0.05	0.05~0.1	0.1~0.2	0.2~0.4	0.4~0.8	0.8~1.6	1.6~3.2	3.2~4.2
							压缩系数(MPa^{-1})							
坝卡勘探区	竖井取样	覆盖层+全风化层+强风化层	全组分	BK1	非饱和	—	0.02	0.03	0.01	0.01	0.01	0.01	0.01	0
				BK2		—	0.06	0.04	0.01	0.01	0.01	0.01	0.01	0.01
				BK3		—	0.06	0.04	0.04	0.02	0.02	0.01	0.01	0.01
				BK4		—	0.04	0.04	0.04	0.02	0.01	0.01	0.01	0.01
				BK5		—	0.05	0.05	0.02	0.01	0.01	0.01	0.01	0.01
				BK6		—	0.02	0.03	0.02	0.01	0.01	0.01	0.01	0.01
				BK7		—	0.05	0.03	0.03	0.01	0.01	0.01	0.01	0.01
				BK8		—	0.07	0.03	0.03	0.02	0.02	0.02	0.01	0.01
			全组分	BK1	饱和	—	0.04	0.05	0.03	0.01	0.01	0.01	0.01	0.01
				BK2		—	0.14	0.03	0.03	0.01	0.01	0.01	0.01	0
				BK3		—	0.15	0.08	0.06	0.03	0.02	0.02	0.01	0.01
				BK4		—	0.07	0.03	0.02	0.02	0.02	0.01	0.02	0.02
				BK5		—	0.16	0.15	0.06	0.04	0.03	0.02	0.01	0.01
				BK6		—	0.08	0.07	0.04	0.02	0.02	0.01	0.01	0.01
				BK7		—	0.12	0.06	0.06	0.03	0.02	0.02	0.01	0.02
				BK8		—	0.1	0.06	0.03	0.02	0.01	0.01	0.01	0.02
			全组分	—	非饱和	组数	8	8	8	8	8	8	8	8
				—		最大值	0.07	0.05	0.04	0.02	0.02	0.02	0.01	0.01
				—		最小值	0.02	0.03	0.01	0.01	0.01	0.01	0.01	0
				—		平均值	0.05	0.04	0.03	0.01	0.01	0.01	0.01	0.01
			全组分	—	饱和	组数	8	8	8	8	8	8	8	8
				—		最大值	0.16	0.15	0.06	0.04	0.03	0.02	0.02	0.02
				—		最小值	0.04	0.03	0.02	0.01	0.01	0.01	0.01	0
				—		平均值	0.11	0.07	0.04	0.02	0.02	0.01	0.01	0.01

续表 4-59

勘探区	采样方式	料源土层	试样颗粒组成	试样编号	试验状态	统计项目	垂直压力(MPa) 0~0.1	0.1~0.2	0.2~0.4	0.4~0.8	0.8~1.6	1.6~3.2	3.2~4.2
							压缩系数(MPa^{-1})						
坝基开挖区及C勘探区	竖井取样	覆盖层+全风化层	全组分	T1	非饱和	—	0.123	0.086	0.062	0.045	0.033	0.021	0.014
				T3		—	0.048	0.112	0.058	0.048	0.040	0.022	0.019
				T4		—	0.055	0.037	0.038	0.039	0.039	0.026	0.017
				T5		—	0.552	0.212	0.134	0.083	0.049	0.028	0.019
				T6		—	0.143	0.066	0.049	0.036	0.028	0.017	0.011
				B1		—	0.131	0.057	0.037	0.026	0.017	0.010	0.007
				B2		—	0.214	0.106	0.059	0.033	0.020	0.012	0.009
				B3		—	0.189	0.071	0.040	0.026	0.018	0.012	0.009
				B5		—	0.255	0.138	0.117	0.079	0.055	0.030	0.020
				B6		—	0.080	0.055	0.036	0.026	0.020	0.014	0.010
			全组分	—	非饱和	组数	8	10	10	10	10	10	10
				—		最大值	0.255	0.212	0.134	0.083	0.055	0.030	0.020
				—		最小值	0.055	0.037	0.036	0.026	0.017	0.010	0.007
				—		平均值	0.149	0.094	0.063	0.044	0.032	0.019	0.013
		覆盖层+全风化层	全组分	T1	饱和	—	0.245	0.117	0.081	0.051	0.033	0.018	0.013
				T3		—	0.131	0.046	0.067	0.058	0.045	0.027	0.025
				T4		—	0.102	0.061	0.047	0.045	0.038	0.026	0.019
				T5		—	0.159	0.102	0.086	0.073	0.048	0.031	0.023
				T6		—	0.145	0.066	0.043	0.030	0.020	0.014	0.011
				B1		—	0.208	0.077	0.043	0.028	0.018	0.011	0.007
				B2		—	0.157	0.146	0.080	0.053	0.030	0.019	0.013
				B3		—	0.220	0.087	0.047	0.031	0.019	0.012	0.008
				B5		—	0.274	0.258	0.166	0.100	0.061	0.031	0.020
				B6		—	0.223	0.079	0.075	0.040	0.023	0.014	0.009
			全组分	—	饱和	组数	10	10	10	10	10	10	10
				—		最大值	0.274	0.258	0.166	0.100	0.061	0.031	0.025
				—		最小值	0.102	0.046	0.043	0.028	0.018	0.011	0.007
				—		平均值	0.186	0.104	0.073	0.051	0.033	0.020	0.015

表 4-60 料源区防渗土料全组分压缩试验结果统计(压缩模量)

勘探区	采样方式	料源土层	试样颗粒组成	试样编号	试验状态	统计项目	垂直压力(MPa)							
							0~0.05	0.05~0.1	0.1~0.2	0.2~0.4	0.4~0.8	0.8~1.6	1.6~3.2	3.2~4.2
							压缩模量(MPa)							
坝卡勘探区	竖井取样	覆盖层+全风化层+强风化层	全组分	BK1	非饱和	—	52.6	51.0	102.0	105.7	180.1	176.2	225.1	291.0
				BK2		—	22.9	35.1	87.7	107.7	202.7	235.7	242.3	251.2
				BK3		—	24.2	33.7	39.1	84.7	92.1	97.3	101.0	106.4
				BK4		—	34.8	37.6	38.5	78.2	106.3	129.5	151.0	124.2
				BK5		—	27.8	28.3	82.3	99.3	119.0	145.8	180.3	164.8
				BK6		—	54.5	43.4	74.0	117.1	120.7	140.8	180.8	143.9
				BK7		—	25.4	42.5	51.3	128.1	155.3	165.5	220.5	161.8
				BK8		—	19.9	47.2	49.2	71.7	76.3	93.0	94.1	105.0
			全组分	BK1	饱和	—	36.6	28.3	47.4	88.5	135.3	153.8	197.8	211.2
				BK2		—	9.6	38.7	42.3	102.3	114.1	142.5	190.1	336.1
				BK3		—	9.3	17.9	23.8	43.4	65.8	77.3	99.5	122.4
				BK4		—	19.3	50.7	57.5	77.9	75.2	102.6	68.9	65.9
				BK5		—	8.5	9.4	21.5	38.1	53.3	85.0	118.4	118.4
				BK6		—	15.1	16.7	29.2	56.2	69.7	96.1	108.6	134.4
				BK7		—	11.1	22.4	23.9	46.8	72.7	89.1	97.3	79.5
				BK8		—	14.2	22.4	47.4	71.1	94.3	101.7	109.1	69.0
			全组分	—	非饱和	组数	8	8	8	8	8	8	8	8
				—		最大值	54.5	51.0	102.0	128.1	202.7	235.7	242.3	291.0
				—		最小值	19.9	28.3	38.5	71.7	76.3	93.0	94.1	105.0
				—		平均值	32.8	39.9	65.5	99.1	131.6	148.0	174.4	168.5
			全组分	—	饱和	组数	8	8	8	8	8	8	8	8
				—		最大值	36.6	50.7	57.5	102.3	135.3	153.8	197.8	336.1
				—		最小值	8.5	9.4	21.5	38.1	53.3	77.3	68.9	65.9
				—		平均值	15.5	25.8	36.6	65.5	85.1	106.0	123.7	142.1

续表 4-60

勘探区	采样方式	料源土层	试样颗粒组成	试样编号	试验状态	统计项目	垂直压力(MPa) 0~0.1	0.1~0.2	0.2~0.4	0.4~0.8	0.8~1.6	1.6~3.2	3.2~4.2
							压缩模量(MPa)						
坝基开挖区及C勘探区	竖井取样	覆盖层+全风化层	全组分	T1	非饱和	—	11.7	16.7	23.2	32.3	43.2	68.7	103.4
				T3		—	32.4	13.8	26.7	32.1	38.6	69.2	82.4
				T4		—	27.9	41.9	40.4	39.1	40.0	60.5	91.4
				T5		—	2.9	7.6	12.1	19.5	33.0	57.8	85.2
				T6		—	9.8	21.4	29.0	38.8	51.0	85.1	128.8
				B1		—	10.2	23.6	36.4	51.7	80.5	128.3	179.6
				B2		—	6.6	13.3	23.9	42.5	72.1	118.2	166.1
				B3		—	7.5	22.0	35.4	53.6	80.1	119.1	165.1
				B5		—	6.6	12.2	14.3	21.4	30.3	55.2	82.4
				B6		—	17.6	25.6	39.2	54.3	70.4	99.6	135.7
			全组分	—	非饱和	组数	8	10	10	10	10	10	10
				—		最大值	27.9	41.9	40.4	54.3	80.5	128.3	179.6
				—		最小值	6.6	7.6	12.1	19.5	30.3	55.2	82.4
				—		平均值	12.2	19.8	28.1	38.5	53.9	86.2	122.0
		覆盖层+全风化层	全组分	T1	饱和	—	5.9	12.3	17.7	28.4	44.3	79.9	109.1
				T3		—	11.7	33.8	22.9	26.5	34.1	56.3	61.8
				T4		—	15.1	25.4	32.8	34.1	40.5	58.3	79.8
				T5		—	10.2	15.9	18.9	22.1	33.9	51.9	70.6
				T6		—	9.7	21.4	32.7	46.8	69.8	99.9	132.5
				B1		—	6.4	17.4	31.1	47.2	76.2	126.6	180.7
				B2		—	9.0	9.7	17.6	26.6	46.3	75.7	107.8
				B3		—	6.4	16.2	30.0	46.0	73.5	114.3	166.7
				B5		—	6.1	6.5	10.1	16.7	24.7	54.8	84.3
				B6		—	6.3	18.0	18.9	35.3	60.2	99.2	162.2
			全组分	—	饱和	组数	10	10	10	10	10	10	10
				—		最大值	15.1	33.8	32.8	47.2	76.2	126.6	180.7
				—		最小值	5.9	6.5	10.1	16.7	24.7	51.9	61.8
				—		平均值	8.7	17.7	23.3	33.0	50.4	81.7	115.6

表 4-61　料源区防渗土料全组分压缩试验结果统计(孔隙比)

勘探区	采样方式	料源土层	试样颗粒组成	试样编号	试验状态	统计项目	(击实功为 2 690 kJ/m^3)垂直压力(MPa)							
							0	0.1	0.2	0.4	0.8	1.6	3.2	4.2
							孔隙比 e							
坝基开挖区及C勘探区	竖井取样	覆盖层+全风化层	全组分	T1	非饱和	—	0.372	0.368	0.365	0.361	0.353	0.340	0.315	0.304
				T6		—	0.339	0.330	0.326	0.319	0.309	0.295	0.276	0.267
				B2		—	0.369	0.348	0.340	0.329	0.317	0.300	0.280	0.271
			全组分	—	非饱和	组数	3	3	3	3	3	3	3	3
				—		最大值	0.372	0.368	0.365	0.361	0.353	0.340	0.315	0.304
				—		最小值	0.339	0.330	0.326	0.319	0.309	0.295	0.276	0.267
				—		平均值	0.360	0.349	0.344	0.336	0.326	0.312	0.290	0.281
		覆盖层+全风化层	全组分	T1	饱和	—	0.339	0.323	0.315	0.305	0.291	0.273	0.250	0.240
				T6		—	0.339	0.323	0.313	0.299	0.283	0.265	0.245	0.236
				B2		—	0.369	0.350	0.342	0.331	0.318	0.302	0.283	0.274
			全组分	—	饱和	组数	3	3	3	3	3	3	3	3
				—		最大值	0.369	0.350	0.342	0.331	0.318	0.302	0.283	0.274
				—		最小值	0.339	0.323	0.313	0.299	0.283	0.265	0.245	0.236
				—		平均值	0.349	0.332	0.323	0.312	0.297	0.280	0.259	0.250

表 4-62　料源区防渗土料全组分压缩试验结果统计(压缩系数)

勘探区	采样方式	料源土层	试样颗粒组成	试样编号	试验状态	统计项目	(击实功为 2 690 kJ/m³)垂直压力(MPa) 0~0.1	0.1~0.2	0.2~0.4	0.4~0.8	0.8~1.6	1.6~3.2	3.2~4.2
							压缩系数(MPa⁻¹)						
坝基开挖区及C勘探区	竖井取样	覆盖层+全风化层	全组分	T1	非饱和	—	0.047 1	0.028 4	0.020 4	0.019 7	0.016 8	0.015 2	0.010 9
				T6		—	0.090 6	0.041 5	0.032 8	0.025 1	0.016 8	0.012	0.009 1
				B2		—	0.206 2	0.078 5	0.055	0.031 9	0.021 3	0.012 1	0.009 2
			全组分	—	非饱和	组数	3	3	3	3	3	3	3
				—		最大值	0.206 2	0.078 5	0.055 0	0.031 9	0.021 3	0.015 2	0.010 9
				—		最小值	0.047 1	0.028 4	0.020 4	0.019 7	0.016 8	0.012 0	0.009 1
				—		平均值	0.114 6	0.049 5	0.036 1	0.025 6	0.018 3	0.013 1	0.009 7
		覆盖层+全风化层	全组分	T1	饱和	—	0.157 9	0.076 7	0.050 9	0.035 1	0.022 5	0.014 3	0.010 3
				T6		—	0.154 4	0.100 4	0.069 2	0.040 9	0.022 6	0.012 4	0.008 8
				B2		—	0.184 8	0.085 8	0.051 3	0.033 9	0.019 3	0.012 2	0.009
			全组分	—	饱和	组数	3	3	3	3	3	3	3
				—		最大值	0.184 8	0.100 4	0.069 2	0.040 9	0.022 6	0.014 3	0.010 3
				—		最小值	0.154 4	0.076 7	0.050 9	0.033 9	0.019 3	0.012 2	0.008 8
				—		平均值	0.165 7	0.087 6	0.057 1	0.036 6	0.021 5	0.013 0	0.009 4

表 4-63 料源区防渗土料全组分压缩试验结果统计(压缩模量)

勘探区	采样方式	料源土层	试样颗粒组成	试样编号	试验状态	统计项目	(击实功为 2 690 k J/m^3)垂直压力(MPa)						
							0~0.1	0.1~0.2	0.2~0.4	0.4~0.8	0.8~1.6	1.6~3.2	3.2~4.2
							压缩模量(MPa)						
坝基开挖区及C勘探区	竖井取样	覆盖层+全风化层	全组分	T1	非饱和	—	29.1	48.4	67.4	69.8	81.9	90.6	125.5
				T6		—	14.8	32.3	40.8	53.3	79.7	111.1	147.8
				B2		—	6.6	17.4	24.9	42.9	64.2	112.9	149.3
			全组分	—	非饱和	组数	3	3	3	3	3	3	3
				—		最大值	29.1	48.4	67.4	69.8	81.9	112.9	149.3
				—		最小值	6.6	17.4	24.9	42.9	64.2	90.6	125.5
				—		平均值	16.8	32.7	44.4	55.3	75.3	104.9	140.9
		覆盖层+全风化层	全组分	T1	饱和	—	8.5	17.4	26.3	38.1	59.6	93.8	130.4
				T6		—	8.7	13.3	19.4	32.7	59.1	108.4	152.3
				B2		—	7.4	16.0	26.7	40.4	70.8	112.1	152.3
			全组分	—	饱和	组数	3	3	3	3	3	3	3
				—		最大值	8.7	17.4	26.7	40.4	70.8	112.1	152.3
				—		最小值	7.4	13.3	19.4	32.7	59.1	93.8	130.4
				—		平均值	8.2	15.6	24.1	37.1	63.2	104.8	145.0

细粒组分压缩试验采用与轻型击实相对应的最大干密度作为制样干密度,干密度指标基本在 1.66~1.80 g/cm^3,平均值为 1.71 g/cm^3 左右。从细粒组分小尺寸压缩试验成果来看,不同料源土层压缩系数随垂直压力增大呈逐渐减小的趋势,饱和状态下压缩系数均大于非饱和状态。对于全风化层,在 0.1~0.2 MPa 垂直压力下,非饱和状态压缩系数 a_{1-2} 试验平均值为 0.11、压缩模量试验平均值为 16.3 MPa,饱和状态压缩系数 a_{1-2} 试验

平均值为0.15、压缩模量试验平均值为10.8 MPa;对于覆盖层与全风化层混合料,在0.1~0.2 MPa垂直压力下,非饱和状态下压缩系数 a_{1-2} 试验平均值为0.10 MPa^{-1}、压缩模量 $E_{s_{1-2}}$ 试验平均值为15.5 MPa,饱和状态下压缩系数 a_{1-2} 试验平均值为0.15 MPa^{-1}、压缩模量试验平均值为11.3 MPa。就细粒组分来说,在相同压实条件下,全风化层、覆盖层与全风化层混合料细粒组分压缩性无明显差异;击实功为592 kJ/m^3,饱和状态下压缩系数 a_{1-2} 基本介于0.12~0.19 MPa^{-1}、压缩模量 $E_{s_{1-2}}$ 一般为8.0~15.0 MPa,非饱和状态下压缩模量 a_{1-2} 基本介于0.08~0.15 MPa^{-1}、压缩模量 E_{s1-2} 一般为12.0~19.0 MPa,呈现中等偏低压缩性;垂直压力大于0.4 MPa条件下,饱和状态下压缩系数均<0.1 MPa^{-1}、压缩模量均大于20 MPa。

全组分压缩试验分别采用与592 kJ/m^3 和2 690 kJ/m^3 击实功相对应的最大干密度制样。与592 kJ/m^3 相对应的制样干密度为1.63~1.98 g/cm^3,平均值为1.82 g/cm^3;与2 690 kJ/m^3 相对应的制样干密度为1.85~2.11 g/cm^3,平均值为1.98 g/cm^3。

在制样击实功为592 kJ/m^3 情况下,非饱和状态压缩系数 a_{1-2} 试验范围值为0.037~0.212 MPa^{-1}、平均值为0.094 MPa^{-1},压缩模量 $E_{s_{1-2}}$ 试验范围值为7.6~41.9 MPa、平均值为19.8 MPa;饱和状态压缩系数 a_{1-2} 试验范围值为0.046~0.258 MPa^{-1}、平均值为0.104 MPa^{-1},压缩模量 $E_{s_{1-2}}$ 试验范围值为6.5~33.8 MPa、平均值为17.7 MPa。与制样击实功相同的细粒组分压缩指标相比较,全组分试样压缩模量总体大于细组分试样压缩模量,在低压力条件下全组分试验压缩指标离散性较大。

在制样击实功为2 690 kJ/m^3 情况下,非饱和状态下压缩系数 a_{1-2} 试验范围值为0.01~0.07 MPa^{-1}、平均值为0.04 MPa^{-1},压缩模量 $E_{s_{1-2}}$ 试验范围值一般为17.4~102.0 MPa、平均值为56.6 MPa;饱和状态下压缩系数 a_{1-2} 试验范围值为0.02~0.10 MPa^{-1}、平均值为0.05 MPa^{-1},压缩模量 $E_{s_{1-2}}$ 试验范围值一般为13.3~57.5 MPa、平均值为30.9 MPa,呈现低压缩性。与制样击实功为592 kJ/m^3 全组分试样压缩指标相比较,压缩模量明显增大。

对比分析不同制样击实功条件下细粒组分和全组分压缩试验成果,全组分防渗土料具有以下压缩变形特征:在592 kJ/m^3 和2 690 kJ/m^3 两种制样击实功条件下,饱和状态压缩系数均小于非饱和状态下压缩系数。两种击实功条件下,试样孔隙率随垂直压力增大而逐渐减小,压缩系数随垂直压力增大总体呈现减小趋势,在低压力阶段两种试样压缩指标相差较大,在高压力阶段两种试样压缩指标相近。但在低制样击实功条件下,某级较高压力所对应的压缩指标会出现一定波动,这种现象与粗颗粒在较大压力下破碎有关。在低制样击实功条件下,低压力水平对应的压缩指标离散性较大,大击实功能够有效改善宽级配土的均匀性。

4.3.5 抗剪强度特性

采取不同料源土层样品分别进行了细粒组分和全组分室内直剪试验或三轴试验,其中细粒组试样开展了常规小尺寸非饱和快剪与饱和固结快剪两种直剪试验,全组分试样进行了三轴试验(UU、CU、CD)或大尺寸直剪试验(非饱和快剪、饱和固结快剪),试验统计结果见表 4-64~表 4-66。全组分样品通过大型三轴试验获得的非线性邓肯-张模型变形参数统计结果见表 4-67、表 4-68，试验结果按照干密度大于 1.90 g/cm³ 和小于 1.90 g/cm³ 分别统计。

表 4-64　防渗土料直剪试验结果统计

勘探区	采样方式	料源土层	试样颗粒组成	试样编号	制样干密度（g/cm³）	试验条件	统计项目	直剪试验指标	
								内摩擦角 φ（°）	黏聚力 c（kPa）
坝卡勘探区	钻孔取样	全风化层	<5 mm 细粒组分	2~1	1.69	非饱和快剪	—	22.9	89.7
				5~1	1.73		—	21.3	66.0
				—	—	非饱和快剪	组数	2	2
				—	—		平均值	22.1	77.0
				2~1	1.69	饱和固快剪	—	24.2	19.0
				5~1	1.73		—	22.3	27.0
				—	—	饱和固快剪	组数	2	2
				—	—		平均值	23.3	23.0
		覆盖层+全风化层	<5 mm 细粒组分	1~3	1.75	非饱和快剪	—	23.6	86.3
				3~3	1.67		—	22.3	89.0
				4~3	1.74		—	22.9	89.7
				—	—	非饱和快剪	组数	3	3
				—	—		最大值	23.6	89.7
				—	—		最小值	22.3	86.3
				—	—		平均值	22.9	88.3
				1~3	1.75	饱和固快剪	—	25.8	21.7
				3~3	1.67		—	24.5	16.3
				4~3	1.74		—	22.3	27.0
				—	—	饱和固快剪	组数	3	3
				—	—		最大值	25.8	27.0
				—	—		最小值	22.3	16.3
				—	—		平均值	24.2	21.7

续表 4-64

勘探区	采样方式	料源土层	试样颗粒组成	试样编号	制样干密度（g/cm³）	试验条件	统计项目	直剪试验指标	
								内摩擦角 φ（°）	黏聚力 c（kPa）
坝卡勘探区	竖井取样	覆盖层+全风化层	<5 mm 细粒组分	LBSJ1	1.80	非饱和快剪	—	19.7	47.2
				LBSJ2	1.74		—	21.0	17.3
				LBSJ3	1.68		—	19.9	42.6
				LBSJ4	1.70		—	19.9	27.3
				LBSJ5	1.74		—	18.2	24.5
				LBSJ6	1.71		—	17.5	15.5
				LBSJ7	1.66		—	19.0	27.8
				LBSJ8	1.67		—	19.5	32.8
				—	—	非饱和快剪	组数	8	8
				—	—		最大值	21.0	47.2
				—	—		最小值	17.5	15.5
							平均值	19.3	29.4
				—	—		小值平均值	18.2	22.5
			<5 mm 细粒组分	LBSJ1	1.80	饱和固快剪	—	23.4	73.0
				LBSJ2	1.74		—	24.3	50.3
				LBSJ3	1.68		—	23.2	63.1
				LBSJ4	1.70		—	23.8	50.7
				LBSJ5	1.74		—	22.1	55.4
				LBSJ6	1.71		—	20.3	62.2
				LBSJ7	1.66		—	23.8	45.1
				LBSJ8	1.67		—	23.8	68.3
				—	—	饱和固快剪	组数	8	8
				—	—		最大值	24.3	73.0
				—	—		最小值	20.3	45.1
							平均值	23.1	58.5
				—	—		小值平均值	21.2	50.4

续表 4-64

勘探区	采样方式	料源土层	试样颗粒组成	试样编号	制样干密度（g/cm³）	试验条件	统计项目	直剪试验指标	
								内摩擦角 φ（°）	黏聚力 c（kPa）
坝基开挖及C勘探区	竖井取样	覆盖层+全风化层	全组分	T1	1.86	非饱和快剪	—	20.9	129.0
				T3	1.76		—	18.6	248.0
				T4	1.76		—	19.0	226.0
				T5	1.64		—	6.1	188.0
				T6	1.94		—	27.3	51.8
				B1	1.98		—	33.9	36.0
				B2	1.91		—	30.5	135.0
				B3	1.91		—	30.8	86.6
				B5	1.63		—	15.8	375.0
				B6	1.90		—	33.7	38.3
			全组分	—	—	非饱和快剪	组数	9	9
				—	—		最大值	33.9	375.0
				—	—		最小值	15.8	36.0
				—	—		平均值	23.9	148.2
				—	—		小值平均值	21.9	127.9
				—	>1.90	非饱和	组数	5	5
				—			最大值	33.9	135.0
				—			最小值	27.3	36.0
				—			平均值	31.2	69.5
				—	<1.90	非饱和	组数	4	4
				—			最大值	20.9	375.0
				—			最小值	15.8	129.0
				—			平均值	18.6	244.5
			全组分	T1	1.86	饱和固快剪	—	22.3	125.0
				T3	1.76		—	13.6	215.0
				T4	1.76		—	13.4	245.0
				T5	1.64		—	15.8	109.0
				T6	1.94		—	22.1	237.0
				B1	1.98		—	32.5	43.0
				B2	1.91		—	24.9	161.0
				B3	1.91		—	27.6	53.2
				B5	1.63		—	16.2	118.0
				B6	1.90		—	30.8	28.0
			全组分	—	—	饱和固快剪	组数	10	10
				—	—		最大值	32.5	245.0
				—	—		最小值	13.4	28.0
				—	—		平均值	21.9	133.4
				—	—		小值平均值	14.8	126.4
				—	>1.90	饱和固快剪	组数	5	5
				—			最大值	32.5	237.0
				—			最小值	22.1	28.0
				—			平均值	27.6	104.4
				—	<1.90	饱和固快剪	组数	5	5
				—			最大值	22.3	245.0
				—			最小值	13.4	109.0
				—			平均值	16.3	162.4

表 4-65　防渗土料三轴试验结果统计

勘探区	采样方式	料源土层	试样颗粒组成	试样编号	制样干密度(g/cm³)	试验条件	最大围压(MPa)	统计项目	总应力指标		有效应力指标	
									内摩擦角 φ(°)	黏聚力 c (kPa)	内摩擦角 φ′(°)	黏聚力 c′ (kPa)
坝卡勘探区	竖井取样	覆盖层+全风化层	全组分	BK1	2.02	UU	1.2	—	34.2	178.0	—	—
				BK2	2.01			—	34.3	160.0	—	—
				BK3	1.85			—	33.5	90.0	—	—
				BK4	1.96			—	34.3	150.0	—	—
				BK5	1.96			—	34.3	120.0	—	—
				BK6	2.11			—	34.1	210.0	—	—
				BK7	1.96			—	33.7	115.0	—	—
				BK8	1.96			—	34.4	135.0	—	—
				—	—	UU	1.2	组数	8	8	—	—
				—	—			最大值	34.4	210.0	—	—
				—	—			最小值	33.5	90.0	—	—
				—	—			平均值	34.1	144.8	—	—
				—	—			小值平均值	33.8	115.0	—	—
			全组分	BK1	2.02	CU	1.2	—	35.6	155.0	39.6	158.0
				BK2	2.01			—	35.4	139.0	38.8	165.0
				BK3	1.85			—	35.0	60.0	39。0	65.0
				BK4	1.96			—	35.6	135.0	38.6	160.0
				BK5	1.96			—	35.2	110.0	38.5	135.0
				BK6	2.11			—	35.6	175.0	39.2	190.0
				BK7	1.96			—	35.6	94.0	39.1	110.0
				BK8	1.96			—	35.3	125.0	38.9	142.0
				—	—	CU	1.2	组数	8	8	8	8
				—	—			最大值	35.6	175.0	39.6	190.0
				—	—			最小值	35.0	60.0	38.5	65.0
				—	—			平均值	35.4	124.1	39.0	140.6
				—	—			小值平均值	35.2	88.0	38.8	103.3

续表 4-65

勘探区	采样方式	料源土层	试样颗粒组成	试样编号	制样干密度（g/cm^3）	试验条件	最大围压（MPa）	统计项目	总应力指标		有效应力指标	
									内摩擦角 φ（°）	黏聚力 c（kPa）	内摩擦角 φ'（°）	黏聚力 c'（kPa）
坝基开挖区及C勘探区	竖井取样	覆盖层+全风化层	全组分	T1	1.86	UU	3.0	—	11.3	235.0	—	—
				T3	1.76			—	7.3	423.0	—	—
				T5	1.64			—	2.5	23.0	—	—
				T6	1.94			—	15.3	406.0	—	—
				B1	1.98			—	27.1	323.0	—	—
				B2	1.91			—	24.4	211.0	—	—
				B5	1.63			—	9.3	67.0	—	—
			全组分	—	>1.90	UU	3.0	组数	3	3	—	—
				—				最大值	27.1	406.0	—	—
				—				最小值	15.3	211.0	—	—
				—				平均值	22.3	313.3	—	—
				—	<1.90	UU	3.0	组数	4	4	—	—
				—				最大值	11.3	423.0	—	—
				—				最小值	2.5	23.0	—	—
				—				平均值	7.6	187.0	—	—
			全组分	T1	1.86	CU	3.0	—	8.8	376.0	31.9	88.0
				T3	1.76			—	9.5	100.0	17.6	146.0
				T5	1.64				7	170.0	23.1	128.0
				T6	1.94				20.2	36.0	31.4	171.0
				B1	1.98			—	31.6	110.0	36.1	100.0
				B2	1.91			—	21.5	289.0	32.5	77.0
				B5	1.63			—	9.5	28.0	17.5	87.0
			全组分	—	>1.90	CU	3.0	组数	3	3	3	3
				—				最大值	31.6	289.0	36.1	171.0
				—				最小值	20.2	36.0	31.4	77.0
				—				平均值	24.4	145.0	33.3	116.0
				—	<1.90	CU	3.0	组数	4	4	4	4
				—				最大值	9.5	376.0	31.9	146.0
				—				最小值	7.0	28.0	17.5	87.0
				—				平均值	8.7	168.5	22.5	112.2

表 4-66 防渗土料三轴试验成果统计表

勘探区	采样方式	料源土层	试样颗粒组成	试样编号	制样干密度(g/cm³)	试验条件	最大围压(MPa)	统计项目	线性抗剪指标		非线性抗剪指标	
									φ_d(°)	c_d(kPa)	φ_0(°)	$\Delta\varphi$(°)
坝基开挖区及C勘探区	竖井取样	覆盖层+全风化层	全组分	T1	1.86	CD	3.0	—	19.2	97	32.8	9.6
				T3	1.76			—	7.8	261	33.1	14.7
				T5	1.64			—	5.2	148	24.6	12.4
				T6	1.94			—	27.2	66	30.8	1.9
				B1	1.98			—	37.9	11	38.7	0.6
				B2	1.91			—	28.2	167	39.2	6.4
				B5	1.63			—	14.2	157	26.3	6.6
			全组分	—	>1.90	CD	3.0	组数	3	3	3	3
				—				最大值	37.9	167.0	39.2	6.4
				—				最小值	27.2	11.0	30.8	0.6
				—				平均值	31.1	81.3	36.2	3.0
				—	<1.90	CD	3.0	组数	4	4	4	4
				—				最大值	19.2	261.0	33.1	14.7
				—				最小值	5.2	97.0	24.6	6.6
				—				平均值	11.6	165.8	29.2	10.8
坝基开挖区及C勘探区		覆盖层+全风化层	全组分	T1	2.00	CD	3.0	—	24.5	244.8	43.4	11.4
				T6	2.04			—	28.3	108.7	34.7	3.6
				B2	1.96			—	29.2	212.2	43.5	8.6
			全组分	—	>1.90	CD	3.0	组数	3	3	3	3
				—				最大值	29.2	244.8	43.5	11.4
				—				最小值	24.5	108.7	34.7	3.6
				—				平均值	27.3	188.6	40.5	7.9

注：制样击实功为 2 690 kJ。

表 4-67　全组分防渗土料三轴试验结果统计

勘探区	料源土层	试样编号	制样干密度 (g/cm³)	最大围压 (MPa)	统计项目	E-μ、E-B 模型参数							
						R_f	K	n	D	G	F	K_b	m
坝基开挖区及C勘探区	覆盖层+全风化层	T1	1.86	3.0	—	0.679	192	0.233	0.25	0.467	0.043 1	128	0.381
		T3	1.76		—	0.789	199	0.182	0.21	0.467	0.027 4	239	0.141
		T5	1.64		—	0.243	137	0.122	0.103	0.466	0.017	116	0.194
		T6	1.94		—	0.785	178	0.546	0.418	0.426	0.028 3	95	0.591
		B1	1.98		—	0.796	300	0.617	0.813	0.475	0.081 8	208	0.593
		B2	1.91		—	0.753	735	0.12	0.558	0.46	0.057 7	453	0.201
		B5	1.63		—	0.743	183	0.227	0.373	0.482	0.082 9	102	0.247
		—	>1.90	3.0	组数	3	3	3	3	3	3	3	3
		—			最大值	0.796	735	0.617	0.813	0.475	0.081 8	453	0.593
		—			最小值	0.753	178	0.120	0.418	0.426	0.028 3	95	0.201
		—			平均值	0.778	404	0.428	0.596	0.454	0.055 9	252	0.462
		—	<1.90	3.0	组数	4	4	4	4	4	4	4	4
		—			最大值	0.789	199	0.233	0.373	0.482	0.082 9	239	0.381
		—			最小值	0.243	137	0.122	0.103	0.466	0.017 0	102	0.141
		—			平均值	0.614	178	0.191	0.234	0.471	0.042 6	146	0.241

注：制样击实功为 592 kJ。

表 4-68　全组分防渗土料三轴试验结果统计

勘探区	料源土层	试样编号	制样干密度 (g/cm³)	最大围压 (MPa)	统计项目	E-μ、E-B 模型参数							
						R_f	K	n	D	G	F	K_b	m
坝基开挖区及C勘探区	覆盖层+全风化层	T1	2.00	3.0	—	0.752	393	0.292	0.340	0.481	0.045	260	0.154
		T6	2.04		—	0.854	236	0.654	0.588	0.479	0.071	165	0.626
		B2	1.96		—	0.810	455	0.487	0.615	0.49	0.078`	304	0.430
		—	>1.90	3.0	组数	3	3	3	3	3	3	3	3
		—			最大值	0.854	455	0.654	0.615	0.490	0.071	304	0.626
		—			最小值	0.752	236	0.292	0.340	0.479	0.045	165	0.154
		—			平均值	0.805	361	0.478	0.514	0.483	0.058	243	0.403

注：制样击实功为 2 690 kJ。

就细粒组分直剪试验来说，制样干密度均采用与 592 kJ/m³ 击实功相对应的最大干密度。全风化层通过钻孔岩芯采取,其细粒组分非饱和快剪抗剪指标试验平均值分别为内摩擦角 $\varphi=22.1°$、黏聚力 $c=77.0$ kPa,饱和固结快剪抗剪指标试验平均值分别为内摩擦角 $\varphi=23.3°$、黏聚力 $c=23.00$ kPa。对于钻孔采取的覆盖层与全风化层混合样品,其细粒组分非饱和快剪抗剪指标试验平均值分别为内摩擦角 $\varphi=22.9°$、黏聚力 $c=88.3$ kPa,饱和固结快剪抗剪指标试验平均值分别为内摩擦角 $\varphi=24.2°$、黏聚力 $c=21.7$ kPa。对于竖井采样的覆盖层与全风化层混合样品,其细粒组分非饱和快剪抗剪指标试验平均值分别为内摩擦角 $\varphi=19.3°$、黏聚力 $c=29.4$ kPa,小值平均值分别为 $\varphi=18.2°$、黏聚力 $c=22.5$ kPa;饱和固结快剪抗剪指标试验平均值分别为内摩擦角 $\varphi=23.1°$、黏聚力 $c=58.5$ Pa,小值平均值分别为 $\varphi=21.2°$、黏聚力 $c=50.4$ Pa。从细粒组分试验成果来看,饱和固结快剪内摩擦角 φ 值总体大于非饱和快剪,饱和固结快剪黏聚力 c 值总体小于非饱和快剪。通过不同采样方式获得的样品,其细粒组分抗剪强度指标存在一定差异,可能与其中粉黏粒含量的差异有关。通过钻孔采样的样品细粒组分抗剪强度试验指标总体大于竖井样品,可能与粉黏含量的差异有关,前者粉黏粒含量 48%~60%,后者平均仅为 24%。

就全组分样品直剪试验来说,制样干密度采用与 592 kJ/m³ 击实功相对应的最大干密度,由于粗颗粒含量的差异,干密度指标相差较大,将干密度大于 1.90 g/cm³ 和小于 1.90 g/cm³ 试样抗剪试验结果分别进行统计。对于干密度大于 1.90 g/cm³ 的试样,非饱和快剪抗剪指标试验平均值分别为内摩擦角 $\varphi=31.2°$、黏聚力 $c=69.5$ kPa,饱和固结快剪抗剪指标试验平均值分别为内摩擦角 $\varphi=27.6°$、黏聚力 $c=104.4$ kPa。对于干密度小于 1.90 g/cm³ 的试样,非饱和快剪抗剪指标试验平均值分别为内摩擦角 $\varphi=18.6°$、黏聚力 $c=244$ kPa,饱和固结快剪抗剪指标试验平均值分别为内摩擦角 $\varphi=16.3°$、黏聚力 $c=162$ kPa。从全组分试验成果来看,随着干密度增大,抗剪强度指标总体增大,干密度大于 1.90 g/cm³ 试样内摩擦角 φ 值总体大于干密度小于 1.90 g/cm³ 的试样,黏聚力 c 值则正好相反;非饱和快剪抗剪强度指标总体大于饱和固结快剪抗剪强度指标,与细粒组分试验成果正好相反。击实功相同的条件下,干密度大于 1.90 g/cm³ 的全组分试样的各项抗剪强度指标均大于细粒组分试样;干密度小于 1.90 g/cm³ 的全组分试样的内摩擦角 φ 值小于细粒组分试样,而黏聚力 c 值大于细粒组分试样。

对全组分防渗土料样品进行了中型和大型两种三轴试验。中型三轴试验试样直径为 110 mm,进行了非浸水 UU 和饱和 CU 两项试验,制样干密度采用与 2 690 kJ/m³ 击实功相对应的最大干密度,最大试验围压 1.2 MPa。大型三轴试验试样直径为 300 mm,进行了非浸水 UU、饱和 CU、饱和 CD 三项试验,制样干密度采用与 592 kJ/m³ 击实功相对应的最大干密度,最大试验围压 3.0 MPa。

从中型三轴试验成果来看,UU、CU 抗剪强度指标试验值离散性均不大,平均值与小值平均值相近。UU 试验总应力指标平均值为内摩擦角 $\varphi_u=34.1°$、黏聚力 $c_u=144.8$ kPa;CU 试验总应力指标平均值为内摩擦角 $\varphi_{cu}=35.4°$、黏聚力 $c_{cu}=124.1$ kPa,有效应力指标平均值为内摩擦角 $\varphi'_{cu}=39.0°$、黏聚力 $c'_{cu}=140.6$ kPa,有效应力指标内摩擦角和黏聚力均大于总应力指标;就 UU 和 CU 试验总应力指标来说,内摩擦角 φ_u 略小于 φ_{cu},而黏

聚力 c_u 略大于 c_{cu}。

从大型三轴试验结果来看，由于制样干密度差异较大，导致试验结果离散性较大，因此将试验成果按照制样干密度大于 1.90 g/cm³ 和小于 1.90 g/cm³ 分类叙述。对于干密度大于 1.90 g/cm³ 的试样，UU 试验总应力指标平均值为内摩擦角 φ_u = 22.3°、黏聚力 c_u = 313.3 kPa；CU 试验总应力指标平均值为内摩擦角 φ_{cu} = 24.4°、黏聚力 c_{cu} = 145 kPa，有效应力指标平均值为内摩擦角 φ'_{cu} = 33.0°、黏聚力 c'_{cu} = 116 kPa；CD 试验指标平均值为内摩擦角 φ_d = 31.1°、黏聚力 c_d = 81.3 kPa。对于干密度小于 1.90 g/cm³ 的试样，UU 试验总应力指标平均值为内摩擦角 φ_u = 7.6°、黏聚力 c_u = 188 kPa；CU 试验总应力指标平均值为内摩擦角 φ_{cu} = 8.7°、黏聚力 c_{cu} = 168 kPa，有效应力指标平均值为内摩擦角 φ'_{cu} = 22.5°、黏聚力 c'_{cu} = 112 kPa；CD 试验指标平均值为内摩擦角 φ_d = 11.6°、黏聚力 c_d = 165 kPa。CU 试验有效应力指标普遍大于 CD 试验值，与 CU 试验过程中孔压测试的可靠性有关，试验指标不具代表性。通过不同干密度试样三轴试验抗剪强度指标的对比分析可知：抗剪强度指标受干密度影响较大，干密度 <1.90 g/cm³ 的试样抗剪强度指标明显小于干密度大于 1.90 g/cm³ 的试样；CD 试验指标 >CU 试验总应力指标 >UU 试验总应力指标。将三轴试验成果与直剪试验成果比较可以看出，直剪试验非饱和快剪、饱和固结快剪抗剪强度指标明显大于三轴试验 UU、CU 试验总应力指标，对于干密度 <1.90 g/cm³ 的试样试验值尤其明显。与制样干密度较大的中型三轴试验成果相比较，各种试验抗剪强度指标明显偏小。

综合分析料源区防渗土料各类抗剪试验结果，可以形成以下认识：干密度对防渗土料抗剪强度指标影响较大，在击实功相同的压实条件下全组分宽级配防渗土料抗剪强度指标大于细粒组分防渗土料抗剪强度指标；对于全组分宽级配防渗土料通过直剪试验获得的抗剪强度指标总体大于通过三轴试验获得的抗剪强度指标，干密度越小相差越大；对于全组分防渗土料，CU 与 UU 试验总应力指标之间具有如下关系 $\varphi_{cu} > \varphi_u$、$c_{cu} < c_u$；对于全组分防渗土料，大型直剪试验获得的非饱和快剪内摩擦角大于饱和固结快剪内摩擦角，反映在固定剪切面粗粒组分及其性状对抗剪强度的影响，风化软岩粗粒组分本身抗剪强度在饱水前后差异明显，一定程度上反映了硬岩级配粗粒填加料与风化软岩粗粒组分对改善防渗土料抗剪强度指标的差异。

4.4　堆石料试验与特性研究

4.4.1　泥质岩堆石料试验与特性研究

4.4.1.1　矿物及化学组成特征

1. 矿物组成特征

从各料源勘探区采取多组泥质岩样品进行了矿物分析，样品岩性包括泥质粉砂岩、粉砂岩、粉砂质泥岩，以下统称为泥质岩。各类泥质岩矿物分析结果统计汇总见表 4-69。

表 4-69　各类泥质岩矿物成分分析结果统计汇总

类型	岩性	主要成分及次要成分含量(%)			
		陆源砂(粉砂为主)	黏土质(主要为绢云母)	结核(主要为方解石、绿泥石及硅质)	其他
泥质岩	粉砂质泥岩	30~40	55~70	3~10	—
	泥质粉砂岩	50~70	20~45	3~15	—
	粉砂岩	75~90	5~20	0~5	10~15

从矿物分析结果来看,各类泥质岩(粉砂质泥岩、泥质粉砂岩、粉砂岩)主要矿物成分均为以粉砂为主的陆源砂和以绢云母为主的黏土质,不同之处在于陆源砂和黏土质相对含量不同。粉砂质泥岩黏土质含量一般为50%~70%,泥质粉砂岩黏土质含量一般为20%~45%,粉砂岩黏土质含量一般为5%~20%。各类泥质岩中黏土质矿物大多已变质为绢云母。各类泥质岩均含有一定的主要由方解石、绿泥石及硅质构成的结核,结核多呈似透镜体状、似花生状、条带状零散定向排列,其中泥质粉砂岩与粉砂质泥岩结核含量相差不大,一般为3%~10%,最大含量可达15%,粉砂岩结核含量总体略少。

2. 化学成分特征

选取不同风化程度泥质粉砂岩样品进行了化学成分分析,其结果见表4-70。

表 4-70　泥质岩化学成分分析结果汇总　(%)

风化状态	SiO_2	Al_2O_3	TiO_2	Fe_2O_3	FeO	CaO	MgO	K_2O	Na_2O	MnO	P_2O_5	灼失量
强风化	54.6	18.29	0.8	6.66	0.03	5.53	0.45	4.84	0.49	0.11	0.15	7.93
	64.63	20.96	0.95	4.34	0.18	0.08	0.23	3.21	1.23	0.007	0.06	4
	63.81	19.87	0.95	5.66	0.65	0.12	0.64	3.21	1.18	0.031	0.058	3.7
微新	50.3	17.34	0.72	0.49	4.78	6.3	2.34	4.36	0.58	0.088	0.14	12.46
	64.1	19.33	0.78	4.79	1.15	0.24	1.14	3.98	1.01	0.014	0.11	3.24
	62.86	15.4	0.68	2.5	2.28	4.28	1.46	3.11	0.67	0.08	0.1	6.47
	63.95	15.32	0.71	2.66	2.38	3.8	1.37	2.8	0.75	0.057	0.054	6.02

泥质岩的化学成分以SiO_2、Al_2O_3为主,其中SiO_2的含量范围和平均值分别为50.3%~64.63%、60.60%,Al_2O_3的含量范围和平均值分别为15.32%~20.96%、17.77%。对比不同风化状态岩块化学成分,强风化样品中FeO含量较微新样品有明显减少,而Fe_2O_3含量比微新样品有所增加。

4.4.1.2　岩石基本物理力学性质

1. 岩石物理性质特征

从料源区钻孔采取泥质岩样品进行物理性质试验，统计结果见表 4-71。从试验结果来看，弱风化泥质岩与微新状态泥质岩颗粒密度、块体干密度相差不大，颗粒密度平均值一般为 2.74~2.78 g/cm³，块体干密度平均值一般为 2.68~2.72 g/cm³，无论是颗粒密度还是块体密度，泥质粉砂岩总体略高于粉砂岩。强风化泥质岩颗粒密度一般小于弱风化及微新岩石，块体干密度明显小于弱风化及微新岩石。就孔隙率和吸水率来看，弱风化及微新泥质岩相差不大，孔隙率平均值一般为 2.26%~3.55%，天然吸水率平均值一般为 0.57%~0.91%，饱和吸水率平均值一般为 0.63%~0.97%，泥质粉砂岩略大于粉砂岩；无论是孔隙率还是吸水率强风化岩石均明显高于弱风化及微新岩石，强风化泥质岩孔隙率一般大于 5%，天然吸水率和饱和吸水率一般大于 2.50%。

表 4-71　室内岩石物理性质试验结果统计

岩性	风化状态	统计项目	颗粒密度 (g/cm³)	块体密度 天然 (g/cm³)	块体密度 干 (g/cm³)	块体密度 饱和 (g/cm³)	吸水率 天然 (%)	吸水率 饱和 (%)	孔隙率 (%)
粉砂岩	弱风化	组数	4	4	4	4	4	4	4
		最大值	2.80	2.72	2.71	2.72	0.90	0.97	4.55
		最小值	2.76	2.67	2.66	2.69	0.39	0.40	2.42
		平均值	2.78	2.69	2.68	2.70	0.65	0.70	3.35
	微新	组数	12	12	12	12	12	12	12
		最大值	2.79	2.76	2.75	2.76	1.20	1.52	5.54
		最小值	2.68	2.59	2.58	2.62	0.26	0.34	0.89
		平均值	2.74	2.70	2.69	2.70	0.57	0.63	2.26
泥质粉砂岩	强风化	块数	2	2	2	2	2	2	2
		平均值	2.73	2.57	2.55	2.62	2.52	2.54	6.48
	弱风化	组数	7	7	7	7	7	7	7
		最大值	2.86	2.75	2.74	2.76	1.38	1.48	5.85
		最小值	2.77	2.65	2.65	2.68	0.42	0.49	1.33
		平均值	2.79	2.72	2.70	2.72	0.91	0.97	3.55
	微新	组数	14	14	14	14	14	14	14
		最大值	2.87	2.75	2.75	2.76	1.35	1.46	4.24
		最小值	2.73	2.68	2.67	2.69	0.33	0.36	1.13
		平均值	2.78	2.72	2.72	2.73	0.65	0.70	2.54

2. 岩石水理性质特征

料源区泥质岩中黏土质矿物大多均变质为绢云母,从矿物组成情况初步判断,料源区泥质岩的水理性质较好,现场从钻孔岩芯中采用泥质粉砂岩,进行了多个循环的简易浸水、失水试验,均未发现崩解现象。为了进一步研究料源区泥质岩水理性质,从钻孔和平硐采取代表性泥质粉砂岩样,进行了膨胀性和耐崩解性试验,试验结果见表4-72、表4-73。

表4-72　泥质粉砂岩膨胀性试验结果汇总

岩性	试样编号	风化状态	自由膨胀性	
			轴向自由膨胀率(%)	径向自由膨胀率(%)
泥质粉砂岩	PZ1	微新	0.25	0.12
	PZ2	微新	0.31	0.15
	PZ3	微新	0.15	0.19
	PZ4	微新	0.44	0.07
	PZ5	微新	0.57	0.02
统计项目		最大值	0.57	0.19
		最小值	0.15	0.02
		平均值	0.34	0.11

表4-73　泥质粉砂岩耐崩解性试验结果汇总

试样编号	风化状态	耐崩解性指数I_{d1}(%)	耐崩解性指数I_{d2}(%)	耐崩解性指数I_{d3}(%)	耐崩解性指数I_{d4}(%)	耐崩解性指数I_{d5}(%)	耐崩解性分类
NJ1	微新	99.3	98.6	97.9	97.3	96.7	高
NJ2		99.5	98.3	97.1	95.6	94.1	高
NJ5		99.4	98.8	98.0	97.5	96.9	高
NJ6		99.2	98.7	98.2	97.8	97.3	高
NJ3	弱风化	99.2	97.8	96.5	95.0	93.6	高
NJ4		99	97.8	96.3	94.9	93.3	高

从膨胀性试验成果来看,泥质粉砂岩的轴向自由膨胀率范围为0.15%~0.57%,平均值为0.34%;径向自由膨胀率范围为0.02%~0.19%,平均值为0.11%。据此判断,料源区泥质粉砂岩属非膨胀性岩石。

从耐崩解性试验成果来看,弱风化及微新泥质粉砂岩经5次循环后的耐崩解性指数均在93%以上,属高耐崩解性岩石。耐崩解试验中岩石崩解特征均表现为沿纹层理面开裂,形成薄片状碎屑或碎块。

3. 岩石力学性质特征

为研究料源区泥质岩力学特征,采取不同风化程度泥质岩分别进行了加荷方向斜交层理和垂直层理单轴抗压强度试验,试验统计结果见表 4-74、表 4-75。另外,还采取了大量的泥质粉砂岩样品分别进行了加荷方向平行层理和垂直层理的点荷载试验,每种加荷方式分别按照天然和浸水两种状态进行试验,点荷载试验结果汇总见表 4-76。

粉砂岩中黏土质含量较少,似板理面发育程度明显弱于泥质粉砂岩和粉砂质泥岩,仅进行了加荷方向与层理面斜交的单轴抗压强度试验。从单轴抗压强度试验成果来看,微新状态粉砂岩饱和单轴抗压强度试验平均值为 28.7 MPa,饱和状态下岩石弹性模量试验平均值为 12.3 GPa、变形模量平均值为 11.2 GPa,软化系数平均值为 0.58;弱风化粉砂岩饱和单轴抗压强度试验平均值为 14.7 MPa,饱和状态下弹性模量为 10.3 GPa、变形模量为 9.4 GPa,弱风化粉砂岩主要强度变形指标试验值总体低于微新岩石。从各项力学指标试验值来看,弱风化—微新粉砂岩属较软岩,其中微新粉砂岩饱和单轴抗压强度一般为 20~30 MPa,弱风化粉砂岩饱和单轴抗压强度一般为 15~20 MPa。

就宏观岩石构造特征来看,泥质粉砂岩似板理面较发育,似板理面的结合程度,除与风化状态有关外,还与黏土质含量高低相关。从加荷方向与层理斜交的抗压强度岩样破坏特征来看,岩样破坏均为沿层理面剪切破坏。试验加压方向与层理面斜交的单轴抗压试验成果显示,微新状泥质粉砂岩饱和单轴抗压强度试验平均值为 12.3 MPa,饱和状态下弹性模量试验平均值为 5.4 GPa、变形模量平均值为 4.4 GPa,软化系数平均值为 0.38;弱风化泥质粉砂岩饱和单轴抗压强度试验平均值为 11.3 MPa,饱和状态下弹性模量试验平均值为 4.7 GPa、变形模量平均值为 3.1 GPa,软化系数试验平均值为 0.48;强风化泥质粉砂岩饱和单轴抗压强度平均值为 6.8 MPa,饱和状态下弹性模量试验平均值为 2.9 GPa、变形模量平均值为 2.0 GPa,软化系数试验值为 0.16。从加荷方向与层理面垂直的试验成果来看,微新泥质粉砂岩饱和单轴抗压强度试验平均值为 17.7 MPa,饱和状态下弹性模量和变形模量试验平均值分别为 2.51 GPa 和 1.64 GPa,软化系数试验平均值为 0.31。点荷载试验成果显示,微新泥质粉砂岩天然状态和浸水状态下各向异性指数分别为 2.92、3.38;弱风化泥质粉砂岩天然状态和浸水状态下各向异性指数分别为 6.08~9.59、2.81~5.34。泥质粉砂岩各项异性特征明显,弱风化岩石各项异性特征强于微新岩石。无论是弱风化还是微新泥质粉砂岩,浸水状态下点荷载指数总体明显低于天然状态下,岩石软化特征明显。

从各项力学指标试验值来看,微新泥质粉砂岩属较软岩,饱和单轴抗压强度一般为 15~20 MPa,弱风化泥质粉砂岩属软岩,饱和单轴抗压强度一般为 10~15 MPa,强风化泥质粉砂岩属软岩,饱和单轴抗压强度一般为 5~10 MPa。

表4-74　室内岩石物理力学试验结果统计(斜交层理)

岩性	风化状态	统计项目	饱和				干				软化系数
			抗压强度(MPa)	弹性模量(GPa)	变形模量(GPa)	泊松比	抗压强度(MPa)	弹性模量(GPa)	变形模量(GPa)	泊松比	
粉砂岩	弱风化	组数	4	4	4	4	4	4	4	4	4
		最大值	24.4	16.3	14.8	0.29	47.7	22.1	20.1	0.28	0.65
		最小值	10.2	6.4	5.6	0.26	18.9	10.3	9.4	0.24	0.44
		平均值	14.7	10.3	9.4	0.28	28.3	14.2	12.8	0.26	0.53
	微新	组数	12	12	12	8	12	12	12	7	12
		最大值	60.3	17.8	15.3	0.30	69.5	51.8	44.8	0.27	0.87
		最小值	7.73	5.4	5.0	0.10	29.8	13.0	9.9	0.13	0.25
		平均值	28.7	12.3	11.2	0.21	47.0	31.0	28.5	0.20	0.58
泥质粉砂岩	强风化	块数	2	2	2	2	2	2	2	2	1
		平均值	6.8	2.96	2.02	0.31	42.7	19.5	17.6	0.22	0.16
	弱风化	组数	7	6	6	5	7	6	6	5	7
		最大值	28.3	6.3	4.6	0.35	67.6	22.0	18.9	0.27	0.81
		最小值	4.2	0.5	0.2	0.15	7.2	5.6	5.0	0.15	0.11
		平均值	11.3	4.7	3.3	0.25	27.9	12.1	10.5	0.23	0.48
	微新	组数	14	13	13	11	14	14	14	11	8
		最大值	27.7	11.8	7.8	0.33	57.6	35.9	29.3	0.29	0.68
		最小值	1.6	1.1	1.0	0.22	13.0	6.1	4.7	0.12	0.07
		平均值	12.3	5.4	4.4	0.27	32.5	17.9	15.2	0.21	0.38

注:加荷方向与似板理面斜交,夹角大于30°。

表4-75　室内岩石物理力学试验结果统计(垂直层理)

岩性	风化状态	统计项目	抗压强度(MPa)		弹性模量(GPa)		变形模量(GPa)		软化系数
			干	饱和	干	饱和	干	饱和	
泥质粉砂岩	微新	组数	9	9	9	8	9	8	9
		最大值	84.6	24.6	16.83	3.64	13.47	2.39	0.39
		最小值	31.6	8.08	6.74	1.61	4.15	0.963	0.24
		平均值	56.6	17.7	10.61	2.51	7.63	1.64	0.31
		小值平均值	43.0	11.6	7.91	1.87	5.83	1.30	0.29

表 4-76 点荷载试验结果汇总

岩性	风化状态	含水状态	加荷方向与层面关系	试验块数	点荷载指数 $I_{s(50)}$	各向异性指数 $I_{a(50)}$	单轴抗压强度 R_c(MPa)
泥质粉砂岩	微新	天然	平行	12	2.15	2.92	40.5
			垂直	13	8.27		90.5
		浸水	平行	11	1.02	3.38	23.1
			垂直	13	3.44		57.6
	弱风化	天然	平行	10	0.30	9.59	9.3
			垂直	10	2.88		50.4
		浸水	平行	10	0.40	5.34	11.4
			垂直	10	2.12		40.2
		天然	平行	10	1.15	6.08	25.4
			垂直	10	7.01		98.3
		浸水	平行	10	0.83	2.81	19.8
			垂直	10	2.33		43.0

注:浸水状态为自然浸水 48 h。

4. *岩石长期强度特征*

为了研究泥质粉砂岩在长期浸水条件下强度衰减特征,专门设计两个室内试验,分别为岩块声波测试和点荷载试验。具体试验过程为:采取大量泥质粉砂岩样品,用于声波波速测试的样品加工成 10 cm 左右的岩芯柱,用于点荷载试验的样品加工成 2 cm 厚的圆形薄片,分别测试岩样在浸水前及自然浸水 7 d、15 d、30 d、45 d、60 d 的声波波速和点荷载强度,整个试验过程历时 2 个月。岩块声波波速测试结果汇总见表 4-77,岩块点荷载试验结果统计见表 4-78。

从声波测试的结果看,由于各试样的泥质含量存在一定的差异,泥质粉砂岩的波速测试值存在波动性,但整体来看,泥质粉砂岩岩块波速随浸水时间的增加衰减并不明显。

从点荷载试验成果来看,浸水前泥质粉砂岩具有较高抗压强度,抗压强度平均值为 51.1 MPa,自然浸水 7 d 后和自然浸水 15 d 后抗压强度平均值分别为 34.0 MPa 和 16.9 MPa,抗压强度指标有明显衰减。自然浸水 30 d、45 d 及 60 d 的抗压强度指标相差不大,抗压强度平均值始终在 20 MPa 左右,与自然浸水 15 d 的抗压强度指标相比较没有显著差异。就试验本身来说,在考虑岩石样品差异的条件下浸水 15 d 后的泥质粉砂岩的抗压强度指标衰减并不明显。因此,对于泥质粉砂岩来说,饱和单轴抗压强度指标能够基本反映长期浸水条件的岩石强度指标。

表4-77　岩块声波波速测试结果汇总

试验编号	不同状态下岩块声波波速(m/s)					
	浸水前	浸水7 d	浸水15 d	浸水30 d	浸水45 d	浸水60 d
T1-1	3 548.6	3 450.0	3 689.1	3 963.8	3 831.4	—
T1-2	5 160.0	5 119.0	4 923.7	5 000.0	5 000.0	—
平均值	4 354.3	4 284.5	4 306.4	4 481.9	4 415.7	—
S2-1	—	4 775.8	4 968.1	4 838.2	4 935.0	4 902.3
平均值		4 775.8	4 968.1	4 838.2	4 935.0	4 902.3
S3-1	—	—	4 359.0	4 507.4	4 696.5	4 726.9
S3-2	—	—	3 456.4	4 029.3	4 051.7	4 215.6
S3-3	—	—	4 510.2	4 806.9	4 871.0	4 871.0
平均值			4 108.5	4 447.9	4 539.7	4 604.5
S4-1	—	—	—	4 563.5	4 768.3	4 768.3
S4-2	—	—	—	4 757.8	4 853.0	4 885.6
S4-3	—	—	—	4 009.3	4 258.5	4 152.9
平均值	—	—	—	4 443.5	4 626.6	4 602.2
S5-1	—	—	—	—	4 442.2	4 819.6
S5-2	—	—	—	—	4 982.1	5 001.1
S5-3	—	—	—	—	4 023.8	4 409.3
平均值	—	—	—	—	4 482.7	4 743.3
S6-1	—	—	—			3 872.9
S6-2	—	—	—	—	—	4 329.1
S6-3	—	—	—	—	—	4 688.8
平均值	—	—	—	—	—	4 296.9

表 4-78　岩块点荷载试验结果统计

岩性	风化状态	浸水时间	统计项目	点荷载指数 $I_{s(50)}$	单轴抗压强度 R_c(MPa)
泥质粉砂岩	微新	浸水前	块数	12	12
			最大值	4.21	67.0
			最小值	1.60	32.4
			平均值	2.96	51.1
		浸水 7 d 后	块数	12	12
			最大值	2.31	42.8
			最小值	0.60	15.5
			平均值	1.72	34.0
		浸水 15 d 后	块数	10	10
			最大值	1.21	26.3
			最小值	0.23	7.6
			平均值	0.70	16.9
		浸水 30 d 后	块数	10	10
			最大值	2.10	39.9
			最小值	0.18	6.2
			平均值	0.84	19.1
		浸水 45 d 后	块数	10	10
			最大值	2.01	38.5
			最小值	0.08	3.4
			平均值	0.83	18.6
		浸水 60 d 后	块数	13	13
			最大值	1.95	37.7
			最小值	0.15	5.6
			平均值	0.90	20.4

4.4.1.3　泥质岩填筑特性

为了研究料源区泥质岩填筑特性,采取了大量不同风化程度的洞渣料。根据试验研究方案,分别开展了微新、弱风化以及强风化与弱风化(1∶2)混合样品试验。为了满足室内制样的需要,针对不同风化程度洞渣料进行现场试验,试验结果汇总见表 4-77。以现场颗分试验结果为依据,根据试验制样尺寸采用等量替代法对试验样品进行配制,在配制过程中保持<5 mm 的颗粒含量与现场相应风化状态洞渣料基本一致。各种室内试验制样孔隙率均按照 20%控制。

表 4-79　泥质岩洞渣料现场颗分试验汇总

<table>
<tr><th rowspan="3">编号</th><th rowspan="3">试样描述</th><th colspan="10">颗粒组成(%)</th></tr>
<tr><th colspan="10">颗粒大小(mm)</th></tr>
<tr><th>>200</th><th>200~60</th><th>60~20</th><th>20~5</th><th>5~2</th><th>2~0.5</th><th>0.5~0.25</th><th>0.25~0.075</th><th>0.075~0.005</th><th><0.005</th></tr>
<tr><td>ND1</td><td rowspan="3">微新泥质粉砂岩</td><td>0.9</td><td>26.3</td><td>32.4</td><td>23.7</td><td>5.9</td><td>4.8</td><td>1.1</td><td>3.5</td><td colspan="2">1.4</td></tr>
<tr><td>ND2</td><td>0.9</td><td>26.3</td><td>32.4</td><td>23.7</td><td>6.4</td><td>4.5</td><td>1.5</td><td>2.7</td><td colspan="2">1.6</td></tr>
<tr><td>ND3</td><td>0.9</td><td>26.3</td><td>32.4</td><td>23.7</td><td colspan="6">16.7</td></tr>
<tr><td>ND4</td><td rowspan="3">弱风化泥质粉砂岩</td><td>0.3</td><td>17.0</td><td>34.1</td><td>29.0</td><td>8.8</td><td>5.8</td><td>1.1</td><td>2.7</td><td colspan="2">1.2</td></tr>
<tr><td>ND5</td><td>0.3</td><td>17.0</td><td>34.1</td><td>29.0</td><td>7.8</td><td>5.5</td><td>1.6</td><td>3.2</td><td colspan="2">1.5</td></tr>
<tr><td>ND6</td><td>0.3</td><td>17.0</td><td>34.1</td><td>29.0</td><td colspan="6">19.6</td></tr>
<tr><td>ND7</td><td rowspan="3">强风化+弱风化(1:2)泥质粉砂岩</td><td>2.8</td><td>21.1</td><td>31.4</td><td>26.3</td><td>7.9</td><td>5.3</td><td>1.0</td><td>2.9</td><td colspan="2">1.3</td></tr>
<tr><td>ND8</td><td>2.8</td><td>21.1</td><td>31.4</td><td>26.3</td><td>8.2</td><td>4.7</td><td>1.4</td><td>2.8</td><td colspan="2">1.3</td></tr>
<tr><td>ND9</td><td>2.8</td><td>21.1</td><td>31.4</td><td>26.3</td><td colspan="6">18.5</td></tr>
</table>

1. 压缩变形特性

进行的压缩试验，试样直径为 50 cm，最大试验压力为 4.2 MPa，各种风化状态分别进行了 2 组饱和、1 组天然状态试验，试验结果统计见表 4-80~表 4-82。

通过对试验成果的对比分析发现，泥质岩堆石料具有以下压缩变形特性：孔隙率随着垂直压力的增大呈现持续减小趋势，压缩模量随着垂直压力的增大总体呈现增大趋势，某级压力段压缩指标呈现波动性，与压缩过程堆石料本身破碎有关；天然状态压缩模量总体大于饱和状态压缩模量，低压力阶段差异较为明显，高压力阶段差异不大；各种风化程度的堆石料压缩指标试验值差异不大，主要与料源区泥质岩风化特点有关，从岩体弱风化带中采取的泥质岩，就试验采用的岩块大小尺度来说呈现微新状态；制样孔隙率为 20% 条件下，微新状态泥质岩堆石料与 0.1~0.2 MPa 压力段对应的饱和压缩模量平均值在 35 MPa 左右、天然压缩模量平均值在 55 MPa 左右，与 3.2~4.2 MPa 压力段对应的饱和压缩模量平均值在 90 MPa 左右、天然压缩模量平均值在 100 MPa 左右。

表 4-80 泥质岩堆石料压缩试验结果统计(孔隙比)

试样编号	样品风化状态	试验状态	统计项目	垂直压力(MPa)							
				0	0.1	0.2	0.4	0.8	1.6	3.2	4.2
				孔隙比 e							
ND3	微新	天然	试验值	0.250	0.248	0.246	0.243	0.235	0.217	0.189	0.177
ND1	微新	饱和	—	0.250	0.242	0.238	0.234	0.225	0.210	0.183	0.170
ND2	微新	饱和	—	0.250	0.234	0.228	0.222	0.214	0.200	0.179	0.169
ND3	微新	饱和	—	0.250	0.244	0.242	0.238	0.230	0.210	0.176	0.161
—	微新	饱和	组数	3	3	3	3	3	3	3	3
—	微新	饱和	最大值	0.250	0.244	0.242	0.238	0.230	0.210	0.183	0.170
—	微新	饱和	最小值	0.250	0.234	0.228	0.222	0.214	0.200	0.176	0.161
—	微新	饱和	平均值	0.250	0.240	0.236	0.231	0.223	0.207	0.179	0.167
ND6	弱风化	天然	试验值	0.250	0.247	0.245	0.241	0.234	0.220	0.194	0.182
ND4	弱风化	饱和	—	0.250	0.243	0.241	0.237	0.231	0.221	0.198	0.185
ND5	弱风化	饱和	—	0.250	0.244	0.241	0.237	0.231	0.216	0.186	0.173
ND6	弱风化	饱和	—	0.250	0.244	0.240	0.233	0.223	0.206	0.179	0.166
—	弱风化	饱和	组数	3	3	3	3	3	3	3	3
—	弱风化	饱和	最大值	0.250	0.244	0.241	0.237	0.231	0.221	0.198	0.185
—	弱风化	饱和	最小值	0.250	0.243	0.240	0.233	0.223	0.206	0.179	0.166
—	弱风化	饱和	平均值	0.250	0.244	0.241	0.236	0.228	0.214	0.188	0.175
ND9	弱风化+强风化(2:1)	天然	试验值	0.250	0.248	0.246	0.242	0.235	0.220	0.195	0.183
ND7	弱风化+强风化(2:1)	饱和	—	0.250	0.241	0.237	0.232	0.224	0.208	0.178	0.165
ND8	弱风化+强风化(2:1)	饱和	—	0.250	0.245	0.243	0.239	0.233	0.217	0.190	0.177
ND9	弱风化+强风化(2:1)	饱和	—	0.250	0.246	0.243	0.239	0.233	0.224	0.204	0.193
—	弱风化+强风化(2:1)	饱和	组数	3	3	3	3	3	3	3	3
—	弱风化+强风化(2:1)	饱和	最大值	0.250	0.246	0.243	0.239	0.233	0.224	0.204	0.193
—	弱风化+强风化(2:1)	饱和	最小值	0.250	0.241	0.237	0.232	0.224	0.208	0.178	0.165
—	弱风化+强风化(2:1)	饱和	平均值	0.250	0.244	0.241	0.237	0.230	0.216	0.191	0.178

表4-81　泥质岩堆石料压缩试验结果统计(压缩系数)

试样编号	样品风化状态	试验状态	统计项目	垂直压力(MPa)						
				0~0.1	0.1~0.2	0.2~0.4	0.4~0.8	0.8~1.6	1.6~3.2	3.2~4.2
				压缩系数(MPa^{-1})						
ND3	微新	天然	试验值	0.022 5	0.015 8	0.018 3	0.018 7	0.022 1	0.017 6	0.012 4
ND1	微新	饱和	—	0.078 7	0.039 2	0.023 3	0.020 7	0.019 3	0.016 8	0.013 1
ND2	微新	饱和	—	0.160 4	0.060 0	0.030 4	0.019 7	0.016 9	0.013 5	0.010 3
ND3	微新	饱和	—	0.058 3	0.025 0	0.018 5	0.020 8	0.024 7	0.021 3	0.014 9
—	微新	饱和	组数	3	3	3	3	3	3	3
—	微新	饱和	最大值	0.160 4	0.060 0	0.030 4	0.020 8	0.024 7	0.021 3	0.014 9
—	微新	饱和	最小值	0.058 3	0.025 0	0.018 5	0.019 7	0.016 9	0.013 5	0.010 3
—	微新	饱和	平均值	0.099 1	0.041 4	0.024 1	0.020 4	0.020 3	0.017 2	0.012 8
ND6	弱风化	天然	试验值	0.028 3	0.024 6	0.017 9	0.016 7	0.018 5	0.016 2	0.012 1
ND4	弱风化	饱和	—	0.068 3	0.024 6	0.017 5	0.014 6	0.012 4	0.014 6	0.012 8
ND5	弱风化	饱和	—	0.057 9	0.03	0.019	0.016 6	0.018 6	0.018 4	0.013 8
ND6	弱风化	饱和	—	0.060 4	0.042 1	0.032 1	0.026 4	0.021 4	0.016 8	0.012 8
—	弱风化	饱和	组数	3	3	3	3	3	3	3
—	弱风化	饱和	最大值	0.068 3	0.042 1	0.032 1	0.026 4	0.021 4	0.018 4	0.013 8
—	弱风化	饱和	最小值	0.057 9	0.024 6	0.017 5	0.014 6	0.012 4	0.014 6	0.012 8
—	弱风化	饱和	平均值	0.062 2	0.032 2	0.022 9	0.019 2	0.017 5	0.016 6	0.013 1
ND9	弱风化	天然	试验值	0.023 7	0.02	0.017 5	0.017 7	0.018 4	0.016 1	0.011 6
ND7	弱风化+强风化(2:1)	饱和	—	0.087 9	0.045 8	0.025 4	0.019 6	0.019 5	0.018 8	0.013 5
ND8	弱风化+强风化(2:1)	饱和	—	0.049 2	0.021 3	0.018 5	0.015 9	0.019 8	0.017 1	0.012 8
ND9	弱风化+强风化(2:1)	饱和	—	0.044 2	0.028 3	0.017 9	0.014 5	0.011 9	0.012 3	0.011 5
—	弱风化+强风化(2:1)	饱和	组数	3	3	3	3	3	3	3
—	弱风化+强风化(2:1)	饱和	最大值	0.087 9	0.045 8	0.025 4	0.019 6	0.019 8	0.018 8	0.013 5
—	弱风化+强风化(2:1)	饱和	最小值	0.044 2	0.021 3	0.017 9	0.014 5	0.011 9	0.012 3	0.011 5
—	弱风化+强风化(2:1)	饱和	平均值	0.060 4	0.031 8	0.020 6	0.016 7	0.017 1	0.016 1	0.012 6

表 4-82 泥质岩堆石料压缩试验结果统计(压缩模量)

试样编号	风化状态	试验状态	统计项目	垂直压力(MPa)						
				0~0.1	0.1~0.2	0.2~0.4	0.4~0.8	0.8~1.6	1.6~3.2	3.2~4.2
				压缩模量(MPa)						
ND3	微新	天然	试验值	55.6	78.9	68.2	66.7	56.5	71.1	100.7
ND1	微新	饱和	—	15.9	31.9	53.6	60.3	64.9	74.4	95.5
ND2			—	7.8	20.8	41.1	63.5	73.8	92.5	122.0
ND3			—	21.4	50.0	67.4	60.0	50.5	58.8	84.0
—	微新	饱和	组数	3	3	3	3	3	3	3
—			最大值	21.4	50.0	67.4	63.5	73.8	92.5	122.0
—			最小值	7.8	20.8	41.1	60.0	50.5	58.8	84.0
—			平均值	15.0	34.2	54.0	61.3	63.1	75.2	100.5
ND6	弱风化	天然	试验值	44.1	50.8	69.8	75	67.6	77.3	103.1
ND4	弱风化	饱和	—	18.3	50.8	71.4	85.7	100.8	85.7	97.4
ND5			—	21.6	41.7	65.9	75.5	67.2	67.9	90.9
ND6			—	20.7	29.7	39	47.4	58.5	74.3	98
—	弱风化	饱和	组数	3	3	3	3	3	3	3
—			最大值	21.6	50.8	71.4	85.7	100.8	85.7	98.0
—			最小值	18.3	29.7	39.0	47.4	58.5	67.9	90.9
—			平均值	20.2	40.7	58.8	69.5	75.5	76.0	95.4
ND9	弱风化+强风化(2:1)	天然	试验值	52.6	62.5	71.4	70.6	67.8	77.8	107.5
ND7		饱和	—	14.2	27.3	49.2	63.8	64	66.5	92.9
ND8			—	25.4	58.8	67.4	78.4	63.2	73.2	97.7
ND9			—	28.3	44.1	69.8	86.3	105.3	101.7	109.1
—	弱风化+强风化(2:1)	饱和	组数	3	3	3	3	3	3	3
—			最大值	28.3	58.8	69.8	86.3	105.3	101.7	109.1
—			最小值	14.2	27.3	49.2	63.8	63.2	66.5	92.9
—			平均值	22.6	43.4	62.1	76.2	77.5	80.5	99.9

2. 抗剪强度特性

为了研究泥质粉砂岩堆石料抗剪强度特征,针对不同风化状态的泥质粉砂岩试样开展了直剪试验和三轴压缩试验。对微新和弱风化试样进行了饱和慢剪试验和三轴 CD 试验,对弱风化与强风化(2:1)混合试样进行了非浸水快剪试验、饱和固结快剪试验、慢剪试验以及三轴 UU、CU、CD 试验。试验结果见表 4-83、表 4-84。通过大型三轴试验获得的非线性邓肯-张模型变形参数统计结果见表 4-85。

从直剪试验成果来看,各种风化状态试样饱和慢剪试验抗剪强度指标内摩擦角 φ 试验平均值相差不大,为 34°~35°;而黏聚力 c 试验平均值相差较大,其中弱风化泥质岩为 13.5 kPa、微新和弱风化与强风化混合料为 141~142 kPa。各种风化状态试样三轴 CD 试验抗剪强度指标内摩擦角 φ 值相差不大,φ 值均为 32°~33°;黏聚力 c 值为 250~310 kPa,其中以微新泥质岩料最大,弱风化与强风化泥质岩混合石料次之。

就弱风化与强风化泥质岩混合料各种试验成果来看,直剪试验饱和慢剪和非饱和快剪抗剪强度指标相差不大,其中内摩擦角 φ 值饱和慢剪略大于非饱和快剪、黏聚力 c 值非饱和快剪大于饱和慢剪;饱和固结快剪抗剪指标内摩擦角和黏聚力均小于前两者,其中内摩擦角 φ 值平均值为 31.7°,黏聚力 c 值仅 27.5 kPa。泥质岩石料三轴试验饱和 CU 试验总应力抗剪强度指标小于非浸水 UU 试验,其中内摩擦角 φ 值 CU 试验明显小于 UU 试验,两者相差 10°左右,而黏聚力 c 值 CU 试验大于 UU 试验;CU 试验有效应力抗剪指标大于 CD 试验抗剪指标,其中 CU 试验内摩擦角平均值为 34.6°、黏聚力平均值为 164 kPa,CD 试验内摩擦角平均值为 32.6°、黏聚力平均值为 272 kPa。

非线性抗剪强度指标,以微新泥质岩石料最大,φ_0 值试验平均值为 50°,弱风化和弱风化与强风化混合料相差不大,φ_0 值试验平均值为 47.8°~47.9°。

综合分析各种抗剪强度试验成果可知:排水条件对泥质岩堆石料抗剪强度指标影响较大,表现为抗剪强度试验指标 CU 试验小于 UU、CD 试验、饱和固结快剪小于非饱和快剪和饱和慢剪;黏聚力 c 试验值波动性较大,总体来看符合 CD>CU>UU,饱和慢剪≥非饱和快剪>饱和固结快剪的规律,反映堆石料黏聚力受岩石强度、堆石料密实度等多种因素影响。

表 4-83　泥质岩堆石料直剪试验结果汇总

试样编号	样品风化状态	直剪试验							
		制样指标		试验条件		统计项目	抗剪强度指标		
		孔隙率 n (%)	干密度 ρ_d (g/cm³)	最大正应力 σ (MPa)	试验状态		摩擦系数 f	内摩擦角 φ (°)	黏聚力 c (kPa)
ND1	微新	20	2.224	4.2	饱和慢剪	—	0.68	34.1	183
ND2	微新	20	2.224	4.2	饱和慢剪	—	0.67	33.9	99.9
—	微新	—	—	—	饱和慢剪	平均值	0.68	34.0	141.5
ND4	弱风化	20	2.224	4.2	饱和慢剪	—	0.70	35	16.8
ND5	弱风化	20	2.224	4.2	饱和慢剪	—	0.72	35.9	10.2
—	弱风化	—	—	—	饱和慢剪	平均值	0.71	35.5	13.5

续表 4-83

试样编号	样品风化状态	直剪试验							
		制样指标		试验条件		统计项目	抗剪强度指标		
		孔隙率 n (%)	干密度 ρ_d (g/cm^3)	最大正应力 σ (MPa)	试验状态		摩擦系数 f	内摩擦角 φ (°)	黏聚力 c (kPa)
ND7	弱风化+强风化(2:1)	20	2.224	4.2	饱和慢剪	—	0.69	34.5	95.8
ND8		20	2.224	4.2	饱和慢剪	—	0.69	34.7	189
—		—	—	—	饱和慢剪	平均值	0.69	34.6	142.4
ND7		20	2.224	4.2	非浸水快剪	—	0.64	32.4	290
ND8		20	2.224	4.2	非浸水快剪	—	0.67	33.9	180
—		—	—	—	非浸水快剪	平均值	0.66	33.2	235.0
ND7		20	2.224	4.2	饱固快剪	—	0.62	31.9	29
ND8		20	2.224	4.2	饱固快剪	—	0.61	31.5	26
—		—	—	—	饱固快剪	平均值	0.62	31.7	27.5

表 4-84 泥质岩堆石料三轴试验结果汇总

试样编号	样品风化状态	制样条件		试验条件			统计项目	抗剪强度指标			
								总应力		有效应力	
		孔隙率 (%)	干密度 (g/cm^3)	最大围压 (MPa)	试样状态	试验方法		c (kPa)	φ (°)	c' (kPa)	φ' (°)
ND7	弱风化+强风化(2:1)	20	2.224	3.0	饱和	CU	—	313	20.7	111	35.8
ND8		20	2.224	3.0			—	339	23.3	216	33.3
—		—	—	—	饱和	CU	平均值	326	22.0	164	34.6
ND7		20	2.224	3.0	非浸水	UU	—	245	32.4	—	—
ND8		20	2.224	3.0			—	133	32.3	—	—
—		—	—	—	非浸水	UU	平均值	189	32.4	—	—

试样编号	样品风化状态	制样条件		试验条件		统计项目	线性抗剪指标		非线性抗剪指标	
		孔隙率 (%)	干密度 (g/cm^3)	最大围压 (MPa)	试验方法		c_d (°)	φ_d (kPa)	φ_0 (°)	$\Delta\varphi$ (°)
ND1	微新	20	2.224	3.0	CD	—	322	32.2	50.1	10.5
ND2		20	2.224	3.0		—	296	32.6	49.8	10.2
—		—	—	—	CD	平均值	309	32.4	50.0	10.4

续表 4-84

试样编号	样品风化状态	制样条件		试验条件		统计项目	线性抗剪指标		非线性抗剪指标	
		孔隙率(%)	干密度(g/cm^3)	最大围压(MPa)	试验方法		c_d(°)	φ_d(kPa)	φ_0(°)	$\Delta\varphi$(°)
ND4	弱风化	20	2.224	3.0	CD	—	266	32.8	48.1	9.0
ND5		20	2.224	3.0		—	250	33.2	47.5	8.4
—		—	—	—	CD	平均值	258	33.0	47.8	8.7
ND7	弱风化+强风化(2:1)	20	2.224	3.0	CD	—	270	32.7	47.6	8.8
ND8		20	2.224	3.0		—	273	32.6	48.1	9.0
—		—	—	—	CD	平均值	272	32.7	47.9	8.9

表 4-85　泥质岩堆石料三轴试验结果汇总

试样编号	样品风化状态	制样条件		试验条件		统计项目	E-μ、E-B 模型参数							
		孔隙率(%)	干密度(g/cm^3)	最大围压(MPa)	试验方法		R_f	K	n	D	G	F	K_b	m
ND1	微新	20	2.224	3.0	CD	—	0.772	574	0.392	0.027	0.327	0.029 3	264	0.205
ND2		20	2.224	3.0		—	0.852	630	0.445	0.032	0.345	0.111 0	154	0.441
—		—	—	—	CD	平均值	0.812	602	0.419	0.030	0.336	0.070 2	209	0.323
ND4	弱风化	20	2.224	3.0	CD	—	0.831	627	0.369	0.020	0.439	0.406 9	318	0.122
ND5		20	2.224	3.0		—	0.798	540	0.383	0.025	0.469	0.248 3	281	0.174
—		—	—	—	CD	平均值	0.815	584	0.376	0.022	0.454	0.327 6	300	0.148
ND7	弱风化+强风化(2:1)	20	2.224	3.0	CD	—	0.855	586	0.444	0.021	0.340	0.059 1	275	0.276
ND8		20	2.224	3.0		—	0.829	601	0.393	0.028	0.383	0.122 1	326	0.171
—		—	—	—	CD	平均值	0.842	594	0.419	0.024	0.362	0.090 6	301	0.224

3. 渗透特性

将所采取的不同风化状态泥质岩洞渣料，采用等量替代法按照20%孔隙率制成直径50 cm的大尺寸试样，进行渗透试验，试验结果汇总见表4-86。

从试验结果来看，在制样孔隙率为20%情况下不同风化状态的泥质岩石料渗透系数存在一定差异。总体来看，微新泥质岩渗透系数大于弱风化岩石渗透系数、弱风化岩石渗透系数大于弱风化与强风化(2:1)混合料渗透系数，但相差不大。微新泥质岩渗透系数平均值为6.96×10^{-3} cm/s，弱风化泥质岩渗透系数平均值为2.56×10^{-3} cm/s，弱风化与强风化(2∶1)泥质岩混合石料渗透系数平均值为 2.14×10^{-3} cm/s。

表 4-86　泥质粉砂岩堆石料渗透性试验结果

编号	样品风化状态	制样条件		试验条件	统计项目	渗透系数 K_{20} (cm/s)
		孔隙率(%)	干密度(g/cm^3)	水流方向		
ND1	微新	20	2.224	由下向上	—	6.89×10^{-3}
ND2		20	2.224	由下向上	—	7.02×10^{-3}
—		—	—	—	平均值	6.96×10^{-3}
ND4	弱风化岩	20	2.224	由下向上	—	1.75×10^{-3}
ND5		20	2.224	由下向上	—	3.36×10^{-3}
—		—	—	—	平均值	2.56×10^{-3}
ND7	弱风化+强风化(2∶1)	20	2.224	由下向上	—	2.83×10^{-3}
ND8		20	2.224	由下向上	—	1.45×10^{-3}
—		—	—	—	平均值	2.14×10^{-3}

4. 填筑破碎特征

为了研究泥质岩石料在填筑过程中的破碎特征,分别对相对密度试验前后、压缩试验前后试样的颗粒组成情况进行分析。相对密度试验前后试样颗分结果汇总见表 4-87、图 4-315,压缩试验前后试样颗分结果汇总见表 4-88、图 4-316,各类试验前后主要粒组含量变化情况见表 4-89、表 4-90。

按照平硐开挖洞渣料天然级配进行相对密实度试验,最小孔隙率为 24%~25%。通过相对密度试验前后颗粒级配的对比分析可知:对于不同风化状态的泥质岩试样,试验后 <5 mm 颗粒含量均有增加,其中微新泥质岩试验平均增幅为 6.4%、弱风化泥质岩平均增幅为 11.3%、弱风化与强风化泥质岩混合料平均增幅为 7%;<2 mm 颗粒含量也均有增加,微新泥质岩、弱风化泥质岩、弱风化与强风化泥质岩混合料试样平均增幅分别为 4%、8.4%、5.2%;而<0.075 mm 颗粒含量增幅不明显,其中微新泥质岩试样未增加,弱风化泥质岩、弱风化与强风化泥质岩混合料试样平均增幅分别仅为 1.8%、0.64%。

压缩试验后样品经过制样击实和侧限压缩两次破碎过程,压缩试验后微新泥质岩试样孔隙率由制样孔隙率 20%变为 14.5%~15%,弱风化泥质岩试样孔隙率由制样孔隙率 20%变为 15.2%~15.4%,弱风化与强风化混合泥质岩试样孔隙率由 20%变为 14.6%~15%,压缩前后天然状态孔隙率的变化总体大于饱和状态孔隙率的变化值,这表明饱和状态下泥质岩填筑料更易压实。

表 4-87　相对密度试验前后试样颗分结果汇总

试验编号	样品风化状态	类型	各粒组百分含量(%)							
			60~20 mm	20~5 mm	5~2 mm	2~0.5 mm	0.5~0.25 mm	0.25~0.075 mm	0.075~0.005 mm	<0.005 mm
ND1	微新	试前	48.1	35.2	5.9	4.8	1.1	3.5	1.4	
		试后	42.2	34.3	9.0	6.3	1.3	6.2	0.7	
ND2		试前	48.1	35.2	6.4	4.5	1.5	2.7	1.6	
		试后	42.9	34.4	8.1	5.7	1.4	6.1	1.4	
ND4	弱风化	试前	43.4	37.0	8.8	5.8	1.1	2.7	1.2	
		试后	33.1	36.1	11.5	7.3	2.3	7.3	2.4	
ND5		试前	43.4	37.0	7.8	5.5	1.6	3.2	1.5	
		试后	33.4	36.4	10.2	7.2	1.6	7.3	3.9	
ND7	弱风化+强风化(2:1)	试前	44.3	37.2	7.9	5.3	1.0	2.9	1.3	
		试后	40.3	34.0	10.0	6.3	1.4	6.6	1.4	
ND8		试前	44.3	37.2	8.2	4.7	1.4	2.8	1.3	
		试后	40.0	35.0	9.6	5.6	1.9	5.6	2.3	

表 4-88　压缩试验前后试样颗分结果汇总

试验编号	样品风化状态	试验状态	类型	各粒组百分含量(%)						
				60~20 mm	20~5 mm	5~2 mm	2~0.5 mm	0.5~0.25 mm	0.25~0.075 mm	<0.075 mm
ND1	微新	饱和	制样前	48.1	35.2	5.9	4.8	1.1	3.5	1.4
			压缩后	35.6	36.1	12.1	7.6	2.1	5	1.5
ND2		饱和	制样前	48.1	35.2	6.4	4.5	1.5	2.7	1.6
			压缩后	35.3	37.2	11.3	7.6	2.1	4.5	2
ND3		天然	制样前	48.1	35.2	6.4	4.5	1.5	2.7	1.6
			压缩后	29.3	38.1	32.6				
ND4	弱风化	饱和	制样前	43.4	37	8.8	5.8	1.1	2.7	1.2
			压缩后	33.2	37.6	10.2	8.5	1.8	7.7	1
ND5		饱和	制样前	43.4	37	7.8	5.5	1.6	3.2	1.5
			压缩后	34.2	36.9	13.3	7.4	2.1	4.2	1.9
ND6		天然	制样前	43.4	37	7.8	5.5	1.6	3.2	1.5
			压缩后	31.5	34.3	34.2				

续表 4-88

试验编号	样品风化状态	试验状态	类型	各粒组百分含量(%)						
				60~20 mm	20~5 mm	5~2 mm	2~0.5 mm	0.5~0.25 mm	0.25~0.075 mm	<0.075 mm
ND7	弱风化+强风化(2:1)	饱和	制样前	44.3	37.2	7.9	5.3	1	2.9	1.3
			压缩后	34.9	38	9.3	7.6	2.5	5.2	2.5
ND8		饱和	制样前	44.3	37.2	8.2	4.7	1.4	2.8	1.3
			压缩后	34.7	37.2	10.5	7.9	2.6	5	2.1
ND9		天然	制样前	44.3	37.2	8.2	4.7	1.4	2.8	1.3
			压缩后	30	36.6	33.4				

表 4-89　相对密度试验前后试样主要粒组含量变化情况统计

试样编号	样品风化状态	试后孔隙率(%)	统计项目	主要粒组百分含量(%)								
				<5 mm			<2 mm			<0.075 mm		
				制样	振实后	变化量	制样	振实后	变化量	制样	振实后	变化量
ND1	微新	24	—	16.7	23.5	6.8	10.8	14.5	3.7	1.4	0.7	0
ND2		25	—	16.7	22.7	6.0	10.3	14.6	4.3	1.6	1.4	0
—		—	平均值	16.7	23.1	6.4	10.6	14.6	4.0	1.5	1.1	0
ND4	弱风化	24	—	19.6	30.8	11.2	10.8	19.3	8.5	1.2	2.4	1.2
ND5		24	—	19.6	30.2	10.6	11.8	20.0	8.2	1.5	3.9	2.4
—		—	平均值	19.6	30.5	10.9	11.3	19.7	8.4	1.4	3.2	1.8
ND7	弱风化+强风化(2:1)	24	—	18.4	25.7	7.3	10.5	15.7	5.2	1.3	1.4	0.1
ND8		24	—	18.4	25.0	6.6	10.2	15.4	5.2	1.3	2.3	1.0
—		—	平均值	18.4	25.4	7.0	10.4	15.6	5.2	1.3	1.9	0.6

表 4-90　压缩试验前后试样主要粒组含量变化情况统计

试样编号	样品风化状态	制样孔隙率(%)	试验状态	统计项目	试后孔隙率(%)	不同粒径的百分含量(%)								
						<5 mm			<2 mm			<0.075 mm		
						制样	压缩后	变化值	制样	压缩后	变化值	制样	压缩后	变化值
ND3	微新	20	天然	试验值	15.0	16.7	32.6	15.9	10.3	—	—	1.6	—	—
ND1		20	饱和	—	14.5	16.7	28.3	11.6	10.8	16.2	5.4	1.4	1.5	0.1
ND2		20		—	14.5	16.7	27.5	10.8	10.3	16.2	5.9	1.6	2.0	0.4
—		—		平均值	14.5	16.7	27.9	11.2	10.6	16.2	5.7	1.5	1.8	0.3
ND6	弱风化	20	天然	试验值	15.4	19.6	34.2	14.6	11.8	—	—	1.5	—	—
ND4		20	饱和	—	15.6	19.6	29.2	9.6	10.8	19.0	8.2	1.2	1.0	-0.2
ND5		20		—	14.7	19.6	28.9	9.3	11.8	15.6	3.8	1.5	1.9	0.4
—		—		平均值	15.2	19.6	29.1	9.5	11.3	17.3	6.0	1.4	1.5	0.1
ND9	弱风化+强风化(2:1)	20	天然	试验值	15.5	18.4	33.4	15.0	10.2	—	—	1.3	—	—
ND7		20	饱和	—	14.2	18.4	27.1	8.7	10.5	17.8	7.3	1.3	2.5	1.2
ND8		20		—	15.0	18.4	28.1	9.7	10.2	17.6	7.4	1.3	2.1	0.8
—		—		平均值	14.6	18.4	27.6	9.2	10.4	17.7	7.4	1.3	2.3	1.0

对于不同风化状态的泥质岩试样，试验后<5 mm 颗粒含量均有增加，其中饱和状态下微新泥质岩试验平均增幅为 11.2%、弱风化泥质岩平均增幅为 9.5%、弱风化与强风化泥质岩混合料平均增幅为 9.2%；天然状态下微新泥质岩、弱风化泥质岩、弱风化与强风化泥质岩混合料试样 15.9%、14.6%、15.0%；天然状态下<5 mm 颗粒的增幅普遍大于饱和状态，表明相同击实及压缩条件下天然状态泥质岩更易破碎。饱和状态微新泥质岩、弱风化泥质岩、弱风化与强风化泥质岩混合料试样试验后，<2 mm 颗粒含量平均增幅分别为 5.7%、6.0%、7.4%；而<0.075 mm 颗粒含量增幅不明显，微新泥质岩试样未增加，弱风化泥质岩、弱风化与强风化泥质岩混合料试样平均增幅分别仅为 0.3%、0.1%及 1.0%。

通过对以上两种试验前后试样颗粒级配的综合分析可知：泥质岩石料初始颗粒级配相近的情况下，压实孔隙率越小，<5 mm 颗粒含量增加量越大，而其中<0.075 mm 细颗粒增幅不大；料源区泥质岩石料以一定级配按照 20%孔隙率压实后，在经过坝体填筑和运行荷载再压缩作用后，填筑料<5 mm 增加量不会超过 15%，<0.075 mm 细颗粒含量增加量不会超过 2%，对填筑料渗透性影响有限；饱水条件对泥质岩填筑料压实较为有利，能够减少<5 mm 颗粒的增加量。

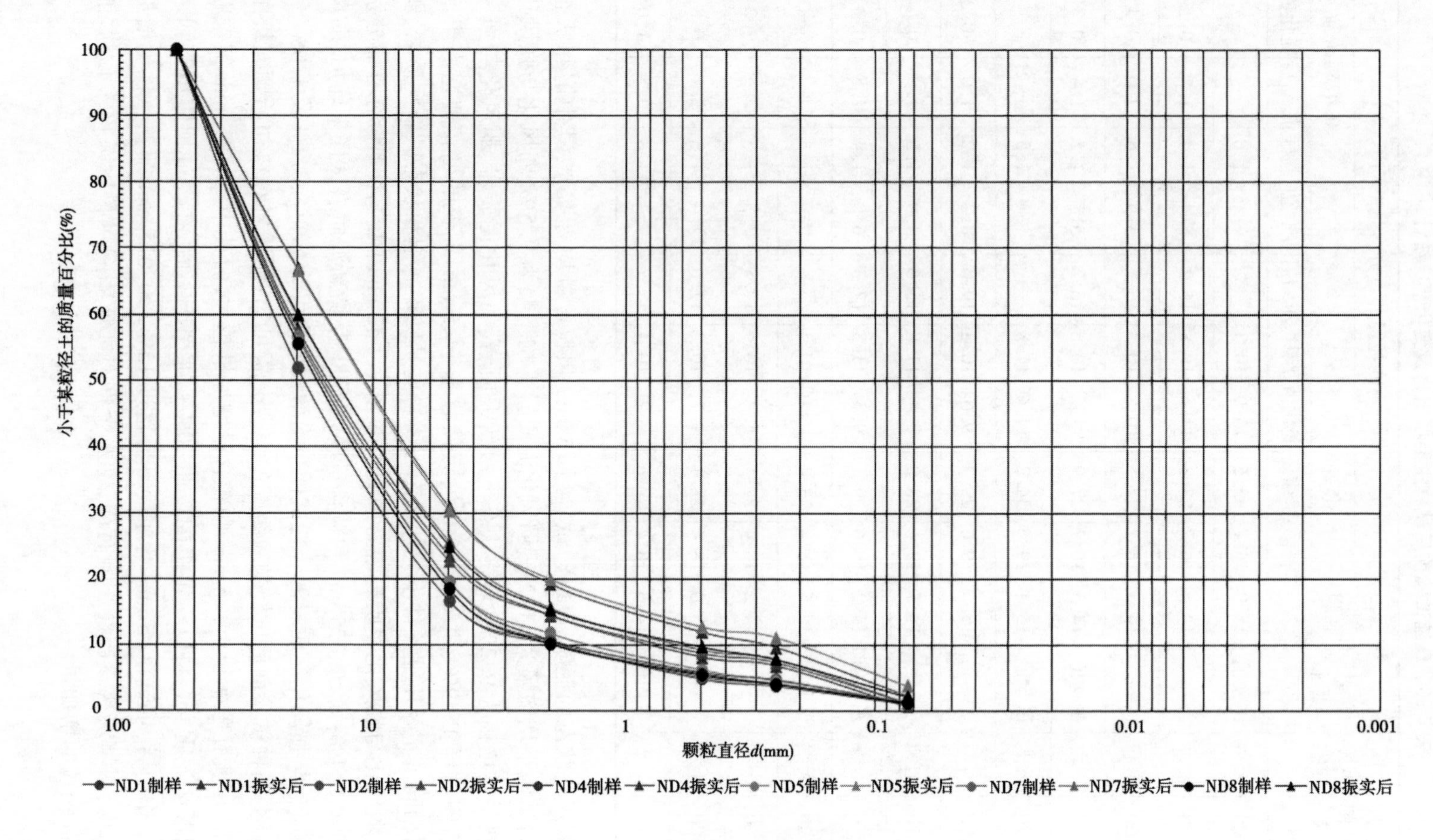

图 4-315 相对密度试验前后试样颗分曲线

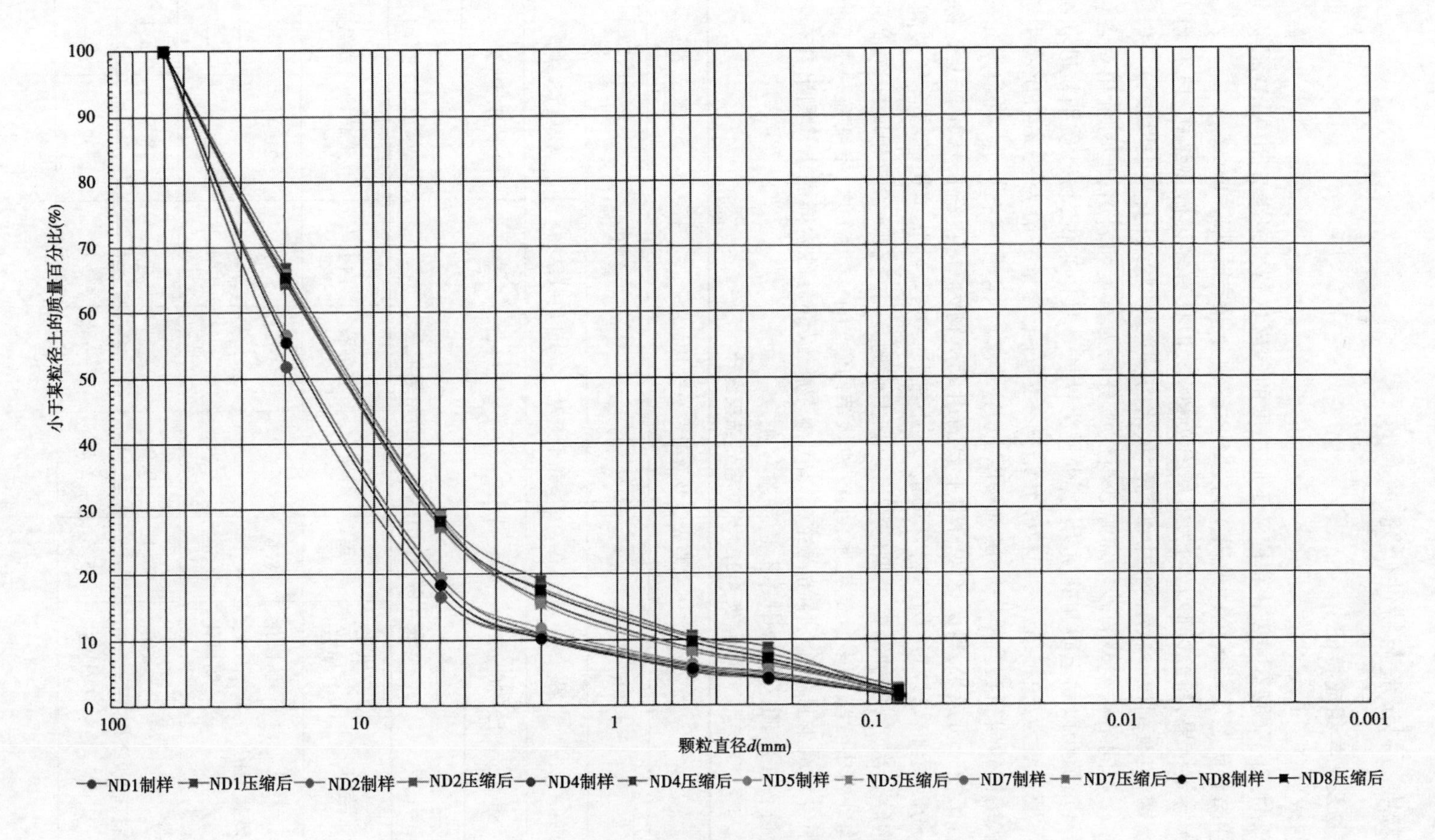

图 4-316　压缩试验前后颗分试验成果

4.4.2　砂岩堆石料试验与特性研究

4.4.2.1　矿物及化学组成特征

1. 矿物组成特征

从各料源勘探区采取不同风化程度及不同粒度的砂岩进行岩矿鉴定和 XRD 矿物分析。各砂岩样品岩矿鉴定结果统计见表 4-91，XDR 矿物分析结果见表 4-92。

根据岩矿鉴定结果，料源区砂岩均为岩屑石英砂岩，但具有多种微观结构，既有粉砂质细粒砂状结构，也有细粒砂状结构、中细粒砂状结构、中粒砂状结构，其中以细粒—中粒砂状结构为主。不同结构类型的砂岩陆源砂组成成分均为石英和岩屑，但两者相对含量存在一定差异；填隙物以黏土质和硅质为主，少量为铁质。具体来说，粉砂质细粒砂状结构砂岩石英含量一般为 55%~65%，细粒砂状结构砂岩石英含量一般为 65%~80%，中细粒—中粒砂状结构砂岩石英含量一般在 80%以上。

根据全岩矿物分析成果，料源区砂岩中主要的组成矿物为石英、斜长石和黏土矿物。就石英来说，粉砂质细粒砂状结构砂岩含量最少，中细粒—中粒砂状结构砂岩含量最高，细粒砂状结构砂岩次之；各种结构类型的砂岩中黏土矿物含量与石英含量相反，以粉砂质细粒砂状结构砂岩中含量最多且最普遍，细粒砂状结构砂岩中含量次之，中细粒—中粒砂状结构砂岩中含量最少且仅个别样品检测出黏土矿物。仅部分砂岩样品中检测出含有斜长石，说明斜长石在料源区砂岩中并不是普遍存在。

表 4-91　岩矿鉴定结果统计

<table>
<tr><th rowspan="3">岩性</th><th colspan="6">主要成分及次要成分含量(%)</th></tr>
<tr><th colspan="3">陆源砂</th><th colspan="3">填隙物</th></tr>
<tr><th>石英</th><th>岩屑</th><th>长石</th><th>黏土杂基</th><th>硅质胶结物</th><th>铁质胶结物</th></tr>
<tr><td>砂岩</td><td>55~85</td><td>15~30</td><td>少量</td><td colspan="2">1~5</td><td>个别含少量</td></tr>
</table>

表 4-92　XRD 矿物分析结果汇总　(%)

<table>
<tr><th>岩性</th><th>岩石结构</th><th>风化状态</th><th>石英</th><th>斜长石</th><th>方解石</th><th>白云石</th><th>黏土矿物</th><th>赤铁矿</th></tr>
<tr><td rowspan="4">岩屑石英砂岩</td><td rowspan="2">细粒砂状结构</td><td>弱风化</td><td>78.6</td><td>—</td><td>—</td><td>—</td><td>21.4</td><td>—</td></tr>
<tr><td>弱风化</td><td>93</td><td>—</td><td>—</td><td>—</td><td>7</td><td>—</td></tr>
<tr><td rowspan="2">粉砂质细粒砂状结构</td><td>微新</td><td>68.1</td><td>9.9</td><td>—</td><td>—</td><td>18.9</td><td>3.1</td></tr>
<tr><td>弱风化</td><td>65.3</td><td>2.7</td><td>—</td><td>—</td><td>32</td><td>—</td></tr>
</table>

续表 4-92　　（%）

岩性	岩石结构	风化状态	石英	斜长石	方解石	白云石	黏土矿物	赤铁矿
岩屑石英砂岩	中细粒砂状结构	微新	95.6	—	—	4.4	—	—
		弱风化	86.2	—	—	—	13.8	—
	中粒砂状结构	弱风化	100	—	—	—	—	—
		弱风化	100	—	—	—	—	—
		弱风化	96.9	3.1	—	—	—	—
	中细粒砂状结构	强风化	100	—	—	—	—	—
		强风化	100	—	—	—	—	—
		强风化	100	—	—	—	—	—
		强风化	100	—	—	—	—	—
		强风化	100	—	—	—	—	—

2. 化学成分特征

为了全面了解料源区砂岩的组成特征，除 XRD 矿物分析外，还对相应样品进行化学成分分析测试，化学成分分析结果见表 4-93。

从化学分析结果来看，料源区砂岩化学成分以 SiO_2、Al_2O_3 为主，其中 SiO_2 的含量范围和平均值分别为 72.68%~92.48%、85.79%，Al_2O_3 的含量范围和平均值分别为 3.81%~15.88%、6.97%，其余化学成分含量均较少。就 SiO_2 含量来看，不同结构类型的砂岩中含量存在一定差异，中细粒—中粒砂状结构砂岩中 SiO_2 含量最高，一般均在 83% 以上，平均为 88.9%；细粒砂状结构砂岩中 SiO_2 含量一般在 80%左右；粉砂质细粒砂状结构砂岩中 SiO_2 含量一般在 75%左右。而 Al_2O_3 在各种结构类型砂岩中含量与 SiO_2 正好相反，其中以粉砂质细粒结构砂岩含量最高，范围值为 10.4%~15.9%，平均值为 13.2%；细粒结构砂岩次之，含量一般在 9.5%左右；中细粒—中粒结构砂岩含量最少，范围值一般为 3.8%~7.7%，平均值为 5.2%。就中细粒—中粒结构砂岩来看，不同风化状态的岩样中 Fe_2O_3 与 FeO 的相对含量存在一定差异；从微新至强风化，随着风化程度的增强，FeO 含量有减少的趋势，Fe_2O_3 含量有增加的趋势。

表 4-93　砂岩化学成分分析结果汇总　　(%)

岩性	岩石结构	风化状态	SiO_2	Al_2O_3	TiO_2	Fe_2O_3	FeO	CaO	MgO	K_2O	Na_2O	MnO	P_2O_5
岩屑石英砂岩	细粒砂状结构	弱风化	80.74	9.92	0.72	0.54	2.25	0.18	1.14	1.18	0.66	0.025	0.1
		弱风化	81.95	9.15	0.57	0.72	2.25	0.14	1.09	1.1	0.6	0.021	0.085
	粉砂质细粒砂状结构	微新	76.76	10.4	0.6	3.05	1.08	0.46	0.99	2.9	0.38	0.02	0.083
		弱风化	72.68	15.88	0.95	0.61	1.92	0.19	1.04	2.19	1.16	0.015	0.12
	中细粒砂状结构	微新	83.38	6.12	0.34	0.04	1.72	1.46	1.02	0.89	0.72	0.034	0.063
		弱风化	86.22	7.74	0.48	1.42	0.03	0.08	0.11	1.52	0.26	0.1	0.06
		弱风化	89.94	5.7	0.3	1.11	0.02	0.07	0.11	1.07	0.2	0.034	0.044
	中粒砂状结构	弱风化	91.58	4	0.1	1.19	0.03	0.52	0.08	0.74	0.3	0.018	0.036
		弱风化	89.35	5.33	0.26	0.65	0.05	0.91	0.11	1.06	0.39	0.019	0.054
	中细粒砂状结构	强风化	86.98	4.77	0.19	4.7	0.02	0.08	0.08	0.7	0.13	0.15	0.13
		强风化	91.04	3.81	0.51	2.1	0.02	0.07	0.09	0.54	0.1	0.12	0.09
		强风化	92.48	4.25	0.12	0.68	0.01	0.08	0.1	0.85	0.15	0.23	0.045
		强风化	92.11	4.29	0.13	0.74	0.02	0.08	0.08	0.9	0.16	0.33	0.05
		强风化	85.91	6.26	0.28	1.81	0	0.08	0.14	1.21	0.18	1.76	0.12

综合岩矿分析和化学分析结果看，料源区砂岩具有从粉砂质细粒结构至中粒结构连续过渡的多种结构类型，不同结构类型砂岩主要矿物成分、化学成分相同，但主要成分之间相对含量存在一定差异。随着砂岩粒度由细变粗，石英矿物和 SiO_2 含量逐渐增加，而黏土矿物和 Al_2O_3 含量有明显减少。矿物及化学组成成分的变化，反映了不同粒度的砂岩之间碎屑颗粒和基质胶结物成分均存在差异。具体来说，中细粒—中粒结构砂岩中碎屑颗粒石英含量最高，基质胶结物以硅质为主；细粒结构砂岩中碎屑颗粒石英含量次之，基质胶结物除硅质外，还有一定量的黏土质；粉砂质细粒结构砂岩碎屑颗粒中石英含量最少，基质胶结物中既有硅质也有黏土质，黏土质含量要高于细粒结构砂岩。由于矿化组成特征的差异，不同粒度砂岩物理力学性质也存在一定差异。

4.4.2.2　岩石基本物理力学性质

1. 岩石物理性质特征

从料源区钻孔采取弱风化—微新岩屑石英砂岩样品进行常规物理性质试验，统计结果见表 4-94。

表 4-94　岩石物理性质试验结果统计

岩性	风化状态	统计项目	颗粒密度 (g/cm³)	块体密度			吸水率		孔隙率
				天然	干	饱和	天然	饱和	
				(g/cm³)			(%)		
岩屑石英砂岩	弱风化	组数	6	6	6	6	6	6	6
		最大值	2.77	2.71	2.70	2.72	0.97	0.98	2.51
		最小值	2.60	2.56	2.55	2.57	0.26	0.27	1.28
		平均值	2.64	2.60	2.59	2.61	0.60	0.61	1.85
	微新	组数	21	21	21	21	21	21	21
		最大值	2.81	2.71	2.70	2.71	0.41	0.42	4.19
		最小值	2.65	2.64	2.63	2.64	0.18	0.12	0.31
		平均值	2.70	2.67	2.67	2.67	0.26	0.28	1.22
		大值平均数	2.66	2.65	2.64	2.65	0.25	0.25	0.67
		小值平均数	2.72	2.68	2.67	2.68	0.27	0.29	1.44

从试验成果来看，弱风化砂岩和微新砂岩颗粒密度平均值分别为 2.64 g/cm³ 和 2.70 g/cm³；弱风化砂岩和微新砂岩块体干密度平均值分别为 2.59 g/cm³ 和 2.67 g/cm³；弱风化砂岩和微新砂岩孔隙率平均值分别为 1.85%和 1.22%。

2. *岩石力学性质特征*

为了研究料源区砂岩力学特征，采取弱风化及微新岩样进行了单轴抗压强度试验，试验结果统计见表 4-95。另外，还采取了大量的弱风化和微新砂岩样品分别进行了加荷方向与层理平行和垂直的点荷载试验，每种加荷方式分别按照天然和浸水两种状态进行试验，点荷载试验结果汇总见表 4-96。

表 4-95　室内岩石力学试验结果统计

岩性	风化状态	统计项目	饱和				干				软化系数
			抗压强度 (MPa)	弹性模量 (GPa)	变形模量 (GPa)	泊松比	抗压强度 (MPa)	弹性模量 (GPa)	变形模量 (GPa)	泊松比	
岩屑石英砂岩	弱风化	组数	6	6	6	6	6	6	6	6	6
		最大值	142	48.3	45.9	0.27	179	70.0	61.2	0.25	0.82
		最小值	40.2	24.5	21.3	0.13	66.2	29.5	25.9	0.13	0.63
		平均值	97.3	38.8	36.0	0.19	130	47.9	45.0	0.16	0.75

续表 4-95

岩性	风化状态	统计项目	饱和				干				软化系数
			抗压强度(MPa)	弹性模量(GPa)	变形模量(GPa)	泊松比	抗压强度(MPa)	弹性模量(GPa)	变形模量(GPa)	泊松比	
岩屑石英砂岩	弱风化	组数	21	21	21	20	21	21	21	18	21
		最大值	218	86.2	83.0	0.29	266	88.4	83.6	0.3	0.99
		最小值	20.6	10.5	9.6	0.11	33.3	20.6	19.9	0.1	0.52
		平均值	101	47.1	45.1	0.22	130	55.4	52.6	0.19	0.72
		大值平均数	188	56.8	55.4	0.13	231	61.0	58.5	0.14	0.80
		小值平均数	66.9	43.3	41.0	0.26	90.2	53.2	50.2	0.20	0.69

表 4-96 点荷载试验结果汇总

岩性	岩石结构	风化状态	含水状态	加荷方向与层面关系	试验块数	点荷载指数 $I_S(50)$	各向异性指数 $I_a(50)$	单轴抗压强度 R_c(MPa)
岩屑石英砂岩	中—细粒砂状结构	微新	天然	平行	12	4.89	1.37	75.1
				垂直	12	6.68		94.8
			浸水	平行	10	10.76	1.27	135.6
				垂直	10	13.66		162.2
	中粒砂状结构		天然	平行	10	12.88	1.21	155.1
				垂直	5	15.55		178.7
	细粒砂状结构		天然	平行	10	3.08	2.21	53.1
				垂直	10	6.82		96.3
			浸水	平行	10	6.41	0.58	92.0
				垂直	10	3.72		61.1

续表 4-96

岩性	岩石结构	风化状态	含水状态	加荷方向与层面关系	试验块数	点荷载指数 $I_S(50)$	各向异性指数 $I_a(50)$	单轴抗压强度 R_c(MPa)
岩屑石英砂岩	细粒砂状结构	微新	天然	平行	11	4.73	1.18	73.2
				垂直	12	5.58		82.9
			浸水	平行	11	2.75	1.80	48.7
				垂直	12	4.96		75.9
	中粒砂状结构	弱风化	浸水	平行	10	12.80	0.88	154.5
				垂直	12	11.28		140.5
			天然	平行	10	5.35	0.57	80.3
				垂直	10	3.04		52.5
			浸水	平行	10	6.03	1.72	87.8
				垂直	10	10.39		132.0

注：浸水状态为自然浸水 48 h。

从单轴抗压强度试验成果来看，微新状态砂岩饱和单轴抗压强度试验平均值为 101 MPa、小值平均值为 66.9 MPa，饱和状态下岩石弹性模量试验平均值为 47.1 GPa、小值平均值为 43.3 GPa，饱和状态下岩石变形模量平均值为 45.1 GPa、小值平均值为 41.0 GPa，软化系数平均值为 0.72、小值平均值为 0.69；弱风化砂岩饱和单轴抗压强度试验平均值为 97.3 MPa，饱和状态下弹性模量为 38.8 GPa、变形模量为 36.0 GPa，软化系数平均值为 0.75。

由于矿物、化学成分的差异，不同粒度或结构类型砂岩力学指标存在一定差异，粉砂质细粒结构砂岩饱和单轴抗压强度范围值为 20.6~50.2 MPa、平均值为 33.4 MPa，软化系数范围值为 0.52~0.77、平均值为 0.65；细粒—中粒结构砂岩饱和单轴抗压强度范围值为 41~218 MPa、平均值为 99.6 MPa，软化系数范围值为 0.60~0.98、平均值为 0.77。

点荷载试验成果显示，弱风化砂岩各向异性指数为 0.57~1.72，平均值为 1.05；微新砂岩各向异性指数为 0.58~2.21，平均值为 1.37；从各向异性指数来看，砂岩各向异性特征不显著。不同结构类型的砂岩抗压强度存在一定差异，细粒结构砂岩总体小于中细粒—中粒结构砂岩。

综合分析上述室内力学试验和点荷载试验成果，料源区砂岩具有以下特点：各向异性特征不明显；抗压强度与石英含量、岩石结构类型相关性较大，中粒结构砂岩石英含量较高，饱和单轴抗压强度普遍较大，粉砂质细粒结构以及细粒结构砂岩一般分布于砂岩与泥质岩之间的岩性过渡带，其石英含量偏低，饱和抗压强度相对较低。总体来看，微新中粒岩屑石英砂岩饱和单轴抗压强度一般在 50 MPa 以上，微新细粒岩屑石英砂岩饱和单轴抗压强度一般大于 30 MPa，微新粉砂质细粒结构砂岩饱和单轴抗压强度一般为 20~40 MPa。料源区砂岩以中细粒—中粒结构为主，料源区砂岩属中硬岩—坚硬岩，弱风化—微新砂岩饱和单轴抗压强度指标一般大于 30 MPa，其中微新岩屑石英砂岩饱和单轴抗压强度指标一般大于 50 MPa。

4.4.2.3　砂岩填筑特性

为了研究料源区砂岩填筑特性，采取了大量不同风化程度的洞渣料。根据试验研究方案，分别开展了微新、弱风化以及强风化与弱风化(1∶2)混合样品试验。为了满足室内制样的需要，针对现场不同风化程度洞渣料进行现场试验，试验结果汇总见表4-97。以现场颗分试验结果为依据，根据试验制样尺寸采用等量替代法对试验样品进行人工配制，对于微新及弱风化砂岩在人工配制过程中剔除<5 mm 颗粒，对于弱风化与强风化砂岩混合料保持<5 mm 的颗粒含量与现场相应风化状态洞渣料基本一致。各种室内试验制样孔隙率均按照20%控制。

表 4-97　砂岩堆石料现场颗分试验统计

编号	试样描述	颗粒组成(%)									
		颗粒大小(mm)									
		>200	200~60	60~20	20~5	5~2	2~0.5	0.5~0.25	0.25~0.075	0.075~0.005	<0.005
SD1	微新岩屑石英砂岩		41.4	35.7	13.2	3.1	2.3	0.8	2.0	1.0	0.5
SD2			33.4	36.7	16.8	3.9	2.9	1.1	2.7	1.6	0.9
SD3			42.1	36.2	8.8	4.0	2.6	1.0	2.8	1.5	1.0
SD4	弱风化岩屑石英砂岩		34.6	31.7	19.4	3.4	3.4	1.1	2.9	2.2	1.3
SD5			32.2	35.4	17.7	3.5	3.7	1.2	3.1	2.0	1.2
SD6			35.5	35.1	16.7	3.6	2.4	1.0	2.9	1.7	1.1
SD7	强风化+弱风化(1∶2)岩屑石英砂岩	2	30.4	32.8	20	3.5	3.6	1.2	3.1	2.2	1.2
SD8		2	30.4	32.8	20	3.5	3.6	1.2	3.1	2.2	1.2
SD9		2	30.4	32.8	20	3.5	3.6	1.2	3.1	2.2	1.2

1. 压缩变形特性

进行的压缩试验，试样直径为50 cm，最大试验压力为4.2 MPa，各种风化状态分别进行了2组饱和、1组天然状态试验，试验统计结果见表4-98~表4-100。

对比分析试验结果，砂岩堆石料具有以下压缩变形特性：孔隙率随着垂直压力的增大呈现持续减小趋势，压缩模量随着垂直压力的增大总体呈现增大趋势，某级压力段压缩指标呈现波动性，与压缩过程堆石料本身破碎有关；天然状态压缩模量总体大于饱和状态压缩模量，低压力阶段差异较为明显，高压力阶段差异不大。不同风化程度的堆石料压缩指标试验值差异较大，就压缩模量来说，微新砂岩>弱风化砂岩>弱风化与强风化砂岩混合料；在制样孔隙率为20%条件下，微新砂岩、弱风化砂岩以及弱风化与强风化砂岩混合料在0.1~0.2 MPa压力阶段的饱和压缩模量 $E_{s_{1-2}}$ 分别为92.9 MPa、57.8 MPa、25.7 MPa，天然压缩模量分别为92.9 MPa、57.8 MPa、25.7 MPa，与3.2~4.2 MPa压力段对应的饱和压缩模量分别为237 MPa、234 MPa、194 MPa，在高压力阶段微新砂岩与弱风化砂岩压缩模量差异不大。

表 4-98　砂岩堆石料压缩试验成果统计(孔隙比)

试样编号	样品风化状态	制样指标		试验状态	统计项目	垂直压力(MPa)							
		干密度(g/cm^3)	孔隙率(%)			0	0.1	0.2	0.4	0.8	1.6	3.2	4.2
						孔隙比							
SD3	微新	2.144	20	天然	试验值	0.250	0.248	0.247	0.246	0.244	0.241	0.233	0.226
SD1	微新	2.144	20	饱和	—	0.250	0.248	0.247	0.245	0.243	0.239	0.230	0.225
SD2		2.144	20		—	0.250	0.247	0.246	0.244	0.240	0.234	0.225	0.219
—	微新	—	—	饱和	组数	2	2	2	2	2	2	2	2
—		—	—		平均值	0.250	0.248	0.247	0.245	0.242	0.237	0.228	0.222
SD6	弱风化	2.123	20	天然	试验值	0.250	0.249	0.248	0.246	0.243	0.236	0.224	0.217
SD4	弱风化	2.123	20	饱和	—	0.250	0.246	0.244	0.240	0.233	0.225	0.211	0.205
SD5		2.123	20		—	0.250	0.245	0.243	0.239	0.235	0.228	0.219	0.215
—	弱风化	—	—	饱和	组数	2	2	2	2	2	2	2	2
—		—	—		平均值	0.250	0.246	0.244	0.240	0.234	0.227	0.215	0.210
SD9	弱风化	2.125	20	天然	试验值	0.250	0.248	0.247	0.244	0.239	0.229	0.214	0.206
SD7	弱风化+强风化(2:1)	2.125	20	饱和	—	0.250	0.244	0.239	0.234	0.226	0.216	0.203	0.196
SD8		2.125	20		—	0.250	0.240	0.235	0.229	0.221	0.211	0.200	0.194
—	弱风化+强风化(2:1)	—	—	饱和	组数	2	2	2	2	2	2	2	2
—		—	—		平均值	0.250	0.242	0.237	0.232	0.224	0.214	0.202	0.195

表 4-99　砂岩堆石料压缩试验成果统计(压缩系数)

试样编号	样品风化状态	制样指标		试验状态	统计项目	垂直压力(MPa)						
		干密度(g/cm^3)	孔隙率(%)			0~0.1	0.1~0.2	0.2~0.4	0.4~0.8	0.8~1.6	1.6~3.2	3.2~4.2
						压缩系数(MPa^{-1})						
SD3	微新	2.144	20	天然	试验值	0.016 7	0.010 0	0.006 3	0.004 4	0.004 5	0.005 0	0.006 3
SD1	微新	2.144	20	饱和	—	0.021 7	0.012 5	0.007 3	0.005 0	0.005 7	0.005 6	0.005 0
SD2		2.144	20		—	0.025 4	0.014 6	0.010 6	0.009 0	0.007 6	0.005 9	0.005 7
—	微新	—	—	饱和	组数	2	2	2	2	2	2	2
—		—	—		平均值	0.023 6	0.013 6	0.009 0	0.007 0	0.006 7	0.005 8	0.005 4
SD6	弱风化	2.123	20	天然	试验值	0.013 3	0.006 7	0.010 0	0.008 3	0.008 5	0.007 2	0.006 9

续表 4-99

试样编号	样品风化状态	制样指标		试验状态	统计项目	垂直压力(MPa)						
		干密度(g/cm^3)	孔隙率(%)			0~0.1	0.1~0.2	0.2~0.4	0.4~0.8	0.8~1.6	1.6~3.2	3.2~4.2
						压缩系数(MPa^{-1})						
SD4	弱风化	2.123	20	饱和	—	0.043 7	0.020 8	0.018 1	0.016 4	0.010 6	0.008 4	0.006 4
SD5		2.123	20		—	0.049 2	0.022 5	0.017 1	0.011 6	0.007 9	0.005 7	0.004 5
—	弱风化	—	—	饱和	组数	2	2	2	2	2	2	2
—		—	—		平均值	0.046 5	0.021 7	0.017 6	0.014 0	0.009 3	0.007 1	0.005 5
SD9	弱风化	2.125	20	天然	试验值	0.020 4	0.012 9	0.013 1	0.011 8	0.012 3	0.009 7	0.008 2
SD7	弱风化+强风化(2:1)	2.125	20	饱和	—	0.061 7	0.044 6	0.027 7	0.019 3	0.013 0	0.008 0	0.006 8
SD8		2.125	20		—	0.095 4	0.053 3	0.030 4	0.019 8	0.012 1	0.007 3	0.006 1
—	弱风化+强风化(2:1)	—	—	饱和	组数	2	2	2	2	2	2	2
—		—	—		平均值	0.078 6	0.049 0	0.029 1	0.019 6	0.012 6	0.007 7	0.006 5

表 4-100　砂岩堆石料压缩试验成果统计(压缩模量)

试样编号	样品风化状态	制样指标		试验状态	统计项目	垂直压力(MPa)						
		干密度(g/cm^3)	孔隙率(%)			0~0.1	0.1~0.2	0.2~0.4	0.4~0.8	0.8~1.6	1.6~3.2	3.2~4.2
						压缩模量(MPa)						
SD3	微新	2.144	20	天然	试验值	75	125	200	285.7	279.1	248.7	200
SD1	微新	2.144	20	饱和	—	57.7	100	171.4	250	220.2	222.2	247.9
SD2		2.144	20		—	49.2	85.7	117.6	139.5	165.5	210.5	220.6
—	微新	—	—	饱和	组数	2	2	2	2	2	2	2
—		—	—		平均值	53.5	92.9	144.5	194.8	192.9	216.4	234.3
SD6	弱风化	2.123	20	天然	试验值	93.8	187.5	125	150	146.3	172.7	180.7
SD4	弱风化	2.123	20	饱和	—	28.6	60	69	76.4	118.2	148.1	194.8
SD5		2.123	20		—	25.4	55.6	73.2	108.1	157.9	219.2	280.4
—	弱风化	—	—	饱和	组数	2	2	2	2	2	2	2
—		—	—		平均值	27.0	57.8	71.1	92.3	138.1	183.7	237.6

续表 4-100

试样编号	样品风化状态	制样指标		试验状态	统计项目	垂直压力(MPa)						
		干密度(g/cm^3)	孔隙率(%)			0~0.1	0.1~0.2	0.2~0.4	0.4~0.8	0.8~1.6	1.6~3.2	3.2~4.2
						压缩模量(MPa)						
SD9	弱风化+强风化(2:1)	2.125	20	天然	试验值	61.2	96.8	95.2	106.2	101.3	128.3	151.5
SD7		2.125	20	饱和	—	20.3	28	45.1	64.9	96	156.4	182.9
SD8		2.125	20		—	13.1	23.4	41.1	63.2	103.4	172	205.5
—	弱风化+强风化(2:1)	—	—	饱和	组数	2	2	2	2	2	2	2
—		—	—		平均值	16.7	25.7	43.1	64.1	99.7	164.2	194.2

2. 抗剪强度特性

为了研究砂岩堆石料抗剪强度特征,针对不同风化状态的砂岩试样开展了直剪试验和三轴压缩试验。对微新和弱风化试样进行了饱和慢剪试验和三轴 CD 试验,对弱风化与强风化(2:1)混合试样进行了非浸水快剪试验、饱和固结快剪试验、慢剪试验以及三轴 UU、CU、CD 试验。试验结果见表 4-101、表 4-102。通过大型三轴试验获得的非线性邓肯-张模型变形参数统计成果见表 4-103。

从直剪试验成果来看,微新与弱风化砂岩饱和慢剪试验抗剪强度指标总体大于弱风化与强风化砂岩混合料,其中微新砂岩内摩擦角 φ 平均值为 39.5°、黏聚力 c 平均值为 322 kPa,弱风化砂岩内摩擦角 φ 平均值为 41.0°、黏聚力 c 平均值为 541 kPa,弱风化与强风化混合料内摩擦角 φ 平均值为 38.3°、黏聚力 c 平均值为 273 kPa。试验结果显示,弱风化砂岩略大于微新砂岩,可能与试样尺度下砂岩岩块的风化程度相近有关。就三轴 CD 试验指标来看,微新砂岩内摩擦角 φ 平均值为 38.6°、黏聚力 c 平均值为 215 kPa,弱风化砂岩内摩擦角 φ 平均值为 36.6°、黏聚力 c 平均值为 305 kPa,弱风化与强风化砂岩混合料内摩擦角 φ 平均值为 36.8°、黏聚力 c 平均值为 257 kPa;弱风化砂岩、弱风化与强风化砂岩混合料试验值相差不大,后者略大于前者,微新砂岩试验值大于前两者,室内试验尺度下弱风化与微新砂岩岩块的风化状态相近可能是造成不同风化程度试样指标相差不大的主要原因。

就弱风化与强风化砂岩混合料试验成果来看,直剪试验抗剪强度指标非浸水快剪>饱和固结快剪>饱和慢剪。砂岩石料三轴饱和 CU 总应力指标小于非浸水 UU 试验,其中内摩擦角 φ 值 CU 试验明显小于 UU 试验,两者相差 8°左右,而黏聚力 c 值 CU 试验大于 UU 试验;CU 有效应力指标与 CD 指标相近。

对于非线性抗剪强度指标,试验值表现为弱风化砂岩>弱风化砂岩与强风化砂岩混合料>微新砂岩,三者 φ_0 值平均值分别为 51.7°、51.3°、48.9°,可能与试验尺度下弱风化与微新砂岩岩块风化程度相近及砂岩本身强度差异有关。

综合分析各种抗剪强度试验成果可知:排水条件对砂岩堆石料抗剪强度指标影响较大,表现为 CU 总应力指标小于 UU、CD;相同试验条件下,不同风化状态砂岩抗剪强度指标相差总体不大,c 值总体较大,普遍在 200 kPa 以上。

表 4-101　砂岩堆石料直剪试验结果汇总

试样编号	样品风化状态	直剪试验							
		制样指标		试验条件		统计项目	抗剪强度		
		孔隙率 n (%)	干密度 ρ_d (g/cm³)	最大正应力 σ (MPa)	试验状态		摩擦系数 f	内摩擦角 φ (°)	黏聚力 c (kPa)
SD1		20	2.144	4.2	饱和慢剪	—	0.80	38.8	277
SD2	微新	20	2.144	4.2	饱和慢剪	—	0.84	40.2	367
—		—	—	—	饱和慢剪	平均值	0.82	39.5	322
SD4		20	2.123	4.2	饱和慢剪	—	0.85	40.3	438
SD5	弱风化	20	2.123	4.2	饱和慢剪	—	0.89	41.6	644
—		—	—	—	饱和慢剪	平均值	0.87	41.0	541
SD7		20	2.125	4.2	饱和慢剪	—	0.75	37.0	383
SD8		20	2.125	4.2	饱和慢剪	—	0.83	39.6	163
—		—	—	—	饱和慢剪	平均值	0.79	38.3	273
SD7	强风化+弱风化(1:2)	20	2.125	4.2	非浸水快剪	—	0.86	40.4	377
SD8		20	2.125	4.2	非浸水快剪	—	0.48	40.1	367
—		—	—	—	非浸水快剪	平均值	0.67	40.3	372
SD7		20	2.125	4.2	饱固快剪	—	0.83	39.5	287
SD8		20	2.125	4.2	饱固快剪	—	0.83	39.8	338
—		—	—	—	饱固快剪	平均值	0.83	39.7	313

表 4-102　砂岩堆石料三轴试验结果汇总

试样编号	样品风化状态	制样条件		试验条件		统计项目	线性抗剪指标		非线性抗剪指标	
		孔隙率 (%)	干密度 (g/cm³)	最大围压 (MPa)	试验方法		φ_d (°)	c_d (kPa)	φ_0 (°)	$\Delta\varphi$ (°)
SD1		20	2.144	3.0	CD	—	220	38.4	49.2	6.4
SD2	微新	20	2.144	3.0		—	210	38.7	48.5	5.7
—		—	—	—	CD	平均值	215	38.6	48.9	6.1
SD4		20	2.123	3.0	CD	—	308	37	52.1	8.9
SD5	弱风化	20	2.123	3.0		—	303	36.1	51.2	8.9
—		—	—	—	CD	平均值	305.5	36.6	51.7	8.9

续表 4-102

试样编号	样品风化状态	制样条件 孔隙率(%)	制样条件 干密度(g/cm³)	试验条件 最大围压(MPa)	试验条件 试验方法	统计项目	线性抗剪指标 φ_d(°)	线性抗剪指标 c_d(kPa)	非线性抗剪指标 φ_0(°)	非线性抗剪指标 $\Delta\varphi$(°)
SD7	弱风化+强风化(2:1)	20	2.125	3.0	CD	—	271	36.8	52.5	9.5
SD8		20	2.125	3.0		—	243	36.8	50.1	8
—		—	—	—	CD	平均值	257	36.8	51.3	8.8

试样编号	样品风化状态	制样条件 孔隙率(%)	制样条件 干密度(g/cm³)	试验条件 最大围压(MPa)	试验条件 试样状态	试验条件 试验方法	统计项目	总应力抗剪指标 c(kPa)	总应力抗剪指标 φ(°)	有效应力抗剪指标 c'(kPa)	有效应力抗剪指标 φ'(°)
SD7	弱风化+强风化(2:1)	20	2.125	3.0	饱和	CU	—	392	28.5	188	36.9
SD8		20	2.125	3.0			—	376	29.9	172	36.5
—		—	—	—	饱和	CU	平均值	384	29.2	180	36.7
SD7	弱风化+强风化(2:1)	20	2.125	3.0	非浸水	UU	—	348	37.1	—	—
SD8		20	2.125	3.0			—	289	36.6	—	—
—		—	—	—	非浸水	UU	平均值	318.5	36.9	—	—

表 4-103　砂岩堆石料三轴试验结果汇总

试样编号	样品风化状态	制样条件 孔隙率(%)	制样条件 干密度(g/cm³)	试验条件 最大围压(MPa)	试验条件 试验方法	统计项目	E-μ、E-B模型参数 R_f	K	n	D	G	F	K_b	m
SD1	微新	20	2.144	3.0	CD	—	0.858	1 135	0.382	0.031	0.402	0.127 8	594	0.268
SD2		20	2.144	3.0		—	0.896	1 084	0.513	0.031	0.405	0.110 7	518	0.281
—		—	—	—	CD	平均值	0.877	1 109	0.448	0.031	0.404	0.119 3	556	0.275
SD4	弱风化	20	2.123	3.0	CD	—	0.803	975	0.344	0.034	0.444	0.173 7	421	0.138
SD5		20	2.123	3.0		—	0.893	982	0.636	0.036	0.421	0.151 6	428	0.188
—		—	—	—	CD	平均值	0.848	979	0.490	0.035	0.433	0.162 7	425	0.163
SD7	弱风化+强风化(2:1)	20	2.125	3.0	CD	—	0.908	863	0.572	0.026	0.396	0.072 8	570	0.296
SD8		20	2.125	3.0		—	0.862	891	0.499	0.034	0.413	0.151 3	558	0.176
—		—	—	—	CD	平均值	0.885	877	0.536	0.030	0.405	0.112 1	564	0.236

3. 渗透特性

将所采取的不同风化状态砂岩洞渣料，采用等量替代法按照20%孔隙率制成直径50 cm的大尺寸试样，进行渗透试验，试验结果汇总见表4-104。

表4-104 砂岩堆石料渗透性试验结果

编号	样品风化状态	制样条件		试验条件	统计项目	渗透系数 K_{20} (cm/s)
		孔隙率(%)	干密度(g/cm³)	水流方向		
SD1	微新	20	2.144	由下向上	—	2.13
SD2		20	2.144	由下向上	—	12.00
—		—	—	—	平均值	7.07
SD4	弱风化	20	2.123	由下向上	—	6.70
SD5		20	2.123	由下向上	—	3.68
—		—	—	—	平均值	5.19
SD7	弱风化+强风化(2:1)	20	2.125	由下向上	—	6.33×10^{-3}
SD8		20	2.125	由下向上	—	5.08×10^{-2}
—		—	—	—	平均值	2.86×10^{-2}

从试验结果来看，在制样孔隙率为20%情况下，不同风化状态的砂岩石料渗透系数存在一定差异。总体来看，微新砂岩渗透系数大于弱风化砂岩渗透系数、弱风化砂岩渗透系数大于弱风化与强风化(2:1)混合料渗透系数，其中微新砂岩与弱风化砂岩料相差不大。微新砂岩渗透系数平均值为7.07 cm/s、弱风化砂岩渗透系数平均值为5.19 cm/s、弱风化与强风化(2:1)砂岩混合石料渗透系数平均值为2.86×10^{-2} cm/s。

4. 填筑破碎特征

为研究砂岩石料在填筑过程中的破碎特征，分别对相对密度试验前后、压缩试验前后试样的颗粒组成情况进行分析。相对密度试验前后试样颗分结果汇总见表4-105，压缩试验前后试样颗分结果汇总见表4-106，各类试验前后主要粒组含量变化情况见表4-107、表4-108、图4-317。

按照平硐开挖洞渣料天然级配进行相对密实度试验，微新及弱风化砂岩最小孔隙率为26%~27%、弱风化与强风化砂岩混合料最小孔隙率为23%。通过相对密实度试验前后颗粒级配的对比分析可知：对于不同风化状态的砂岩试样，试验后<5 mm颗粒含量均有增加，其中微新砂岩试验平均增幅为7.4%、弱风化砂岩平均增幅为6.1%、弱风化与强风化砂岩混合料平均增幅为11.5%；<2 mm颗粒含量也均有增加，微新砂岩、弱风化砂岩、弱风化与强风化砂岩混合料试样平均增幅分别为4.6%、3.8%、9.4%；而<0.075 mm颗粒含量和<0.005 mm颗粒含量增加量均不显著，就<0.075 mm颗粒含量来说，微新砂岩、弱风化砂岩、弱风化与强风化砂岩混合料增加量分别为1.3%、1.2%、2.6%，就<0.005 mm颗粒含量来说，微新砂岩、弱风化砂岩、弱风化与强风化砂岩混合料增加量分别为0.5%、0.5%、0.9%。

压缩试验后样品经过制样击实和侧限压缩两次破碎过程，压缩试验后微新砂岩试样孔隙率由制样孔隙率 20%变为 18.0%~18.4%，弱风化砂岩试样孔隙率由制样孔隙率 20%变为 17.0%~17.8%，弱风化与强风化混合砂岩试样孔隙率由 20%变为 16.2%~17.1%，压缩前后天然状态孔隙率的变化值总体大于饱和状态孔隙率的变化值，这表明饱和状态下砂岩填筑料更易压实。

对于不同风化状态的砂岩试样，试验后<5 mm 颗粒含量均有增加，其中饱和状态下微新砂岩试验平均增幅为 11.0%、弱风化砂岩平均增幅为 14.3%、弱风化与强风化砂岩混合料平均增幅为 16.9%；天然状态下微新砂岩、弱风化砂岩、弱风化与强风化砂岩混合料试样平均增幅分别为 12.8%、14.7%、17.7%；天然状态下<5 mm 颗粒的增幅普遍大于饱和状态，表明相同击实及压缩条件下天然状态砂岩更易破碎。饱和状态微新砂岩、弱风化砂岩、弱风化与强风化砂岩混合料试样试验后，<2 mm 颗粒含量平均增幅分别为 6.2%、8.4%、13.1%，<0.075 mm 颗粒含量平均增幅分别为 1.6%、2.4%、4.2%，<0.005 mm 颗粒含量平均增幅分别为 0.6%、1.0%、1.8%。

综合分析以上两种试验前后试样颗粒级配：对于砂岩堆石料来说，在初始颗粒级配相近的情况下，压实孔隙率越小，<5 mm 颗粒含量增加量越大，而其中<0.075 mm 和<0.005 mm 的细颗粒增幅总体不大，增加量随石料风化程度增大而呈现增大趋势。砂岩石料以一定级配按照 20%孔隙率压实后，对于弱风化和微新砂岩填筑料<5 mm 颗粒增加量不超过 15%，<0.075 mm 细颗粒含量增加量不超过 3%，<0.005 mm 细颗粒增加量不超过 1%；对弱风化与强风化砂岩混合料<5 mm 颗粒增加量不超过 18%，<0.075 mm 细颗粒含量增加量不超过 5%，<0.005 mm 细颗粒增加量不超过 3%；细颗粒的增加对各种风化状态填筑料渗透性影响不明显。饱水条件对砂岩填筑料压实较为有利，能够减少<5 mm 颗粒的增加量。

表 4-105　相对密度试验前后试样颗分结果汇总　　（单位：mm）

试验编号	样品风化状态	各粒组百分含量(%)								
		类型	60~20	20~5	5~2	2~0.5	0.5~0.25	0.25~0.075	0.075~0.005	<0.005
SD1	微新	试前	65.9	24.4	3.1	2.3	0.8	2	1	0.5
		试后	54.6	28.9	5.5	3.9	1	3.2	1.9	1
SD2		试前	59.6	27.3	3.9	2.9	1.1	2.7	1.6	0.9
		试后	49.1	29.9	7.1	5.1	1.2	4	2.3	1.3
SD4	弱风化	试前	53.2	32.5	3.4	3.4	1.1	2.9	2.2	1.3
		试后	43.7	36.2	6.6	4.1	1.2	3.9	2.7	1.6
SD5		试前	56.9	28.4	3.5	3.7	1.2	3.1	2	1.2
		试后	47.1	31.9	4.8	4.9	1.2	5.3	2.9	1.9
SD7	弱风化+强风化(2:1)	试前	51.4	34.4	3.4	3.4	1.1	2.9	2.2	1.2
		试后	43.8	30	5.4	4.8	1.4	8.7	3.6	2.3
SD8		试前	54.4	30.9	3.5	3.7	1.2	3.1	2	1.2
		试后	43	31.4	5.7	4.6	1.3	8.1	4	1.9

表 4-106　压缩试验前后试样颗分结果汇总　（单位:mm）

试验编号	样品风化状态	试验状态	类型	百分含量(%)							
				60~20	20~5	5~2	2~0.5	0.5~0.25	0.25~0.075	0.075~0.005	<0.005
SD1	微新	饱和	制样前	73.7	26.3	0	0	0	0	0	0
			压缩后	50.6	37.1	5.6	2.3	0.7	1.9	1.2	0.6
SD2		饱和	制样前	73.7	26.3	0	0	0	0	0	0
			压缩后	54.9	35.5	4	2	0.7	1.5	0.9	0.5
SD3		天然	制样前	73.7	26.3	0	0	0	0	0	0
			压缩后	53.2	34	4.6	2.7	0.9	2.2	1.5	0.9
SD4	弱风化	饱和	制样前	64.4	35.6	0	0	0	0	0	0
			压缩后	42.9	43	5.8	2.9	0.9	2.2	1.4	0.9
SD5		饱和	制样前	64.4	35.6	0	0	0	0	0	0
			压缩后	38.3	47.4	5.9	3	0.8	2.3	1.4	1
SD6		天然	制样前	64.4	35.6	0	0	0	0	0	0
			压缩后	35	50.3	6	3.5	1	1.9	1.4	0.9
SD7	弱风化+强风化(2:1)	饱和	制样前	59.2	35.7	1.2	1.3	0.4	1.1	0.7	0.4
			压缩后	45.5	33.4	4.9	2.7	1.9	6.8	2.9	1.9
SD8		饱和	制样前	59.2	35.7	1.2	1.3	0.4	1.1	0.7	0.4
			压缩后	38.7	38.5	5.1	2.4	2.3	7.3	3.2	2.5
SD9		天然	制样前	59.2	35.7	1.2	1.3	0.4	1.1	0.7	0.4
			压缩后	35.7	41.5	5.3	3.6	2.1	6.8	3.2	1.8

表 4-107　相对密度试验前后试样主要粒组含量变化情况统计

试样编号	样品风化状态	试后		统计项目	主要粒组百分含量(%)											
		最小孔隙率(%)	最大干密度(g/cm^3)		<5 mm			<2 mm			<0.075 mm			<0.005 mm		
					制样	振实后	变化值	制样	振实后	变化值	制样	振实后	变化值	制样	振实后	变化值
SD1	微新	27	1.97	—	9.7	16.5	6.8	6.6	11	4.4	1.5	2.9	1.4	0.5	1.0	0.5
SD2		25	2.00	—	13.1	21	7.9	9.2	13.9	4.7	2.5	3.6	1.1	0.9	1.3	0.4
—		—	—	平均值	11.4	18.8	7.4	7.9	12.5	4.6	2.0	3.3	1.3	0.7	1.2	0.5

续表 4-107

试样编号	样品风化状态	试后		统计项目	主要粒组百分含量(%)											
		最小孔隙率(%)	最大干密度(g/cm^3)		<5 mm			<2 mm			<0.075 mm			<0.005 mm		
					制样	振实后	变化值	制样	振实后	变化值	制样	振实后	变化值	制样	振实后	变化值
SD4	弱风化	26	1.98	—	14.3	20.1	5.8	10.9	13.5	2.6	3.5	4.3	0.8	1.3	1.6	0.3
SD5		26	1.97	—	14.7	21	6.3	11.2	16.2	5	3.2	4.8	1.6	1.2	1.9	0.7
—		—	—	平均值	14.5	20.6	6.1	11.1	14.9	3.8	3.4	4.6	1.2	1.3	1.8	0.5
SD7	弱风化+强风化(2:1)	23	2.04	—	14.2	26.2	12	10.8	20.8	10	3.4	5.9	2.5	1.2	2.3	1.1
SD8		23	2.04	—	14.7	25.6	10.9	11.2	19.9	8.7	3.2	5.9	2.7	1.2	1.9	0.7
—		—	—	平均值	14.5	25.9	11.5	11.0	20.4	9.4	3.3	5.9	2.6	1.2	2.1	0.9

表 4-108　压缩试验前后试样主要粒组含量变化情况统计

试样编号	样品风化状态	制样孔隙率(%)	试验状态	统计项目	试后孔隙率(%)	不同粒径的百分含量(%)											
						<5 mm			<2 mm			<0.075 mm			<0.005 mm		
						制样	压缩后	变化值	制样	压缩后	变化值	制样	压缩后	变化值	制样	压缩后	变化值
SD3	微新	20	天然	试验值	18.4	0	12.8	12.8	0	8.2	8.2	0	2.4	2.4	0	0.9	0.9
SD1		20	饱和	—	18.4	0	12.3	12.3	0	6.7	6.7	0	1.8	1.8	0	0.6	0.6
SD2		20		—	18.0	0	9.6	9.6	0	5.6	5.6	0	1.4	1.4	0	0.5	0.5
—		—		平均值	18.2	0	11.0	11.0	0	6.2	6.2	0	1.6	1.6	0	0.6	0.6
SD6	弱风化	20	天然	试验值	17.8	0	14.7	14.7	0	8.7	8.7	0	2.3	2.3	0	0.9	0.9
SD4		20	饱和	—	17.0	0	14.1	14.1	0	8.3	8.3	0	2.3	2.3	0	0.9	0.9
SD5		20		—	17.7	0	14.4	14.4	0	8.5	8.5	0	2.4	2.4	0	1	1
—		—		平均值	17.4	0	14.3	14.3	0	8.4	8.4	0	2.4	2.4	0	1.0	1.0
SD9	弱风化+强风化(2:1)	20	天然	试验值	17.1	5.1	22.8	17.7	3.9	17.5	13.6	1.1	5	3.9	0.4	1.8	1.4
SD7		20	饱和	—	16.4	5.1	21.1	16	3.9	16.2	12.3	1.1	4.8	3.7	0.4	1.9	1.5
SD8		20		—	16.2	5.1	22.8	17.7	3.9	17.7	13.8	1.1	5.7	4.6	0.4	2.5	2.1
—		—		平均值	16.3	5.1	22.0	16.9	3.9	17.0	13.1	1.1	5.3	4.2	0.4	2.2	1.8

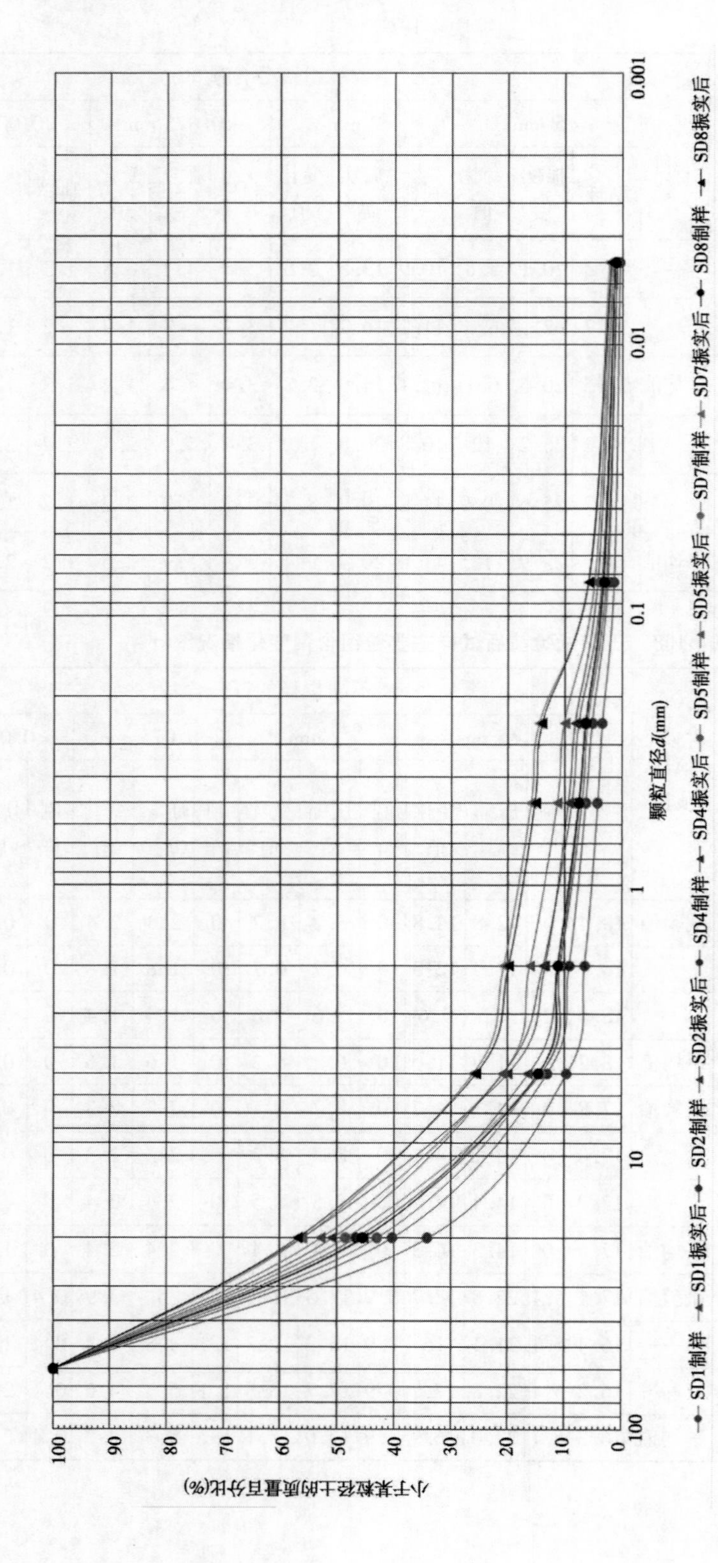

图 4-317 砂岩振实试验前后颗分试验成果

4.5　填筑料建议设计指标与稳定计算

4.5.1　填筑料建议设计级配

4.5.1.1　防渗土料

在对料源区防渗土料天然级配认识的基础上，通过对防渗土料压实、变形、强度、渗透性质的试验研究，主要特性与防渗土料颗粒组成的关系分析，并结合对料源区防渗土料颗粒组成特征的认识，初步给出料源土防渗土料建议颗粒级配，见表 4-109 和图 4-318。

表 4-109　防渗土料建议设计级配

粒径	上限曲线	下限曲线	平均值曲线
(mm)	累计百分含量(%)	累计百分含量(%)	累计百分含量(%)
<200	100	100	100
<150	100	95	95
<60	90	80	85
<20	80	55	65
<5	75	45	55
<2	70	38	48
<0.5	65	30	38
<0.25	60	25	35
<0.075	48	15	26
<0.005	28	8	18

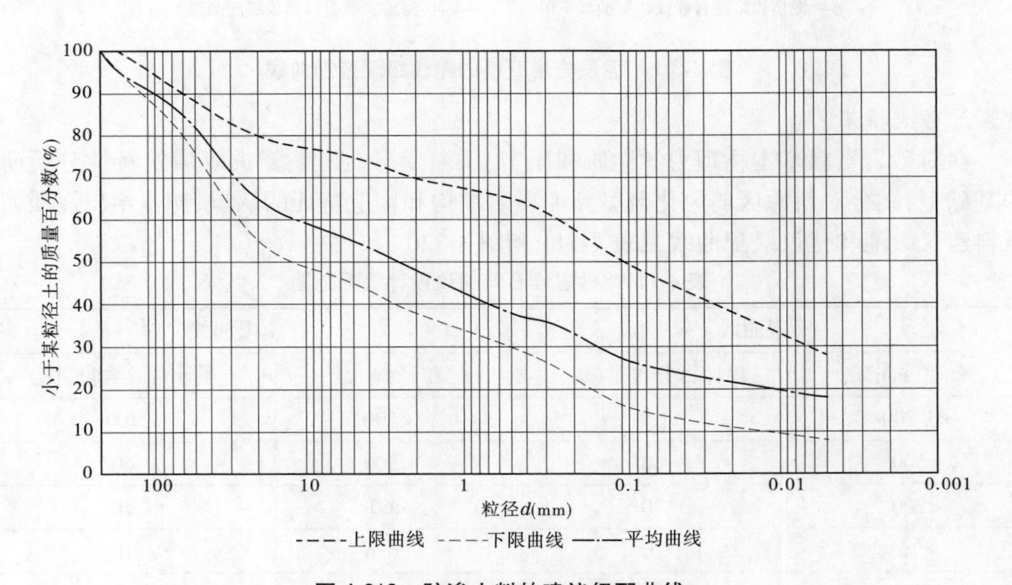

图 4-318　防渗土料的建议级配曲线

4.5.1.2 堆石料

1. 泥质岩堆石料

在对泥质岩石料基本物理力学性质和压实、压缩变形、强度、渗透等填筑特性分析研究的基础上，结合对料源区弱风化及微新泥质岩结构和构造特征的认识，初步给出泥质岩堆石料建议级配和建议级配曲线见表 4-110 和图 4-319。

表 4-110 泥质岩堆石料建议设计级配范围

下限曲线		上限曲线	
粒径(mm)	累计百分含量(%)	粒径(mm)	累计百分含量(%)
<600	100	<300	100
<200	60	<80	60
<80	30	<22	30
<30	10	<2	10
<10	0	<0.25	0

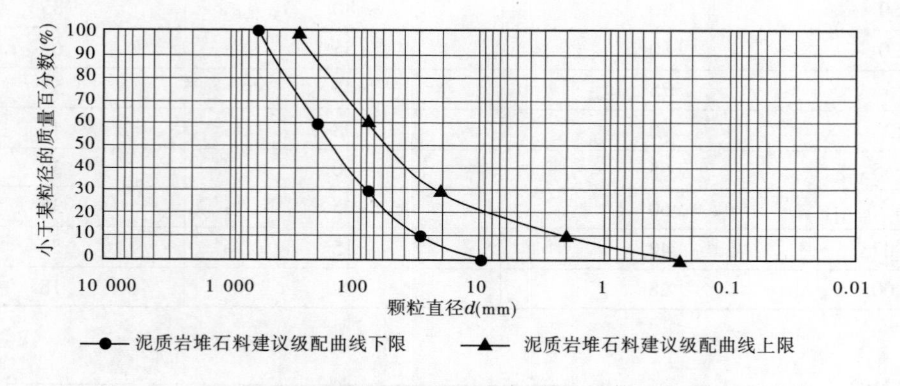

图 4-319 泥质岩堆石料的建议级配范围曲线

2. 砂岩堆石料

在对砂岩石料基本物理力学性质和压实、压缩变形、强度、渗透等填筑特性分析研究的基础上，结合对料源区弱风化及微新泥质岩结构和构造特征的认识，初步给出泥质岩堆石料建议级配和建议级配曲线见表 4-111 和图 4-320。

表 4-111 砂岩堆石料建议设计级配范围

下限曲线		上限曲线	
粒径(mm)	累计百分含量(%)	粒径(mm)	累计百分含量(%)
<1 200	100	<500	100
<500	60	<200	60
<200	30	<60	30
<75	10	<6.6	10
<20	0	<0.25	0

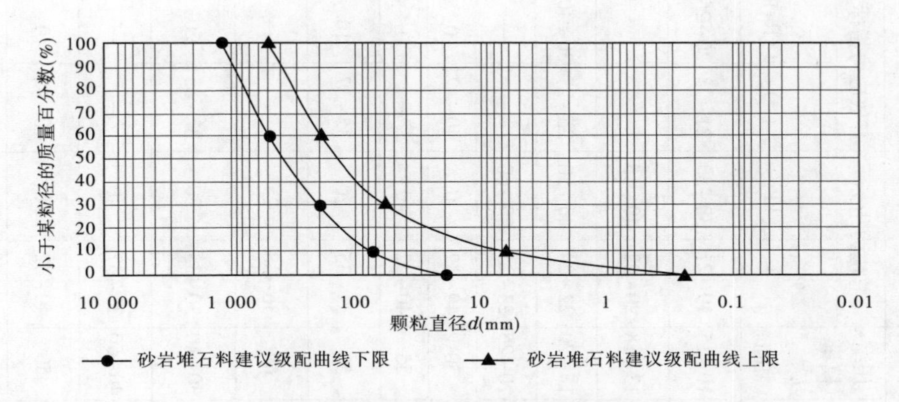

图 4-320　砂岩堆石料的建议级配范围曲线

4.5.2　填筑料主要物理力学指标建议值

在对料源土各项试验成果综合分析基础上，结合工程类比及类似工程填筑料参数研究，给出本工程填筑料主要物理力学指标建议值见表 4-112。

4.5.3　基于设计工况与建议指标的初步稳定性计算分析

4.5.3.1　计算软件与模型假定

1. 计算软件

采用 MIDAS/GTS/NX(水工-023)对砾石土心墙坝进行二维应力应变计算。MIDAS/GTS /NX(new experience of geo-technical analysis system)是一款针对岩土领域研发的通用有限元分析软件，不仅支持线性/非线性静力分析、线性/非线性动态分析、渗流和固结分析、边坡稳定分析、施工阶段分析等多种分析类型，而且可进行渗流-应力耦合、应力-边坡耦合、渗流-边坡耦合、非线性动力分析-边坡耦合等多种耦合分析。广泛适用于地铁、隧道、边坡、基坑、桩基、水工、矿山等各种实际工程的准确建模与分析。

采用 GEO-SLOPE 公司的 Geostudio(水工-022)岩土软件中的 SEEP/W、QUAKE/W 和 SLOPE/W 模块分别进行坝体渗流、动力和边坡稳定计算。Geostudio 软件是一套专业、高效而且功能强大的适用于岩土工程和环境岩土模拟计算的整体分析工具。该软件功能齐全、操作简便并具有交互式可视化界面。该软件所有模块整合在同一环境下运行，几何模型在所有模块中共享，统一格式的分析数据可以对同一问题进行不同要求的多种结果分析。无限制的网格划分功能，模型区域改变时有限元网格自动更新，网格密度可随意调节。SEEP/W 模块可以在考虑完全饱和或非饱和土体在各种工况下的渗流问题，对水流过坝体和坝基的物理过程进行数学模拟。SLOPE/W 模块可应用基于刚体极限平衡理论的瑞典圆弧法(简单条分法)、简化的毕肖普(Bishop)法、滑楔法、摩根斯顿—普莱斯法(M-P 法)等方法计算边坡最小安全系数。此外，SLOPE/W 模块可以直接调取渗流计算模块 SEEP/W 的计算结果，实现对不同水力条件下大坝边坡稳定的计算。应用 QUAKE/W 模块对沥青混凝土心墙堆石坝进行动力计算，采用等效线性模型。计算结果耦合 SLOPE/W 模块分析地震工况坝坡稳定分析。

表 4-112 土石坝填筑材料稳定性及变形分析参数指标建议值

材料分区		岩性	风化状态	颗粒密度 ρ_s	岩石单轴饱和抗压强度(MPa)	设计指标				饱和密度(g/m^3)	填筑密度(g/m^3)	渗透性	含水状态	变形指标		抗剪强度			
						设计干密度 ρ_d (g/m^3)	压实度(%)	孔隙率 n(%)	相对密度			渗透系数 K (cm/s)		压缩系数 a_{1-2} (MPa^{-1})	压缩模量 E_{s1-2} (MPa)	总应力指标 φ (°)	总应力指标 c (kPa)	有效应力指标 φ' (°)	有效应力指标 c' (kPa)
心墙防渗料		含砾低液限黏土	坡残积及全风化层	2.75~2.85	<5	1.85	100	35	—	2.20	2.15	$<i\times10^{-6}$	饱和	0.1~0.15	10~15	19~21	30~35	21~23	20~25
													非饱和	0.09~0.12	13~18	20~22	40~45	—	—
		黏土质砾、含细粒土砾	坡残积及全—强风化岩混合		<15	1.90~2.05		30	—	2.20~2.30	2.15~2.25	$<i\times10^{-5}$~$i\times10^{-6}$	饱和	0.07~0.1	15~20	22~24	40~50	25~27	30~40
													非饱和	0.055~0.075	20~25	23~25	50~60	—	—
Ⅰ类堆石料	Ⅰ-1	砂岩	弱—微新	2.75~2.80	30~60	2.15~2.20	—	21	—	2.35~2.40	2.15~2.20	$i\times10^{-2}$	饱和	0.025	50	40~42	0	40~42	0
													非饱和	0.022	55	40~42	0	—	—
	Ⅰ-2	砂岩	弱—微新	2.75~2.80	15~60	2.20~2.25	—	20	—	2.40~2.45	2.20~2.25	$i\times10^{-2}$~$i\times10^{-3}$	饱和	0.025	50	33~35	20	35~37	10
		粉砂岩	微新										非饱和	0.021	60	36~38	25	—	—
		泥质粉砂岩	微新																
Ⅱ类堆石料		砂岩	强风化	2.70~2.85	10~30	2.15~2.20	—	20	—	2.34~2.40	2.15~2.20	$i\times10^{-3}$~$i\times10^{-4}$	饱和	0.033~0.043	30~40	30~33	30	32~35	20
		粉砂岩	弱风化										非饱和	0.025~0.033	40~50	35~37	40	—	—
		泥质粉砂岩	弱—微新																
反滤料		砂岩、灰岩	微新	2.75~2.80	>60	2.15	—	—	0.85	2.40	2.15	1×10^{-3}	饱和	0.025~0.030	50	40~42	0	40~42	0
过渡料		砂岩、灰岩	微新	2.75~2.80	>60	2.20	—	23	—	2.43	2.20	1×10^{-2}	饱和	0.020~0.025	60	40~42	0	—	—

续表 4-112

材料分区		岩性	风化状态	含水状态	干密度 $\rho_d(g/m^3)$	φ_0 (°)	$\Delta\varphi$ (°)	K	n	R_f	K_b	m
心墙防渗料		含砾低液限黏土	坡残积及全风化层	饱和	1.75~1.90	—	—	200~400	0.45~0.65	0.75~0.85	150~300	0.40~0.60
		黏土质砾、含细粒土砾	坡残积及全—强风化岩混合	饱和	1.90~2.05	33~35	6	250~350	0.25~0.45	0.75~0.80	200~400	0.35~0.50
Ⅰ类堆石料	Ⅰ-1	砂岩	弱—微新	饱和	2.15~2.20	48~50	10	800~900	0.35~0.55 0.35~0.50	0.80~0.90	500~600	0.20~0.30 0.25~0.30
	Ⅰ-2	砂岩	弱—微新									
		粉砂岩	微新									
		泥质、粉砂岩	微新	饱和	2.20~2.25	46~48	9	650~750 550~650	0.30~0.40 0.35~0.45	0.75~0.85 0.75~0.85	250~350 300~450	0.15~0.25 0.30~0.40
Ⅱ类堆石料		砂岩	强风化	饱和	2.15~2.20	43~45	6	500~650 500~600	0.25~0.35 0.40~0.60	0.65~0.75	200~350 250~350	0.15~0.30 0.30~0.45
		粉砂岩	弱风化									
		泥质粉砂岩	弱—微新									
反滤料		砂岩、灰岩	微新	饱和	2.15	50~52	9	750~850	0.30~0.50	0.80~0.90	500~600	0.20~0.30

2. 渗流模型

土水特征曲线(SWCC)在非饱和土力学中有着十分重要的意义,根据 Fredlund 和 Xing 的研究分析,基质吸力是影响非饱和土壤行为的重要因素,在土壤颗粒成分、土壤的结构、型态及孔隙的大小等因素影响下,土壤的保水能力会随着基质吸力大小而改变,为了了解含水率与基质吸力的关系做的压力板试验,得到了土壤含水率或饱和度与基质吸力间的关系曲线,即土水特征曲线(见图 4-321),它主要用来估算非饱和土的强度、渗透系数、体积变化和孔隙水的分布规律。

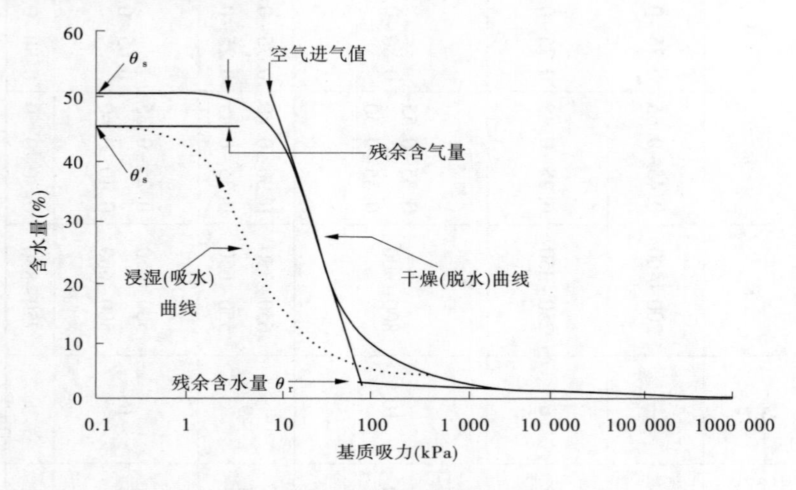

图 4-321　典型土水特征曲线

根据 Darcy 定律,渗流量 q、横截面面积 A 以及水头损失 h 成正比,而与断面间距 L 成反比,该规律适用于饱和土及非饱和土的基本方程式:

$$q = KA\frac{\Delta h}{l} = KAi$$

$$v = \frac{q}{A} = Ki$$

式中:q 为渗流量;K 为渗透系数,即水力传导系数,它表示多孔介质结构输送流体能力的一个标量,它可通过实验室或野外现场试验测得;i 为水力梯度;v 为渗流速度。

Darcy 定律同样可应用于非饱和土壤中水的流动,非饱和土的 Darcy 定律不同于饱和土中的水压力为正值,它的总水头常以负压水头和位置水头的和来表示,且渗透系数随着含水率和孔隙水压力的变化而改变,并不是定值,地下水渗流的模式则可分为稳态(steady state)及暂态(transient state)两种模式。总水头随着时间的变化而变化,即土单元的体积含水率会随着时间变化,故一般的二维非均向及非均质暂态渗流方程式为

$$\frac{\partial}{\partial x}(k_x\frac{\partial h}{\partial x}) + \frac{\partial}{\partial z}(k_z\frac{\partial h}{\partial z}) + Q = \frac{\partial \theta}{\partial t}$$

式中:h 为总水头;k_x 为 x 方向的渗透系数;k_z 为 z 方向的渗透系数;S 为边界流量;θ 为土

单元体积含水率；t 为时间。

3. 本构模型

1）莫尔-库仑（Mohr-Coulomb）模型

Mohr-Coulomb 模型是按理想弹塑性定义，如图 4-322 所示。该行为假定，对一般的岩土非线性分析来说结果是充分可靠的，因此被广泛用于模拟大部分岩土材料。

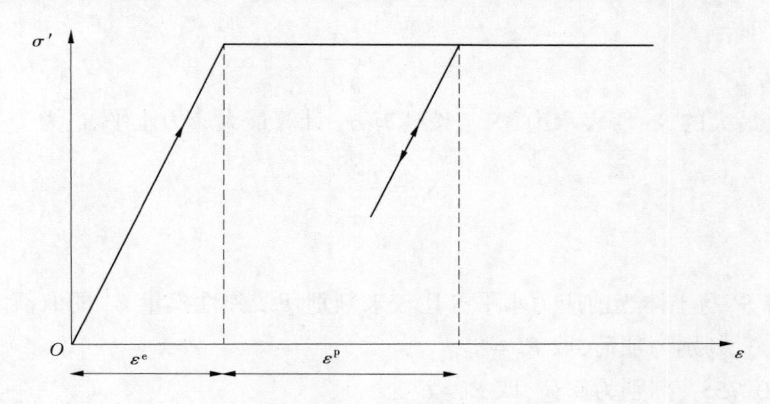

图 4-322　理想弹塑性本构曲线

对于岩土材料，Mohr-Coulomb 破坏准则有两个缺点。第一，中间主应力不影响屈服，这个假设与实际的土体试验结果矛盾。第二，莫尔圆的子午线和破坏包络线是直线，强度参数（摩擦角）不会随着围压（或者静水压力）改变。这个准则在围压有限的范围内是正确的，但是，当真实范围过小或过大时准确度会降低。因为这个准则在一定围压范围内可以得到可靠性相当高的结果而且使用方便，所以经常被使用。

不同土体有不同的黏聚力和内摩擦角，这些参数对应于剪切强度方程。与其他土木材料不同，土体几乎不抗拉，大部分情况下会发生剪切破坏。在自重或外力作用下，岩土内部会产生剪应力，随着应力的增加应变也会增加，继续发展就会沿着某个面破坏，这种破坏叫作剪切破坏。剪应力引起抗剪行为和抗剪极限，即剪切强度。土的抗剪强度包括黏聚力和内摩擦角。根据 Mohr-Coulomb 准则，土的剪切强度按下式表示：

$$\tau = c + \sigma\tan\varphi \tag{4-16}$$

式中：c 为黏聚力；σ 为正应力；φ 为内摩擦角。

2）邓肯-张双曲线 E-B 模型

有限元静力计算中，大坝构筑体材料本构关系采用邓肯-张双曲线 E-B 模型，其切线弹性模量可表达为

$$E_t = kp_a\left(\frac{\sigma_3}{p_a}\right)^n\left[1 - R_f\frac{(\sigma_1 - \sigma_3)(1 - \sin\varphi)}{2c\cos\varphi + 2\sigma_3\sin\varphi}\right]^2 \tag{4-17}$$

式中：c 为材料黏聚力；φ 为材料的内摩擦角；k 为切线模量基数，由初始切线模量 E_i 与侧限压力 σ_3 试验曲线确定的参数；n 为切线模量指数，由初始切线模量 E_i 与侧限压力 σ_3 试验曲线确定的参数；p_a 为单位大气压力。

卸载时切线弹性模量 E_{ur} 随着侧限压强 σ_3 而变化,可用下式计算:

$$E_{ur} = K_{ur}p_a\left(\frac{\sigma_3}{p_a}\right)^{n_{ur}} \tag{4-18}$$

式中:K_{ur}、n_{ur} 为由试验确定的两个系数,其确定方法与 K、n 相似。

设加载状态函数为

$$SS = S \cdot \left(\frac{\sigma_3}{p_a}\right)^{\frac{1}{4}} \tag{4-19}$$

历史上最大的 SS 值表示为 SS_m,按现有 σ_3 计算最大应力水平 S_c 为

$$S_c = \frac{SS_m}{\left(\frac{\sigma_3}{p_a}\right)^{\frac{1}{4}}} \tag{4-20}$$

然后将 S_c 与土体当前应力水平 S 比较来判别切线弹性模量 E'_t 的取值。

当 $S \geqslant S_c$,判别为加荷,取 $E'_t = E_t$;

当 $S \leqslant 0.75S_c$,判别为卸荷,取 $E'_t = E_{ur}$;

当 $0.75S_c < S < S_c$ 时,则在 E_t 和 E_{ur} 之间内插。

切线体积模量为

$$B_t = K_b p_a\left(\frac{\sigma_3}{p_a}\right)^{m} \tag{4-21}$$

式中:K_b 为体积模量系数;m 为体积模量指数。

4. 湿化变形

堆石料在一定应力状态下浸水饱和时,由于被水润滑和颗粒中矿物浸水软化,堆石料颗粒之间发生相互滑移、重新组合甚至破碎,在自重作用下将调整到新的位置,从而产生湿化变形。在早期堆石坝建设中,设计者对浸水时堆石体变形的观点是坝体填筑料的粗粒料产生的湿化变形很小(与堆石料在填筑时洒水碾压有关),在设计中可以忽略这种变形。但从目前建成的一些堆石坝运行来看,大坝蓄水后,虽然存在浮力的作用,但浸水后的堆石料却发生竖直沉降。因此,更加精确地预计大坝的应力变形,进行堆石料的湿化浸水变形研究有着十分重要的意义。

粗粒料湿化变形常采用双线法,即分别用干态试样和饱和后试样进行三轴剪切试验,得到对应的应力应变关系,再用其在相同的应力状态下的变形差作为粗粒料的湿化变形量的方法。研究表明土石料发生湿化变形要满足以下4个方面:①一个与外界连通,局部不稳定和不饱和的结构;②在较大的压力下保持相对稳定状态;③不饱和状态下内部有一定的黏聚力保持稳定;④水的浸润导致土颗粒之间的润滑使得内部黏聚力减小,颗粒发生滑移至新的稳定状态而产生变形。

由于上述原因,浸水变形产生以下规律性现象:①砂砾石料浸水变形比堆石料小,硬

岩堆石料浸水变形比软岩堆石料小；②浸水使粗粒之间增加了润滑，浸水后颗粒比浸水前容易移动或滚动，从而产生浸水变形；③周围压力和应力水平越大时，浸水起到的润滑作用越明显。因此，一般来讲浸水变形随着周围压力(小主应力)应力水平(或应力差)的增大而增大。粗粒料的起始密实度和起始含水率越小，浸水使粗粒料颗粒软化、破碎和润滑的作用越大，导致浸水变形越大。

研究表明，矿物成分、颗粒级配、细粒含量、含水率、干密度、颗粒破碎是影响粗粒料湿化变形的主要因素，并且与浸水时的周围压力、应力水平和应力状态有关。由于未做土石料湿化试验，且影响粗粒料湿化变性的主要因素众多，参考类似工程资料和文献研究成果，将湿化后各土石料的参数中抗剪强度 c、φ 和邓肯-张参数中 K、K_b、K_{ur} 分别降低10%、20%，其他参数不变，来模拟土石料遇水后的材料参数的降低，分别定义为湿化后邓肯-张参数中低值和湿化后邓肯-张参数低值，湿化前试验参数为基准值。

湿化变形计算采用双线法，即分别进行风干土样和饱和土样的三轴剪切试验，将相同应力状态下的湿态与干态变形的差值作为该应力状态下的湿化变形量。在土石坝有限元计算中，通常采用增量分析方法实现：

设单元在浸水前的应力状态为 $\{\sigma_d\}$，假定它是由 n 级应力增量按比例增加达到的，则每级应力增量为

$$\{\Delta\sigma\} = \{\sigma_d\}/n \tag{4-22}$$

对于每级增量，用干态的刚度矩阵 $[D_d]$ 求应变增量 $\{\Delta c\}$：

$$\{\Delta c\} = [D_d]^{-1}\{\Delta\sigma\} \tag{4-23}$$

式中：刚度矩阵 $[D_d]$ 为与当前的应力状态有关的干态弹性或塑性矩阵。

将各级增量下的 $\{\Delta c\}$ 累加，即得浸水前的总应变 $\{c\}$。

假定浸水前后应变相同，则浸水后每级的应力增量可按下式计算：

$$\{\Delta\sigma_w\} = [D_w]\{\Delta c\} \tag{4-24}$$

式中：$[D_w]$ 为浸水饱和状态下的刚度矩阵。

将各级增量下的 $\{\Delta\sigma_w\}$ 累加，即得浸水后的总的应力 $\{\sigma_w\}$。

按假想约束的思路，可确定由湿化变形产生的"初应力"为

$$\{\Delta\sigma\} = \{\sigma_d\} - \{\sigma_w\} \tag{4-25}$$

然后将此假想的"初应力"约束释放，转化为等效结点荷载，即

$$\{F\} = -\sum\iint_A [B]^T\{\Delta\sigma\}\,dA \tag{4-26}$$

式中：$[B]$ 为单元几何矩阵；负号表示将等效结点荷载反向作用在各结点上。

由等效结点荷载 $\{F\}$，即可求得土体由于浸水湿化所引起的附加位移和附加应变。若同时施加水压力、浮托力，便可得到考虑了水压力、浮托力和湿化作用的结果。

5.坝坡稳定分析

基于刚体极限平衡理论的简化的毕肖普(Bishop)法：刚体极限平衡法是边坡稳定分

析中最常用的计算方法,其中经典简化 Bishop 法的运用最为广泛。简化 Bishop 法也是建立在土体刚体极限平衡假定基础上的条分法。它假设潜在的滑动面为圆弧,并将滑动面上的土体划分成若干土条,视土条为刚体,通过受力分析,根据平衡条件计算土条在滑面上的滑动力和阻滑力。再根据滑面上土体整体的力矩平衡条件确定土体沿滑面的滑动稳定安全系数。

当采用简化毕肖普法(见图 4-323)计算抗滑稳定安全系数时,应按下式计算:

$$K = \frac{\sum \{[(W_i + V_i + P_i \sin\beta_i)\sec\alpha_i - u_i b_i \sec\alpha_i]\tan\varphi_i' + c_i' b_i \sec\alpha_i\} / (1 + \tan\alpha_i \tan\varphi_i'/K)\}}{\sum [(W_i + V_i + P_i \sin\beta_i)\sin\alpha_i + M_{Q_i}/R - P_i h_{Pi}\cos\beta_i/R]} \tag{4-27}$$

式中:W_i 为第 i 条块重量,kN;V_i 为第 i 条块垂直向地震惯性力(V 向上取“-”,向下取“+”),kN;P_i 为作用于第 i 条块的外力(不含坡外水压力),kN;u_i 为第 i 条块底面的单位孔隙压力,kN/m;b_i 为第 i 条块宽度,m;α_i 为第 i 条块底面与水平面的夹角(以水平线为起始线,逆时针为正角,顺时针为负角),(°);β_i 为第 i 条块的外力 P_i 与水平线的夹角(以水平线为起始线,顺时针为正角,逆时针为负角),(°);c_i'、φ_i' 为第 i 条块底面的有效黏聚力(kPa)和内摩擦角(°);M_{Q_i} 为第 i 条块水平向地震惯性力 Q_i 对圆心的力矩,kN · m;Q_i 为第 i 条块水平向地震惯性力(Q_i 方向与边坡滑动方向一致时取“+”,反之取“-”),kN;h_{P_i} 为第 i 条块的外力 P_i 水平方向分力对圆心的力臂,m;R 为滑动面圆弧半径,m;K 为抗滑稳定安全系数。

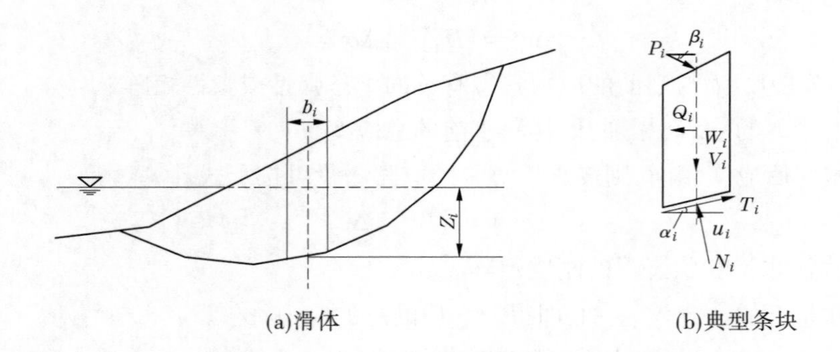

图 4-323 简化毕肖普法计算简图

与简单条分法相比,简化 Bishop 法最重要的改进是考虑土条间的水平向作用力。为了确定土条的内力和沿滑面的滑动稳定安全系数,它还假设:①土条满足竖向力平衡,条间剪切力为零;②滑面上各点的安全系数均相同。

4.5.3.2 二维计算模型与工况

1. 典型断面

上坝址砾石土心墙坝横断面图(推荐方案对应桩号 0+257.108),见图 4-324。

2. 材料参数

相关填筑料物理力学参数指标建议值见表 4-112。

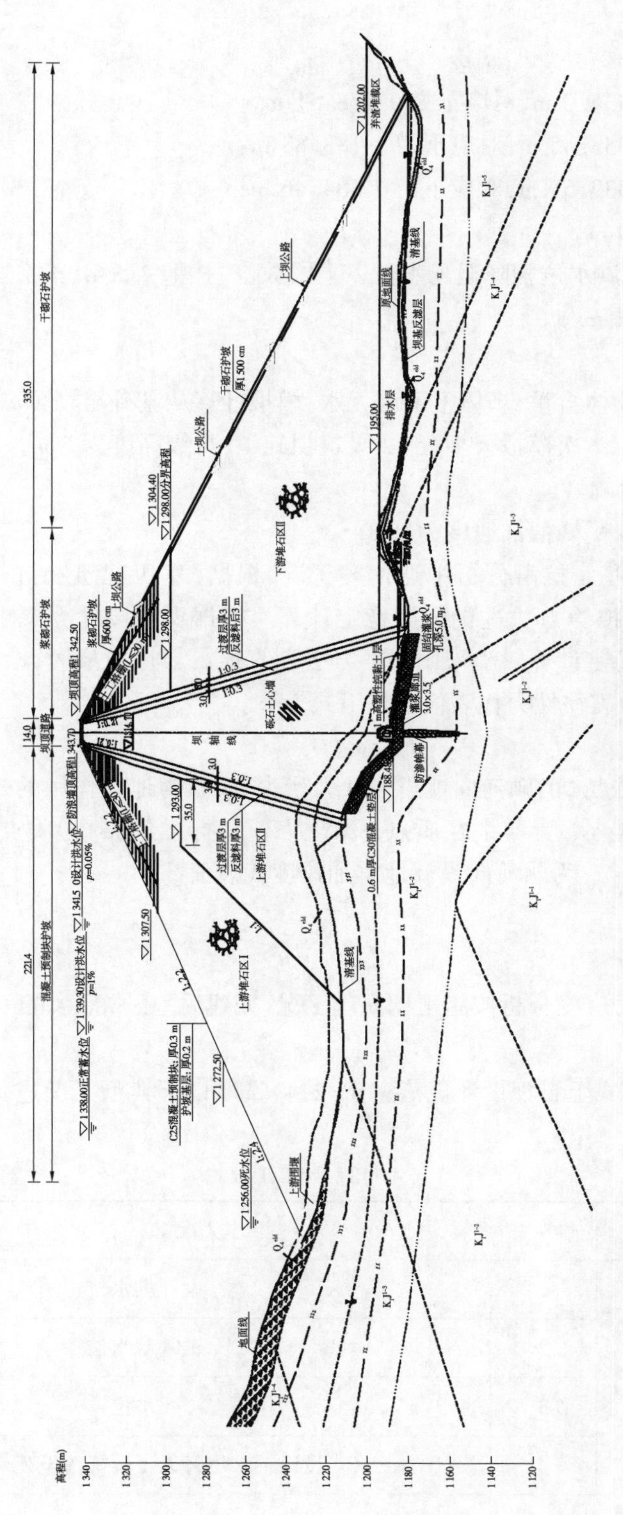

图 4-324　上坝址砾石土心墙坝横断面图(推荐方案)

3. 计算荷载

1) 特征水位

正常蓄水位:1 336.0 m,对应下游 1 178.51 m;

设计洪水位:1 338.45 m,对应下游 1 183.88 m;

校核洪水位:1 339.59 m,对应下游 1 184.46 m;

死水位:1 256.0 m。

水位骤降(校核洪水位骤降至死水位以下或放空)按照 2 m/d,正常性的降落(设计洪水位-死水位)按照 1 m/d。

2) 坝体自重

施工期荷载为坝体自重,坝体上下游无水,模拟计算从基础至坝顶高程施工过程中坝体的应力变形分布。本次模拟大坝分 32 级筑坝施工,每级高度为 5 m。

3) 地震动峰值加速度

工程场地基岩水平峰值加速度为 0.3g。

拟静力法:对于稳定抗滑分析中遇地震工况,根据《水工建筑物抗震设计规范》(SL 203),土石坝应采用拟静力法进行抗震稳定计算。根据现阶段计算要求,计算采用拟静力法进行坝坡抗震稳定计算。当采用拟静力法计算地震作用效应时,沿建筑物高度作用于质点 i 的顺河向地震惯性力代表值应按下式计算:

$$F_i = a_h \xi G_{Ei} a_i / g \tag{4-28}$$

式中:F_i 为作用在质点 i 的顺河向地震惯性力代表值;ξ 为地震作用的效应折减系数,除另有规定外,取 0.25;G_{Ei} 为集中在质点 i 的重力作用标准值;a_i 为质点 i 的动态分布系数;g 为重力加速度;a_h 为顺河向设计地震加速度代表值。

4. 计算工况

1) 应力应变分析

土石坝二维应力应变分析按施工期完建工况、完建后+正常蓄水位工况。

2) 稳定分析

计算参照《碾压式土石坝设计规范》(SL 274)选取以下典型工况进行计算,计算工况见表 4-113。

表 4-113　计算工况

组合	工况	
正常运行条件	1	设计洪水位
	2	正常蓄水位
	3	死水位
	4	设计洪水位每天 1 m 降落至死水位

续表 4-113

组合	工况	
非常运行条件Ⅰ	5	完建工况
	6	校核洪水位
	7	校核洪水位每天 2 m 骤降至死水位以下
非常运行条件Ⅱ	8	正常蓄水位遇地震

5. 计算模型

静力计算中，堆石及心墙料的静力本构关系采用 Ducan 双曲线 E-B 模型。稳定计算中，堆石及心墙料的静力本构关系采用莫尔库仑模型。坝体及坝基 MIDAS/GTS/NX 有限元计算模型如图 4-325 所示，不同筑坝材料使用不同颜色的网格显示。计算模型向上游延伸 430 m，向下游延伸 330 m，模型地基深度向下延伸 150 m。

边界条件：坝基底部采用全约束状态，上下游采用法向约束。

坐标系：模型采用平面坐标系，x 向为上下游方向，指向下游为正；y 向为竖直方向，竖直向上为正。

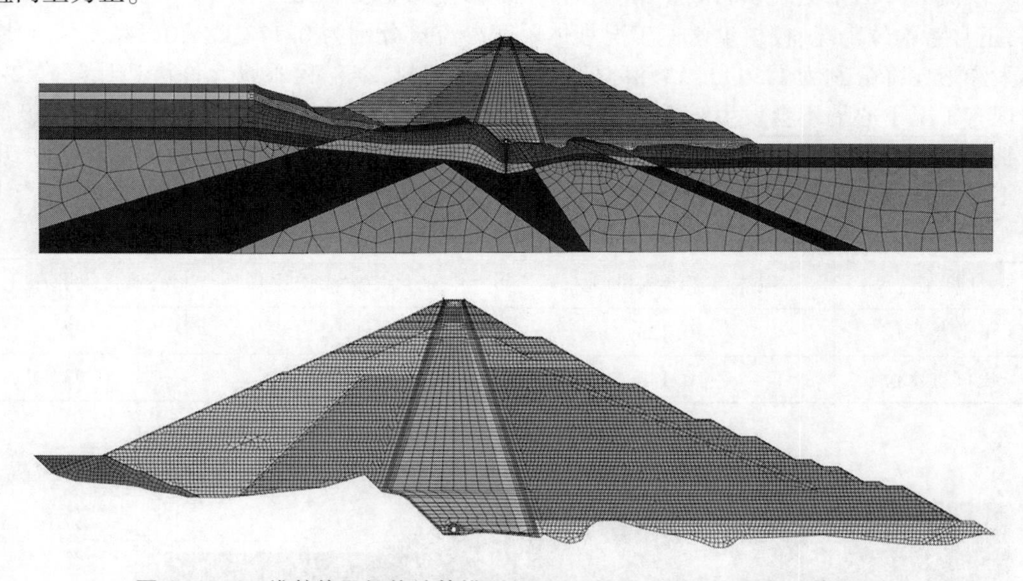

图 4-325　二维整体及坝体计算模型单元图(推荐方案应力应变计算模型)

二维整体及坝体顶部 GEO-STUDIO 有限元计算模型如图 4-326 所示，不同筑坝材料使用不同颜色的网格显示。模型采用坐标系以 x 正向为下游方向，y 正向为竖直向上方向。

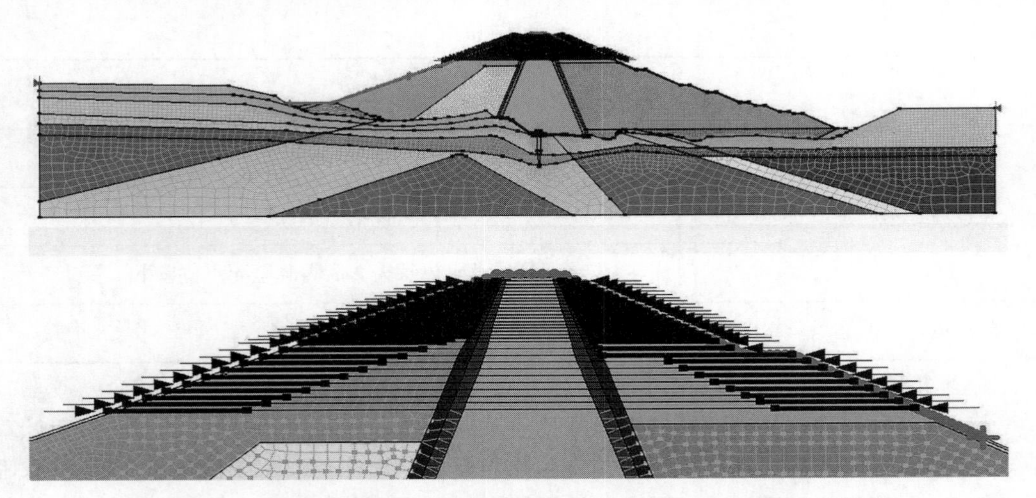

图 4-326　二维整体及坝体顶部计算模型单元图(推荐方案稳定计算模型)

4.5.3.3　二维计算结果

1. 渗流计算结果

渗流计算结果见表 4-114,正常蓄水位工况渗流图见图 4-327~图 4-330。根据计算结果,正常蓄水位工况、校核洪水位工况坝体单宽渗流量分别为 0.123 L/s、0.146 L/s,心墙最大渗透比降分别为 1.91、1.92,根据地质提供的资料,本工程心墙允许渗透比降在 2~4,现有工况下心墙不会发生渗透破坏;心墙绝大部分区域孔压比在 0.8 以下,孔压比极值分别为 0.92、0.93,出现在心墙中下部靠上游面,即心墙孔隙水压力均小于竖向应力,现有工况下心墙不会发生水力劈裂现象。

表 4-114　渗流计算结果

计算工况	坝体单宽渗流量(L/s)	心墙最大渗透比降	心墙最大孔压比
正常蓄水位	0.123	1.91	0.92
校核洪水位	0.146	1.92	0.93

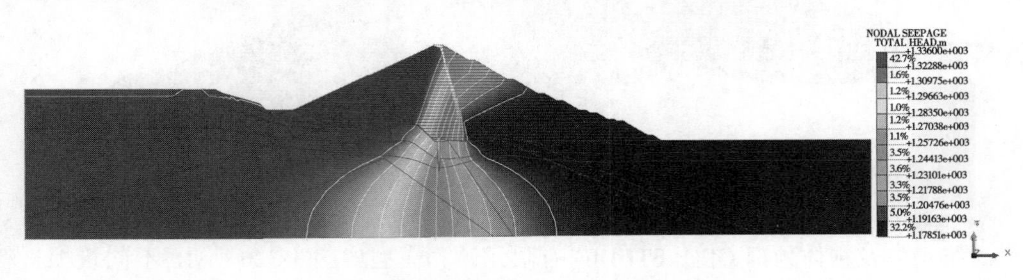

图 4-327　正常蓄水位工况总水头图

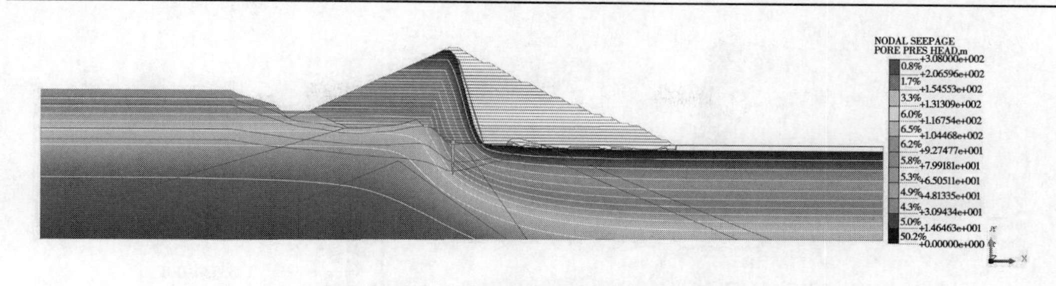

图 4-328　正常蓄水位工况压力水头图

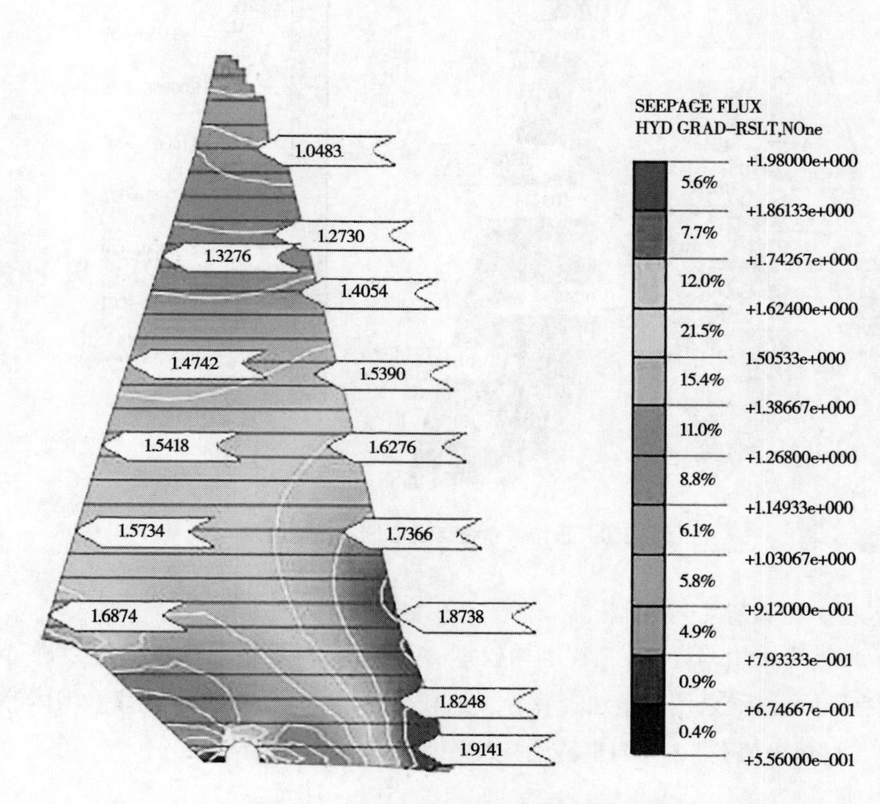

图 4-329　正常蓄水位工况心墙渗透比降图

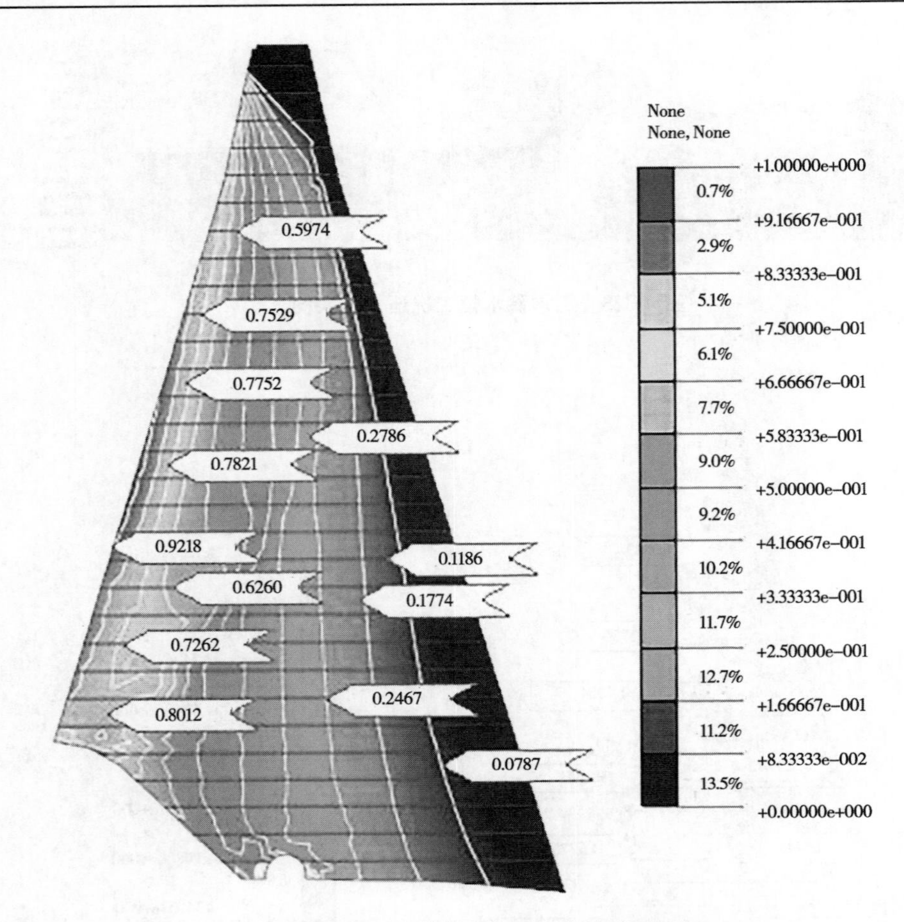

图 4-330 正常蓄水位工况心墙孔压比图

2. 应力应变计算结果

应力应变计算采用邓肯-张 E-B 本构模型,对单元材料参数及破坏后应力进行动态修正,进行有限元分析,采用增量法计算分级加载下的土体应力和变形规律。坝体静力计算结果汇总(材料中值)见表 4-115,应力应变图见图 4-331~图 4-354。

表4-115　坝体静力计算结果汇总(材料中值)

<table>
<tr><th colspan="3" rowspan="2">计算工况</th><th colspan="2">完建后
(未蓄水)</th><th colspan="2">正常蓄水位
(不考虑湿化)</th><th colspan="2">正常蓄水位
(湿化后邓肯-张参数中低值)</th><th colspan="2">正常蓄水位
(湿化后邓肯-张参数低值)</th></tr>
<tr></tr>
<tr><td rowspan="11">坝体</td><td colspan="2" rowspan="2">最大水平位移(m)</td><td>向上游</td><td>向下游</td><td>向上游</td><td>向下游</td><td>向上游</td><td>向下游</td><td>向上游</td><td>向下游</td></tr>
<tr><td>-0.503</td><td>0.920</td><td>-0.379</td><td>1.570</td><td>-0.410</td><td>1.441</td><td>-0.439</td><td>1.506</td></tr>
<tr><td colspan="2">最大竖向位移(m)</td><td colspan="2">-1.887</td><td colspan="2">-1.829</td><td colspan="2">-2.026</td><td colspan="2">-2.393</td></tr>
<tr><td colspan="2">最大沉降占坝高比例(%)</td><td colspan="2">1.17</td><td colspan="2">1.13</td><td colspan="2">1.25</td><td colspan="2">1.50</td></tr>
<tr><td colspan="2">坝顶沉降(m)</td><td colspan="2">0</td><td colspan="2">-0.149</td><td colspan="2">-0.309</td><td colspan="2">-0.612</td></tr>
<tr><td colspan="2">坝顶沉降占坝高比例(%)</td><td colspan="2">0</td><td colspan="2">0.09</td><td colspan="2">0.19</td><td colspan="2">0.38</td></tr>
<tr><td rowspan="2">主应力(kPa)</td><td>小主应力范围</td><td colspan="2">-22.9~-1 561.4</td><td colspan="2">48.8~-1 531.5</td><td colspan="2">32.0~-1 635.5</td><td colspan="2">31.1~-2 040.0</td></tr>
<tr><td>大主应力范围</td><td colspan="2">-60.4~-3 409.0</td><td colspan="2">-48.4~-4 057.5</td><td colspan="2">-37.7~-4 262.5</td><td colspan="2">-57.3~-4 359.6</td></tr>
<tr><td>最大剪应力(kPa)</td><td>最大剪应力范围</td><td colspan="2">4.0~1 067.0</td><td colspan="2">25.6~1 206.4</td><td colspan="2">28.4~1 310.3</td><td colspan="2">34.8~1 286.7</td></tr>
<tr><td>剪应变</td><td>剪应变范围</td><td colspan="2">0.001~0.068</td><td colspan="2">0.002~0.085</td><td colspan="2">0.004~0.093</td><td colspan="2">0.005~0.103</td></tr>
<tr></tr>
<tr><td rowspan="4">心墙</td><td colspan="2" rowspan="2">最大水平位移(m)</td><td>上游侧</td><td>下游侧</td><td>上游侧</td><td>下游侧</td><td>上游侧</td><td>下游侧</td><td>上游侧</td><td>下游侧</td></tr>
<tr><td>-0.185</td><td>0.902</td><td>0.043</td><td>1.485</td><td>0.045</td><td>1.360</td><td>0.052</td><td>1.427</td></tr>
<tr><td colspan="2">最大竖向位移(m)</td><td colspan="2">-1.887</td><td colspan="2">-1.829</td><td colspan="2">-2.026</td><td colspan="2">-2.393</td></tr>
<tr><td colspan="2">应力水平最大值</td><td colspan="2">0.38</td><td colspan="2">0.54</td><td colspan="2">0.55</td><td colspan="2">0.60</td></tr>
</table>

注:水平位移数值向上游为负,向下游为正;竖向位移向下为负,向上为正。

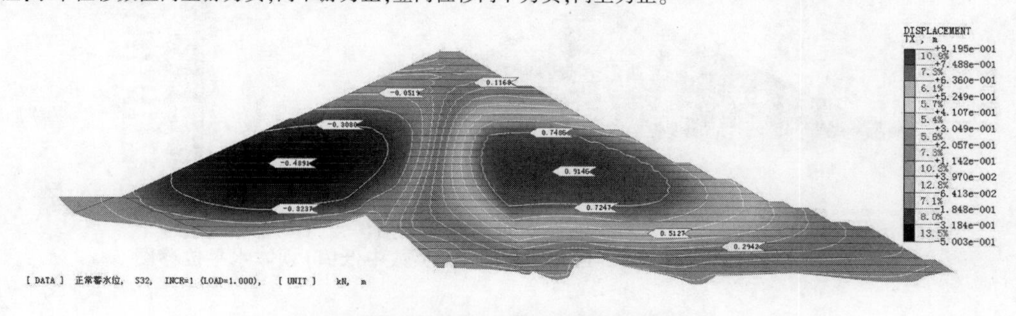

图4-331　完建工况坝体水平位移图

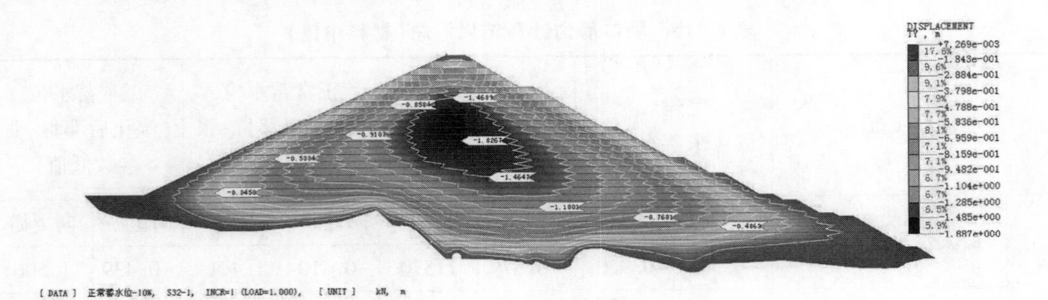

图 4-332　完建工况坝体竖向沉降图

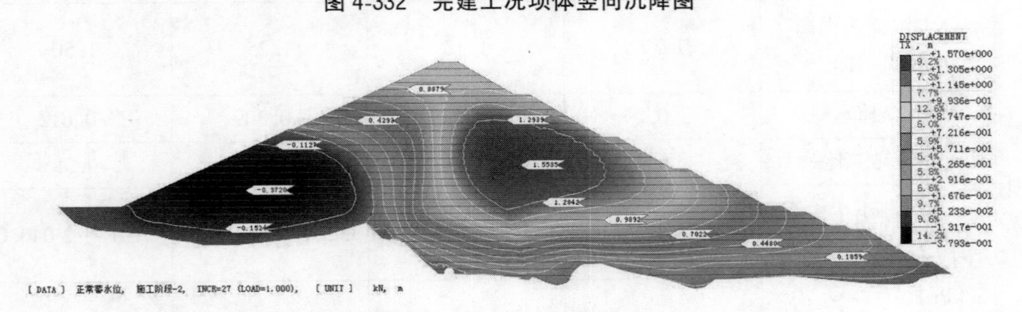

图 4-333　正常蓄水位工况(不考虑湿化)坝体水平位移图

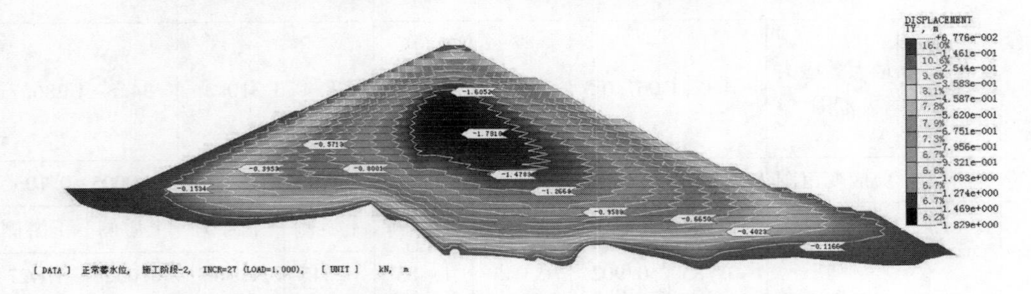

图 4-334　正常蓄水位工况(不考虑湿化)坝体竖向沉降图

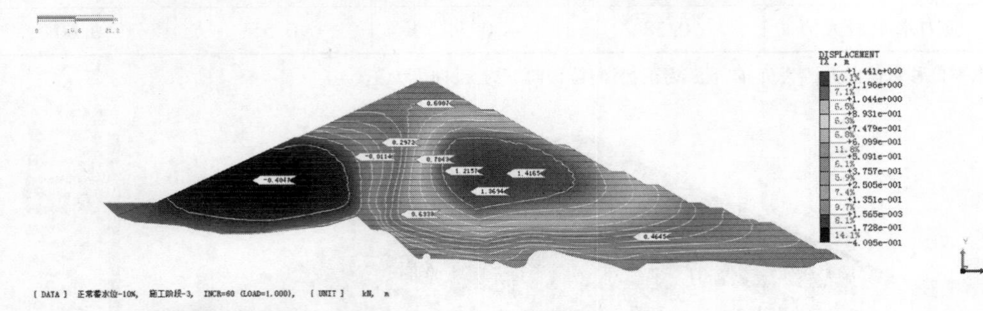

图 4-335　正常蓄水位工况(湿化后邓肯-张参数中低值)坝体水平位移图

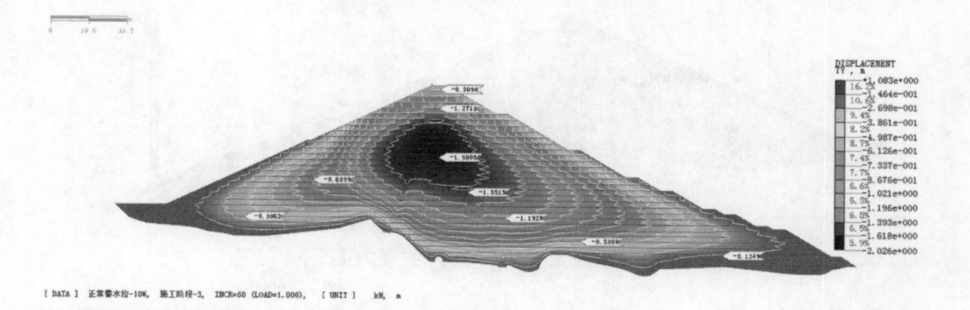

图 4-336　正常蓄水位工况(湿化后邓肯-张参数中低值)坝体竖向沉降图

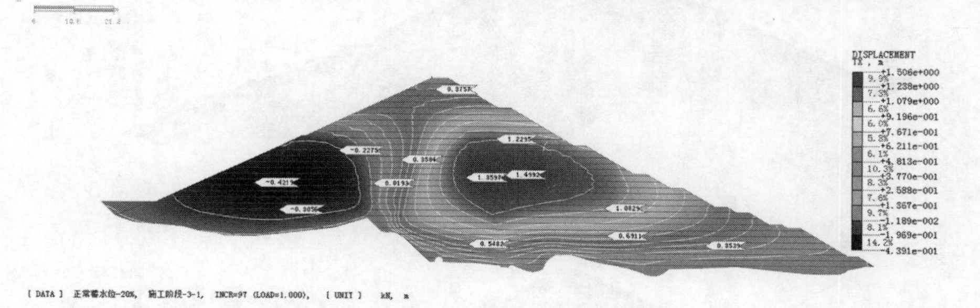

图 4-337　正常蓄水位工况(湿化后邓肯-张参数低值)坝体水平位移图

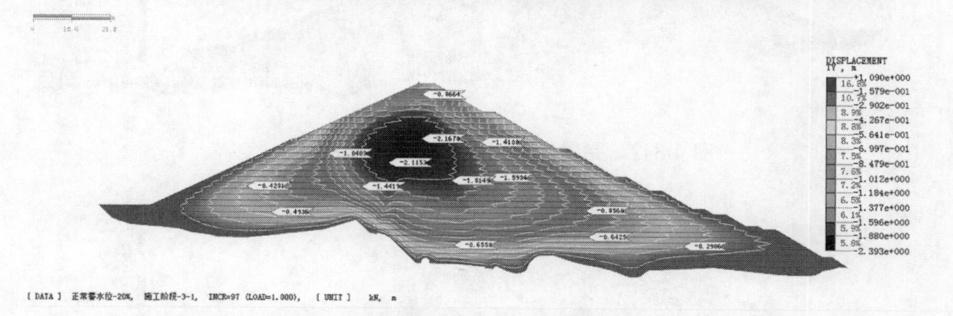

图 4-338　正常蓄水位工况(湿化后邓肯-张参数低值)坝体竖向沉降图

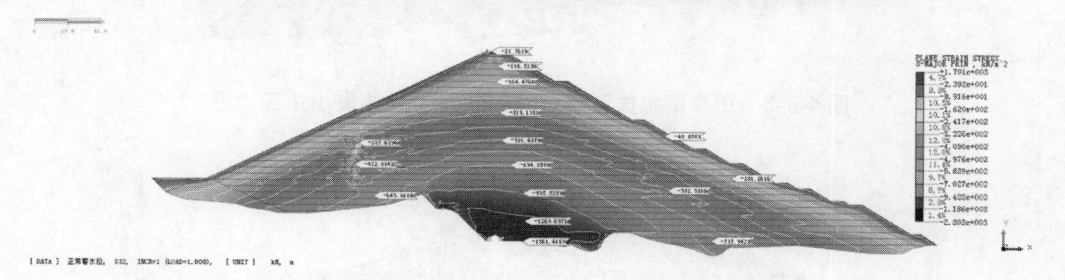

图 4-339　完建工况坝体最小主应力图

图 4-340　完建工况坝体最大主应力图

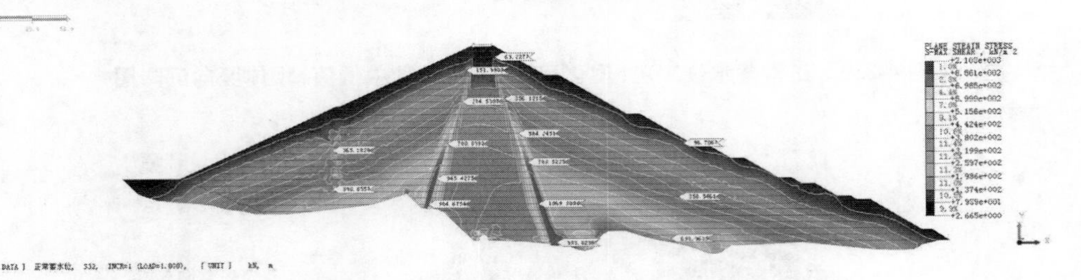

图 4-341　完建工况坝体最大剪应力图

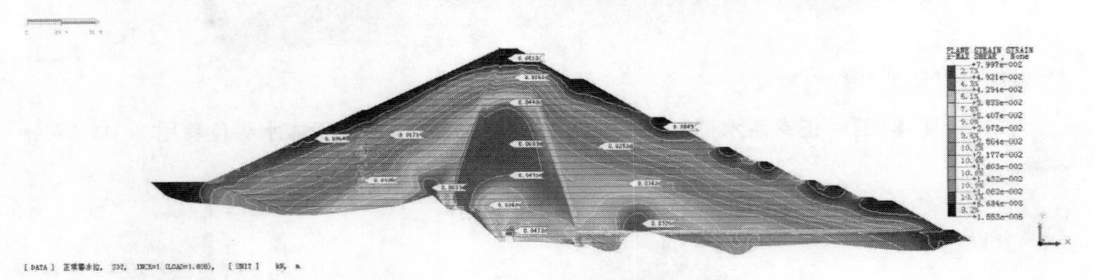

图 4-342　完建工况坝体最大剪应变图

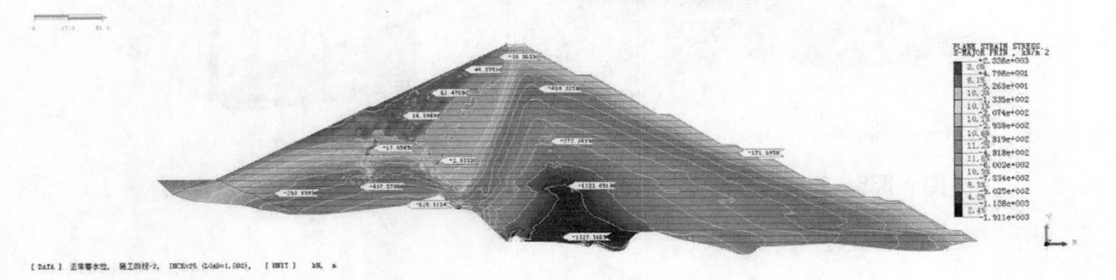

图 4-343　正常蓄水位工况(不考虑湿化)坝体最小主应力图

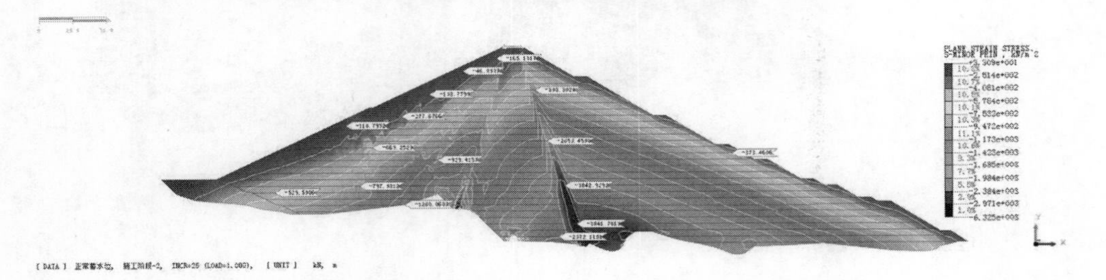

图 4-344　正常蓄水位工况(不考虑湿化)坝体最大主应力图

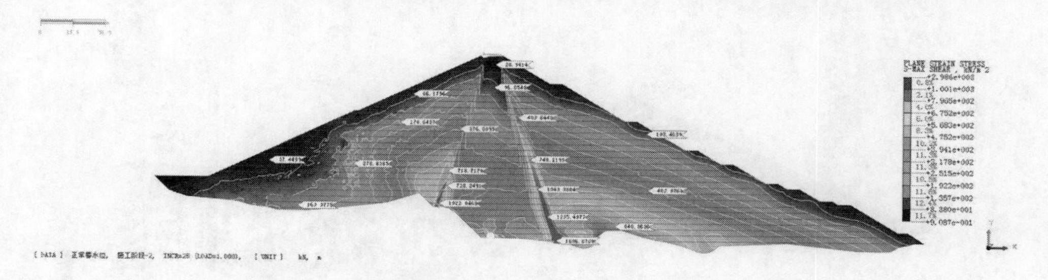

图 4-345　正常蓄水位工况(不考虑湿化)坝体最大剪应力图

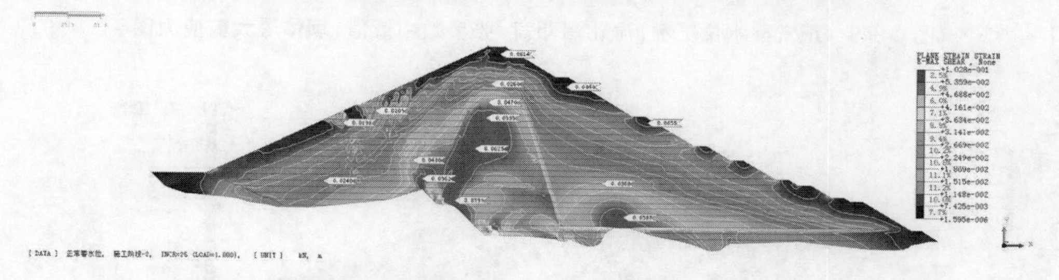

图 4-346　正常蓄水位工况(不考虑湿化)坝体最大剪应变图

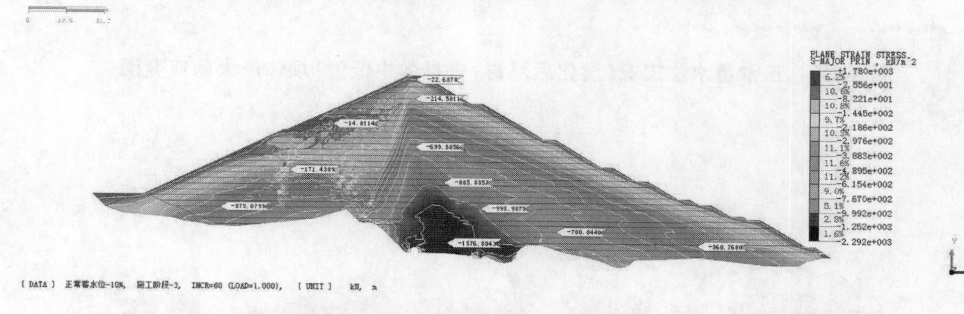

图 4-347　正常蓄水位工况(湿化后邓肯-张参数中低值)坝体最小主应力图

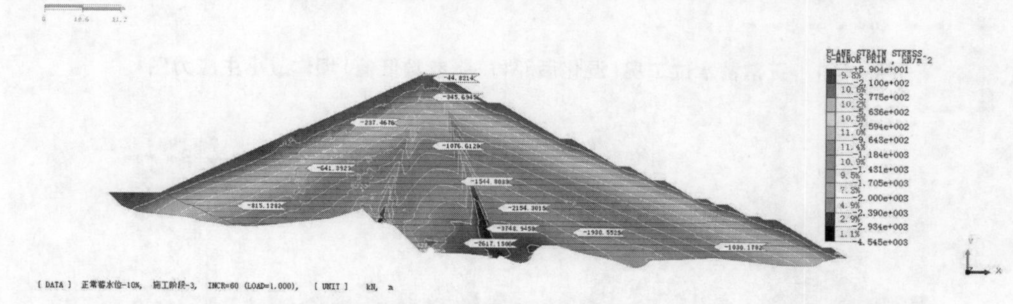

图 4-348　正常蓄水位工况(湿化后邓肯-张参数中低值)坝体最大主应力图

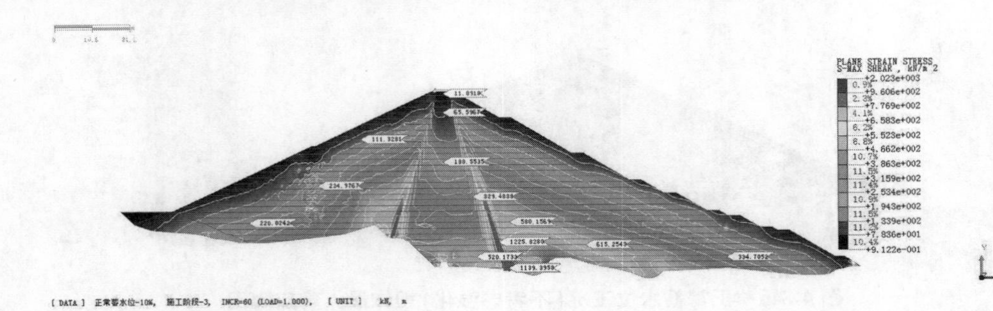

图 4-349 正常蓄水位工况(湿化后邓肯-张参数中低值)坝体最大剪应力图

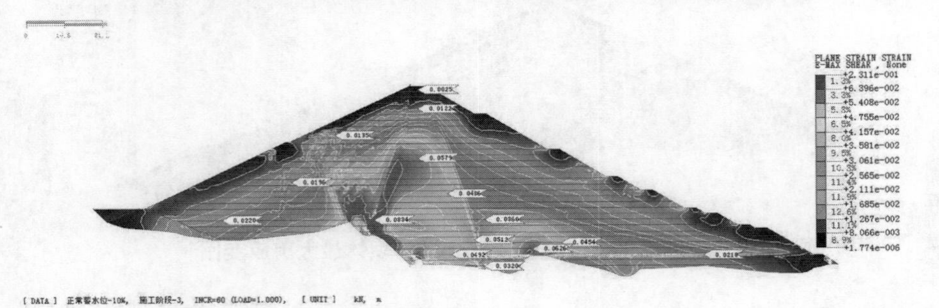

图 4-350 正常蓄水位工况(湿化后邓肯-张参数中低值)坝体最大剪应变图

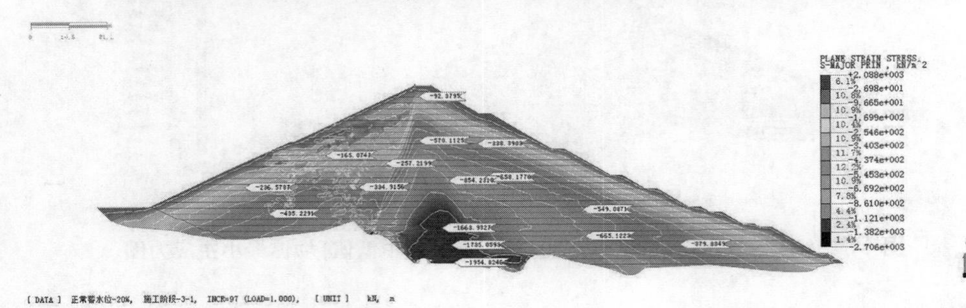

图 4-351 正常蓄水位工况(湿化后邓肯-张参数低值)坝体最小主应力图

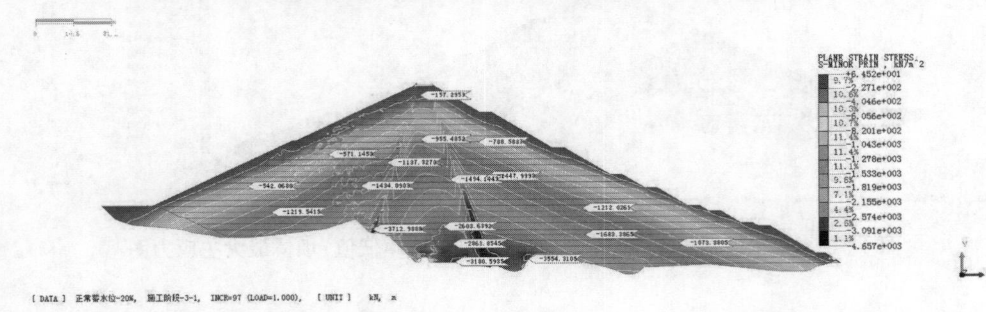

图 4-352 正常蓄水位工况(湿化后邓肯-张参数低值)坝体最大主应力图

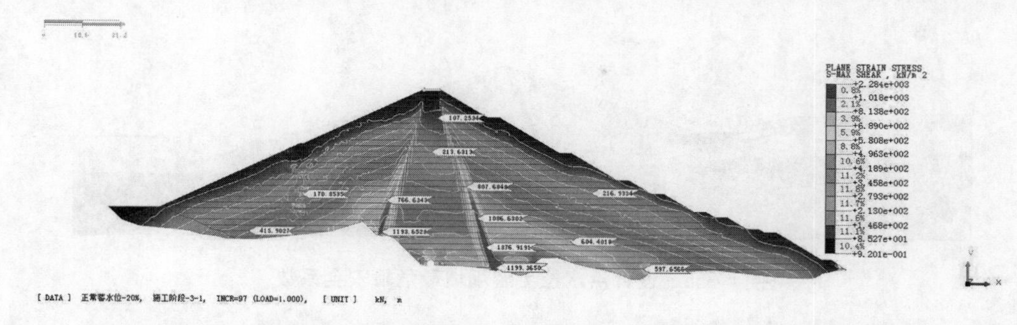

图4-353　正常蓄水位工况(湿化后邓肯-张参数低值)坝体最大剪应力图

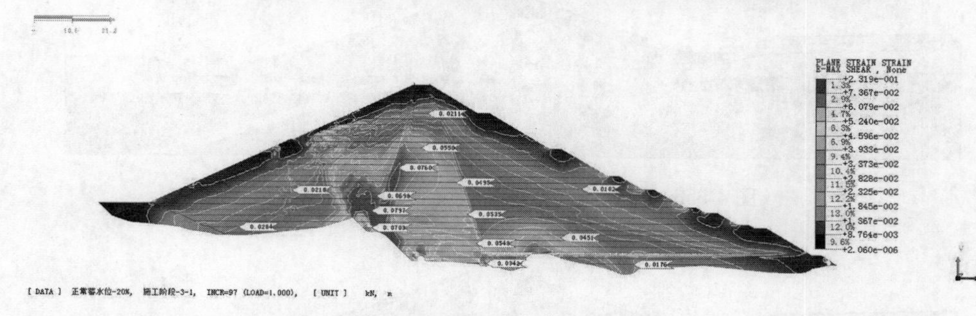

图4-354　正常蓄水位工况(湿化后邓肯-张参数低值)坝体最大剪应变图

3. 坝坡稳定计算结果

在抗滑稳定计算中,计算出的坝坡安全稳定系数应按规范规定的最小安全系数进行比较,确定坝坡的安全稳定。本工程等级为1级。表4-116列出坝坡稳定分析计算结果。

表4-116　坝坡稳定分析计算结果(非线性中值参数)

组合	工况		上游	下游	对应结果图	允许安全系数
正常运行条件	1	设计洪水位	2.246	1.906	图4-355、图4-356	1.5
	2	正常蓄水位	2.224	1.917	图4-357、图4-358	
	3	死水位	1.944	1.926	图4-359、图4-360	
	4	设计洪水位降落至死水位(降落速度1 m/d)	1.678	1.906	图4-361~图4-364	
非常运行条件Ⅰ	5	完建工况	2.056	1.926	图4-365、图4-366	1.3
	6	校核洪水位	2.258	1.898	图4-367、图4-368	
	7	校核洪水位骤降至死水位(降落速度2 m/d)	1.496	1.701	图4-369~图4-372	
非常运行条件Ⅱ	8	正常蓄水位遇地震	1.278	1.363	图4-373、图4-374	1.2

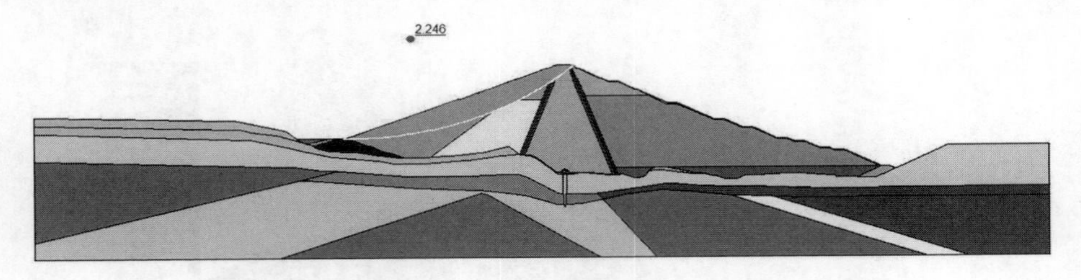

图 4-355　设计洪水位上游坝坡最危险安全系数

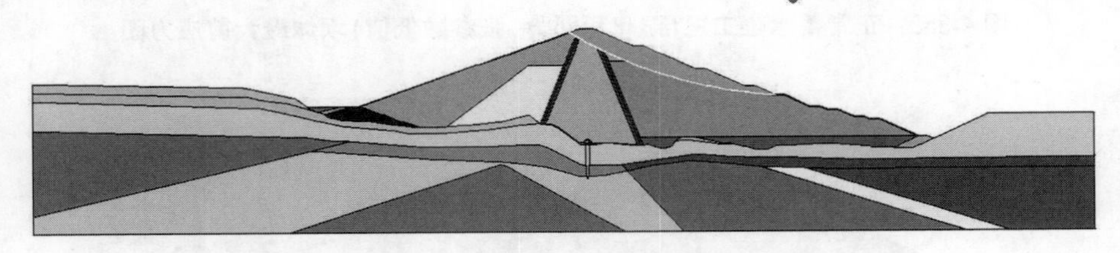

图 4-356　设计洪水位下游坝坡最危险安全系数

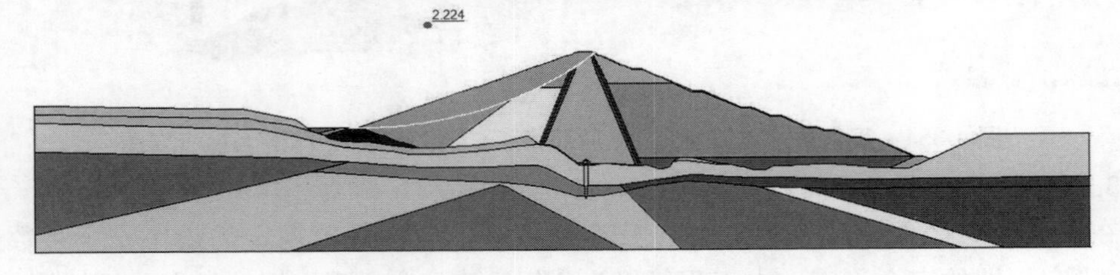

图 4-357　正常蓄水位上游坝坡最危险安全系数

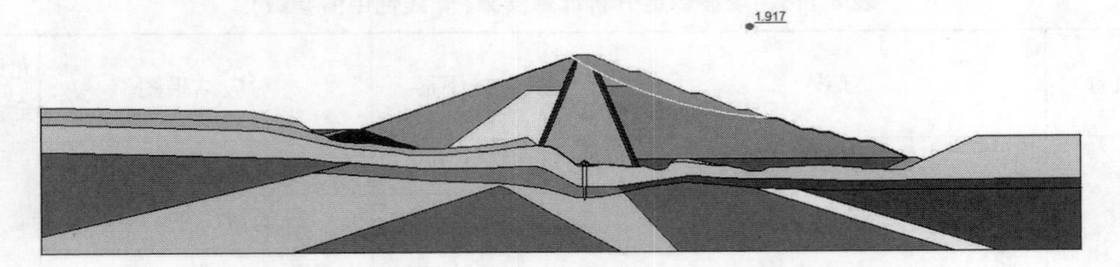

图 4-358　正常蓄水位下游坝坡最危险安全系数

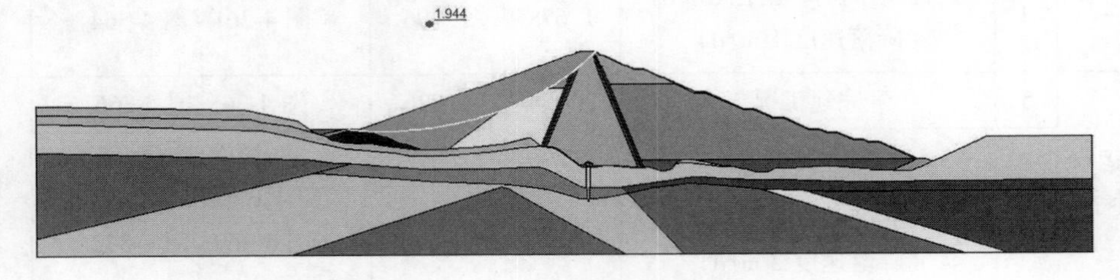

图 4-359　死水位上游坝坡最危险安全系数

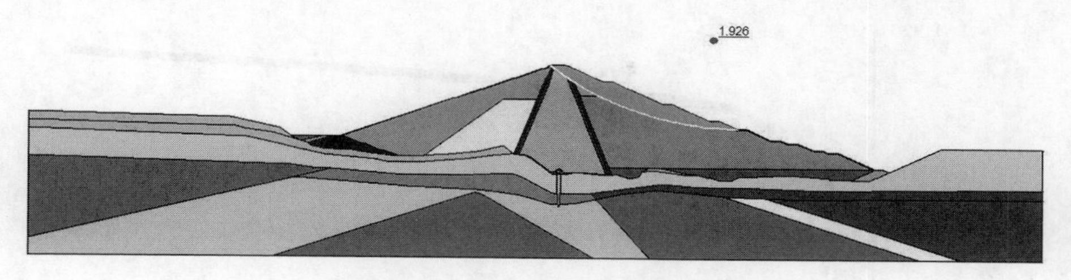

图 4-360　死水位下游坝坡最危险安全系数

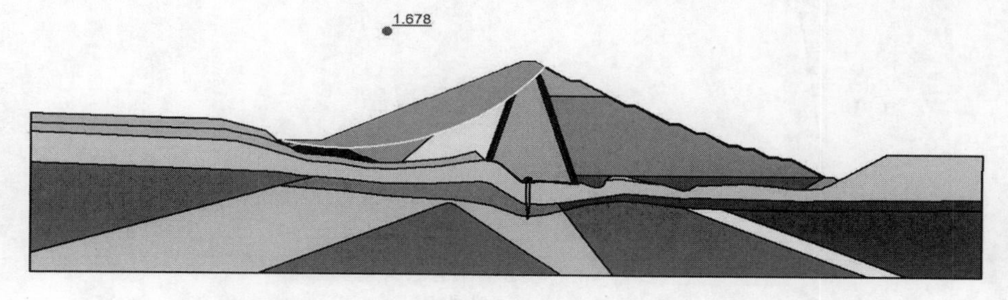

图 4-361　设计洪水位降落至死水位上游坝坡最危险安全系数

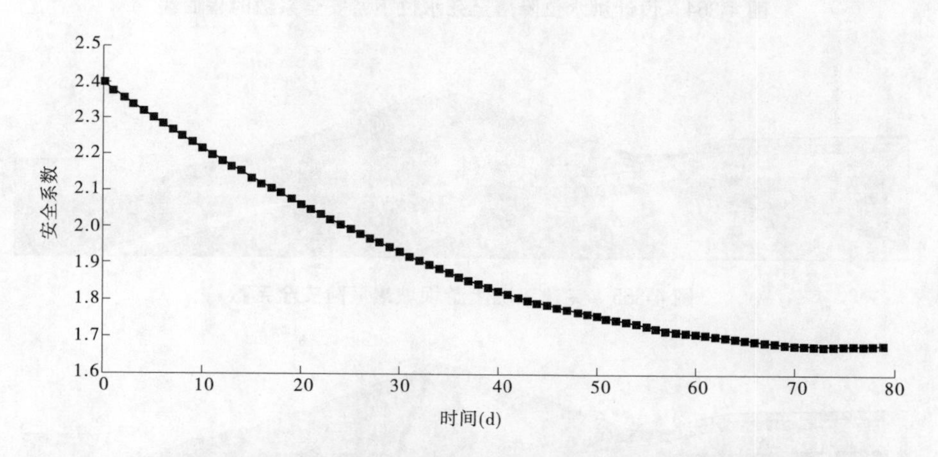

图 4-362　设计洪水位降落至死水位上游安全系数时程曲线

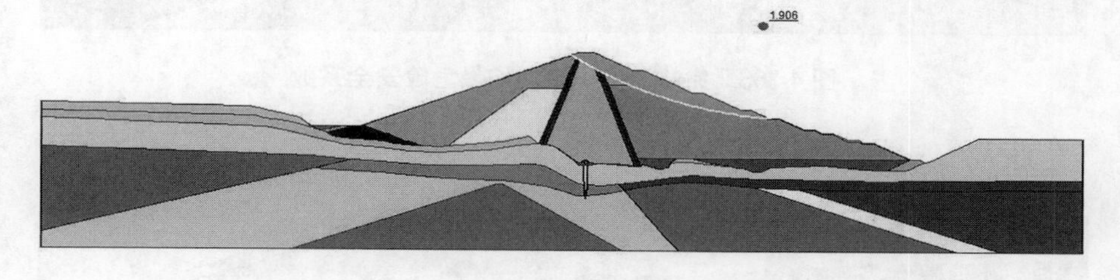

图 4-363　设计洪水位降落至死水位下游坝坡最危险安全系数

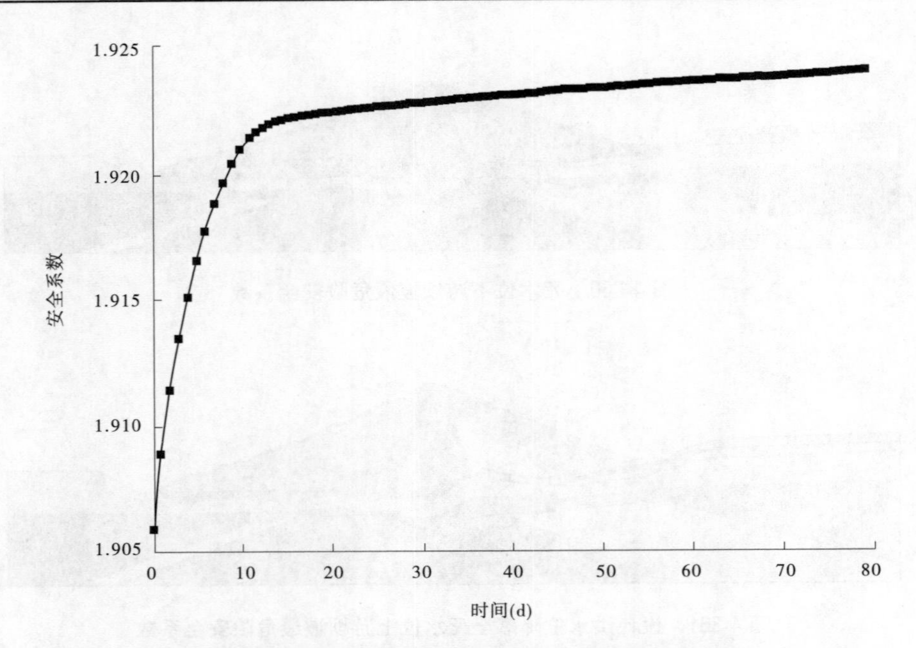

图 4-364 设计洪水位降落至死水位下游安全系数时程曲线

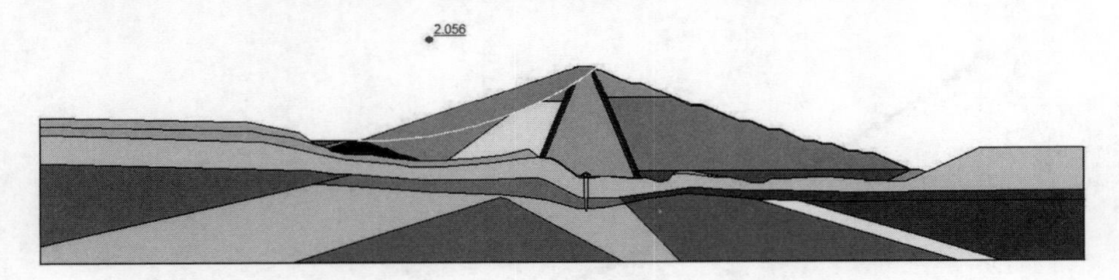

图 4-365 完建工况上游坝坡最危险安全系数

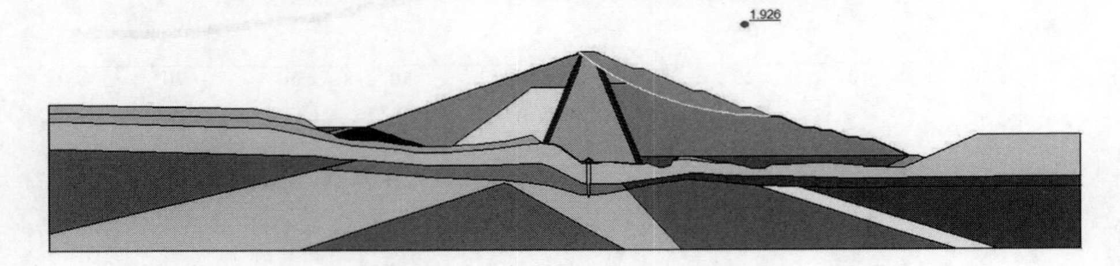

图 4-366 完建工况下游坝坡最危险安全系数

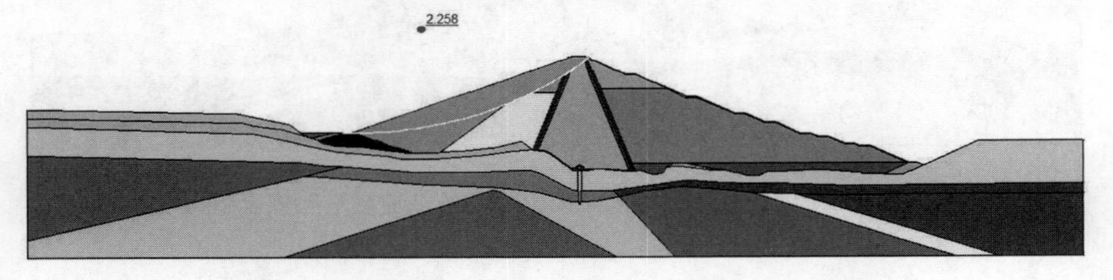

图 4-367 校核洪水位工况上游坝坡最危险安全系数

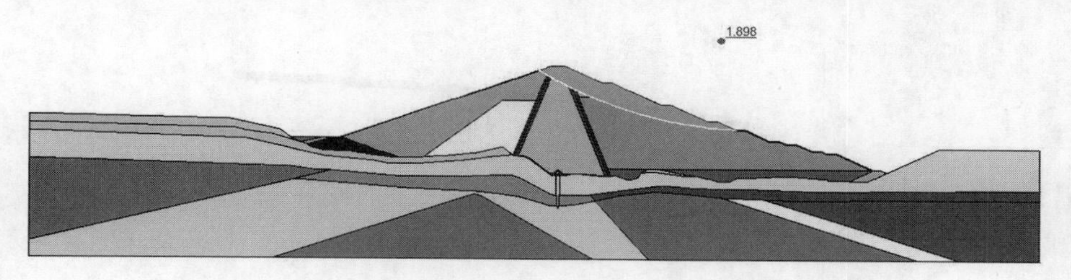

图 4-368　校核洪水位工况下游坝坡最危险安全系数

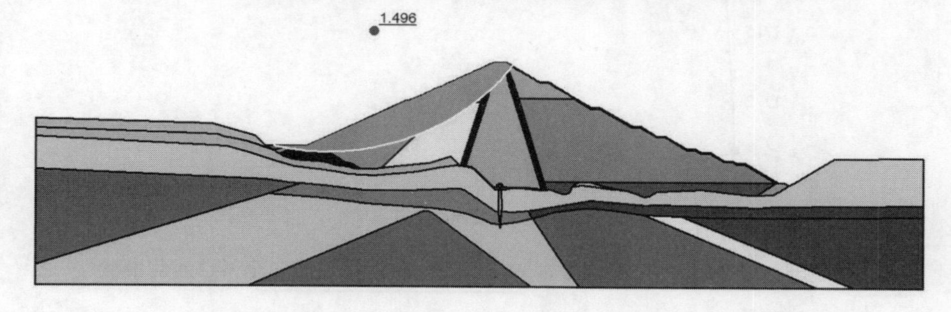

图 4-369　校核洪水位每天 2 m 骤降至死水位以下上游坝坡最危险安全系数

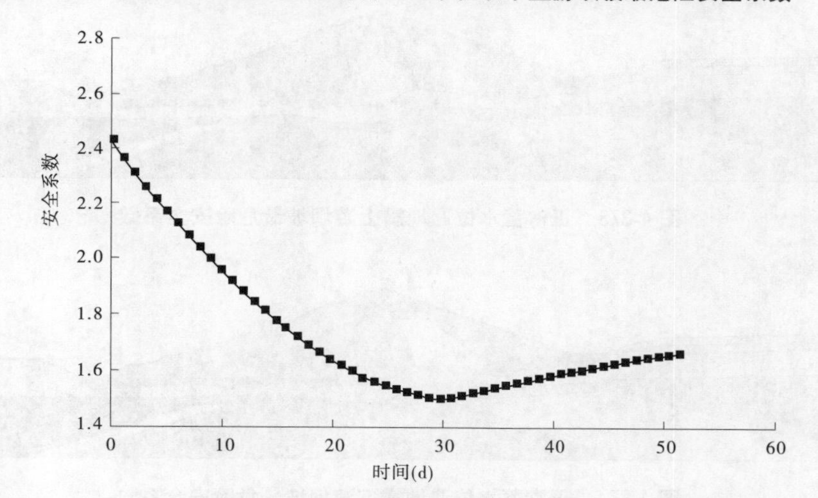

图 4-370　校核洪水位每天 2 m 骤降至死水位以下上游安全系数时程曲线

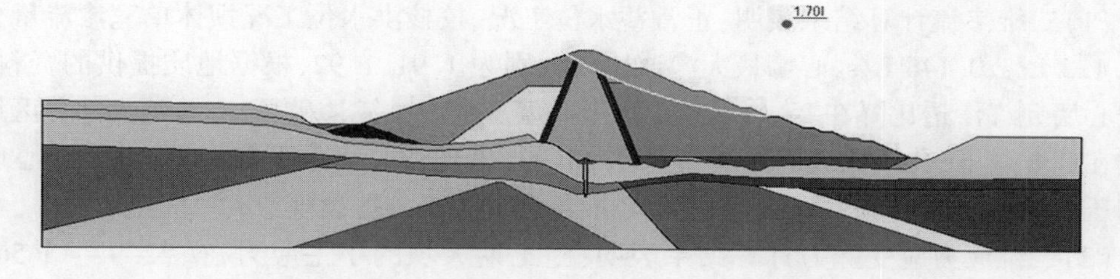

图 4-371　校核洪水位每天 2 m 骤降至死水位以下下游坝坡最危险安全系数

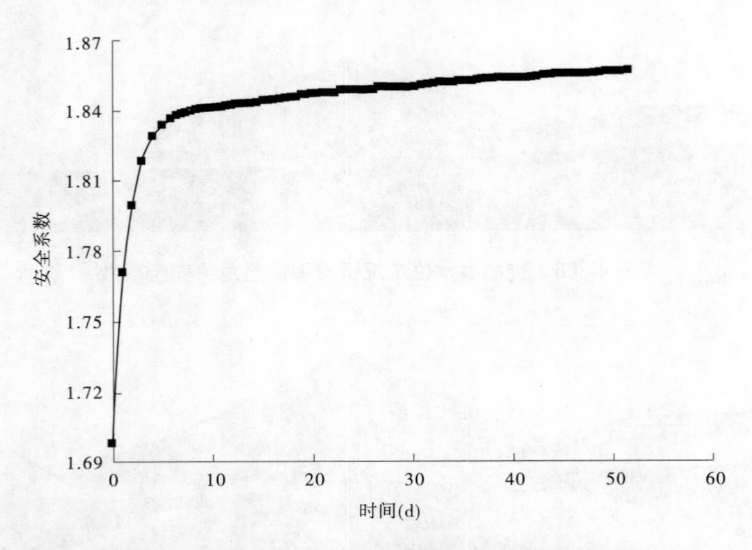

图 4-372　校核洪水位每天 2 m 骤降至死水位以下下游安全系数时程曲线

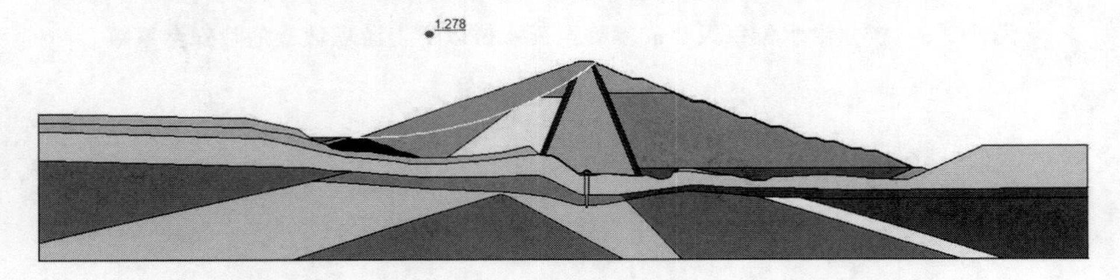

图 4-373　正常蓄水位遇地震上游坝坡最危险安全系数

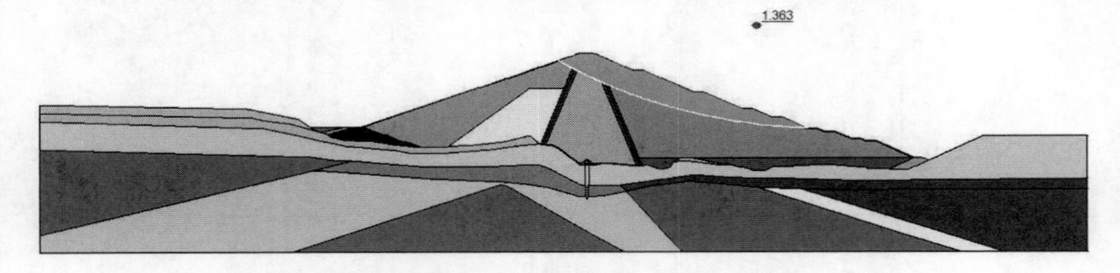

图 4-374　正常蓄水位遇地震下游坝坡最危险安全系数

4.5.3.4　结论

(1)二维渗流计算结果表明:正常蓄水位工况、校核洪水位工况坝体单宽渗流量分别为 0.123 L/s、0.146 L/s,心墙最大渗透比降分别为 1.91、1.92,根据地质提供的资料,本工程心墙允许渗透比降在 2~4,现有工况下心墙不会发生渗透破坏;心墙绝大部分区域孔压比在 0.8 以下,孔压比极值分别为 0.92、0.93,出现在心墙中下部靠上游面,即心墙孔隙水压力均小于竖向应力,现有工况下心墙不会发生水力劈裂现象。

(2)二维应力应变静力计算结果表明:施工期大坝的小主应力在-22.9~-1 561.4 kPa,大主应力在-60.4~-3 409.0 kPa,最大剪应力在 4.03~1 067.0 kPa;蓄水后(未考虑湿化)正常运行期小主应力在 48.8~-1 531.5 kPa,大主应力在-48.4~-4 057.5 kPa,最大剪应力在 25.6~1 206.4 kPa;蓄水后(湿化后邓肯-张参数中低值)正常运行期小主应力在32.0~-1 635.5 kPa,大主应力在-37.7~-4 262.5 kPa,最大剪应力在28.4~1 310.3 kPa;蓄水后(湿化后邓肯-张参数低值)正常运行期小主应力在31.1~-2 040.0 kPa,大主应力在-57.3~-4 359.6 kPa,最大剪应力范围34.8~1 286.7 kPa。蓄水后由于水压力和湿化作用,坝体应力有所增大,在合理范围以内。不同工况下心墙应力水平最大值0.60,都小于1。

二维应力应变计算未考虑填筑料流变特性,施工期大坝向上游最大水平位移0.503 m,向下游最大水平位移0.920 m,最大铅垂向沉降位移1.887 m;蓄水后(不考虑湿化)由于水压力作用,向下游最大水平位移增大到1.570 m,向上游最大水平位移0.379 m,最大铅垂向沉降位移1.829 m,考虑到水的浮力作用,最大铅垂向位移会出现0.058 m的抬升;蓄水后土石料湿化后取邓肯-张参数中低值,向下游最大水平位移为1.441 m,向上游最大水平位移为0.410 m,最大铅垂向沉降位移2.026 m,坝顶沉降0.309 m。蓄水后土石料湿化后取邓肯-张参数低值,向下游最大水平位移为1.506 m,向上游最大水平位移0.439 m,最大铅垂向沉降位移2.393 m,坝顶沉降0.612 m。各工况最大铅垂向沉降位移均在高程1 286.0 m附近,约在坝高的2/3位置。

(3)坝坡稳定计算采用非线性抗剪指标,正常运行条件安全系数在1.678~2.246,满足安全系数大于1.5的要求;非常运行条件Ⅰ安全系数在1.496~2.258,满足安全系数大于1.3的要求;非常运行条件Ⅱ安全系数在1.278~1.363,满足安全系数大于1.2的要求。最小安全系数对应的工况是正常蓄水位遇地震的上游边坡,安全系数为1.278,满足安全系数大于1.2的要求。各工况坝坡稳定均满足规范要求。

5 结 论

(1)土石坝设计既要体现"就地取材"的优势,更要体现"因材设计"的理念。黄草坝水库工程区域红层软岩广泛分布,从经济或生态环境角度,最大限度地利用包括坝基开挖料在内的近坝区丰富的风化软岩料筑坝,是工程设计成败的关键。依托黄草坝水库工程勘察设计,对红层软岩作为坝体填筑材料的工程地质特性进行了系统研究。

(2)收集国内外已建土石坝工程文献资料,特别是利用软岩、风化岩筑坝的相关研究资料,分析总结有关的科研和工程实践结果;借鉴其试验研究方法,开展了大型击实、压缩、三轴试验等大尺寸室内试验;在试验结果基础上,通过工程类比和综合分析,提出适合本工程设计的填筑材料物理力学性质参数建议指标。

(3)对工程风化岩混合土防渗料、风化岩及软岩堆石料的工程特性进行了系统研究,包括对区域红层碎屑岩系的成生环境、岩石矿物化学组成及其岩性,坡、残积土的物理力学性质,岩石物理力学性质,风化岩、软岩堆石料力学特性试验方法选择,风化岩混合土防渗料颗粒级配、压实性、渗透性、变形与强度特性,风化岩、软岩堆石料基本物理力学性质、级配及颗粒破碎特征、压实性、渗透性、压缩变形、强度、耐久性、流变特性,风化岩混合土防渗料、风化岩及软岩堆石料填筑特性及指标等的研究。研究结果表明,红层软岩可作为土石坝分区填筑的良好天然建筑材料。

(4)随着研究水平和土石坝筑坝实践经验的积累,防渗土料的选用及其级配范围变得越来越宽,从壤土、黏土等传统土料逐渐扩大到黄土、红土等特殊土料,从均质细粒土料逐渐扩展到宽级配碎石类土;既包括天然残坡积物、冰碛物、风化岩、泥岩等碎石类土料,也包括人工混合的砾质土、黏土质砾等碎石类土料。坝壳堆石料也从以往单纯使用新鲜坚硬石料发展到部分采用软岩、风化岩,并且坝壳料中软岩料的使用比例也在提高,成为当今坝壳堆石料应用研究和土石坝设计的趋势。

(5)随着粗粒料试验方法、大型试验设备以及重型碾压设备的发展,对碎石土防渗土料和软岩堆石料的填筑压实性、颗粒破碎特性、渗透特性、变形特性以及抗剪强度特性的认识有了很大提高,大大促进了碎石土防渗土料和软岩堆石料在土石坝工程中的应用。

(6)本工程的防渗土料属宽级配碎石土料,天然料源土质均匀性差,碎块石含量变化较大,所含碎块石岩性为强—弱风化状砂岩、泥质粉砂岩。天然料源>5 mm 颗粒含量总体在30%以上,最大可达83.6%,平均值为51.5%~62.6%;<0.075 mm 的颗粒含量最大值在40%左右,平均值在25%左右;<0.005 mm 的颗粒含量范围值为3.4%~25.1%,平均值为7.9%~14.6%。其细粒组分不具有分散性和膨胀性。与2 690 kJ/m^3 击实功对应的最大干密度范围值为1.75~2.11 g/cm^3,平均值为1.95 g/cm^3,最大干密度与>5 mm 的颗粒含量呈正相关性。从击实前后颗粒组成变化情况来看,>5 mm 的颗粒含量均有不同程度减少,<0.075 mm 的粉黏粒含量和<0.005 mm 的黏粒含量均有不同程度增加,变化量

与击实功有一定相关性。通过本工程试验成果分析可知,当压实后干密度>1.95 g/cm^{3}时,在满足黏粒含量大于7%且黏粒含量在<5 mm颗粒中的含量大于15%条件下,渗透系数基本在$3.0\times10^{-7}\sim1.0\times10^{-5}$ cm/s,渗透系数能够满足防渗土料技术要求。

本工程所说软岩堆石料是指以泥质粉砂岩为主的红层泥质软岩,由于矿物组成的特点,水理性质相对较好,属非膨胀性和高耐崩解性岩石。垂直层理面的饱和单轴抗压强度为15~20 MPa,斜交层理面的饱和单轴抗压强度为10~15 MPa,平行层理面的饱和单轴抗压强度<10 MPa。泥质岩石料在初始颗粒级配相近的情况下,压实孔隙率越小,<5 mm颗粒含量增加量越大,而其中<0.075 mm细颗粒增幅不大;泥质岩石料以一定级配按照20%孔隙率压实后,<5 mm增加量不超过15%,<0.075 mm细颗粒含量增加量不超过2%,对填筑料渗透性影响有限;饱水条件对泥质岩填筑料压实较为有利,能够减少<5 mm颗粒的增加量。

本工程弱风化—微新砂岩饱和单轴抗压强度一般为30~80 MPa,属硬质岩堆石料。砂岩堆石料在初始颗粒级配相近的情况下,压实孔隙率越小,<5 mm颗粒含量增加量越大,而其中<0.075 mm和<0.005 mm的细颗粒增幅总体不大,增加量随石料风化程度增大而呈现增大趋势。砂岩石料以一定级配按照20%孔隙率压实后,弱风化和微新砂岩料<5 mm颗粒增加量不超过15%,<0.075 mm细颗粒增加量不超过3%,<0.005 mm细颗粒增加量不超过1%;弱风化与强风化砂岩混合料<5 mm颗粒增加量不超过18%,<0.075 mm细颗粒增加量不超过5%,<0.005 mm细颗粒增加量不超过3%;细颗粒的增加对各种风化状态填筑料渗透性影响不明显。饱水条件对砂岩填筑料压实较为有利,能够减少<5 mm颗粒的增加量。

(7)从本工程防渗土料试验成果来看,与均质细粒土料相比较,碎石土防渗土料最大干密度和压缩模量均明显提高,最大干密度和压缩模量均随击实功增加而增大;按照2 690 kJ/m^{3}击实功制样,最大干密度平均值为1.95 g/cm^3,非饱和状态下E_{s1-2}平均值为56.6 MPa,饱和状态下E_{s1-2}平均值为30.9 MPa。按照592 kJ/m^{3}和2 690 kJ/m^{3}击实功对应最大干密度,渗透系数范围值在8.75×10^{-6} cm/s~1.59×10^{-8} cm/s,均能满足防渗要求。

从泥质软岩试验成果来看,按照20%孔隙率压实后,各种风化程度的泥质岩石料压缩变形指标差异不大,均呈现低压缩性,天然状态压缩模量总体大于饱和状态压缩模量,低压力阶段两种状态差异较为明显,高压力阶段差异不大。微新状态泥质岩堆石料与0.1~0.2 MPa压力段对应的饱和压缩模量平均值在35 MPa左右,天然压缩模量平均值在55 MPa左右;与3.2~4.2 MPa压力段对应的饱和压缩模量平均值在90 MPa左右,天然压缩模量平均值在100 MPa左右。

不同风化状态的泥质岩石料渗透系数存在一定差异。总体来看,微新泥质岩>弱风化岩石>弱风化与强风化混合料,但相差不大,基本在$1.0\times10^{-3}\sim1.0\times10^{-2}$ cm/s。

从直剪试验成果来看,各种风化状态试样饱和慢剪抗剪强度指标φ平均值相差不大,为34°~35°;而c平均值相差较大,其中弱风化泥质岩为13.5 kPa、微新和弱风化与强风化混合料为141~142 kPa。各种风化状态试样三轴CD试验φ值相差不大,均为32°~33°;c值为250~310 kPa,其中以微新泥质岩料最大,弱风化与强风化泥质岩混合石料次之。非线性抗剪强度指标，以微新泥质岩石料最大，φ_0 平均值为 50°，弱风化和弱风化与强风化混合料相差不大，φ_0 平均值为 47.8°~47.9°。

从砂岩试验成果来看，按照20%孔隙率压实后，不同风化程度的堆石料压缩变形指标差异较大，就压缩模量来说，微新砂岩>弱风化砂岩>弱风化与强风化砂岩混合料，天然状态压缩模量总体大于饱和状态压缩模量，低压力阶段两种状态差异较为明显，高压力阶段差异不大。微新砂岩、弱风化砂岩以及弱风化与强风化砂岩混合料在 0.1~0.2 MPa 压力阶段的饱和 $E_{s_{1-2}}$ 分别为 92.9 MPa、57.8 MPa、25.7 MPa，天然压缩模量分别为 92.9 MPa、57.8 MPa、25.7 MPa，与 3.2~4.2 MPa 压力段对应的饱和压缩模量分别为 237 MPa、234 MPa、194 MPa。不同风化状态的砂岩石料渗透系数存在一定差异，总体来看，微新砂岩>弱风化>弱风化与强风化(2:1)混合料渗透系数。弱风化—微新砂岩渗透系数为 1.0~10.0 cm/s、弱风化与强风化(2:1)砂岩混合石料渗透系数为 1.0×10^{-2}~0.1 cm/s。

从直剪试验成果来看，微新与弱风化砂岩饱和慢剪试验指标总体大于弱风化与强风化砂岩混合料，其中微新砂岩内摩擦角 φ 平均值为 39.5°、黏聚力 c 平均值为 322 kPa，弱风化砂岩 φ 平均值为 41.0°、c 平均值为 541 kPa，弱风化与强风化混合料 φ 平均值为 38.3°、c 平均值为 273 kPa。三轴 CD 试验抗剪强度指标，微新砂岩 φ 平均值为 38.6°、c 平均值为 215 kPa，弱风化砂岩 φ 平均值为 36.6°、c 平均值为 305 kPa，弱风化与强风化砂岩混合料 φ 平均值为 36.8°、c 平均值为 257 kPa；弱风化砂岩、弱风化与强风化砂岩混合料试验值相差不大，微新砂岩试验值大于前两者，就室内试验尺度来说，弱风化与微新砂岩岩块的风化状态相近可能是造成不同风化程度试样抗剪强度指标相差不大的主要原因。直剪试验内摩擦角略大于三轴试验内摩擦角。对于非线性抗剪强度指标，试验值表现为弱风化砂岩>弱风化砂岩与强风化砂岩混合料>微新砂岩，三者 φ_0 值试验平均值分别为 51.7°、51.3°、48.9°，可能与试验尺度下弱风化与微新砂岩岩块风化程度相近及砂岩本身强度差异有关。

(8)高土石坝坝体应力水平较高，坝体填筑材料的力学特性复杂，具有明显的非线性特点，同时还存在流变、湿化变形等特性。单纯采用传统、简单的坝体变形线性方法和坝坡稳定极限平衡分析方法，已不能满足了解高土石坝变形分布规律以及稳定性评价的要求，需要采用基于非线性指标的数值分析方法进行坝体应力应变分析。通常利用大型三轴试验获取填筑材料非线性力学参数，但受制于试验设备的尺寸、加载能力及加载方式，实验室内获得的材料参数与大坝填筑体的真实参数之间存在差异，这就对试验设备与方法不断提出新要求。

(9)由于红层软岩堆石料在岩性、强度、变形、水理及渗透性等方面的特性，其填筑体在高应力条件下的长期变形问题可能较为突出。从减少弃渣量并尽可能平衡土石方开挖量的角度考虑，工程设计需要在解决好坝体稳定及堆石体与防渗体之间长期变形协调问题的基础上，充分利用好红层软岩开挖料，这就对坝体分区设计提出了更高要求。

(10)基于设计方案工况与建议指标的初步稳定性二维计算分析结果表明，坝体应力应变稳定、渗流与渗透稳定、坝坡稳定性等满足规范要求。

参考文献

[1] 张宗亮. 高土石坝筑坝技术与设计方法[M]. 北京:中国水利水电出版社,2017.
[2] 蒋涛,付军,周小文. 软岩筑面板堆石坝技术[M]. 北京:中国水利水电出版社,2010.
[3] 石金良. 砂砾石地基工程地质[M]. 北京:中国水利水电出版社,1991.
[4] 日本土质工学会. 粗粒料的现场压实[M]. 郭熙灵,文丹,译. 北京:中国水利水电出版社,1999.
[5] 郭庆国. 粗粒土的工程特性及应用[M]. 郑州:黄河水利出版社,1998.
[6] 关志诚. 混凝土面板堆石坝筑坝技术与研究[M]. 北京:中国水利水电出版社,2005.
[7] 顾淦臣,等. 土石坝地震工程学[M]. 北京:中国水利水电出版社,2009.
[8] 曹克明 汪易森,等. 混凝土面板堆石坝[M]. 北京:中国水利水电出版社,2008.
[9] 王柏乐. 中国当代土石坝工程[M]. 北京:中国水利水电出版社. 2004.
[10] 中国水电工程顾问集团公司,等. 土石坝技术:2012 年论文集[M]. 北京:中国水利水电出版社,2012.
[11] 陈宗梁. 世界超级高坝[M]. 北京: 中国电力出版社, 1998.
[12] 潘家铮 何璟. 中国大坝 50 年[M]. 北京:中国水利水电出版社,2000.
[13] 彭程. 21 世纪中国水电工程[M]. 北京:中国水利水电出版社,2006.
[14] 贾金生,袁玉兰,马忠丽. 中国与世界大坝建设情况[C]//水电 2006 国际研讨会论文集,昆明,2006.
[15] 蒋国澄,赵增凯. 中国混凝土面板堆石坝 20 年[M]. 北京:中国水利水电出版社,2005.
[16] 杨荫华. 土石料压实和质量控制[M]. 北京:水利电力出版社,1992.
[17] 李鹏. 双江口水电站特高心墙堆石坝建设关键技术研究[C]//创新时代的水库大坝安全和生态保护—中国大坝工程学会 2017 年学术年会论文集. 郑州:黄河水利出版社,2017.
[18] 刘杰. 土石坝渗流控制理论基础及工程经验教训[M]. 北京:中国水利水出版社, 2005.
[19] 徐泽平. 混凝土面板堆石坝应力变形特性研究[M]. 郑州:黄河水利出版社, 2005.
[20] 张宗亮. 糯扎渡心墙堆石坝防渗料的设计、研究与实践[C]//高堆石坝筑坝与工程安全技术研讨会论文集, 2011.
[21] 李菊根,贾金生,艾永平,等. 堆石坝建设和水电开发的技术进展[M]. 郑州:黄河水利出版社,2013.
[22] 中华人民共和国住房和城乡建设部. 土工试验方法标准:GB/T 50123—2019[S]. 北京:中国计划出版社,2019.
[23] 国家能源局. 碾压式土石坝施工规范:DL/T 5129—2013[S]. 北京:中国电力出版社,2014.
[24] 国家能源局. 土石筑坝材料碾压试验规程:NB/T 35016—2013[S]. 北京:中国电力出版社,2013.
[25] 中华人民共和国国家发展改革委员会. 碾压式土石坝设计规范:DL/T 5395—2007[S]. 北京:中国电力出版社,2007.
[26] 中华人民共和国国家经济贸易委员会. 碾压式土石坝施工规范:DL/T 5129—2001[S]. 北京:中国电力出版社,2001.
[27] 中华人民共和国国家发展改革委员会. 水电水利工程土工试验规程:DL/T 5355—2006[S]. 北京:中国电力出版社,2007.
[28] 王柏乐,刘瑛珍,吴鹤鹤. 中国土石坝工程建设新进展[J]. 水力发电,2005,31(1):63-65.
[29] 周建平,杨泽艳,陈观福. 我国高坝建设的现状和面临的挑战[J]. 水利学报,2006,37(12):1433-1438.

[30] 马洪琪. 糯扎渡高心墙堆石坝坝料特性研究及填筑质量检测方法和实时监控关键技术[J]. 中国工程科学,2011,13(12):9-14.

[31] 孔俐丽,刘小生,赵剑明,等. 高土石坝建设的若干应用基础研究问题[J]. 中国水利水电科学研究院学报,2006,4(4):310-313.

[32] 徐泽平,邓刚. 高面板堆石坝的技术进展及超高面板堆石坝关键技术问题探讨[J]. 水利学报,2008,39(10):1226-1234.

[33] 李仕奇,刘琼芳,晋国辉. 糯扎渡水电站高心墙堆石坝施工技术[J]. 水力发电,2010,36(1)11-13,19.

[34] 马洪琪. 糯扎渡水电站掺砾黏土心墙堆石坝质量控制关键技术[J]. 水力发电,2012,38(9):12-15.

[35] 刘增峰,徐阳,张琛,等. 糯扎渡水电站坝料填筑施工工法及质量控制[J]. 西北水电,2012(增刊2):88-91.

[36] 冉从勇,朱先文,卢羽平. 瀑布沟水电站砾石土心墙堆石坝的抗震设计水电站设计[J],2011,27(3):26-30,51.

[37] 纪亮,张建海,何昌荣,等. 双江口心墙堆石坝坝体变形和应力对材料的参数敏感性分析[J]. 水力发电学报. 2010,29(3):159-163,183.

[38] 谢正明. 掺砾料心墙砾石土压实性能研究[J]. 云南水力发电,2016,32(5):20-27.

[39] 张东明,施召云,张登平. 两河口水电站大坝工程招标阶段堆石料碾压试验[J]. 云南水力发电,2017,33(3):41-44.

[40] 段斌. 300 m 级心墙堆石坝筑坝关键技术研究[J]. 西北水电,2018(1):7-13.

[41] 冯业林,孙君实,刘强. 糯扎渡心墙堆石坝防渗土料研究[J]. 水力发电,2005,31(5):43-45.

[42] 李沛,杨志红,杨旭. 威远江水电站心墙堆石坝设计与实践[J]. 云南水电技术,2009(3):121-124.

[43] 张宗亮,袁友仁,冯业林. 糯扎渡水电站高心墙堆石坝关键技术研究[J]. 水力发电,2006,32(11):5-8.

[44] 马洪琪. 糯扎渡高心墙堆石坝坝料特性研究及填筑质量检测方法和实时监控关键技术[J]. 中国工程科学,2011,13(12): 9-14.

[45] 张宗亮,冯业林,相彪,等. 糯扎渡心墙堆石坝防渗土料的设计研究与实践[J]. 岩土工程学报,2013,35(7).

[46] 黄宗营,吴桂耀,叶晓培. 糯扎渡大坝心墙掺砾土料填筑施工工艺及方法[J]. 水利水电技术,2009(6): 7-10.

[47] 刘杰,缪良娟. 风化料在鲁布革土石坝防渗体中的应用 [J]. 水利水电技术, 1987(11): 2-7.

[48] 侯嵋. 云南两座高土石坝防渗料的技术突破回顾与思考 [J]. 四川水力发电, 2004(3): 62-68.

[49] 赵继成,易永军. 潘口水电站面板堆石坝坝体填筑施工质量控制[J]. 西北水电,2012,(5) : 48-53.

[50] 朱亚林,孔宪京,丁克伟,等. 高土石坝的抗震研究进展[J]. 安徽建筑工业学院学报(自然科学版),2009,17(3):1-6.

[51] 郭诚谦. 土石坝抗震设计结构措施综述[J] . 水利水电技术,1990(7).

[52] 吕擎峰,殷宗泽. 非线性强度参数对高土石坝坝坡稳定性的影响[J]. 岩石力学与工程学报,2004,23(16) :2708-2711.

[53] 恩戈科. 堆石坝材料参数的灵敏度分析[J]. 河海大学学报,1999,27(5) :94-99.

[54] 李国英,王禄仕,米占宽. 土质心墙堆石坝应力和变形研究[J]. 岩石力学与工程学报,2004,23(8):1363-1369.

[55] 岑威钧,朱岳明,罗平平. 面板堆石坝有限元仿真计算参数敏感性研究[J]. 水利水电科技进展,2005,25(4):16-25.
[56] 孙大伟,邓海峰,田斌,等. 大河水电站深厚覆盖层上面板堆石坝变形和应力性状分析[J]. 岩土工程学报,2008,30(3):434-439.
[57] 周雯芳,胡春凤,沈蓉. 心墙土料不同掺砾量性能研究[J]. 云南水力发电,2013,29(5):16-20.
[58] 保华富,王海波,王磊,等. 长河坝水电站砾石土击实特性及压实控制标准研究[J]. 云南水力发电,2014,30(1):11-18.
[59] 赵川,刘盛乾,李锡林,等. 糯扎渡水电站黏土心墙压实度检测方法及控制标准[J]. 云南水力发电,2009,25(5):58-61.
[60] 保华富,谢正明,庞桂,等. 长河坝水电站大坝砾石土心墙填筑质量控制[J]. 云南水力发电,2015,31(5):20-25.
[61] 石修松,程展林. 堆石料颗粒破碎的分形特性[J]. 岩石力学与工程学报,2010,29(S2):3852-3857.
[62] 张建华,严军,吴基昌,等. 瀑布沟水电站枢纽工程关键技术综述[J]. 四川水力发电,2006,25(6):8-11.
[63] 钱洪建,段斌,陈刚,等. 大型龙头水库电站项目前期研究与论证[J]. 西北水电,2017(3):1-4.
[64] 张蜀豫,段斌,唐茂颖,等. 双江口高堆石坝坝料流变特性及三维有限元分析[J]. 四川水力发电,2017,36(4):71-74.
[65] 王观琪,杨玉娟,索慧敏. 双江口 300 m 级心墙坝心墙掺合料研究与设计[J]. 水电站设计,2011(3):22-25.
[66] 余挺. 砾质土防渗料在高土石坝上的应用[J]. 水电站设计,2003,19(3):15-17.
[67] 赵红芬,何昌荣,王琛,等. 高应力下砾质心墙料切线模量研究[J]. 岩土力学,2008(1):193-196.
[68] 张计,涂扬举,饶锡保,等. 瀑布沟水电站砾石土心墙料碾压试验研究[J]. 水力发电,2010,36(6):46-48.
[69] 保华富,尹志伟. 砾质土做为土石坝防渗体的研究[J]. 岩土工程技术,1999,13(4):34-38.
[70] 陈志波,朱俊高,王强. 宽级配砾质土压实特性试验研究[J]. 岩土工程学报,2008,30(3):446-449.
[71] 徐泽平. 高面板堆石坝面板挤压破坏问题研究[J]. 水力发电,2007(9):80-84.
[72] 冯晓莹,徐泽平,栾茂田. 黏土心墙水力劈裂机理的离心模型试验计数值分析[J]. 水利学报,2009,40(1):109-114,121.
[73] 冯晓莹,徐泽平. 心墙水力劈裂机理的离心模型试验研究[J]. 水利学报,2009,40(10):1259-1263,1273.
[74] 温彦锋,蔡红,等. 强风化岩防渗土料的压实及渗透特性[J]. 水力发电学报,2000,2:17-24.
[75] 宋加升,张四和. 糯扎渡水电站心墙防渗土料工程地质特性研究[J]. 水力发电,2005,31(5):35-36.
[76] 于洋,朱相鹏,黄宗营,等. 糯扎渡大坝砾石土料掺合施工工艺[J]. 水利水电技术,2010,41(5):15-17.
[77] 陈志波,朱俊高,王强. 宽级配砾质土压实特性试验研究[J]. 岩土工程学报,2008,30(3):446-449.
[78] 陈志波,朱俊高. 宽级配砾质土三轴试验研究[J]. 河海大学学报(自然科学版),2010,38(6):704-710.
[79] 张锡道,何昌荣,王琛,等. 掺砾改性砾石土心墙料的应力应变特性研究[J]. 四川建筑,2009,29(1):69-72.